HISTOCHEMISTRY AND CYTOCHEMISTRY

HISTOCHEMISTRY AND CYTOCHEMISTRY

PROCEEDINGS OF THE
FIRST INTERNATIONAL CONGRESS
PARIS 1960

Edited by

R. WEGMANN

Congrès organisé avec l'aide financière du C. I. O. M. S., organisation subventionnée
par l'Organisation Mondiale de la Santé et l'Unesco

A Pergamon Press Book

THE MACMILLAN COMPANY
NEW YORK
1963

THE MACMILLAN COMPANY
60 Fifth Avenue,
New York II, N.Y.

This book is distributed by
THE MACMILLAN COMPANY · NEW YORK
pursuant to a special arrangement with
PERGAMON PRESS LIMITED
Oxford, England

Library of Congress Card No. 62-9191

Printed in Poland
PWN—DUAM

AVANT PROPOS

L'Histochimie et son corollaire, la cytochimie, ont pris depuis quelques années une telle importance en biologie que l'on a estimé nécessaire de réunir, en un premier Congrès International, tous les chercheurs qui s'adonnent à ces disciplines scientifiques, déjà anciennes dans leur conception, mais nouvelles dans leur réalisation.

Ainsi s'est tenue à Paris, du 28 Août au 3 Septembre 1960, cette importante manifestation scientifique, dans les locaux de la Nouvelle Faculté de Médecine, rue des Saints Pères.

La France, patrie de Raspail, que l'on peut à juste titre considérer comme le créateur de l'histochimie, a été particulièrement fière et honorée de ce choix.

De nombreux travailleurs ont répondu à son appel: près de 700 appartenant à 46 nations.

Tous les grands noms de l'histochimie mondiale étaient présents ou représentés, notamment les présidents des Sociétés d'Histochimie existant dans le monde.

Le présent volume, dont Pergamon Press a réalisé la publication, comprend les rapports généraux qui ont été exposés au cours du Congrès et auxquels étaient réservées les matinées en des séances plénières réunissant tous les participants.

Je tiens, une fois de plus, à exprimer notre très vive reconnaissance et nos félicitations aux éminents rapporteurs qui ont contribué si efficacement au succès de notre Congrès, unissant tous les pays dans cette passion commune pour une science dont nous espérons beaucoup pour les progrès de nos connaisances des grandes énigmes de la vie.

Le Président du 1er Congrès International d'Histochimie et de Cytochimie,

J. VERNE
Professeur à la Faculté de Médecine de Paris,
Membre de l'Académie Nationale de Médecine.

CONTENTS

Nous tenons à remercier tous les organismes qui nous ont aidés dans notre tâche, et particulièrement:

We should like to express our thanks to all organizations and industrial firms which supported and helped us in our task, particularly:

la Société Américaine d'Histochimie
le C. I. O. M. S.
la Délégation Générale
l'I. U. B. S.
les Laboratoires CIBA
les Laboratoires GEIGY
les Laboratoires ROUSSEL
les Laboratoires SANDOZ
les Laboratoires THERAPLIX
les Laboratoires WANDER
la Direction des Affaires Culturelles
le Ministère de la Santé Publique
la Société SHELL Chimie
la Société KODAK

et aussi:
and also:

Ets ANSTETT (sticks)
BENEDICTINE
Biscuits l'ALSACIENNE
,, BASQUAISE
,, BELIN
,, BRUN
,, GONDOLO
,, LEFEBVRE UTILE
,, REME
,, val de SEMOY
Union de la Biscuiterie et Aliments Diététiques
Ets BONGUET, PAU & C°
Sté CEDUS
CHRISTIAN DIOR
COCA COLA
COURVOISIER
GROVETTO (pour Cognac Hennessy)
EVIAN
FRANCE-LAIT
Union des Producteurs de JUS de FRUITS
Lait MONT BLANC
NESTLE
OLIDA
Vins GEVEOR
Syndicat des Vins de la Région Parisienne
Mr Deramond, Directeur du Comité National de Propagande en faveur du Vin
Ets GAUDERMEN & PESIN

DISCOURS INAUGURAL DU PROFESSEUR JEAN VERNE, PRÉSIDENT DU CONGRÈS

Mesdames, Messieurs, mes chers Collègues,

Mes premières paroles seront pour vous souhaiter la bienvenue et vous remercier d'être accourus nombreux, de tous les points du monde, à ce premier Congrès International d'Histochimie et de Cytochimie.

Chercheurs chevronnés dans cette discipline, représentants des Sociétés histochimiques des pays amis, délégués des différentes contrées où la biologie est à l'honneur, travailleurs convaincus de l'importance de la science qui nous réunit en une grande fraternité, Paris, notre nouvelle Faculté de Médecine et son Institut d'Histochimie sont fiers et heureux de vous accueillir.

Et je dois, ici, vous exprimer notre reconnaissance pour avoir bien voulu accepter que la capitale de la France soit le siège de cette importante manifestation qui doit marquer une date dans l'histoire de la science qui nous est chère.

L'histochimie a pris actuellement un développement considérable. Le 7ème Congrès International d'Anatomie tenu à New-York en avril dernier est là pour en témoigner — et bien d'autres pays, ne serait-ce que par le nombre et la valeur de leurs chercheurs dans cette discipline — auraient été dignes de cet honneur. Mais on a bien voulu reconnaître — et notamment Harms, Baker, Pearse l'ont écrit, que le véritable fondateur de l'Histochimie a été un français, François-Vincent Raspail. C'est donc en hommage à sa mémoire que nous avons la joie de vous recevoir. Tous les parisiens, la plupart des touristes qui passent à Paris connaissent Raspail grâce au boulevard qui porte son nom et qui est un des plus beaux de la rive gauche. Mais, à part quelques initiés, aucun ne se doute que c'est sous le signe de son oeuvre scientifique que nous nous trouvons ici réunis. Comme vous le rappellera tout à l'heure Wegmann en retraçant l'historique de l'histochimie, ce fut un homme curieux que Raspail. Passionné pour la recherche, il a pressenti tout ce que le biologiste est en droit d'attendre de la synthèse de ces deux disciplines, la morphologie microscopique, science des structures fines, la biochimie, science de la constitution matérielle et du métabolisme de la substance vivante. Non conformiste — il l'a montré en politique et cela ne lui a pas toujours réussi — Raspail a véritablement jeté les bases de l'Histochimie. C'est lui qui le premier a montré l'intérêt de la détermination de ce que nous appelons aujourd'hui le pH, qui a créé la micro-incinération, qui a utilisé l'iode pour mettre en évidence l'amidon. Et cependant, malgré les efforts de quelques pionniers, l'histochimie n'a réellement pris son individualité qu'au milieu de notre siècle.

Lorsque, comme c'est notre cas, on se trouve dans un domaine qui a une double appartenance, on pense à l'histoire contée par notre bon La Fontaine qui met en scène une chauve-souris et deux belettes. Je suis oiseau, voyez mes ailes ou je suis souris, vivent les rats, dit-elle suivant le cas, lorsqu'il s'agit de se tirer d'une situation difficile.

Comme la chauve-souris de cette fable, nous devons avoir les meilleurs rapports, d'une part avec les oiseaux, je veux dire les biochimistes qui survolent les grands problèmes de la vie, embrassant de vastes horizons et d'autre part avec les rongeurs, je veux dire les histologistes qui, par un travail de grignotage persévérant et acharné, pénètrent profondément l'intimité des structures.

Nous sommes des morphologistes et c'est ce qui fait notre force vis-à-vis des biochimistes. Nous tirons profit de leurs découvertes, de leurs techniques nous choisissons celles que nous jugeons applicables à nos besoins, celles qui, nous permettant de ménager les structures, nous renseignent fidèlement sur les localisations des composés que nous étudions, celles qui sont assez sensibles pour nous mettre à même d'apprécier la présence de quantités infiniment petites de ces composés.

Pour reprendre l'image du fabuliste, les biochimistes nous tirent les marrons du feu.

Et c'est précisément là que réside notre avantage *vis-à-vis* des morphologistes purs. Nous ne nous contentons pas des techniques empiriques de coloration ou d'imprégnations métalliques qui ont permis à l'histologie de réaliser toutes ses belles découvertes descriptives. Nous voulons aller plus loin en utilisant des réactions raisonnées qui nous permettent de définir la nature d'un corps, l'activité d'une enzyme, de pénétrer les secrets d'un métabolisme.

Mann, dès 1902, affirmait "il n'est pas suffisant de nous contenter de l'utilisation de colorants acides et basiques et de spéculer sur la nature basique ou acide des tissus ou d'appliquer des radicaux colorants doués de propriétés oxydantes ou réductrices; nous devons nous efforcer de trouver des réactions colorées qui indiqueront non seulement la présence de certains éléments tels que le fer ou le phosphore mais aussi la présence de complexes organiques tels que le groupe hydrocarboné, les nucléines, les protamines...".

Ces phrases contenaient tout le programme de l'histochimie mais, comme le remarque Pearse, dans son beau livre, à cette époque, la majorité des histologistes étaient trop occupés à recueillir la riche moisson des faits récoltés à la suite du développement de l'art de la coloration. Ce sont les progrès de la biochimie qui ont donné un regain à l'histochimie, les découvertes aussi de la physique nucléaire. Et, à ce point de vue, on sait la véritable révolution qu'a apportée l'emploi des radio-isotopes et l'histoautoradiographie.

Car, au fond, notre but à tous est le même: nous faire mieux connaître les mécanismes de la vie, qu'il s'agisse de recherche pure pour la seule joie de connaître, ou de recherche appliquée pour apporter de nouveaux éléments à toutes les sciences dérivées de la biologie et, en premier lieu, à celle qui nous touche particulièrement, la médecine. Cette unité de vue, Peters l'a exprimée d'une façon humoristique dans la préface qu'il a écrite pour le livre de notre collègue Bourne.

Il met en présence un libéral et un conservateur qui, en fin de compte, à leur grande surprise, s'aperçoivent qu'il y a peu de différences dans leurs positions idéalisées. Il en est de même, écrit-il pour le cytologiste et le biochimiste.

Et notre rôle à nous, histochimistes, est précisément de maintenir l'équilibre, de concilier les tendances divergentes. C'est par là que s'explique le succès de notre discipline. De grands chirurgiens l'ont pressenti, comme Leriche qui proclamait, il y a quelques années au centenaire de la Société des Médecins de Vienne, "Le destin de nos actes chirurgicaux, la qualité tardive de nos résultats, tiennent peut-être d'une chimie tissulaire dont nous ne savons rien. La chirurgie, pour sortir de l'empirisme, doit se consacrer désormais à de semblables recherches". Nous sommes là pour aider les chirurgiens comme nous pouvons aider tous ceux devant lesquels se dressent les inconnues de la vie.

Mais un grand problème se pose alors: comment doit-on concevoir l'histochimie? Et d'abord doit-on dire histochimie ou cytochimie? L'un et l'autre, à mon sens, de même qu'il y a une histologie et une cytologie. Cela dépend du fait que l'on considère la cellule comme constituant d'un tissu, c'est-à-dire dans son complexe social ou que l'on considère la cellule en soi, comme une abstraction.

Certains biologistes, et non des moindres, affectent quelque mépris pour l'histochimie qu'ils estiment être seulement un recueil de recettes et, à ce titre, refusent de lui reconnaître une individualité. Je ne saurais trop m'insurger contre une pareille conception. L'histochimie et la cytochimie ne consistent pas uniquement à mettre au point et à appliquer des techniques inspirées de la biochimie. Leur rôle est aussi d'interpréter les résultats, de les discuter, d'en dégager les conclusions.

Qu'il me soit permis de faire ici une comparaison avec la gastronomie qui n'est pas seulement un ensemble de recettes mais aussi l'art d'apprécier les résultats de ces recettes, de déguster les chefs d'oeuvre réalisés et... d'en parler longuement.

Actuellement, une tendance se manifeste de distinguer une histochimie classique et une histochimie évolutive. La première porte sur des tissus fixés, elle permet une topographie précise des réactions obtenues mais elle est incapable de conserver des substances, comme un grand nombre d'enzymes détruits partiellement ou totalement par les fixateurs. L'histochimie évolutive se pratique sur des tissus vivants, non fixés. Elle nécessite l'emploi du cryostat pour des fragments prélevés directement sur le vivant ou se réalise, au mieux, sur des cellules en culture hors de l'organisme ce qui fait que la culture des tissus est devenue un de nos auxiliaires indispensables.

L'histochimie évolutive respecte la fragilité des édifices biochimiques les plus délicats et doit réaliser la détection des actions enzymatiques les plus variées, mais elle ne permet pas toujours une localisation précise sur les structures cellulaires que nous a appris à connaître la cytologie classique.

Je ne pense pas, cependant, qu'il y ait lieu d'opposer ces deux tendances de l'histochimie. De même que, dans l'art, il ne faut pas opposer la peinture figurative et la peinture abstraite, qui sont seulement deux moyens d'expression, l'histochimie évolutive ne doit pas être le point de départ d'un schisme.

C'est pour discuter de tous ces problèmes que nous sommes ici réunis. J'espère et je souhaite que la confrontation de tous nos résultats, de toutes nos opinions sera féconde. C'est votre présence à tous, ce sont les travaux que vous allez présenter et discuter qui assureront le succès de ce Congrès.

Mais je tiens aussi à remercier publiquement tous ceux qui en ont réalisé la préparation et la mise au point, toutes les personnalités qui nous ont accordé leur appui ou leur haut-patronage:
Monsieur le Président de la République Française, Sa Majesté le roi Léopold de Belgique, en France Monsieur le premier Ministre et la Présidence du Conseil, Messieurs les Ministres des Affaires Etrangères, de l'Education Nationale, de la Santé Publique, de l'Information, de l'Agriculture, Monsieur le Recteur de l'Université de Paris, Messieurs les Doyens des Facultés de Médecine, des Sciences et de Pharmacie, Monsieur le Professeur Robert Debré, Monsieur le délégué général Piganiol, Messieurs les Directeurs du Centre National de la Recherche Scientifique et de l'Institut National d'Hygiène et tous les organismes qui, par leurs contributions, ont assuré

le financement de notre manifestation. Je remercie Messieurs les Rapporteurs et les Présidents de Colloques.

Je remercie Pergamon Press à qui nous devons l'édition du programme et du volume des résumés que vous avez entre les mains.

J'exprime une reconnaissance toute particulière à mon Collègue et ami, le professeur Leblond qui nous a été d'un précieux secours dans plusieurs circonstances délicates.

Je salue respectueusement les dames qui participent à notre Congrès. Je souhaite que leur séjour à Paris soit agréable. Pour celles qui ne sont pas attirées par nos austères travaux, un Comité des Dames s'efforcera de leur montrer quelques aspects sympathiques de notre ville pour qu'elles puissent en emporter un bon souvenir. Je m'excuse auprès d'elles de l'absence de Madame Verne qui se trouve actuellement retenue loin de la capitale.

Mes remerciements cordiaux vont aux équipes qui, par un travail incessant ont réalisé la solution de l'infinité de détails dont dépend la réussite d'un Congrès: le conseil de la Société française d'Histochimie, ceux de mes collaborateurs qui m'ont apporté une aide fructueuse. Je regrette de ne pouvoir les citer tous mais au moins je veux mettre en relief celui qui a été la cheville ouvrière de la préparation de cette manifestation, le Secrétaire Général de la Société française d'Histochimie, le docteur Raymond Wegmann qui, faisant face à des problèmes difficiles, a pu les résoudre grâce à son dévouement, sa persévérance et son ingéniosité.

En terminant, je voudrais aussi vous dire ma gratitude pour l'honneur immense que vous m'avez fait en me désignant comme président de ce premier Congrès international d'Histochimie et de Cytochimie, tenu en France. Je puis vous assurer qu'au moment où approche le terme de ma carrière universitaire, vous m'avez accordé ainsi la plus grande joie de cette carrière. Je suis convaincu du rôle important que l'histochimie est appelée à jouer dans les sciences biologiques. Adepte enthousiaste du Maître dont j'ai eu le bonheur d'être le collaborateur depuis 1911 jusqu'à sa disparition prématurée en 1927, Auguste Prenant, véritable apôtre de l'histochimie, ma fierté est d'avoir été, sous son impulsion, un pionnier dans ce domaine, alors que l'on tendait à perdre de vue les prévisions de Raspail.

C'est ce que vous avez bien voulu reconnaître et je vous en exprime ma profonde gratitude en déclarant ouverts les travaux du premier Congrès International d'Histochimie et de Cytochimie.

DISCOURS INAUGURAL DU DR. WEGMANN, SECRÉTAIRE GÉNÉRAL DU CONGRÈS

"Donnez-moi une cellule et je vous rendrai un monde organisé" — F-V. Raspail

"L'Histochimie, c'est de l'histologie raisonnée" — J. Verne

Après les paroles de bienvenue de notre Président, de M. le Professeur Jean Verne, c'est avec un très réel plaisir que je me joins à lui et que je m'adresse à vous tous au nom de tout le Comité d'Organisation de ce ler Congrès International d'Histochimie et de Cytochimie.

Je tiens à remercier tout d'abord ceux de mes collègues et toutes les personnes qui ont sacrifié une part importante de leur temps, malgré les tâches nombreuses de leurs activités normales, pour que ce Congrès se déroule à la satisfaction de tous. Qu'ils aient réussi, nul n'en doute plus et la preuve nous en est fournie par la brillante assemblée que voici, mais que seule, votre présence pouvait animer.

Vous êtes venus nombreux de toutes les parties du monde. 46 pays sont représentés. Toutes les tendances de l'Histochimie se cotoient ici. Qui eût pu admettre, il y a quatre ans seulement de celà, qu'une pareille rencontre fût jamais rendue possible et qu'un tel intérêt puisse être suscité par une science si jeune, l'Histochimie, la plus jeune de toutes les disciplines scientifiques. Vous êtes même venus si nombreux que les prévisions les plus optimistes ont été bouleversées. N'y a t-il point là la meilleure preuve que ce Congrès est venu en son temps et qu'il répond à une nécessité de l'heure? Ne traduit-il pas le souhait exprimé au fond d'un chacun de rencontrer le partenaire histochimique encore inconnu mais dont les travaux hantent les lieux de recherches, le laboratoire ou les revues scientifiques? Le chercheur ne se réjouit-il point de voir et de parler avec ceux qui ont apporté de nouveaux moyens d'investigation, qui ont aidé à créer une science nouvelle et une forme nouvelle d'expression biologique?

Hélas, cette joie est en partie attristée par l'absence ici même des grands histochimistes modernes qu'un sort tragique nous a ravi: je penserai ainsi surtout à deux grands noms, Feulgen, l'homme de la réaction nucléale, Gomori, l'inventeur avec Takamatsu de l'histoenzymologie moderne.

D'autres histochimistes méritent qu'on pense également à eux: Wislocki, qui sut appliquer cette science à l'endocrinologie et Vasconcelos Frazao, qui semblait promis à un avenir brillant.

Mais le fait que nous soyons tous rassemblés ici aujourd'hui peut sembler tout naturel. En fait, cette réunion n'aurait pu se faire sans l'accord de tous, ni surtout sans l'acceptation de la part de la Société Française d'Histochimie de prendre en charge ce lourd et redoutable honneur qu'est l'organisation d'un premier Congrès International. Réellement effrayé au début, notre Conseil de la Société n'accepta cette tâche immense que lorsqu'il obtint l'assurance que la mise en route de ce congrès n'excédait point ses capacités. Mais, aucun des arguments avancés ne put décider de ses réticenses, sauf un: que la France, le berceau de l'Histochimie soit par un juste retour des choses, le pays où les histochimistes du monde entier devaient se réunir.

En effet, c'est à Paris qu'a vécu le premier histochimiste, le fondateur universellement reconnu de cette science, François-Vincent Raspail (1794–1878).

Cet homme étonnant, redécouvert en notre siècle presque simultanément par Bourne et par Harms, dont l'image orne en frontispice l'ouvrage histochimique de Pearse, et qui est reproduit sur la couverture du programme de ce Congrès peut réellement être considéré comme un prophète de notre science, car il a su écrire une phrase étonnante: "Donnez-moi une cellule et je vous rendrai un monde organisé". Le premier, il avait nommé une cellule une cellule, avant Schwann, avant Schleiden. Mais qui mieux est, il sut tirer une vue très juste de son fonctionnement et affirmer que "la cellule végétale, ainsi que la cellule animale, est une espèce de laboratoire. Elles (les cellules) ont la propriété de faire un triage, ... d'admettre... de séparer les éléments de certaines combinaisons pour n'en adopter qu'une partie". Et, pour le démontrer, avec un équipement histologique rudimentaire et quelques réactifs simples, il démontre la présence de sucre dans les cellules et de bien d'autres composés connus en ce début du 19e siècle.

Aujourd'hui, on ne saurait mieux dire ni mieux faire. Seul, le nombre des composés a changé, une connaissance plus approfondie de la structure cellulaire a été acquise. Les principes, par contre, restent les mêmes, tout en étant devenus autres. A la place de notions statiques se sont substituées des notions dynamiques, métaboliques. La cellule, objet de nos préoccupations avec son homologue plus complexe, le tissu, éminemment mobile dans ses fonctions, ne nous a pas encore livré ses secrets et elle est encore loin de le faire. Mais on arrive à cerner de plus en plus, à rétrécir le champ des investigations, grâce à une adaptation continue aux problèmes qu'elles soulèvent. De l'analyse des tissus frais, non fixés, de Raspail, on était passé à l'étude de tissus fixés, qui ont permis de préciser le contexte morphologique des structures, contexte que la microscopie électronique essaye de circonscrire sans relâche. Puis, vint la période où les histochimistes tentèrent d'analyser les corps chimiques sans détruire la cellule, tant par des méthodes physiques que chimiques. Enfin, un retour aux cellules non fixées, ou fixées dans des conditions controlées, permit d'aborder les enzymes, ces catalysateurs de la vie.

Tout ceci n'alla point sans heurts, sans errements.

Il suffit de considérer les grandes étapes de l'histochimie pour s'en rendre compte, qui se reflètent dans les dénominations successives adoptées: Chimie organique par Raspail, Chimie anatomique par Robin et Verdeil (1856) Histochimie par Frey (1873), Histologie physiologique par Mann (1900), Microchimie par Prenant (1911), qui marque la fin de l'ère historique.

On peut même dire qu'il y eut des périodes de régression après Raspail, certains auteurs ne faisant qu'énumérer les constituants chimiques isolés, mais sans chercher à les mettre en relation avec un tissu ou une cellule déterminée. C'est Mann réellement le premier qui, tenta de mettre en corrélation des mécanismes des réactions biochimiques avec les corps biologiques présents dans les cellules. Son ouvrage et celui de Prenant annoncèrent l'ère moderne.

Ce fut par un coup de maître que Feulgen l'ouvrit, en inventant, avec la complicité du hasard, deux réactions restées depuis lors célèbres: celle concernant l'acide désoxyribonucléique dans le noyau, l'autre ayant trait au plasmalogène dans le cytoplasme.

Aujourd'hui encore, on n'a pas fait mieux, relativement à la spécificité de substances naturelles et aucune réaction histochimique n'a suscité plus d'intérêt que la réaction nucléale.

Aussitôt après, Voss, en Allemagne, trouva de nombreuses questions à résoudre avec la réaction plasmale, de même qu'en France M. Verne notre actuel Président. Mais ce dernier s'attaqua surtout aux pigments intracellulaires et élucida en grande partie le problème des caroténoides. Puis, c'est la détection de l'acide ascorbique, par Bourne, en 1933, suivi aussitôt par Giroud et Leblond.

En 1936, un Belge, Lison, dans un ouvrage désormais classique, fait la somme des connaissances avec un sens critique digne d'éloges, à égale distance d'un optimisme exagéré et d'une négation sans appel. Aujourd'hui encore, sa deuxième édition a fait date dans les annales de l'Histochimie.

Peu après en 1939, Takamatsu, puis Gomori, par leur réaction des phosphatases initièrent une ère nouvelle, celle de l'histoenzymologie sur tissus fixés dont l'évolution rapide devait conduire vers les recherches sur tissus non fixés et vers des substrats physiologiques. En même temps, les méthodes physiques se développaient avec Caspersson en spectrographie ultra-violette, avec Lison, en photométrie visible. Puis, quelques réactions spécifiques, telle celle de McManus et Hotchkiss sur les polysaccharides Avec Lacassagne les travaux sur l'utilisation des isotopes en histochimie, préludèrent aux methodes actuelles de l'autohistoradiographie.

Des ouvrages importants jalonnèrent cette période et l'invention du cryostat par Linderstrom-Lang et Holter permit d'aborder enfin mieux la cellule vivante, pendant que les recherches sur les cultures de tissus prenaient une extension considérable et que l'immunohistochimie naissait.

Dès 1949, Glick aux USA écrivit un traité qui faisait la liaison entre les méthodes microchimiques, physiques et l'histochimie. En France, en 1951, Panigel fit une somme dans un ouvrage assez peu connu. Gomori, aux USA, en 1953, rédigea un ouvrage remarquable dont la réputation ne s'est jamais démentie. Dans cette même année, ce fut au tour de Pearse, en Grande Bretagne, à éditer un volume d'une ampleur et d'une valeur documentaire telles, qu'on peut le considérer comme l'un des ouvrages fondamentaux de cette science. Lillie, en 1954, aux USA compléta la gamme des oeuvres importantes par l'édition d'un volume d'histochimie bien équilibré, ne se recoupant avec aucun des autres déjà parus, suivi en cela par Lipp (Autriche) sur les méthodes histochimiques, livre d'une très grande utilité. En 1956, parut un livre également remarquable, celui de Vialli, véritable introduction à la recherche en histochimie. L'année d'après, Arvy (France) composa une somme histoenzymologique d'une valeur certaine, mais dont le mode d'édition ne favorisa pas une large diffusion. En 1958, Gurr, (Grande-Bretagne) s'intéressa aux principes des réactions histochimiques et eut l'heureuse idée d'en donner certains aperçus. Cette même année vit, en Allemagne, la parution du premier volume du Traité d'Histochimie et qui sera l'homologue en histochimie d'un von Möllendorff en histologie. En 1960, deux ouvrages virent le jour, celui de Mc Manus, celui de Davenport, associés aux rééditions du Pearse et du Lison.

Nous ne pouvons citer tous les ouvrages qui ont également un intérêt pour l'histochimie; notons au passage celui sur les colorants, de Gurr (1953), sur les techniques physiques, de Oster et Pollister (1955), sur la cytologie de Bourne et Danielli (1952), sur la microscopie en interférence de Hale (1958) et bien d'autres de grand intérêt.

Mais, ce n'est pas aux éditions d'ouvrages histochimiques que se mesure le seul aspect évolutif de cette science. La nécessité se fit sentir d'un regrou pement, à l'intérieur des différents pays, des chercheurs qui étaient liés par des problèmes communs, et, c'est ainsi que naquirent des Sociétés d'Histochimie, la première de toutes aux Etats-Unis, puis en Allemagne, une première société au Japon, en France, en Belgique, en Italie, une deuxième société au Japon, aux Pays-Bas, en Pologne, en Finlande, ainsi que de multiples sections d'histochimie dans divers pays tributaires d'autres sociétés dont la manifestation extérieure fut l'organisation de nombreux Symposiums et l'édition de revues d'Histochimie telles que: Journal of Histochemistry and Cytochemistry (1952), Acta Histochemica (1954), les Symposia de la Société de Chimie cellulaire du Japon (1954), Annales d'Histochimie (1956), la Rivista di Istochimica (1956), Journal of Biophysical and Biochemical Cytology (1957), Histochimie (1959), sans compter d'autres revues qui, depuis longtemps s'intéressaient à ces problèmes, en particulier "Stain Technology", "Experimental Cell Biology" et "Archivum Histologicum Japonicum" qui, déja avant 1959, publia de nombreux articles d'Histochimie.

De toutes manières, la littérature histochimique est dispersée dans un très grand nombre de revues spécialisées, si bien qu'il est presque impossible d'en donner un aperçu complet.

Cette multiplicité des travaux en Histochimie est la preuve concrète de l'intérêt suscité par ces méthodes. Etant donné la diversité de tous les principes de recherche en Histochimie, les origines différentes des chercheurs, il s'est progressivement dégagé la notion d'une mise en commun des moyens d'étude, d'une clarification des problèmes abordés, et, c'est l'une des raisons pour lesquelles aujourd'hui, nous sommes tous réunis ici afin d'essayer de dégager les grandes lignes qui dirigent notre Histochimie et c'est également la raison pour laquelle ce Congrès a été divisé en trois sections: "l'Histochimie physique", "l'Histochimie biochimique" et "l'Histochimie appliquée", sans que l'on puisse affirmer que l'une de ces trois branches de l'Histochimie soit déterminante ou dominante sur une autre.

En fait, l'Histochimie actuelle est faite par l'apport simultané de ces trois disciplines, si bien qu'elle doit pouvoir intéresser à tout instant l'ensemble des histochimistes et des cytochimistes.

Cette nécessité de dégager des lignes de conduite générale, d'uniformiser les techniques, d'arriver à des conceptions plus générales, métaboliques ou fonctionnelles sera le guide de ce Congrès, et, il faut espérer que, dans un avenir proche, une coordination plus grande et plus réelle des travaux sera obtenue.

C'est pourquoi je tiens encore une fois à vous remercier vous tous d'être venus ici au nom de notre Comité d'Accueil qui espère que vous en tirerez tout le profit désirable, tant par les échanges personnels que par ceux que vous aurez pu avoir dans les sessions.

Nous vous souhaitons à vous tous et à chacun que l'Histochimie devienne ce qu'elle est déjà, un instrument de recherche biologique de premier plan.

RADIOAUTOGRAPHY AS A HISTOCHEMICAL TOOL

C. P. LEBLOND, BEATRIX KOPRIWA and B. MESSIER

Department of Anatomy, McGill University

Montreal, Canada

BECQUEREL discovered in 1896 that crystals of a uranium salt placed over a photographic plate produced an image on the developed plate. This image which we would now call a "radioautograph" or "autoradiograph" was due to the then unknown radiation of uranium.

In a somewhat similar manner, the radiation emitted by radioactive substances introduced into the body may subsequently be detected by means of photographic emulsions. This is done by placing sections of organs and tissues next to a photographic emulsion, allowing sufficient time for exposure and then developing as in ordinary photography. A radioautograph of the radioactive structure is thus obtained.

In theory, radioautography (or autoradiography) is a method by which the silver bromide crystals of photographic emulsions act as microdetectors of radiation. Since the crystals are very small (a fraction of a μ), it is theoretically possible to locate radioelements in correspondingly small structures of histological sections. The crystals which happen to be close to the radioactive structures in the sections receive the impact of the radiation and, upon development, are transformed into black silver grains. Together, these make up a radioautographic image shaped like the radioactive structure itself.

Systematic exploitation of this property of radioactive rays was undertaken by Lacassagne's group (Lacassagne, Lattès and Lavedan, 1925), who developed what is known today as the *contact technique* of radioautography. They traced polonium, an alpha-ray emitter, in the tissues of the rabbit by pressing histological sections of these tissues (or the paraffin blocks themselves) against photographic plates. Comparison of section and plate helped to locate the radioelement. The contact technique has yielded many useful results (Behrens and Baumann, 1933), up until even recently (Comar, Lotz and Boyd, 1952), but the resolution is not good and the images are usually hazy. Also the comparison between section and plate is difficult. Hence, another step had to be taken to make radioautography a precise histochemical tool.

The step was to devise a method in which section and plate are integrated into one unit by being brought into intimate contact with one another. This was done by the so-called *coating technique* devised at McGill University by Bélanger and Leblond in 1946. The first described procedure was to remove emulsion from Eastman Kodak medium lantern plates, melt it and spread it directly onto the section-bearing slides. These were exposed and developed, as in the earlier method. The procedure resulted in slides in which dark silver grains directly overlie the areas of the sections in which the radioelement is located. Very close contact between section and emulsion occurs, resulting in a considerable decrease in the blurring of the photographic image; and thus, with improved resolution, it is possible to assign a radioautographic reaction to a definite structure in the section with more certainty.

Further improvement in resolution arose from the introduction of the so-called nuclear emulsions, which contain a high concentration of very sensitive, uniformly sized silver bromide crystals. These nuclear emulsions are also available in bulk and are readily melted for coating the sections (Messier and Leblond, 1957). Their use has made it possible to obtain images with high resolution.

Various techniques used for radioautography were described in the review of Gross, Bogoroch, Nadler and Leblond (1951). Of these, besides the coating technique, the only other which has been widely used is the *stripping film technique* (Pelc, 1947). In this method, the section is covered with a ready-made stripping film previously soaked in water.

Radioautography has been used mainly with radioelements emitting β-rays. To the lists of those discussed in the above review (Gross *et al.* 1951), the important hydrogen isotope, H^3, or tritium must now be added. This isotope (half-life: 12·5 years) can be used to label an immense number of biological substances. The energy of its β-rays is so low that most are absorbed in the emulsion within a path of about one micron, resulting in a radioautographic image of very high resolution. These two qualities—versatility, weak β-rays—make tritium the element of choice for most problems in radioautography. Indeed, a very recent bibliography on the subject already contains many references dealing with this element (Lima-de-Faria, 1959).

The bibliography just mentioned and previous ones (Boyd, 1955; Passalacqua, 1955), as well as the many reviews on radioautography (Gross and Leblond, 1947; Axelrod, 1947; Gorbman, 1948; Passalacqua, 1950;

Gross *et al*. 1951; Ceccaldi, 1951; Fitzgerald, 1952, 1953; Bourne, 1952; Harbers, 1958; see also the 1959 number of "Laboratory Investigation" devoted to radioautography) should be consulted to acquire a full grasp of the subject.

The work to be presented arose from the growing importance of quantitative radioautography (usually done by counting the developed silver grains in the exposed emulsion). This procedure requires that the emulsion used have uniform properties. Systematic investigations were, therefore, carried out to determine which factors affect the radioautographic image and to ascertain the conditions for optimal results.

First, a few theoretical considerations will be devoted to the response of emulsions to radiation. Then, the preparation of the tissues for radioautography will be discussed. Systematic experiments on the various steps of the coating technique will then be presented.

RESPONSE OF THE EMULSION TO RADIATION

In the radioautograph, silver grains occur in the emulsion over the sites of radioactivity. Localization implies that we can accurately associate these grains with tissue structures, and, as a corollary, that we can distinguish between groups of grains closely adjacent to one another. The closer such groups can be and still be distinguishable, the better is said to be the resolution of the method.

Both resolution and density depend on a number of factors (Gross, *et al*., 1951), of which three will be mentioned:

(1) *Geometrical Relationship of the Radioactive Source with the Overlying Emulsion*

A thorough analysis of this relationship (Gross *et al*., 1951; Nadler 1953), led to the conclusion that in general, ideal conditions are provided by having the thinnest possible section and emulsion coat, and no space between them.

In the case of tritium, the β-particles have an average energy of 5·7 KeV which gives them a range in water of about 1 μ, while the few particles with maximal energy (18 KeV) have a range in water of 6–7 μ (Robertson *et al*., 1959). Hence, for tritium more than for other elements, it is clear that the nearer the tritium-containing structure is to the emulsion, the more effective it will be. Analysis of the influence of the depth of tritium-labelled structures on the image was examined mathematically by Robertson *et al*., (1959; see their Fig. 7) and found to play a major role in resolution. Thus, "the resolution obtained with tritium sources in contact with the sensitive emulsion is much sharper (0·2 μ) than that attainable with C^{14} (2 μ). However, with sources at a micron or more depth . . ., the grain density decreases, the resolution becomes poorer and the image spread increases" (Robertson *et al.*, 1959). Hence, it is particularly important with tritium to use sections as thin as possible in order to have the best possible resolution.

(2) *Energy and Intensity of the β-Radiation*

With regard to the influence of the energy of β-particles on the emulsion, the significant factor is the amount of energy lost per unit length of path (or space rate of energy loss) by the β-particle in a silver bromide medium. Assuming that the lost energy is contributed to the formation of the latent image, the photographic efficiency is relatively greater, the lower the energy of the β-particle (Nadler, 1953).

When a β-particle travels through emulsion, it loses energy, and the number of photographic grains produced per micron of track increases as the particle's energy decreases. This relationship has an adverse effect on resolution, especially with rays of high initial energy. Thus, the production of photographic grains will go on increasing farther from a source of P^{32} than from a source of I^{131}, as most of the β-particles of I^{131} have a lower energy than those of P^{32}. Therefore, a P^{32} radioautograph will be more diffuse than one due to I^{131}.

Naturally, the greater spread of the images resulting from the higher energy rays is also due to their greater range. Thus, the maximum range in water for H^3 particles is about 6 μ; for C^{14} is about 20 μ; for I^{131} 200 μ; and for P^{32} 1400 μ; and therefore the possibilities of diffusion of the image are smallest for the lowest energy isotopes. It may be noted, however, that the effective range is less than the theoretical values cited, since most β-particles have a smaller path than the maximal range, and in practice, the spread is found to be reduced by limiting the exposure.

The amount of the radiation received by the emulsion is a function of the intensity of the β-ray source at any given time, but the effect is cumulative, so that the amount received during the whole period of exposure is the significant factor. That the radioautographic density is directly proportional to the amount of radiation is shown below using C^{14} (Fig. 8) or H^3 (Fig. 9). This relation is only true for slight and moderate densities. When the density reaches a high level, fewer grains remain available for development and there is a lowered statistical probability of β-particles striking unexposed grains (Nadler, 1953). Accordingly, with further increase in exposure, there is less increase in density (Yagoda, 1949). In practice, it is necessary to use fairly low exposures to have a quantitative response of the emulsion to various doses of radiation.

(3) *Characteristics of the Emulsion*

Emulsions with small uniform grains, high silver bromide concentration and low fog are required for satisfactory radioautography (Gross *et al.*, 1951). The Ilford Company, Kodak Limited (England), the Japanese Companies Imamura and Kasuo, the Eastman Kodak Company and several others prepare emulsions with these characteristics which, as pointed out above, are referred to as nuclear emulsions. For the coating technique three nuclear emulsions are used and will now be briefly described.

NTB2 and NTB3. The Eastman Kodak NTB2 and NTB3 emulsions were used in most of the investigations to be reported below. In both the weight of silver halide makes up 81 per cent of the emulsion. For coating, these emulsions are heated to 40°C without the addition of water, and the section-bearing slide is dipped in and then dried in the vertical position. Under these conditions, the thickness of the emulsion coat measured after photographic processing is about 2 μ. This was found suitable for examination and grain counting.

The size of the undeveloped silver bromide crystals is given by the Eastman Kodak Company as 0·2–0·3 μ in diameter. However, the size of the developed silver grain is influenced by the developer (see development).

Although NTB3 emulsion has a higher sensitivity, NTB2 emulsion was found generally preferable, because of a low initial background fog (NTB2: 5–7 gr/2700 μ^2; NTB3: 8–10 gr/2700 μ^2). In an experiment in which the fog was counted after two different exposures, the background fog of NTB2 remained relatively low (10 days, 7 gr/2700 μ^2; 100 days, 23 gr/2700 μ^2).

Ilford G-5 bulk emulsion. The Ilford emulsions (G-5, L-4 and K-5) have to be diluted. Thus, when heated to 40°C, the G-5 emulsion was very viscous so that the slides dipped in it had an emulsion coat 30–35 μ thick after processing. The emulsion heated up to 60°C became fluid, but the slides dipped in it still had a 20 μ thick coat and, in any case, such high temperature may be harmful to the emulsion and is not advisable.

A thin layer of G-5 emulsion could be obtained by diluting the bulk emulsion in distilled water, or in 1 per cent or 2 per cent gelatine. Thus good results were achieved with 1 volume of G-5 mixed with either ½ or 1 volume of distilled water or with 1 volume of 1 per cent or 2 per cent gelatine. Under these conditions, the thickness of the emulsion coat varied between 1·7 and 4·5 μ according to the dilution of the emulsion and drying conditions; the intensity of radioautographic reaction was stronger than with NTB2 or NTB3 emulsion and the background fog was within satisfactory limits, that is, about 10–18 grains/2700 μ^2. Unfortunately, the dilution was not successful with some batches of emulsion and the results were less reproducible than with the NTB emulsions.

Although the grain diameter is given as 0·2–0·3 μ (Demers, 1958), clumping was observed, so that silver grains were sometimes found in groups of 2–5.

The emulsions mailed by air freight may be fogged when received. This was particularly frequent with the G-5 emulsion. Whether this is due to cosmic rays exposure at high altitude or to unrecognized factors remains to be established.

Storage of emulsion. The emulsions are left in the glass or plastic containers in which they are received. These in turn are placed in tin cans sealed with black adhesive tape and stored at 4°C.

The precautions taken to protect the emulsions include keeping the dark room and its refrigerator clean and dustfree. Chemicals and fumes may fog the emulsion and should be avoided. It is also useful to keep the dark room temperature at a fairly low level, 17°C for instance. Such thermostatic control helps in standardizing the procedure.

A sample of NTB emulsion usually remains satisfactory for 1–2 months. Over this period of time, it can be remelted several times without apparent damage. Later fog increases and results become less satisfaktory.

PREPARATION OF TISSUES

Tissues may be prepared for radioautography in a variety of ways. For instance, celloidin embedding is used for the investigation of bone tissue (Gross *et al.* 1951). Only the preparation of routine paraffin sections will be examined here. It may not be unnecessary to emphasize that in all cases the histological processing, including fixation, has to be of high quality and, particularly, the sections must be adequately stuck to the glass slides. In this laboratory, 4–6 μ thick sections are used for routine work, and 2 μ sections for problems requiring higher resolution.

The staining of the sections and the protection of the stains raised several problems. First, is it advisable to dip the slides into a celloidin solution before coating them with emulsion, as was done by Leblond *et al.*, (1948) and Pelc (1956). Celloidin-dipped slides have the advantage of being handled readily, the loss of stain from prestained sections is much reduced, and artefacts are minimal (see below). When working with isotopes of rather high energy, such as P^{32} or I^{131}, the thin layer of celloidin on the sections does not influence the intensity and pattern of the reaction. Hence, celloidin coating has distinct advantages, at least when high energy isotopes are used.

However, when celloidin is utilized for sections containing tritium (Table 1), the intensity of the reaction is reduced and the decrease is related to the concentration and number of coats of celloidin (although the effect of celloidin was found to be somewhat less than reported by Robertson *et al.*, 1959). This decrease is sufficient, though, for the use of celloidin to be abandoned in much of the work dealing with tritium.

Table 1

Influence of celloidin coats on the intensity of the radioautographic reaction over H^3-containing liver sections

Experiment 1

Celloidin concentration* %	Number of celloidin coats*	Mean grain count/unit area
control	0	505
1	1	328
1	2	200

Experiment 2

Celloidin concentration* %	Number of celloidin coats*	Mean grain count/unit area
control	0	223
0·25	2	185
0·25	3	179
0·5	2	144

* Slides were dipped in solutions of celloidin in alcohol-ether and dried. When more than one coat of celloidin was required, the procedure was repeated.

As for the staining itself, should it be done before or after the radioautographic procedure? Poststaining is difficult with celloidin coated slides but fairly easy in the absence of celloidin. Even so, the uptake of dyes tended to be less regular and the emulsion more frequently displaced than in case of prestaining. Hence, most of our experience has been with prestaining. although this procedure may have two disadvantages: the dyes taken up by the section may be lost in the course of processing and, if retained, they may fog or desensitize the emulsion. Systematic experiments were carried out on this subject (Table 2).

Table 2

Chemographic effect and stability of stains during radioautography

Stain	Number of celloidin coats	Increase in fog	Loss of stain
Hematoxylin (Harris), modified	2	none	moderate
	1	none	moderate
	0	none	pronounced
Hematoxylin (Harris), modified (overstained)	0	none	moderate*
Eosin (alcohol soluble)	0	none	moderate* (in alcohol bath)
Eosin (water soluble)	2	none	moderate*
	0	none	(in washing in water)
PA-Schiff	2	none	none
	0	none	none
Feulgen (nucleal)	2	none	none
	1	none	slight
	0	none	slight
Masson trichrome (with light green)	2	none	pronounced
	0	none	nearly complete
Carmine	2	none	slight
	0	none	moderate
Eosin-orange	2	none	slight
	1	none	slight
Phloxin	2	none	slight
	0	none	moderate
Alizarin	2	none	none
	1	none	slight
	0	none	slight
Fast green	2	none	slight
	0	none	moderate
Light green	2	none	pronounced
	0	none	nearly complete
Celestine blue	2	slight	slight
	1	moderate	slight
	0	high	slight
Toluidine blue	2	high	moderate
Methylene blue	2	high	moderate
Thiosaffranine	2	moderate	moderate
	1	high	moderate
	0	high	moderate
Luxol fast blue MSB-Cresyl violet (Kluever)	2	none	slight
	1	slight	slight
	0	high	slight

* An adequate amount may be retained for satisfactory staining of sections.

Some degree of fogging, (the so-called chemographic effect) was produced by sections stained with some dyes, particularly toluidine blue and methylene blue, which affected the emulsion even after coating with celloidin. But fortunately, most other routinely used dyes had no effect on the emulsion, even in the absence of celloidin (Table 2).

For hematoxylin, it is recommended to use the Harris formula, in which mercuric oxide is replaced by 0.1 per cent sodium iodate and to let the solution ripen for 3 months before use. It has been known for some time that hematoxylin is lost during photographic processing, presumably as it dissolves in the acid fixer. Eosin is also largely lost (the alcohol soluble type leaches out in the alcohol bath and the water soluble type, in the running water). It was found, however, that overstaining may compensate for the loss, particularly in the case of hematoxylin. Thus, with the 2-minute staining in Harris hematoxylin used for ordinary slides, the stain loss during processing leaves very pale preparations. However, if overstaining is carried out for some 10 minutes in the same solution, enough of the stain is retained to provide well stained sections after radioautography.

THE STRIPPING FILM TECHNIQUE

The available information is found in Pelc (1956), who like many other authors uses a stripping film with a permeable base prepared by Kodak Limited (AR 10). Briefly, the film is soaked in water and placed over the section. The preparation is allowed to dry, exposed and mounted in the same manner as described below for the coating technique. The resolution is good and it is claimed that the preparation is free of artefacts, except for "Spurious images . . . confined to a thin layer of the photographic emulsion" and, therefore, considered by Pelc to be unimportant (1956). However, other authors using the same technique, claim not to observe this type of artefacts (Lajtha, private communication). Examination of the glass plates bearing the stripping film supplied by the Company occasionally shows irregularities visible under the safelight. While these films may be discarded, one may well wonder if less obvious, microscopic irregularities are present in other films. In any case, in view of our extensive experience with the coating technique, the investigations to be reported below have been restricted to this technique. Nevertheless, many of the conclusions apply to the stripping film technique as well.

ANALYSIS OF THE COATING TECHNIQUE

Initially, the coating technique of radioautography consisted in applying melted emulsion onto the slide, with the aid of a medicinal dropper, 2 drops for every square inch to be covered. The drops were spread evenly and quickly with a camel hair brush (Bélanger and Leblond, 1946; Gross *et al.*, 1951). In 1955, Joftes and Warren proposed to dip the slides into the melted emulsion, a fast procedure by which large batches of slides may be handled in a short time. This important step was then introduced into our coating technique (Messier and Leblond, 1957). However, the emulsion coat obtained in this manner was found not to be uniform throughout, so that quantification of the grains might not give quite accurate results.

A suitable technique for quantitative radioautography requires an emulsion layer which is uniform in thickness as well as in silver concentration. The background fog should be very low and artefacts, avoided. Furthermore, the emulsion coat should be of the same thickness in all preparations to be compared. An attempt was therefore made to devise a method which satisfies these requirements.

While a fair measure of success was achieved, as shown below, it must first be pointed out that emulsions vary slightly from batch to batch and undergo slow changes with time. Hence, all slides in an experiment involving comparison must be done together at one time with the same emulsion. The precautions to be taken in coating the slides with emulsion and especially in allowing the emulsion coat to dry will now be examined.

Temperature of the melted emulsion. The NTB2 emulsion stored at 4°C is in the form of a firm gel. For use, the gel is melted by means of a serological tissue bath with thermostatic control. When the temperature reaches 33°C or higher, the gel melts. The optimal emulsion temperature was determined by dipping clean glass slides into the melted emulsion at various temperatures between 33° and 60°C and drying them in the vertical position at room temperature. (Because an uneven distribution of the emulsion always resulted when slides were dried in a horizontal position, the slides were dried vertically in these and following tests). The emulsion layer was then examined in transmitted light (over an X-ray viewer) to determine whether or not the coating was even. Thus, the emulsion layer deposited at 35°C was found to be thick and uneven, but, as the temperature of the water bath was raised to 40°C and the melted emulsion became more fluid, the emulsion coat was thinner and more uniform than at 35°C. Raising the temperature of the bath to 45° and 50°C did not seem to produce further improvement. Hence, it was decided to keep the temperature of the bath at 40°C for routine work.

Stirring of the melted emulsion. However, radioautographs obtained by dipping slides at 40°C and drying them vertically at room temperature were not uniform enough for quantitative work. Grain counts showed a gradient of increasing silver density from the top to the bottom of the slides. A possible explanation of this finding was that the silver bromide crystals of the emulsion might settle at the bottom of the container and the gradient of silver in the melted emulsion be reproduced on the dipped slides. This hypothesis was tested by comparing slides dipped as usual with others dipped in emulsion stirred periodically and thus presumably kept homogeneous. However, grain counts showed the same gradient of grain distribution on slides coated in stirred and non-stirred emulsion. Hence, the heterogeneous distribution of the grains in the radioautograph was not due to a settling of silver bromide crystals in the emulsion container.

Drying process. The next possibility was that the conditions under which the emulsion dries after dipping played an important role in the quality of the emulsion coat. The influence of *temperature* on the drying process was examined in three ways:

Firstly, the thickness of the emulsion was assessed visually by placing the slides on the frosted glass of an X-ray viewer. A gradient of increasing emulsion thickness from top to base was visible on slides dried at 17°C, but the emulsion was uniform on slides dried at 40°C, presumably as the emulsion remained sufficiently liquid to run towards the base of the slides, where it was absorbed into suitably placed wet tissue paper*. At 28°C, results were good when the humidity was fairly high. Thus, with 60–80 per cent relative humidity, the emulsion was uniform. (Very high humidity, 90 per cent or over, may be harmful, especially at 40°C, since water condensation caused irregular patterns in the emulsion.) From this experiment, it was concluded that a uniform emulsion coat can be obtained if the emulsion dries at 28°C or higher, but not at 17°C.

Secondly, the experiment was repeated using heavily fogged emulsion, so as to count grains in various parts of the slide and thus find out whether silver is uniformly distributed. (Experiment was done under various conditions of humidity.) A few of the results reported in Table 3 showed that at 28° and 40°C, but not at 17°C, grain distribution and emulsion thickness were fairly uniform, except for the upper and lower edge of the coated area. Incidentally, emulsion thickness and grain count varied in parallel (Table 3) except at the very base of the slides where the increased thickness was associated with a decrease in grain counts—an unexplained effect.

* Tests were carried out in which the slides during the drying process were placed either on a glass plate, or on layers of dry or of wet tissue paper (Fig. 4). A more even coat and a more uniform grain distribution were found on the slides standing on wet tissue paper than those on other substrates (28°C or higher).

Table 3

Grain distribution and emulsion thickness dried under various conditions of temperature and humidity

	Experiment I		Experiment II		Experiment III	
Temperature (°C)	17°		40°		28°	
Relative humidity	about 50%		25%		about 80%	
	No. grains/ unit area	Emulsion thickness (μ)	No. grains/ unit area	Emulsion thickness (μ)	No. grains/ unit area	Emulsion thickness (μ)
Top of slide	106	1·7	172	1·7	142	1·5
Intermediate position 1	193	2·2	142	2·0	234	1·5
Intermediate position 2	261	2·7	158	2·2	239	1·5
Intermediate position 3	338	4·0	152	2·7	244	1·5
Intermediate position 4	351	4·2	173	2·7	267	1·5
Base of slide	174	4·5	65	2·2	226	1·5

Furthermore, grain counts across the width of the slides (not reported in tables) showed a fairly uniform distribution at 28° and 40°C, except for the side edges. Hence, it was then possible to define areas on the slides with relatively uniform distribution. Thus, for 3 in. × 1½ in. slides dried at 28° or higher, the usable area is outlined on Figure 1. Routine use is also made of 3 in. × 1 in. slides, although the area with homogeneous grain distribution is smaller than on 3 in. × 1½ in. slides (Figs. 2, 3).

Thirdly, it was necessary to see if the conditions yielding a uniform emulsion layer on clean slides would also be effective with slides bearing radioactive tissue sections (I^{131}-containing thyroid, C^{14}- and H^3-containing liver). Consecutive sections were mounted from top to base or from left to right on the slides. Grains were counted and the emulsion thickness measured (Table 4). With slides dried at 17°C, emulsion thickness and the intensity of the reactions over I^{131}- and C^{14}-labelled sections increased markedly from top to base (Table 4), whereas in sections with the weak β-emitter H^3 the increasing emulsion thickness was not associated with a correspondingly increasing grain count. Furthermore, in all cases, slides dried at 40°C yielded fairly uniform reactions and emulsion thickness (Table 4). There was no significant variation in grain counts across the width of the slides. Hence, there was an area of the slide with a relatively

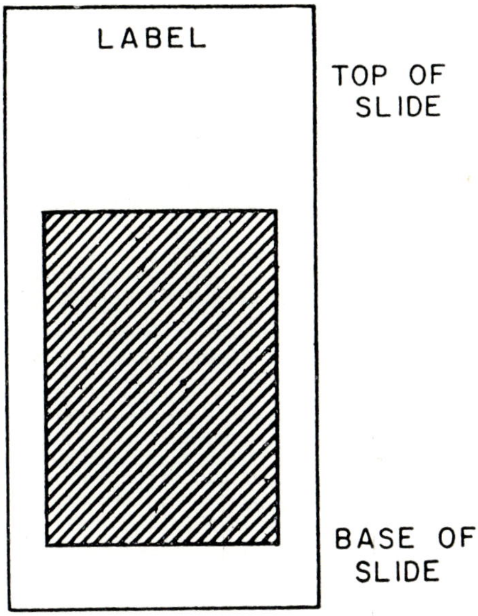

FIG. 1. Glass slide (3 in. × $1^1/_2$ in.) with a striated area indicating the portion of the coated slide in which the emulsion is relatively uniform in thickness and silver concentration. The tissue sections should be mounted within this area.

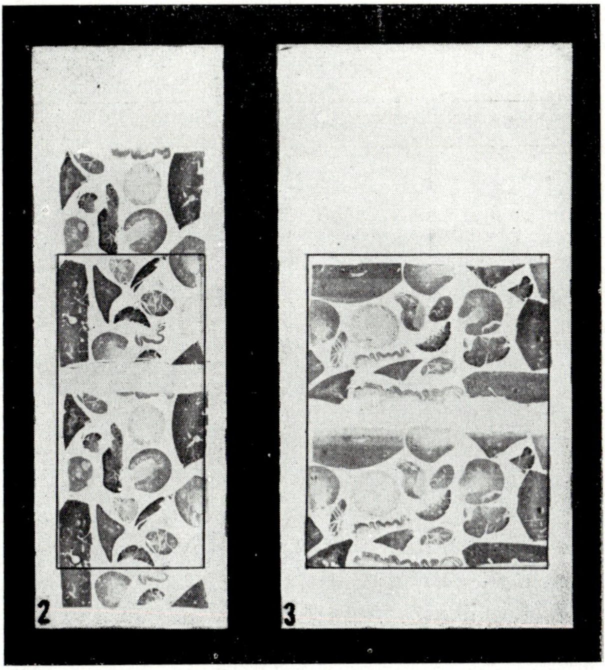

FIGS. 2 and 3. Arrangement of large blocks of sections on microscopic slides of two different sizes. The areas with a uniform emulsion coat are outlined by a line. On 3 in. × 1 in. slide (Fig. 2), the tissues extend to the upper and lower region of the slide, where the emulsion coat is not uniform.

On 3 in. × $1^1/_2$ in. slides (Fig. 3), tissues from a similar block are easily arranged within the area where the emulsion coat is uniform (as outlined in Fig. 1).

homogeneous silver bromide distribution and this area was the same whether or not sections were present on the slide (Fig. 1).

However, with preparations dried at 40°C, if the humidity was relatively low, *artefacts* were frequently observed. They consisted of clumps or rows

Table 4

Intensity of radioautographic reaction over consecutive sections from top to base of the slides

	Mean emulsion thickness (μ)	grain counts/unit area		
		I^{131} (thyroid)	C^{14} (liver)	H^3 (liver)
Emulsion dried at 17°C and about 50% relative humidity				
Top of slides	2·0	159	144	298
Intermediate position 1	2·5	234	225	310
Intermediate position 2	3·0	285	293	348
Intermediate position 3	3·2	290	295	348
Intermediate position 4	4·0	385	331	326
Intermediate position 5	4·0	318	313	320
Base of slides	4·0	355	460	342
Emulsion dried at 40°C and less than 25% relative humidity				
Top of slides	2·0	313	270	389
Intermediate position 1	2·2	385	353	373
Intermediate position 2	2·5	385	413	382
Intermediate position 3	2·5	380	370	376
Intermediate position 4	2·5	321	381	371
Intermediate position 5	2·2	374	405	356
Base of slides	2·0	213	363	343

of silver grains located in the interstices of the tissues. Similar observations have been reported by Joftes (1959) and tentatively explained by him as being due to mechanical forces operating in the gelatine of the emulsion during drying. In support of this hypothesis, we noted that this artefact occurred when the emulsion dried rapidly (in 5 min, at 40°C), but was rare when the emulsion dried slowly (in 30 min, at 17°C).*

* The artefactual rows or clumps of grains were not observed when the emulsion was coated on plain glass slides (without tissues), even though they were dried rapidly. Therefore, the tissue promotes occurrence of this artefact, perhaps because of the irregularities at the tissue surface after paraffin removal. Indeed, with one and especially

(contd. p. 17)

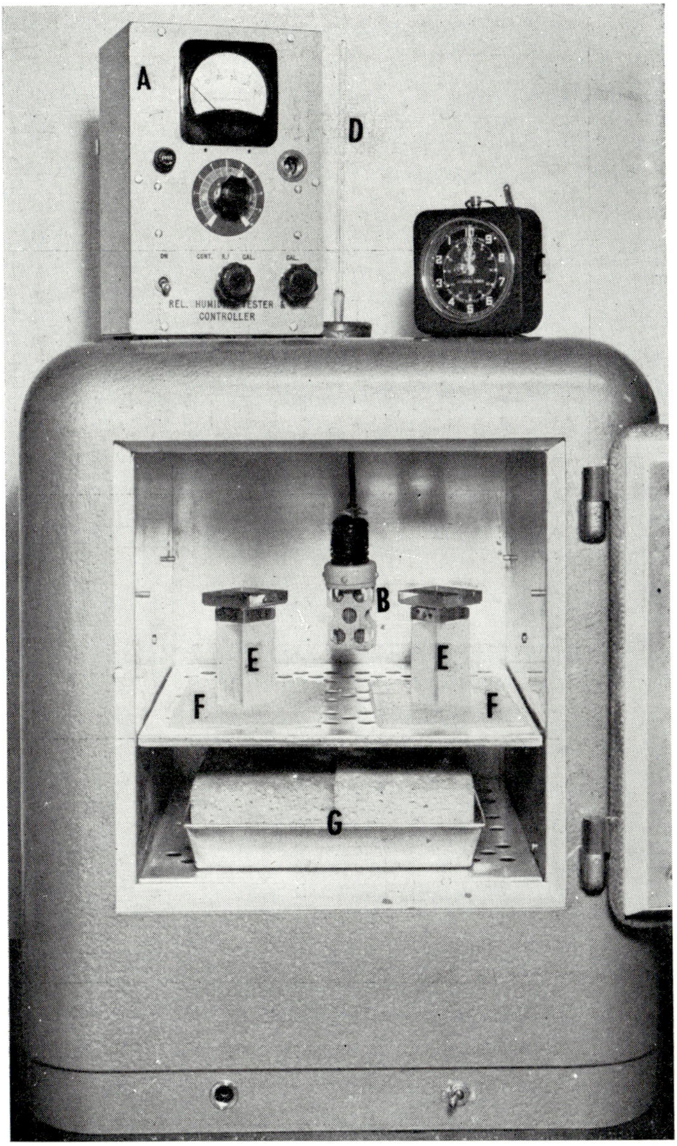

FIG. 4. Electric oven used for drying the emulsion coated slides under controlled conditions of temperature and relative humidity.

A: Electric hygrometer indicator; B: Electric hygrometer sensing element; C: Timer; D: Thermometer (to read 28°C); E: Coated radioautographs on slide holder (the model of the slide holder has now been changed to the model shown on Figs. 7-10); F: Wet tissue paper; G: Wet sponges in dish filled with water at about 28°C. The resulting relative humidity is about 80 per cent.

Table 5

Effect of temperature and relative humidity during drying of emulsion in radioautographs of H^3-labelled liver sections from mice injected with H^3-cytidine

Drying of emulsion			Characters of emulsion coat	Intensity of RAG image as percentage of control	Artefacts	Average background fog (grains/2700μ^2)
Temperature (°C)	Relative humidity	Drying time (min)				
17° (control)	about 50%	30–45	increased thickness at base	100	No grain accumulations, slight penetration of emulsion into tissue, grains mainly single	7
17°	88%	> 60	increased thickness at base	120	No grain accumulations, slight penetration of emulsion into tissue, grains mainly single	6
40°	< 25%	5	uniform	142	Heavy grain accumulations, pronounced penetration of emulsion into tissue, grains in groups of 2–4	7–50
40°	80–90%	15–20	droplets stripes	63	Heavy grain accumulations, penetration of emulsion into tissue, grains in groups of 2–4	7
28°	60–80%	about 30	uniform	132	No grain accumulations, slight penetration of emulsion into tissue, grains mainly single	7

There was a dilemma in that drying at room temperature (17°C) seemed best to avoid artefacts, but higher temperatures (e.g. 40°C) were required for uniformity of the emulsion (Table 4). An attempt was therefore made to find conditions under which freedom from artefacts and uniform emulsion would both be achieved. The experiments were carried out in a constant temperature cabinet (Fig. 4) in which humidity, and air flow were controlled. A few of the results relating to temperature and humidity (Table 5) showed that the accumulations of grains in clumps or rows may

Table 6

Intensity of the reaction of radioautographs dried at 28°C and about 80% relative humidity

	Mean emulsion thickness (μ)	grain counts/unit area	
		C^{14} (liver)	H^3 (liver)
Top of slide	1·7	337	319
Intermediate position 1	2·0	360	432
Intermediate position 2	2·0	357	458
Intermediate position 3	2·2	359	478
Intermediate position 4	2·2	369	471
Intermediate position 5	2·2	356	467
Base of slide	2·0	372	449

be prevented under several sets of conditions, but a slight defect was found: a few silver grains were frequently present within the tissue. This minor artefact was not a direct result of the drying process but rather was attributed to passage of silver bromide crystals into the tissue. (If necessary, this can be avoided by coating the sections with celloidin.) Except for this slight artefact, the best conditions were to have the slides dry slowly (in about 30 min) at 28°C with 80 per cent relative humidity and no circulation of air. Then, grain clumping was prevented (Table 5), while the emulsion was uniform (Table 6). High quality preparations were thus obtained.

two coats of celloidin the artefact was seldom encountered. This was explained by celloidin evening out the tissue surface. However, for reasons mentioned above, the application of celloidin is not advisable when tritium is the label. Another method to ensure a regular tissue surface was the embedding of the tissues in celloidin instead of paraffin. Again artefacts did not occur. However, this procedure has not been used routinely.

OPTIMAL CONDITIONS OF EXPOSURE

Once the emulsion has been applied over the tissue section, the preparation must be kept in the dark for a sufficient period of time to allow the radioisotope to affect the photographic emulsion, so that a radioautographic image appears on development.

Exposure time. The exposure time depends on the type of isotope, the injected dose, the time interval elapsed since the animal was injected, the type of emulsion, and also the purpose of the experiment. If grain counting is intended, exposure is kept low, but if qualitative localization and photographic reproduction are intended, it may be helpful to have a fairly intense image. In general, it is better to keep the exposure time at the minimum consistent with a usable reaction, since overexposure results in a diffuse image with corresponding loss in resolution; more simply, the shorter the exposure, the better the resolution is (Gross *et al.*, 1951).

Attempts at devising methods to predict the correct exposure time failed. It is therefore estimated by trial and error. Test slides consisting of the same tissues as are used in the experiment under way are developed at various time intervals, until the optimum radioautographic image is obtained.

Temperature. The influence of temperature during exposure was examined in two sets of non-radioactive tissues covered with emulsion and exposed at 4°C and 25°C respectively. After a 5-day exposure, there was no significant difference in the background fog count in the two sets. With increasing exposure time, the slides exposed at 25°C showed a progressive increase in fog, as well as groups of grains varying in abundance with the nature of the underlying tissue structure, whereas slides exposed at 4°C had no groups of grains and almost no increase in background fog after a 3-month exposure. (Some of the slides exposed at 4°C had been stained with hematoxylin-eosin. They showed no significant increase in background fog with time either, even at the end of a year.) It was, therefore, decided to expose all preparations in a refrigerator kept at 4°C.

Humidity. Much emphasis has been placed on the fading of the latent image (Albouy and Faraggi, 1949). These authors suggested that the phenomenon is due to the oxidation and elimination of the "photolytic silver" making up the "development centers" (latent image) under the influence of atmospheric oxygen in the presence of water. Indeed, it has been our experience that, when radioautographs are exposed in a humid atmosphere, the reaction is weak (Messier and Leblond, 1957), a phenomenon due to the fading of the latent image (Figs. 5–7). Therefore, the exposure must be carried out in a dry atmosphere. To provide this, a desiccant

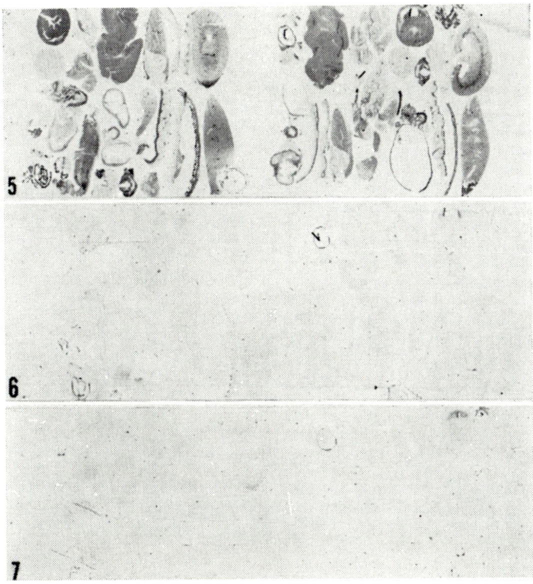

FIGS. 5–7. Unstained radioautographs of tissues of mouse sacrificed 1 hour after injection of S^{35}-methionine and exposed at various humidity levels. After exposure in a dry atmosphere (Fig. 5), reactions were intense. At 40 per cent humidity (Fig. 6), reactions were weak. At 95 per cent humidity (Fig. 7), reactions were absent. (Slightly darkened areas visible on the bottom picture are not due to reactions but to traces of picric acid retained in the Bouin fixed tissue.)

(Indicating Drierite) is kept in the plastic slide box in which the radioautographs are exposed. This drying agent is placed in a tissue paper bag (3 in. $\times$ $\times$ 1 in. $\times$ $\frac{1}{2}$ in.) fitting one end of the box snugly. Since the color of the Indicating Drierite changes when saturated with water, it is possible to decide on opening the box whether a sample should be discarded. Present routine procedure is to replace the bag every 30 days.

Tests were then carried out to determine whether any fading of the latent image occurred under these conditions. This was done by counting grains at successive times after coating, using C^{14}-labelled liver sections from mice injected with adenine-C^{14} (Fig. 8) or H^3-labelled liver sections from mice injected with cytidine-H^3 (Fig. 9). In both cases, a plot of grain count versus exposure time yielded a linear relationship until at least 80 days. At later intervals, grains were too numerous for accurate counting.

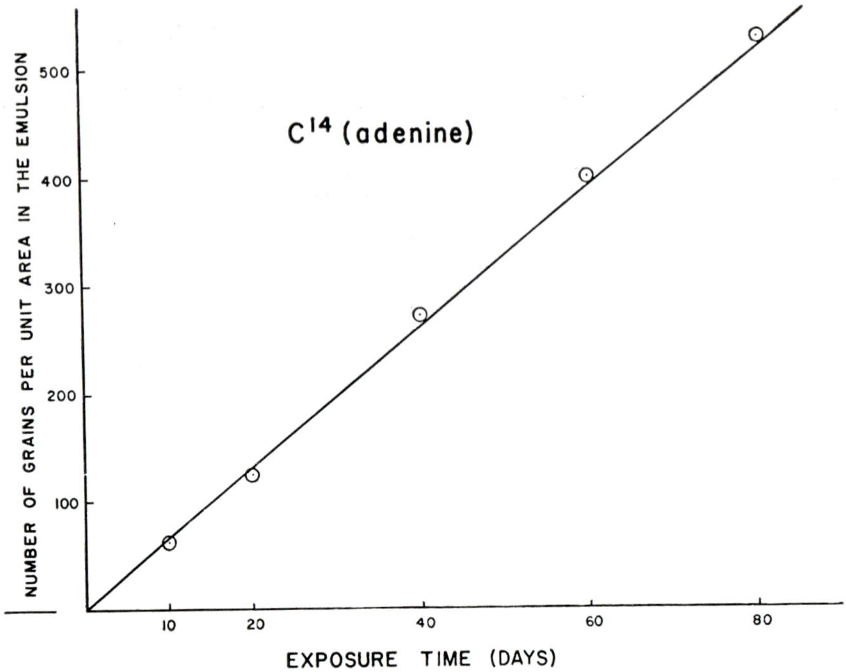

FIG. 8. Relation between exposure and the response of the emulsion to C^{14}-containing liver sections (from mouse injected with 0·4 μc of adenine-C^{14} per gramme body weight and sacrificed 24 hours later).

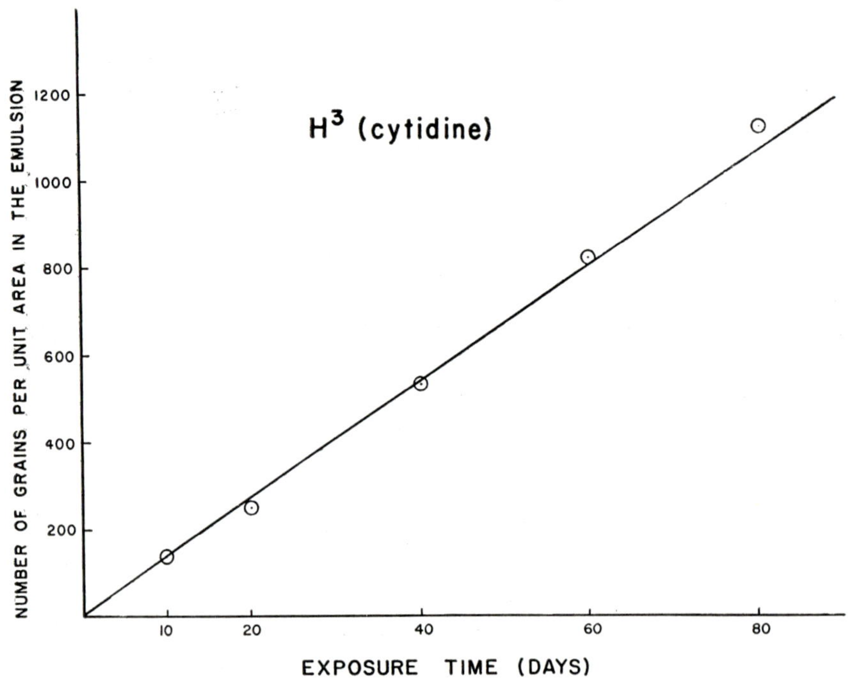

FIG. 9. Relation between exposure and the response of the emulsion to H^3-containing liver sections from mouse injected with 3 μc of cytidine-H^3 per gramme body weight and sacrificed 24 hours later.

Hence, no fading of the latent image may be detected over the experimental period, that is, as long as the exposure is low enough for grains to be counted. Exposure conditions were, therefore, considered to be satisfactory.

RADIOAUTOGRAPHIC PROCESSING

Processing is the series of operations by which the exposed radioautograph is developed photographically (thus transforming the latent image into a visible image), fixed, and mounted in a form suitable for examination under the microscope.

Careful technique is required to prevent displacement of the emulsion during processing (Gollnow and Hagemann, 1956). This displacement may be gross or microscopic. In the latter case, the grains are not accurately located over the β-ray emitting structure of the tissue section.

(1) *Gross displacement (sliding or peeling) of the emulsion.* With slides that have not been coated with celloidin, the emulsion is usually well attached to both glass slide and section and does not peel off during processing. Slides coated with celloidin are less firmly bound to the emulsion and, in this case, a dilute solution of egg-albumin may be smeared on the slide around the section so as to improve the adhesion of the emulsion.

The possibility of displacement is minimized by gentle handling, by keeping the slides horizontal with the emulsion side facing up throughout processing, and by keeping all solutions at 17°C.

(2) *Microscopic displacement (attributed to swelling of the emulsion).* The microscopic displacement which has been observed on occasion in the past may be due to either swelling of the emulsion in the developer and subsequent water solutions or to its retraction during dehydration in alcohol. The passage from water to alcohol with the associated turbulence and heat release may play a role here. In any case, microscopic displacement does not occur with the present technique, but the reason why this is so is not clear (presence of hardener in the fixing solution, gentle handling?).

Development

The selection of an adequate developer and the determination of the optimal developing time were done using consecutive sections of cytidine-H^3 labelled liver and several non-radioactive tissues coated with NTB2 emulsion.

(a) *Effect of various developers.* Six types of developers were tested, namely D-72 (also called Dektol), D-11, D-19, D-178, Tropical developer, and D-72 (Dektol) to which sodium sulphate was added. (The use of sodium sulphate in the last two solutions is recommended to reduce the swelling of the emulsion in the developer.)

The results (Table 7) showed no marked difference in grain counts with the various developers, except for D-11 in which the number of grains seemed somewhat low. (Perhaps a period of development longer than 2 minutes is needed in this case.)

Table 7

Influence of various developers on the intensity of the radioautographic reaction produced by H^3-labelled liver

(Development time was 2 minutes in all cases)

	D-72	D-72 Na_2SO_4	D-11	D-19	Tropical developer	D-178
Background fog	7	7	4	5	4	6
Intensity of reaction (No. grains per unit area over tissue)	256	250	176	223	252	288

(b) *Effect of developing time.* Grain counts after development for various periods varying from 1–8 minutes in either D-72 or D-178 (Table 8) showed an increase with developing time up to about 4 minutes. Hence, long development allowed full utilization of the emulsion sensitivity. However, this was accompanied by an even more rapid increase in the background fog (since the ratio of the grain tissue count over background fog decreased with time). Furthermore, increasing the developing time increased the frequency of grain clusters, which were rare or absent at the early intervals. It was concluded that the development time should be kept short.

In the case of D-72 (Dektol), the adopted time for routine development was 2 minutes, although on occasion development was prolonged to obtain a stronger reaction. This developer is prepared readily, its stock solution keeps well, and it has been found satisfactory for most routine purposes.

With D-178, the silver grains were rather uniform in size and mainly single. They were slightly larger, darker and more easily counted than grains produced in other developers. The increase in background fog with developing time was not so strong with D-178 as with D-72 (Table 8), although after 5 minutes, many very small silver grains appeared besides the usual, large grains. Nevertheless, with development time kept at 3 minutes, this developer seems to be best for quantitative radioautography by grain counting.

Table 8

Influence of developing time on intensity of radioautographic image

Duration of development (min)	Radioactive tissue (H^3 in liver) No. grains per unit area			Non-radioactive tissue (liver, kidney, etc.) No. grains per unit area		
	over tissue	background fog	Ratio: tissue / background fog	over tissue	background fog	Approximate ratio: tissue / background fog
D-72 developer						
1	242	5	48	8	8	1
2	367	8	46	11	12	1
4	482	19	25	28	26	1
8	475	34	14	150	51	3
D-178 developer						
1	147	6	25	5	6	1
2	154	6	26	5	6	1
3	213	7	30	7	7	1
4	223	9	25	8	9	1
5	254	11	23	9	11	1
6	228	15	15	15	15	1
8	250	26	10	24	26	1
control 2 min D-72	234	5	47	5	5	1

Fixation

Commercial Kodak Acid Fixing Powder with Hardener contains the hardening agent, potassium alum, which toughens the emulsion and protects it during subsequent washing in running water. As pointed out above, prestained preparations lose hematoxylin progressively in this fixing solution, presumably because of its acidity. The influence of fixing time on grain count was examined in the hope of defining a time that would be adequate for fixation but would be short enough to minimize the loss of hematoxylin from prestained slides. The results (Table 9) showed no significant influence of fixation time on grain count. Furthermore, it took $1\frac{1}{2}$ minutes for complete clearing of the emulsion. Hence, twice that time (3 minutes) was considered sufficient for adequate fixation and was adopted for routine work.

The considerably thicker Ilford G-5 emulsion (undiluted) needed a 10 minute fixation, which caused loss of hematoxylin.

Table 9

Influence of the duration of fixation (Kodak Acid Fixer with Hardener) on the intensity of the radioautographic reaction produced by I^{131}-labelled thyroid
(Development time was 2 minutes in D-72)

Duration of fixation (min)	Mean grain count over 6 thyroid follicles
½	191
1	176
2	197
3	195
10	189

Washing

The emulsion coming from the fixing bath is impregnated with sodium thiosulphate which, if not removed by adequate washing, would cause the metallic silver of the image to fade. Washing is done in slowly running water at 17°C for only 15 minutes. This routine minimizes the chance of damage to the emulsion and the effect on the stains (washing out of soluble dyes such as eosin, bluing of hematoxylin). Finally, the slides are dehydrated and mounted in permanent form, as will now be described in detail.

DETAILED DESCRIPTION OF THE COATING TECHNIQUE

The investigations which have been described above made it possible to introduce a number of improvements in the previously described coating technique (Messier and Leblond, 1957). 2–6 μ paraffin sections prepared in the routine manner are mounted on the area of microscopic slides outlined in Figs. 1–3. Usually the sections are stained or rather overstained with hematoxylin–eosin and then allowed to dry at room temperature. Subsequent steps are carried out in a completely light-proof darkroom kept at 17°±2°C, under a Kodak safelight with a Wratten series 2 filter and a 15 Watt bulb.

Dipping and Drying

The glass jar containing the emulsion is placed in a serological water bath at 40°±0·5°C. After about 30 min at this temperature, the emulsion is melted. It is then poured into a 150 ml beaker (also kept in the 40°C water bath). This is done carefully to minimize the formation of air bubbles. While the number of bubbles decreases slowly with time, any remaining before starting to coat slides must be removed. This may be done with a porcelain spoon. The absence of bubbles may be checked by dipping a clean slide, which then shows a uniform coat. The beaker must be filled with emulsion to a level such that the tissues on the slides are covered with emulsion. The slides may be dipped in the emulsion by hand and dried by standing them vertically against a support (Messier and Leblond 1957). A convenient procedure is to use slide holders. The stainless steel slide holders consist of 4 clips welded to a base so as to hold 4 slides (Fig. 10). When the slides are clipped firmly in position (Fig. 11), they do not touch one another. It was found that, if the tissue bearing side of each slide is placed so as to face another slide, then all four slides dry at the same rate. When the holders are carried by the base, the slides are directed downwards, ready to be dipped into the emulsion (Fig. 12). During dipping, care is taken not to shake the emulsion nor to tilt the slides. After withdrawal from the emulsion, the excess is quickly drained into tissue paper held against the lower portion of the group of slides; and the holder with the slides is immediately transferred to an incubator at 28°C and about 80 per cent relative humidity (Fig. 4). The slides are placed on sheets of wet tissue paper to insure absorption of the excess emulsion.

Six slide holders may be simultaneously placed in the incubator. The door should be shut during the drying period, which under these conditions lasts about 30 minutes, so that temperature and relative humidity are kept constant.

After drying, the slide holders are removed from the incubator and placed on the table upside down, that is, with the slides directed upwards (Fig. 13). (Contrary to previous routine—Messier and Leblond, 1957—the back of the slide is not wiped.) While one set of slides is drying, the next set may be placed in slide holders in preparation for dipping.

Exposure

During exposure, the slides are stored in a horizontal position in light-tight plastic boxes which contain the desiccant "Indicating Drierite". The boxes are sealed with black cellulose tape and kept in a refrigerator at 4°C. Care must be taken not to store material which would introduce humidity in this refrigerator.

Processing

The exposed slides are placed horizontally in a developing rack containing 25 slides, and processed in the following series of baths, all of

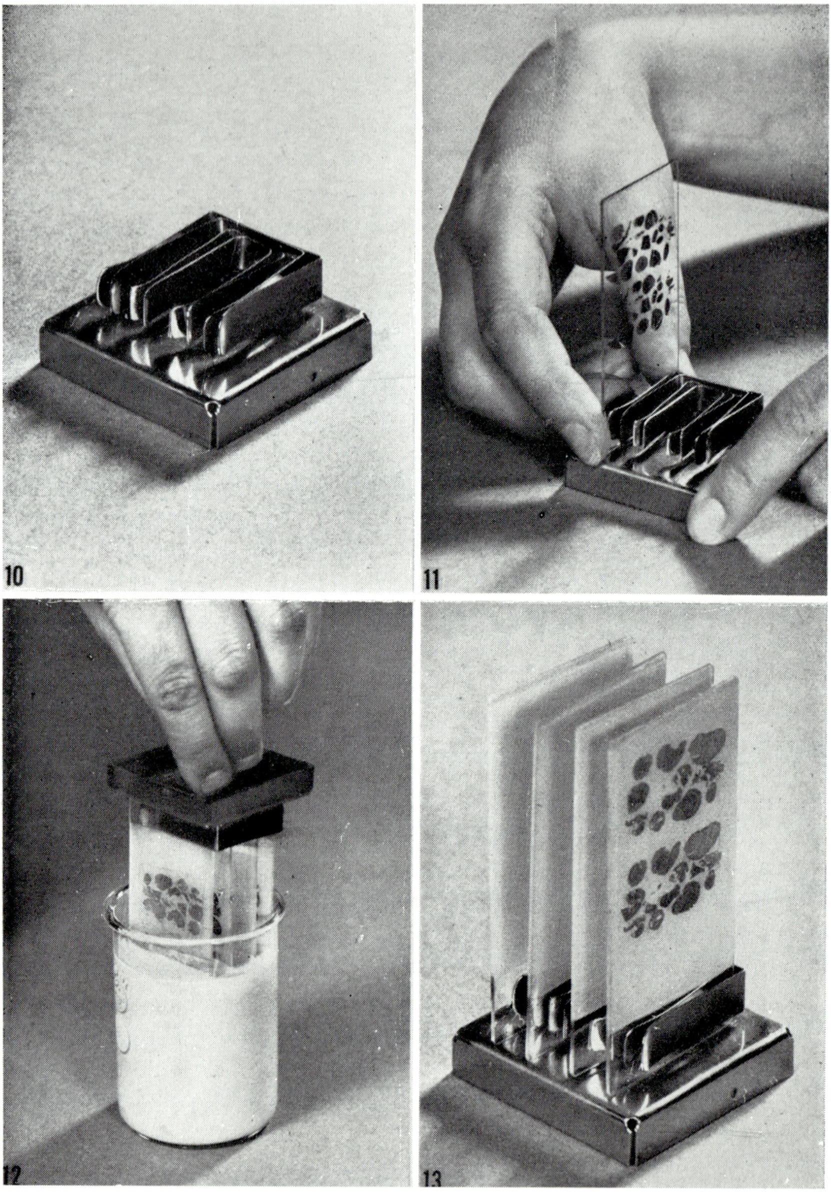

FIGS. 10–13.

FIG. 10. Slide holder for 3 in. × $1^1/_2$ in. slides.

FIG. 11. A stained slide is being introduced into one of the clips of the slide holder.

FIG. 12. A slide holder bearing four dipped slides is being removed from the emulsion beaker.

FIG. 13. Dipped slides as they appear after drying. The slides are now ready to be removed from the holder and stored for exposure.

which are kept in the dark room and are, therefore, at room temperature (17°C), except for running tap water which has to be adjusted at 17°C:

Eastman Kodak Dektol developer (1 part stock solution for 2 parts distilled water), 2 min (with no shaking);

distilled water, a few seconds;

Eastman Kodak Acid Fixer with Hardener, 3 min.;

running tap water, 15 min;

one bath of 95 per cent alcohol and two of absolute alcohol, 2 min. each.

Mounting

The slides are transferred from absolute alcohol to a 1:1 mixture of cedar oil and absolute alcohol, in which they are kept for about 1 hr. This step prevents and also removes artefacts, such as the air locks which may occur in sections. The slides are then placed in a mixture of xylol and Canada balsam for 1 hr, and finally mounted under a coverslip in balsam. The excess balsam is removed with xylol. The preparations are dried at 37°C for a few days and cleaned again with xylol.

APPLICATIONS OF THE TECHNIQUE AND GENERAL CONCLUSIONS

Quantitative Radioautography

The coating technique with the refinements just described can be used for quantitative radioautography. It may be recalled that preparations with a density low enough for accurate grain counting showed a linear relationship between grain count and exposure time (Figs. 8 and 9). This was taken as evidence that there is no fading of the latent image during exposure. More important still is the fact that under our working conditions the intensity of the reactions was *directly proportional to exposure*. This is good evidence in support of the use of the technique for quantitative radioautography.

Histological Use

The scope of radioautography is broad, as it may find uses in all branches of plant and animal biology, pharmacology, pathology, etc. Nevertheless, it is essentially a histochemical technique which has contributed and will contribute more and more to the progress of histology. In this light, it is felt that the most exciting use of radioautography is *to trace the behavior in the body of substances of biological interest.*

The labelled substance to be traced may be a simple chemical form of the radioelement (P^{32} as phosphate, I^{131} as iodide, Ca^{45} as the calcium ion, and so on) or it may be incorporated into more or less complex sub-

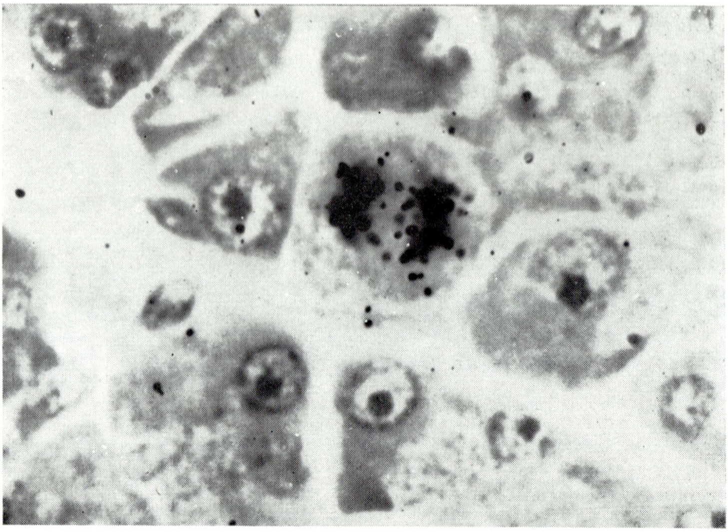

FIG. 14. Unretouched picture of a coated radioautograph showing a labelled, hematoxylin eosin stained pancreatic acinar cell in anaphase, from a rat sacrificed 12 hours after injection of thymidine-H^3. × 2000.

The above picture was obtained by a two-exposure technique devised by Mr. A. Graham. For the first exposure, focusing was on the section and a medium speed panchromatic film was used with a yellow-green filter. For the second exposure, focusing was on the photographic grains and a very high contrast film was used without filter. A special eyepiece graticule with crosses makes it possible to record the crosses in sharp focus on each negative. The crosses are used to register the images of the two negatives at the printing stage. The prints are made on variable contrast paper. The section is printed from the first negative with low contrast and lightly; the grains are printed from the second negative with high contrast, and plenty of exposure to ensure that all grains are recorded on the paper.

stances (C^{14} in bicarbonate, glucose, amino-acids or even proteins; H^3 in water, amino-acids or nucleosides). Usually, the labelled substances administered are readily soluble in tissue fluids and, after administration to an animal, are more or less completely washed out of the tissues during histological processing. However, if they are taken up into substances insoluble in fixing and other processing fluids, they will then be detectable by radioautography.

The principles applying to all methods involving the use of radioisotopes must be observed when employing radioautography. Firstly, the chemical behavior of the labelled substance may usually be assumed to be identical with that of its stable counterpart. This will also be true of the biological behavior, provided (1) the amount of radioactivity administered be small enough not to have a significant radiochemical effect, and (2) the amount or weight of material injected be sufficiently small not to produce a significant increase in the amount of this substance present in the circulation. The labelled substance will then truly act as a "tracer" of the normal metabolism.

Biochemical information on the labelled substance is essential in planning experiments and interpreting results. For instance, the use of thymidine-H^3 in locating cells about to divide is based on biochemical evidence that this substance is taken up into DNA during its pre-mitotic synthesis (ref. in Amano, Messier and Leblond, 1959). Furthermore, direct tests on the sections should confirm the nature of the substance responsible for the radioautographic reactions. Thus, it may be seen that, after injection of thymidine-H^3, the label appears in the DNA-containing parts of the cells: nucleus, chromosomes (Fig. 14), whereas extraction of DNA from the sections with DNAse also suppressed the radioautographic reactions (Amano *et al.*, 1959).

An interesting use of radioautography is to trace the migration of cells or the passage of biochemical components from one histological structure to another. Thus, the cells of the intestinal epithelium labelled with thymidine-H^3 may be shown to migrate towards the surface and fall into the lumen (Leblond, Messier and Kopriwa, 1959; Messier, 1959). Newly-formed RNA labelled with cytidine-H^3 migrates from nucleus to cytoplasm (Figs. 15, 16). In this case, specific activity measurements (ratio of radioactive to total RNA) indicate that, while nuclear RNA is distributed

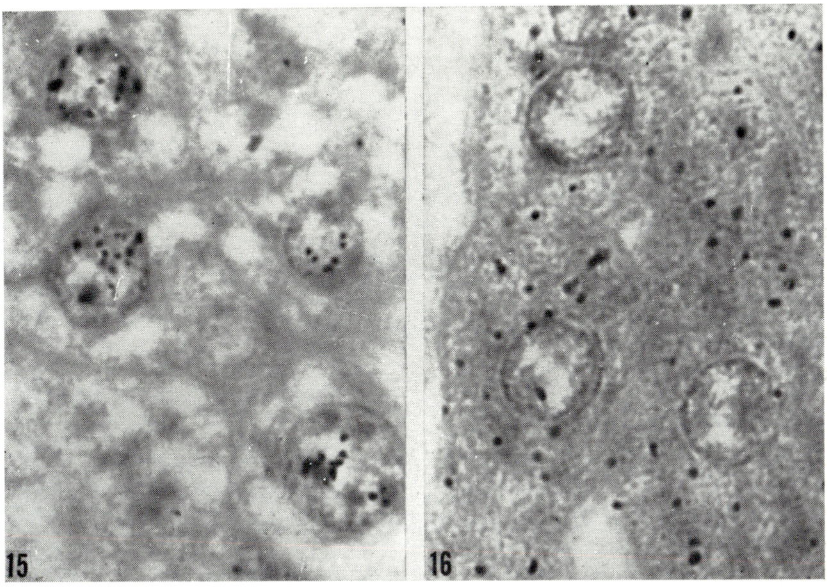

FIG. 15–16. (Kindly prepared by Dr. Minoru Amano.) Coated radioautographs of hematoxylin-eosin stained liver cells at 20 minutes (Fig. 15) and two days (Fig. 16) after injection of cytidine-H^3. The radioactivity is in the nucleus at early time intervals (Fig. 15) and appears in the cytoplasm later (Fig. 16).

between chromatin and nucleolus, only that from the nucleolus migrates to the cytoplasm (Amano and Leblond, 1960). These few examples can only give a glimpse of the extensive possibilities of radioautography.

It is concluded that the radioautographic method, particularly when the coating technique here described is used, lends itself admirably to tracing the behavior of labelled substances in the body and expressing their metabolism in quantitative terms.

ACKNOWLEDGMENT

This work was done with the support of the Defence Research Board of Canada.

BIBLIOGRAPHY

ALBOUY, G. and FARAGGI, H., Sur le mécanisme de l'effacement de l'image latente due aux particules chargées. *J. Phys. Radium.*, 1949, **10**: 105–109.

AMANO, M. and LEBLOND, C. P., Comparison of the specific activity time curves of ribonucleic acid in chromatin, nucleolus and cytoplasm. *Exp. Cell. Res.*, 1960, **20**: 250–253.

AMANO, M., MESSIER, B. and LEBLOND, C. P., Specificity of labelled thymidine as a deoxyribonucleic acid precursor in radioautography. *J. Histochem. Cytochem.*, 1959, **7**: 153–155.

AXELROD, D. J., The radioautographic technique. Contract W-7405-eng-48A U. S. Atomic Energy Commission, BP–111, 1947.

BECQUEREL, H., Physique — sur les radiations émises par phosphorescence. *C. R. Acad. Sci.*, 1896, **122**: 420–421.

BEHRENS, B. and BAUMANN, A., Zur Pharmakologie des Bleis. IX. Mitteilung. Weitere Untersuchungen über die Verteilung des Bleis mit Hilfe der Methode der Autohistoradiographie. *Z.f.d. ges. exp. Med.*, 1933, **92**: 241–250.

BEHRENS, B. and BAUMANN, A., Zur Pharmakologie des Bleis. X. Mitteilung. Die Beziehung der Bleiablagerung zum Calciumstoffwechsel. *Z.f.d. ges. exp. Med.*, 1933, **92**: 251–264.

BELANGER, L. F. and LEBLOND, C. P., A method for locating radioactive elements in tissues by covering histological sections with a photographic emulsion. *Endocrinology*, 1946, **39**: 8–13.

BOURNE, G.H., Autoradiography. *Biol. Rev.*, 1952, **27**: 108–131.

BOYD, G. A., *Autoradiography in Biol. and Med.* Acad. Press., N. Y., 1955.

CECCALDI, P. F., L'histo-autoradiographie. Principes et méthodes. *Bull. Micr. Appl.*, 1951, **1**: 161–171.

COMAR, C. L., LOTZ, W. E. and BOYD, G. A., Autoradiographic studies of calcium phosphorus and strontium distribution in the bones of the growing pig. *Am. J. Anat.*, 1952, **90**: 113–130.

FITZGERALD, P. J., Radioautography in cancer. *Cancer*, 1952, **5**: 166–194.

FITZGERALD, P. J., Radioautography in cytology. *Tex. Rep. Biol. Med.*, 1953, **11**: 671–677.

GOLLNOW, H. and HAGEMANN, G., Displacement of photographic emulsions and a method of processing to minimize this effect. *Astr. J.*, 1956, **61**: 9.

GORBMAN, A., Radioautography in biological research. *Nucleonics*, 1948, **2**: 30–43.

GROSS, J., BOGOROCH, R., NADLER, N. J. and LEBLOND, C. P., The theory and methods of the radioautographic localization of radioelements in tissues. *Am. J. Roentgenol.*, 1951, **65**: 420–458.

HARBERS, E., Handbuch der Histochemie. *Gustave Fischer, Stuttgart*, **1**: 1958.

IMAMURA, K., Studies on the single cell autoradiography. *Acta Haem. Jap.*, 1959: **22**, 528–538.

JOFTES, D. L., Liquid emulsion autoradiography with tritium. *Lab. Invest.*, 1959, **8**: 131–138.

JOFTES, D.L. and WARREN, S., Simplified liquid emulsion radioautography. *J. Biol. Photo. Assn.*, 1955, **23**: 145–150.

LACASSAGNE, A., LATTES, J. and LAVEDAN, J., Etude expérimentale des effets biologiques du polonium introduit dans l'organisme. *J. Radiol. Electrol.*, 1925, **9**: 1–14.

LEBLOND, C. P., MESSIER, B. and KOPRIWA, B., Thymidine-H^3 as a tool for the investigation of the renewal of cell populations. *Lab. Invest.*, 1959, **8**: 296–308.

LEBLOND, C. P., PERCIVAL, W. L. and GROSS, J., Autographic localization of radioiodine in stained sections of thyroid gland by coating with a photographic emulsion. *Proc. Soc. Exp. Biol. Med.*, 1948, **67**: 74–76.

LIMA-DE-FARIA, A., Bibliography on autoradiography—with special reference to tritium labelled DNA precursor. *Hereditas*, 1959, **45**: 632–648.

MESSIER, B., Histological localization of newly-formed deoxyribonucleic acid by means of tritium-labelled thymidine. *3rd Can. Cancer Conf.*, 1959, **3**: 23–30.

MESSIER, B. and LEBLOND, C. P., Preparation of coated radioautographs by dipping sections in fluid emulsion. *Proc. Soc. Exp. Biol. Med.*, 1957, **96**: 7–10.

NADLER, N. J., Quantitative estimation of radioactive isotopes by radioautography. *Am. J. Roentgenol.*, 1953. **70**: 814–823.

PASSALACQUA, F., Elementi di tecnica autoradiografica in referimento alle applicazioni nel campo della cancerologia. *Tumori*, 1954, **40**: 1–15.

PASSALACQUA, F., Bibliography of the publications of biological and medical applications of autoradiography (1924–1954). *Biol. lat.*, 1955, **8**: 7–30.

PELC, S. R., Autoradiographic technique. *Nature*, 1947, **160**: 749.

PELC, S. R., The film stripping technique of autoradiography. *Inter. J. Appl. Radiation and Isotopes*, 1956, **1**: 172–177.

ROBERTSON, J. S., BOND, V. P. and CRONKITE, E. P., Resolution and image spread in autoradiographs of tritium labeled cells. *Inter. J. Appl. Radiation and Isotopes*, 1959, **7**: 33–37.

YAGODA, H., *Radioactive Measurements with Nuclear Emulsions*. Wiley, N. Y., 1949.

ULTRAVIOLETTMIKROSPEKTROPHOTOMETRIE

W. SANDRITTER*

Pathologisches Institut der Justus Liebig — Universität.
Giessen/Lahn, Deutschland.

DIE physikalisch-optischen Methoden innerhalb der Histotopochemie geben ein deutliches Beispiel dafür, in welcher Weise sich das Schwergewicht der histologischen und cytologischen Forschung von der reinen Morphologie zur Zellchemie verlagert hat. Beide Methoden ergänzen sich dabei mit dem Ziel, Struktur, Funktion und chemische Zusammensetzung von biologischen Objekten aufzuklären. Dabei wurde ein Weg beschritten, den schon F. Miescher im Jahre 1876 klar aufzeigte (Brief vom 25. Juni an Hoppe-Seyler): „Ich verfolgte von Anfang an die Aufgabe, zu zeigen, daß die Histologie . . . zunächst auf chemischer Basis weitergebaut werden muß . . .“ Miescher war zu dieser Zeit mit der Darstellung der „Nukleinstoffe“ beschäftigt, einer Stoffklasse, die in besonderem Maße für die Cytophotometrie im ultravioletten Licht zugänglich ist. Caspersson hat im Jahre 1936 diese Methode entwickelt und zeigen können, daß unter bestimmten Voraussetzungen Mengenbestimmungen von Nukleinsäuren in der Größenordnung von 10^{-12} g möglich sind. Das Prinzip dieser Methodik ist inzwischen auf andere Wellenlängengebiete ausgedehnt worden (Ultraviolett- bis Infrarotspektrophotometrie), wobei grundsätzlich die Gesetze der „Makro“- photometrie auch auf diese viel schwierigeren Systeme angewendet werden.

Ein Übersichtsreferat in dem hier gezogenen Rahmen kann lediglich darauf abzielen, neben grundsätzlichen methodischen Problemen den Anwendungsbereich für die verschiedensten Zweige der Biologie und Medizin zu erörtern. Die in den letzten Jahren häufig diskutierten methodischen Schwierigkeiten verlangen, daß insbesondere Fehlerquellen, die vom Gerät und biologischem Objekt her eingeführt werden können, zu behandeln.

*Die erwähnten eigenen Versuche wurden mit Unterstützung der Deutschen Forschungsgemeinschaft vorgenommen.

1. GRUNDLAGEN DER UV-PHOTOMETRIE

In der UV-Photometrie wird in den meisten Fällen die Lichtabsorption der in biologischen Objekten natürlich vorkommenden Substanzen ohne Einführung chromophorer Gruppen (Färbung) mittels eines Mikroskopes und Spektrographen im Wellenlängenbereich von 200–400 mμ gemessen. Bisher wurden vorwiegend die Absorption der Nukleinsäuren (λ max 260 mμ) und der tyrosin- und tryptophanhaltigen Eiweißkörper (λ max 280 mμ) für Konzentrations- und Mengenbestimmungen dieser Substanzen ausgenutzt, während der Bereich zwischen 300 und 400 mμ Wellenlänge weitgehend vernachlässigt wurden (siehe unten, Pigmente).

(a) *Geräte*

Die Messungen können je nach Fragestellung und gewünschter Genauigkeit mit sehr einfachen Geräten, wie z. B. photographischen Verfahren oder hochkomplizierten automatisch registrierenden Apparaturen vorgenommen werden.

Vorwiegend am Beispiel eigener Apparaturen soll der prinzipielle Aufbau der Geräte kurz geschildert werden:

Die photographische Methode hat gegenüber photoelektrischen Messungen im allgemeinen den Nachteil geringerer Genauigkeit. Für die Photo-

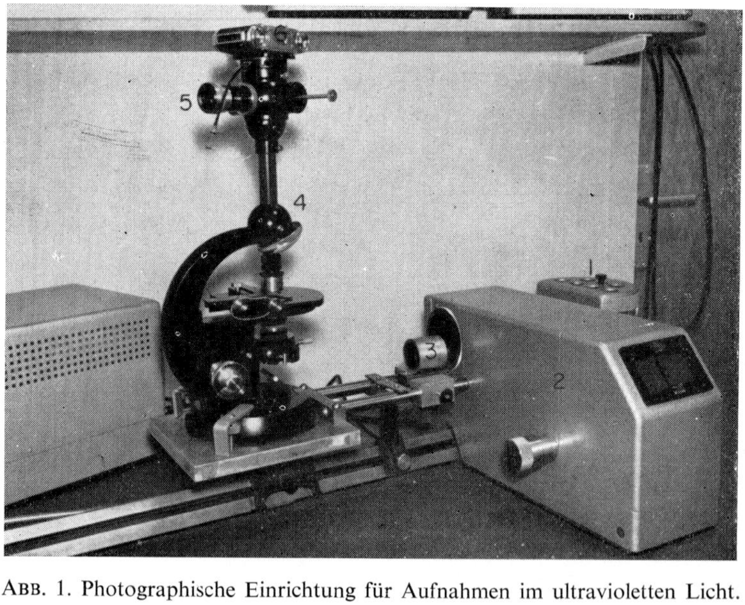

ABB. 1. Photographische Einrichtung für Aufnahmen im ultravioletten Licht. 1—Lichtquelle (Hg-Lampe); 2—Monochromator; 3—Linse für Zwischenabbildung; 4—Mikroskop mit Spiegeloptik (Beck, London, Kondensor nA 0,6 Objektiv nA 0,9); 5—Seitlicher Einblick; 6—Kleinbildkamera.

graphie mit monochromatischem Licht kann man ein sehr einfaches Gerät (Abb. 1), bestehend aus Monochromator mit Quecksilberlampe, Mikroskop mit Spiegeloptik (Beck, London, Kondensor nA 0,6, Objektiv nA 0,9) oder eine achromatische Optik (Zeiss, Kondensor nA 0,3, Objektiv nA 0,85, Okular $\times$ 10) und einer Kleinbildkamera benutzen. Das mikroskopische Präparat wird im sichtbaren Licht eingestellt und ohne Veränderung des Fokus des Objektivs auf UV-Licht der gewünschten Wellenlänge umgeschaltet. Die Messungen der Schwärzung des Filmes wird mit einem automatisch registrierenden Mikrodensitometer (Walker, 1955) vorgenommen, wobei ein Stufenkeil (Step-wedge der Firma Hilger und Watts, London) mit bekannter Extinktion bei verschiedenen Wellenlängen als Referenzsystem dient. Dieser Stufenkeil kann nicht mit dem Objekt zusammen photographiert werden (Kleinbildkamera), sondern wird jeweils für einen Film gesondert aufgenommen und gilt dann z. B. für die nachfolgenden 36 Aufnahmen. Die Belichtungszeiten sind lang genug, um Schwankungen der Lichtquelle auszuschalten. Testversuche haben gezeigt, daß 10 Aufnahmen des gleichen Stufenkeiles in verschiedenen Zeitabständen bis zu 24 Std. maximale Abweichungen von ± 3 Prozent ergeben. Im ganzen dürfte die Genauigkeit der photographischen Methode mit der beschriebenen Anordnung bei ± 5 Prozent liegen. Das beschriebene Gerät hat sich, besonders für Anfänger zum Einarbeiten in die UV-Photometrie bewährt, da jeder Versuchsschritt leicht zu übersehen ist und der Film als Dokument jederzeit wieder unter anderen Gesichtspunkten gemessen werden kann.

Die Photographie bei einer Wellenlänge ist für Messungen des Gesamtgehaltes an absorbierenden Substanzen (z. B. Nukleinsäuregehalt) geeignet, weniger dagegen für die Aufnahme von Absorptionsspektren, die mit der von Mellors u. M. (1950), Barer u. M. (1950) angegebenen spektrographischen Methode leichter ausgeführt werden kann. Das von der achromatischen Spiegeloptik entworfene Bild wird auf den Eingangsspalt eines Spektrographen projiziert, so daß die photographische Platte das gesamte Spektrum enthält.

Photoelektrische Geräte, bei denen die Lichtabsorption direkt mit einem Photomultiplier gemessen wird, haben den Vorteil größerer Meßgenauigkeit, sind aber im Aufbau wesentlich schwieriger, wenn man sich nicht käuflicher Geräteteile bedienen kann. Dies mag ein Grund dafür sein, daß die Photometrie im ultravioletten Licht im Vergleich zur Cytophotometrie im sichtbaren Licht bisher nur in wenigen Laboratorien vorgenommen wird. Diese Situation wird sich ändern, wenn das Gerät der Firma Carl Zeiss (Oberkochen, Deutschland) in absehbarer Zeit zur Verfügung stehen wird.

In welcher Weise ein einfaches, nach dem *Ausschlagverfahren* arbeitendes Gerät mit Einzelbausteinen des Spektralphotometers von Zeiss auch für die UV-Photometrie aufgebaut werden kann, zeigt Abb. 2. Als

ABB. 2. Ansicht eines einfachen Cytophotometers für ultraviolettes und sichtbares Licht (Einstrahlgerät).
1—Lichtquelle; 2—Monochromator; 3—Mikroskop mit achromatischer Optik; 4—seitlicher Einblick; 5—Projektionsprisma; 6—Lichtschutzrohr mit Photomultiplier (RCA 1P 21); 7—Stromversorgungsteil für Photomultiplier und Anzeigegerät.

Lichtquelle dient eine Quecksilberlampe, die mit stabilisiertem Strom ($\pm$0,1 Prozent) gespeist wird. Die Inkonstanz der Gasentladung bedingt bei dem vorliegenden Gerät eine Ungenauigkeit der Messungen von $\pm$1,5 Prozent vom Vollausschlag bei λ 265 mμ und von $\pm$0,2 Prozent bei λ 313 mμ. Der Eingangsspalt des Monochromators wird über einen Bodenspiegel in das achromatische Kondensorobjektiv eingestrahlt (Arbeitsapertur 0,3), als Objektiv und Okular dient ebenfalls die achromatische Optik von Zeiss. Die Einstellung des mikroskopischen Bildes erfolgt im sichtbaren Licht, das UV-Bild wird in 125 cm Entfernung auf den Photomultiplier (RCA 1P 21) projiziert und dort der im Präparat 0,5 μ große Meßpunkt ausgeblendet. Die Stromversorgung des Multipliers und die Galvanometeranzeige erfolgt mit dem käuflichen Anzeigegerät zum Spektralphotometer. Der Mikroskoptisch kann mit einem Synchronmotor als Antrieb versehen werden, so daß auch registrierende Messungen bei einer Wellenlänge möglich sind, wenn ein Extinktionsschreiber an den Ausgang des Anzeigegerätes gelegt wird (z. B. der Schreiber von Fa. Honeywell mit Integrator).

Genauere Messungen, sowohl für die Registrierung gegen die Wegstrecke wie die Wellenlänge, sind nur mit Kompensationmethoden (2 Lichtstrahlen, 2 Multiplier: Caspersson, 1940, 1951, Keohane u. Metcalf, 1956, Sandritter, 1953, oder 2 Lichtstrahlen und einen Photomultiplier: Walker, 1956, Pollister u. Ornstein, 1955, Hermann, 1959, Sandritter, 1958 a, Gerät der Firma Carl Zeiss, Oberkochen) möglich. Das eigene Gerät dieser Art zeigt Abb. 3 (für Einzelheiten s. Sandritter, 1958 a und Abb.-Unterschrift). Mit dieser Apparatur die jetzt mit der achromatischen Optik und dem Präzisionsfeinverschiebetisch von Zeiss ausgerüstet ist, sind Messungen mit ± 1 Prozent Reproduzierbarkeit möglich.

Speziellere Probleme, wie z. B. die UV-photometrischen Messungen an lebenden Zellen der Gewebekultur in Zellkammern (Walker u. Davies, 1950, Montgomery u. M., 1956) verlangen einen besonderen apparativen Aufwand. Ein eigenes Gerät (zusammen mit Schiemer und Grosser, vgl. Sandritter, 1958 a) für diese Zwecke (vgl. den Vortrag von Grosser) ist mit Spiegeloptik (höhere Durchlässigkeit zur Vermeidung von Strahlenschädigung), Phasenkontrasteinrichtung, Photomultiplier und photographische Registriereinrichtung ausgerüstet.

(b) *Fehlerquellen*

Bei cytophotometrischen Messungen im ultravioletten und sichtbarem Licht können fehlerhafte Ergebnisse auftreten, wenn nicht gewisse grundsätzliche Forderungen erfüllt sind, die sowohl die Apparaturen wie das Objekt angehen (vgl. die Übersichtsartikel von Caspersson, 1936, 1950, Davies u. Walker, 1953, Nurnberger, 1955, Pollister u. Ornstein, 1955, Walker, 1956, 1958, Scott u. Sinsheimer, 1950, Blout, 1953, Über, 1939, Sandritter, 1958 a und die Diskussionen in *Disc. Farad. Soc.* **9**, 1950, *Labor. Invest.* **1**, 1952, und Colloquium über Quantitative Histochemie Frankfurt 1959, erscheint in *Acta Histochemica*, 1960).

Die auftretenden Probleme sind vor allem durch die schwierigen physikalisch-optischen und chemischen Eigenschaften der zu untersuchenden Zellen bedingt, denen die optischen Eigenschaften des Mikroskopes und der Aufbau des Gerätes gerecht werden muß. Caspersson hat 1936 die grundsätzlichen theoretischen und praktischen Voraussetzungen für die UV-photometrischen Messungen geschaffen, indem er beweisen konnte, daß unter bestimmten Bedingungen Objekt und Bild bis zu einem erträglichen Fehler hinsichtlich der Form und Lichtintensitätsverteilung übereinstimmen. Dabei mußte insbesondere die durch das biologische Objekt auftretende Lichtbrechung, Reflexion, Beugung, Streuung und Inhomogenität berücksichtigt werden und die Mikroskopoptik entsprechend angepaßt werden.

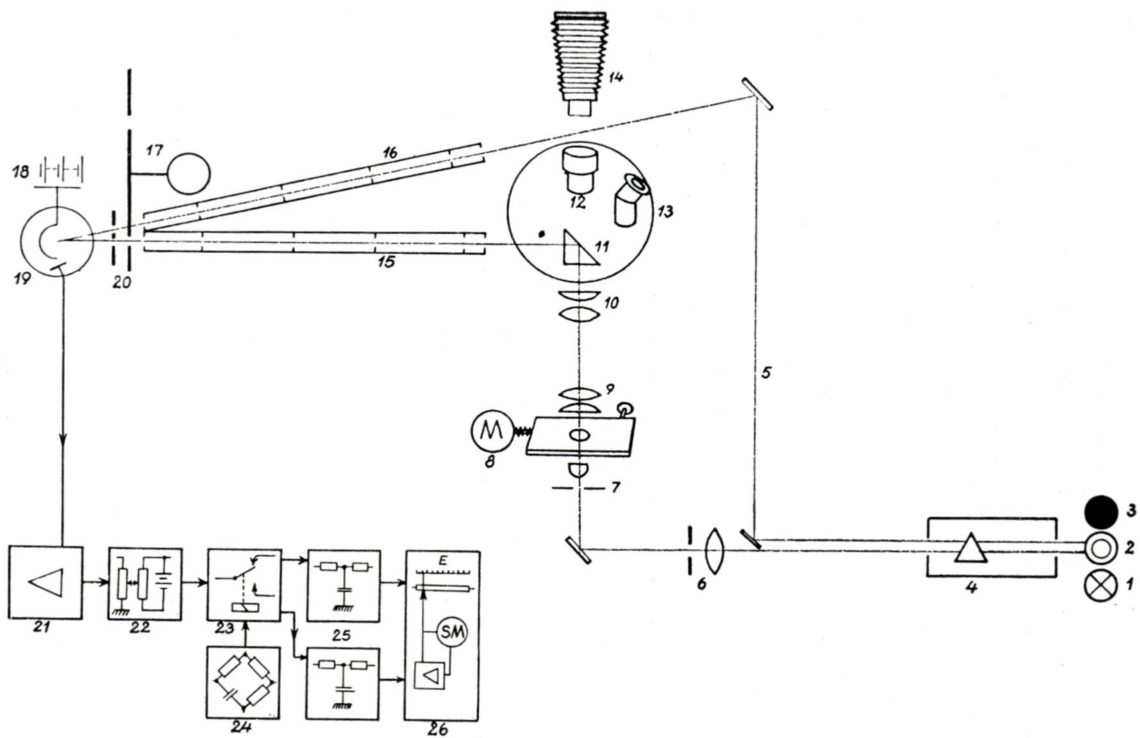

ABB. 3. Schematische Darstellung des UV-Spektrographen (Sandritter, 1958a).

1 – Xenonlampe; 2 – Hg-lampe; 3 – Sichtbare Lichtquelle; 4 – Monochromator; 5 – Vergleichsstrahl; 6 – Zwischenblenden mit Irisblende; 7 – Kondensor (Achromat, Zeiss, nA 0,85, Arbeitsapertur 0,3); 8 – Motor für Tischantrieb; 9 – Objectiv (Achromat, Zeiss nA 0,85); 10 – Okular (Achromat ×10); 11 – Projektionsprisma; 12 – Phototubus; 13 – Köhler-Sucher für UV-Licht (11 – 13 auf schwenkbarer Platte); 14 – Kamera; 15 – Meßstrahl; 16 – Vergleichsstrahl; 17 – Rotierender Sektor mit Synchronmotor; 18 – Stromversorgung für Photomultiplier; 19 – Photomultiplier (RCA 6295); 20 – Irisblende für Ausblendung des Meßfeldes; 21 – Verstärker; 22 – Kompensator; 23 – Vibrator; 24 – Phasenbrücke; 25 – Siebketten; 26 – Kompensationsschreiber mit Verstärker und Servomotor.

Aus den Ergebnissen der bisherigen Untersuchungen verschiedener Autoren (s. o.) lassen sich gewisse grundsätzliche Bedingungen als Voraussetzungen für mikrophotometrische Messungen formulieren, die gleichzeitig eine Liste der wichtigsten Fehlerquellen darstellen:

(1) Die numerische Apertur des Objektivs soll 0,85 betragen.

(2) Der Kondensor soll eine numerische Apertur von 1/2 bis 1/3 des Objektivs haben (schiefe Beleuchtung, Fokuseffekt).

(3) Die Objektgröße ist mit 3–4mal der Wellenlänge des einstrahlenden Lichtes begrenzt.

(4) Die Inhomogenität des Objektes (Absorptionsinhomogenität, Brechungsindexunterschiede) muß berücksichtigt werden.

(5) Das auftretende Streulicht muß so gering wie möglich gehalten werden.

(6) Der Schwarzschild-Villiger Effekt ist zu beachten.

(7) Alle Arbeitsbedingungen am Gerät müssen leicht variiert werden können um sich über die Größe dieser „Störfaktoren" zu informieren.

(8) Messungen an Modellsubstanzen und Testobjekten, sowie mit anderen unabhängigen Methoden sollen zur Sicherung der Ergebnisse herangezogen werden.

(9) Die Interpretation der Meßergebnisse erfordert die Kenntnis der Absorptionskurven der reinen Substanzen, um mögliche Überlagerungen, Interferenzerscheinungen und andere Einflüsse auszuschalten.

ad 1. Mikroskopobjektive. Die bisher für die UV-Photometrie zur Verfügung stehenden Objektive waren wegen verschiedener Nachteile mancherlei Kritik ausgesetzt. Die für eine Wellenlänge korrigierten Monochromate (Zeiss) bedürfen besonderer Einstellverfahren im UV-Licht (Köhler-Sucher) und sollen nach King und Roe (1953) nur wenig Abweichung von der bestimmten Wellenlänge vertragen. Die Spiegeloptik (s. Übersicht Sandritter, 1958 a, Otto, 1960) können durch zentrale Abschattung Abbildungsfehler hervorrufen. Ihr Vorteil liegt in der Achromasie und hoher Lichtdurchlässigkeit. Eine ideale Optik wurde in jüngster Zeit von der Firma Carl Zeiss (Oberkochen, Deutschland) entwickelt, die als achromatische Linsenoptik die Vorteile der Spiegeloptik mit den Monochromaten vereinigt. Die numerische Apertur ist genügend groß (0,85), um den größten Teil des von den biologischen Strukturen abgelenkten Lichtes zu sammeln (95 Prozent nach Caspersson, 1936 bei einem Brechungsindexverhältnis von Objekt zum Medium von 1,1). Werden Objektive mit niedrigerer numerischer Apertur benutzt, so tritt ein „Nichtabsorptionslichtverlust" auf, so daß die Meßwerte zu hoch erscheinen.

ad 2. Numerische Apertur des Kondensors. Die schiefe Beleuchtung bei hoher numerischer Apertur des Kondensors führt dazu, daß die Randstrahlen einen längeren Weg durch das mikroskopische Präparat zurücklegen, als die Strahlen im Zentrum. Dadurch kann es bei idealen, durch „planparallele Platten" begrenzten, Objekten zur Erhöhung der Absorptionswerte kommen, die bei sphärischen oder kugelförmigen Körpern natürlich entsprechend geringer sein muß. Der auftretende Fehler läßt sich in Abhängigkeit von der Wellenlänge, dem Brechungsindex und der Extinktion theoretisch errechnen (Caspersson, 1936, Blout, 1953, Walker, 1956), so daß man Korrektionskurven aufstellen kann. Eigene Messungen haben gezeigt (Sandritter u. M., 1958 b), daß der Fehler sehr gering ist. Nach Walker (1958) beträgt der Fehler nur 1 bzw. 5 Prozent bei einer Kondensorapertur von 0·6 und einem Brechungsindex der Zellen von 1,37 bzw. 1,53. Andere Autoren (Keohane u. Metcalf, 1959, King u. Roe, 1953) finden größere Abweichungen der Meßergebnisse bei verschiedenen Kondensoraperturen.

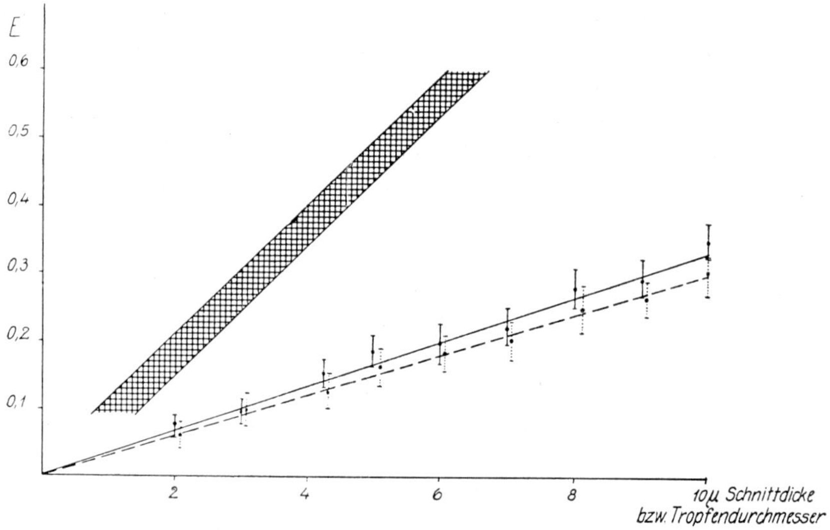

ABB. 4. Prüfung der Gültigkeit des Lambert-Beer'schen Gesetzes an menschlicher Leber verschiedener Schnittdicke (Carnoyfixation, nA Objektiv 0,8, Kondensor nA 0,2, automatisch registrierende Messungen im Cytoplasmabereich von je 10 Leberzellen, Meßblende 0,3μ, Schnittdickenbestimmungmittels Fokusierung mit Mikrokator, ⫯ Streubreite der Meßwerte).

1—Mittlere Extinktion bei λ 265 mμ nach Abzug von E λ 313 mμ; 2—Mittlere Extinktion bei λ 280 mμ; 3—Verlauf der Meßwerte mit angegebener Streuungsbreite von Naphthalintropfen verschiedener Größe in Äthylendichlorid, gemessen bei verschiedener numerischer Apertur des Kondensors (nach Walker, 1958, umgezeichnet).

In Modellversuchen kann man sich zudem davon überzeugen, inwieweit bei verschiedener nA des Kondensors Abweichungen vom Lambert-Beer'schen Gesetz auftreten, beziehungsweise bei einer bestimmten nA des Kondensors dieses Gesetz bei verschiedener Schnittdicke erhalten bleibt. Wie Abb. 4 zeigt, bleibt bei verschiedener nA des Kondensors nach Walker (1958) das Lambert-Beer'sche Gesetz erhalten und die eigenen Messungen demonstrieren, daß bei einer nA von 0,2 in Leberschnitten die lineare Beziehung zwischen Schichtdicke und Extinktion erhalten ist. Damit ist auch erwiesen, daß der „out of focus error", der dadurch auftritt, daß bei dicken Objekten nicht alle Strukturen zur Bildentstehung beitragen und daß mit zunehmend geringerer Kondensorapertur abnehmendes Auflösungsvermögen keine wesentliche Fehlerquelle darstellen kann.

ad 3 u. 4. Die untere *Begrenzung der Objektgröße* mit etwa 1 μ (3–4× der Wellenlänge im kurzwelligen UV-Licht) wurde von Caspersson (1936) aus der Abbé'schen Bildentstehungstheorie und den Messungen der Lichtverteilung um sphärische Körper verschiedener Größer berechnet. Bei Objektpartikeln oberhalb von 1 μ ist die Rückwärtsstreuung des Lichtes gering und die Lichtstreuungskegel können von Objektiven der Apertur 0·85 fast völlig erfaßt werden. In den meisten biologischen Objekten finden wir Partikel unterschiedlicher Größe mit verschieden hoher Absorption und verschiedenem Brechungsindex dicht nebeneinander und übereinander liegen, so daß eine zweidimensionale Inhomogenität vorhanden ist. Der Einfluß der „Absorptionsinhomogenität" kann theoretisch berechnet (Glick u. M., 1951, Caspersson, 1955, Walker, 1958, Sandritter, 1958 a) und im Experiment empirisch erfaßt werden. Messungen mit zu großer Blende führen zu einer Erniedrigung der Extinktion. Bleibt man mit der Meßblende unterhalb von 1μ (eigene Messungen 0,3–0,8 μ), so wird man den Inhomogenitätsfehler vermeiden können. Durch entsprechende Fixierung (z. B. Gefriertrockung, statt Fixation in Säuren) kann man darüberhinaus auch die „Refraktionsindexinhomogenität" so gering wie möglich halten. Der unterschiedliche Brechungsindex von verschiedenen Objektstrukturen untereinander und im Vergleich zum Einbettungsmedium führt zur Lichtreflexion, Brechung und Streuung, so daß ein Teil des einstrahlenden Lichtes unter Umständen nicht mehr von der Objektivöffnung erfaßt wird und ein „Nichtabsorptionslichtverlust" auftritt.

Dieses Streulicht im engeren Sinn ist abhängig von der Wellenlänge, der Partikelgröße und der nA von Kondensor und Objektiv (Rayleigh-Beziehung: Caspersson, 1936). Diese Art von Streulicht kann durch Gefriertrocknung und Glycerineinbettung weitgehend reduziert werden (z. B. 5 μ Schnitt E 0,05), wenn man die von Caspersson 1950 empfohlene Methode der

Bestimmung des Streulichtes oberhalb von 300 mμ Wellenlänge benutzt. Der Brechungsindexunterschied zwischen Glycerin (n=1,53 bei λ 260 mμ) und dem Gewebe (1,62 nach Jansen, 1958) ist aber noch beträchtlich und eine bessere Anpassung wäre wünschenswert. Verschiedene Medien wie Chloralhydrat in Glycerin (Köhler, 1904) (n=1,56 bei λ 260 mμ) oder Benzol (n=1,62) geben ähnliche Dispersionskurven, wie das Gewebe (vgl. auch Rudkin und Corlette, 1956, Koenig u. M., 1953). Vom praktischen Standpunkt wird man für Messungen im UV-Licht durch schonende Vorbehandlung des Gewebes versuchen, die Streulichtmenge so gering wie möglich zu halten.

ad 5 u. 6. Das *Streulicht* im weiteren Sinne entsteht im wesentlichen im Meßgerät selbst. Hier ist das Streulicht im Monochromator (0,33 Prozent führt zu 1 Prozent Meßfehler nach Walker, 1958), das durch Filter und Blenden weitgehend ausgeschaltet werden kann und im Mikroskoptubus (Blenden!) zu nennen. Diese Art von Streulicht führt, wie der von Schwarzschild und Villiger, 1906 beschriebener Effekt, zu einer Erniedrigung der gemessenen Extinktion (vgl. Naora, 1952, Davies und Walker, 1953, Sandritter, 1958 a). Über die Größe dieses durch multiple Reflexion an den Glasluftflächen der Optik entstehenden Fehlers kann man sich durch Messungen von Kohlepartikeln informieren, obwohl das Ergebnis (z. B. 3 Prozent Durchlässigkeit von 2 μ großen Kohlepartikeln bei Spalt von 10 μ Durchmesser) nur mit größter Vorsicht zu beurteilen ist, da der Meßfehler bei Extinktionen über 1 sehr groß wird. Man wird den Fehler klein halten können, wenn man Extinktionen über 1 vermeidet und die Leuchtfeldblende so klein wie möglich hält. Bei einer Leuchtfeldblende von 30 μ Durchmesser (Monochromatorspalt) können nach eigenen Erfahrungen noch Extinktionen bis 0,8–0,9 (menschliche Spermien) ohne größeren Fehler gemessen werden (s. Tab. 1).

ad 7 u. 8. In den bisherigen Ausführungen wurde gezeigt, daß alle Fehlerfaktoren an einfachen Modellen geprüft werden können (z. B. Farstofftropfen) und es ist zu fordern, daß Messungen an Testobjekten, deren Gehalt an absorbierenden Substanzen bekannt ist, zur Sicherung der Ergebnisse herangezogen werden (z. B. Spermien, s. Tab. 1).

ad 9. Wenn alle Bedingungen für möglichst fehlerfreie Messungen vom Gerät her eingehalten werden, so bleibt immer noch bei der Interpretation der Meßergebnisse die Frage offen, inwieweit chemische Zustandsänderungen im Gewebe den Extinktionskoeffizienten von Nukleinsäuren und Eiweißkörpern oder anderen Substanzen verändern. Auf die Einflüsse

Tabelle 1

Ergebnis der ultraviolettmikrospektrophotometrischen Nukleinsäurebestimmungen an haploiden und diploiden Zellen

	Zellart	n	μ^2	DNS $\times 10^{-12}$g	σ_M $\pm$	RNS $\times 10^{-12}$g	Verh. 265/280	Chem. DNS $\times 10^{-12}$g	Best. RNS $\times 10^{-12}$g
Mensch	Spermien	35	10	3,28	0,086		1,80	2,7	—
								3,4	
	Spermien (R)	15	11	3,12	0,074	0,16	1,69	—	—
	Thymus	26	55	7,29	0,059		1,56	6,8°	—
								7,5°	
	Thymus (R)	34	30	6,80	0,24	0,48	1,57		
Stier	Spermien	29	39	3,25	0,09		1,5	3,7	—
								2,8	—
	Thymus	21	33	6,85	0,11		1,75	6,4	0,5
	Thymus (R)	27	35	6,55	0,16	0,30	1,79		
Kaninchen	Spermien	26	32	3,25	0,10		1,40	3,1 ×	
	Thymus	26	50	5,75	0,15		1,58	5,3–7,2	
Ratte	Spermien	18	14	3,11	0,19		1,31		
	Thymus	19	25	6,05	0,08		1,60	6,6°	
								6,05•	
Hahn	Spermien	24	10	1,59	0,05		1,70	1,26	
								1,10	
	Erythrocyt	31	15	3,31	0,07		1,64	2,4	0,09
								2,56	
	Erythrocyt (R)	22	19	3,30	0,1	0,01	1,62	2,2	
Forelle	Spermien	24	8	2,52	0,07		1,75	2,5	
	Erythrocyt	21	32	5,61	0,20		1,86	4,8–5,3	
	Erythrocyt (R)	21	29	5,46	0,23	0,15	1,36		
Rana temp.	Erythrocyt	22	37	9,15	0,33		1,46	8–9	
	Erythrocyt (R)	21	42	8,85	0,33	0,30	1,54		
Bufo vir.	Spermien	20	37	5,43	0,18		1,31		
	Erythrocyt	26	50	12,88	0,33		1,54		
	Erythrocyt (R)	25	52	12,12	0,29	0,76	1,40		

n = Anzahl der Zellen

(R) = Ribonuklease behandelt (1mg/ml, 37°, 3 Std.)

× = UV-spektrographisch gewonnener Wert

° = Wert für Leukocyten

• = Wert für Niere

⊗ = Wert für Leber

von Fixierung, des pH, des Polymerisationsgrades u.s.w. auf die Absorption der Nukleinsäuren kann hier nicht näher eingegangen werden (Davies, 1954, Sandritter, 1958 a, Walker, 1958). Sowohl die Höhe, wie die Form von Absorptionskurven kann dadurch verändert werden. *In vitro* an reinen Nukleinsäuren scheint dieser Effekt aber wesentlich größer zu sein, als an lebenden Zellen (Walker 1958). Für verschiedene Arten von Zellobjekten können sich dabei ganz verschiedene Gesichtspunkte ergeben, insbesondere auch hinsichtlich der Überlagerung der Nukleinsäuren- und Eiweißkörperabsorption mit anderen Stoffen. Für die Berechnung des DNS-Gehaltes hat sich ein Extinktionskoeffizient von 20 (g/l) als richtig erwiesen (s. Tab. 1), für RNS scheint der Wert etwas höher zu liegen (20 bis 24, vgl. Nurnberger, 1955). (Für die Berechnung des Nukleinsäuregehaltes s. Sandritter, 1958 a).

Abb. 4. zeigt einige der wichtigsten UV-absorbierenden Substanzen, die bisher mikrophotometrisch gemessen wurden. In tierischen Zellen handelt es sich im wesentlichen um die Nukleinsäure und Eiweißkörperabsorption, in pflanzlichen Zellen können Ascorbinsäure und Catechol eine Rolle spielen (Chayen, 1953). Darüberhinaus gibt es aber noch eine ganze Reihe anderer Stoffe wie die Steroide und Fettsäuren, sowie Pigmente (Lipofuscin, Ceroid, Melanin, Atmungspigmente und Carotinoide), die

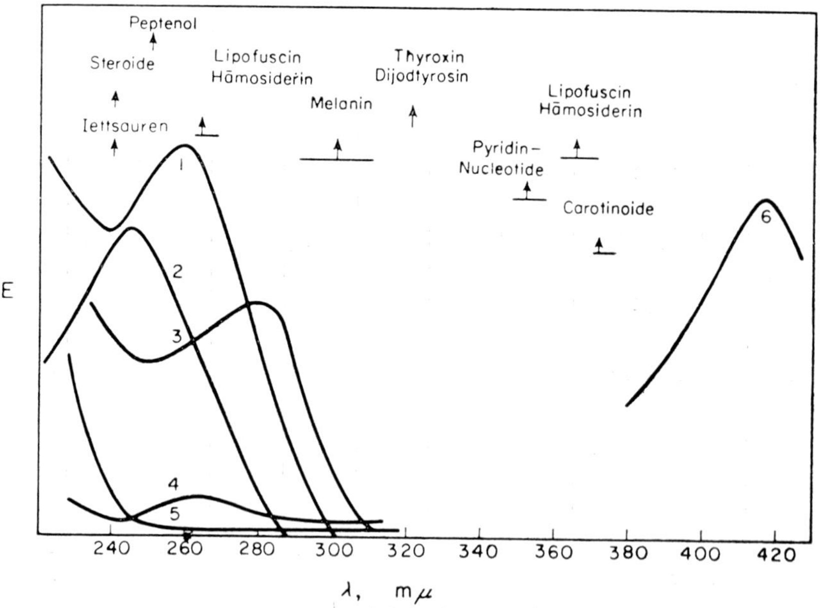

ABB. 5. Schematische Darstellung der wichtigsten UV-absorbierenden Substanzen. 1 – Nukleinsäuren (Thymuslymphocyten gelöst in 0,1n NaOH, Verhältnis λ 260/280 = 2); 2 – Ascorbinsäure (nach Walker, 1958); 3 – Serumalbumin; 4 – Phenylalanin; 5 – Clupein; 6 – Hämoglobin (Ordinate in willkürlichen Einheiten).

teilweise ausgeprägte UV-Absorptionen aufweisen und teilweise die Nukleinsäureabsorption überlagern können. Bisher sind die spektralen Eigenschaften dieser Substanzen noch wenig für deren Nachweis ausgenutzt worden.

2. ERGEBNISSE

Eine Übersicht der bisher mit der UV-Photometrie gewonnenen Ergebnisse kann in diesem Rahmen nicht den Anspruch der Vollständigkeit erheben. Es sollen vielmehr nur an einzelnen typischen Beispielen aus eigenen Untersuchungen grundsätzliche Fragestellungen erörtert werden, die mit der UV-Photometrie bearbeitet werden können.

Über die Bedeutung der Nukleinsäuren, wie sie sich heute auf Grund biochemischer und histochemischer Untersuchungen darstellt, braucht hier nicht weiter eingegangen zu werden. Nukleinsäuren wurden in allen lebenden Organismen nachgewiesen, wobei als gesichert angesehen werden kann, daß sie als Träger der genetischen Information auftreten und für die Synthese von Eiweißkörpern eine wesentliche Rolle spielen (Siehe die Artikel in *The Chemical Basis of Heredity*, 1957, *Nucleic Acids*, 1955, Caspersson, 1950).

Für genetische Probleme war der Nachweis einer Korrelation zwischen dem DNS-Gehalt und der Chromosomenzahl (Übersicht Vendrely, 1955), wie sie sich aus biochemischen und feulgenphotometrischen Messungen ergab, von größtem Interesse. Für uns stellte sich die Frage, ob eine solche Beziehung auch auf Grund UV-photometrischer Messungen nachzuweisen war. Wie Tab. 1 und Abb. 6 zeigen, besteht eine bemerkenswert gute Übereinstimmung zwischen dem UV-photometrisch ermittelten Nukleinsäuregehalt von verschiedenen Zellen mit haploidem und diploidem Chromosomensatz (Sandritter u. M., 1960 b). Damit ist erwiesen, daß man mit der UV-Photometrie richtige, d. h. mit anderen unabhängigen Methoden übereinstimmende Meßergebnisse erhalten kann (s. auch Leuchtenberger u. M., 1952, Walker u. M., 1952). Die Vorteile liegen u. E. darin, daß man im Gegensatz zur Feulgenphotometrie absolute Werte erhält und nicht wie bei biochemischen Nukleinsäurebestimmungen nur einen Mittelwert des Nukleinsäuregehaltes von einer großen Zahl von Zellen. Die einzelnen Meßwerte streuen selbst bei Spermien ziemlich stark um den Mittelwert, ein Hinweis darauf, daß offenbar die Zahl der Chromosomen oder Chromomeren Schwankungen unterworfen ist. Der Nachteil für die quantitative Bestimmung der Nukleinsäuren liegt darin, daß beide Nukleinsäuren das UV-Licht absorbieren und eine Trennung erst nach Ribonukleasebehandlung möglich ist. Mit der Ribonukleasebehandlung sind auch Pro-

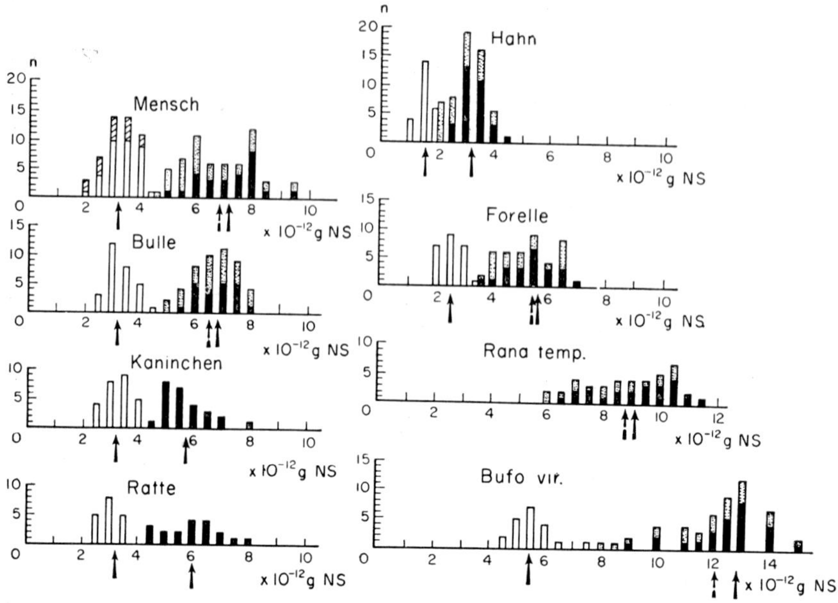

ABB. 6. Graphische Darstellung des Nukleinsäuregehaltes von Spermien und diploiden Zellen (Thymusymphocyten von Mensch, Bulle, Kaninchen, Ratte; Erythrocyten von Hahn, Forelle, *Rana temporaria* und *Bufo viridis*).

□ Spermien
▨ Meßwerte nach Behandlung mit Ribonuklease
■ Diploide Zellen
⬚ Diploide Zellen nach Behandlung mit Ribonuklease (Aus Sandritter u. M. 1960b).

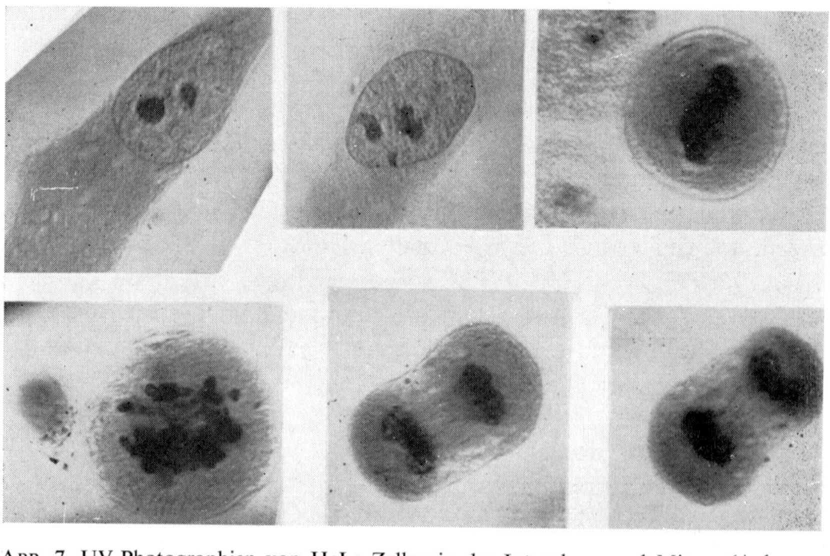

ABB. 7. UV-Photographien von HeLa-Zellen in der Interphase und Mitose (Achromatische Optik Zeiss, λ 265 mμ).

teinbestimmungen bei λ 280 mμ, die in Anwesenheit von Nukleinsäuren mit einem größeren Fehler belastet sind, leichter möglich (s. Sandritter u. M., 1957, King, 1959).

Die Probleme der Zellteilung können mit cytophotometrischen Methoden unter völlig neuen Gesichtspunkten bearbeitet werden. Die UV-photometrischen Messungen von Caspersson (1950) hatten ergeben, daß die Nukleinsäurevermehrung in der Prophase auftritt (Vermehrung von RNS

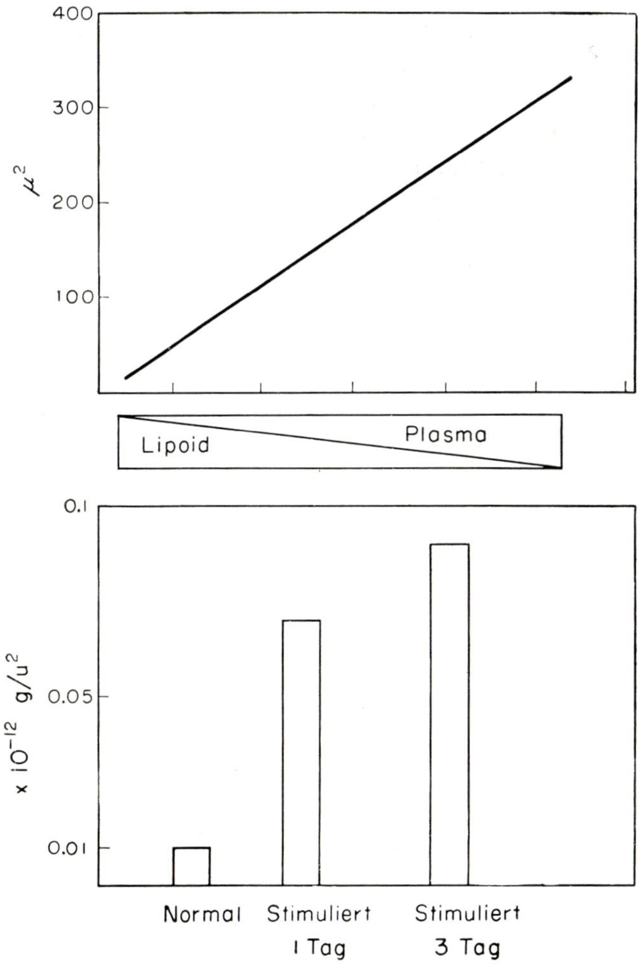

Abb. 8. Graphische Darstellungen der Beziehungen der Nucleolengröße in menschliche Nebennieren und dem Gehalt an Lipoiden bzw. Cytoplasma (oben, aus Sandritter u. M., 1954). Mit zunehmend größerem Nucleolus verschwinden die Lipoide aus dem Zelleib und Cytoplasmaeiweißkörper nehmen ihren Platz ein. Unten: Messungen der Nukleinsäurekonzentration in 3 μ Schnitten der Rattennebenniere 1 und 3 Tage nach Stimulierung mit Omnadin (2 ccm).

oder Nucleotiden?), was nach feulgenphotometrischen Messungen nicht bestätigt werden konnte (vgl. Vendrely, 1955). Abb. 7 zeigt, daß die RNS in der Mitose eine bedeutende Rolle bei der Spindelformation spielen muß, da hier hohe Konzentrationen von RNS auftreten. Erste UV-photometrische Messungen haben ergeben, dass der Nukleinsäuregehalt (RNS und DNS) der Prophasen etwa doppelt so groß ist, wie von Interphasezellen und in der Metaphase der Gehalt des Myxoplasmas an RNS größer ist als in der Anaphase.

Für Untersuchungen zur Zellfunktion haben UV-photometrische Untersuchungen einen wesentlichen Beitrag geleistet (Nervenzellen, Hydén, 1943; Blutzellen, Thorell, 1947; Drüsenzellen, Caspersson u. M., 1941). Die Theorie von der Funktion des Nukleolus als ein Steuerungszentrum für Cytoplasmanukleinsäuren und Proteinsynthese konnte mit diesen Untersuchungen weitgehend unterstützt werden. Eigene Untersuchungen an einem eindrucksvollen Beispiel zeigen diesen Zusammenhang besonders deutlich. Abb. 8 stellt in der Nebennierenrinde den Zusammenhang zwi-

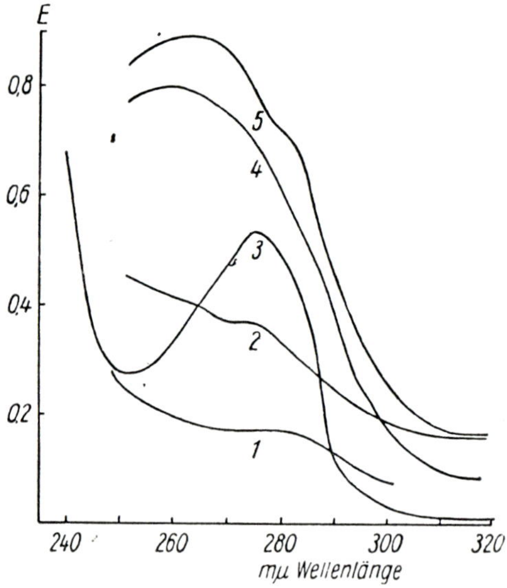

ABB. 9. UV-Absorptionsspektren vom Pankreas der Ratte. 5 μ Schnitt. 1—Absorptionskurve aus dem Cytoplasma von Langerhans'schen Inseln (nach Caspersson u. M. 1941). Absorptionsgipfel bei λ 275–280 mμ. 2—Automatisch registrierend aufgenommene Absorptionskurve aus dem Cytoplasma einer B-Zelle des Rattenpankreas. Gipfel bei λ 275 mμ. 3—Insulin (Höchts), 1 cm Schichtdicke 0,01 Prozent in A. dest. Absorptionsgipfel bei λ 275 mμ. 4 u. 5—Automatisch registrierend aufgenommene Spektren von den basalen Teilen der Drüsenepithelien des exkretorischen Parenchyms (Ratte). Hohe Extinktion bei λ 260 mμ und λ 280–290 mμ.

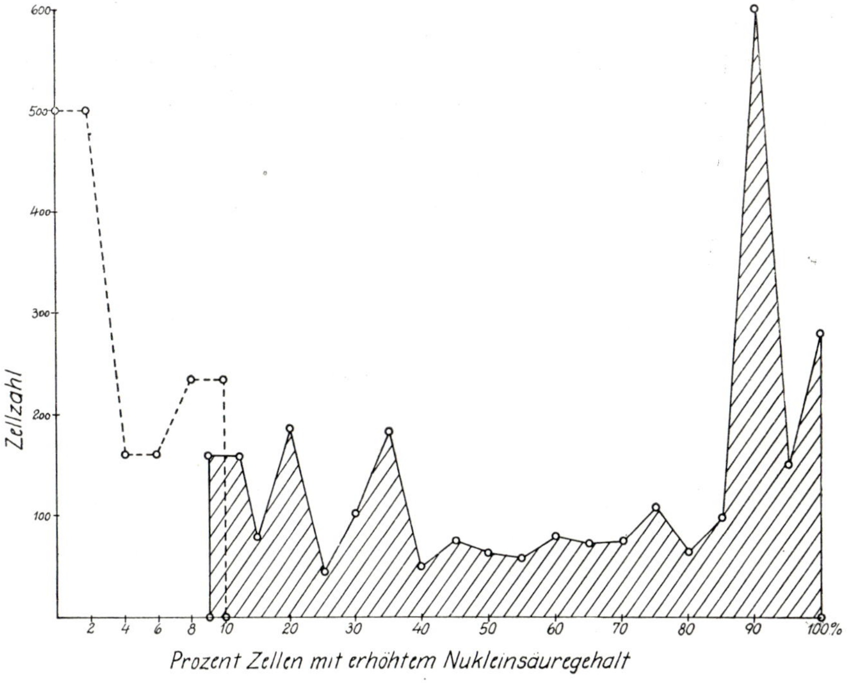

ABB. 10. Graphische Darstellung der Prozentzahlen von Zellkernen mit einem erhöhten, über einer gewissen Grenze liegenden Nukleinsäuregehaltes in normalen und Tumorgeweben (Nach Sandritter u. M. 1960a).

schen der Größe des Nukleolus und dem Nukleinsäuregehalt im Cytoplasma der Zellen dar (Sandritter u. M. 1954 und unpubliziert). Bekanntlich verschwinden nach Stimulierung der Nebennierenrinde die Lipoide aus dem Cytoplasma und es erscheinen Ribonukleinsäure und Protein (d. h. Mitochondrien und Microsomen), die für die Umwandlung der Hormonvorstufen in aktive Hormone verantwortlich sind.

Ein anderes Beispiel stellt die Bauchspeicheldrüse dar, in derem exkretorischem Parenchym hohe Konzentrationen von Nukleinsäuren eine starke Proteinsynthese anzeigen, während im inkretorischen Gewebe das UV-Absorptionsspektrum nur auf die Anwesenheit von tyrosin- und tryptophanhaltigen Eiweißkörpern schliessen lässt (Abb. 9). Für den Aufbau spezifischer Eiweißkörper wie das Insulin wird demnach keine Ribonukleinsäure gebraucht, die Synthese scheint vielmehr unter Anwesenheit von SS- und SH Gruppen stattzufinden. Die Stimulierung der B-Zellen der Langerhans'schen Inseln mit D 860 (orales Antidiabetikum) sieht man aber dennoch Nucleolenvergößerungen (Sandritter u. M. 1959b).

Ein weites Arbeitsgebiet für die UV-Photometrie eröffnet sich für Probleme der Tumorforschung. Den erhöhten Gehalt an DNS und RNS zeigten die Störungen des Nukleinsäure- und Eiweißkörperstoffwechsels an (Caspersson u. M., 1942). Eigene Untersuchungen haben ergeben, daß der Nukleinsäuregehalt der Zellkerne von verschiedenen Carcinomen meist über dem normaler Zellen liegt (Sandritter u. M., 1958 und unpubliziert, siehe auch Vortrag Hährer) und die Tumorzellen einen ersten Häufig-

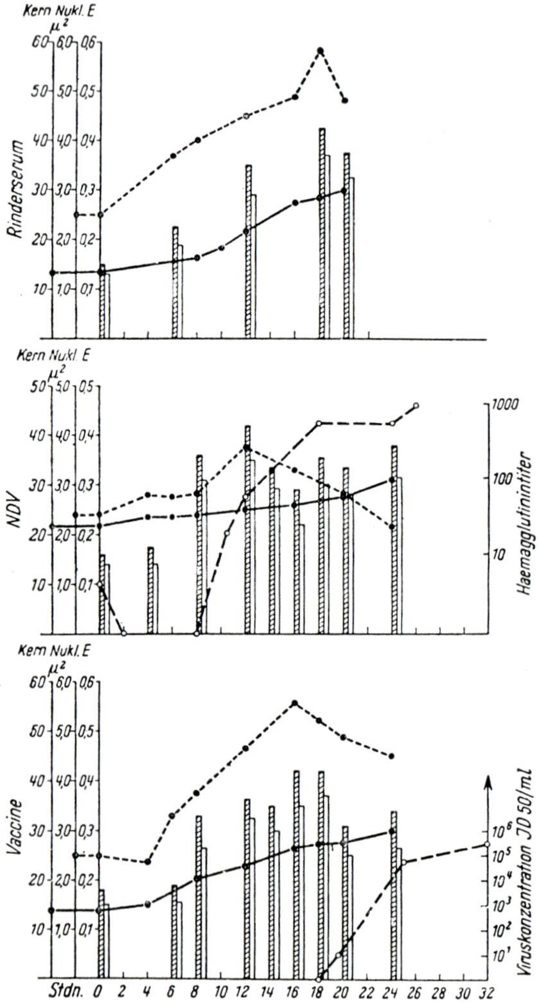

ABB. 11. Schematische Darstellung der Kern- und Nukleolengröße (μ^2), der mittleren Extinktion bei λ 265 mμ, und λ 280 mμ sowie des Virus- und Hämagglutinintiters, verschiedene Zeit nach Beimpfung der CAM. Oberste Abbildung zeigt die Veränderungen nach Beimpfung mit Rinderserum (Aus Sandritter u. Berg 1959a).

keitsgipfel der Meßwerte aufweisen, der hyperdiploiden Zellen entspricht. Regelmäßige Verdoppelungsreihen sprechen dafür, daß auch in Tumoren eine gewisse abartige Korrelation zwischen dem Nukleinsäuregehalt und der Chromosomenzahl besteht. Der erhöhte Gehalt an Nukleinsäuren

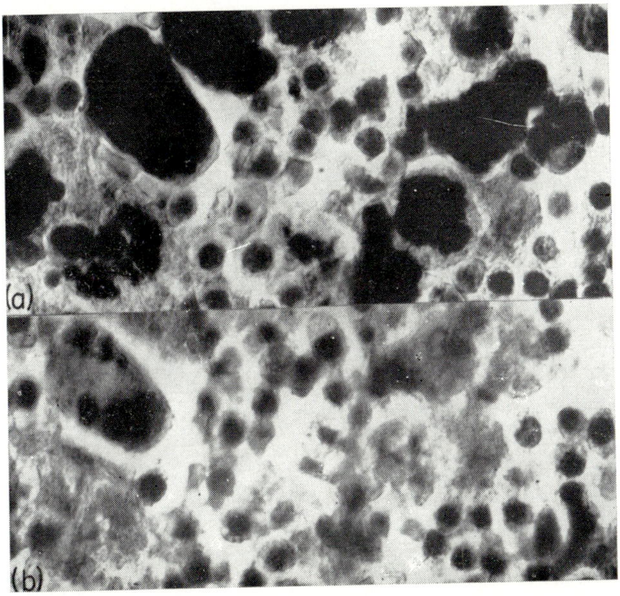

ABB. 12. Hämosideringranula der Milz (λ 265 mμ).
a—vor Eisenextraktion; b—nach Extraktion mit Oxalsäure. Vergrößerung 500 fach.

von Tumorzellen eröffnet die Möglichkeit die cytologische Diagnostik (Vaginalabstriche, Sputum) mit der Cytophotometrie zu objektivieren. Die ersten Untersuchungen in dieser Richtung haben ergeben, daß in 95 Prozent der untersuchten Tumoren mehr als 10 Prozent Zellen mit erhöhtem Nukleinsäuregehalt auftreten (s. Abb. 10) (Sandritter u. M. 1960a).

Auch für die Virusinfektion der Zelle mit entsprechenden Störungen des Nukleinsäure- und Eiweißkörperstoffwechsels bietet die Photometrie im ultravioletten Licht neue Möglichkeiten (Caspersson und Thorsson, 1953). Wie Abb. 11 zeigt, geht die Virussynthese in der Chorion-Allantois-Membran mit einem starken Anstieg der Nukleinsäure-und Eiweißkörperkonzentration im Cytoplasma der Zellen einher. Diese Stimulierung des nukleinsäure-eiweißkörperbildenden Systems der Zellen ist aber keineswegs spezifisch, sondern läßt sich auch mit unspezifischen Reizen (Rinderserum) auslösen.

Ein wenig bearbeitetes Gebiet der Cytophotometrie im ultravioletten Licht stellt der Bereich zwischen 300–400 mμ dar. Hier ist zunächst die

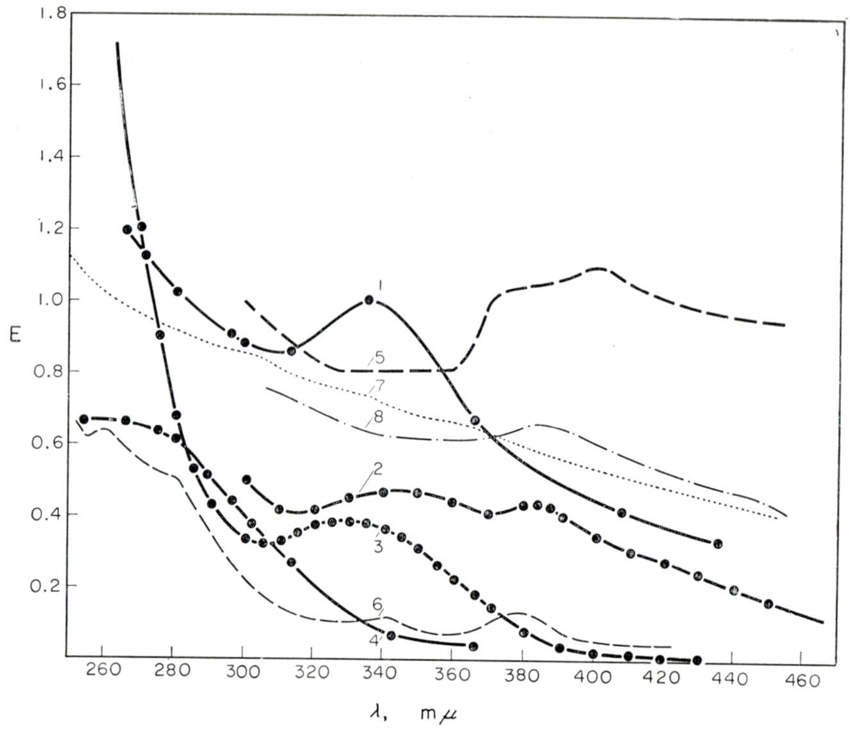

ABB. 13. Absorptionskurven verschiedener Pigmente.
1—Hämosideringranula der Milz; 2—Hämosideringranula der Leber; 3—0,1 Prozent Lösung von $Fe(OH)_3$ (1 cm Schichtdicke zum Vergleich); 4—Absorptionskurve von Hämosideringranula der Milz nach Extraktion des Eisens mit Oxalsäure (s. Abb. 12); 5—Lipofuscingranula der Leber; 6—Lipofuscin aus Nervenzellen (nach Hydén u. Lindström 1950); 7—Synthetisches Dopa-Melanin (freundlichst überlassen von Prof. Leonhardi); 8—Melaningranula eines malignen Melanoms.

Absorption von Thyroxin und Dijodtyrosin zu erwähnen (Caspersson u. Gersh, 1940), die zusammen mit der Absorption bei λ 280 mμ Aufschluß über die Funktion der Schilddrüse geben kann. Weiterhin zeigen die Carotinoide in diesem Bereich eine schwächere Absorptionsbande (Grundmann, 1951), sowie Fermente, die an der Atmungskette beteiligt sind (Diphosphopyridinnucleotide, Warburg und Christian, 1936, Bücher u. M., 1958, Chance, 1952). Inwieweit es gelingt letztere in der Einzelzelle nachzuweisen muß noch offen bleiben (Thorell 1959).

Ein weites Feld eröffnet sich weiterhin für die Studien an Pigmenten die unter normalen und pathologischen Bedingungen in den Körperzellen. auftreten können. Diese Pigmente (Hämosiderin, Lipofuscin, Ceroid) geben im kurzwelligen UV-Licht bei λ 260 mμ eine sehr starke Absorption

(Abb. 13), die z. B. beim Hämosiderin nach Entfernung des Eisens mit Oxalsäure verschwindet (Schreiber u. M., 1960). Zurück bleibt die organische Trägersubstanz mit einem typischen Spektrum der tyrosin- und tryptophanhaltigen Eiweißkörper. Zwischen 300 und 400 mμ weist das Hämosiderin zwei Absorptionsgipfel, einmal bei λ 330 bis 340 mμ, zum anderen bei λ 380 bis 400 mμ, auf. Das Lipofuscin (vgl. auch Hydén u. M. 1950) zeigt fast den gleichen Kurvenverlauf mit Gipfeln bei 340 bis 350 mμ und 380 bis 390 mμ Wellenlänge. Bei größeren Lipofuscingranula wird die Absorption zwischen 380 bis 400 mμ besonders deutlich. Das Pigment Melanin zeigt eine kontinuierlich ansteigende Absorption mit zunehmend kürzerer Wellenlänge, bei Pigmentgranula aus einem malignen Melanom beobachtet man einen flaches Gipfel bei 380 bis 390 mμ. Offenbar sind das synthetische und natürliche Melanin nicht identisch.

Diese kurze Übersicht an einigen Beispielen zeigt, daß die methodischen Möglichkeiten der UV-Photometrie noch nicht erschöpft sind und außer den wichtigem Gebiet der Nukleinsäuren auch noch viele andere Probleme mit dieser Methode unter neuen Gesichtspunkten bearbeitet werden können. Dabei ist zu berücksichtigen, daß die UV-Photometrie nur eine der Methoden darstellt, die zur Lösung biologischer Fragestellung herangezogen werden kann und manche andere Verfahren (Röntgenhistoradiographie, Interferenzmikroskopie, Cytophotometrie im sichtbaren Licht, biochemische Methoden) zur Ergänzung und Sicherung der Ergebnisse angewendet werden müssen. Wir glauben aber gezeigt zu haben, daß unter genauen Arbeitsbedingungen die Ultraviolettmikrospektrophotometrie wertvolle Aufschlüsse über die chemische Zusammensetzung biologischer Objekte geben kann.

ZUSAMMENFASSUNG

Mit der Cytophotometrie im ultravioletten Licht wurde 1936 von Caspersson in der Photometrie ein neuer Bereich erschlossen, in dem die Gesetze der „Makro"-photometrie auf biologische Objekte in der Grössenordnung von nur wenigen μ und mit Konzentrations- und Gewichtsbestimmungen von 10^{-12}g angewendet wurden. Ein Übersichts-referat dieses schwierigen Gebietes, in dem noch die Diskussion über manche grundlegenden Fragen in vollem Gange ist, muß darauf abzielen, neben den gesicherten methodischen Tatsachen, vor allem die Fehlermöglichkeiten aufzuzeigen und das Anwendungsgebiet für die verschiedensten Probleme der Biologie und Medizin zu umreißen.

Im ersten Teil werden die praktischen und theoretischen Grundlagen besprochen. Am Beispiel eigener Apparaturen werden Geräte für die Photographie im ultravioletten Licht beschrieben. Weiterhin ein einfaches Cytophotometer, das als Einstrahlgerät für Ausschlagmessungen aus käuflichen Baueinheiten zusamengesetzt wurde und ein eigenes 2-Strahlgerät mit automatischer Registrierung gegen die Wegstrecke und Wellenlänge.

Die Besprechung der theoretischen Grundlagen berücksichtigt vor allem die Fehlermöglichkeiten, die vom Gerät und vom biologischen Objekt her eingeführt werden können. Es werden neun grundsätzliche Bedingungen formuliert, die als Voraussetzungen für cytophotometrische Messungen eingehalten werden müssen:

Die numerische Apertur des Objektivs soll mindestens 0,85 betragen, um alle „Streustrahlen" zu erfassen. Kleinere numerische Aperturen führen zu Extinktionserhöhung.

Die numerische Apertur des Kondensors muss aus verschiedenen Gründen (Weg der Lichtstrahlen im Objekt) kleiner sein als die des Objektivs ($^1/_2$ bis $^1/_3$).

Die untere Grenze der meßbaren Objektgrösse liegt bei 3–4 × der Wellenlänge des einstrahlenden Lichtes.

Die Absorptionsinhomogenität führt bei grossen Messblenden in Abhängigkeit von der Art der Verteilung der Chromophoren und Höhe der Extinktion zu Erniedrigung der gemessenen Extinktion. Der Fehler kann durch eine kleine Messblende (0,5 μ) ausgeschaltet werden. Die Brechungsindexdifferenzen innerhalb biologischer Objekte und im Vergleich zum Medium erhöhen das Streulicht und damit den „Nichtabsorptionslichtverlust". Gefriertrocknung des Gewebes und möglichst gute Brechungsindexanpassung sind Voraussetzungen für genaue Messungen.

Das im Monochromator und der Mikroskopoptik auftretende Streulicht kann weitgehend reduziert werden. Versuche an Modellsystemen müssen zur Prüfung des Gerätes und andere unabhängige Methoden sollten zur Sicherung der Messergebnisse herangezogen werden. Die Interpretation der Messergebnisse verlangt eine genaue Kenntnis der im UV-Licht absorbierenden Substanzen, sowie deren Absorptionsänderungen unter verschiedenen Milieueinflüssen (Fixierung, pH, usw.).

Im zweiten Teil der Ausführung werden die Anwendungsgebiete der UV-Photometrie an Hand einiger eigener Untersuchungen kurz geschildert. Für genetische Probleme liefert die Methode wertvolle Ergebnisse, da der Nukleinsäuregehalt in absoluten Masseinheiten an der Einzelzelle gewonnen werden kann. Nachteilig ist die Tatsache, dass beide Nukleinsäuren im UV-Licht absorbieren und DNS allein erst nach Behandlung mit Ribonuklease erfasst werden kann.

Die Bedeutung der Ribonukleinsäure für die Zellteilung kann mit der UV-Photometrie unter neuen Gesichstspunkten bearbeitet werden, ebenso wie die Zellfunktion in Drüsenzellen, Nervenzellen und innersekretorischen Organen. Als Beispiel werden eigene Untersuchungen über die Beziehungen zwischen Nukleolus und der Ribonukleinsäure im Cytoplasma der Nebennierenrinde, sowie Untersuchungen an den Langerhans'schen Inseln des Pankreas zitiert.

Für die Tumorpathologie können mit dieser Methode neue Informationen erwartet werden. Es wird auf die Möglichkeiten einer cytologischen Diagnostik mittels photometrischer Methoden hingewiesen.

Ausgeprägte Veränderungen des Nukleinsäureeiweisskörperstoffwechsels sind bei der Virusinfektion zu beobachten.

Ein wenig erforschtes Gebiet stellt die UV-Absorption im Bereiche von λ 300–400 mμ dar, in dem das Schilddrüsenkolloid eine Absorption aufweist, ferner gewisse Pigmente wie die Carotinoide und Fermente der Atmungskette. Weiterhin werden hier erste Untersuchungen über das Lipofuscinpigment, das Eisenpigment (Hämosiderin) und Melanin vorgelegt.

Im ganzen soll diese kurze Aufstellung zeigen, dass die Anwendungsmöglichkeiten der UV-Photometrie noch lange nicht ausgeschöpft sind. In allen Zweigen der Biologie und Medizin können viele Probleme mit dieser Methode unter neuen Gesichtspunkten bearbeitet werden.

SOMMAIRE

La cytophotométrie aux rayons ultra-violets, introduite en 1936 par Caspersson, a ouvert un nouveau chapitre de la photométrie dans lequel les lois de la macrophotométrie ont pu être appliquées à des objects biologiques n'ayant que quelques μ et où il est devenu possible de procéder à des déterminations de concentration et de poids de l'ordre de 10^{-12} g. Un exposé général de ce domaine complexe, où les discussions portant sur mainte question fondamentale sont encore loin d'être closes, doit s'attacher non seulement à mentionner sur la méthode les faits établis, mais encore à indiquer les erreurs auxquelles elle peut donner lieu et définir le champ d'application qui s'offre à elle pour les problèmes les plus divers de la biologie et de la médecine.

Dans la première partie, il est question des données fondamentales pratiques et théoriques. En prenant comme exemple des appareils de son laboratoire, l'auteur décrit des installations permettant de photographier à la lumière ultra-violette, ainsi qu'un simple cytophotomètre composé d'éléments en vente dans le commerce et ayant un seul faisceau de rayons, ainsi qu'un autre appareil à deux faisceaux de rayons et enregistrement automatique. L'exposé des données théoriques tient essentiellement compte des causes d'erreurs qui peuvent intervenir du fait de l'appareil ou de l'objet biologique. L'auteur formule neuf conditions fondamentales qui doivent être respectées lorsque l'on procède à des mesures cytophotométriques.

L'ouverture numérique (nA) de l'objectif doit être d'au moins 0,85, afin de tenir compte de tous les rayons dispersés. Lorsque les ouvertures numériques sont plus petites, elles entraînent une augmentation de l'extinction.

Pour différentes raisons (chemin des rayons lumineux à travers l'objet), l'ouverture du condenseur doit être plus petite que celle de l'objectif (1/2 à 1/3).

La limite inférieure de la grandeur mesurable de l'objet est de l'ordre du triple au quadruple de la longueur d'onde de la lumière.

Avec de grands diaphragmes de mesure, la non-homogénéité d'absorption aboutit, en fonction de la façon dont sont répartis les chromophores et de l'importance de l'extinction, à une réduction de l'extinction mesurée. Cette erreur peut être supprimée au moyen d'un petit diaphragme de mesure (0,5 μ). Les différences d'indices de réfraction à l'intérieur des préparations biologiques et par rapport au milieu augmentent la dispersion de la lumière et, par là, la perte de lumière non absorbée. L'obtention de mesures précises a pour préalables le "freezing-drying" du tissu et une adaptation aussi bonne que possible des indices de réfraction.

La dispersion de lumière qui survient dans le monochromateur et dans l'optique du microscope peut être réduite dans une très large mesure. Pour vérifier l'appareil, il faut procéder à des expériences sur des systèmes dits "modèles", tandis que les résultats des mesures devraient être corroborés par d'autres méthodes indépendantes. L'interprétation des résultats des mesures demande une connaissance exacte des substances absorbant la lumière ultraviolette ainsi que des modifications de leur absorption sous l'effet de différentes influences dues au milieu (fixation, pH, etc.).

Dans la seconde partie de l'exposé, l'auteur décrit brièvement les champs d'application de la photométrie aux rayons ultra-violets en se référant à quelques-unes de ses propres expérimentations. Pour les problèmes de la génétique, la méthode fournit de précieux résultats, car la teneur en acides nucléiques peut être déterminée dans la cellule en quantités absolues (10^{-12} g).

Un inconvénient réside dans le fait que les deux acides nucléiques absorbent la lumière ultra-violette et que l'acide désoxyribonucléique ne peut être déterminé isolément qu'après un traitement à la ribonucléase.

Avec la photométrie aux rayons ultra-violets, l'importance de l'acide ribonucléique pour la division cellulaire peut être étudiée sous de nouveaux aspects, de même que la fonction cellulaire dans les cellules des glandes, les neurones et les organes à sécrétion interne. L'auteur donne comme exemples certaines de ses propres recherches sur les rapports entre le nucléole et l'acide ribonucléique dans le cytoplasme du cortex des capsules surrénales ainsi que des examens portant sur les îlots de Langerhans du pancréas.

Pour la pathologie des tumeurs, on peut s'attendre à ce que cette méthode fournisse de nouvelles informations. L'auteur fait allusion à la possibilité d'un diagnostic cytologique basé sur des méthodes photométriques.

Lors d'infections aux virus, on peut observer des changements très marqués du métabolisme des nucléoprotéides.

Un domaine encore peu étudié est celui de l'absorption des rayons ultra-violets dans les longueurs d'onde de 300 à 400 mμ, dans lesquelles le colloïde de la thyroïde présente une absorption, de même que certains pigments tels que les carotinoïdes et des ferments de la chaîne respiratoire. L'auteur présente en outre des résultats provisoires de recherches portant sur la lipofuscine, l'hémosidérine et la mélanine.

Ce bref tableau a pour but de montrer que les possibilités d'application de la photométrie aux rayons ultra-violets sont encore loin d'être épuisées. Dans tous les domaines de la biologie et de la médecine, cette méthode permet d'étudier de nombreux problèmes sous de nouveaux aspects.

SUMMARY

Cytophotometry with UV-light as introduced by Caspersson in 1936 placed a new sphere of investigational possibilities within reach of photometric methods. The measurements of biological objects with dimensions of a few μ and concentrations and weights in the range of 10^{-12} g became a practical reality. A review of this complex field, in which many of the fundamentals are still being discussed, should be directed toward, (1) revealing possible sources of error, (2) the comparison of UV-cytophotometry proven methods of measurement currently in use and (3) emphasizing those areas in the medical and biological sciences where the new method may be profitably applied.

The first part, using our own equipment as examples, describes the apparatus for photography with UV-light. A one beam cytophotometer which was built from purchasable elements and a two-beam scanning-cytophotometer with automatic registration are also described. The discussion of theoretical fundamentals gives special attention to the possibilities of errors introduced both by the apparatus and the biological object. Nine basic conditions which are prerequisites for cytophotometric measurements are defined.

The numerical aperture of the objective must be not less than 0·85 to insure inclusion of stray light. Smaller numerical apertures lead to an increase of extinction. The numerical aperture of the condensor must be smaller than that of the objective (1/2–1/3). The smallest measurable object is approximately 3 to 4 times larger than the wavelength of the incoming light.

The non-homogenous character of absorbing material (in interdependence on the distribution of chromophores and the peak of extinction) leads, by large photomultiplier openings, to a lowering of the measured extinction. This error can be eliminated by using a small photomultiplier opening. The various indexes of refraction within the biological object itself increase the stray light and consequently the non-absorption light loss. Freezing drying of the tissue and matching of the refraction indexes are prerequisites for accurate measurements.

The stray light which appears in monochromator and microscope can be appreciably reduced. Trials on the model-system to test the apparatus must be made.

The interpretation of results requires an exact knowledge of the absorbing substances to be measured in UV-light as well as the changes in absorption which occur when they are exposed to other influences (fixation, pH changes etc).

The fields of application open to UV-photometry are briefly discussed in the second part. Very satisfying results are obtained with this method in the field of genetics. The nucleic acid content of the individual cell can be measured in absolute units. Since both DNA and RNA absorb UV-light, values for DNA are obtained only after treatment with ribonuclease.

The UV-photometry may shed new light on the significance of RNA for cell division and growth as well as on the function of gland cells, nerve cells and endocrinological organs. Our own investigations on the relation between nucleolus and RNA in the adrenal cortex cytoplasm as well as those made on the Langerhans islands of the pancreas may be cited as examples.

The new method will prove especially valuable in the field of tumor pathology. The possibility of cytodiagnosis with photometry should be given special consideration.

Pronounced changes in the nucleic acid-protein metabolism following virus infection have also been observed.

The UV-absorption range of 300–400 mμ, in which the thyroid colloid and certain pigments such as the carotinoids and enzymes of the citrus acid cycle evidence absorption have received relatively little attention. The first investigations of the lipofuscin-pigment, haemosiderin and melanin are presented here.

This brief statement may show that hitherto the applicabilities of UV-photometry have not been exhausted. In biology as well as in medicine many problems will be worked up with this method under nev aspects.

LITERATUR

BARER, R., HOLIDAY, E. R., u. JOPE, E. M., The technique of ultraviolet absorption spectroscopy with the Burch reflecting microscope. *Biochim. Biophys. Acta,* 1950, **6**: 123–134.

BLOUT, E. R., Ultraviolet microscopy and ultraviolet microspectroscopy. *Adv. Biol. Med. Phys.,* 1953, **3**: 285–

BÜCHER, Th. u. KLINGENBERG, M., Wege des Wasserstoffes in der lebendigen Organisation. *Angew. Chem.,* 1958, **70**: 552–570.

CASPERSSON, T., Methods for the determination of the absorption spectra of cell structures. *J. Roy. Micr. Soc.,* 1940, **60**: 8–25.

CASPERSSON, T. u. GERSH, I., Total protein and organic iodine in the colloid and cells of single follicles of the thyroid gland. *Anat. Rec.,* 1940, **78**: 303–319.

CASRPESSON, T., LANDSTRÖM, H., HYDÉN, H. u. AQUILONIUS, L., Cytoplasmanucleotide in eiweißproduzierenden Drüsenzellen. *Chromosoma,* 1941, **2**: 111–131.

CASPERSSON, T. u. SANTESSON, L., Studies on protein metabolism in the cells of epithelial tumors. *Acta Radiol.*, 1942, Suppl. 46.

CASPERSSON, T., *Cell Growth and Cell Function*. Norton, N.Y., 1950.

CASPERSSON, T., JACOBSSON, F. u. LOMAKKA, G., An automatic scanning device for ultramicrospectrography. *Exp. Cell Res.*, 1951, **2**: 301–303.

CASPERSSON, T. u. THORSSON, K. G., Virus und Zellstoffwechsel. *Klin. Wschr.*, 1953, S. 205–212.

CASPERSSON, T., Quantitative cytochemical methods for the study of cell metabolism. *Experientia*, 1955, **11**: 45–60.

CASPERSSON, T., Über den chemischen Aufbau der Strukturen des Zellkernes. *Skand. Arch. Physiol.*, 1936, **73**: Suppl. 8.

CHANCE, B., Spectra and reaction kinetics of respiratory pigments of homogenized and intact cells. *Nature*, 1952, **169**: 215.

CHAYEN, J., Ascorbic acid and its intracellular localization with special reference to plants. *Inst. Rev. Cytol.*, 1953, II: 77–131.

DAVIES, H. G. u. WALKER, P. M., Microspectrophotometry of living and fixed cells. *Progr. Biophys. Biophysical. Chem.*, 1953, **3**: 195–236.

Davies , H. G., The action of fixatives on the ultraviolet absorbing components of chick fibroblasts. *Quart. J. Micr. Sci.*, 1954, **95**: 433–476.

GLICK, D., ENGSTRÖM, A. u. MALMSTRÖM, B., A critical evaluation of quantitative histo- and cytochemical microscopic technique. *Science*, 1951, **114**: 253–258.

GRUNDMANN, Chr., Carotinoide, in: *Physiol. Chemie*, „Die Stoffe", Springer 1951, S. 459–481.

HERMANN, R., Über einen UV-Mikrospectrographen für die Nukleinsäurebestimmung u. ä. in Zellen. *Acta histochem.*, 1959, **7**: 235–242.

HYDÉN, H., Protein metabolism in the nerve cell during growth and function. *Acta Physiol. Scand.*, 1943, **6**: Suppl. 17.

HYDÉN, H. u. LINDSTRÖM, B., Microspectrographic studies on the yellow pigment in nerve cells. *Disc. Farad. Soc.*, 1950, **9**: 436–441.

JANSEN, M. T., On the refractive index of histological tissue sections in visible and ultraviolet light. *Exp. Cell Res.*, 1958, **15**: 239–242.

KEOHANE, K. W. u. METCALF, W. K., Microspectrophotometry with the Burch reflecting microscope. *Phys. Med. Biol.*, 1956, **1**: 25–36.

KEOHANE, K. W. u. METCALF, W. K., An experimental evaluation of microspectrophotometry. *Phys. Med. Biol.*, 1959, **4**: 43–47.

KING, R. J. u. ROE, E. M., Optical conditions for quantitative ultraviolet microspectroscopy. *J. Roy. Micr. Soc.*, 1953, **73**: 82–93.

KING, R. J., A quantitative study of the cytoplasm of ascites tumor cells in mice. *Quart. J. Micr. Sci.*, 1959, **100**: 25–40.

KOENIG, H., SCHILDKRAUT, D. u. GALLER, E., Nonabsorptive light loss in ultraviolet microspectrophotometry of fixed tissue sections. *J. Histochem. Cytochem.* 1953, **1**: 384.

KÖHLER, A., Mikrophotographische Verfahren im ultravioletten Licht. *Z. wiss. Mikr.*, 1904, **21**: 129–165 u. 273–304.

LEUCHTENBERGER, C., LEUCHTENBERGER, R., VENDRELY, C. u. VENDRELY, R., The quantitative estimation of desoxyribose nucleic acid (DNA) in isolated animal nuclei by the Caspersson ultraviolet method. *Exp. Cell Res.*, 1952, **3**: 240–244.

MELLORS, R. C., BERGER, R. E. u. STREIM, H. G., Ultraviolet microscopy and microspectroscopy of resting and dividing cells: Studies with a reflecting microscope. *Science*, 1950, **111**: 627–632.

MIESCHER, F., *Die histochemischen und physiologischen Arbeiten,* W. Vogel, Leipzig, 1897, S. 82.

MONTGOMERY, O. P.B., ROBERTS, F. u. BONNER, W., The flying spot monochromatic ultraviolet television microscope. *Nature*, 1956, **177**: 1172.

NAORA, H., Schwarzschild-Villiger Effekt in microspectrophotometry. *Science,* 1952, **115**: 248–249.

NURNBERGER, I. I., in: R. C. MELLORS: *Analytical cytology*, McGraw-Hill, N. Y., 1955

OTTO, L., Über Spiegelobjektive für Mikroskopie. Kolloquium über „Physical.-optische Methoden in der Histochemie". *Acta Histochem.,* 1960, **9**: 127–131.

POLLISTER, A. W. u. ORNSTEIN, L., in R. C. MELLORS: *Analytical Cytology,* McGraw-Hill, N.Y., 1955.

RUDKIN, T. u. CORLETTE, S. L., Refractive index matching in the UV using dark field photomicrography. *J. Histochem. Cytochem.,* 1956, **4**: 438.

SANDRITTER, W., Ultraviolettmikrospektrophotometrische Untersuchungen an Plattenepithel. *Frankf. Zschr. Path.,* 1953, **64**:520–530.

SANDRITTER, W. u. HÜBOTTER, F., Über die Bedeutung des Nucleolus in der Nebennierenrinde. *Frankf. Zschr. Path.,* 1954, **65**: 219–229.

SANDRITTER, W., PILLAT, G. u. THEISS, E., Zur Wirkung der Ribonuklease auf Leberzellen. *Exp. Cell Res.,* 1957, Suppl **4**: 64–82.

SANDRITTER, W., Ultraviolettmikrospektrophotometrie, in Hdb. der *Histochemie,* 1958 (a), Bd. **I**: 220–338 Fischer, Stuttgart.

SANDRITTER, W., SCHIEMER, H. G., MÜLLER, D.u. SCHRÖDER, H., Aufbau und Betrieb eines einfachen Mikrospektrophotometers (Cytophotometer) für sichtbares Licht. *Zschr. wiss. Mikr.,* 1958 (b), **63**: 453–476.

SANDRITTER, W., MÜLLER, D., SCHÄFER, H. u. SCHIEMER, H. G., Histochemie von Sputumzellen. II. Quantitative ultraviolettemikrospektrophotometrische Nucleinsäurebestimmungen. *Frankf. Zschr. Path.,* 1958 (c), **58**: 710–727.

SANDRITTER, W. u. BERG, M., Quantitative histochemische Untersuchungen an der Chorionallantoismembran nach Virusinfektion und unspezifischen Reizen. *Zschr. Naturfschg.,* 1959 (a), **14b**: 379–382.

SANDRITTER, W., BECKER, U., MÜLLER, D. u. PFEIFFER, E. F., Histochemische Untersuchungen zur Frage der Funktion der B-Zellen der Langerhans'schen Inseln nach Stimulierung mit D 860. *Endocrinologie,* 1959 (b), **37**: 193–217.

SANDRITTER, W., MONDORF, W. u. CRAMER, H., Zur Krebsdiagnostik an Vaginalausstrichen mittels cytophotometrischer Messungen. *Arch. Gynaekol.,* 1960 (a), **19**: 293–303.

SANDRITTER, W., MÜLLER, D. u. GENSECKE, O., Ultraviolettmikrospektrophotometrische Messungen des Nukleinsäuregehaltes von Spermien und diploiden Zellen. *Acta Histochemica,* 1960 (b), **10**: 139–154.

SCHREIBER, M., SANDRITTER, W. u. GEDIGK, P., Ultraviolettmikrospektrophotometrische Untersuchungen am Eisenpigment. *Virch. Arch.,* 1960, **333**: 288–293.

SCHWARZSCHILD, K. u. VILLIGER, W., On the distribution of brightness of the ultraviolet light on the sun's disc. *Astro. Phys. J.,* 1906, **23**:284.

SCOTT, J. F. u. SINSHEIMER, R. L., in: *Medical Physics,* 1950, II, 537–550 Year Book Publ. Chicago.

THORELL, B., Cell studies with microspectrography. *Adv. Biol. Med. Phys.* 1959, **6**: 95–116

THORELL, B., *Studies on the formation of cellular substances during blood cell production.,* Kimpton, London, 1947.

UBER, F., Ultravioletspectrophotometry of zea mays pollen with quartz microscope. *Am. J. Bot.,* 1939, **26**: 799–807.

VENDRELY, R., The Deoxyribonucleic acid content of the nucleus, in *The Nucleic Acids.*, Academic Press, 1955, Bd II S. 155–176.

WALKER, P. M. u. DAVIES, H. G., Ultravioletmicrospectrography of living tissue culture cells. *Disc. Farad. Soc.,* 1950, **9**: 461–470.

WALKER, P. M. u. YATES, H. B., Ultraviolet absorption of living cell nuclei during growth and division. *Symp. Soc. Exp. Biol.,* 1952, **6**: 265–276.

WALKER, P. M. B., A high-speed recording microdensitometer suitable for cytological research. *Exp. Cell. Res.,* **8**: 567–571.

WALKER, P. M. B., Ultraviolet absorption techniques, in: *Physical Techniques in Biological Research* 1956, III: S. 401–483, Acad. Press. N.Y.

WALKER, P. M. B., Ultraviolet Microspectrophotometry: in: J. F. DANIELLI: *General Cytochemical Methods*, 1958, I, *Acad. Press* S. 164–217.

WARBURG, O. u. CHRISTIAN, W., Pyridin, der wasserstoffübertragende Bestandteil von Gärungsfermenten (Pyridin-Nucleotide). *Biochem. Zschr.* 1936, **287**: 291–328

PHÉNOLS ET INDOLS ET LE SYSTÈME ENTÉROCHROMAFFINE

M. VIALLI

Pavia

INTRODUCTION

ON PEUT dire que presque toutes les branches de l'histochimie présentent encore des problèmes complexes et discutés dont la solution est loin d'être facile et prochaine. Les progrès effectués en vue de résoudre ces divers problèmes sont plus ou moins rapides et plus ou moins importants, et suivant le moment, certains de ces problèmes attirent l'attention plus que d'autres. Même si elles se sont affirmées de façon plutôt tardive, certaines recherches, comme par exemple l'étude des ferments, ont pu se développer rapidement, en raison de leur caractère particulier et arriver, au moins en partie, à des conclusions bien précises; dans d'autres domaines, au contraire, bien que les recherches se soient poursuivies depuis plus longtemps et se soient développées, au moins à certains moments, de manière profitable, les doutes et les lacunes sont nombreux et la solution encore incertaine.

On ne peut certes pas dire que ce retard relatif dépende du peu d'importance des problèmes considérés; cela est dû plutôt à la nature variée et complexe de ces problèmes eux-mêmes et à une certaine nécessité de dépasser les limites habituelles des possibilités de définition de l'histochimie diagnostique. Telle du moins me semble la situation actuelle des recherches sur les substances phénoliques et indoliques: en effet certaines réactions relatives à ces substances sont parmi les plus vieilles et les plus classiques en histochimie, comme la réaction chromaffine de Henle[170] et la réaction au perchlorure de fer de Vulpian;[355] il y a plus de vingt-cinq ans que Lison[213, 218] a réuni les éléments pour résoudre ces deux questions; l'importance des résultats accumulés au cours de ces nombreuses années, est certainement considérable et des questions très importantes au point de vue biologique, en raison de leurs répercussions en de nombreux domaines de la recherche pathologique clinique et normale, comme l'adrénalino-genèse, l'entéramino-genèse, la mélanino-genèse, le tannage quinonique, doivent leur développement histochimique aux recherches sur les substances phénoliques et indoliques.

Les problèmes que le chercheur doit affronter dans ce domaine sont nombreux et difficiles; leur solution, étant donné l'état actuel de nos moyens de recherches n'est pas sûre et laisse place à des doutes, du moins si l'on considère ces problèmes dans leur aspect général.

On ne peut même pas envisager pour le moment, une solution globale et rationnelle; au contraire il existe déjà des possibilités de discrimination, en partie seulement empirique, qui peuvent constituer une base solide pour les recherches destinées à résoudre chaque fois des questions concrètes bien déterminées. Ce n'est que de cette façon que l'on peut avoir une vision sinon optimiste du moins moins pessimiste de la question traitée. Par ailleurs la masse des éléments ainsi recueillis, même si c'est de manière empirique, pourra permettre de mieux éclairer certains problèmes et de se rapprocher d'une solution systématiquement et théoriquement correcte de tout l'ensemble complexe des recherches.

En parlant de l'histochimie, et en me basant sur des critères généraux, j'ai distingué ailleurs[318, 322] parmi les problèmes histochimiques, les problèmes diagnostiques et les problèmes distributifs et fonctionnels en considérant les aspects topographiques et quantitatifs des problèmes distributifs et les aspects statiques et dynamiques des problèmes fonctionnels. Il est évident qu'entre ces différents groupes existent des relations réciproques et que leurs limites ne sont pas nettement définies mais se recoupent en partie. Enfin il existe une sorte de lien logique entre ces problèmes qui correspond à l'ordre dans lequel ils viennent d'être indiqués. En premier lieu on envisage logiquement les aspects diagnostiques de l'histochimie, cependant, de même que les recherches ne peuvent se borner au simple aspect diagnostique, une connaissance préliminaire sûre et complète de la recherche diagnostique n'est pas toujours nécessaire pour la solution intégrale et rationnelle de certains problèmes distributifs et fonctionnels.

En effet si nous voulons établir la distribution topographique et quantitative d'une substance, il n'est pas nécessaire de le faire à l'aide des réactions les plus sélectives. Dans le cas de recherches quantitatives, des réactions peu sélectives mais qui se prêtent bien à la localisation topochimique, pour la sensibilité et pour la stéchiométricité, peuvent être utilisées. Quand par exemple nous savons que dans une localisation déterminée on trouve une seule substance bien étudiée du point de vue biochimique, on peut obtenir toutes les données distributives, même avec des réactions très génériques, et dans le cas où il existe plus d'une substance, il est suffisant de pouvoir les distinguer l'une de l'autre. Par ailleurs ces mêmes données distributives acquièrent toute leur importance dans le cas d'une substance inconnue, indépendamment de sa précédente connaissance diagnostique.

Par exemple toutes les données sur la distribution des cellules entérochromaffines ont assumé leur valeur précise (et la conservent encore) [330, 69, 343, 98] avant que la recherche biochimique n'ait permis de référer les caractéristiques histochimiques démontrées à la 5-hydroxytryptamine (entéramine, sérotonine). On peut d'ailleurs ajouter incidemment que ce sont justement les données distributives plus que les données strictement diagnostiques sur les cellules entérochromaffines qui m'ont permis avec Erspamer d'obtenir les premiers extraits intestinaux contenant la 5-hydroxytryptamine [334] et d'en définir quelques caractéristiques chimiques permettant de lui attribuer le nom d'entéramine; [337, 345, 346] les développements ultérieurs sur la question ont intéressé plus particulièrement la chimie et la pharmacologie, débordant complètement les cadres de l'histochimie. [112, 113]

On pourrait évidemment faire des observations semblables au sujet des questions fonctionnelles; par exemple les données sur l'action de la réserpine sur les cellules entérochromaffines sont valables, sinon complètement du moins en grande partie, indépendamment de la précédente solution des questions diagnostiques. [350, 351, 150, 20, 249]

Compte tenu de ces observations préalables, dont quelques-unes seront d'ailleurs ultérieurement développées et justifiées au cours de cet exposé, nous devons cependant reconnaître qu'il sera nécessaire d'y traiter surtout les problèmes diagnostiques.

Cependant, même en ce qui concerne le degré de définition diagnostique de la substance étudiée qui peut intéresser le chercheur, on note des variations considérables suivant le problème posé. Toutefois on ne doit pas obligatoirement obtenir la réaction spécifique seulement par des moyens rationnels; on peut la rechercher à l'aide de considérations plus variées, voire tout-à-fait empiriques, pourvu qu'elles soient aptes à nous donner un degré d'approximation suffisant dans le diagnostic ou à indiquer tout au moins une ressemblance ou des affinités constitutives entre quelques localisations.

Avant de commencer les discussions sur les moyens diagnostiques que l'on peut employer pour l'étude des substances phénoliques et indoliques, nous considérerons quelques-unes de leurs caractéristiques générales qui expliquent bien la complexité des problèmes diagnostiques liés à la question.

Du point de vue biochimique on doit distinguer: d'une part les substances phénoliques et indoliques relativement simples, pour la plupart aminoacides ou substances pouvant s'en rapprocher génétiquement, d'autre part les protéines constituées par des aminoacides à noyau phénolique, comme la tyrosine, ou à noyau indolique comme le tryptophane. Une telle distinction doit représenter le premier degré de la recherche et bien que dans ce cas le problème puisse sembler relativement simple, la solution n'en est pas toujours facile et on peut même ne pas pouvoir la garantir de façon absolue. Nous ne pensons pas devoir nous occuper *ex professo* des réactions des phénols et des indols dans les protéines, toutefois nous en parlerons quelquefois lorsque ce sera nécessaire.

Si nous cherchons à analyser les problèmes concernant l'étude des substances relativement simples et si nous examinons dans leur ensemble tant les substances phénoliques que les substances indoliques, nous voyons que la plupart d'entre elles peuvent être représentées soit par des aminoacides, soit pour chacun d'eux par les amines correspondantes ou par d'autres dérivés éventuels pourvu qu'ils maintiennent encore en tant que groupes réactifs, les caractéristiques des substances phénoliques et indoliques; à ce point de vue on peut considérer au moins deux séries de composés pouvant se comparer entre eux: par exemple tyrosine–tyramine et tryptophane–tryptamine.

On peut enfin classer ces composés suivant un autre ordre selon lequel par exemple varient chaque fois pour chacun des éléments de la série les caractéristiques des fonctions phénoliques ou des chaînes latérales considérées. Il s'agit de séries de composés dont la confrontation est utile non seulement dans le but de mettre en évidence leur affinité chimique constitutive, mais aussi parce que dans bien des cas la série représente l'expression du mécanisme de genèse biochimique bien compréhensible dans chacune de ses étapes.[118]

Particulièrement instructive à cet effet est la série des dérivés de la tyrosine que l'on pourrait, dans le but d'obtenir une vision plus complète, considérer comme ayant pour point de départ un noyau benzènique auquel manquent encore des fonctions phénoliques. Dans ce cas le premier élément de la série est la phénylalanine et l'amine correspondante, la phényléthylamine; avec l'apparition d'une fonction phénolique en position para, on passe respectivement à la tyrosine et à la tyramine, cette dernière pouvant être considérée comme dérivée tant de la phényléthylamine en raison de l'apparition de la fonction phénolique, que de la tyrosine en raison du processus normal de décarboxylation selon lequel on passe des aminoacides aux amines correspondantes. A ce point il convient de prendre également en considération quelques homologues de la tyrosine et de ses dérivés, comme par exemple l'orthotyrosine observée par Dennel[86] dans les insectes et la leptodactyline, métahydroxyphényléthylammonium dérivée de la metatyrosine Erspamer.[117, 120]

Par ailleurs, par acquisition d'une seconde fonction phénolique, on passe respectivement de la tyrosine à la dopa (dioxyphénylalanine) et de la tyramine à la dopamine, et de cette dernière on peut successivement faire dériver la nor-adrénaline et l'adrénaline[31, 118, 268]. Il ne faut pas non plus oublier l'octopamine (paraoxyphényléthanolamine).[109]

Il existe des exemples certains de localisations où se trouve une seule de ces substances et des localisations où l'on peut en trouver deux et même davantage réunies. Pour finir la liste des phénols que l'on peut rapprocher de la tyrosine, on peut considérer aussi l'acide protocathéchique que l'on observe dans quelques localisations où se produit le tannage quinonique; et enfin on ne doit pas oublier les divers dérivés quinoniques existant dans les organes secréteurs d'artropodes.[268, 238, 239, 280]

Ou pourrait ici rappeler aussi la présence de fonctions phénoliques ou quinoniques dans l'échinochrome, bien qu'il s'agisse d'un composé à noyau naphtolique[362] bis.

On peut considérer des conditions analogues à celles de la tyrosine pour le tryptophane et ses dérivés, l'amine correspondante est la tryptamine, par hydroxylation du noyau benzénique on obtient respectivement: le 5-hydroxytryptophane et la 5-hydroxytryptamine (entéramine, sérotonine). L'acquisition d'une fonction phénolique ultérieure conduit à la dihydroxytryptamine découverte par Carlisle.[49] On peut aussi considérer tous les dérivés qui ont été décrits dans les venins de crapaud et d'autres amphibiens: bufoténine (NN-diméthylentéramine), bufoténidine (bétaine de la bufoténine), déhydrobufoténine, dihydrobufoténine.[146, 129, 130]

Un métoxydérivé, probablement lié au cycle du tryptophane, semble être la mélatonine, substance extraite récemment de l'épiphyse des mammifères.[196, 197, 4] Il ne faut pas oublier non plus que certaines des substances qui peuvent se produire au cours du métabolisme du tryptophane, bien que ne possédant plus un noyau indolique, peuvent, en raison de la présence de OH phénoliques, donner lieu à quelques-unes des réactions propres à ceux-ci; il existe aussi des quinones dérivés de OH phénoliques dans des noyaux indoliques; il suffit de citer l'allachrome, le pigment typique de Halla partenopea.[221]

Comme les composés phénoliques, les composés indoliques peuvent également se trouver, tant isolés que groupés en nombre varié et dans des proportions diverses dans des localisations déterminées.

Pour compliquer encore les choses, on connait bien en biochimie des localisations communes de substances phénoliques et indoliques suivant des situations morphologiques qui, dans d'autres espèces déterminées, peuvent au contraire représenter des localisations d'un seul des deux groupes de substances et même d'une unique substance. Très souvent cette capacité de localisations multiples se répète, dans une même espèce, pour des organes différents comme par exemple le cerveau et les plaquettes dans lesquels coexistent l'entéramine, la nor-adrénaline et l'adrénaline et cette possibilité de coexistence des différentes substances en des localisations différentes peut donner lieu à des interprétations fonctionnelles.[112, 114, 119, 118, 234, 43] Il convient également de considérer que pour les termes tryptophane-tryptamine, dans lesquels subsiste le noyau indolique pur et simple, avec une chaîne latérale, les réactions doivent être celles du pyrrol et du noyau benzénique. Les autres termes hydroxylés comme le 5-hydroxytryptophane, doivent présenter au contraire également les réactions des phénols proportionnées au nombre et aux conditions des OH présents dans le noyau.

Les considérations que nous venons d'exposer indiquent clairement la complexité et la multiplicité des questions histochimiques se rapportant à la mise en évidence des substances phénoliques et indoliques, compte tenu des rapports réciproques qui les lient.

CONSIDÉRATIONS SUR LA FIXATION

Pour l'étude de quelques-unes des substances phénoliques et indoliques, les conditions de fixation assument une grande importance.[313, 319] Contrairement à beaucoup d'autres substances qui se laissent fixer assez uniformément par des fixateurs très divers, la fixation des substances phénoliques et indoliques est, du moins en certains cas, une question très critique; sans vouloir prétendre effectuer une classification tout-à-fait complète et surtout sans vouloir lui attribuer une rigidité particulière nous pouvons indiquer quelques caractéristiques de fixabilité qui semblent particulièrement importantes pour les déterminations diagnostiques:

(a) les conditions les plus amples de fixabilité s'observent dans quelques localisations comme les cellules testacées des oeufs d'ascidies[26, 237] les vitellogènes des plathelminthes;[295, 298, 264, 219] on peut fixer le matériel phénolique en question, tant à l'aide du formol qu'à l'aide de fixateurs alcooliques ou de fixateurs à base de métaux lourds;

(b) dans quelques localisations, les substances ne semblent pouvoir être fixées qu'à l'aide du formol ou de liquides contenant un certain pourcentage de formol; c'est un cas assez commun, dans lequel on peut faire entrer tous les éléments du système cellulaire entérochromaffine selon Erspamer, [112] ce dont nous reparlerons plus loin.*

---

* En réalité, au moins dans quelque cas, les localisations contenant la 5-hydroxytryptamine peuvent être fixées également à l'aide du simple bichromate ou de l'acide osmique; des deux fixateurs ayant une remarquable capacité de réaction sur l'entéramine (voir plus loin les réactions respectives).

La fixation par le formol peut avoir lieu selon différentes modalités et différentes méthodes. On peut effectuer le traitement avec l'aldéhyde formique sec ou opérer la fixation avec les vapeurs qui se dégagent du formol. Une fixation gazeuse de ce genre peut avoir beaucoup d'importance pour l'étude de localisations qui ne se fixent que lentement et qui, traitées par des solutions aqueuses, pourraient subir une dissolution partielle ou totale.

Cette méthode, peu employée en réalité pour l'étude des substances phénoliques et indoliques, mérite cependant la plus grande attention. On peut utiliser des frottis ou des préparations séchées à l'air. Toutefois le domaine d'application le plus rationnel de cette méthode consiste en la post-fixation de matériel traité par la méthode de cryo-dessiccation on peut l'appliquer sur des coupes non déparaffinées ou sur des coupes déparaffinées à l'aide de solvants neutres et laissées sécher à l'air.

Cependant, même pour la fixation commune à l'aide de solutions de formol, on peut se trouver en présence de conditions très variées qui semblent entrainer des différences d'action des diverses substances sur la fixabilité, permettant de faire une certaine discrimination. Comme chacun sait, les solutions communes d'aldéhyde formique sont toutes légèrement acides car une partie de l'aldéhyde se transforme en acide formique. Une simple fixation de ce genre est efficace pour beaucoup de localisations phénoliques mais en bien des cas, pour plus de sureté, il est nécessaire d'éviter le moindre degré d'acidité. Les formols dits neutres, comme celui au carbonate de calcium et celui à l'acétate de calcium selon Lillie[202] répondent à cette exigence. Toutefois, tandis que dans le formol, l'insolubilité du carbonate de calcium permet d'obtenir une solution presque pure de formol seul, avec de faibles quantités de formiate de calcium, la formule à l'acétate de calcium de Lillie contient en solution une remarquable quantité du sel ajouté (ce fait peut être important parce que dans quelques expériences *in vitro* l'acétate de calcium ou l'acétate de sodium ont montré qu' ils pouvaient catalyser certaines réactions).[353] L'adjonction de sels déterminés à la solution formolique peut, au moins en certains cas, ne pas être simplement liée à la neutralisation du formol. Depuis longtemps, Lison,[213, 218] a préconisé, pour l'étude des substances phénoliques, le formol à l'acétate de plomb, et Ciaccio,[63] pour fixer les substances phénoliques de la médullosurrénale, utilise des solutions contenant de l'acétate de zinc et de l'acétate de magnésium. Ceci dans le but d'influer sur le pH.

D'autre part, même la fixabilité en des solutions formoliques acides ou basiques, comme par exemple Erspamer et moi [331] l'avons effectuée, peut constituer, si on en étudie les limites, dans un sens ou dans l'autre, un bon moyen de discrimination; en effet les caractéristiques observées pour chaque substance indiquent des conditions différentielles probablement importantes même s'il n'est pas toujours facile de les expliquer.

Même les fixations formoliques avec adjonction d'autres composés ont dans bien des cas, par rapport aux substances phénoliques et indoliques, une importance qui dépasse largement celle qu'elle peut avoir normalement pour d'autres groupes et pour d'autres fonctions. Il faut rappeler avant tout la fixation à l'aide du mélange formol-bichromique, qui est à la base de la réaction chromaffine de Henle,[170] l'une des réactions les plus classiques des substances phénoliques. A cette réaction est venue s'ajouter, grâce à Gerard, Cordier et Lison,[143] à Cordier et Lison,[76] à Lison,[213] la réaction iodaffine analogue et quelques autres fixations basées sur des conditions semblables effectuées par exemple par moi et par Erspamer.[331]

Le couplage de la fixation avec une réaction spécifique revêt une grande importance du fait que, comme nous le verrons, au moins dans certains cas, les mêmes réactions ne donnent plus de résultats appréciables quand elles sont effectuées sur du matériel fixé.

Je parlerai plus loin du sens de ces diverses réactions spécifiques; cependant il me semble nécessaire de souligner ici le fait que, du moins apparamment, la composition des liquides formolbichromiques et des liquides analogues apparait comme irrationnelle en raison de l'union d'une substance oxydante, le bichromate, et d'une substance réductrice, le formol. Il n'est pas facile d'expliquer pourquoi ces mélanges donnent des résultats que les substances isolées ne donnent pas; il devrait y avoir une atténuation de l'action oxydante, ce qui pourrait probablement représenter un désavantage par rapport à la substance oxydante pure, toutefois, et cela semblerait évident dans le cas des cellules entérochromaffines, la présence du formol peut représenter, en raison de son action propre, soit directe soit indirecte, le moyen d'obtenir la fixation d'une façon irréversible au point de vue topochimique.

Naturellement, les autres mélanges comme par exemple les mélanges formol–alcool,[331, 69] ont au contraire une importance théorique moins grande et on peut éventuellement les considérer comme un simple moyen empirique de discrimination.

Je me suis attardé sur la question des fixations formoliques et de mélanges formoliques, parce qu'elles ont une répercussion considérable pour l'histochimie des substances phénoliques et indoliques; il convient de rappeler, à titre de conclusion, que les mélanges dont nous venons de parler ne sont pas les seuls à exercer une action réactive et que le simple formol lui-même a une action dénaturante sur beaucoup de substances. Une telle action d'un côté peut permettre la fixation par formation de substances insolubles, et peut d'autre part altérer plus ou moins les caractères réactionnels. Pour le premier cas on peut citer par exemple Coujard[78] qui postule pour les phénols en général, la formation de bakélites à travers des réactions plutôt complexes, et pour le second cas on peut rappeler au contraire l'interprétation de la fixabilité avec le formol, de la 5-hydroxytryptamine (entéramine, sérotonine).

La question a été traitée, d'abord par Barter et Pearse[18] ensuite par Pearse.[240,241] Dans la fixation, l'aldéhyde formique constituerait le moyen de fixer la chaîne latérale à l'hydrogène en position 2, à la suite de quoi on obtiendrait un dérivé β-carbolinique. Le mécanisme de la réaction a été ultérieurement étudié *in vitro*. La vitesse avec laquelle se déroulent ces réactions, en particulier dans le milieu cellulaire, n'est pas très grande. Compte tenu de ce fait, la durée de la fixation peut avoir une grande importance, comme nous le verrons plus loin, à propos de questions générales sur l'interprétation des réactions.

On peut rappeler ici quelques autres fixations remarquablement spécifiques pour des substances déterminées; telles sont la fixation par l'iodate de potassium à pH acide pour la noradrénaline selon Hillarp et Hökfelt,[172] celle à pH 10 pour la noradrénaline et à pH 2,7 pour l'adrénaline, selon Cattaneo;[54, 55, 56] nous discuterons plus loin le mécanisme de ces fixations qui représentent en même temps des réactions.

La complexité de toutes ces conditions rendrait difficile une orientation du jugement sur les caractères réactionnels des substances fixées, s'il n'existait la possibilité d'éclairer ces questions à l'aide de différents types d'épreuves de contrôle sur des substances pures et grâce à l'examen de coupes par inclusion dans la paraffine, par la technique de cryo-dessiccation ou obtenues avec le cryostat et soumises à différents traitements.

Evidemment les exemples que nous venons d'exposer pourraient se multiplier, mais ce que nous avons déjà dit justifie amplement la haute importance que revêt, pour de nombreux motifs, un usage rationnel de la fixation, dans l'étude des substances phénoliques et indoliques, et l'évaluation critique de sa signification. Ces conditions ne sont malheureusement pas toujours prises en considération, ce qui conduit à des erreurs et à des incompréhensions.

RÉACTIONS POUR LES SUBSTANCES PHÉNOLIQUES ET INDOLIQUES

Bien que certaines réactions qui conservent encore leur intérêt pour l'étude histotopochimique des substances phénoliques et indoliques soient connues depuis longtemps, nous pouvons dire qu'une vision systématique d'ensemble des deux questions remonte aux travaux de Lison sur les substances phénoliques en 1931 [213] et sur les substances indoliques en 1933 [217]. En réalité le premier travail a été précédé de deux notes importantes de Gerard, Cordier et Lison [143] et de Cordier et Lison [76] dans lesquelles sont indiquées les données fondamentales de la question, appliquées respectivement à l'étude de la médullosurrénale et à l'étude des cellules entérochromaffines. La première édition du livre de Lison [218] reporte presque intégralement ces points de vue, lesquels figurent encore, du moins dans leurs grandes lignes dans la seconde édition du livre qui ne présente d'ailleurs presque rien de nouveau au point de vue de la méthode.

En ce qui concerne l'étude des substances phénoliques, Lison [213] propose quatre groupes principaux de réactions:

(a) la diazo-réaction en milieu alcalin

(b) l'indoréaction

(c) la réaction chromaffine ou la réaction iodaffine qui ont les mêmes limites de spécificité

(d) la réaction argentaffine.

Les réactions indiquées aux lettres *a* et *b* seraient spécifiques pour toutes les substances à fonctions phénoliques libres, celles indiquées aux lettres *c* et *d* seraient valables pour les diphénols ou pour les polyphénols en position ortho ou para; ainsi proposées, ces réactions seraient des réactions de groupes fonctionnels et non pas des réactions de quelque substance particulière.

Le groupe de réactions que Lison [217] propose pour diagnostiquer les substances indoliques est plus complexe du fait que le diagnostic exact ne résulterait que du jeu des comparaisons entre les différentes réactions, aucune de celles-ci n'ayant par elle-même la spécificité nécessaire. La première réaction prise en considération est celle de Ehrlich à la para diméthylaminobenzaldéhyde; d'après Lison, cette réaction est également commune aux fonctions phénoliques de sorte qu'il est nécessaire d'exclure la présence de ces dernières. L'Auteur pense que l'on peut obtenir ce résultat en démontrant que la diazo-réaction est négative en milieu alcalin. De même la réaction de l'indophénine est une réaction plutôt générale qui devrait se révéler positive pour tous les hétérocycles. Il faut alors prouver que le noyau hétérocyclique présent est réellement le noyau pyrrolique caractérisé par la fonction NH, et pour en démontrer la présence, Lison a recours à la nitrosamino-réaction. Toutefois cette réaction ne semble pas spécifique de la fonction NH, mais on peut la considérer comme telle puisque l'absence de diazo-réaction a déjà permis d'exclure les phénols et les amines aromatiques, c'est-à-dire les autres substances qui devraient réagir aussi. A ce point, les réactions effectuées ne permettent pas encore de diagnostiquer avec précision les substances pyrroliques par rapport aux substances indoliques.

La preuve qu'il s'agit d'une substance indolique peut être obtenue, toujours d'après Lison, si l'on démontre que la substance est nitrable, ce qui est un caractère spécifique du noyau benzénique.

Ces considérations sont certainement très intéressantes, tant parce que c'était la première fois que ces questions étaient traitées de façon si ample et si complexe au point de vue histochimique, que parce que l'Auteur, en proposant l'ensemble des réactions pour les substances indoliques exploitait largement le principe que le diagnostic, impossible à l'aide d'une seule réaction, peut apparaitre à la suite d'un ensemble de réactions par recoupement. Naturellement les années suivantes ont apporté des compléments, des variantes et des critiques à ces deux études, mais malgré ces apports, parfois même considérables, on ne peut pas dire que la question soit encore intégralement résolue. En particulier, comme nous le verrons plus loin, les relations réciproques entre les substances phénoliques et les substances indoliques, et plus particulièrement l'existence d'hydroxindols, composés qu'il semblait alors à peu près inutile de prendre en considération, mettent en jeu les limites de spécificité de quelques-unes des réactions que Lison considérait comme spécifiques de chacun des deux groupes de substances ou d'une partie de ceux-ci.

Je pense qu'il ne convient pas de maintenir l'ordre adopté par Lison, dans ses deux travaux synthétiques non plus que de séparer complètement les substances indoliques des substances phénoliques, car les deux questions coincident sur bien des points, comme du reste Lison lui-même l'avait déjà fait remarquer.

Il me semble préférable d'adopter un certain ordre pour l'ensemble des réactions disponibles, en en incluant d'autres que Lison n'avait pas prises en considération, et en les groupant autant que possible d'après les caractéristiques de leur fonction chimique. Dans le seul but de dresser la liste suivant un certain ordre, je suivrai en partie le schéma proposé par Gibbs,[152] qui a revu du point de vue de la chimie analytique, les réactions des phénols. La classification de Gibbs est la suivante:

(A) réactions avec formation de substances colorantes

(B) réactions d'halogénation

(C) réactions des sels de métaux.

A la première catégorie appartiennent un grand nombre de réactions que Gibbs, se basant principalement sur la nature chimique des couleurs qui se forment, subdivise ainsi:

(1) Nitroso coloration,

(2) Nitro color,

(3) Azo color,
(4) Di ou triphenylmetane color,
(5) Xantene color,
(6) Indophénol color.

Les deux autres catégories considérées par Gibbs n'ont pas, en réalité, de limites bien nettes et la troisième apparait comme la plus hétérogène. Il n'est donc pas possible de faire entrer les réactions histochimiques connues dans ce schéma, et je prendrai en considération à cet égard des conditions différentes de celles de Gibbs pour établir un certain ordre.

La nomenclature établie par Gibbs elle même ne semble pas toujours correspondre elle non plus au mécanisme chimique des réactions. Il faut également tenir compte du fait qu'en raison de nombreuses relations réciproques, certaines réactions en plusieurs temps peuvent, pour un temps, être considérées comme appartenant à un groupe et pour un autre temps à un autre groupe. C'est ainsi par exemple que les colorants indophénoliques, placés les derniers dans la classification de Gibbs, constituent en un certain sens un passage vers les types de réaction d'oxydation, du fait qu'en un premier temps, pour la formation d'indophénols, un processus de quinonisation est nécessaire.

Lorsque l'on veut classer et considérer le mécanisme de ces différentes réactions, il pourrait sembler utile de rappeler leurs limites de spécificité; cependant les conditions multiples qui font que les limites de spécificité sont liées à des relations réciproques entre les différentes réactions, m'ont amené à considérer isolément et seulement en général la question des limites de spécificité, et à n'inclure dans la liste présente que les questions strictement nécessaires à la compréhension des faits.

RÉACTIONS DE NITROSATION

Nombreuses sont les réactions colorées *in vitro* que l'on peut rapporter à la formation de nitroso-colorants et Gibbs en recueille un certain nombre. Cependant l'application à l'histochimie du procédé de nitrosation pur et simple n'est pas courante. Gibbs[151, 152] pense que même certaines réactions qui s'effectuent avec l'acide nitrique dilué sont dues en réalité à la présence d'acide nitreux, l'acide nitrique dilué de cette façon n'étant pas capable de produire la nitration. Il faut d'autre part se rappeler que des traitements à l'acide nitreux ne conduisent pas toujours à une nitrosation: si l'on emploie nitrite de sodium et un acide, de façon à obtenir de l'acide nitreux on peut obtenir simplement un procédé de désamination sur les groupes aminiques aliphatiques non substitués, que l'on trouve dans la chaîne latérale de tant de substances phénoliques et indoliques intéressantes au point de vue biologique. Le fait que ces deux actions puissent se produire indépendamment ou simultanément complique beaucoup la manière d'interpréter les nitrosations et les désaminations; par ailleurs si l'on se rappelle les conditions nécessaires pour qu'ait lieu, en partie ou en totalité, ce double mécanisme on pourra fournir des diagnostics plus précis et non pas simplement empiriques.

Si l'on considère les substances phénoliques pyrroliques et indoliques en des conditions diverses, par exemple sous forme de monophénols, diphénols, hydroxindols, on peut supposer diverses possibilités de nitrosation dont il faut également tenir compte.

D'autre part, comme Lison l'a déjà fait remarquer depuis longtemps, dans le cas des substances pyrroliques et indoliques, la nitrosation de l'NH assimilable à un groupement iminique, peut conduire à la formation d'une nitrosamine; cependant ces dernières sont des substances peu colorées et pour mieux les identifier, Lison a proposé d'effectuer en un second temps la réaction de Liebermann qui donne une coloration verte quand on fait agir sur un composé nitrosé quelconque, une solution de phénol dans de l'acide sulfurique concentré.

Par ailleurs, au moins dans certains cas, de faibles traitements nitrosants, selon Nencki[229], Salkowski[270] et Zatti et Ferratini[365] peuvent produire pour l'indol des colorations rouges.

Gibbs subdivise l'ensemble des réactions qui conduisent à des colorants nitrosés, d'après les réactifs employés:

(1) réactifs à l'acide nitreux et à l'acide nitrique

(2) réactifs à l'acide nitreux et à l'acide nitrique auxquels on a ajouté des sels métalliques.

Sans aucun doute, même pour les analyses organiques et biochimiques, le second groupe de réactions est le plus employé, surtout du fait que s'y rattache la réaction de Millon; en histochimie c'est practiquement la seule réaction utilisée, même si les nombreuses modifications qu'y ont apportées différents auteurs font qu'elle se présente avec de nombreuses variations. La réaction de Millon s'effectue à l'aide d'une solution de mercure dans l'acide nitrique; on pouvait donc d'abord penser que la réaction était dûe à la présence de nitrates plutôt que de nitrites, mais les observations que nous venons de faire ont ramené la réaction à une réaction de composés nitreux. On pense qu'elle a lieu en deux temps dont le premier serait la formation d'un nitrosophénol et dont le second, au cours duquel on obtient des couleurs plus intenses, est catalysé par le mercure dont le rôle dans la réaction donne lieu à diverses interprétations.

Beaucoup de formules destinées à effectuer cette réaction ne s'éloignent guère de la formule orginale de Millon ou d'autres formules semblables de la chimie organique analytique: une première formule créée pour l'histochimie est celle de Bensley et Gersh,[22] étudiée essentiellement pour le matériel traité selon la méthode de cryo-dessiccation. La technique proposée par Serra,[276] consiste en une réaction en deux temps: en premier lieu, la coupe est traitée à l'aide d'un réactif mercuriel ne contenant ni acide nitrique ni acide nitreux et ce n'est qu'ensuite que l'on ajoute à ce réactif mercuriel quelques gouttes de nitrite de sodium; Serra rappelle qu'avec son réactif, le tryptophane ne produit qu'une coloration transitoire. Dans la technique proposée par Baker,[11] le mercure est sous forme de sulfate de mercure dissous dans l'acide sulfurique dilué, et l'on y ajoute le nitrite en solution aqueuse, au moment de l'utiliser.

La méthode complexe de Pollister et Ris,[251] étudiée pour l'application quantitative, comme moyen de distinguer les protéines histoniques des protéines non histoniques, se base sur des concepts très différents. Pollister et Ris utilisent deux formules différentes de réactif mercuriel, l'une avec l'acide sulfurique, l'autre avec l'acide trichloracétique. Dans les deux formules on ajoute le nitrite de sodium dans un deuxième temps. Les deux solutions mercurielles on des pouvoirs solvants differents vis-à-vis des histones, lesquelles se maintiennent dans la solution trichloracétique tandis qu'ils sont éliminés par la solution sulfurique; mais un point important pour l'étude des substances phénoliques et indoliques a été mis en évidence par ces Auteurs: à savoir que le produit de réaction de la tyrosine présente deux maxima d'absorption, l'une à 480 mμ et l'autre à 365 mμ, tandis que le dérivé du tryptophane ne présente que ce dernier. Pollister et Ris parlent des deux aminoacides tels qu'ils se présentent dans les molécules protéiques et ne disent rien au sujet des autres substances phénoliques et indoliques. Au cours d'expériences *in vitro* sur des substances phénoliques et indoliques importantes au point de vue biologique, Spandrio[278] a déterminé les courbes d'absorption du produit de réaction des deux différentes formules de réactif de Millon de Pollister et Ris et de celle de Baker. Les observations de Spandrio ne confirment qu'en partie les différences entre les dérivés de la tyrosine et ceux du tryptophane observées par Pollister et Ris; on ne peut donc pas généraliser les données de ce dernier; en outre, selon Spandrio,[278] les résultats obtenus dans les deux techniques de Pollister et Ris, ne coïncident pas, pour certaines substances, avec ceux de la technique de Baker.

Si nous considérons maintenant les réactions uniquement dûes à l'action de l'acide nitreux, nous rappellerons que le processus de nitrosation, pourvu qu'il soit suffisamment poussé, peut arriver à introduire, comme nous l'avons déjà dit, le groupe NO dans le noyau, de façon à rendre possible la formation d'un nitrate de diazonium copulable; il s'agit de la réaction de Morel et Sisley[222] dont Lillie[205] a démontré qu'elle peut être appliquée en histochimie à la tyrosine en liaison protéique; Glenner et Lillie[158] ont ensuite modifié la réaction histochimique en ce qui concerne les agents copulables choisis.

Par la suite Glenner[155] a démontré la réalité des degrés du processus de nitrosation indiqués au cours des travaux précédents, en prouvant qu'il est possible d'obtenir des chélates métalliques de l'orthonitroso-tyrosine.

Il est également intéressant de constater qu'au cours d'expériences *in vitro* Glenner trouve cette réaction positive également avec la tyroxine et la 2,5 diiodotyrosine, ce qui semblerait indiquer que la nitrosation provoque le rejet hors de la molécule d'au moins un des groupements iodés. Cette méthode, au dire de l'Auteur lui-même, ne présenterait qu'une faible sensibilité par rapport à celle de la diazotation, mais elle serait cependant importante parce qu'elle confirme les interprétations du processus de nitrosation.

Mais une nitrosation suffisamment poussée peut permettre la formation d'un diazoique même pour le tryptophane et Eckert[89] a mis au point une méthode quantitative dans laquelle pour la copulation on emploie la N′-naphtyléthylendiamine. Bruemmer, Carver et Thomas,[47] utilisant ce principe, ont appliqué la réaction en histochimie, en l'attribuant au tryptophane.

Selon les Auteurs, *in vitro*, dans les conditions expérimentales adoptées par eux, la tyrosine et la pyrocatéchine ne donnent pas de réaction.

Comme on voit, la réaction de Lillie et celle de Bruemmer, Carver et Thomas, présentent un mécanisme analogue et ne diffèrent que par les modalités des agents de nitrosation et de copulation.

Toute la question des processus de nitrosation est intéressante et susceptible d'avoir des développements ultérieurs, bien qu'à priori, ceux-ci ne semblent pas faciles.

RÉACTIONS DE NITRATION

La réaction xanthoprotéique bien connue en chimie clinique, se produit par nitration d'un noyau benzénique. On procède normalement avec un mélange sulfonitrique et bien que la réaction puisse sembler brutale, elle donne des préparations suffisamment lisibles. On obtient une couleur jaune et, en alcalisant ensuite avec l'ammoniaque, cette couleur vire à l'orange. Le mécanisme de cette réaction indique déjà qu'elle ne se limite pas seulement aux substances phénoliques et indoliques, puisque seule la présence d'un noyau benzénique est nécessaire: la réaction peut donc être également positive, par exemple avec la phénylalanine, la phényléthylamine et d'autres substances semblables. Puisque les aminoacides à noyau benzénique qui existent dans les protéines peuvent aussi être nitrés, le fond de la préparation apparait plus ou moins coloré, ce qui entraîne des difficultés dans la lecture des préparations. Avec les réactifs de la réaction xanthoprotéique, on obtient aussi la réaction de la murexide, caractéristique de l'acide urique et de beaucoup d'autres bases puriques. Langeron[192] et Lillie [201] avaient d'ailleurs indiqué la ressemblance entre les deux réactions. En réalité les couleurs obtenues dans les deux réactions sont bien différentes, comme le sont du reste les deux mécanismes de réaction.

Certaines expériences *in vitro* effectuées selon les modalités de la réaction xanthoprotéique sur l'acide urique et de la murexide sur des substances à réaction xanthoprotéique positive, indiquent clairement qu'une distinction, du moins en ce qui concerne les substances pures, est toujours possible.[325]

La recherche des méthodes différentielles les plus valables et les plus précises entre les deux techniques ne revêt pas seulement une importance théorique, mais aussi une importance pratique du fait que Jacobson,[176] comme nous le verrons plus loin, pense que les résultats que l'on obtient en traitant avec l'acide nitrique les cellules entérochromaffines sont dûs à la réaction de la murexide plutôt qu'à la réaction xanthoprotéique.

Pour l'instant, les degrés de nitrabilité de différentes substances, la position exacte où est attaqué le NO_2, et les groupes fonctionnels qui peuvent favoriser, gêner, ou empêcher la réaction, n'ont pas été étudiés à fond et on ne voit même pas bien les techniques à employer pour cette étude.

Cette réaction est peu employée, et sauf en certains cas particuliers, on l'exécute pour compléter les observations plus que par véritable nécessité. Elle peut avoir une réelle importance quand elle constitue un anneau nécessaire d'une chaîne de réactions, par exemple quand Lison[217] l'utilise pour la discrimination entre les substances indoliques et pyrroliques, dans le but de mettre en évidence dans les substances étudiées l'existence ou non d'un noyau benzénique.

DIAZO-RÉACTION

C'est à Cordier et Lison[76] et à Lison[213] que revient le mérite d'avoir mis en lumière l'importance réelle de la diazo-réaction pour l'étude histochimique des substances phénoliques. Dans notre langage histochimique on appelle généralement, diazo-réaction ou azo-réaction la copulation d'un sel de diazonium avec la substance que l'on veut étudier.

La diazo-réaction est une des réactions les plus générales des phénols elle n'est cependant pas absoluement limitée à eux et elle n'est pas non plus positive pour tous les phénols.[340, 341, 342]

Pour bien comprendre les limites et la portée de cette réaction il faut se rappeler qu'elle peut être conduite selon différentes modalités pour chacune desquelles peuvent exister des limites diverses. Il faut tout d'abord considérer: (a) le milieu dans lequel la réaction se produit, c'est-à-dire si c'est un milieu alcalin ou acide et dans quelle mesure. Une seconde condition qui peut modifier les caractéristiques réactionnelles est (b) le type d'amine aromatique duquel on part pour obtenir le sel de diazonium. Une troisième condition concerne (c) les variations caractéristiques du colorant azoique qui se forme suivant les interventions chimiques capables d'en modifier la couleur. Enfin une quatrième condition concerne: (d) les interventions chimiques, par exemple de blocage, pour en modifier la réactivité.

(a) La plupart des diazo-réactions que l'on effectue en histochimie, sont exécutées en milieu alcalin; on peut aussi effectuer la diazo-réaction en milieu fortement acide, par exemple, en formant le sel de diazonium avec un excès de 1/4 équivalents de HCl; on peut au contraire maintenir cette acidité peu sensible (pH de 5 à 6,5).

Ces trois différentes modalités peuvent, dans une formation déterminée donner des résultats concordants ou bien la réaction peut se présenter isolément, en donnant, sous ces trois caractéristiques différentes, soit des possibilités de diagnostic basé sur une explication chimique précise, soit un diagnostic n'ayant qu'une valeur empirique.

(b) Le type de l'amine dont on part a certainement une influence considérable sur les caractéristiques de la couleur qui se forme au cours de la copulation d'une substance unique. Lison[213] a déjà observé que les dimensions de la molécule d'amine diazotée ont une influence sur l'intensité de la couleur du colorant azoïque formé. La nature de l'amine de départ a également son importance parce que selon le nombre de groupes NH_2 présents, on peut obtenir les bisdiazo et les tétrazo qui, en permettant de copuler ultérieurement des molécules au composé, à travers des réactions successives, donnent des couleurs beaucoup plus vives et tranchant sur le reste de la préparation; le procédé, d'abord indiqué par Cordier et Lison,[76] puis par Lison[213] et par Clara[71] a été également pris en considération par Danielli;[82, 83] il n'est pas facile à effectuer parce que le fond de la préparation tend à se colorer en raison de la diazo-réaction des protéines.

(c) On peut attaquer de façon différente le produit de la copulation; comme exemple d'un simple essai *in vitro*, nous pouvons rappeler l'acidification forte par HCl, effectuée par moi et par Erspamer dès 1939,[340, 345, 346] et qui provoque un assombrissement des couleurs pour de nombreuses substances, parmi lesquelles des extraits de diverse provenance, se démontrant tous plus ou moins riches en entéramine.

(d) Bien qu'ils soient susceptibles d'offrir de grandes possibilités de diagnostic, tout au moins empiriques les procédés d'altération de la molécule à l'étude sont les moins exploités.

Quelques-unes de ces interventions entrent dans le cadre d'autres groupes de réactions dont les produits ne sont pas colorés ou le sont de manière insuffisante. Dans d'autres cas, au contraire, comme par exemple pour les procédés d'oxydation de désamination, ou de méthylation de l'OH phénolique, la réaction se trouve bloquée.

Mais dans quelques cas, en histochimie aussi, le composé étudié, au lieu de représenter le copulant, peut être directemente capable de donner un sel de diazonium, ou bien peut être modifié de manière à le donner. Par la suite le sel de diazonium peut se copuler avec un phénol introduit dans la réaction. Les exemples cités ci-dessus à propos de la nitrosation de la tyrosine et du tryptophane[222, 89] qui, par suite d'un traitement prolongé à l'acide nitreux, donnent naissance à un diazoïque, indiquent peut-être une voie nouvelle qui mériterait d'être suivie de plus près.

COULEURS DU DIPHÉNYLMÉTHANE ET DU TRIPHÉNYLMÉTHANE

Les réactions de ce genre consistent en une condensation d'un aldéhyde avec la substance phénolique ou indolique; comme agents condensateurs on utilise généralement, l'acide sulfurique ou l'acide chlorhydrique. Quand on emploie des aldéhydes aliphatiques on obtient des colorants de la série du diphénylméthane; avec des aldéhydes aromatiques, on obtient des colorants de la série du triphénylméthane.

Réaction de Ehrlich à la Paradiméthylaminobenzaldéhyde

C'est la réaction de ce genre la plus employée en histochimie, soit telle quelle, soit ayant subi différentes modifications.

Si l'on ne tient pas compte des quelques applications sporadiques précédentes on peut rappeler que c'est Lison[217] qui l'a proposée et utilisée comme réaction tant des substances indoliques que des substances phénoliques; Jonnard[184, 185] se montre du même avis.

Récemment Lillie[202] a repris cette réaction pour le tryptophane dans les protéines; selon cet Auteur, la condensation peut être obtenue en utilisant des substances réagissant moins brutalement que celles utilisées par Lison: acide chlorhydrique et acide acétique. D'autres techniques dérivées de cette réaction ont été successivement élaborées afin de lui donner une plus grande sensibilité.

Glenner et Lillie[157] copulent le produit de condensation avec le sel de diazonium de l'acide 8-amino-1-naphtol-5-sulfonique (acide S) et Glenner[154] effectue, dans la réaction du rosindole le traitement à la paradiméthylaminobenzaldéhyde en solution daus l'acide perchlorique, l'acide chlorhydrique et l'acide acétique, et le fait suivre d'un traitement à l'acide nitreux. Adams[3] effectue une réaction semblable à celle-ci, en faisant suivre le traitement à la paradiméthylaminobenzaldéhyde en solution chlorhydrique concentré, une oxydation par un nitrite.

Bien que le mécanisme de la réaction au xanthydrol proposée par Lillie[206] ne conduise pas à la formation de matières colorantes du groupe du di ou triphénylméthane et, faute de pouvoir la classer plus exactement, je pense qu'il est nécessaire de la mentionner ici, compte tenu du fait qu'elle se réalise par un procédé de condensation.

Dans l'ensemble, les dernières modifications théoriques et méthodologiques apportées par différents Auteurs, rendent la réaction facile à effectuer, cependant jusqu'à ce jour les résultats obtenus ne correspondent qu'en partie à ce que l'on attendait et le problème est loin d'être résolu.

INDOPHÉNOLS ET RÉACTIONS ASSIMILABLES

En 1931, Lison[213] a proposé la réaction des indophénols comme preuve complémentaire de celle de la diazo-réaction pour mettre en évidence la présence d'un OH phénolique. C'est encore Lison qui souligne le fait que la réaction n'est pas facile à effectuer du point de vue technique, suivant les modalités qu'il propose: l'oxydation s'effectue directement sur la préparation sur laquelle on recherche le phénol, grâce à l'action d'un peu de bichromate de potassium; si l'amine employée est la paradiméthylphénylendiamine l'indamine, le composé colorant qui se forme, est une indoaniline; si l'on utilise un paraaminophénol on obtient au contraire un indophénol dans le sens strict du mot.

Selon Gibbs[153] la formation de ces types de couleur peut avoir lieu suivant quatre modalités de condensation de deux molécules différentes; cette classification de Gibbs est intéressante parce qu'elle permet de s'orienter en réduisant à un schéma unique beaucoup de réactions utilisées en histochimie et en apparence très diverses. Selon Gibbs, la condensation peut se produire:

(I) Par *oxydation* simultanée d'une amine aromatique et d'un phénol selon le schéma:

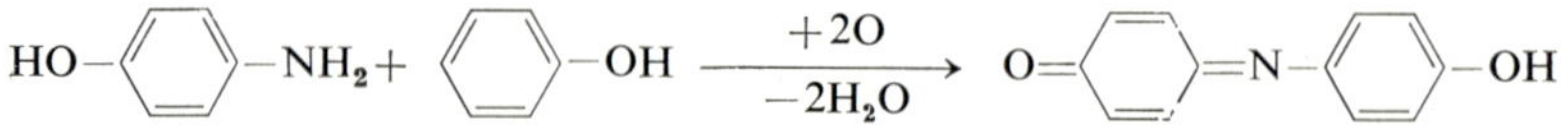

(II) Par *déshydratation*: l'élimination d'une molécule d'eau d'un nitrosophénol et d'un phénol produit un indophénol suivant le schéma:

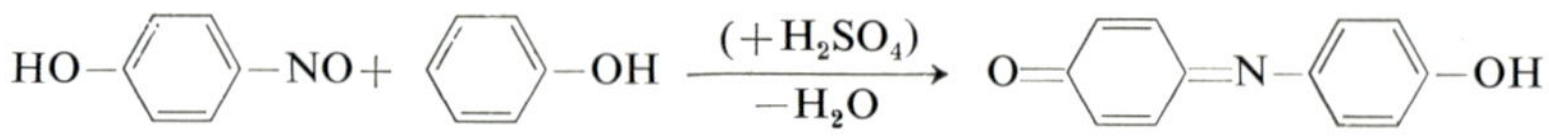

(III) Par *désammonisation*: la condensation de certaines amines et de certains aminophénols peut, par élimination d'une molécule d'ammoniaque former un leucodérivé, suivant le schéma:

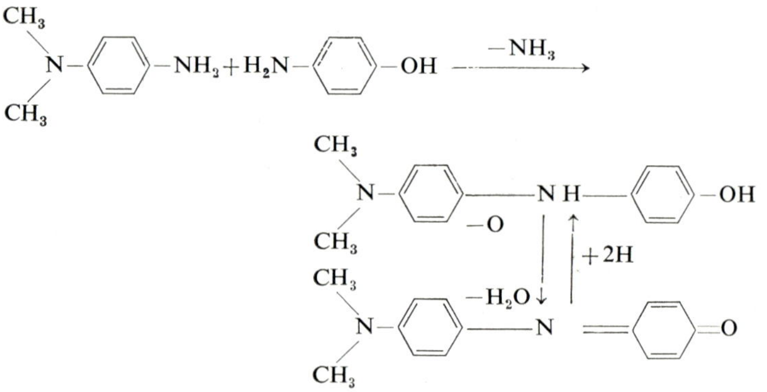

(leuco incoloré)

(coloré)

(IV) Par *élimination d'une molécule d'acide*: on peut produire un indophénol en accouplant deux molécules et en éliminant un acide. Les plus importantes réactions de ce type sont celles qui se produisent entre les quinonechloroïmides et les phénols suivant le schéma:

La réaction indiquée ci-dessus telle qu'elle a été proposée par Lison[213] appartient à la première catégorie de la classification de Gibbs. Jonnard[184] l'effectue en utilisant comme oxydant l'iodate de potassium au lieu du bichromate.

Jonnard propose aussi une technique qui peut également conduire à la formation d'indophénols et qui a l'avantage de pouvoir être exécutée sur du matériel dans lequel a déjà eu lieu la réaction chromaffine. On peut ramener cette technique de Jonnard au procédé de déacidification selon la classification de Gibbs. Un traitement des produits bruns de la réaction chromaffine, à l'aide de l'hypochlorite de sodium, conduit à leur décoloration par suite de la formation de chloroiminoquinones; ce sont ensuite ces derniers qui, réagissant avec une amine aromatique, conduisent à la formation de l'indoaniline.

Dans ce cas la chloroïmino-quinone est obtenue a partir du composé qui se forme avec la réaction chromaffine, et la molécule qui copule avec lui, est celle de la diméthylparaphénylendiamine. En utilisant le schéma en sens inverse, on peut classer dans cette catégorie de réactions, la réaction de Gibbs[153] au 2,6 dichloro et au 2,6 dibromoquinonimide. Dans ce cas le chloroiminoquinone s'unit avec la substance phénolique existant dans le localisation.

A la production d'indophénols par déshydratation, c'est-à-dire à la seconde catégorie de la classification de Gibbs, se rattache la réaction de Gerngross, Voss et Herfeld[144] au α-nitroso-β-naphtol. La réaction est importante *in vitro*, parce qu'elle peut aussi être utilisée quantitativement. En présence d'acides l'α-nitroso-β-naphtol peut donner des réactions utilisables quantitativement pour la tyrosine et pour la 5-hydroxytryptamine.

Selon Udenfriend, Weissbach et Clark,[287] les 5-hydroxindoles peuvent réagir même en l'absence de l'acide nitrique, ce qui n'est, au contraire, pas possible pour la tyrosine. Toutefois, d'après Ceriotti et Spandrio[58] la réaction est positive, au moins dans certaines conditions, pour la tyrosine, la tyramine, la parahydroxyphényléthanolamine, tandis qu'elle serait à peu près négative pour le tryptophane, la tryptamine et la 5HT.

La réaction a été appliquée en histochimie par moi et par Erspamer,[339] dans les glandes salivaires postérieures d'*Octopus vulgaris* mais elle est positive pour des granulations qui ne correspondent pas à celles qui donnent la diazo-réaction et les réactions chromaffine et argentaffine. Dans d'autres localisations la réaction ne réussit pas. La question mériterait une étude plus approfondie.

La réaction proposée par Pearse[240] pour la 5HT peut dans l'ensemble se rattacher elle aussi à ces réactions. D'après Pearse en effet, comme nous l'avons déjà rappelé, la 5HT existant dans les cellules entérochromaffines donnerait naissance à un composé β-carbolinique, dans lequel l'OH phénolique serait libre, tandis que l'H actif serait lié en position 2. Le traitement à l'iode ou à l'iodate de sodium, produirait, par faible oxydation, la quinonimine. Dans la réaction de Pearse, on fait réagir le produit de réaction avec un thioindoxyl substitué pour donner des couleurs thioindigoïdes suivant le schéma:

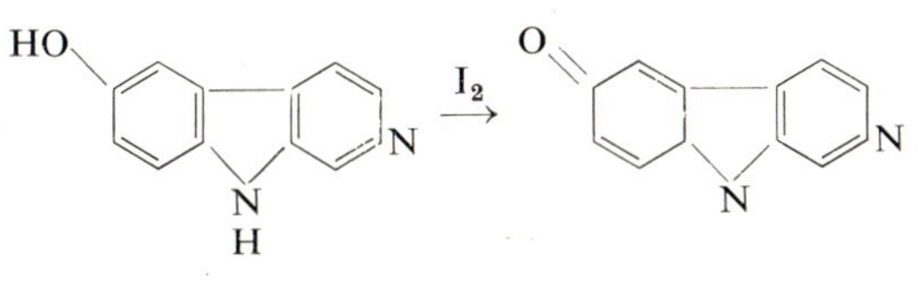

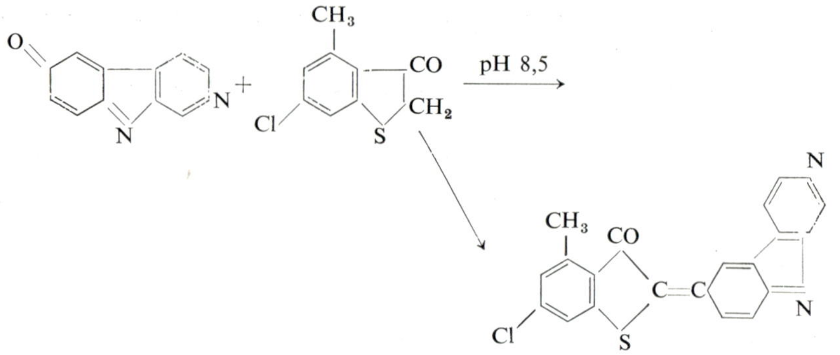

Le produit de la première étape de cette réaction devrait également donner un produit de condensation avec une amine selon les schémas précédents. Comme on le voit, le produit final de toutes ces réactions, sauf de celle de Pearse, est toujours une indoaniline ou un indophénol, mais la substance à étudier entre dans la réaction avec une signification qui varie d'une expérience à l'autre.

Il s'agit d'un ensemble de réactions qui revêtent une importance considérable et qui devraient être plus largement prises en considération.

RÉACTIONS D'OXYDATION

Nous pouvons réunir en un seul groupe toutes les réactions qui se produisent par suite de l'action réciproque d'un composé phénolique ou indolique oxydable, par conséquent ayant des pouvoirs réducteurs, et d'un réactif oxydant ou d'un réactif réductible. Deux termes assez nettement distincts de chacune de ces deux possibilités sont offerts par la réaction iodaffine et par la réaction argentaffine: dans la première de ces réactions, l'iodate oxyde le phénol, donnant d'abord une quinone puis une quinhydrone, avec introduction, tout au moins quelquefois, comme nous le verrons, d'iode dans la molécule; dans la seconde réaction, le phénol oxydable réduit directement, sans l'intervention d'un agent chimique, une solution d'argent ammoniacal en argent métallique.

A propos des réactions d'oxydation on connait de nombreuses techniques histochimiques; les unes peuvent être assez facilement attribuées à l'un des deux groupes, d'autres, au contraire, sont probablement à rattacher aux deux conditions; pour d'autres réactions on ne peut guère établir si elles appartiennent à un groupe ou à l'autre. Dans le travail de Gibbs [152] que nous avons si souvent cité, ces réactions sont pour la plupart mentionnées dans l'ensemble des réactions des sels de métaux; il faut toutefois se rappeler que Gibbs mentionne également dans ce groupe beaucoup d'autres réactions de type totalement différent.

D'autre part le mécanisme de réaction des substances oxydantes n'est pas toujours limité à cette action.

La différence entre les deux groupes de réactions revêt une très grande importance, justement au point de vue de la sélectivité des réactions: en effet, tandis que, pour que les réactions du premier groupe se produisent, il est nécessaire que les produits réagissants non seulement possèdent des capacités réductrices, mais soient capables, au cours de leur processus d'oxydation de donner naissance à des produits colorés, pour le second groupe, seule est nécessaire la capacité de réduction en général.

La différence nettement signalée par Lison[213, 218] entre les réactions chromaffine et iodaffine d'une part, et la réaction argentaffine d'autre part, pourrait bien être portée sur un plan général.

Réaction Chromaffine

Il convient de commencer la discussion par cette réaction bien qu'elle ne soit pas parmi les plus typiques du premier groupe. C'est en effet celle qui a été démontrée la première et qui est la plus universellement connue.

Pour les Ogata,[232 bis] le mécanisme chimique de la réaction était dû au dépôt de produits de réduction du bichromate; ce n'est que plus tard que Lison,[213] comparant les résultats de cette réaction avec ceux de la réaction iodaffine qui lui est parallèle, a expliqué que la couleur brune caractéristique dépend de la formation de quinhydrone, substance fortement colorée produite par l'action de la substance qui n'est pas encore oxydée sur les quinones dérivés de l'oxydation déjà produite.

La participation du chrome à la production de la couleur observée a cependant été démontrée de façon certaine par Coupland[80] dans la médullosurrénale, grâce à la méthode de l'autoradiographie, en utilisant $Cr.^{51}$

Clara[68] donne une explication un peu différente du mécanisme de la réaction chromaffine: tout en reconnaissant l'importance des phénomènes d'oxydation généralement admis, il pense aussi à la possibilité d'une formation de complexes, suivant le schéma dont nous parlerons plus loin pour les réactions à base de molybdène et de tungstène.

Pour la réaction chromaffine aussi, du moins dans le cas de l'adrénaline et de la noradrénaline, on peut proposer, à côté du schéma de réaction qui mène à la quinhydrone, celui qui mène aux adrénochromes correspondants, selon le schéma de la mélaninogenèse de Raper,[254] et en analogie avec ce qui se produit pour la réaction iodaffine, à part l'absence d'iode dans la molécule.

Quand il s'agit des caractéristiques de réactivité des composés formés, l'acceptation de l'un ou de l'autre mécanisme n'est pas indifférente. Lillie,[201] à propos de la possibilité d'une réaction de Hotchkiss exécutée sur le composé, observe que dans le cas d'adrénochromes, pour la noradrénaline seulement, existeraient deux groupes adjacents, un groupe aminique et un groupe hydroxylique, capables, par oxydation périodique, de donner un aldéhyde pouvant à son tour être mis en évidence par le réactif de Schiff; au contraire dans le cas de la quinhydrone, cette possibilité subsiste pour les deux substances. Un traitement avec l'acide périodique permettrait ainsi de diagnostiquer isolément les deux substances.

Comme nous l'avons déjà rappelé, la réaction chromaffine peut être effectuée soit pendant la fixation, soit sur du matériel déjà fixé. Pour la fixation suivant que l'on utilise le bichromate seul ou un mélange formol-bichromique, les résultats sont morphologiquement plus ou moins bons. On peut rappeler, par exemple, que la fixation avec le bichromate seul, selon certains auteurs[331] ne met pas en évidence dans les cellules entérochromaffines, les granulations caractéristiques qui apparaissent au contraire quand le fixateur est le bichromate-formol. En ce qui concerne la réaction effectuée sur du matériel fixé et inclus, elle est certainement moins évidente que celle que l'on obtient pendant la fixation, dans certains cas elle est même insignifiante.

Si l'on exclut les premières identifications de la substance chromaffine avec l'adrénaline,[62] on doit à Verne[293] les premières études dans le domaine des réactions chromaffines et sur leur signification; ces études furent reprises et élargies par Gérard Cordier et Lison[143] et par Cordier et Lison.[76] Lison a élaboré de[213, 218] nouveau l'ensemble des expériences précédentes et en a tiré ce qu'il appelle les lois de la chromaffinité:

"(I°) Sont chromaffines, tous les corps appartenant à la série des révélateurs photographiques aromatiques, telle qu'elle a été définie par Lumière et Seyewetz. Répondent à cette description, les polyphénols, les aminophénols et les polyamines aromatiques en position ortho ou para.

(II°) Les réactifs capables de déclencher la réaction chromaffine chez ces corps sont des oxydants n'agissant pas de façon trop énergique, tels que les bichromates et les iodates alcalins en solution diluée et neutre.

(III°) Les produits colorés, représentant le terme final de la réaction chromaffine sont les quinhydrones, corps résultant de la condensation d'une molécule du corps initial avec une molécule du produit quinonique résultant de l'oxydation de celui-ci.

(IV°) Les oxydants énergiques comme l'eau de chlore, l'eau de brome, l'acide chromique, transforment ces quinhydrones en la quinone correspondante; ce fait se traduit par une décoloration de la matière colorée produite lors de la réaction chromaffine."

On ne peut plus considérer la réaction chromaffine comme aussi strictement spécifique, en effet certains auteurs n'acceptent pas intégralement l'idée que la réaction soit négative pour les metadiphénols; ainsi Gomori[161, 163] attribue à la substance des cellules entérochromaffines, en raison de la faible intensité de l'ensemble des réactions, une nature métadiphénolique. Cependant, du moins en théorie, cette condition est insoutenable.

Dès 1934 j'ai[297] inclus des substances indoliques parmi les corps capables de produire la réaction chromaffine, en raison des résultats que j'ai obtenu dans la bande médiane de la glande hypobranchiale de Murex trunculus, et qui permettaient la possibilité de réaction de l'indoxyl ou du leucodérivé du 6-6-dibromoindigo; par la suite j'ai élargi cette possibilité en l'appliquant aux venins indoliques des crapauds.[307]

Cependant la coloration brun jaune prise par le matériel histologique à la suite du traitement au bichromate ne denote une réaction chromaffine; c'est Lison[214] qui a décrit une réaction chromaffine impropre qu'il a appelée pseudochromaffine. D'après l'Auteur, cette réaction dépendrait probablement de la formation de sels entre le bichromate et des substances fortement acidophiles donc basiques. D'après Lison, la nature pseudochromaffine d'une réaction serait mise en évidence par l'absence des réactions: iodique diazo argentique, en même temps que la possibilité d'obtenir d'autres sels: picrate, ferrocyanure, chlorure d'or. Il faut noter le fait que la formation typique dans laquelle Lison a décrit la pseudo-chromaffinité, est constituée par les cellules picriphiles Grynfellt[165, 166, 167] des bandes latérales de la glande hypobranchiale de Murex, dont le contenu a été diagnostiqué de nature indolique par Lison lui-même.

On doit cependant toujours considérer la réaction chromaffine comme un important moyen de diagnostic surtout si l'on tient compte de la facilité avec laquelle on peut la mettre en évidence.

Réaction Iodaffine

L'oxydation au moyen de l'iodate a été proposée par Gérard Cordier et Lison,[143] par Cordier et Lison[76] et par Lison,[213] pour remplacer les méthodes utilisant le bichromate, dans le but d'établir exactement la signification, en tant que fait d'oxydation pur et simple, des variations de couleur que l'on observe dans les réactions de ce genre. En effet la couleur obtenue ne peut pas dépendre des produits de réduction de l'iodate puisque ces produits sont incolores; si la réaction de l'iodate se déroulait de cette façon, il s'agirait alors d'une réaction d'oxydation des phénols.

Dans la littérature chimique, les recherches sur la nature de composé colorants qui se forment par suite de l'action des iodates sur des substances phénoliques et indoliques ne manquent pas; bien qu'il s'agisse toujours d'une réaction d'oxydation, on n'observe pas dans tous les cas la formation pure et simple de quinones puis de quinhydrones selon l'explication donnée par Lison.

Les produits de l'oxydation de l'adrénaline et de la noradrénaline qui sont respectivement l'adrénochrome et le noradrénochrome sont connus; dans ce cas, non seulement on observe la quinonisation des deux OH phénoliques mais aussi la cyclisation des chaînes latérales respectives, ce qui donne naissance à un noyau pyrrolique qui, s'ajoutant au noyau benzénique, constitue un noyau indolique; pour ce qui concerne en particulier l'oxydation par l'iodate la question est encore plus compliquée parce que l'iode s'introduit dans la molécule, dans la position 2 du pyrrol; on doit obtenir des formules semblables avec la dioxyphénylalanine et avec la dopamine.[55, 56] Eränkö[92] a pu démontrer, grâce à l'autoradiographie, la pénétration de I^{131} dans les molécules d'adrénaline et de noradrénaline.

Ce que l'on a pu constater en détail dans les cas que nous venons de citer se produit certainement aussi dans bien d'autres cas, bien que l'on ne sache pas exactement dans quelles limites, et que les réactions de cyclisation et de pénétration de l'iode dans la molécule ne soient sans doute pas générales. Probablement bien des conditions doivent être réalisées à cet effet, et il est souhaitable que l'avenir permette d'éclaircir et de préciser les choses à ce sujet. D'autre part, une action semblable à celle de l'iodate n'est même pas nécessaire pour les composés ayant un OH phénolique; en effet d'autre réactions peuvent donner naissance à des substances colorées, comme c'est le cas pour le tryptochrome de Fearon et Boggart,[133] produit obtenu en traitant le tryptophane avec l'iodate. Malgré la ressemblance du nom, le produit ne correspond pas du tout à l'adrénochrome.

Il faut d'abord rappeler, comme nous l'avons déjà dit, que, de même que la réaction chromaffine, la réaction iodaffine peut être effectuée selon trois modalités fondamentales différentes: (a) par la fixation par l'iodate; (b) par la fixation par un mélange iodate-formol; (c) par un traitement à l'iodate après fixation formolique ou un autre type de fixation compatible avec la conservation de la substance étudiée.

Naturellement ces trois diverses modalités peuvent conduire à des résultats différents.

D'après Lison,[213] le domaine de la réaction devrait correspondre à celui de la réaction chromaffine; cependant ce que j'ai rappelé au sujet du mécanisme de la réaction démontre que d'autres corps peuvent également réagir et que par conséquent les lois de la chromaffinité n'ont pas une valeur absolue.

Pour ma part, j'ai admis la possibilité de réactions iodaffines avec les substances indoliques dans les mêmes limites que j'ai fixées pour la chromaffinité pour ces substances[297, 307].

A l'origine, la réaction iodaffine avait été proposée pour obtenir des diagnostics généraux, cependant, si l'on emploie certaines précautions, pour des localisations déterminées, elle permet d'obtenir des résultats diagnostiques beaucoup plus sélectifs.

Pour mettre la noradrénaline en évidence de manière sélective, Hillarp et Hökfelt[172] ont employé une méthode de fixation avec l'iodate de potassium à un pH, faiblement acide suivie d'une fixation dans le formol; la sélectivité de cette réaction à l'égard de l'adrénaline découle du fait que le composé que forme l'adrénaline au pH de ces solutions se dissout pendant l'expérience. En suivant cette technique on met l'adrénaline en évidence par comparaison avec le matériel traité par un mélange formolbichromique qui fixe les deux cathécolamines. Eränkö[92] a confirmé de manière suggestive la sélectivité de cette méthode pour la noradrénaline, en la comparant avec la méthode de fluorescence sur les surrénales de Hamster.

Se basant sur des suppositions chimiques et sur des expériences *in vitro* soignées, Cattaneo[54] a perfectionné la technique de Hillarp et Hökfelt, en effectuant le traitement avec l'iodate en milieu alcalin, à pH 10, pour mettre en évidence la noradrénaline, et avec l'iodate en milieu acide au pH 2,7, pour mettre en évidence l'adrénaline. Par la suite, Cattaneo[55, 56] a apporté de nouveaux perfectionnements techniques, concernant la possibilité de post-fixation formolique et d'inclusion du matériel dans la paraffine. La méthode donne de bons résultats sur les cathécolamines de la surrénale tandis que pour d'autres substances et pour des localisations différentes les résultats sont plutôt décevants, du fait qu'il est nécessaire d'obtenir au moyen d'un mélange formol-iodique du genre de celui employé par Lison, une oxydation et une fixation simultanées.

D'autre part la méthode n'est valable que lorsqu'il s'agit de la surrénale et pour la distinction entre l'adrénaline et la noradrénaline; en effet des recherches exécutées *in vitro* avec une série de substances phénoliques et indoliques ont démontré que d'autres corps peuvent également être précipités, avec formation d'un produit coloré, à l'un ou à l'autre des pH employés par Cattaneo.[55, 56] (Vialli et Traverso.[352])

Par ailleurs des localisations dont on est presque sûr qu'elles ne peuvent être rattachées ni à l'adrénaline ni à la noradrénaline, comme les vitellogènes des Plathelmintes[77] par exemple, donnent un résultat positif. Cependant, malgré ces limites, il est certain que des techniques de ce genre, utilisées de manière opportune sur des matériels divers, sont destinées à se diffuser même comme moyens purement empiriques, pour différencier des localisations de substances semblables en apparence.

On peut considérer, outre l'étude de la réaction iodaffine, la réaction à l'iode, connue par exemple pour les cellules entérochromaffines. Cette réaction, qui n'est guère importante dans les conditions histologiques normales, peut être intéressante pour expérimenter, avec des vapeurs d'iode, la réactivité de coupes obtenues par cryodessiccation.

Réaction au Persulfate de Sodium

Erspamer et moi,[331] avons appliqué cette réaction à l'étude des cellules entérochromaffines, et elle s'est montrée positive pour la fixation avec un mélange formol-persulfate et négative pour le traitement de coupes déjà fixées par le formol. Cependant, dans d'autres localisations[312, 265] la réaction au persulfate a donné un résultat positif même sur des coupes fixées. En accord avec les idées que l'on avait alors sur ce sujet, cette réaction fut considérée specifique de di ou de polyphénols ortho ou para, c'est-à-dire correspondante aux réactions chromaffine et iodaffine. Naturellement l'élargissement du champ de positivité aux substances indoliques également, dont j'ai déjà parlé à propos des réactions chromaffine et iodaffine, est valable aussi pour cette réaction.

Des observations *in vitro* et sur des chromatographies sur papier, pour la 5-HT, le 5-hydroxytryptophane, la tryptamine, le tryptophane et leurs produits de fixation formolique, ont révélé une action nette du persulfate même en l'absence d'un OH phénolique dans le corps indolique.[325] Au point de vue chimique, l'attaque du tryptophane par le persulfate conduit, d'après les recherches de Boyland, Sims et William,[40] à la rupture du noyau pyrrolique avec des possibilités variées qui conduisent à la formation d'un OH phénolique dans le noyau benzénique résultant.

Réaction avec le Ferricyanure de Potassium

C'est une réaction proposée par Cevidalli, en biochimie, pour l'adrénaline et introduite en histochimie par moi et par Erspamer;[331] elle réussit même sur des sections de matériel fixé par le formol, et on pense pouvoir l'assimiler à la réaction chromaffine, à la réaction iodaffine et au persulfate, au moins en ce qui concerne l'apparition de composés oxydés colorés.

Réactions avec l'Argent, avec l'Or et avec le Cuivre

Il ne me semble pas inutile d'insister sur la différence, d'ailleurs bien connue, entre substances argentaffines et substances argentophiles.[75, 213, 169]

La question des rapports entre l'argentaffinité et l'argentophilie devra encore être rappelée plus loin au sujet plus limité et plus concret des cellules entérochromaffines. On ne doit retenir comme réaction à proprement parler que la réaction argentaffine; elle est liée à la présence d'un corps réducteur capable de réduire directement la solution argentique utilisée en argent métallique.

Il faut faire une distinction nette entre les corps réducteurs existant directement dans la préparation et les corps réducteurs qui se forment dans cette préparation par suite de réactions chimiques, telle, par exemple, doit être considérée la réaction argentaffine démontrée par Bignardi[28] pour les polysaccharides traités par l'acide chromique comme dans la technique de Bauer. Ce dernier cas n'a jusqu'à présent aucune signification quand il s'agit de substances phénoliques et indoliques; bien entendu, nous ne considérons pas ici la question de la formation de dérivés β-carbo-liniques dans la fixation au formol. On pourrait parler d'argentaffinité primaire et secondaire.

Les réactions argentaffines peuvent être obtenues à partir de réactifs différents; parmi ceux-ci le plus employé est le nitrate d'argent ammoniacal; du fait que ces diverses formules peuvent conduire à des réactivités différentes, il est possible, au moins dans une certaine mesure, de distinguer différentes substances. C'est ainsi que dans la technique de Bourne[39] on utilise le nitrate d'argent en solution acide pour mettre en évidence l'acide ascorbique; certains auteurs considèrent également comme une indication de la nature de la substance, le temps nécessaire pour que s'effectue la réaction, ou la concentration du réactif: il s'agit toutefois d'inductions ayant une valeur toute relative. Pour certains phénomènes, la concentration de la substance a en effet son importance; on doit également penser que dans bien des cas, dans une même localisation peuvent exister des substances différentes à des concentrations variées dont une seule pourrait éventuellement réagir. Cependant il est facile de se faire une idée de l'importance de la réaction argentaffine, surtout si l'on peut faire des comparaisons, et cela peut avoir une certaine importance, tant pour l'étude d'une localisation isolée que pour celle de localisations diverses.

Sans aucun doute la technique la plus courante est celle de Masson-Hamperl qui utilise la solution argentoammoniacale de Fontana. Les auteurs américains lui préfèrent le réactif au nitrate d'argent urotropine;[201] à ce dernier on peut adresser une critique, peut-être pas seulement théorique,[325] à savoir que de légères traces de formol se libérant de la solution d'urotropine dans le milieu ambiant du réactif peuvent agir pour développer l'argent, donnant à la méthode, du moins en partie une signification de réaction argentophile.

On peut effectuer la réaction argentaffine sur des coupes fixées de façon différente pourvu que cette fixation ait eu lieu à l'aide de moyens convenables; sur du matériel fixé par des liquides chromiques ou iodiques, elle réussit souvent de façon irrégulière: ce qui peut faire penser que dans les localisations on peut trouver des substances différentes suivant le degré d'oxydation auquel les substances primitives ont été soumises.

La réaction argentaffine, en raison de sa sûreté d'emploi et de la netteté des résultats obtenus, représente le moyen le plus communément adopté pour l'étude d'une localisation, une fois qu'on a établi sa nature au moyen d'autres réactions pour obtenir les données distributives et histophysiologiques.

Toutefois, du fait que la couleur dépend de la réduction des sels d'argent, la réaction peut être due à n'importe quelle substance réductrice; Lison [213] analyse certaines conditions dans lesquelles on attribue à la réaction en histochimie une spécificité plus étroite que celle qu'elle mériterait.

Nous avons déjà rappelé ci-dessus la différence fondamentale entre les techniques argentaffines et les techniques argentophiles. Il convient de prendre ici en considération la signification et l'importance que peut avoir l'étude de l'argentophilie.[75, 213, 319]

Il est hors de doute que l'on ne peut pas parler d'une réaction argentophile:[246, 247] en effet on ne connait pas le mécanisme selon lequel l'argent se fixe sur le matériel réactif, on ne connait pas non plus le champ de positivité de la méthode qui varie probablement selon de petites variations de technique. L'étude des localisations argentophiles (tous les cas d'imprégnations argentiques décrits peuvent être considérés comme tels) n'apporte pas elle-même d'indications précises, permettant de préciser la nature du procédé qui, dans bien des cas, peut même être purement physique.

Un autre point qui semblerait devoir être acquis, à savoir que toute substance argentaffine est également argentophile, a été au contraire discuté par Hellweg,[169 ter] par Hamperl [169 bis] et par Romeiser,[266 bis] du fait que, du moins chez l'homme et chez d'autres mammifères, le 5 pour cent des cellules argentaffines ne seraient pas aussi argentophiles. La discussion au sujet de l'argentophilie ne mériterait pas d'être rappelée ici, si on n'y rattachait la question de la cellule préentérochromaffine argentophile et de ses rapports avec d'autres cellules argentophiles, par exemple avec les cellules A des ilôts pancréatiques: Fodden,[141] Cavallero, Malandra et Mosca,[57] Mosca,[226] Korp et Le Compte,[189] Lazarow;[193] il faut encore rappeler, à propos des rapports entre les deux phénomènes, que beaucoup de techniques argentophiles, quand on saute l'étape du développement et que l'on passe directement à l'usage de l'hyposulfite, se comportent comme des techniques d'argentaffinité.[325]

Les techniques argentophiles utilisées sont très variées, les meilleures sont celles qui s'effectuent sur des coupes flottantes car, lorsqu'il faut travailler sur des coupes qui adhèrent à la lamelle, les difficultés augmentent et surtout il est difficile, sauf pour quelques localisations particulièrement adaptées, d'obtenir des résultats bien nets.

A côté des techniques dans lesquelles on utilise des sels d'argent il convient de rappeler, bien que très probablement le mécanisme de la réaction soit différent, les méthodes utilisant l'or et le cuivre. D'après Vialli et Erspamer,[332] à l'obscurité, le chlorure d'or donne, pour les cellules entérochromaffines, une belle coloration qui va du jaune feu au jaune brun; la réaction a été récemment reprise par Bottino et Ghiringhelli[38] qui ont tenté, sans obtenir d'amélioration, de la renforcer avec des réactifs de l'or.

Au cours de leur tentative de découvrir avec d'autres métaux de la triade or, argent et cuivre, des substitutions utiles des techniques argentophiles, pour l'étude des cellules préentérochromaffines, Bottino et Ghiringhelli[38] ont pu constater que, si l'on emploie des solutions de sels de cuivre, ceux-ci se fixent de manière élective sur les granulations des cellules entérochromaffines, et non pas sur celles des cellules pré-entérochromaffines; et là, ils ont démontré la présence du métal au moyen de la réaction à l'hématoxyline et grâce à l'historadiographie. Cette réaction avec le cuivre doit avoir un certain champ de positivité, puisqu'elle réussit également avec les vitellogènes des Plathelminthes (Corona.[77])

Réaction de Schmorl

Cette réaction se distingue nettement de celle de Cevedalli qui utilise aussi le ferricyanure de potassium, car, en raison de la présence dans la réaction du chlorure de fer, elle met en évidence la réduction du ferricyanure qui se produit, comme réaction du bleu de Prusse; la couleur qui se forme ne dépend donc pas de la variation de couleur de la substance à étudier.

Cette réaction, proposée par différents auteurs pour mettre en évidence au point de vue histochimique les substances les plus variées, a trouvé son application en ce qui concerne les corps phénoliques et indoliques grâce à Staemmler[279] pour la mélanine, Gomori[163] et Lillie *et al.*[208-210] pour les cellules entérochromaffines et pour la médullosurrénale; selon les observations de Sacchi[269] elle est aussi nettement positive pour les mélanocytes épidermiques (cellules de Masson) ce qui s'accorde bien avec leur argentaffinité et avec la présence dans ces cellules de propigment mélanique.

Il s'agit d'une réaction très simple, très rapide et d'une très grande sensibilité; la difficulté consiste à empêcher ou tout au moins à limiter la coloration du fond en même temps, ce qui pourrait déranger l'observation; Lillie et Burtner[208] ont étudié les meilleurs rapports possibles entre les différents composants du réactif, à cet égard.

La quantité de substances ayant des capacités réductrices limite beaucoup la signification diagnostique de cette réaction qui par ailleurs est à recommander en raison de sa grande sensibilité de sa rapidité et de sa facilité d'emploi.

Acide Osmique

La réaction avec l'acide osmique a pris le nom de Mulon[227] qui l'a mise en évidence dans les surrénales, mais, comme le fait observer Christie,[60] dès 1879 Grutzner et Menzel[164] non seulement ont démontré le noircissement des cellules entérochromaffines avec l'acide osmique, mais l'ont attribué à la forte activité réductrice des granulations.

La réaction se produit, selon les observations de Christie que nous avons nous-mêmes confirmées, quand on fixe avec de l'acide osmique ou quand on traite avec des vapeurs d'acide osmique, des coupes de localisations inclues par cryo-dessiccation, et ne se produit pas avec les localisations fixées par le formol ou traitées par le formol d'une façon ou d'une autre. Cette particularité distingue la réaction osmique des phénols, de celle des lipides.

Le champ de réaction n'est pas connu, mais il doit être assez vaste, même compte tenu de la discrimination purement empirique entre les substances à l'etat naturel et les substances fixées.

RÉACTION AU CHLORURE DE FER

Il s'agit d'une des réactions les plus classiques de la médullosurrénale: la réaction de Vulpian:[356] au début on l'a considérée comme distinctive de l'adrénaline bien qu'elle ait déjà été connue comme réaction caractéristique de certains phénols; mais au point de vue histochimique, le domaine exact de cette réaction n'est pas bien précisé. Cela est dû en partie à la difficulté de l'exécuter car il faut diluer le réactif de manière opportune, et peut-être aussi agir au pH convenable du milieu qui à ma connaissance n'a jamais été pris *ex professo* en considération. Histochimiquement parlant, quand la réaction réussit, comme dans les vitellogènes des plathelminthes ou dans les granulations vitellines des polyclades, elle donne des résultats évidents (Vialli,[295, 298] Romanini,[264] Valcurone[292]) cependant dans bien des cas, par exemple pour les cellules entérochromaffines les résultats sont très précaires.[69, 331] Même le ravivement de couleur que l'on observe *in vitro* pour le phénol, en alcalisant le produit avec l'ammoniaque ne réussit pas toujours à éclaircir les nombreux cas douteux.

RÉACTION D'ADDITION AVEC LA QUINONE

La réaction, proposée en histochimie par Cordier et Lison,[76] a été utilisée également par Clara[69] qui la considère spécifique à la fois des diphénols para, ortho, méta. L'explication du mécanisme chimique est évidente car la quinone substitue dans cette réaction le produit quinonique qui, selon l'interprétation que Lison donne des réactions chromaffines et iodaffines, en présence de diphénol peut donner a quinhydrone correspondante.

RÉACTIONS AVEC FORMATION DE COMPLEXES

Parmi les réactions *in vitro* et sur papier, utilisées pour l'étude des substances phénoliques et indoliques, beaucoup sont à base de sels de molybdène et de tungstène; les plus courantes sont celles que l'on effectue avec l'acide phosphotungstique ou phosphomolybdique. Quelques réactions de ce type ont été appliquées en histochimie, en particulier par Clara[70] qui a étudié spécialement le molybdate d'ammonium, l'acide molybdique et l'acide phosphomolybdique employés tels quels ou avec adjonction de pyridine; cette dernière rendrait la réaction plus évidente.

Les couleurs que l'on obtient sur les préparations ne sont pas très intenses (il s'agit de jaunes et de jaunes bruns) et ne correspondent pas à la couleur bleue que l'on obtient dans les expériences *in vitro* ou dans la chromatographie sur papier.

Clara pense que le mécanisme de cette réaction est lié à la formation de complexes du type de ceux étudiés par Weinland et ses collaborateurs,[357] pour de nombreux hydroxydes et oxydes métalliques (fer, aluminium, cobalt, molybdène, etc.). Clara considère aussi, à cet égard, la colorabilité selon différentes formules d'hématoxylines molybdiques. La colorabilité avec les hématoxylines molybdiques peut présenter un certain intérêt, même pratique, et mériterait d'être étudiée plus à fond.

La difficulté d'apprécier les réactions exécutées avec des sels d'acides métalliques donne à penser que, si l'on ne trouve pas le moyen, soit directement, soit indirectement d'assombrir les couleurs que ces complexes présentent, il sera difficile d'obtenir des résultats indiscutables.

RÉACTION À LA NINHYDRINE

Dans le but d'étudier le dérivé de la fixation formolique pour les granulations des cellules entérochromaffines, Holcenberg et Benditt[174] ont préparé la 3-4-5-6-tétrahydro-4-carboline, et ont vu, dans une chromatographie sur papier, que le composé, additionné de quelques gouttes d'une solution de ninhydrine dans l'acétone-acide acétique, prend une couleur d'un rouge orangé brillant. Sur des coupes de duodénum de cobaye, le même réactif donne aux cellules entérochromaffines une couleur rouge qui tranche sur la coloration aspécifique bleue. La réaction ne doit pas être facile à effectuer et Holcenberg[173] a proposé de l'exécuter en faisant sublimer la ninhydrine dans le vide poussé sur les préparations.

Les Auteurs considèrent que leur réaction a une spécificité qui correspond à celle de la fluorescence que Jepson et Stevens,[183] avec le même réactif, ont mis en évidence dans la chromatographie sur papier. Jepson a passé en revue différentes substances et a constaté que celles qui sont capables de donner naissance aux 3-4-dihydro-β-carbolines, réagissent positivement. Le mécanisme de la réaction, tel qu'il a été décrit par Jepson[182] sur des substances *in vitro* non formolées, n'est pas entièrement comparable à celui de la réaction effectuée par Holcenberg et Benditt.[174]

RÉACTION DE L'INDOPHÉNINE

Pour faire la discrimination entre une substance pyrrolique ou indolique, d'une part, et une substance phénolique d'autre part, il est très important de démontrer que dans la substance se trouve un groupe hétérocyclique; bien que l'on puisse également trouver dans les organismes des noyaux hétérocycliques, différents des noyaux pyrroliques et indoliques, (par exemple le furane), quand d'autres réactions orientent vers les pyrrols et les indols, il est important de mettre en évidence la présence d'un hétérocycle.

La réaction proposée par Lison[217] est certainement brutale et difficile à lire; l'Auteur l'a décrite à propos de la substance qui se trouve dans les cellules de Grynfeltt de la bandelette latérale de la glande hypobranchiale de Murex trunculus,[165, 166, 167] et je ne crois pas qu'elle ait été ultérieurement étudiée en histochimie.

RÉACTIONS AVEC DES FERMENTS

Certains ferments particuliers, qui altèrent les substances phénoliques et indoliques, produisant des substances colorées, sont bien connus. Ce processus revêt une grande importance biologique; il suffit de rappeler qu'un processus de ce genre est en jeu dans la mélaninogenèse[254] et que celle-ci ne peut pas avoir lieu, dans l'organisme vivant, et bien que le mélanogène soit présent, quand le ferment ne s'y trouve pas.[269] Un traitement avec des ferments connus, suffisamment spécifiques, peut constituer un moyen subtil de diagnostic.[34, 35] Dans ce cas également il faut naturellement tenir compte du fait que la substance sur laquelle le ferment agit peut avoir été plus ou moins altérée par la fixation.[313, 325]

CARACTÉRISTIQUES HISTOPHYSIQUES

Les substances phénoliques et indoliques sont de celles pour lesquelles l'étude des caractéristiques histophysiques peut offrir des éléments utiles aux fins d'une analyse qualitative et quantitative.[53, 87, 85] Cependant les données recueillies jusqu'à ce jour sont, non seulement fragmentaires, mais aussi, en ce qui concerne différentes questions d'importance considérable, souvent contradictoires. Cette étude mérite donc une plus grande attention et surtout elle doit être conduite autant que possible selon des vues larges et générales, et sur la base d'une orientation précise.

Nous pouvons rapporter la plupart des recherches histophysiques possibles à l'étude des caractéristiques d'absorption et de fluorescence.

Tant dans un cas que dans l'autre, il ne faut pas oublier de distinguer les absorptions et les fluorescences primaires et secondaires entendant par secondaire, une caractéristique qui n'apparait pas toujours (comme c'est généralement le cas seulement quand on ajoute un colorant ou un fluorochrome), mais qui peut dépendre de l'action fixatrice du formol ou d'autres réactifs.[168, 87]

Il existe sans aucun doute des substances phénoliques et indoliques ayant une couleur primaire propre; le premier exemple et le plus banal pourrait être le pigment mélanique; d'autre part il est certain qu'il est très difficile, au moins dans certains cas (comme pour les cellules entérochromaffines), de dire si la légère couleur jaune que ces cellules présentent dans les localisations fixées, existait ou non avant la fixation formolique.[69, 331, 177]

Particulièrement importante, pour l'analyse qualitative et même quantitative, peut être l'étude des couleurs secondaires qui se développent sous l'effet de réactions particulières, par exemple pendant la diazo-réaction. Cet exemple d'intégration de données histochimiques et de données histophysiques, ne nous a pas,[325] pour l'instant, donné de résultats satisfaisants; il est cependant certain que c'est une voie à suivre avec persévérance, car nous pouvons considérer comme efficaces les moyens physiques à notre disposition, et pour mener les recherches à bonne fin, ce qu'il faut c'est essayer d'adapter les modalités techniques des manipulations chimiques, aux nécessités d'une étude physique ultérieure. L'étude des absorptions dans l'ultraviolet présente elle-aussi, sans aucun doute, des aspects positifs dans le domaine qui nous intéresse, car l'absorption sélective à λ 2750 des noyaux benzéniques, et indoliques est bien connue.[53] Certains résultats obtenus par Christie[59] sur les cellules entérochromaffines, bien qu'ils soient difficiles à expliquer, indiquent un domaine intéressant à développer sur des localisations de différentes substances.

Christie a identifié et étudié des cellules entérochromaffines isolées sur des localisations traitées suivant la méthode de congélation-dessiccation; à l'état naturel, les granulations présentent l'absorption typique à λ 2750 mμ, mais quand la préparation a été post-fixée avec des vapeurs de formol, l'absorption sélective des granulations disparait, bien que les granulations subsistent et soient capables de réagir; on peut donc dire que l'on se trouve en présence d'une absorption primaire et que l'absorption secondaire ne se produit pas, du moins à la longueur d'onde considérée.

Il existe également des discussions au sujet de la fluorescence elles ont surtout pour objet la fluorescence primaire des cellules entérochromaffines qui, selon nos observations,[325] n'existe pas dans les localisations traîtées suivant la méthode par cryo-dessiccation, et qui apparait seulement quand on soumet les coupes aux vapeurs de formol. La fluorescence de la 5-hydroxytryptamine, dans des conditions particulières, est bien connue; sur elle sont basées les méthodes de dosage spectrofluorimétrique[287] et cela rend difficile l'interprétation des données histologiqucs. La technique de Eränkö [91] pour la mise en évidence de la noradrénaline est basée elle aussi sur une fluorescence secondaire qui apparait sous l'action de la fixation formolique. D'autre part, j'ai signalé depuis longtemps[304] les couleurs de fluorescence très différentes, même au simple examen subjectif, que l'on observe pour la secrétion des glandes cutanées granuleuses des amphibiens; ces différences ne sont pas seulement spécifiques, mais dans une espèce donnée, elles varient suivant le type glandulaire *(Bombinator pachypus)*[304] ou suivant le degré de maturité d'une glande donnée *(Rana esculenta)*.[309, 311] On peut interpréter de façon subjective les fluorescences en tenant compte de la constitution différente des venins respectifs.

Toute la question mérite une plus grande attention, même si l'on se limite simplement à évaluer de façon subjective la couleur de la fluorescence.

Cependant il est certain que lorsqu'on veut obtenir des résultats plus précis, il est nécessaire de mieux définir la fluorescence en l'étudiant par la méthode spectrographique.

On peut rappeler à ce propos les recherches de Jacobson[176, 177, 179, 180] qui concernent principalement l'étude de carcinoïdes *in toto* et celles de Casella et Reggiani[51, 52] effectuées au contraire sur des cellules entérochromaffines de cobaye isolées, fixées par le formol.

Les recherches de Casella et de Reggiani ont été effectuées selon la méthode spectrophotométrique photographique quantitative et tiennent également compte des éventuelles altérations que la fluorescence peut subir pendant la longue irradiation à laquelle les localisations doivent être soumises pour obtenir la photographie du spectre. Les spectres obtenus par Casella et Reggiani présentent un maximum principal à λ 535 mμ et un maximum secondaire à λ 442 mμ, ce qui, selon les Auteurs peut aussi dépendre du fond de tissu qui se trouve autour ou sous la cellule.

Les différentes interprétations de la fluorescence, selon notre point de vue et selon celui de Jacobson, ont été largement résumées par De Lerma[85] qui conclut en disant qu'il juge nécessaires des recherches ultérieures pour pouvoir préciser si la fluorescence est dûe exclusivement à la 5-hydroxytryptamine.

D'autres techniques de recherches histophysiques, bien qu'elles ne se soient pas encore affirmées dans ce domaine, pourront certainement offrir aussi des moyens de résoudre certains problèmes histochimiques plus ou moins généraux.

Nous pouvons citer à titre d'exemples la microscopie interférentielle,[145] l'historadiographie[38] et l'autoradiographie,[80, 92] techniques pour lesquelles existent déjà quelques données qui peuvent s'insérer dans l'étude des caractéristiques des localisations, des mécanismes de réaction et des modifications de concentration par défaut ou par excès par suite d'interventions déterminées.

L'exposition sommaire des données histophysiques que nous possédons renforce bien le jugement que nous avons déjà exprimé, à savoir qu'elles sont fragmentaires et contradictoires.

LES POSSIBILITÉS DE DIAGNOSTIC

La longue liste des réactions et des caractéristiques histophysiques que je viens de rappeler, semblerait indiquer qu'il existe de très nombreux moyens de résoudre les questions concernant les substances phénoliques et indoliques, comprenant également parmi celles-ci (a) les quinones dont l'importance déjà bien connue en biochimie végétale s'affirme désormais en biochimie animale également; (b) les protéines qui, en raison d'une richesse particulière en l'un ou en l'autre aminoacide cyclique, donnent elles aussi les réactions des substances phénoliques et indoliques.

Comme nous l'avons déjà vu, il est relativement facile d'établir le mécanisme de beaucoup des réactions contenues dans la liste précédente. Un tel examen permet en quelque sorte une classification par groupes plus ou moins homogènes; de cette classification émergent des rapprochements auxquels, à première vue on n'aurait pas pensé, tandis que, d'autre part, certaines réactions, apparemment très semblables révèlent des différences fondamentales.

Le fait de connaitre le mécanisme de réaction semblerait devoir permettre, au moins dans une première approximation, d'émettre un jugement sur l'ensemble des différentes substances capables de réagir, donc sur la plus ou moins grande sélectivité des réactions. En réalité les choses ne se passent pas exactement de cette manière; en effet le raisonnement, déjà assez difficile pour les réactions *in vitro*, se complique, et pas seulement pour des raisons techniques, quand les réactions ont lieu sur des préparations; ceci est valable, à priori, même quand il est possible de s'assurer que la substance présente n'a été altérée en aucune façon. Ajoutons à cela, comme nous l'avons déjà dit à propos de la fixation, que très souvent les substances présentes dans la préparation ne sont pas celles qui existaient au départ. Dans certains cas il est relativement possible d'établir, à partir du traitement que la préparation a subi, la signification des altérations introduites dans la molécule de la substance étudiée; dans d'autres cas, au contraire cela est impossible, à moins de rester dans les limites d'une inutile généralité.

Par ailleurs, même en admettant que nous puissions établir avec une certaine exactitude la nature du composé final qui s'est formé, nous devons cependant tenir compte du fait que beaucoup de ces réactions, surtout en raison du milieu cellulaire dans lequel elles se déroulent et de la nécessité d'agir avec des moyens relativement doux, se produisent avec une grande lenteur: de ceci peut dépendre, comme nous l'avons déjà rappelé,[325] l'importance de la durée de fixation.

Quand la réaction comporte plusieurs temps, à des moments déterminés on peut présumer que se trouvent la substance finale, un ou plusieurs stades intermédiaires et la substance de départ; naturellement chacune de ces substances a une réactivité propre et la réactivité globale, que nous mettons en évidence, est la composante des réactivités particulières. Cela porterait naturellement à devoir considérer la sélectivité de chaque réaction pour chacune des substances présumées. Il faut se rappeler que, pour cette raison, une localisation d'une substance isolée peut à tort sembler constituée de plusieurs substances.

Des résultats qui pourraient sembler paradoxaux cessent de se montrer tels quand on peut démontrer, ou tout au moins raisonnablement présumer qu'il existe des conditions de ce genre.

Il convient évidemment de faire des observations analogues pour l'ensemble des opérations de blocage ou d'extraction qui s'effectuent sur une localisation dans le but de mieux définir la nature de la substance présente.

En outre, nous ne pouvons pas non plus oublier que certaines de ces dénaturations peuvent agir sur des parties de la molécule; à première vue nous ne penserions pas que cela puisse modifier de façon notable la chimie des réactions, mais en réalité, celle-ci peut être altérée.

De toute façon, même en admettant que nous ayons réussi à mettre en lumière toutes ces causes d'incertitudes et d'erreurs, qui surgissent à propos de l'état des substances dans la localisation fixée, nous nous trouvons encore dans une situation qui est loin d'être facile pour établir le diagnostic analytique.

J'ai cru utile d'envisager les questions suivant un ordre et une classification légèrement différents de ceux communément suivis dans les textes d'histochimie.

Avant tout il me semble utile d'observer que les termes de notre diagnostic ne sont évidemment pas tous équivalents entre eux; en effet nous devons caractériser, parfois des noyaux, parfois des fonctions, et parfois enfin, comme dans le cas des protéines ou éventuellement des polypeptides, la présence d'aminoacides, auxquels est due, en raison de leur constitution, l'existence d'une fonction ou d'un noyau déterminés.

D'autre part les fonctions que l'on peut mettre en évidence peuvent appartenir aux noyaux ou aux chaines latérales.

Si nous nous limitons aux substances qu'il nous est actuellement possible de déterminer, nous pouvons considérer comme noyaux, les noyaux benzéniques, pyrroliques, indoliques et leurs dérivés les plus proches; par rapport à ceux-ci, du moins dans une première approximation, nous devrons exclure par le diagnostic les noyaux imidazoliques, puriques et pyrimidiques. Les fonctions à diagnostiquer pourraient être les fonctions phénolique, quinonique, quinhydronique, iminique et aminique, et il est également nécessaire de préciser si ces fonctions appartiennent au noyau ou à la chaine latérale, dans quel nombre et dans quelle position elles se trouvent dans la substance.

Comme données d'ensemble pouvant faciliter la détermination, nous pouvons tenir compte de la présence des caractéristiques et des dimensions présumées de la chaine latérale.

Les nécessités de diagnostic pour une recherche déterminée peuvent d'autre part être très différentes et selon cette nécessité il faut tâcher d'obtenir un diagnostic suffisamment précis et exact, avec un minimum de moyens et de réactions.

Ce qu'il faut d'abord rechercher, c'est l'exclusion de la possibilité que la substance étudiée appartienne à d'autres grands groupes tels que les polysaccharides et les lipides, ou qu'il s'agisse de quelque substance particulière bien déterminée telle que l'acide ascorbique, l'acide désoxyribonucléique ou un ferment particulier, par exemple.

Cette exclusion ne rentre évidemment pas dans la recherche diagnostique des substances qui nous intéressent, mais étant donné que, pour quelques-unes d'entre elles, certaines des réactions que nous avons rappelées peuvent être positives et devront être examinées au cours d'une mise au point ultérieure de diagnostic, il peut être utile en général de commencer par cette opération.

La question que l'on peut se poser ensuite est plus difficile à résoudre et répond mieux au but que nous nous sommes fixé: s'agit-il ou non d'une substance protéique? J'ai déjà dit, au début de cet exposé, que ce diagnostic, en apparence très général, n'est pas toujours facile à établir. La première condition qui peut nous venir en aide est celle d'un vaste spectre de fixation et en particulier la fixation par les précipitants les plus connus des protéines. Les conditions à determiner sont les plus générales, par exemple la coloration avec le bleu de bromophénol ou avec le fast green ou avec le jaune naphtol S. La présence et la diverse intensité des réactions que l'on considère spécifiques de chacun des aminoacides donnent à celles-ci une valeur plus précise (par exemple l'arginine, la cystine et la cystéine), sans compter les réactions distinctives de la tyrosine et du tryptophane.

Nous pourrions nous étendre plus longuement sur ce sujet, mais il regarde plus spécialement d'autres collègues, et le peu de temps dont nous disposons nous le déconseille. La question est d'ailleurs amplement traitée dans le chapitre "Histochemical Methods for Protein Detection" de Burstone[48] dans le *Handbuch der Histochemie* et dans la seconde édition très récente de *Histochemistry Theoretical and Applied* de Pearse.[242] Il nous suffira d'immaginer que nous avons exclu toutes les conditions considérées précédemment et que nous sommes donc déjà en mesure de nous orienter vers le coeur de la question.

La première étape diagnostique nécessaire est de démontrer la présence soit isolément soit dans leur ensemble des trois noyaux benzénique, pyrrolique et indolique. Pour le noyau benzénique, nous avons à notre disposition comme réaction distinctive celle de la production de produits nitrés colorés (réaction xanthoprotéique). Cette réaction ne peut pas être confondue avec celle de la murexide comme le voudrait Jacobson,[176] et à cet égard elle permet bien de faire la discrimination entre les substances à noyau benzénique et les substances à noyau purique. Cependant cette réaction ne présente guère d'utilité, car la couleur obtenue est de trop faible intensité et de plus parce que la réaction est toujours positive, bien qu'encore plus faiblement, même dans les protéines.

Pour le noyau pyrrolique, la réaction proposée par Lison[217] est celle de l'indophénine commune à tous les noyaux hétérocycliques; on recherche la spécificité parmi ceux-ci, selon Lison, en mettant en évidence par la nitrosaminoréaction, la présence d'un groupe iminique et en excluant, au moyen de la diazoréaction qu'il puisse être situé dans le noyau benzénique. Même la réaction à la paradiméthylaminobenzaldéhyde de Ehrlich, pourrait, d'après Lison, indiquer la présence du noyau pyrrolique ou indolique, quand une diazoréaction négative permet d'exclure la présence de fonctions phénoliques éventuelles. Effectivement, parmi ces réactions, la seule ayant une nette valeur histochimique devrait être celle de l'indophénine, compte tenu du fait que les autres hétérocycles n'ont pas, à notre connaissance, d'importance en biochimie.

La communauté des réactions pour le noyau benzénique et pour le noyau pyrrolique doit évidemment permettre de reconnaître le noyau indolique; il faut toutefois pouvoir exclure qu'il existe contemporainement, dans la même localisation, des substances de l'un ou de l'autre noyau; en effet seule en biochimie cette supposition est permise. Ces réactions des noyaux sont possibles pourvu que les groupements réactifs respectifs soient libres.

Parmi les fonctions qui nous intéressent, la plus facile à étudier est certainement la fonction phénolique; à elle peut s'appliquer la diazoréaction en milieu alcalin et l'indoréaction, tant sous la forme typique indiquée par Lison[213] que sous forme de réaction à la chloroquinonimide. Cependant la diazoréaction en milieu alcalin peut avoir lieu également pour des substances non oxhydrilées du noyau indolique et du noyau pyrrolique, et on pourrait aussi avoir des doutes au sujet de l'indoréaction; par conséquent, le meilleur moyen serait celui de bloquer sélectivement la fonction, et tel devrait être, au point de vue chimique, le traitement au diazométhane.[352] Une diazoréaction qui ne se produit plus à la suite d'un traitement au diazométhane dénonce infailliblement la présence de phénols.

Une fois la présence de phénols établie, si les réactions chromaffine, iodaffine et argentaffine sont négatives, on devrait pouvoir parler d'un monophénol, d'un di ou d'un polyphénol, en position méta: cette dernière assertion n'assume cependant pas une valeur absolue car au moins dans les essais à la Coujard de Gomori[161, 162, 163] la résorcine aussi se montre positive aux réactions d'oxydation.

D'autre part le fait que les réactions chromaffine, iodaffine et argentaffine aient lieu ne constitue cependant pas une preuve certaine de la présence de diphénols ou de polyphénols, en position ortho ou para.

Outre la possibilité de réaction des métadiphénols, dont nous avons déjà parlé, et qui est purement théorique car on n'en connait pas en biochimie, il existe des exemples faciles à montrer d'autres substances. J'ai déjà parlé des composés colorés que l'on obtient à partir du tryptophane (et par conséquent probablement aussi à partir d'autres de ses dérivés non oxydrilés) sous l'action du bichromate, de l'iodate et du persulfate; même une fonction phénolique unique en position 5 du noyau indolique, permet une nette positivité de ces réactions, indépendamment de la présence et de la configuration de la chaine latérale.[352]

En présence de ces substances, dont on peut toujours soupçonner l'existence, en raison de leur grande diffusion, les réactions cessent d'avoir la spécificité qu'on leur avait attribuée. Dans ce cas également, le blocage des fonctions phénoliques au moyen du diazométhane devrait permettre de conclure.

Si les réactions sont encore positives après un blocage certain il faudra les attribuer à des actions possibles sur le noyau, et si l'on démontre par d'autres moyens la présence du noyau indolique, ce point de vue sera confirmé. Il resterait à démontrer l'existence ou non d'une fonction phénolique unique et les doutes qui peuvent subsister après la diazoréaction sur des localisations bloquées, sont encore tels qu'ils ne permettent pas de résoudre actuellement la question.

Il nous reste maintenant à considérer les fonctions quinoniques et quinhydroniques qui sont les moins étudiées. Le peu qu'on en sait en histochimie se rapporte plus à leur apparition au cours de la fixation ou de réactions, qu'à la présence primitive de quinones ou de quinhydrones. Quoi qu'il en soit, les possibilités de diagnostic ne devraient pas être très différentes qu'il s'agisse d'un cas ou de l'autre et les arguments présentés par Lison[213, 214] à l'appui de l'explication qu'il donne des réactions chromaffine et iodaffine basée sur l'apparition de quinhydrones, devrait pouvoir constituer une orientation. L'apparition d'une couleur plus intense obtenue par traitement d'une quinone par un phénol, que l'on doit considérer comme une réaction négative de la réaction d'addition avec quinone, peut constituer une tentative d'aborder le problème; de même, les oxydations et les réductions faibles, sur lesquelles Jonnard[184, 185] insiste particulièrement, peuvent se révéler utiles. Les réactions ayant pour but de mettre en évidence la présence de quinhydrones peuvent se baser sur des principes analogues.

La question des quinones et des quinhydrones dans son ensemble a été jusqu'à présent trop peu traitée, peut-être parce que ces substances n'ont pas, chez les animaux, une aussi grande diffusion que les phénols; cependant des faits importants se rattachent à ces substances et d'autre part les quinones en particulier apparaissent souvent dans les voies métaboliques de différents composés biologiqes à noyau benzénique et indolique. Il est donc à souhaiter que l'on accorde une plus grande attention à ces fonctions.

A propos des noyaux pyrrolique et indolique, nous avons déjà parlé de l'utilisation de la nitrosaminoréaction que Lison propose pour mettre en évidence les fonctions iminiques, même en dehors du groupement NH du pyrrol. Peut-être pourrait-on penser à des réactions moins brutales et plus lisibles: si l'on tient compte du fait que l'on peut appliquer les techniques de blocage des fonctions permettant d'employer des réactions moins violentes.

Comme on peut le constater, d'après les observations que nous venons de faire, et qui d'ailleurs ne représentent qu'une partie de celles qui pourraient être faites, avec les seules réactions que nous avons actuellement à notre disposition, il n'est pas possible d'établir des diagnostics très spécifiques. Les perspectives d'amélioration que nous avons indiquées pourront constituer une aide sensible mais elles ne permettront pas de changer radicalement la situation.

Afin de pouvoir obtenir plus de précision et d'arriver au diagnostic de substances particulières bien déterminées, il est nécessaire de rechercher des méthodes collatérales qui, en intégrant les résultats des réactions histochimiques, permettent de leur donner une valeur unique et plus précise. Il s'agit d'élargir le champ d'étude en utilisant, des données qui, tout en appartenant toujours à l'histochimie, soient tirées de l'histomorphologie et de l'histophysiologie, et il y a longtemps que j'insiste personnellement sur ce point de vue:[316, 319, 320, 322] en maintes occasions j'ai en outre recommandé d'intégrer des données histochimiques sur des bases biochimiques: application exacte de l'idée que l'histochimie n'est pas seulement histologie, mais aussi chimie et par conséquent biochimie.[322]

Il s'agit d'un concept général bien évident, mais que malheureusement on perd trop souvent de vue, ce qui a obligatoirement pour conséquence l'expression d'idées fausses ou tout au moins l'exclusion de la possibilité d'arriver à des conclusions précises.

Il est utile de prendre d'abord en considération le point de vue du biochimiste: le biochimiste, ou celui qui suit ses méthodes, cherche, en utilisant l'histochimie, à établir la distribution dans les organes, dans les tissus et dans les cellules, des substances dont l'existence dans les organes étudiés lui a été révélée par des recherches précédentes.

Le biochimiste ne doit pas trop se préoccuper des caractéristiques de sélectivité des réactions qu'il emploie, mais il doit surtout évaluer, en gros, la congruité entre les données qualitatives et quantitatives de la biochimie et de l'histochimie; le chimiste recherche une substance dont il connaît déjà l'existence dans les tissus, dont il connaît déjà beaucoup de caractéristiques réactionnelles, et en outre pour préciser les détails il peut avoir recours plus ou moins facilement à différents genres d'essais *in vitro*. Dans ces conditions, les réactions générales elles-mêmes peuvent avoir une valeur spécifique et d'autre part, des conditions recherchées de façon théorique ou même simplement empirique et qui modifient une réaction peuvent aboutir à des résultats que l'on n'aurait pu obtenir par d'autres voies.

Les exemples récents que l'on peut citer dans le domaine des substances phénoliques sont: la mise en évidence et la discrimination de l'adrénaline et de la noradrénaline dans la médullosurrénale (Eränkö[91] Hillarp et Hokfelt[172] Cattaneo[54, 55, 56]) et plus récemment la localisation de la dopamine dans des éléments connectifs chromaffines particuliers qui se trouvent chez les ruminants.[131, 132]

Peut-être le concept n'a-t-il pas été encore suffisamment exploité et je dirais même qu'en aucun cas n'ont été mises en oeuvre toutes les possibilités de recherches qui, dans d'autres branches de l'histochimie, en particulier en ce qui concerne les méthodes extra situm de classifications adoptées par Baker[10] et par moi,[322] ont déjà donné de brillants résultats.

Parmi les recherches qui ont déjà assumé un développement remarquable, je pourrais citer celles de Blaschko et de ses collaborateurs[32, 33] qui séparent, dans les homogénats de surrénale, suivant la technique de la centrifugation, en raison des différences de densité, les granulations contenant essentiellement l'adrénaline de celles qui contiennent la noradrénaline. Chacun peut voir la grande importance d'une recherche de ce genre, même s'il faut reconnaître que l'existence des deux types de granulations n'a pas encore pu être pleinement utilisée pour mettre en évidence dans la médullosurrénale, des zones adrénalinogènes et des zones noradrénalinogènes.

Certaines circonstances particulières peuvent permettre d'élargir le champ d'application au-delà du domaine de la biochimie pure. Ainsi beaucoup de questions, étudiées du point de vue de l'anatomie comparée peuvent, soit représenter un moyen de prouver une donnée biochimique, soit donner une idée de la valeur discriminative des réactions effectuées quand on sait qu'il existe des différences de constitution ou des différences quantitatives établies du point de vue biochimique pour un même organe dans des séries d'espèces différentes. Tel est par exemple le cas des glandes granuleuses cutanées des amphibiens. Suivant les espèces, ces glandes peuvent contenir des substances présentant entre elles des différences ou existant à des concentrations variées.[129, 130, 112]

Des données expérimentales, comme celles concernant la décharge, provoquée par la réserpine, de la 5-hydroxytryptamine qui se trouve dans l'intestin, peuvent évidemment confirmer ou non les attributions diagnostiques de substances particulières pour des localisations déterminées.

L'ensemble de ces résultats qui dérivent de l'intégration des données histochimiques avec d'autres données, n'à pas en soi la signification histochimique qu'on pourrait lui attribuer. Il s'agit d'éléments qui ont une valeur strictement limitée aux cas pour lesquels à été découverte et prouvée la validité des conditions limites, en excluant les interférences possibles de substances étrangères. Toute tentative de généralisation qui ne tiendrait pas compte, pour chaque cas, des données recherchées et prouvées suivant le plan d'expériences établi pour les questions résolues, représenterait une extrapolation injustifiée et inacceptable.

Ainsi, par exemple, bien que les données récentes de Falck, Hillarp et Torp,[131, 132] sur les cellules à dopamine me semblent acceptables, qui croirait pouvoir assurer, avec le seul bagage de réactions expérimentées par les Auteurs, la présence de dopamine, se tromperait grandement.

Il est hors de doute que ces recherches concernant des substances particulières bien déterminées, doivent être conduites avec de grandes précautions et en cherchant à mettre en oeuvre tous les moyens de démonstration possibles. Par ailleurs, il est également hors de doute que dans tous les cas pour lesquels on présume que la question diagnostique a été résolue pour le mieux, on peut obtenir aussi des informations plus détaillées et plus concrètes à l'égard des données histotopochimiques distributives, parfois même à l'égard des données quantitatives et histophysiologiques.

LES PROBLÈMES PARTICULIERS DU SYSTÈME CELLULAIRE ENTÉROCHROMAFFINE

L'application de l'ensemble des techniques précédemment exposées dans les limites de leur valeur diagnostique, sauf quand elles se rapportent de façon concrète à des localisations précises, ne permet malheureusement pas, comme nous l'avons déjà vu, de resoudre les problèmes posés, avec un degré de précision suffisant.

Selon le thème qui m'est proposé, je m'occuperai surtout des questions concernant le système cellulaire entérochromaffine, au sujet des possibilités diagnostiques qui apparaissent quand on tient également compte des possibilités collatérales offertes par la biochimie, par l'anatomie comparée et par la pharmacologie.

Je pourrais parler plus longuement de la notion de système cellulaire entérochromaffine, de sa valeur morphologique et de ses limites, et la discussion serait de grande utilité, si le sujet qui m'a été assigné se bornait à cela mais une telle discussion nous porterait trop loin de mon sujet; toutefois il me semble nécessaire de faire quelques remarques à cet égard.

On doit l'expression de "système cellulaire entérochromaffine" à Erspamer[112] qui, en 1954, synthétisant, dans une introduction anatomique, l'ensemble des notions histologiques, biologiques, chimiques et pharmacologiques sur l'entéramine, élargissait le concept précédent de système entérochromaffine et y englobait:

(a) les cellules entérochromaffines en général

(b) les cellules chromaffines des glandes salivaires postérieures des Octopodes.

(c) les cellules chromaffines géantes de l'organe hypobranchial des Muricidés

(d) les cellules secrétrices des glandes granuleuses cutanées des Amphibiens, quand elles élaborent une secrétion chromaffine.

Le systéme, comme l'indique Erspamer lui-même, n'est pas nécessairement homogéne, même pas au point de vue biochimique. "Da rilevarsi tuttavia che la cromaffinità del secreto può essere dovuta, oltre che, o invece che all'enteramina ad altre idrossindoalchilamine simili o anche a idrossifenilalcanolamine". Les caractéristiques histochimiques du systéme sont données par le fait que ". . . dopo fissazione formolica sono dimostrabili granuli dotati di cromaffinità, argentaffinità, capacità di copulare coi sali di diazonio e fluorescenza in luce di Wood".

Cet ensemble, qui n'est pas homogène au point de vue morphologique a été réuni dans le système par Erspamer en tenant compte de la présence prévalente d'entéramine dans les éléments qui le constituent; évidemment le système s'élargit à mesure que s'élargissent les connaissances à ce sujet, et il suffit de rappeler par exemple mes observations personnelles faites en collaboration avec Casati sur *Calliactis parasitica.*[326] Pour chacun des éléments du système nous possédons des informations biochimiques plus ou moins précises qui permettent, compte tenu des différences de constitution existant entre les différentes espèces, de considérer une série de modèles dont la constitution chimique est plus ou moins connue, simple ou complexe, et dans certains desquels on ne trouve pas d'entéramine.

La plupart des données histochimiques concernant les éléments de ce système ont été recueillies dans notre Institut, au cours de recherches amplement comparatives qui durent depuis presque trente ans. Les résultats obtenus au cours de ces recherches ont fourni l'orientation préliminaire pour les recherches biologiques et biochimiques successives de Vialli,[315 316] d'Erspamer,[99–120] d'Erspamer et Vialli,[129, 130] de Vialli et Erspamer[334 335, 336, 337, 338, 339, 345, 346, 344] et d'Erspamer et autres collaborateurs.[121–128] Ces recherches ont amené à reconnaître dans les différentes localisations l'entéramine et les autres substances responsables des réactions.

Les localisations n'ont pas toutes été étudiées à fond au point de vue histochimique et si l'on voulait traiter toute la question de la manière dont on a traité les éléments plus connus du système, apparaitraient certainement des lacunes assez vastes, même compte tenu des derniers apports que nous avons cherché à y introduire.

En réalité, l'élément du système le plus étudié est la cellule entérochromaffine typique dont se sont occupés de très nombreux auteurs, parce qu'elle constitue probablement l'élément le plus intéressant pour la biologie et celui qui présente la distribution taxonomique et topographique la plus vaste.

D'après nos observations la cellule entérochromaffine ne constitue pas un élément isolé, mais il existe à côté d'elle d'autres types de cellules, intestinales et extra-intestinales, se groupant en un ensemble qui constitue le système entérochromaffine en général.

Malgré nos recherches, les connaissances concernant les autres types cellulaires, qui selon la classification établie par Erspamer en 1937[94] constituent le système entérochromaffine en général, sont beaucoup plus incomplètes. Ce système peut comprendre les types cellulaires suivants: (a) cellule claire, (b) cellule préentérochromaffine argentophile, (c) cellule entérochromaffine typique, (d) cellule vide.

Cet ensemble constituerait, également du moins en partie, un cycle fonctionnel d'ailleurs non obligatoire, des cellules. Tandis que les types cellulaires *a* et *d* sont très difficiles à identifier et ne sont que vaguement reconnaissables même au point de vue histomorphologique, les types *b* et *c*, sont au contraire les plus connus: leurs caractères histomorphologiques sont très proches de ceux des cellules entérochromaffines typiques, leurs caractères histochimiques sont au contraire nettement différents car les cellules préentérochromaffines argentophiles ne présentent pas les caractéristiques histochimiques que nous avons rappelées à propos du système cellulaire entérochromaffine et qui indiquent la présence d'entéramine. La cellule préentérochromaffine argentophile contient elle aussi des granulations qui sont seulement argentophiles et que l'on peut fixer aussi par des fixateurs autres que le formol.

Bien que tous les auteurs ne fassent pas une distinction entre les deux types cellulaires, ou tout au moins n'en évaluent pas exactement les limites, nous pouvons dire que leur existence et leurs rapports réciproques sont bien démontrés par un ensemble de données dont je ne puis parler ici aussi longuement qu'il serait nécessaire. Les éléments qui appuient ce point de vue concernent la distribution taxonomique,[288] topographique[94, 95, 96, 319] et embryologique[147] auxquels se sont ajoutés maintenant les éléments provenant des essais sur l'action pharmacologique de la réserpine et d'autres substances semblables. Cependant certains points très importants ne sont pas encore résolus pour l'instant; ainsi, par exemple, il existe des éléments granuleux argentophiles dont la morphologie ne diffère pas de celle de cellules argentophiles que l'on ne peut pas en toute certitude faire entrer dans le système; on peut à ce propos rappeler les cellules A des ilôts pancréatiques auxquelles on attribue l'élaboration du glucagone,[57, 226, 189, 193] et les cellules parafolliculaires de la thyroide;[290] la question des cellules insulaires est particulièrement compliquée, car dans les ilôts ont été trouvés également, du moins dans certaines espèces d'oiseaux et de mammifères,[6, 7, 94, 98] des cellules entérochromaffines typiques et parce que les cellules du parenchyme exocrine que beaucoup considèrent capables d'évolution insulaire, ne peuvent pas être séparées de façon certaine des cellules entérochromaffines typiques et des cellules préentérochromaffines argentophiles que l'on trouve sans aucun doute dans ce même endroit, au moins dans quelques cas.

Les observations de Feyrter[138, 139] à ce sujet, mériteraient d'être longuement évaluées et discutées, afin de pouvoir classer avec une certaine précision les sections de ses organes épithéliaux endocrins diffus.

L'existence des cellules préentérochromaffines argentophiles qui, du moins chez certaines espèces (téléostéens) ne sont jamais destinées à rejoindre le niveau de cellules entérochromaffines typiques,[319] permet logiquement de supposer que les cellules argentophiles elles-mêmes peuvent avoir une fonction encore tout à fait inconnue, et dont nous ne savons pas si elle correspond, si elle est subordonnée ou si elle est prédominante par rapport à celle des cellules entérochromaffines typiques; cette fonction pourrait même être complètement différente pour les deux types de cellules malgré les liens qui existent entre eux. Malheureusement les données histochimiques concernant cette question et que j'avais commencé et fait commencer à assembler dans le but de les utiliser pour cette relation ne sont pas encore définitivement établies.

Il semble également utile de dire qu'il existe des localisations de la 5-hydroxytryptamine, mises en évidence avec une certitude absolue au point de vue biochimique, et que l'on ne peut pas démontrer en histochimie;

il s'agit par exemple de l'entéramine dans le systéme nerveux,[112, 272] dans la rate,[102, 103], dans les plaquettes[41, 42] et dans les Mastzellen,[359] pour ces dernières seulement chez certaines espèces de rongeurs. Jusqu'à ce jour, toutes les tentatives effectuées[271, 319, 325] par des voies différentes, pour reconnaître au point de vue histochimique le siège de la substance dans ces localisations ont été infructueuses ou ont donné des résultats incertains; nous verrons plus loin que cela peut être dû à la faible concentration de la localisation réagissante dans chaque élément.

Dans toutes les localisations du système entérochromaffine connues jusqu'à ce jour, l'entéramine présente peut être fixée (si l'on excepte la fixabilité avec l'acide osmique et avec le bichromate) avec le formol ou avec des liquides contenant du formol, et uniquement avec ceux-ci.

La fixation dans le formol, que nous avons déjà rappelée, à propos des possibilités de diagnostic offertes par la fixation pour l'étude des substances phénoliques et indoliques, est une caractéristique des cellules entérochromaffines reconnue depuis longtemps. A l'aide des rares éléments qui étaient alors à notre disposition, moi et Erspamer, nous avions discuté la question[333] à la suite des résultats obtenus au cours des premières tentatives d'extraction de la substance spécifique des granulations; l'idée de la nécessité d'une substance différente de l'entéramine qui en permette la fixation, que nous avons alors soutenue, doit être abandonnée ou écartée comme non nécessaire, au moins pour le moment. Nous basant sur les diverses tonalités de couleur des réactions iodiques dans des extraits formolisés, nous avions également admis l'action dénaturante du formol; les observations de Barter et Pearse[18] et de Pearse[241] donnent un sens concret à cette dernière admission.

Comme nous l'avons déjà dit, le formol provoque la formation d'un troisième anneau aromatique par cyclisation de la chaine latérale sur l'hydrogène en position 2 du noyau indolique, qui conduit à la formation d'un composé β-carbolinique.[240, 241] Cela explique la fixabilité et les altérations de réactivité de l'entéramine. La formation de tels composés n'est pas propre seulement à l'entéramine et peut aussi se produire pour le tryptophane, la tryptamine, le 5-hydroxytryptophane et d'autres substances semblables. Dans ce sens la fixation par le formol apparait comme une condition déterminante mais non pas exclusive.

La dénaturation que subit la 5-hydroxytryptamine peut également expliquer beaucoup d'anomalies que l'on observe au cours des réactions tant *in vitro* sur l'entéramine que sur les cellules des préparations. Par exemple l'absence de la réaction de Ehrlich à la diméthylaminoparabenzaldéhyde pour le dérivé β-carbolinique, pourrait être expliquée par le manque de groupements libres nécessaires (en réalité, d'après Lison,[217] la réaction serait positive).

Depuis longtemps, Erspamer et moi[330] contrairement aux opinions que Clara a soutenues[67, 69] puis abandonnées, nous avons affirmé l'identité de comportement histochimique de la substance spécifique des granulations dans toute la série des vertébrés; les différences observées ne seraient que d'ordre quantitatif et dépendraient des différentes concentrations de la substance dans les granulations. Ces conclusions nous ont déjà permis alors d'établir que, compte tenu des caractéristiques histomorphologiques et de localisation, on peut considérer comme entérochromaffines toutes les cellules pour lesquelles les réactions chromaffine argentaffine et diazo sont positives et dans lesquelles apparait la fluorescence caractéristique; tels sont encore aujourd'hui les éléments diagnostiques qu'Erspamer[112] considère nécessaires pour définir une localisation du système cellulaire entérochromaffine. Pearse,[241] qui dans la seconde édition de son livre fait une étude soignée de l'histochimie des cellules entérochromaffines, reconnaît à cinq réactions une valeur spécifique dans cette recherche: ce sont, outre les trois réactions que nous avons mentionnées, la réaction de l'indophénol et celle de Gibbs; naturellement Pearse considère à part aussi la fluorescence.

En réalité nous pouvons dire que les deux réactions supplémentaires envisagées par Pearse ne sont pas nécessaires pour effectuer la discrimination de cellules diverses des cellules entérochromaffines *in situ*, mais qu'elles peuvent cependant être utiles pour préciser la nature de la substance présente. Toutefois il est certain que, ni ces réactions, ni les réactions mineures citées par Pearse, ni aucune des autres réactions proposées jusqu'à ce jour, ne permettent de diagnostiquer sans équivoque l'entéramine, non seulement par rapport à d'autres substances semblables, à noyau indolique, mais aussi, en partie, par rapport aux nombreuses substances di ou polyphénoliques en position ortho ou para.

C'est pourquoi on ne peut effectuer de généralisation sur ces données qu'avec une grande prudence; en effet, les différentes localisations (glande hypobranchiale de Murex,[297] glandes salivaires postérieures d'Octopodes,[339] glandes granuleuses cutanées des amphibiens anoures,[296]) dans lesquelles la recherche biochimique, effectuée par la suite au moyen de la chromatographie sur papier, a mis en évidence la présence d'entéramine, ont été décrites par nous comme un fait particulier, même si elles avaient en commun avec les cellules entérochromaffines, la fixabilité uniquement par le formol; cette caractéristique servait par ailleurs à distinguer ces localisations, d'autres localisations à fixabilité moins critique: vitellogènes des plathelminthes,[295] granulations vitellines des polyclades[298] et cellules testacées des oeufs des tuniciers[26] granulations phénoliques des cellules intestinales de Patella,[15] qui étaient envisagées séparément.

L'impossibilité d'aboutir à un diagnostic histochimique précis sans une étude biochimique parallèle, peut sans doute expliquer les divergeances d'opinions de différents auteurs au sujet de la nature de la substance révélée.

Nous pouvons synthétiser très rapidement les différents points de vue. Encore avant que Cordier et Lison[76] et Lison[213] n'aient émis le diagnostic de substance di ou polyphénolique ortho ou para, Ciaccio,[62] en 1907, considérant la réaction chromaffine spécifique pour l'adrénaline, avait avancé l'hypothèse que les cellules entérochromaffines pouvaient élaborer de l'adrénaline. Plus récemment, Turchini, Broussy et Jourdan ont exprimé la même opinion, bien que sous une forme plus générale.[283] De même Roaf[262] se basant également sur des données pharmacologiques de Roaf et Nierenstein[263] attribuant une action semblable à celle de l'adrénaline à des extraits de glande hypobranchiale, donne une signification de la localisation de l'adrénaline aux éléments chromaffines qui se trouvent dans la zone médiane de la glande hypobranchiale de *Purpura lapillus*.

L'assimilation à une substance di ou polyphénolique, ortho ou para, de la substance spécifique des cellules entérochromaffines, a été acceptée par de très nombreux auteurs: Clara,[69] Vialli et Erspamer,[330, 331] Jonnard[184, 185] et bien d'autres. Certains spécifiaient encore plus le diagnostic: orthodiphénol à chaîne latérale pas très longue. Les premières observations qui ont fait supposer que les substances présentant ces caractéristiques de réactions étaient de la nature des substances indoliques, sont celles que j'ai faites pour les localisations chromaffines de la bandelette médiane de la glande hypobranchiale de *Murex trunculus*[297] et des glandes granuleuses cutanées des amphibiens anoures[296] à ces observations j'ai essayé à plusieurs reprises de donner une signification plus générale;[301, 307] d'autre part elles ont constitué un bon fil conducteur pour l'élaboration biochimique ultérieure faite par moi et par Erspamer.

Popoff[252] ignorant complètement la somme des données histochimiques précédentes et en particulier la distinction précise entre argentophilie et argentaffinité et se basant essentiellement sur une technique personnelle que l'on peut à coup sûr qualifier d'argentophile, a établi des liens entre les cellules entérochromaffines et les cellules de Paneth et les cellules mucipares. Les observations de Popoff n'ont pas eu une grande diffusion et on doit les considérer comme inacceptables.

Dès 1939, et pendant longtemps, Jacobson[176, 177, 178, 179, 180] a soutenu une autre interprétation tout à fait différente de la nature de la substance spécifique des cellules entérochromaffines. Dans une suite de travaux différents, cet auteur a essayé de soutenir que les granulations étaient de nature ptérinique. Jacobson cherchait à appuyer cette hypothèse sur des bases histochimiques, d'ailleurs très critiquables: interprétation comme une réaction de la murexide plutôt que comme une réaction xanthoprotéique pour les traitements à l'acide nitrique, attribution à la ptérine de la capacité de donner une diazoréaction, argentaffinité de la ptérine. Mais Jacobson pense trouver le principal appui pour ses interprétations dans des recherches spectrographiques de fluorescence; or ces recherches ont été essentiellement effectuées sur des localisations de carcinoïdes examinées *in toto* et on pourrait également les discuter bien qu'elles présentent certains aspects d'importance considérable, même en dehors du point de vue de l'Auteur. Les données de Jacobson ont été accueillies de façon différente, certains auteurs ne les acceptent pas, d'autres, au contraire, continuent à les soutenir.[198]

Une position particulière est celle de Gomori qui, en 1948,[161] se basant surtout sur la lenteur avec laquelle s'effectuent certaines réactions, en particulier la réaction argentaffine, a émis le diagnostic de substance métadiphénolique.

En 1954[163] ayant pris connaissance des travaux de Erspamer et Asero,[121, 122] et tenant compte de la fixation au formol, Gomori trouve que les réactions de la 5-HT correspondent assez bien à celles des cellules entérochromaffines et pense qu'il est impossible de préciser avec une certitude suffisante si le noyau de la substance entérochromaffine est la résorcine ou le 5-hydroxindol, ou s'il présente une autre configuration inconnue totalement différente.

Lillie[202, 205, 206, 370] lui-même, ainsi que d'autres auteurs américains tout en ne prenant pas nettement position, semblent dans l'ensemble sceptiques au sujet du diagnostic de 5-HT et penchent, si j'ai bien compris, vers des idées correspondant à celles de Gomori.

Le point de vue de Dalgliesh et Dutton[81] basé sur les recherches personnelles de biochimie fermentative ainsi que sur des données obtenues en collaboration avec Smith[277] et d'autres chercheurs, sur des porteurs de carcinoïdes, se détache moins de celui qui admet la présence de 5-hydroxytryptamine dans les granulations des cellules. D'après Dalgliesh et Dutton, les cellules entérochromaffines pourraient être le principal siège de la formation du 5-hydroxytryptophane. Les auteurs, qui n'ont pas effectué de recherches histologiques ne parlent pas de la possibilité éventuelle de l'existence dans les cellules de la 5-hydroxytryptamine et du 5-hydroxytryptophane en même temps.

Bien que l'on puisse faire des objections certaines à bon nombre d'interprétations dont je viens de parler brièvement, il existe certainement quelques données dont il n'est pas possible de préciser la signification, à l'état actuel de nos recherches au point de vue histochimique, en raison de leur plurivalence.

C'est pour cette raison, comme je l'ai déjà dit, qu'il est nécessaire, pour donner une interprétation, d'avoir recours aux éléments collatéraux que peut nous fournir la biochimie. La substance que l'on extrait des localisations riches en cellules entérochromaffines, ainsi que des carcinoïdes est l'entéramine;[112, 113, 194] dans l'intestin des téléostéens et de cyclostomes, dans lequel on ne trouve pas de cellules entérochromaffines, on ne trouve pas non plus d'entéramine.[106]

Une preuve ultérieure confirmant cet ordre d'idées est fournie par la présence d'entéramine dans les autres localisations du système cellulaire entérochromaffine.[112] Le parallèle que l'on peut établir entre la diminution d'entéramine dans l'intestin sous l'effet de la réserpine et d'autres substances, d'une part, et la réduction numérique et de charge granulaire des cellules d'autre part, constitue un autre groupe de preuves expérimentales.[349, 20, 368, 150, 249,] L'impossibilité dans laquelle nous nous sommes trouvés jusqu'à présent de distinguer entre elles certaines substances voisines de la 5-HT, dont nous savons, sur la base de données biochimiques qu'elles existent, par exemple dans les venins cutanés d'amphibiens, indique clairement qu'il y a des limites au diagnostic basé uniquement sur l'histochimie.

Pour compléter ce tableau d'ensemble il nous reste à considérer les localisations d'entéramine que l'on peut mettre en évidence en biochimie et qui ne peuvent pas être démontrées histochimiquement. La question s'est présentée à nous dès 1939 quand Erspamer[102] mit en évidence dans la rate une énorme quantité de substance semblable à l'entéramine.

D'une façon générale on peut dire qu'en histochimie les données négatives doivent étre considérées avec une extrême prudence. Dans le cas particulier qui nous intéresse, on peut avancer deux hypothèses principales: manque de fixabilité, présence de la substance au-dessous des limites de sensibilité des réactions histochimiques.

A première vue il semble que l'on devrait écarter la seconde hypothèse car les localisations que l'on ne peut pas mettre en évidence en histochimie sont très riches en 5-HT, il faut cependant considérer le fait que nous observons nos réactions sur des portions très petites, cellules isolées, des organes dont nous pouvons extraire la substance, il faut donc nécessairement que cette substance y soit très concentrée. Les observations de Benditt et Wong[20] ayant pour but d'établir la sensibilité de la réaction de la 5-HT après fixation au formol, suivant différents modèles, non seulement représentent une explication plausible en ce sens, mais constituent aussi un pas en avant vers la solution de problèmes qui peuvent ultérieurement se présenter à nous.

Quoi qu'il en soit la question des localisations de 5-HT, observées en biochimie et que l'on ne réussit pas à mettre en évidence en histochimie est une question importante et qui n'est pas encore résolue.

A côté des incertitudes qui persistent à ce sujet, en ce qui concerne l'histochimie diagnostique, existent au contraire, comme données positives importantes, les éléments bien établis que l'histochimie a permis de recueillir au sujet de la distribution et des variations possibles de la substance. On peut bien dire, si l'on cherche à évaluer l'importance relative qu'ont eu les différents moyens d'étude, dans le développement des connaissances sur la 5-HT, que la recherche histochimique a eu un rôle prédominant car c'est elle qui a mis en évidence la première comme éléments nouveaux les cellules qui la contiennent, et parce qu'au début des recherches biochimiques et pharmacologiques, et même plus tard, elle a fourni le fil conducteur des recherches.

C'est pourquoi, malgré les limitations des possibilités de diagnostic on peut affirmer que l'histochimie a bien rempli sa tâche dans ce domaine.

CONCLUSIONS

Arrivé à la fin de cette relation, il me semble utile de donner une vue d'ensemble synthétique des questions traitées; vue d'ensemble qui devrait comprendre: une appréciation critique basée sur la discussions des éléments qui sont actuellement à notre disposition et des considérations sur les perspectives qui s'ouvrent à la recherche future.

L'histochimie diagnostique souffre de nombreuses limitations dans le domaine des substances phénoliques et indoliques; ces limitations dépendent en partie de la complexité de la question. Il serait nécessaire de pouvoir diagnostiquer isolément, beaucoup de substances qui présentent certainement bien des réactions en commun et qui d'autre part se trouvent très souvent réunies, et cette discrimination semble impossible.

Au contraire la recherche de substances phénoliques ou indoliques, en géneral, sans spécification ultérieure est certainement possible, et pour l'effectuer, les réactions classiques, diazo chromique, argentique sont en général suffisantes; de leur concomitance et de quelques éléments ultérieurs surgissent des déterminations suffisamment précises pourvu que l'on tienne compte de certains élargissements nécessaires dans l'interprétation de la chromaffinité.

En prenant des précautions particulières et en exploitant les éléments obtenus à l'aide de moyens de recherche, autres que ceux de l'histochimie, on a abouti dans certains cas à des degrés remarquables de discrimination, souvent cependant purement empiriques.

Il semble au contraire que les possibilités offertes par les procédés de blocage et de destruction pour un diagnostic plus précis, n'aient pas été suffisamment exploitées. Même les différents types d'essais *in vitro* sur papier à la Coujard etc., bien que largement pratiqués, ne sont peut-être pas suffisamment exploités, selon des méthodes rationnelles et standardisées. Les connaissances histophysiques aptes à fournir des caractères diagnostiques précis ne sont certes pas considérées comme elles devraient l'être.

On n'a pas toujours tenu compte de l'évidente nécessité de procéder avec prudence quand on veut généraliser les données obtenues et c'est ainsi que sont nées des attributions arbitraires.

On peut dire aussi que dans un certains nombre de cas, le domaine de la signification chimique de certaines réactions et plus encore celui des relations réciproques entre les différentes substances et les moyens de fixation, a été rationnellement exploité et discuté.

En ce qui concerne ce que j'appelle les aspects topographiques de l'histochimie distributive,[322] on peut dire que la partie qui se rapporte à la localisation nette est mise au point depuis longtemps, car les réactions classiques donnent des images d'une grande clarté. Dans les cas pour lesquels on a voulu faire des observations particulièrement précises, les résultats ne sont en rien inférieurs à ceux qu'a fourni la recherche histomorphologique.

Les résultats obtenus jusqu'à ce jour se rapportent à un très grand nombre de localisations, cependant toutes n'ont pas été étudiées à fond.

Les aspects quantitatifs des problèmes distributifs ne peuvent pas encore être étudiés à l'aide des techniques histophotométriques; il existe toutefois de nombreuses possibilités d'obtenir des données grossièrement quantitatives, numérations de cellules, indications quantitatives subjectives pour une cellule donnée.[150]

Il faut aussi signaler, parce qu'elle peut avoir d'amples développements l'élaboration de données obtenues parallèlement sur des préparations et au cours d'essais, dont j'ai déjà parlé, et selon laquelle par exemple Benditt et Wong[20] ont cherché à évaluer la concentration de la 5-HT dans les cellules entérochromaffines.

Les problèmes histochimiques fonctionnels ont été bien étudiés, du moins en ce qui concerne les localisations les plus importantes, non seulement à propos des substances phénoliques et indoliques, mais aussi en ce qui concerne leurs relations réciproques avec d'autres substances.

Une vision comparative de chacun des domaines dont j'ai parlé ne me semble pas avoir été exploitée, en dehors des recherches effectuées par notre Institut, celles-ci auraient pu être conduites de façon plus uniforme et avec de meilleures possibilités d'interprétation, s'il ne s'était agi, du moins au début de simples prises de position pour chacun des sujets abordés; le fait que ces recherches se soient prolongées pendant plus de vingt-cinq ans, entraîne nécessairement un déséquilibre dans le développement des différentes recherches.

La moisson copieuse et variée des résultats obtenus jusqu'à maintenant dans les différents domaines de la recherche histochimique sur les substances phénoliques et indoliques, et la constatation de l'ampleur des champs de recherches encore inexplorés ou presque, font que les perspectives que l'avenir offre à ces recherches sont très prometteuses.

Il me semble justement que l'exposé des perspectives futures doit trouver place dans ce rapport car c'est particulièrement à ce point de vue que pourrait s'instaurer une discussion profitable.

Dans le domaine du diagnostic on peut s'attendre à des améliorations ultérieures, même importantes, et il faut le souhaiter; ces améliorations devraient s'effectuer essentiellement en deux sens. C'est-à-dire que l'on devrait rechercher des réactions spécifiques plus sûres, pour les différents noyaux: benzénique, pyrrolique et indolique d'une part, et pour les différentes fonctions: phénolique, aminique quinonique et quinhydronique d'autre part, une plus grande précision diagnostique est particulièrement nécessaire pour ces deux dernières fonctions.

Il me semble qu'en raison des nombreuses relations réciproques mises en évidence par la biochimie, on ne peut pas séparer les recherches spéciales sur les noyaux de celles sur les fonctions. A côté de cette recherche diagnostique pour ainsi dire générale, devra se développer une recherche plus spécifique permettant de diagnostiquer des substances particulières déterminées, par exemple d'après le procédé de Eränkö[91] de Hillarp et Höekfelt[172] et de Cattaneo[54, 56] pour la distinction entre l'adrénaline et la noradrénaline: c'est le champ dans lequel il faut avancer avec le maximum de prudence et d'esprit critique, mais c'est aussi celui qui pourra offrir les meilleurs moyens permettant de poursuivre et de perfectionner les recherches dans les autres domaines de l'histochimie, ceux qui concernent la distribution et la fonction.

Les recherches de moyens pouvant permettre de rendre quantitatives les données qualitatives constitueront un problème considérable pour le développement futur des recherches.

Le problème des perspectives que présente l'histochimie distributive est bien plus complexe que celui de l'histochimie diagnostique; toutefois il est certain que les recherches devront se dérouler dans deux directions: d'une part dans le sens d'une exploration extensive de nouvelles localisations, en particulier chez les invertébrés, d'autre part la recherche du fondement histochimique des nouvelles indications qui nous viennent ou qui nous viendront à ce propos des recherches biochimiques.

La recherche histochimique, dans le sens fonctionnel, constitue un domaine ouvert dans les directions les plus variées.

L'acquisition de connaissances bien fondées, dans les différents domaines que nous venons de considérer, ne sera nécessairement possible qu'à condition d'utiliser toujours davantage les moyens d'intégration toujours plus nombreux que nous fournissent d'autres branches comme la biochimie, la physiologie, la pharmacologie et la biologie. Il faudra nécessairement accorder une attention particulière à l'histologie morphologique et expérimentale dont l'histochimie devrait suivre les rapides progrès du même pas: qu'on se rappelle, à titre d'exemple, ce qui a été fait pour d'autres substances à l'égard de l'histochimie appliquée à la microscopie électronique.[16]

On pourrait objecter que dans un tableau de ce genre beaucoup de problèmes affrontés sont considérés par différentes écoles d'histochimie comme des problèmes d'histochimie appliquée, et comme étant un peu en dehors de l'histochimie en général, mais il est certain que vouloir considérer l'histochimie uniquement du point de vue diagnostic serait la limiter à un domaine que l'on pourrait comparer à celui de la technique microscopique pure et simple; cela abaisserait beaucoup la valeur des connaissances dans notre matière laquelle doit au contraire englober tous les problèmes d'une histologie, prise dans son sens le plus large, en ce qui concerne la partie chimique.

Quoi qu'il en soit ce qui importe ce sont les résultats obtenus jusqu'à maintenant et ceux que l'on pourra encore obtenir, et non pas leur classification dans l'une ou dans l'autre branche; c'est le propre de ces sciences de trait d'union, d'une part de ne pas présenter de limites bien définies, d'autre part de donner cependant des résultats importants et de grande valeur.

BIBLIOGRAPHIE

1. ADAM, K. R. and WEISS, C., The occurrence of 5-hydroxytryptamine in scorpion venom. *J. Exper. Biol.*, 1958, **35**: 39–42.
2. ADAMS, W. M., A stricter interpretation of the ferric ferricyanide reaction with particular reference to the demonstration of protein-bound sulphydryl and disulphide groups C. *J. Histoch. Cytochem.*, 1956, **4**: 23–35.
3. ADAMS, C. W. M., A paradimethylaminobenzaldehyde nitrite method for the histochemical demonstration of tryptophane and related compounds. *J. Clin. Path.*, 1957, **10**: 56–62.

4. ALBERTI, C., La melatonina: primo ormone isolato della ghiandola pineale. *Il Farmaco*, 1958, **13**: 604–605.
5. AMIN, A. H., CRAWFORD, T. B. B. and GADDUM, J. H., The distribution of 5-hydroxytryptamine and substance P in the central nervous system. *XIX° Internat. Physiol. Congress, Montreal*, 1953. Abstr. of Papers, p. 165.
6. ARCHETTI, I., Sulla presenza di cellule enterocromaffini nel pancreas degli Uccelli. Nota preventiva. *Boll. Zool.*, 1936, **7**: 181–187.
7. ARCHETTI, I., Cellule enterocromaffini e cellule argentofile nel pancreas degli Uccelli. *Arch. de Biol.*, 1938, **49**: 569–604.
8. ASERO, B., COLO', V., ERSPAMER, V. et VERCELLONE, A., Synthèse des enteramins (5-oxy-triptamin). *Liebigs Ann. Chem.*, 1952, **572**, 69–74.
9. BACQ, Z. M. et GHIRETTI, F., La sécrétion externe et interne des glandes salivaires postérieures des céphalopodes octopodes. *Arch. Int. Physiol.*, 1951, **59**: 288–314.
10. BAKER, J. R., Cytological techniques in Bourne: *Cytology and Cell Physiology*. 2nd Ed. Clarendon Press, Oxford, 1951
11. BAKER, J. R., The histochemical recognition of phenols, especially tyrosine. *Quart. J. Microscop. Sci.*, 1956, **97**: 161–164.
12. BAKER, R. V., Observations on the localization of 5-hydroxytryptamine. *J. Physiol.*, 1958, **142**: 563–570.
13. BAKER, R. V., The intracellular localization of 5-hydroxytryptamine (5-HT) in relation to mitochondrial enzymes. *J. Physiol.*, 1958, **143**: 90P.
14. BAKER, R. V., Mitochondria and storage granules for 5-hydroxytryptamine. *J. Physiol.*, 1959, **145**: 473–481.
15. BALLI, A., Le cellule a granuli cromaffini dell'intestino di *Patella vulgata*. *Boll. Zool.*, 1936, **7**: 25–32.
16. BARGMANN, W., PETERS, D. und WOLPERS, C., Verhandl. Vierter Internationaler Kongress für Elektronenmikroskopie. *Biologisch-medizinischer T.*, Bd. 2, Springer, Berlin 1960.
17. BARRY, J., La cellule argentaffine. Thèse de Médecine. Lyon, 1943. pp. 9–165. Imprimerie du Salut Public, Lyon 1943.
18. BARTER, R. and PEARSE, E. A. G., Detection of 5-hydroxytryptamine in mammalian enterochromaffin cells. *Nature*, 1953, **172**: 810.
19. BENDITT, E. P., 5-Hydroxytryptamine and 5-hydroxytryptophan decarboxylase in rat mast cells. Lewis G. P. *5-Hydroxytryptamine* Pergamon Press, London, 1957; 26–31.
20. BENDITT, E. P. and WONG, R. L., On the concentration of 5-hydroxytryptamine in mammalian enterochromaffin cells and its release by reserpine. *J. Exper. Med.*, 1957, **105**: 509–519.
21. BENDITT, E. P., WONG, R. L., ARASE, M. and ROEPER, E., 5-Hydroxytryptamine in mast cells. *Proc. Soc. Exp. Biol. Med.*, 1955, **90**: 303–304.
22. BENSLEY, R. R. and GERSH, I., Studies on cell structure by the freezing-drying method. II. The nature of the mitochondria in the hepatic cell of Amblystoma. *Anat. Rec.*, 1933, **57**: 217–233.
23. BERTLER, A., FALCK, B., HILLARP, N. A., ROSENGREN E. und TORP, A., Dopamine and chromaffin cells. *Acta Physiol. Scand.*, 1959, **47**: 251–258.
24. BERTLER, A. and ROSENGREN, E., Occurrence and distribution of dopamine in brain ond other tissues. *Experientia*, 1959, **15**: 10–11.
25. BERTOSSI, F., Sulle ghiandole granulose cutanee di *Bombinator igneus* Laur. *Mon. Zool. It.*, 1938, **48**: 341–344.

26. BIGNARDI, C., Contributo alla conoscenza istochimica delle cellule testacee di *Ciona intestinalis*. *Pubbl. Staz. Zool. Napoli*, 1935, **15**: 194–197.

27. BIGNARDI, C., Cellule enterocromaffini e cellule argentofile nel pancreas dei Rettili. *Arch. Biol.*, 1939, **50**: 535–558.

28. BIGNARDI, C., Ricerche preliminari sulla istochimica del tessuto cartilagineo. *Atti Soc. Nat. e Matem. Modena*, 1939, **70**: 97–102.

29. BLASCHKO, H., Enzymic oxidation of 5-hydroxytryptamine in mammalian and cephalopod tissue. *Biochem. J.*, 1952, **52**: 10P.

30. BLASCHKO, H., Metabolism and storage of biogenic amines. *Experientia*, 1957, **13**: 9–12.

31. BLASCHKO, H., Significato biologico delle aminossidasi. *Il Farmaco*, 1957, **12**: 220–231.

32. BLASCHKO, H., HAGEN, J. M. and HAGEN, P., Mitochondrial enzymes and chromaffin granules. *J. Physiol.*, 1957, **139**: 316–322.

33. BLASCHKO, H., HAGEN, P., HAGEN, J. M. and SCHÜMANN, H. J., Observations on the intracellular distribution of pressor amines in the chromaffine cell. *Arch. Int. Pharmacodyn.*, 1957, **110**: 128–130.

34. BLASCHKO, H. and HELLMANN, K., Pigment formation from tryptamine and 5-hydroxytryptamine in tissues: a contribution to the histochemistry of amine oxidase. *J. Physiol.*, 1953, **122**: 419–427.

35. BLASCHKO, H. and PHILPOT, E. J., Enzymic oxidation of tryptamine derivatives. *J. Physiol.*, 1953, **122**: 403–408.

36. BOTTINO, D. e GHIRINGHELLI, F., Ricerche istochimiche sul sistema cellulare enterocromaffine. Nota I. Sulla presenza di una componente mucopolisaccaridica nelle cellule enterocromaffini tipiche di alcuni Vertebrati. *Riv. Istoch. norm. pat.*, 1958, **4**: 73–79.

37. BOTTINO, D. e GHIRINGHELLI, F., Osservazioni istochimiche sulla componente non enteraminica delle cellule enterocromaffini. *Riv. Istoch. norm. pat.*, 1958, **4**: 325.

38. BOTTINO, D. e GHIRINGHELLI, F., Ricerche istochimiche sul sistema cellulare enterocromaffine. Nota III. Rivelazione delle cellule enterocromaffini tipiche con sali di rame. *Acta Histochem.*, 1959, **8**: 199–206.

39. BOURNE, G., The vitamin C citochimique as a contribution to cytology. *Anat. Rec.*, 1936, **66**: 369–385.

40. BOYLAND, E., SIMS, P. and WILLIAMS, D. C., The oxidation of tryptophan and some related compounds with persulphate. *Biochem. J.*, 1956, **62**: 546–550.

41. BRACCO, M. e CURTI, P. C., Ricerche sulla natura del fattore vasocostrittore della piastrine. *Haematologica*, 1953, **37**: 721–735.

42. BRACCO, M., CURTI, P. C. e GIULIANO, V., Identificazione della 5-OH-Triptamina nei trombociti degli uccelli. *Experientia*, 1956, **12**: 31–33.

43. BRACCO, M. e CURTI, P. C., La 5-ossitriptamina enteramina-serotonina. *Recenti Progressi in Medicina*, 1958, **25**: 425–459.

44. BRACCO, M., CURTI, P. C., GIULIANO, V. e PESSINA, G., Nuovi derivati dell'ossidazione biologica della 5-ossitriptamina. Nota I. Isolamento del materiale biologico. *Boll. Soc. It. Emat.*, 1958, **6**: 26–27.

45. BRACCO, M., CURTI, P. C. e PESSINA, G., Nuovi derivati dell'ossidazione biologica della 5-ossitriptamina. Nota II. Studi sulla struttura chimica. *Boll. Soc. It. Emat.*, 1958, **6**: 27–30.

46. BROUSSY, J. et BARRY, J., La cellule entéro-chromo-argentaffine. *Biol. Méd.*, 1944, **34**: 1.

47. Bruemmer, N. C., Carver, M. J. and Thomas, L. E., A tryptophan histochemical method. *J. Histochem. Cytochem.*, 1957, **5**: 140–144.

48. Burstone, M. S., Histochemical methods for protein detection. Graumann W. und Neumann K. „*Handbuch der Histochemie*", Bd. III, G. Fischer, Stuttgart, 1959: 244–284.

49. Carlisle, D. B., An indole-alkylamine regulating heart-beat in crustacees. *Biochem. J.*, 1956, **63**: 32P–33P.

50. Casati, C., Azione della reserpina sul sistema delle cellule enterocromaffini in *Lacerta viridis. Riv. Istoch. norm. pat.*, 1958, **4**: 47–58.

51. Casella, C. e Reggiani, M., Spettro di fluorescenza delle cellule enterocromaffini di cavia. *Boll. Soc. It. Biol. Sperim.*, 1946, **22**: 480–481.

52. Casella, C. e Reggiani, M., Istospettrografia di fluorescenza. *Arch. Biol.*, 1949, **60**: 207–234.

53. Caspersson, T. O., *Cell Growth and Cell Function.* Norton, New York, 1950.

54. Cattaneo, L., Ricerche istochimiche sulla midollare del surrene. (1) Reazioni allo jodato di potassio per la dimostrazione selettiva delle cellule ad adrenalina e delle cellule a nor-adrenalina. *Riv. Istoch. norm. pat.*, 1958, **4**: 85-116.

55. Cattaneo, L., Ricerche istochimiche sulla midollare del surrene. (2) Reattività *in vitro* allo jodato di potassio di precursori della nor-adrenalina e della adrenalina. In corso di stampa sulla *Riv. Istoch. norm. pat.*, 1960.

56. Cattaneo, L., Sulla realizzazione di metodi allo iodato di potassio per la colorazione delle cellule ad adrenalina e delle cellule a nor-adrenalina della midollare del surrene. *In corso di stampa negli Atti Accad. Lincei*, 1960.

57. Cavallero, C., Malandra, B. e Mosca, L., Isole pancreatiche e glucagone. *Relazione VII Congr. Soc. It. Endocrinol.*, Belforte, Livorno, 1957, 3–283.

58. Ceriotti, G. and Spandrio, L., Colorimetric determination of tyrosine. *Biochem. J.*, 1957, **66**: 607–610.

59. Christie, A. C., A study of argentaffin (Kultschitzky) cells in frozen-dried tissue by phase-contrast microscopy and ultra-violet light. *Quart. J. Microscop. Sci.*, 1955, **96**: 289–293.

60. Christie, A. C., A study of the Kultschitzky (argentaffin) cell with the electron-microscope after fixation by osmium tetroxide. *Quart. J. Microscop. Sci.*, 1955, **96**: 295–299.

61. Ciaccio, C., Ricerche istologiche e citologiche sul timo degli Uccelli. *Anat. Anz.*, 1906, **29**: 597–600.

62. Ciaccio, C., Sopra speciali cellule granulose della mucosa intestinale. *Arch. It. Anat.*, 1907, **6**: 482–498.

63. Ciaccio, C., Contributo all'istochimica delle cellule cromaffini della midollare surrenale. *Rend. Reale Acad. It., Cl. Sc. fis. mat. e nat.*, 1942, **3**: 626–628.

64. Ciaccio, C., Contributo all'istochimica delle cellule cromaffini. II. Cellule cromaffini del timo di Gallus domesticus. *Boll. Soc. It. Biol. Sperim.*, 1942, **17**: 619–620.

65. Citterio, V., Presenza di enterocromaffini nella borsa di Fabricio. *Boll. Zool.*, 1931, **2**: 39–46.

66. Citterio, V., Nuove ricerche sulle cellule enterocromaffini nella borsa del Fabricio. *Boll. Zool.*, 1936, **7**: 189–194.

67. Clara, M., Untersuchungen über die chemische Natur der Körnchen in den basalgekörnten Zellen des Darmepithels bei den Sauropsider. *Zeitschr. f. d. ges. Anat.*, 1932, **93**: 516–526.

68. CLARA, M., Sulla natura della cosidetta cromoreazione di Henle (cromaffinità). *Mon. Zool. It.*, 1933, **44**: 199–202.

69. CLARA, M., Die basalgekörnten Zellen im Darmepithel der Wirbeltiere. *Ergeb. Anat. u. Entwicklungsg.*, 1933, **30**: 240–340.

70. CLARA, M., Über die spezifische Färbung der Körnchen in den basalgekörnten Zellen des Darmepithels durch die Molybdänhämatoxyline. Zugleich II. Beitrag zur Theorie der Hämatoxylinfärbungen. *Zeitschr. f. Zellfors. u. mikr. Anat.*, 1933, **18**: 435–458.

71. CLARA, M., Über die Diazokuppelungsreaktion zum Nachweis der ortho- und para-Phenole in der histologischen Technik. *Zeitschr. f. wiss. Mikrosk. u. f. mikrosk. Technik*, 1934, **51**: 316–337.

72. CLARA, M., Über die Entwicklung der basalgekörnten Zellen beim Menschen. *Zeitschr. f. Anat. u. Entwickl.*, 1934, **103**: 131–139.

73. CLARA, M., Untersuchungen über die „spezifische" Substanz in den basalgekörnten Zellen der Amphibien. *Zeitschr. f. Zellfors. u. mikr. Anat.*, 1936, **24**: 241–247.

74. CLARA, M., Über die Morphologie und Histochemie der basalgekörnten Zellen. *Acta Neuroveg.*, 1957, **16**: 294–312.

75. CORDIER, R., L'argentaffinité en histologie. *Bull. Histol. Appl.*,1927, **4**: 161–169.

76. CORDIER, R. et LISON, L., Étude histochimique de la substance chromo-argentaffine de la cellule de Kultschitzky. *Bull. Histol. Appl.*, 1930, **7**: 140–148.

77. CORONA, M. L., *Ricerche in corso.*

78. COUJARD, R., Essais sur la signification chimique de quelques méthodes histologiques (Réactions phénoliques, colorations nerveuses et mitochondriales. *Bull. Histol. Appl.*, 1943, **20**: 161–173.

79. COUJARD, R. et COUJARD, CHR., Essais sur une réaction des terminaisons et des cellules nerveuses surtout du système sympatique. *Arch. Zool. Expér. gén.*, 1940–1943, **82**: 47–74.

80. COUPLAND, R. E., Observations on the chromaffin reaction. *J. Anat.*, 1954, **88**: 142–151.

81. DALGLIESH, C. E. and DUTTON, R. W., On the site of formation of 5-hydroxy-tryptophan. *Biochem. J.*, 1957, **65**: 21P–22P.

82. DANIELLI, J. F., A study of techniques for the cytochemical demonstration of nucleic acids and some components proteins. *Symposia of the Soc. Exper. Biol.*, 1947, **1**: 101–113.

83. DANIELLI, J. F., *Cytochemistry. A Critical Approach.* Wiley, New York, 1953.

84. DAWSON, A. B., Argentophile and argentaffin cells in the gastric mucosa of the rat. *Anat. Rec.*, 1948, **100**: 319–329.

85. DE LERMA, B., Die Anwendung von Fluoreszenzlicht in der Histochemie. GRAUMANN W. und NEUMANN K. *Handbuch der Histochemie*, 1958, **1**: 78–159.

86. DENNELL, R., Ortho-tyrosine in an insect cuticle. *Nature*, 1956, **178**: 922–923.

87. DHÉRÉ, CH., *La Fluorescence en Biochimie.* Les Presses Universitaires de France, Paris, 1937.

88. DORDONI, F., Le cellule enterocromaffini nei Rettili. *Arch. Zool. It.*, 1937, **24**: 403–417.

89. ECKERT, H. W., A new micro colorimetric method for the determination of tryptophane. *J. Biol. Chem.*, 1943, **148**: 205–212.

90. EDER, M., MARKUS, H. und LOEWE, K., Zur Funktion des enterochromaffinen Zellsystems des Darms im Experiment. *Beiträge pathol. Anat. u. allg. Pathol.*, 1959, **121**: 50–63.

91. ERÄNKÖ, O., Histochemical demonstration of noradrenaline in the adrenal medulla of the hamster. *J. Histochem. Cytochem.*, 1956, **4**: 11–13.

92. ERÄNKÖ, O., Radioautographic demonstration of noradrenaline and adrenaline in the adrenal medulla with I^{131}-labelled iodate and iodate-formalin. *J. Histochem. Cytochem.*, 1957, **5**: 408-413.

93. ERÖS, G., Eine neue Darstellungsmethode des sogenannten gelben argentaffinen zellen des Magen-Darmtraktes. *Zbl. Path.*, 1932, **54**: 385–391.

94. ERSPAMER, V., Cellule enterocromaffini e cellule argentofile nel pancreas dell'uomo e dei mammiferi. *Zeitschr. f. Anat. u. Entwickl.*, 1937, **107**: 574–619.

95. ERSPAMER, V., Sulla presenza di cellule argentofile (preenterocromaffini) nelle vie biliari dell'uomo e di alcuni mammiferi. *Anat. Anz.*, 1938, **85**: 272–284.

96. ERSPAMER, V., Caratteristiche delle cellule enterocromaffini tipiche e delle cellule preenterocromaffini argentofile. *Anat. Anz.*, 1938, **86**: 379–388.

97. ERSPAMER, V., Ricerche sul secreto specifico delle cellule enterocromaffini. Nota VIII. Può la sostanza specifica delle enterocromaffini identificarsi con il principio antianemico degli estratti intestinali di Erös e Kunos? *Min. Med.*, 1938, **1**: 460–462.

98. ERSPAMER, V., Il sistema enterocromaffine ed i suoi rapporti con il sistema insulare. *Zeitschr. f. Anat. u. Entwickl.*, 1939, **109**: 586–608.

99. ERSPAMER, V., Caratterizzazione biologica di una nuova amina dipolifenolica negli estratti acetonici di ghiandola salivare posteriore di „Octopus vulgaris". *Arch. Biol.*, 1940, **26**: 295–340.

100. ERSPAMER, V., Pharmakologische Studien über Enteramin. I. Über die Wirkung von Acetonextrakten der Kaninchenmagenschleimhaut auf den Blutdruck und auf isolierte überlebende Organe. *Arch. Exp. Path. Pharmakol.*, 1940, **196**: 343–365.

101. ERSPAMER, V., Pharmakologische Studien über Enteramin. II. Über einige Eigenschaften des Enteramins sowie über die Abgrenzung des Enteramins von den anderen kreislaufwirksamen Gewebsprodukten. *Arch. Exp. Path. Pharmakol.*, 1940, **196**: 366–390.

102. ERSPAMER, V., Pharmakologische Studien über Enteramin. III. Über das Vorhandensein eines enteraminähnlichen Stoffes in Milzextrakten. *Arch. Exp. Path. Pharmakol.*, 1940, **196**: 391–407.

103. ERSPAMER, V., Über den Enteramingehalt der menschlichen Milz in normalen und pathologischen Zuständen. *Virchows Arch.*, 1942, **310**: 59–69.

104. ERSPAMER, V., Ricerche farmacologiche sulle indolalchilamine del veleno di rospo. I. Bufotenina e bufotenidina. *Arch. Sci. Biol.*, 1946, **31**: 62–84.

105. ERSPAMER, V., Ricerche farmacologiche sull'enteramina. VII. Enteramina e indolalchilamine del veleno di rospo. *Arch. Sci. Biol.*, 1946, **31**: 85–94.

106. ERSPAMER, V., Presenza di enteramina o di una sostanza enteramino-simile negli estratti gastrointestinali e splenici dei Pesci e negli estratti gastroenterici delle Ascidie. *Experientia*, 1946, **2**: 369–371.

107. ERSPAMER, V., Sulle reazioni colorate degli estratti di ghiandola ipobranchiale di *Murex trunculus, Murex brandaris* e *Tritonalia erinacea. Ric. Sci. e Ricostr.*, 1946, **16**: 938–940.

108. ERSPAMER, V., Active substances in the posterior salivary glands of Octopoda. I. Enteramine-like substance. *Acta Pharmacol. et Toxicol.*, 1948, **4**: 213–223.

109. ERSPAMER, V., Active substances in the posterior salivary glands of octopoda. II. Tyramine and octopamine (oxyoctopamine). *Acta Pharmacol. Toxicol.*, 1948, **4**: 224–247.

110. ERSPAMER, V., Ricerche chimiche e farmacologiche sugli estratti di ghiandole ipobranchiali di *Murex trunculus, Murex brandaris* e *Tritonalia erinacea*. IV. Presenza negli estratti di enteramina o di una sostanza enteraminosimile. *Arch. Int. Pharmacodyn.*, 1948, **76**:308–326.

111. ERSPAMER, V., Über den 5-Hydroxytryptamin-(Enteramin-) Gehalt des Magen-Darmtraktes bei den Wirbeltieren. *Naturwiss.*, 1953, **40**: 318–319.

112. ERSPAMER, V., Il sistema cellulare enterocromaffine e l'enteramina (5-idrossitriptamina). *Rend. Sci. Farmitalia*, 1954, **I**: 1–193.

113. ERSPAMER, V., Pharmacology of indolealkylamines. *Pharmacol. Rev.*, 1954, **6**: 425–487.

114. ERSPAMER, V., Osservazioni critiche sulle ipotesi concernenti il significato biologico della 5-idrossitriptamina (Enteramina, serotonina). *Medicina*, 1955, **5**: 1–34.

115. ERSPAMER, V., Occurrence and distribution of 5-hydroxytryptamine (Enteramine in the living organism). *Zeitschr. f. Vitam., Horm. u. Fermentf.*, 1957, **9**: 74–96.

116. ERSPAMER, V., Rapporti tra enteramina gastro-intestinale ed ematica e enteramina encefalica. in GARATTINI S. and GHIEFFI V. *Psychotropic Drugs*. Elsevier, Amsterdam, 1957, pp. 414–422.

117. ERSPAMER, V., Isolamento della leptodactylina (m-idrossifenil-etil-trimetilammonio) dagli estrati di pelle di Leptodactylus. *La Ric. Sci.*, 1958, **28**: 2065–2069.

118. ERSPAMER, V., Fenilalchil- e fenilalcanolamine nell'organismo vivente. *Il Farmaco*, 1958, **13**: 842–855.

119. ERSPAMER, V., The biological significance of 5-hydroxytryptamine. Present status of the problem. *XXI Congr. Intern. de Ciencias Fisiologicas*, Buenos Aires, 1959, 216–222.

120. ERSPAMER, V., Isolation of leptodactyline (m-hydroxyphenylethyltrimethylammonium) from extracts of leptodactylus skin. *Arch. Biochem. Biophys.*, 1959, **82**: 431–438.

121. ERSPAMER, V., e ASERO, B., L'enteramina, prodotto ormonale specifico del sistema enterocromaffine. Caratteristiche chimiche e farmacologiche della sostanza pura, naturale e di sintesi. *La Ric. Sci.*, 1951, **21**: 2132–2136.

122. ERSPAMER, V., and ASERO B., Identification of enteramine the specific hormone of the enterochromaffin cell system, as 5-hydroxytryptamine. *Nature*, 1952, **169**: 800–801.

123. ERSPAMER, V. and ASERO, B., Isolation of enteramine from extracts of posterior salivary glands of *Octopus vulgaris* and of *Discoglossus pictus* skin. *J. Biol. Chem.*, 1953, **200**: 311–318.

124. ERSPAMER, V. and BORETTI, G., Identification of enteramine and enteramine-related substances in extracts of posterior salivary glands of *Octopus vulgaris* by paper chromatography. *Experientia*, 1950, **6**: 348–349.

125. ERSPAMER, V. and BORETTI, G., Substances of a phenolic and indolic nature present in acetone extracts of the posterior salivary glands of octopoda (*Octopus vulgaris, Octopus macropus* and *Eledone moschata*). *Experientia*, 1951, **7**: 271–273.

126. ERSPAMER, V. and BORETTI, G., Identification and characterization, by paper chromatography, of enteramine, octopamine, tyramine, histamine and allied substances in extracts of posterior salivary glands of Octopoda and in other tissue extracts of vertebrates and invertebrates. *Arch. Int. Pharmacodyn.*, 1951, **88**: 296–332.

127. ERSPAMER, V. und FAUSTINI, R., Über den 5-Hydroxytryptamin (Enteramin-, Serotonin-) Gehalt des Serums und des Milzgewebes bei Wirbeltieren sowie der Hämolymphe bei Octopoden. *Naturwiss.*, 1953, **40**: 317–318.

128. ERSPAMER, V. and TESTINI, A., Observations on the release and turnover rate of 5-hydroxytryptamine in the gastrointestinal tract. *J. Pharm. Pharmacol.*, 1959, **11**: 618–623.

129. ERSPAMER, V. and VIALLI, M., Presence of enteramine in the skin of amphibia. *Nature*, 1951, **167**: 1033.

130. ERSPAMER, V. e VIALLI, M., Ricerche preliminari sulle indolalchilamine e sulle fenilalchilamine degli estratti di pelle di Anfibio. *La Ric. Sci.*, 1952, **22**: 1420–1425.

131. FALCK, B., HILLARP, N. A. and TORP, A., Some observations on the histology and histochemistry of the chromaffin cells probably storing dopamine. *J. Histochem. Cytochem.*, 1959, **7**: 323–328.

132. FALCK, B., HILLARP, N.–Å., TORP, A., A new type of chromaffin cells, probably storing Dopamine. *Nature*, 1959, **183**: 267–268.

133. FEARON, W. R. and BOGGART, W. A., Pigments derived from tryptophan: (1) urorosein, (2) tryptochrome. *Biochem. J.*, 1950, **46**: 62–67.

134. FEIGL, F., *Qualitative Analysis by Spot Tests.* Elsevier, New York, 1957.

135. FEIGL, F., *Spot Tests. II. Organic Application.* Elsevier, New York, 1954.

136. FELDBERG, W. and TOH, C. C., Distribution of 5-hydroxytryptamine (serotonin, enteramine) in the wall of the digestive tract. *J. Physiol.*, 1953, **119**: 352–362.

137. FERNER, H., *Das Inselsystem des Pankreas.* Thieme Verlag Stuttgart, 1952.

138. FEYRTER, F., *Über diffuse endokrine epitheliale Organe.* Barth, Leipzig, 1938.

139. FEYRTER, F., *Über die peripheren endokrinen (parakrinen). Drüsen des Menschen*, Maudrich, Wien–Düsseldorf, 1953.

140. FLOREY, E. und FLOREY, E., Über die Bedeutung von 5-Hydroxytryptamin als nervöse Aktionssubstanz bei Cephalopoden und dekapoden Crustaceen. *Naturwiss.*, 1953, **40**: 413–414.

141. FODDEN, J. H., The enterochromaffin and pancreatic alpha cells: a comparison. *Amer. J. Clin. Pathol.*, 1953, **23**: 994–997.

142. GARDOSI, D., Le cellule del sistema enterocromaffine nel pancreas degli Anfibi. *Zeitschr. f. Anat. u. Entwicklung.*, 1938, **109**: 60–74.

143. GERARD, P., CORDIER, R. et LISON, L., Sur la nature de la réaction chromaffine. *Bull. Histol. Appl.*, 1930, **7**: 133–139.

144. GERNGROSS, O., VOSS, K., und HERFELD, H., Über eine hochempfindliche, streng sinspezifische Farbreaktion auf para-substituierte Phenole. Der Tyrosin-Gehalt verschiedener Proteine, insbesondere von Kollagen und Gelatine. *Ber. dtsch. chem. Ges.*, 1933, **66**: 435–442.

145. GERZELI, G., *Ricerche in corso.*

146. GESSNER, O., Tierische Gifte. *Heffter Handbuch der experimentellen Pharmakologie.* Springer, Berlin, 1938, suppl. **6**: 1–83.

147. GHIDINI, G. M., Ricerche embriologiche e sperimentali sulle cellule enterocromaffini nel pollo. *Anat. Anz.*, 1939, **89**: 197–204.

148. GHIRINGHELLI, F., Sulla presenza di cellule enterocromaffini nella prostata e nella uretra prostatica del cane. *Riv. Istoch. norm. pat.*, 1956, **2**: 235–238.

149. GHIRINGHELLI, F. e BOTTINO, D., Ricerche istochimiche sul sistema cellulare enterocromaffine. Nota II. Esame comparativo del colore delle cellule enterocromaffini. e mucipare dopo reazione di Hotchkiss mediante metodo spettrofotometrico e "tristimulus". *Mikroskopie*, 1959, **14**: 161–165.

150. GHIRINGHELLI, F. e MIRA, E., Azione della reserpina sulle cellule enterocromaffini del Ratto e sua valutazione quali- e quantitativa. *Arch. Biol.*, 1959, **70**: 875–900.

151. GIBBS, H. D., Phenol tests. II. Nitrous acid test. The Millon and similar tests. Spectrophotometric investigations. *J. Biol. Chem.*, 1926–27, **71**: 445–459.

152. GIBBS, H. D., Phenol tests. I. A classification of the tests and a review of the literature. *Chem. Review*, 1927, **3**: 291–319.

153. GIBBS, H. D., Phenol tests. III. The indophenol test. *J. Biol. Chem.*, 1927, **72**: 649–664.

154. GLENNER, G. G., The histochemical demonstration of indole derivatives by the rosindole reaction of E. Fischer , *J. Histochem. Cytochem.*, 1957, **5**: 297–304.

155. GLENNER, G. G., A nitrosophenol reaction for tyrosine and related compounds in tissue sections. *J. Histochem. Cytochem.*, 1959, **7**: 423–424.

156. GLENNER, G. G. and BAGDOYAN, H. F., Tyrosine localization in hypophyseal alpha cells. *J. Histochem. Cytochem.*, 1960, **8**: 138.

157. GLENNER, G. G. and LILLIE, R. D., The histochemical demonstration of indole derivatives by the post-coupled p-dimethylaminobenzylidene reaction. *J. Histochem. Cytochem.*, 1957, **5**: 279–296.

158. GLENNER, G. G. and LILLIE, R. D., Observation on the diazotization coupling reaction for the histochemical demonstration of tyrosine: metal chelation and formazan variants. *J. Histochem. Cytochem.* 1959, **7**: 416–422.

159. GLICK, D., *Techniques of Histo- and Cytochemistry*. Interscience, New York, 1949.

160. GOMORI, G., A new histochemical test for glycogen and mucin. *Amer. J. Chim. Path. Tech. Sect.*,1946, **10**: 177–179.

161. GOMORI, G., Chemical character of the enterochromaffin cells. *Arch. Path.*, 1948, **45**: 48–55.

162. GOMORI, G., Pitfalls in histochemistry. *Ann. New York Acad. Sci.*, 1950, **50**: 968–981.

163. GOMORI, G., Histochemistry of the enterochromaffin substance. *J. Histochem. Cytochem.*, 1954, **1**: 50–53.

164. GRÜTZNER, P. und MENZEL, H., Über Bildung und Ausscheidung von Fermenten. *Pflugers Arch. ges. Physiol.*, 1879, **20**: 395–419.

165. GRYNFELTT, E., De quelques réactions chimiques et histochimiques de la glande à pourpre du "Murex trunculus", comparées à celles de la substance médullo surrénale des Vertébrés. *Nouv. Montpellier Med.*, 1909, **29**: 127–132.

166. GRYNFELTT, E., Glande hypobranchiale et organe de la pourpre chez quelques Murex indigènes des côtes du Languedoc. *Bull. Acad. Sci. Lett., Montpellier*, 1913, **5**: 21–30.

167. GRYNFELTT, E., Sur la genèse des boules picriphiles dans la glande hypobranchiale de "Murex trunculus". *Bull. Acad. Sci. Lett., Montpellier*, 1913, **5**: 119–127.

168. HAITINGER, M., *Fluoreszenmikroskopie. Ihre Anwendung in der Histologie und Chemie*. Akadem. Verlagsges., Leipzig, 1938.

169. HAMPERL, H., *Was sind argentaffine Zellen*? *Virch. Arch. f. path. anat. u. phys.*, 1932, **286**: 811–833.

169. bis HAMPERL, H., *Über argyrophile Zellen. Virch. Arch.*,1952, **321**: 488.

169. ter HELLWEG, G., Über Vorkommen und Gegenseitiges Verhalten der Argentaffinen und Argyrophilen Zellen im menschlichen Magen-Darmtrakt. *Zeitschr. Zellforschg.*, 1952, **36**: 546–551.

170. HENLE, J., Über des Gewebe der Nebenniere und der Hypophyse. *Zeitschr. f. rat. Med.*, 1865, **64**:

171. HILLARP, N. Å., Further observations on the state of the catechol amines stored im the adrenal medullary granules. *Acta Physiol. Scand.*, 1959, **47**: 271–279.

172. HILLARP, N. A. and HÖKFELT, B., Histochemical demonstration of noradrenaline and adrenaline in the adrenal medulla. *J. Histochem. Cytochem.*, 1955, **3**: 1–5.
173. HOLCENBERG, J., *Comunicazione personale.*
174. HOLCENBERG, J. and BENDITT, E., A reaction for indoleethylamines. *J. Histochem. Cytochem.*,1959, **7**: 303–304.
175. HRŠEL, I., Färbung von Tryptophan enthaltenden Eiweisstoffen nach der C_2O_3-Eosin-Lichtgrün-Methode. *Acta Histochem.*, 1957, **4**: 47–64.
176. JACOBSON, W., The argentaffine cells and pernicious anaemia. *J. Pathol. Bacteriol.*, 1939, **49**: 1–19.
177. JACOBSON, W., The yellow pigment of the argentaffine cells of the mammalian gastro-intestinal tract. *Ciba Foundation Symposium on Chemistry and Biology of Pteridines*, 1954, 314–327.
178. JACOBSON, W. and GOOD, P. M., The argentaffine cells and the nature of the anti-pernicious anaemia factor. *Exper. Cell Res.*, 1949, Suppl. **1**: 300–303.
179. JACOBSON, W. and SIMPSON, D. M., The fluorescence spectra of pterins and their possible use in the elucidation of the antipernicious anaemia factor. Part. 1. *Biochem. J.*, 1946, **40**: 3–9.
180. JACOBSON, W. and SIMPSON, D. M., The fiuorescence spectra of pterins and their possible use in the elucidation of the antipernicious anaemia factor. Part. 2. *Biochem. J.*, 1946, **40**: 9–14.
181. JENSEN, H., Chemical studies on toad poisons. VII. *Bufo arenarum*, *Bufo regularis* and *Xenopus laevis*. *J. Amer. Chem. Soc.*, 1935, **57**: 1765–1768.
182. JEPSON, J. B., Discussion sur le travail de Benditt E. P. 5–hydroxytryptamine and 5–hydroxytryptophan decarboxylase in rat mast cells. LEWIS G. P. 5-*Hydroxytryptamine* Pergamon Press, London, 1958, 37–38.
183. JEPSON, J. B. and STEVENS, B. J., A fluorescence test for serotonin and other tryptamines. *Nature*, 1953, **172**: 772.
184. JONNARD, R., Recherches histophysiologiques sur les polyphénols. Méthodes de recherches et réactions. *J. Physiol. Pathol. Gén.*, 1934, **32**: 731–744.
185. JONNARD, R., Recherches histophysiologiques sur les polyphénols. Constitution chimique des phénols chez certains animaux. *J. Physiol. Pathol. Gén.*, 1934, **32**: 1107–1114.
186. KAUTZSCH, VON K. und SCHMIDT, J., Heterozyklische Verbindungen. Die biologisch wichtigen, stickstoffhaltigen heterozyklischen Grundverbindungen. Abderhalden E. *Handbuch der biologischen Arbeitsmethoden*, Abt. **I**, 1924, Teil 4, 341–916.
187. KIKKAWA, H., OGITA, Z. and FUJITO, S., Nature of pigments derived from tyrosine and tryptophan in animals. *Science*, 1955, **121**: 43–47.
188. KING, L. S., Atypical amyloid disease with observations on a new silver stain for amyloid. *Amer. J. Pathol.*, 1948, **24**: 1095–1115.
189. KORP, W. and LE COMPTE, M., The nature and function of the alpha cell's of the pancreas. Their possible role in the production of glucagon. *Diabetes*, 1955, **4**: 347–366.
190. KORTING, G. W., Untersuchungen mit der Claraschen Diazokupplungsreaktion an Schnitten menschlicher Haut. *Arch. f. Klin. u. Exp. Dermat.*, 1957, **206**: 397–403.
191. LANDING, B. H. and HALL, H. E., Selective demonstration of histidine. *Stain Technol.*, 1956, **31**: 197–200.
192. LANGERON, M., *Précis de Microscopie*. Masson, Paris, 1949.
193. LAZAROW, A., Cell types of the islets of Langerhans and the hormons they produce. *Diabetes*, 1957, **6**: 222–233.

194. LEMBECK, F., 5-Hydroxytryptamine in a carcinoid tumor. *Nature*, 1953, **172**: 910–911.

195. LEMBECK, F. und KLEMENTSCHITZ, W., Papierchromatographische Untersuchungen über die Reaktionsprodukte des Oxytryptamins mit Formaldehyd. *Arch. Exper. Path. u. Pharmakol.*, 1955, **225**: 129.

196. LERNER, A. B., CASE, J. D., BIEMANN, K., HEINZELMAN, R. V., SZMUSZKOVICZ, J., ANTHONY, W. C. and KRIVIS, A., Isolation of 5-methoxyindole-3-acetic acid from bovine pineal glands. *J. Amer. Chem. Soc.*, 1959, **81**: 5264.

197. LERNER, A. B., CASE, J. D., and HEINZELMAN, R. V., Structure of melatonin. *I. Amer. Chem. Soc.*, 1959, **81**: 6084–6085.

198. LEWIS, G. P., *5-Hydroxytryptamine*. Pergamon Press, London, 1957.

199. LEWIS, G. P. and PHARM, B., Review article: 5-Hydroxytryptamine. *J. Pharm. Phar- macol.*, 1958, **10**: 529–540.

200. LHOTKA, J. F., On tissue argyrophilia. *Stain Technol.*, 1956, **31**: 185–188.

201. LILLIE, R. D., *Histopathologic Technic and Practical Histochemistry*. Blakiston, New York, 1954.

202. LILLIE, R. D., The p-dimethylaminobenzaldehyde reaction for pyrroles in histochemistry: melanins, enterochromaffin, zymogen granules, lens *J. Histoch. Cytochem.*, 1956, **4**: 118–129.

203. LILLIE, R. D., Phenolic oxidative activities of the skin: some reactions of keratohyalin and trichohyalin. *J. Histoch. Cytochem.*, 1956, **4**: 318–330.

204. LILLIE, R. D., Ferrous ion uptake. A specific reaction of the melanins. *A. M. A. Arch. Pathol.*, 1957, **64**: 100–103.

205. LILLIE, R. D., Adaptation of the Morel Sisley protein diazotization produced to the histochemical demonstration of protein bound tyrosine. *J. Histochem. Cytochem.*, 1957, **5**: 528–532.

206. LILLIE, R. D., The xanthydrol reaction for pyrroles and indoles in histochemistry: zymogen granules lens enterochromaffin and melanins. *J. Histochem. Cytochem.*, 1957, **5**: 188–195.

207. LILLIE, R. D., Acetylation and nitrosation of tissue amines in histochemistry. *J. Histochem. Cytochem.*, 1958, **6**: 352–362.

208. LILLIE, R. D. and BURTNER, H. J., The ferricyanide reduction test in histochemistry. *J. Histochem. Cytochem.*, 1953, **1**: 87–92.

209. LILLIE, R. D., BURTNER, H. F. and GRECO HENSON, J. P., Diazosafranin for staining enterochromaffin cells. *J. Histochem. Cytochem.*, 1953, **1**: 154–159.

210. LILLIE, R. D., GRECO HENSON, J. P. and BURTNER, H. C. J., Metal reduction reactions of the melanins: silver and ferric ferricyanide reduction by various reagents *in vitro*. *J. Histochem. Cytochem.*, 1957, **5**: 311–324.

211. LILLIE R. D. and MOWRY, R. W., Histochemical studies on absorption of iron by tissue sections. *Bull. Inter. Assoc. Med. Museums*, 1949, **30**: 91–94.

212. LILLIE, R. D., WEISSBACH, H., and GLENNER, G. G., On the experimental discharge of the gastric and intestinal argentaffin cells. *J. Histochem. Cytochem.*, 1959, **7**: 23–26.

213. LISON, L., Études histochimiques sur les phénols et leurs dérivés. *Arch. Biol.*, 1931, **41**: 343–436.

214. LISON, L., Chromaffinité et pseudo-chromaffinité. (Études histochimiques sur la glande à pourpre des Muricidés. I.). *Arch. Soc. Sci. méd. et biol. de Montpellier et du Languedoc méditer.*, 1932, **9**: 542–553.

215. LISON, L., Composés phénoliques dans la glande à venin des Crapauds. *C. R. Soc. Biol., Paris*, 1932, **111**: 657–658.

216. LISON, L., La cellule a polyphénols du tube digestif des Ascidies, homologue de la cellule de Kultschitsky des Vertébrés. *C. R. Soc. Biol., Paris*, 1933, **112**: 1237–1239.

217. LISON, L., Études histochimiques sur la glande a pourpre des Murex. Composés indoliques. *J. Physiol. Path. Gén.*, 1933, **31**: 82–99.

218. LISON, L., *Histochimie et Cytochimie Animales*, 2nd Ed., Gauthier-Villars, Paris, 1953.

219. MARCHESE, S., Su alcuni caratteri di fissabilità dei granuli fenolici nei vitellogeni dei Platelminti. *Boll. Zool.*, 1936, **7**: 95–98.

220. MASSON, P., La glande endocrine de l'intestin chez l'homme. *C. R. Acad. Sci., Paris*, 1914, **158**: 59–61.

221. MAZZA, F. P. e STOLFI, G., Ricerche sul pigmento di Halla parthenopea Costa. *Arch. Sci. Biol.*, 1931, **16**: 183–197.

222. MOREL, A. et SISLEY, P., Les azoiques de la fibrine de la soie, leur constitution. *Bull. Soc. Chim. de Françe*, 1927, **41**: 1217–1224.

223. MORRA, F., Dosaggio biologico della enteramina nelle varie porzioni del tubo gastroenterico di cane. *Boll. Soc. It. Biol. Sperim.*, 1945, **20**: 589–591.

224. MORRA, F., Rapporto tra quantità di enteramina e numero delle cellule enterocromaffini nelle varie porzioni del tubo gastroenterico di cane. *Boll. Soc. It. Biol. Sperim.*, 1954, **20**: 592–594.

225. MORRA, F. e CORNARA, A., Le cellule enterocromaffini nei mammiferi. *Atti. Soc. It. Sci. Nat.*, 1947, **86**: 87–100.

226. MOSCA, L., Istofisiologia delle isole pancreatiche. *Fondazione D. Ganassini. Ed del Premio Ganassini*, Milano, 1959.

227. MULON, P., Sur la réaction osmique de la médullaire de la surrénale. *C. R. Soc. Paris, Biol.*, 1905, **1**: 757–758.

228. MÜNCH, H., Über Menge und Verteilung der basalgekörnten Zellen im Darm der weissen Ratte. *Zeitschr. f. mikr. anat. Forschung*, 1939, **45**: 244–254.

229. NENCKI, M., Über das Indol. *Ber. d. Chem. Ges.*, 1875, **8**: 722–729.

230. NORDENSTAM, H. and ADAMS-RAY, J., Chromaffin granules and their cellular location in human skin. *Zeitschr. f. Zellforsch. u. mikr. Anat.*, 1956/57, **45**: 435–443.

231. ODDO, R., Noyaux pyrroliques complexes. in GRIGNARD V., DUPONT G. et LOCQUIN R. *Traité de Chimie Organique*, Masson, Paris, 1942, **19**: 268–273.

232. ODDO, R., Pyrrole et composés pyrroliques. in GRIGNARD V., DUPONT G. et LOCQUIN R. *Traité de Chimie Organique*, Masson, Paris, 1942, **19**: 1–53.

232. bis OGATA, T. et OGATA, A. O., Über die Henle'sche Chromreaktion der sogenannten chromaffinen Zellen und den mikrochemischen Nachweis des Adrenalins. *Beiträge Path. Anat.*, 1923, **71**: 376–387.

233. PAASONEN, M. K., 5-Hydroxytryptamine in mammalian thyroid gland. *Experientia*, 1958, **14**: 95–96.

234. PAGE, I. H., Serotonin (5-hydroxytryptamine): the last four years. *Physiol. Rev.*, 1958, **38**: 277–335.

235. PALLOT, G. et SCHÄTZLE, W., Argyrophilie et argentaffinité de la cellule insulaire alpha. Présence de substances à fonction phénolique. Signification métabolique et sécrétoire. *Comp. Rend. Sean. Soc. Biol.*, 1955, **149**: 976–979.

236. PATZELT, V., Die gelben oder basalgekörnten Zellen. *W. von Möllendorff's „Handbuch der mikroskopischen Anatomie des Menschen"*. Springer, Berlin, Bd. V/3, 1936, 137–152.

237. PAULETTA, G., Contributo alla conoscenza istochimica delle cellule testacee e follicolari nelle Ascidie. *Arch. It. Anat. Embriol.*, 1942, **47**: 659–672.

238. PAVAN, M., *Significato chimico e biologico di alcuni veleni di insetti.* Tipografia Artigianelli, Pavia, 1958.

239. PAVAN, M., Biochemical aspects of insect poisons. *IV Int. Congr. of Biochemistry*, 1958. *Vol. XII Bioch. of Insects.* Pergamon Press, London, 1959, 15-36.

240. PEARSE, A. G. E., A contribution to the chemisrty of mammalian enterochromaffin cells. *Riv. Istoch. norm. pat.*, 1956, **2**: 103–110.

241. PEARSE, A. G. E., *Histochemistry Theoretical and Applied*, 2nd Ed., Churchill Ltd., London, 1960.

242. PECCHIAI, L., Sulla natura istochimica delle sferule ialino-colloidee della midollare del surrene umano. *Ormonologia*, 1953, **13**: 81–91.

243. PECCHIAI, L., Osservazioni istochimiche sulla tiroide nell'uomo. (Studio comparativo con reazioni argentiche e reazioni di Schiff.) *Ormonologia*, 1953, **13**: 353–362.

244. PECCHIAI, L. e GUIDOTTI, G., Sull'uso di soluzioni idroalcoliche di argento-ammoniacale per lo studio di substrati argentaffini nel surrene. *Riv. Istoch. norm. pat.*, 1954, **1**: 227–234.

245. PECCHIAI, L. e GUIDOTTI, G., Sulla natura e significato del materiale colloideo nella midollare del surrene umano. *Atti Soc. It. Pat.*, 1955, **4**: 739–740.

246. PETERS, A., Experiments on the mechanism of silver staining. I. Impregnation. *Quart. J. Microscop. Sci.*, 1955, **96**: 84–102.

247. PETERS, A., Experiments on the mechanism of silver staining. II. Development. *Quart. J. Microscop. Sci.*, 1955, **96**: 103–115.

248. PLETSCHER, A., Release of 5-hydroxytryptamine by benzoquinolizine derivatives with sedative action. *Science*, 1957, **126**: 507.

249. PLETSCHER, A., Topographical difference of the behaviour of 5-hydroxytryptamine in the gastric mucosa after reserpine administration. in LEWIS G. P., "*5-Hydroxytryptamine*". Pergamon Press, London, 1957, 84–85.

250. PLETSCHER, A., BESENDORF, H. und BÄCHTOLD H. P., Benzo(a)chinolizine, eine neue Körperklasse mit Wirkung auf den 5-Hydroxytryptamin- und Noradrenalin-Stoffwechsel des Gehirns. *Arch. Exper. Path. Pharmakol.*, 1958, **232**: 499–506.

251. POLLISTER, A. W. and RIS, H., Nucleoprotein determination in cytological preparations. *Cold Spring Harbor Symposia on Quantitative Biology*, 1947, **12**: 147–157.

252. POPOFF, N. W., Epithelial functional rejuvenation observed in the mucous cells of the gastrointestinal tract and the parietal cells of the stomach. *Arch. Pathol.*, 1939, **27**: 841–887.

253. QUASTEL, J. H., A colour test for *o*-dihydroxy-phenols. *Analyst.*, 1931, **56**: 311.

254. RAPER, H. S., The tyrosinase-tyrosine reaction. VI. Production from tyrosine of 5.6-diidroxyndole and 5.6-diidroxyndole-2-carboxilic acid the precursors of melanin. *Biochem. J.*, 1927, **21**: 89–96.

255. RATZENHOFER, M., Zur Histochemie der Carcinoide. *Acta Histochem.*, 1954, **1**: 53–54.

256. RATZENHOFER, M. und LEMBECK, F., Über den Gehalt an 5-Oxytryptamin in Carcinoiden des Darmtraktes. *Z. Krebsforsch.*, 1954, **60**: 169–172.

257. REGGIANI, M., Ricerche sulle cellule enterocromaffini. (I) Azione della formalina sulla fluorescenza. *Boll. Soc. It. Biol. Sperim.*, 1945, **20**: 584–585.

258. REGGIANI, M., Ricerche sulle cellule enterocromaffini. (II) Fissabilità dei granuli con aldeidi diverse dalla formica. *Boll. Soc. It. Biol. Sperim.*, 1954, **20**: 585–586.

259. REGGIANI, M., Ricerche sulle cellule enterocromaffini. (III). Azione di fissazione formolica a vario pH e a vario contenuto salino. *Boll. Soc. It. Biol. Sperim.*, 1945, **20**: 586–587.

260. REGGIANI, M., Ricerche sulle cellule enterocromaffini. (IV) Concordanza fra fluorescenza e argentaffinità. *Boll. Soc. It. Biol. Sperim.*, 1945, **20**: 588.

261. REGGIANI, M., Contributo alla conoscenza delle cellule cromaffini del timo nel pollo. *Boll. Soc. It. Biol. Sperim.*, 1946, **22**: 108–109.

262. ROAF, H. E., The situation in the mantle of *Purpura lapillus* of the cells which yield a pressor substance. *Quart. J. Exper. Physiol.*, 1911, **4**: 89–92.

263. ROAF, H. E. and NIERENSTEIN, M., The physiological action of the extract of the hypob ranchial gland of *Purpura lapillus*. *J. Phys.*, 1907, **36**: V–VIII.

264. ROMANINI, M. G., Contributo alla conoscenza istochimica dei vitellogeni di *Distema hepaticum*. *Mon. Zool. It.*, 1947, **56**: 16–19.

265. ROMANINI, M. G., Contributo alla conoscenza istochimica delle ghiandole salivari posteriori di *Eledone cirrosa*. *Boll. Soc. It. Biol. Sperim.*, 1952, **28**: 1116–1117.

266. ROMANINI, M. G., Alcune osservazioni istochimiche sulle ghiandole granulose cutanee degli Anfibi. *Biol. Latina*, 1954, **7**: 219–232.

266. bis ROMEISER, I., Über Vorkommen silberimprägnierbaren Zellen im Magendarmtrakt von Säugetieren. *Zeitschr. f. Zellforsch. u. mikr. Anat.*, 1953, **38**: 259–266.

267. ROTH, L. M. and STAY, B., The occurrence of para-quinone in some arthropods, with emphasis on the quinone-secreting tracheal glands of *Diploptera punctata* (Blattaria). *J. Ins. Physiol.*, 1958, **1**: 305–318.

268. SACCHI, S., Rapporti tra la melaninogenesi ed alcuni processi biochimicamente analoghi. *Giorn. It. Dermat.*, 1957, **98**: 635–653.

269. SACCHI, S., *Comunicazione personale.*

270. SALKOWSKI, E., Die Mengenverhältnisse des Indols. *Z. Physiol. Chem.*, 1884, **8**: 446–454.

271. SCARLATO, G., Comparsa di granulazioni sottoependimali in seguito a trattamento con enteramina. Studio istochimico. *Riv. Istoch. norm. pat.*, 1957, **3**: 441–448.

272. SCARLATO, G., MANZINI, B. e CANAL, N., 5-Idrossitriptamina e sistema nervoso. Dati biologici. Spunti patogenetici e clinici. *Riv. Sperim. Freniatria*, 1959, **83**: 1087–1193.

273. SHEPHERD, D. M., WEST, G. B. and ERSPAMER, V., Detection of 5-hydroxytryptamine by paper chromatography. *Nature*, 1953, **172**: 357.

274. SCHUMANN, G., Experimentelle Untersuchungen über die basalgekörnten Zellen im Darmepithel des Meerschweinchens. *Z. Zellforsch.*, 1936, **24**: 540–551.

275. SCHUMANN, G., Zur Frage der biologischen Bedeutung der basalgekörnten Zellen. *Zeitschr. f. Verdaungs. u. Stoffwech.*, 1939, **2**: 244–247.

276. SERRA, J. A., Histochemical tests for proteins and amino acids; the characterization of basic proteins. *Stain Technol.*, 1946, **21**: 5–18.

277. SMITH, A. N., NYHUS, L. M., DALGLIESH, C. E., DUTTON, R. W., LENNOX, B. and MACFARLANE, P. S., Futher observations on the endocrine aspects of argentaffinoma. *Scot. Med. J.*, 1957, **2**: 24–38.

278. SPANDRIO, L., *Comunicazione personale.*

279. STAEMMLER, M., Untersuchungen über autogene Pigmente. *Virch. Arch.*, 1924, **253**: 459–471.

280. THOMSON, R. H., *Naturally Occurring Quinones.* Butterworths Scientific Publications, London, 1957.

281. TEHVER, J., Über die enterochromaffinen Zellen der Haussäugetiere. *Z. mikrosk.-anat. Forsch.*, 1930, **21**:462–496.
282. TRAVERSO, G. e VIALLI, M., *Ricerche in corso.*
283. TURCHINI, J., BROUSSY, J. et JOURDAN, A. E., Au sujet des cellules entérochromoargentaffines de Nicolas Kultschitzky-Masson du duodénum de cobaye. *Arch. Soc. Sc. Med. Biol.*, 1934, **15**: 174–178.
284. UDENFRIEND, S., CLARK, C. T. and TITUS, E., The presence of 5-hydroxytryptamine in the venom of *Bufo marinus Experientia*, 1952, **8**: 379–380.
285. UDENFRIEND, S., CLARK, C. T. and TITUS, E., Hydroxylation of the 5-position of tryptophan as first step in its metabolic conversion to 5-hydroxytryptamine (serotonin). *Fed. Proc.*, 1953, **12**: 282.
286. UDENFRIEND, S., LOVENBERG, W. and SJOERDSMA, A., Physiologically active amines in common fruits and vegetables. *Arch. Biochem. Biophys.*, 1959, **85**: 487–490.
287. UDENFRIEND, S., WEISSBACH, H. and CLARCK, C. T., The estimation of 5-hydroxytryptamine (serotonin) in biological tissue. *J. Biol. Chem.*, 1955, **215**: 327–344.
288. UGGERI, B., Ricerche sulle cellule enterocromaffini e sulle cellule argentofile dei pesci. *Zeitschr. f. Zellforsch. u. mikr. Anat.*, 1938, **28**: 648–673.
289. VACIRCA, F., Sulle cellule "parafollicolari" della tiroide (Nota 1). *Boll. Soc. Med.-Chir. Pavia*, 1936, **50**: 747–761.
290. VACIRCA, F., Sulla presenza di cellule argentofile nella ipofisi. (Nota prima). *Boll. Soc. Med.-Chir. Pavia*, 1937, **51**: 41–44.
291. VACIRCA, F., Sulle cellule "parafollicolari" della tiroide (Nota seconda). *Boll. Soc. Med.-Chir. Pavia*, 1937, **51**: 49–52.
292. VALCURONE, M., Ricerche istochimiche sui granuli vitellini dei Policladi. *Arch. Zool. It.*, 1953, **38**: 245–267.
293. VERNE, J., La réaction chromaffine en histologie et sa signification. *Bull. Soc. Chim. Biol.*, 1923, **5**: 227–235.
294. VIALLI, M., Ricerche sull'intestino dei rettili. IV. L'Epitelio intestinale. *Arch. Biol.*, 1929, **39**: 527–581.
295. VIALLI, M., Ricerche istochimiche sui vitellogeni dei platelminti. (Nota preventiva). *Boll. Zool.*, 1933, **4**: 135–138.
296. VIALLI, M., Ricerche istochimiche sul veleno cutaneo degli anfibi. *Boll. Soc. It. Biol. Sperim.*, 1933, **8**: 1740–1741.
297. VIALLI, M., Sulle caratteristiche istochimiche della ghiandola della porpora in *Murex trunculus. Boll. Soc. It. Biol. Sperim.*, 1934, **9**: 203–206.
298. VIALLI, M., Ricerche istochimiche sui granuli vitellini dei policladi. *Boll. Zool.*, 1934, **5**: 21–23.
299. VIALLI, M., Le cellule cromaffini dei gangli nervosi degli irudinei. *Atti Soc. It. Sci. Nat.*, 1934, **73**: 57–73.
300. VIALLI, M., Ricerche istochimiche sul veleno cutaneo degli Anfibi. Nota II. *Boll. Soc. Med.-Chir. Pavia*, 1934, **48**: 600–605.
301. VIALLI, M., La reazione cromaffine e alcune presunte localizzazioni adrenaliniche. *Boll. Zool.*, 1935, **6**: 147–151.
302. VIALLI, M., Contributo alla conoscenza istochimica dei lipidi nel veleno cutaneo granuloso degli anfibi. *Mon. Zool. It.*, 1936, **47**: 300–308.
303. VIALLI, M., Sul reale valore istochimico della "cosidetta reazione di Henle-Kurkiewicz" per la adrenalina. *Arch. Biol.*, 1936, **48**: 549–559.

304. VIALLI, M., Il veleno granuloso degli Anfibi studiato al microscopio a fluorescenza. *Mon. Zool. It.*, 1937, **48**: 237–243.

305. VIALLI, M., Prime osservazioni su estratti di pelle di "*Discoglossus pictus*". *Boll. Zool.*, 1938, **9**: 246–251.

306. VIALLI, M., Azione dell'estratto acetonico di pelle di *Discoglossus pictus* sull'occhio di Rana isolato. *Mon. Zool. It.*, 1938, **49**: 243–245.

307. VIALLI, M., Considerazioni sul significato istochimico della cromaffinità nel veleno cutaneo di rospo. *Boll. Zool.*, 1940, **11**: 119–127.

308. VIALLI, M., Ricerche istochimiche sulle ghiandole cutanee degli Anfibi. I. *Xenopus laevis* e *Discoglossus pictus*. *Arch. It. Anat. Embriol.*, 1942, **47**: 376–392.

309. VIALLI, M., Il ciclo di maturazione del veleno granuloso di *Rana esculenta*. *Boll. Soc. It. Biol. Sperim.*, 1946, **21**: 190–191.

310. VIALLI, M., Su alcuni caratteri di fissabilità dei granuli del veleno nelle ghiandole granulose cutanee di *Rana esculenta*. *Boll. Soc. It. Biol. Sperim.*, 1946, **21**: 307.

311. VIALLI, M., Su alcune reazioni istochimiche dei granuli del veleno nelle ghiandole granulose cutanee di *Rana esculenta*. *Boll. Soc. It. Biol. Sperim.*, 1946, **21**: 308.

312. VIALLI, M., Contributo alla conoscenza istochimica delle ghiandole salivari posteriori di *Eledone moschata* e di *Octopus macropus*. *Boll. Soc. It. Biol. Sperim.*, 1946, **22**: 107–108.

313. VIALLI, M., Per una esatta valutazione dei criteri di fissabilità in istochimica. *Rend. Ist. Lomb. Sc. e Lett., Cl. Sci.*, 1949, **82**: 328–336.

314. VIALLI, M., Sulla utilizzazione di reazioni parziali in istochimica. *Rend. Ist. Lomb. Sc. e Lett., Cl. Sci.*, 1950, **83**: 637–646.

315. VIALLI, M., Fenoli e tannazione chinonica delle proteine. *Mon. Zool. It.*, 1950, **58**: 83–87.

316. VIALLI, M., Istochimica e istomorfologia. *Atti Soc. It. Anat., XIII Conv. Soc. Pavia*, 1951, 26–53. (Suppl. Mon. Zool.).

317. VIALLI, M., Parallelo tra reazioni argentiche e reazioni di Schiff in istomorfologia e in istochimica. *Rend. Ist. Lomb. Sc. e Lett., Cl. Sci.*, 1952, **85**: 323–332.

318. VIALLI, M., Limiti e partizioni della istochimica. *Min. Med.*, 1952, **1**: 1281–1294.

319. VIALLI, M., Considerazioni morfologiche e biologiche sulle localizzazioni di enteramina. *Rend. Ist. Lomb. Sc. e Lett., Cl. Sci.*, 1954, **87**: 61–85.

320. VIALLI, M., Impostazione dei problemi istochimici e loro rapporti coi problemi istomorfologici e biologici. *Problemi di Cancerologia, Suppl. La Ric. Scient.*, 1955, **25**: 9–40.

321. VIALLI, M., Contributo alla conoscenza delle ghiandole cutanee e dello strato cribroso di *Bufo kisoloensis*. *Rend. Ist. Lomb. Sc. e Lett., Cl. Sci.*, 1955, **88**: 243–249.

322. VIALLI, M., *Introduzione alla Ricerca in Istochimica.* Industria Poligrafica Lombarda, Milano, 1956.

323. VIALLI, M., Caratteristiche istochimiche delle ghiandole granulose cutanee di *Scaphiopus holbrookii*. *Riv. Istoch. norm. pat.*, 1957, **3**: 423–426.

324. VIALLI, M., Considerazioni sulla sensibilità di reazione in istochimica. *Acta Histoch.*, 1959, **8**: 185–190.

325. VIALLI, M., *Osservazioni inedite.*

326. VIALLI, M., e CASATI, C., La localizzazioni istochimiche della enteramina in *Calliactis parasitica*. *Rend. Ist. Lomb. Accad. Sci. e Lett., Cl. Sci.*, 1958, **92**: 329–335.

327. VIALLI, M. e CASATI, C., Sulla presenza di cellule enterocromaffini nel timo dei Rettili, *Riv. Istoch. norm. pat.*, 1958, **4**: 343.

328. VIALLI, M. e CERIOTTI, G., Sulla presenza di cellule enterocromaffini nell'epitelio vescicale di *Rana esculenta*. *Mon. Zool. It.*, 1939, **51**: 29–36.

329. VIALLI, M. e CERIOTTI, G., Sulla presenza di cellule enterocromaffini nell'apparato urogenitale di *Lacerta muralis*. *Nota preventiva*. *Anat. Anz.*, 1939, **88**: 387–392.

330. VIALLI, M. e ERSPAMER, V., Cellule enterocromaffini e cellule basigranulose acidofile nei Vertebrati (Ricerche istochimiche). *Zeitschr. f. Zellf. u. mikr. Anat.*, 1933, **19**: 743–773.

331. VIALLI, M. e ERSPAMER, V., Contributo alla conoscenza istochimica delle cellule enterocromaffini. *Arch. It. Anat. Embriol.*, 1936, **37**: 411–436.

332. VIALLI, M. e ERSPAMER, V., Azione della formalina sulla adrenalina. *Arch. Int. Pharmac. Thérapie*, 1936, **72**: 200–213.

333. VIALLI, M. e ERSPAMER, V., Ricerche sul secreto delle cellule enterocromaffini. Nota VII. Osservazioni critiche su alcuni problemi inerenti alla istochimica delle enterocromaffini. *Zeitschr. f. Zellf. u. mikr. Anat.*, 1937, **27**: 81–99.

334. VIALLI, M. e ERSPAMER, V., Ricerche sul secreto delle cellule enterocromaffiini. Nota I. Estratti alcoolici di mucosa gastrica e loro reazioni. *Boll. Soc. Med.-Chir. Pavia*, 1937, **51**:357–363.

335. VIALLI, M. e ERSPAMER, V., Ricerche sul secreto delle cellule enterocromaffini. Nota III. Comportamento della sostanza specifica delle enterocromaffini di fronte ad alcuni agenti precipitanti. *Boll. Soc. Med.-Chir. Pavia*, 1937, **51**: 371–376.

336. VIALLI, M. e ERSPAMER, V., Ricerche sul secreto delle cellule enterocromaffini. Nota IV. La sostanza specifica delle cellule enterocromaffini non può essere adrenalina. *Boll. Soc. Med.-Chir. Pavia*, 1937, **51**: 377–383.

337. VIALLI, M. e ERSPAMER, V., Ricerche sul secreto delle cellule enterocromaffini. Nota IX. Intorno alla natura chimica della sostanza specifica. *Boll. Soc. Med.-Chir. Pavia*, 1937, **51**: 1111–1116.

338. VIALLI, M. e ERSPAMER, V., Ricerche sul secreto delle cellule enterocromaffini. Nota X. Nuovi dati sugli estratti gastrici di coniglio. *Boll. Soc. Med.-Chir. Pavia*, 1938, **52**: 1167–1173.

339. VIALLI, M. e ERSPAMER, V., Ricerche istochimiche sulla ghiandola salivare posteriore di *Octopus vulgaris*. *Microchemie*, 1938, **24**: 253–261.

340. VIALLI, M. e ERSPAMER, V., Ricerche sulla diazoreazione. Nota I. Introduzione, diazoreazione in ambiente acido, in ambiente alcalino e in ambiente alcalino con successiva acidificazione. *Arch. Fisiol.*, 1939, **39**: 1–19.

341. VIALLI, M. e ERSPAMER, V., Ricerche sulla diazoreazione. Nota II. Limiti e significato della modificazione di Gebauer-Fulnegg alla diazoreazione di Pauly. *Arch. Fisiol.*, 1939, **39**: 20–32.

342. VIALLI, M. e ERSPAMER, V., Ricerche sulla diazoreazione. Nota III. Significato e limiti della modificazione proposta da Hanke e Koessler per la determinazione quantitativa della tirosina e della tiramina. *Arch. Fisiol.*, 1939, **39**: 33–41.

343. VIALLI, M. e ERSPAMER, V., Considerazioni sul sistema enterocromaffine. *Zeitschr. f. Zellf. u. mikr. Anat.*, 1939, **29**: 487–501.

344. VIALLI, M. e ERSPAMER, V., Ricerche di caratterizzazione chimica delle sostanze fenoliche presenti negli estratti acetonici di ghiandole salivari posteriori di *Octopus vulgaris*. *Arch. Fisiol.*, 1940, **40**: 293–312.

345. VIALLI, M. e ERSPAMER, V., Sulle reazioni chimiche colorate dell'enteramina. I. Ricerche su estratti acetonici di mucosa gastro-intestinale. *Arch. Sci. Biol.*, 1942, **28**: 101–121.

346. VIALLI, M. e ERSPAMER, V., Sulle reazioni chimiche colorate dell'enteramina. II. Presenza di sostanze enteraminosimili al di fuori della mucosa gastro-intestinale. *Arch. Sci. Biol.*, 1942, **28**: 122–131.

347. VIALLI, M. e GHIRINGHELLI, F., L'azione della benzochinolizina sulle cellule del sistema enterocromaffine. *Riv. Istoch. norm. pat.*, 1958, **4**: 343.

348. VIALLI, M. e GHIRINGHELLI, F., Riduzione numerica delle cellule enterocromaffini nell'intestino di ratto per azione delle benzochinolizina. *Rend. Ist. Lomb. Sci. e Lett., Cl. Sci.*, 1958, **92**: 511–514.

349. VIALLI, M. e QUARONI, E., Azione della reserpina sulle cellule enterocromaffini nel pollo. (Nota preventiva). *Riv. Istoch. norm. pat.*, 1956, **2**: 111–116.

350. VIALLI, M. e QUARONI, E., Osservazioni su una recente reazione proposta da Pearse per la enteramina. *Riv. Istoch. norm. pat.*, 1956, **2**: 213–220.

351. VIALLI, M. e QUARONI, E., Azione della reserpina sulle cellule del sistema enterocromaffine in alcune specie di anfibi. *Quad. Anat. Prat.*, 1957, Serie XII, n. 1–4: 153–158.

352. VIALLI, M. e TRAVERSO, G., *Ricerche in corso.*

353. VITALI, T. e COSTA FINZI, A. M., Cromatografia su carta di composti indolici. *La Ric. Sci.*, 1959, **29**: 311–318.

354. VOSS, H., Beobachtungen über die Henlesche Chromreaktion an der Körnerdrüsen des Frosches. *Zeitschr. Anat.*, 1929, **89**: 445–452.

355. VULPIAN, A., Note sur quelques réactions propres à la substance des capsules surrénales. *C. R. Acad. Sci Pans* 1956, **43**: 663–665.

356. WALDENSTRÖM, J. and LJUNGBERG, E., Studies on the functional circulatory influence from metastatizing carcinoid (argentaffine, enterocromaffine) tumours and their possible relation to enteramine production. II. The chemistry of carcinoid tumours. *Acta Med. Scand.*, 1955, **152**: 311–331.

357. WEINLAND, R. et collaborateurs. *Cités par Clara* (70).

358. WELSH, J. H., Hydroxytryptamine: a neurohormone in the invertebrates. *Feder. Proceed.*, 1954, **13**: 162–163.

359. WEST, G. B., 5-Hydroxytryptamine, tissue mast cells and skin oedema. *Int. Arch. Allergy*, 1957, **10**: 257–275.

360. WHITELOCK, O. v. St and FURNESS,F. N., The pharmacology of psychotomimetic and psychotherapeutic drugs. *Ann. New York Acad. Sci.*, 1957, **66**: 417–840.

361. WIELAND, H., KONZ, W. und MITTASCH, H., Die Konstitution von Bufotenin und Bufotenidin. Über Kröten-Giftstoffe. VII. *Justus Liebigs Ann. Chem.*, 1934, **513**: 1–25.

362. WIELAND, H. und WIELAND, Th., Zur Kenntnis der Krötengiftstoffe. X. Die Konstitution des Bufothionins. *Justus Liebigs Ann. Chem.*, 1937, **528**: 234–246.

362. bis WOLLENFELS, K., Der Farbstoff der Roten Blutzellen des Seeigels *Arbacia pustulosa. Ber. d. d. Chem. Ges.*, 1943, **76**: 323–325.

363. YOUNG, J. G. and FISCHER, R. L., Reaction of epinephrine with ethylenediamine. *Science*, 1958, **127**: 1390.

364. ZAMBOTTI, V. e MORET, V., Studio del meccanismo chimico della melanizzazione dell'adrenocromo. I. La cinetica chimica del primo stadio di melanizzazione dell' adrenocromo e la natura chimica del primo prodotto intermedio. *Arch. Sci. Biol.*, 1949, **33**: 522–543.

365. ZATTI, C. et FERRATINI, A., Über die Methylierung des Indols. *Ber. d. d. Chem. Ges.*, 1890, **23**: 2302–2307.

366. ZATTI, C. e FERRATINI, A., Sul peso molecolare del nitrosoindolo. *Gazz. Chim. Ital.*, 1891, **21**: 19–25.

367. ZBINDEN, G. und STUDER, A., Morphologische Untersuchungen über die Stoffwechsel des 5-Hydroxytryptamins (Serotonin). *Verhandl. Deut. Gesell. f. Pathol.*, 1959. **42**: 425–429.

368. ZBINDEN, G., PLETSCHER, A. und STUDER, A., Regionäre Unterschiede der Reserpinwirkung auf enterochromaffine Zellen und 5-Hydroxytryptamin-Gehalt im Magendarmtrakt. *Schweiz. Mediz. Wochenschr.*, 1957, **87**: 15–19.

369. ZEIGER, K., Zur Frage nach des Wirkungsweise des Formaldehyds bei der histologischen Fixation. *Zeitschr. f. wiss. Mikrosk. u. f. mikr. Techn.*, 1930, **47**: 273–293.

370. ZORZOLI, G. C. e LILLIE, R. D., Ricerche istochimiche sulle cellule enterocromaffini. *Riv. Istoch. norm. pat.*, 1956, **2**: 283–294.

THE USE OF THE ELECTRON MICROSCOPE AS A TOOL FOR THE INVESTIGATIONS OF PROBLEMS IN CYTOCHEMISTRY*

R. J. BARRNETT and L. W. TICE**

Department of Anatomy, Yale University School of Medicine
New Haven 11, Connecticut, U.S.A.

I. INTRODUCTION

THE electron microscope has already established itself as an instrument *par excellence* for revealing cytological detail. In fact, the use of this instrument has become so prevalent, and the accumulation of observations of the fine structure of cells so prodigious that descriptive morphology has undergone a renaissance within the past ten years. However, regardless of the level of resolution, morphology *per se* presents only a static picture of what is usually a dynamic process. In order to establish the electron microscope as a more effective tool for investigating cellular function, several different approaches combining electron microscopy with both histochemistry and cytochemistry have already been successfully instituted in many laboratories. Before presenting some of the results of several of these approaches, we wish to point out the gathering wealth of material gleaned from experiments in which electron microscopy has been used to document the fine structural changes brought about by alterations in physiological state. Although this list is necessarily incomplete, we would like to give, as examples, reference to some of the works of Palade on capillary transport [1] and secretion in the pancreas; [2] of Karlin and Palay [3] and of Clark [4] on absorption by the intestine; of Huxley on muscle structure and contraction, [5] of Farquhar, Wissig, and Lacy in their studies on the pituitary, [6] thyroid [7] and pancreatic islet physiology; [8] of Barrnett and Ball in their studies of the effects of insulin on adipose tissue; [9] and of Fawcett in studies on the liver in fasting and refeeding. [10] Our aim in

* This work was supported by a grant (A–3593) from the National Institutes of Arthritis and Metabolic Diseases, National Institutes of Health, Department of Health, Education and Welfare.

** Fellow of the National Foundation. – The authors wish to thank the following investigators for their kindness in providing material illustrative of their researches in this field: Drs. I. Gersh, A. B. Novikoff and M. L. Watson.

indicating these works and those in the following pages is to demonstrate the growing importance of electron microscopy as a tool for the study of fine structure in its relationship to function. Most of the material to be presented attempts to relate the fine structure of cells to their chemical composition or metabolic activity—the meeting place of cytology and cytochemistry. Our main hypothesis for this work is that physiological and biochemical events have a basis in fine structure; the bane of the morphologist's position, the aqueous phase, aside.

II. APPLICATION OF ELECTRON MICROSCOPY WITH CYTOCHEMISTRY

In order to investigate the metabolic functions of individual cell structures, it is sometimes useful to combine the fields of cytology and cytochemistry of isolated cellular constituents. In the past, biochemists, as a rule, have ignored the cytological aspects of cell function. A good example of this is the frequent use of the term "granule fraction" for an isolated particulate fraction. Yet such a pellet might contain any of a mixture of mitochondria, larger pieces of membranous endoplasmic reticulum, lysosomes, or specific granules, such as those derived from a variety of organs (pancreas, pituitary) or cell types (mast cells or blood cells). The cytologist, equally unidirectional, has not given serious attention to the biochemical parameters of the organelles or inclusions studied microscopically, but has treated them as purely morphological entities. However, enormous technical progress in both biochemistry and electron microscopy in recent years has made it almost mandatory, in many instances, to combine methods of the two disciplines in order to take full advantage of the potentialities of either. When this is done, the biochemical properties of isolated material may be related to the organized structure of the cell, and therefore have cytochemical significance.

The present work is not intended to delineate the technical problems of the isolation of intracellular fractions by means of centrifugal fractionation, or of the electron microscopy of thin sections of this isolated material. These have been adequately reviewed in the literature.[11–13] We wish, however, to call attention to a few of the recent studies where the two fields have been combined to advantage. In this brief review we are omitting the nucleus as a cell particle mainly due to lack of personal experience, and again we refer the reader to recent reviews.[14–15]

A. *Relationship of Structure and Function in Mitochondria*

Considerable work on the isolation and biochemical characterization of mitochondria has been done since Hogeboom, Schneider and Palade[16] succeeded in identifying mitochondria in their fractions by Janus Green B staining. However, a large segment of it is without adequate morphological controls at the electron microscope level. Some laboratories have used phase microscopy for detecting the presence of mitochondrial particles,[17–19] but even this is a poor substitute for electron microscopy at the present state of the art.

Some studies combining the two approaches have been concerned with the development of new isolation media which would preserve mitochondrial structure while retaining enzyme activity. Interesting results have been obtained by Novikoff,[20] who used solutions of polyvinylpyrrollidone (PVP) and by Birbeck and Reid[21] who used a mixture of raffinose, dextrose, versene, heparin and adenosine monophosphate. PVP allows, as does hypertonic sucrose, the acceptable preservation of elongate, rod-shaped liver mitochondria. However, mitochondria isolated in the latter medium show limited oxidative phosphorylation, whereas those isolated in the former, like the spherical mitochondria isolated in isotonic sucrose, contain abundant activity.[22]

Witter, Watson, and Cottone[23] attempted to correlate the fine structure of liver mitochondria isolated from sucrose media of varying tonicity with adenosine triphosphatase (ATP'ase) activity. They concluded that the use of 0·44 M sucrose, adjusted to pH 6·2 with citric acid, allowed the isolation of mitochondria which closely resembled the organelles *in situ* and which contained latent ATP'ase activity. Perry and Horne[24] succeeded in identifying sarcosomes in shadowed preparations isolated from skeletal muscle, and showed that these particles contained the Kielley-Meyerhof ATP'ase.

It has long been known that the cytochrome system responsible for the major oxidative function of cells is associated with the insoluble particulate matter of the cytoplasm. Furthermore, it is well established that the mitochondria are the sites of oxidative reactions of cells, and that the cytochromes are localized in these organelles. These facts have led many workers to suggest, on the basis of presumptive evidence, that the complex of enzymes might be fixed to the insoluble membranes of mitochondria. Siekevitz and Watson[25] studied digitonin-produced mitochondrial fragments with the electron microscope and found aggregates of small vesicles. The fact that this preparation contained succinoxidase activity suggested to the authors that the vesicles originated from mitochondrial membranes. Their vesicular fraction also contained bound nucleotides in approximately the same proportion as in intact mitochondria.

The more recent works of these authors[26, 27] present even stronger support for the belief that oxidative enzymes are firmly bound to the mitochondrial membrane. Starting with a preparation of isolated and disrupted liver mitochondria, they obtained by deoxycholate treatment a fraction of much-altered, but membranous, material, presumably mitochondrial in origin, which possessed considerable succinoxidase activity.

Their data were supported and extended by the observations of Ball and Barrnett[28] who obtained a preparation from heart muscle that contained the cytochrome system and displayed both succinate and reduced diphosphopyridinenucleotide (DPNH) oxidase activity. The procedure employed for the purification of these enzyme complexes was designed to yield a preparation of maximum activity per unit dry weight, and no attention was paid to the preservation of the morphological integrity of any of the cell components. Yet electron microscopy showed that their material consisted of membrane-bound vesicles arising, presumably, from disrupted mitochondria. Treatment of this fraction with deoxycholate removed a large part of the lipid. A fair proportion of cytochrome b, c_1, a, and a_3 was retained but the preparation was poor in succinic dehydrogenase and contained no cytochrome c. Morphologically, this preparation, the "hard core" of the electron transport system, was shown to consist of closely packed, thin membranes which arose from disruption of the vesicles in the original preparation.

Ziegler *et al.*,[29] starting with a preparation of heart mitochondria, obtained three fractions: (1) vesicles derived from mitochondria capable of electron transport (ETP), but not oxidative phosphorylation; (2) mitochondria-free masses of dense cristae which gave high P/O ratios with all Krebs cycle substrates tested and (3) intact mitochondria with dense cristae which required cytochrome c for activity. The ETP particles are suggested as being derived from the external membranes of mitochondria.

From the results of combined cytochemical and electron microscopic work, there is no question that the electron transmitter system and some of the insoluble dehydrogenases are primarily membranous (mitochondrial) in origin. Abstracting from the intact mitochondrial structure as shown clearly by Palade,[30] it would appear that these enzymes are either in or firmly bound to the inner membranes or cristae but it is not clear as yet whether the outer mitochondrial membrane may be included. This point of view is more widely accepted than that of Harman[31] who proposed a hydratable gel structure for mitochondria with no limiting or internal membranes. Finally, it should be pointed out that the matrix of mitochondria is usually lost to a variable extent during the isolation procedure. This may be correlated with the appearance of certain DPN-linked dehydrogenases in the soluble supernatant of the isolation media. If this is indeed a fact, it would appear that in intact mitochondria some substrates like succinate must diffuse to membranes to be oxidized but, in other cases, the initial step of the oxidation would take place in the matrix, with DPNH migrating to the membranes to unload its electrons. Now, if indeed, as is widely felt, the electron transmitter system were in the mitochondrial membranes, the most likely arrangement for this system would be in a linear fashion. Laminar sheets of membrane could be formed by cohesion of the integrated chains of enzymes to form a mosaic with perhaps lipide serving as a cementing substance.[28]

B. Microsomes and other Cytoplasmic Organelles

Although the biochemical properties of the "microsome" fraction have been studied intensively, again rather little attention has been given to obtaining adequate morphological controls with the electron microscope. However, when electron microscopy was combined with fractionation of cell components by ultracentrifugation, it was found that the endoplasmic reticulum (both membranous component and granules) formed the major part of the microsome fraction. This was first indicated to be the case by Slautterbach who examined imprints of pellets obtained by fractionation.[32] Chauveau *et al.*[33] were the first to publish electron micrographs of thin sections of pellets of the microsome fraction of liver and pancreas which demonstrated typical profiles of endoplasmic reticulum. These authors also showed that as much as 90 per cent of the ribonucleoprotein (RNP) was present in that fraction. Similar results were briefly reported by Palade and Siekevitz,[34] and were followed by larger works on the liver[35] and pancreas[36] by these authors. At the same time Kuff *et al.*[37] studied "polydisperse families of particles" in a continuous sucrose gradient and were able to correlate the morphology of one group of these particles with that of the endoplasmic reticulum. Littlefield *et al.*[38] also verified the identity of their microsome fraction with the endoplasmic reticulum in their important studies on protein synthesis.

The most complete studies which attempted to integrate morphological with biochemical results were those of Palade and Siekevitz. They showed that in the liver[35] most of the protein, phospholipid, hemochromagen and DPNH cytochrome *c* reductase activity was associated with the membranous or vesicular component of the microsomes, since treatment with deoxycholate released these substances into solution while destroying the vesicles. Similar findings were reported with microsomes from the pancreas[36] except that no DPNH cytochrome *c* reductase was present. In these works the authors also indicated the form in which RNP was present in the microsome fraction. The use of deoxycholate allowed a subfraction (post-microsomal) to be obtained. The particles in this fraction contained almost all the RNP present in the original microsome preparation. These particles appeared morphologically similar to those attached to the vesicular profiles both of the isolated microsomes and to those associated with the endoplasmic reticulum in sections of intact cells. When the microsome pellets were treated with ribonuclease, appreciable decrease in the RNP content of the pellet was associated with loss of the fine granules but not of the membranous vesicles.

It should be pointed out that in the microsome fraction not all the vesicles are of the rough (granule containing) variety. Depending on the organ studied, smooth membranous material without associated RNP particles may be found as part of the microsome fraction. This may be correlated with the fact that the smooth variety of endoplasmic reticulum is seen by electron microscopy in thin sections of certain areas of most cells. In addition, other cytoplasmic structures (mitochondria or plasma membrane) may give rise to small bits of contaminating agranular membranes in the microsome fraction.

Currently the most exciting aspect of research with microsome fractions is concerned with protein synthesis. It is beyond the scope of the present work to review this field and the reader is instead referred to the works of Palade and Siekevitz,[39–42] Zamecnik and co-workers[38, 43–45] and the review of Loftfield.[46]

Two other widely occurring cytoplasmic organelles have been isolated and identified. The first of these are the smooth-surfaced membranes of the Golgi apparatus.[47] Separation of rough-surfaced components of the endoplasmic reticulum from the smooth-surfaced variety is difficult and may be expected to be incomplete in most tissues. However, this difficulty becomes less important in cell types such as the epididymis, where the Golgi membranes are the predominant vesicular component. The isolation of the epididymal Golgi apparatus reported by Kuff and co-workers[47, 48] depended on the use of a discontinuous density gradient. The Golgi fraction thus obtained consisted of smooth-surfaced membranous material as seen in the electron microscope, and contained much phospholipid, variable amounts of ribonucleic acid (RNA) and considerable amounts of phosphatase activity. In the second of their two isolation procedures, which depended on sedimentation upwards through a discontinuous sucrose gradient, Kuff and Dalton[48] appear to have achieved a better separation, and obtained a fraction poor in RNA with a high content of acid phosphatase.

The second class of particles, whose existence was first suggested by biochemical studies, has recently been subjected to morphological verification. De Duve *et al.*,[49, 50] reported that certain hydrolases exhibited a parallel distribution among liver cell fractions. These enzymes, ordinarily inactive, were actived at similar rates by a variety of treatments suggesting their release from a bound form in an organelle.

It was postulated that these enzymes (ribonuclease, desoxyribonuclease, cathepsins, acid phosphatase, and β-glucuronidase), were contained in soluble form, within a semipermeable membrane of a separate class of particles, called "lysosomes". Although separation of this class of particles was difficult, a partial separation was eventually obtained. Further evidence for the existence of a morphologically distinct class of particles in de Duve's "lysosome" fractions was presented by Novikoff[22, 51] who demonstrated a correlation of such hydrolase activity with the presence in the fractions of "dense bodies". These appeared similar in structure to the "peribiliary bodies" described by Palade[35] in liver. Similar bodies have now been described in a variety of organs studied with the electron microscope, and LaBella and Brown[52] and Straus[53, 54] succeeded in isolating these particles from the pituitary gland and kidney, respectively. Although Straus' work contained morphological controls at the light microscope level, attention should be drawn to the fact that the enzyme content of the kidney granules were similar to those isolated from the liver. However, in an excellent study Straus[55] indicated the relationship of these granules to phagocytic or pinocytotic activity of the tubular epithelium and as a result called them phagosomes. The natural history of these particles has not yet been fully worked out, but they are being studied actively in a number of laboratories.

In still another direction, correlation of structure with function in muscle has been greatly advanced with the use of the combined approach. Ashley, Porter, Philpott and Hass[56] were among the first to study the fine structural changes in isolated myofibrils attendant on contraction induced by adenosine triphosphate (ATP). Perry and Horne[23] and Hodge[57] also have examined isolated myofibrils in their respective studies on the identity of muscle ATP'ase and muscle fine structure. Later, Hanson and Huxley[58, 59] elegantly demonstrated the location of actin and myosin in the myofibril by studying the fine structural changes induced by removal of these proteins. This work resulted in what appears to be the most acceptable morphological model of the structure of muscle fibers in relaxed and contracted states, depending on the disposition of thick and thin elemental filaments.

C. Cytoplasmic Inclusions

Granule fractions of various cell types have been studied cytochemically and with the electron microscope. Siekevitz and Palade[36, 39–42] in a combined work on protein synthesis and the location of proteolytic enzymes in the pancreas, have made an excellent study of the isolated zymogen granules. Hokin[60] has also used the combined approach for the study of the zymogen fraction. These investigations clearly indicate a granule content of chymotrypsinogen, trypsinogen, procarboxypeptidase, lipase, and amylase. Studies of the hormone content of isolated anterior pituitary granules have been conducted by Herlant,[61] Brown and Hess[62] and LaBella and Brown.[63] Herlant attempted to separate the granule population on the basis of size, and correlated the granule size with tropic hormone content. He suggested the possibility of the separation of the larger "acidophile" granules, which contain the simple protein hormones, from the smaller "basophile" granules which contain the glycoprotein hormones.

Isolation, with both chemical and morphological characterization, of granules containing catechol amines, has been performed by Hagen, Barrnett, and Lee[64] and by Hagen and Barrnett.[65] In the former study, the granules of mastocytoma cells were isolated virtually free of other cytoplasmic constituents, and were shown to contain histamine, 5-hydroxytryptamine and heparin whereas the mitochondrial fraction contained little of these compounds but showed oxidative enzyme activity. In the latter investigation, the epinephrine- and norepinephrine-containing granules of the adrenal medulla of the ox and chicken were similarly studied. Hillarp[66] also conducted studies on the granules of the adrenal medulla.

Finally, glycogen particles have both been isolated from the liver and have been studied with the electron microscope in intact cells.[10] However, the isolated particles have been subjected to a combined approach only by Claude[67] and more recently by Revel and Napolitano in the glycogen body of the chick.[68]

In summary, the combined approach, using both cytochemistry and electron microscopy to reveal the relationship of structure to chemical composition and function has gained much impetus in recent years. The approach is a valuable one, yielding both quantitative and qualitative information. With its use, one can add the criterion of morphological purity to other criteria classically used by cytochemists to evaluate the homogeneity of a centrifuged cell fraction. In addition, it is the only means by which cell fractions may be related back to organized cell structures. The shortcomings of the approach reside principally in the fact that not every fraction can easily be isolated from every cell type in which its morphological counterpart exists, and in the production of a soluble supernatant which as yet cannot be related to structure.

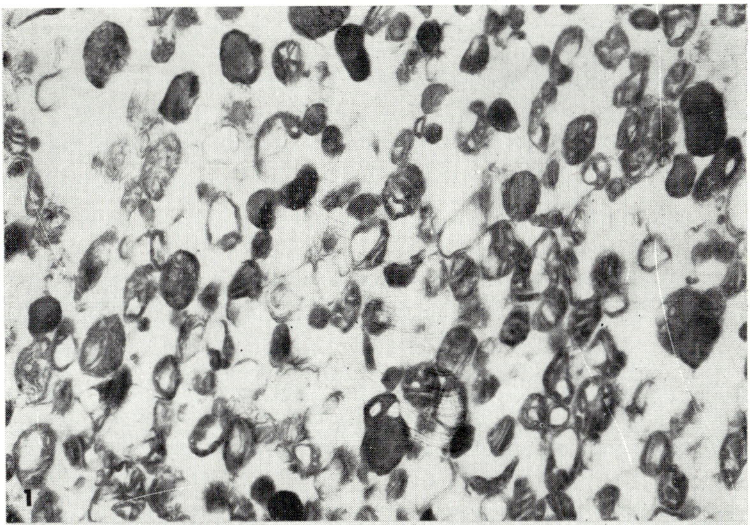

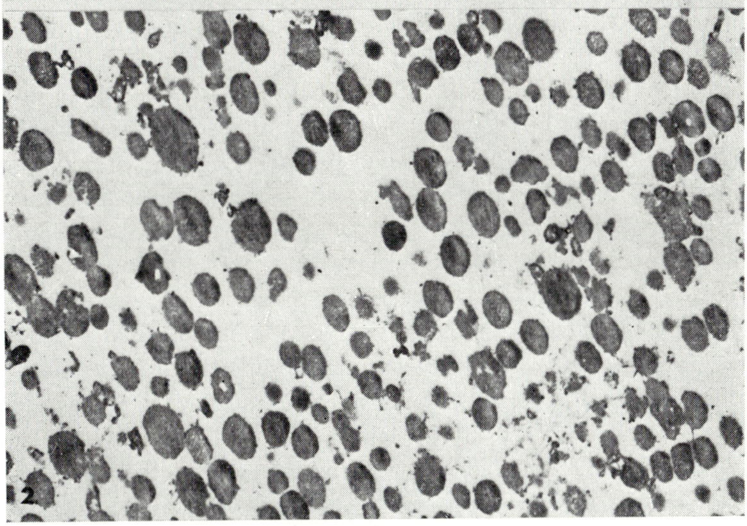

FROM THE WORK OF HAGEN, BARRNETT AND LEE[64] ON THE ISOLATION OF VARIOUS PARTICULATE FRACTIONS FROM MASTOCYTOMA CELLS.

FIG. 1. Example of an obviously mixed fraction obtained by centrifugation containing somewhat extracted and damaged mitochondria, short profiles of endoplasmic reticulum, and large dense granules. Biochemical analysis of this fraction would obviously give a mixed result as concerns catechol amines and mitochondrial enzyme activity. × 27,000.

FIG. 2. Micrograph of fraction containing mastocytoma granules but virtually no mitochondria or endoplasmic reticulum. Only when a fraction such as this was obtained by sucrose gradient centrifugation of the mixed fraction could it be determined that the granules contained the heparin, histamine, and 5-hydroxytryptamine of the original sample. × 12,000.

III. STAINING METHODS

As with light microscopy, one of the principal problems encountered in the preparation of biological specimens for the electron microscope is the attainment of sufficient contrast in the thin sectioned specimens to permit resolution of structural detail. The methods originally devised to solve this problem were in large part translations from the light microscope level, and, as such, were empirically based. The greater resolving power of the instrument, together with the fact that most of the "electron stains" possess some degree of selectivity for what they stain, permits the hope, however, that some of these empirical techniques may eventually become useful as histochemical methods. Some of these methods are well suited for the purpose for which they were designed, and as such will undoubtedly continue to be widely used.

Since the early studies of Mudd *et al.*,[69] the value of heavy-metal-containing reagents in producing increases in electron opacity has been widely appreciated. These workers reported that treatment of bacteria with solutions of silver nitrate, mercuric chloride or lead acetate resulted in increased electron opacity of the inner protoplasm of dried specimens. Phosphotungstic acid (PTA) was found to react with a number of fibrillar components of the cytoplasm and was used to demonstrate fine structural detail in clam muscle fibers,[70] collagen,[71] epidermal tonofibrils[72] and the details of elemental filaments of striated muscle.[73, 74] Compounds containing silver have found wide application in electron microscopy. Wasserman,[75] studying fibrillogenesis in the chick embryo, found that fibril blackening with the Bielchowsky technique was due to impregnation of the microfibrillar components of the fibrils. A somewhat analogus study on the mechanism of the Golgi stains in light microscopy was carried out by Lacy,[76] who found that Aoyama's technique produced silver deposits around "closely apposed vacuoles" in the region of Golgi membranes. Churg[77] found that impregnation of formalin-fixed tissues with silver methenamine after periodic acid oxidation produced "staining" of basement membranes, collagen, and chromatin. This technique is related to attempts to adapt the Feulgen reaction for electron microscopic use referred to later.

Two studies on the blood-brain barrier may be very loosely classified under the heading of "silver staining" for electron microscopy. Dempsey and Wislocki,[78] Van Breeman and Clemente[79] first studied silver deposition in the basement membrane of blood vessels in the rat brain in argyria induced by feeding dilute silver nitrate solutions.

A number of studies in recent years have sought to extend the range of electron stains available and to clarify the physical and chemical bases for their usefulness. The most extensive series of such studies have been those of Bahr and co-workers.[80–83] Such experiments necessarily relate to theoretical considerations of image formation and of the production of contrast in the electron microscope image. Theoretical studies have dealt with the influence of atomic number[84, 86, 87] and density in the specimen,[87, 88] section thickness,[85, 88, 89] aperture size[84, 88] and accelerating voltage[83, 84, 86] as well as the effect of the electron beam on the specimen.[89–97] It is not yet known what conditions are necessary for a single molecule, provided by a stoichiometric reaction of a reagent with a tissue component, to be visible in the electron microscope image. An answer to this question is particularly important to the development of specific histochemical techniques for electron microscopy. Although Ornstein has seriously questioned the promise of such reactions as a means of increasing contrast,[89] Nelson has reported increases in contrast resulting from two such reactions on frozen-dried material. These will be referred to later.

Lamb *et al.*,[94] determined by density measurements of dried bull sperm that incorporation of a heavy metal (silver, chromium or lead) into an organic stain was necessary for detectable increases in contrast. The same conclusion was reached by Swift and Rasch,[95] who reported that many selective staining methods used in light microscopy were also useful in electron microscopy, provided that the techniques involved the use of metallic compounds. However, as will be shown in the section on histochemistry, non-metal-containing organic final products can be visualized and differentiated from tissue structures.

Note should be made at this point of the experiments of Gersh and his co-workers on the use of a wide variety of metallic and organic stains on frozen-dried tissues.[88, 96–100] These works have been criticized from the point of view that the use of frozen-dried material in electron microscopy does not reveal the details of fine structure as electron microscopists now accept them. However, there is nevertheless considerable value in this approach, for it allows, considerable experimentation as to mechanisms of staining and image contrast. This point of view is summarized in papers by Gersh.[101, 102]

We would finally like to refer to the recent and excellent work of Watson[93, 103] who, to fit the need of increasing contrast in thin sections of biological material without removal of the embedding medium, devised several stains, the most successful of which involved the use of uranyl salts and lead hydroxide, as well as molybdate and phosphotungstic acids. These methods not only lend the desired contrast to thin sections, but improve the aesthetics of already aesthetically acceptable electron micro-

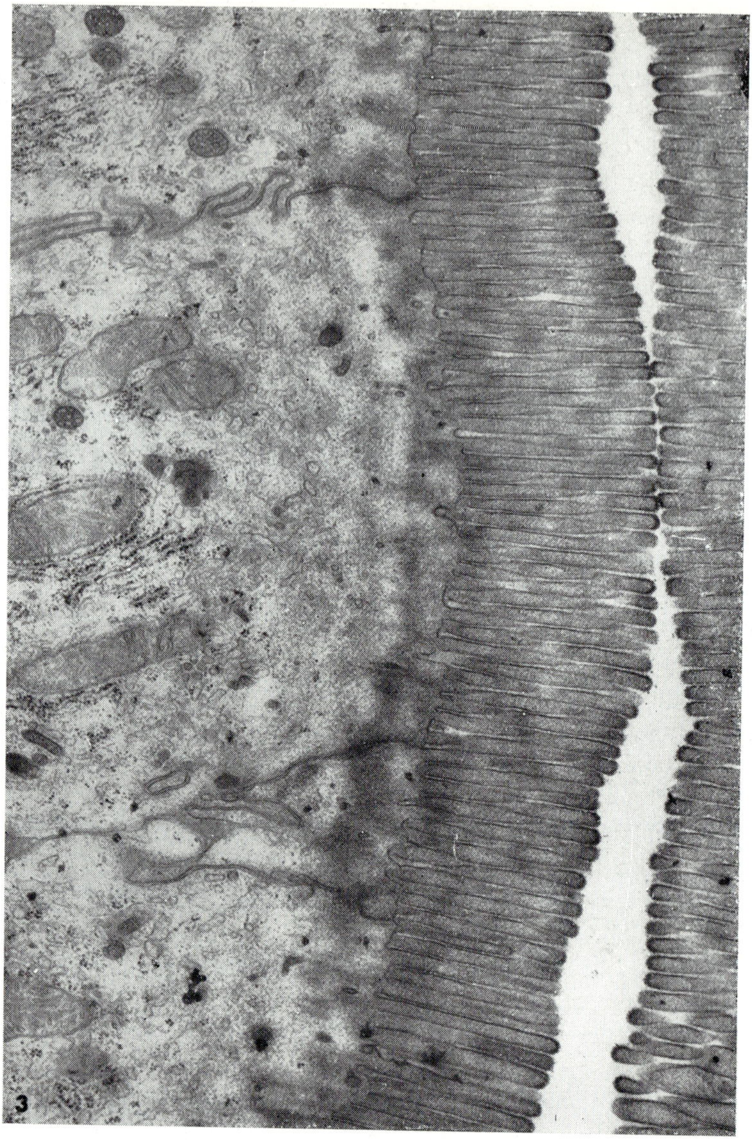

EXAMPLES OF SELECTIVE STAINING OF THIN-SECTIONED MATERIAL FOR ELECTRON MICROSCOPY PROVIDED BY DR. M. L. WATSON. THIS WORK WAS DONE IN PART UNDER CONTRACT WITH THE UNITED STATES ATOMIC ENERGY COMMISSION AND IN PART BY FUNDS PROVIDED BY A GRANT CY-3589 FROM THE NATIONAL INSTITUTES OF HEALTH.

FIG. 3. Brush border of rat intestine fixed with osmium tetroxide and embedded in butyl methacrylate. Section floated for 30 minutes on a lead hydroxide solution and sandwiched with formavar. All structures in osmium-fixed material appear to be strongly "stained" by lead hydroxide. Particularly intensely stained, however, are ribonucleoprotein particles seen at various points near the bottom of the micrograph and what is presumably glycogen (not present in this micrograph.) × 37,000.

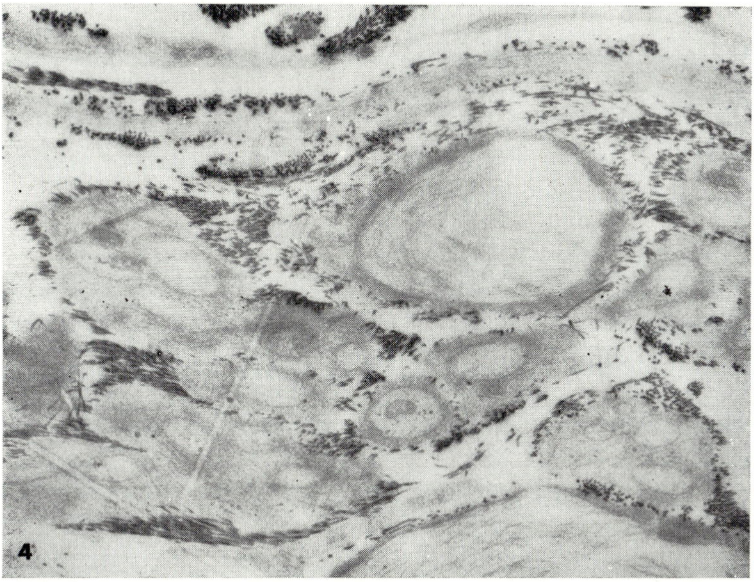

FIG. 4. Rat tongue fixed with osmium tetroxide and embedded in butyl methacrylate. Section floated for 7 minutes on a 1 per cent phosphotungstic acid solution containing 15 per cent ethyl alcohol. Phosphotungstic acid stains little in section of osmium-fixed material except collagen. Collagen fibers surrounding these small nerves in the tongue stand out clearly. With some loss in fine detail, longer periods of staining will result in much more intense darkening of the collagen. × 23,000.

graphs. There is some degree of selectivity of these stains; for example, in the liver lead hydroxide stains the RNP particles associated with the endoplasmic reticulum, and, as will be indicated later, the glycogen particles. The importance of such methods may be indicated by the large number of papers at a recent International Congress of Anatomy in New York which used Watson's methods or slight modifications of them.

IV. APPLICATIONS OF HISTOCHEMISTRY TO ELECTRON MICROSCOPY

A. General Remarks

The combination of histochemistry and electron microscopy, though only in its early stages, has created wide interest. The idea of combining the two approaches that might provide an integrating avenue in cytology is, however, only a special case of a more general point of view of the relationship of structure to function, and it is from this point of view that the more fundamental questions arise. Rather than being a Rosetta stone from which the intricacies of cell function may be unravelled, this combination of techniques may emerge as a Pandora's box for the unwary, but eager, cytologist. No histochemical method has been described which also has not been questioned as to usefulness, specificity, or accuracy of localization. Why then magnify a potential artifact many thousand times?

Our answer to this question must be a statement of both fact and faith. The critical evaluation and subsequent improvement of the methods and results in histochemistry have in themselves made the field more cytochemical both in operation and in perspective. We believe that this trend will continue and ultimately lead to the use of histochemical technique at the most cytological levels with the electron microscope. Therefore, the words histochemistry and cytochemistry are almost synonymous and can be interchanged without reference to technique.

In the combination of histochemistry and electron microscopy several compromises must be made in the rather strict and separate requirements of each of the individual fields. The most stringent requirement of electron microscopy concerns the adequate preservation of fine structural detail by fixation. Only a few fixatives give adequate results; osmium tetroxide,[104] potassium permanganate,[91] salts of chromic acid,[105, 106] and formalin.[107] Only the latter fixative, which is not too useful from a cytological point of view, reflects the original distribution of density in cells, since it contains no metals and its mass may be considered negligible. The other fixatives, of which osmium tetroxide is the best, retain to a greater extent the particulate and membranous differentiation of the cytoplasm. Contrarywise, the morphological requirements of histochemistry, exemplified by the frequent use of frozen sections or of alcohol or acetone-fixed sections have not been as stringent as those of electron microscopy, because its needs consisted primarily of retention of chemical activity. The compromise made in this circumstance is in favor of electron microscopy, and most workers have used fixation in osmium tetroxide before or after the histochemical reaction. This type of fixation places limits on the histochemistry performed, but in general is a wise procedure, since it allows the end-products of histochemical reactions to be related to fine structure as it is now recognized by electron microscopists. This matter of fixation will be dealt with in more detail below.

A second, rigid requirement of electron microscopy is that sections to be studied in the electron microscope be extremely thin (200–400 Å). The need for thin sections imposes severe limitations on the type of embedding medium which may be used. An additional result of this technical requirement is that interpretation of fine structure is virtually reduced to two dimensions.

Since there is so little material in a section, careful sampling of the tissue becomes of paramount importance if reliable conclusions are to be reached. This implies a time factor not widely recognized by those not actively working in the field; for, it takes several weeks to sample with the electron microscope the material which could be surveyed in ordinary histochemistry in the fraction of a day's work.

Despite this divergence in technical approach, the techniques of histochemistry and electron microscopy are each rooted in morphology. This common ground alone permits the compromise between the two disciplines to be made. In the following section, a brief technical review is presented with special reference to enzyme histochemistry. Non-enzymatic constituents of tissue will be taken up in a succeeding portion.

B. Preparation of Tissues

A surprisingly wide variety of techniques has been used in preparing tissues for application of histochemical methods to electron microscopy. Histochemical experiments may be performed supravitally as *in vitro* incubations on small blocks of fresh tissue[108–110] or as intravital incubations in a hollow viscus in the living animal.[109] The latter experiments are particularly adequate from a morphological point of view, for the tissues remain well-nourished and oxygenated during the experiments. It is not surprising, therefore, that large variations in pH and the presence of toxic compounds in the incubating medium do not drastically affect the morphology of the cells. Under the above circumstances intact cells may select against certain substrates or reagents, but thus far we have not encountered serious problems in permeability. For many reactions, addition of one drop of a wetting agent appears to increase the rate of penetration. As might be expected, in supravital experiments with fresh tissue there is a reaction gradient in the block which appears as an over-reacted periphery, a satisfactorily reacted intermediate zone, and as an under-reacted interior. Freezing (−40°C) and thawing the tissue, as in experiments to uncouple endogenous dehydrogenase activity, does not introduce serious morphological artifacts.[108] Only the cells at the extreme periphery of supravital incubated blocks show serious disruption of their morphological detail.

The use of fresh tissue brings up a problem not ordinarily encountered in routine histochemistry; that is, the choice of tissue. One is sometimes faced, depending on the type and duration of the incubation, with the problem that some tissues (e.g. liver, retina) do not stand up at all well under such treatment. Other tissues, especially muscle, are hardier and will withstand moderately drastic treatment without radical change in fine structure.[108, 111] Small blocks of tissue may be fixed prior to incubation. This, of course, only applies to those groups or enzymes in tissue (some of the hardier hydrolases) that are not seriously affected by the fixation. Formalin may be used as a pre-incubation fixative,[112–114] but since the morphology of formalin-fixed tissues is not particularly adequate for electron microscopy, post-incubation fixation in osmium tetroxide is usually required. Brief pre-incubation fixation in osmium tetroxide (varying from $1\frac{1}{2}$ to 8 minutes according to various autors[109, 115, 116]) may be used in the case of certain rugged enzymes. Post-incubation fixation in osmium tetroxide has not always been used,[116] but wherever feasible, it should be done to preserve morphology.

The use of fixed tissues in this manner presents several favorable and several unfavorable items. While it is true that fixation can be used to preserve the morphological integrity of the tissue, this is not true of all fixatives and all circumstances of use. In addition, the rate of penetration of various substrates and reagents into fixed tissue blocks is much slower than in unfixed tissue. Furthermore, in fixed tissue blocks, one has to find an area of adequate morphological preservations which corresponds to an area of adequate enzyme activity and deposition of final product. In osmium-fixed blocks, there is generally an overfixed periphery that is unreactive enzymatically, a moderately well-fixed and reactive intermediate zone, and an underfixed and reactive central area.[116] It should be noted at this point that osmium tetroxide is a very slow penetrant and that the centers of the blocks of pre-incubation-fixed tissues tend to be fixed by alcohol during the process of dehydration.[117] However, one of the virtues of preincubation fixation is to decrease enzymatic activity. If the rate of production of a product by enzyme activity exceeds the rate at which the reagent can diffuse to the reaction site, then false localization of final product can occur.[118]

There are special problems associated with the preparation of tissues for the histochemical demonstration of non-enzymatic constituents with the electron microscope. These in part are reviewed by Swift and Rasch[95] and by Gersh.[102] In these instances, as with enzyme histochemistry, a variety of approaches may be used. Reactions may be attempted on unfixed tissue. However, since the reactions for non-enzymatic tissue constituents usually are long and severe in comparison to those in enzyme histochemistry, fixation prior to reaction may be necessary. For the demonstration of groups in protein, osmium tetroxide is of no use, because it is markedly destructive of them.[117] In such cases, it may be preferable to fix in cold formol-sucrose thereby allowing much of the contrast to be provided by the reagent at the sites of reaction. Methodology of this variety, although lacking in aesthetic qualities, would be especially good for reactions in which the reagent is linked specifically to the protein groups demonstrated.

Freezing and drying has been advocated, largely by Gersh and his co-workers[97–101] as a means of preparing tissues for histochemical techniques to electron microscopy. The reader will recall that in this technique tissues are rapidly frozen by immersion in a hydrocarbon at about −175°C, and then dried *in vacuo*. The advantages of this method are that it permits rapid cessation of enzyme activity within the cells, and that a variety of enzymes remain active following such treatment. As we have noted, however, the morphology of tissues treated in this way is not generally accepted by electron microscopists. Those who advocate the method state that the consistency of the results obtained mediates for its acceptance. The question of whether or not morphology after freeze-drying closely resembles *in vivo* state is largely, on this basis, irrelevant to some cytochemists.[101] It is curious to note, in this regard, that Sjöstrand, who has also used freeze-drying techniques with electron microscopy for morphologic studies, has been able to retain the fine structural elements in a satisfactory state.[119] One of the causes of poor preservation of structure in the experiments of the Chicago school may be their treatment of tissue in 95 per cent alcohol after drying.[97, 100]

A related technique, "freeze-substitution" has been described from several laboratories[120–122] as giving excellent morphological preservation of tissue structure. In this technique, tissues are rapidly frozen at approximately −170°C and undergo a substitution reaction at −70°C with a solution of absolute organic solvent containing a fixative. Fernandez-Moran, using a modified freeze-substitution technique in which tissues were initially frozen at 1–2°K, has described good morphological results.[122] We have used this technique for the preservation and demonstration of a number of hydrolases with satisfactory results and feel that the combination of adequate morphology coupled with retention of enzyme activity makes this method a promising one for use in applying histochemical reactions to electron microscopy.

C. Conditions of Incubation

Conditions of incubation must be obtained in enzyme histochemical experiments for the rapid and accurate deposition of final products. No hard and fast rules can be stated, for the requisite conditions vary depending on the histochemical method used and the tissue investigated. However, it goes without saying that the method used must produce cytological results, with a minimum of destruction of tissue fine structure. Marked variation from physiological levels in the pH of the incubating media, especially acid pH's, causes marked destruction of tissue fine structure. So do incubating media that are hypotonic. Therefore, it is a wise procedure to raise the overall osmolar concentration of the incubating medium to at least 0·44 M by the addition of sucrose[108] or PVP.[20] The duration of incubation also is a factor that militates against the preservation of fine structure. Thus one finds, in many histochemical tests, that a compromise will be made concerning the pH and duration of incubation used in order to adequately demonstrate histochemical sites and still preserve structural elements.

Some modifications of the conditions of incubation may be made to improve cytological localization of end products when small tissue blocks are used. In enzyme histochemistry, unless special and curious circumstances intervene, we have successfully taken the tack that the rate of formation of products of enzymatic activity must never exceed the rate at which the reagent can diffuse into the reaction site. This may be accomplished by decreasing the substrate concentration, reducing enzyme activity by fixation, inhibitors, or cold, or by increasing the concentration of reagent. Frequently, the latter step alone is sufficient to improve localization, since many reagents are somewhat inhibitory to enzyme activity. As a rule, all methods used in electron microscopy must be tested first at the light microscope level, and it is indeed surprising how well the results may correlate between the light and the electron microscope. The temperature of the incubation procedure, though another variable, is not a critical one, and we have used a range of temperatures from 1–35°C. At the colder temperatures, the incubation takes longer, but tissue structure does not suffer as much during a prolonged incubation in the cold.

Early workers in the applications of histochemistry to electron microscopy all used reactions in which the final product contained a heavy metal.[115, 108] It is now clear, however, from a variety of experiments, that this is not an absolute necessity. As will be indicated in a later section, high-molecular-weight, insoluble, non-metallic organic compounds may be visualized in tissue sections with the electron microscope and differentiated from tissue constituents.[123, 108] This being the case, some of the progress to be made in this area will be concerned with the synthesis of new and appropriate reagents, as indicated by Seligman,[124] such as diazotates, so that the histochemistry of naphtholic reagents and substrates can be used with electron microscopy. A good start in this direction has already been made by Ornstein and his co-workers.[123, 125, 126] At present, however, our experience indicates a preference for metal-containing end products of reactions for reasons of contrast. It is obvious that end-products of of enzymatic reactions, besides being insoluble in the incubating media, should be rapidly formed, substantive to protein at the reaction site, and insoluble in media used for post-incubation fixation, dehydration and embedding.

D. Embedding, Sectioning, and Mounting

The methods and materials used for these processes are essentially the same as used in electron microscopy. Dehydration is usually performed in increasing concentrations of alcohol or acetone; embedding occurs in unpolymerized plastics, such as methacrylates or epoxy resins, and mounting of sections is done on copper grids coated with a carbon film. One point in this area holds promise for the future, and that is the development of histochemical techniques which may be applied to thin sections in the same way that some of the present selective staining methods are used. We have explored this matter in preliminary investigations of the demonstration of groups in protein with positive initial results. Theoretically, an embedding medium may be found, such as the water-soluble epoxy resin. Aquon,[127] which will not be destructive of enzyme activity which then might be demonstrated in thin sections of briefly prefixed and embedded blocks. Even gelatin[128] presumably could be used as the embedding medium for such circumstances.

E. Non-enzymatic Constituents

The demonstration of nucleoproteins with the electron microscope has received wide attention in the past few years. Most of these methods have used either heavy metals or have applied some of the conventional histochemical techniques used with light microscopy. Bretschneider[129] used a modification of the Feulgen reaction, replacing Schiff reagent with silver salts for the demonstration of desoxyribonucleic acid (DNA). A slight modification of this method was used by van Winkle *et al.*[130] Bradfield used another modification of the Feulgen reaction, with ammoniacal silver, to demonstrate DNA in bacterial nuclei.[131, 132] Moses approached the problem in a quite different way, studying the chromosomes of the crayfish spermatocyte.[133] Instead of applying methods for DNA to thin sections, Moses carefully compared adjacent thick and thin methacrylate sections, the former stained with the Feulgen method, and the latter observed unstained with the electron microscope. Such comparisons allowed him to verify the presence of chromosomal bodies in electron micrographs.

Gallocyanin chrome-alum has been used by Finck[97] and Swift and Rasch[95] to demonstrate basophilic material (ribonucleoprotein). Bahr[134] proposed gallocyanin indiumalum for the purpose to increase the electron density of the stain. Azur II was used and discarded in preference to gallocyanin or the Feulgen reaction on frozen-dried preparations.[97] Metallic salts have been found to increase the density of nucleoprotein particles. Bernstein[135] used ferric chloride to stain the DNA core of T2 phage of *E. coli*. Watson[93, 103] demonstrated staining of either or both nuclear and cytoplasmic particles by lead hydroxide, uranyl nitrate, or ammonium molybdate. Swift and Rasch[95] also noted that both collagenous materials and nucleic acid particles increased in electron opacity after treatment of sections with ferric chloride, iron alum, or uranyl nitrate. In most of these investigations, control studies, mainly with the nucleases, were carried out. It should be pointed out in this regard that Gay[136] used desoxyribonuclease on fixed salivary gland nuclei and compared treated thin sections with untreated ones for reduction of electron opacity. In dealing with tissue sections, with the exception of the work of Moses and of Watson, most of the methods enumerated fall short of the optimum accepted in electron microscopy but this is viewed as only a temporary situation.

Other workers have attempted to demonstrate specific reactive groups in protein, notably sulfhydryl (SH) and disulfide (S—S) groups. Bahr[137] proposed methyl-mercury chloride as a "specific" reagent for—SH groups. Sikorsky and Simpson[138] suggest a reaction, originally proposed by Mann at the turn of the century, with sodium plumbite at a high alkaline pH. Barrnett *et al.*[139] synthesized and tested a naphtholic mercaptide-forming agent which could couple with diazonium salts to form an azo dye at the sites of protein-bound —SH and reduced S—S groups. Afzelius[140] used several mercaptide-forming agents in his studies on the sulfhydryl of the cortical granules of sea urchin eggs and Nelson[141] performed studies on frozen-dried material. In the latter study, N-ethyl maleimide was used as one of the reagents, but it is difficult to understand how a molecule of such small size and low molecular weight could provide sufficient density in a 1 to 1 reaction with sulfhydryl. Each of these studies can only be taken as an initial attempt to develop a methodology for groups in proteins. They suffer from lack of specificity, provided by mercaptide-forming agents, and from lack of the preservation of morphological structure at the electron microscope level, but they do indicate that sufficient density may be developed at the sites of groups in protein to make localization of these groups in protein ultimately possible.

Both sulfhydryl and disulfide groups are oxidized by osmium tetroxide during routine fixation to give either cysteic or sulfonic acids[117] but the reaction sites cannot be differentiated from other reaction sites of the fixative in protein. It should also be pointed out here that other reducing compounds, such as the catechol amines, react avidly with osmium tetroxide

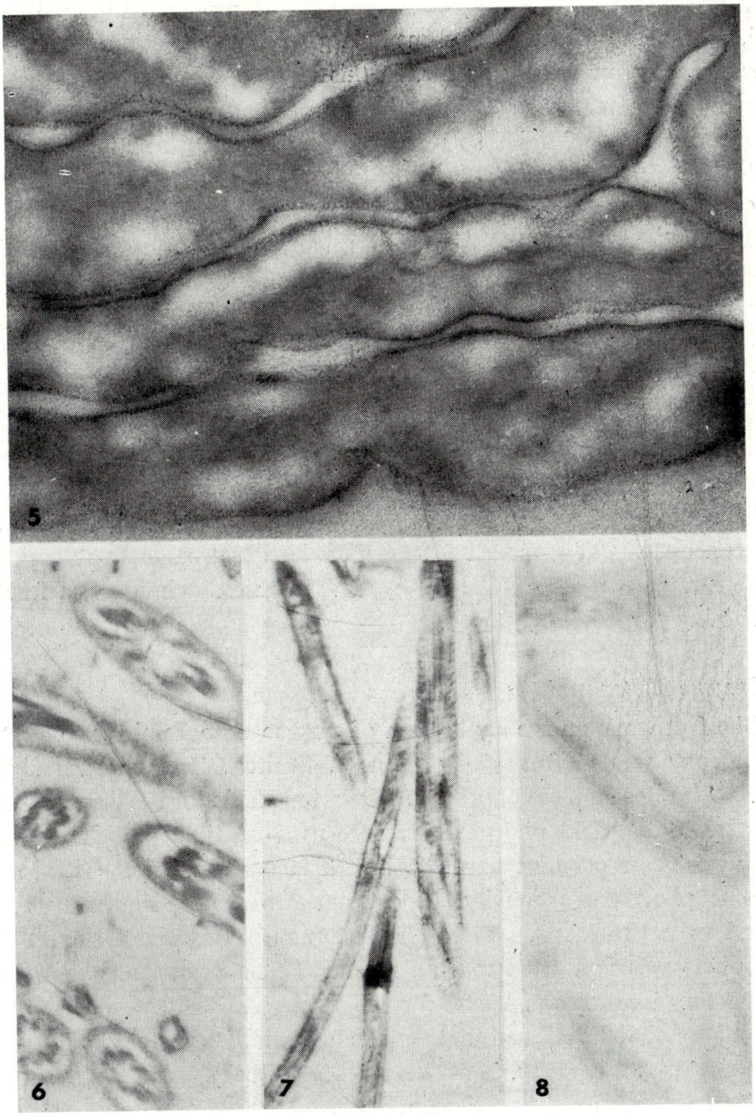

EXAMPLES OF THE DEMONSTRATION OF SULPHYDRYL GROUPS OF PROTEIN.

FIG. 5. Micrograph taken from the work of Barrnett, Palade, Goldstein and Seligman.[139] Micrograph from a formalin-fixed thin section of the root sheath of rat hair incubated with a naphthol-containing, mercaptide-forming agent. The periphery of each of the squamous cells is outlined by dense deposits approximately 35 Å in diameter. × 40,000.

FIGS. 6, 7, 8. Studies of Dr. Leonard Nelson on the sulphydryl groups of rat spermatozoa performed in the laboratory of Dr. I. Gersh.

FIG. 6. Sections of rat sperm tail. Frozen-dried, then treated with 0·0025 M N-ethyl maleimide. Filaments and outer helical coil are denser than in control (untreated) specimen (see Fig. 8). × 11,000.

FIG. 7. Sections of rat sperm tail. Frozen-dried, then treated with 0·001 M p-chloromercuribenzoic acid in 0·002 N NaOH. Same findings as in Fig. 6, and in addition, increased density in the matrix of the sperm tail and in the intercellular substance (solid residue of epididymal fluid). × 11,000.

FIG. 8. The electron micrographs tested for —SH groups should be comparedwith the contr ol untreated specimens with their reduced contrast. × 11,000.

and, in the case of the adrenal medulla granules, a reaction lending considerable electron density occurs. In this regard, it is almost unnecessary to remind the reader of the reaction of osmium tetroxide with the unsaturated groups of lipids so widely described in electron microscopy of biological specimens.

Glycogen, described in osmium-fixed specimens as amorphous aggregates of small (130–140 Å) particles, has also been subjected to histochemical studies with the electron microscope. Bondareff[100] working with frozen-dried rat liver, stained glycogen *in situ* with the periodic-acid leucofuchsin method. Swift and Rasch[95] found that glycogen was among those materials "stained" by both phosphotungstic and phosphomolydic acids. Similarly, Watson[93] described the staining of glycogen in liver sections by lead hydroxide after osmium fixation. The latter method has recently been subjected to verification by Revel and Napolitano[68] who, working with the glycogen body of the chick embryo, both confirmed the increased electron opacity of glycogen *in situ* after lead hydroxide treatment, and demonstrated this after isolating, by centrifugation techniques, a fraction containing particulate glycogen.

F. Enzyme Histochemistry

The first work on the application of enzyme histochemistry to electron microscopy was performed by Brandes, Shelton, Zetterquist, and Elston.[115, 142, 143] In these papers the Gomori methods for the demonstration of alkaline and acid phosphatases were used on tissue which had been fixed briefly in osmium tetroxide before incubation. In the studies on alkaline phosphatase activity the calcium phosphate complex was converted to a silver salt, and in the acid phosphatase experiments, lead phosphate was converted to lead sulfide. These experiments resulted in satisfactory localization, except for some acid phosphatase activity at the brush border, and indicated that enzyme histochemistry could be combined with electron microscopy. However, in these early experiments, a two-step reaction was used for the production of the final product. Wherever possible, this should be performed as a single reaction, since addition of a second reaction greatly increases the hazard of migration of the final product and hence false localization of enzyme activity. An interesting finding in the work of these authors clearly localized acid phosphatase activity to round, dense bodies located in the region of the Golgi apparatus.

After a brief study of some of the problems in localizing enzymes at the electron microscope level, in which the authors determined the retention of activity of various hydrolases after brief osmium tetroxide fixation, Novikoff *et al.*[144] reported the use of tissues prefixed in formalin with osmium fixation after incubation. The activity of adenosine triphosphatase and 5-nucleotidase was studied in the liver[116] and the former enzyme also in the kidney.[112] The liver studies included the use of tissue blocks

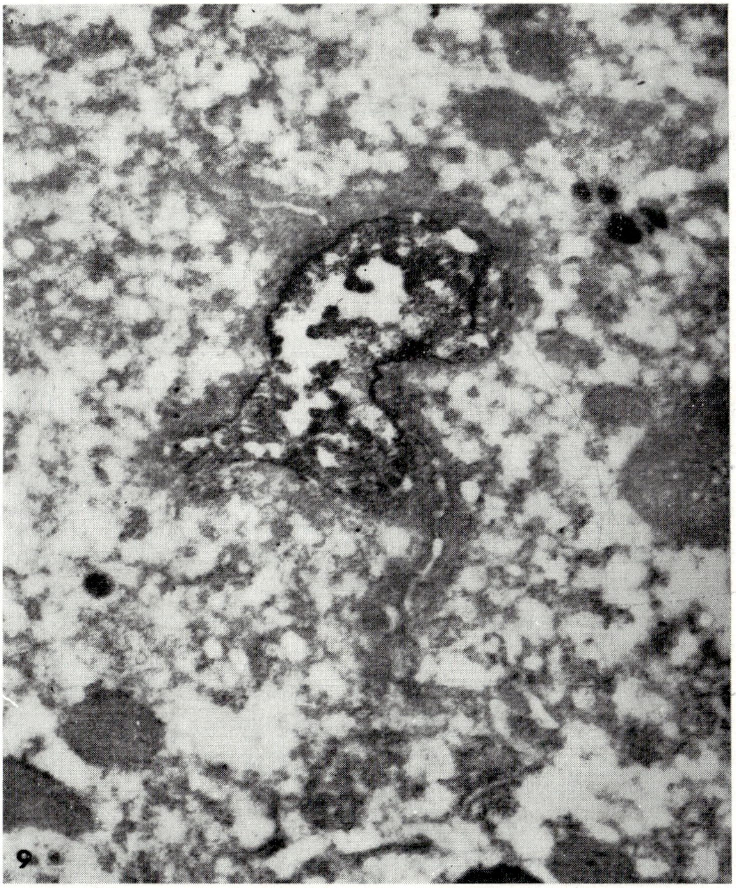

FIG. 9. Example of the work of Essner, Novikoff and Masek. [116] Micrograph of rat liver, briefly fixed in osmium tetroxide, then incubated in the Wachstein-Meisel medium for the demonstration of ATP'ase. Deposits in the plasma membrane and at the tips of several microvilli are apparent. The plasma membrane outside of the canaliculus shows no deposit of reaction product. × 44,000.

briefly fixed in osmium tetroxide, and indicated that ATP'ase activity was localized within the bile canaliculus and on the plasma membrane making up the wall of the bile canaliculus. Localization of 5-nucleotidase activity was in similar areas as the ATP'ase, and in addition, on the microvilli at the surface of hepatic cells and in the space of Disse. Localization in these experiments was fairly discrete, but the preservation of tissue fine structure in the liver was seriously affected by the incubation procedure. In the study on the kidney, ATP'ase activity, in formol-calcium-fixed material, was restricted to the plasma membranes at the lateral cell borders of a variety of cell types. These studies which used specific substrates, did not necessarily prove that a specific enzyme had effected the hydrolysis of the substrate, although a good theoretical case for the function of ATP'ase in cell membranes was presented.

Finally, in a paper on experimental hydronephrosis, Novikoff[114] indicated that although obtaining a rather diffuse reaction, he was able to demonstrate acid phosphatase activity in lysosome-like bodies of the proximal convoluted tubular cells. He used a Gomori-type of reaction for demonstration of this hydrolase, giving an indication at the histochemical level similar to that obtained quantitatively by deDuve and his co-workers.[49] More recently, Essner and Novikoff,[145] using the same technique, have demonstrated acid phosphatase activity in the peribiliary bodies (lysosomes) of liver cells.

In recent experiments, we have attempted to localize sites of myosin ATP'ase activity of skeletal muscle.[146] In briefly blendorized fresh rat muscle, a reaction localized in the sarcomeres could be obtained only at broken fiber ends or near conspicuous tears of the sarcolemma, and for this reason, most of the experiments were carried out on isolated myofibrils. Myofibril preparations were found to retain considerable enzyme activity, which was localized at regular sites on the elemental filaments in the A-bands. This enzyme activity had a pH optimum at 6·3, was strongly activated by Ca. The reagent (Pb) concentration in the medium was found to be a critical factor in determining both the enzyme activity and the fineness of localization obtained. Activity could be abolished by p-chloromercuribenzoic acid, N-ethyl maleimide, or simply by prolonged preincubation in lead without added ATP. The enzyme exhibited activity only with organic triphosphate esters (ATP, ITP) and not with other organic phosphate esters tested.

Barrnett[147] using thiolacetic acid, which Wilson[148] had shown to be hydrolyzed by acetylcholinesterase, in the presence of lead, was able to demonstrate activity of the enzyme at the endplates of diaphragmatic muscle. These experiments, although only published in abstract, provided valuable experience in the study of concentrated high enzymatic activity. Adequate localization of final product could only occur in instances when the enzyme activity was partially inhibited by prefixation in formalin or osmium tetroxide, and incubation was performed in the cold in the presence

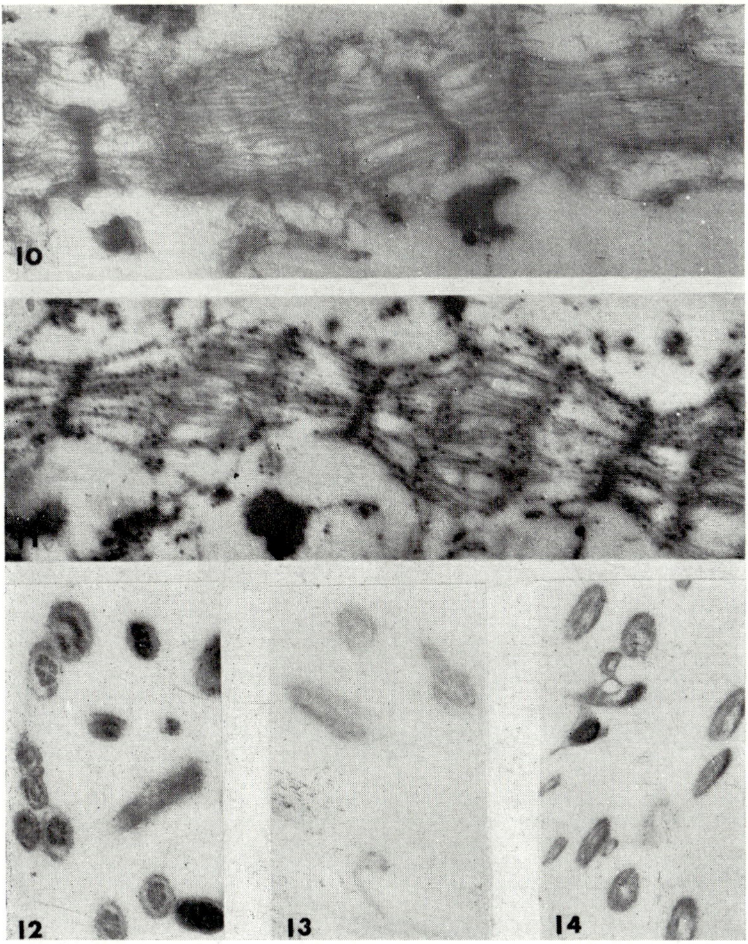

FIGS. 10 and 11. From the work of Tice and Barrnett [146] on the demonstration of ATP'ase activity in isolated myofibrils.

FIG. 10. Represents a section of a myofibril incubated 10 minutes in a solution containing lead, activating ions, but no ATP. No deposits of final product are present in the myofibril, which is surprisingly well-maintained, considering the isolation procedure. In comparison, when the myofibrils are incubated in the above ingredients as well as ATP, minute deposits of lead phosphate are found distributed along the elemental filaments of the myofibril (Fig. 11). In these extracted and contracted specimens it is very difficult to localize deposits in relation to the banding of muscle. × 60,000.

FIGS. 12–14. From the work of Dr. Leonard Nelson [151] from the laboratory of Dr. I. Gersh.

FIG. 12. Transverse sections of rat epididymal sperm. Frozen-dried, then incubated in pH 9 buffer containing ATP, $CaCl_2$ and cysteine, 5 minutes at room temperature. The nine outer filaments are denser than in the control specimens. × 11,000.

FIG. 13. Control frozen-dried preparations, incubated in saturated solution of calcium phosphate to establish that there is no non-specific absorption of calcium phosphate. × 11,000.

FIG. 14. Incubated as in Fig. 12 but without $CaCl_2$ for 10 minutes. × 11,000.

of excess reagent, or in the presence of enough eserine to partially inhibit the enzyme. Studies of a similar nature have recently been briefly reported by Zacks.[149]

During these studies, a curious deposition of final product was noted in the elemental filaments of myofibrils at the level of the M-band. Barrnett

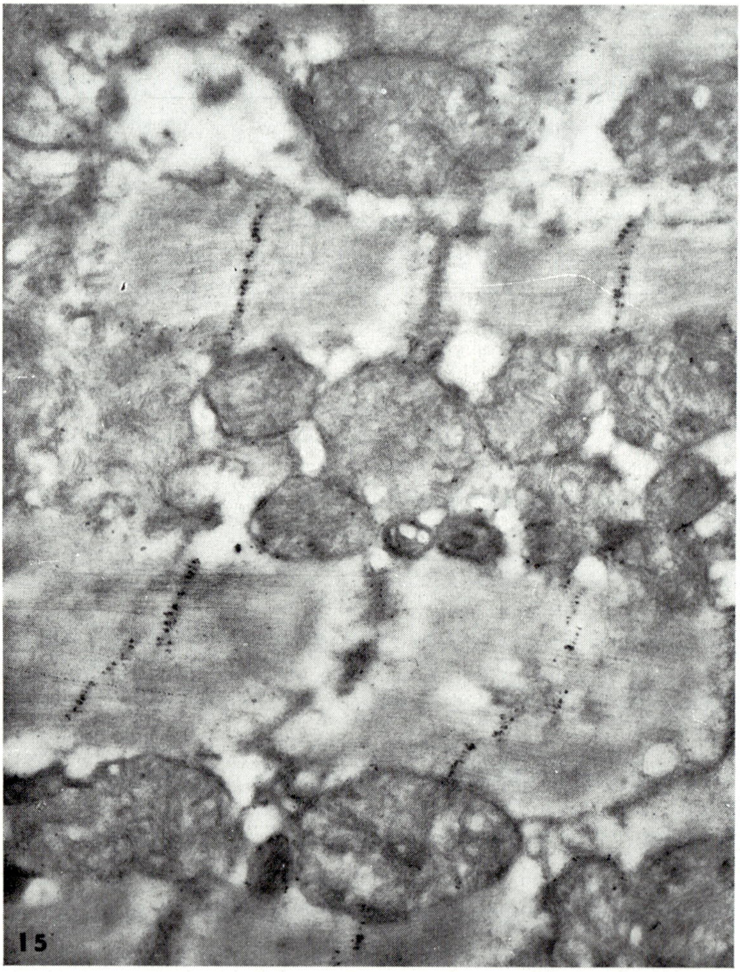

FIG. 15. From the work of Drs. Barrnett and Palade [110] demonstrating the sites of the M-band enzyme. Briefly blendorized heart muscle was incubated with thiolacetic acid and lead for 8 minutes. Micrograph shows the deposition of final product, lead sulfide, at the M-band of most of the myofilaments. Fewer and less dense deposits occur at the Z-band on some profiles of sarcoplasmic reticulum and in mitochondria. × 63,000.

and Palade[110] studied this reaction, first in the aneural parts of the diaphragm, and then in cardiac muscle to avoid possible diffusion of the enzyme or the final product from sites of high activity. In their study, in which excellent localization of final product was obtained, it was suggested that the reaction was enzymatic, and that the "M-band enzyme" had properties similar to a cholinesterase that could possibly be equated with the myosin cholinesterase previously described in the biochemical literature.[150] Since thiolacetic acid may be hydrolyzed by other enzymes, including esterases, it was not surprising that they found activity in the mitochondria and lysosomes present in muscle and other tissues as well as in the endoplasmic reticulum of some other tissues.

In a recent and as yet not fully published series of works Ornstein and his co-workers[123, 125, 126] have succeeded in utilizing azo dye histochemistry with electron microscopy. Their work was based upon finding a large organic amine which could be diazotized and which, when coupled with a naphthol, would produce an azo dye insoluble in the media used for incubation, dehydration, and embedding.

This diazonium salt was produced from basic fuchsin as described by Davis.[125] Although it was indicated in abstracts that this method has been used for the demonstration of esterase and phosphatase activity,[113] the only fully published work of the group to date is the use of alpha naphthyl acetate and hexazonium pararosaniline in the demonstration of endplate acetylcholinesterase activity.[126] Their experiments localized the azo dye final product occupying the synaptic space between the axonal and muscle plasma membrane. This localization is not in entire agreement with the thiolacetic acid method.

Similar methods were attempted by Barrnett[109] partly based on the knowledge of the success attained by Ornstein and collaborators. In these experiments improvements over the use of diazotized basic fuchsin as a reagent in the application of histochemistry to electron microscopy was not obtained although several other potentially useful ones were explored. In Barrnett's experiments the azo dye methods were first assayed in *in vivo* experiments on alkaline phosphatase activity, using an isolated loop of intestine. Surprisingly enough, the insoluble final product did not localize the areas of alkaline phosphatase activity, but particles of azo dye were pinocytosed by the columnar intestinal epithelium and transported to lymphatics and capillaries. It was only after a brief exposure to osmium tetroxide of the *in situ* tissue that the ability to pinocytose was destroyed but alkaline phosphatase activity was not completely inhibited. Under these circumstances sites of alkaline phosphatase activity at the membranous border of the microvilli were demonstrated by an azo dye technique.

Applications of azo dye histochemistry to electron microscopy hold much promise in the scope of reactions which can be used. At the present time, however, the final product is not sufficiently electron opaque, although it does lend enough opacity to be differentiated from structural elements. With this in mind, attempts are being made in our laboratory to synthesize diazonium salts containing heavy metals in efforts to improve the situation.

Finally, in discussion of the hydrolases, reference should be made to the work of Gersh and his co-workers, who used some of the methods previously discussed, but performed the reaction on frozen-dried material. The most complete studies published of the hydrolases concern the works of Nelson on the distribution of ATP'ase activity, non-specific alkaline phosphatase[151] and of pyrophosphatase activity[152] in spermatozoa. In these experiments the reaction was stopped at the level of production of calcium phosphate and visualized in frozen-dried material. There is no question that the final product did produce density that could be visualized on electron micrographs, but, as indicated previously, the relation of these deposits to the ultrastructure of cells as now accepted leaves something to be desired.

In summary, in the application of hydrolase techniques to electron microscopy, it appears that most, if not all, the metal salt techniques now used in histochemistry may be profitably adapted and the same may ultimately be true of the azo dye techniques. It might be mentioned in passing, at this point, that in preliminary experiments using substituted indoxyl ester techniques we have been able to visualize the final product, bromo-indigo, with the electron microscope. Progress is to be made in this area with the synthesis of new substrates and reagents specifically designed for the electron microscopic application. Such an approach has already been theoretically analyzed by Seligman.[124] As indicated previously, localization in the electron microscope falls heir to the faults already indicated by many investigators at the light microscope level. Presumably, through the continued development of new methods and the continued improvement in the degree of sophistication in the application of older methods, greater success will ultimately be attained.

There remains to be discussed the localization of oxidative enzyme activity with the electron microscope. Barrnett and Palade[108, 111, 153] demonstrated the endogenous and succinic dehydrogenase activity in small blocks of cardiac muscle using potassium tellurite as the electron acceptor. Previously Mudd[154] had used the same reagent for demonstrating deshydrogenase activity in bacteria. In these experiments, the reagent accepted electrons from the respiratory enzyme system as the substrate was oxidized by dehydrogenation, and reduced tellurite (Te or TeO) was thereby

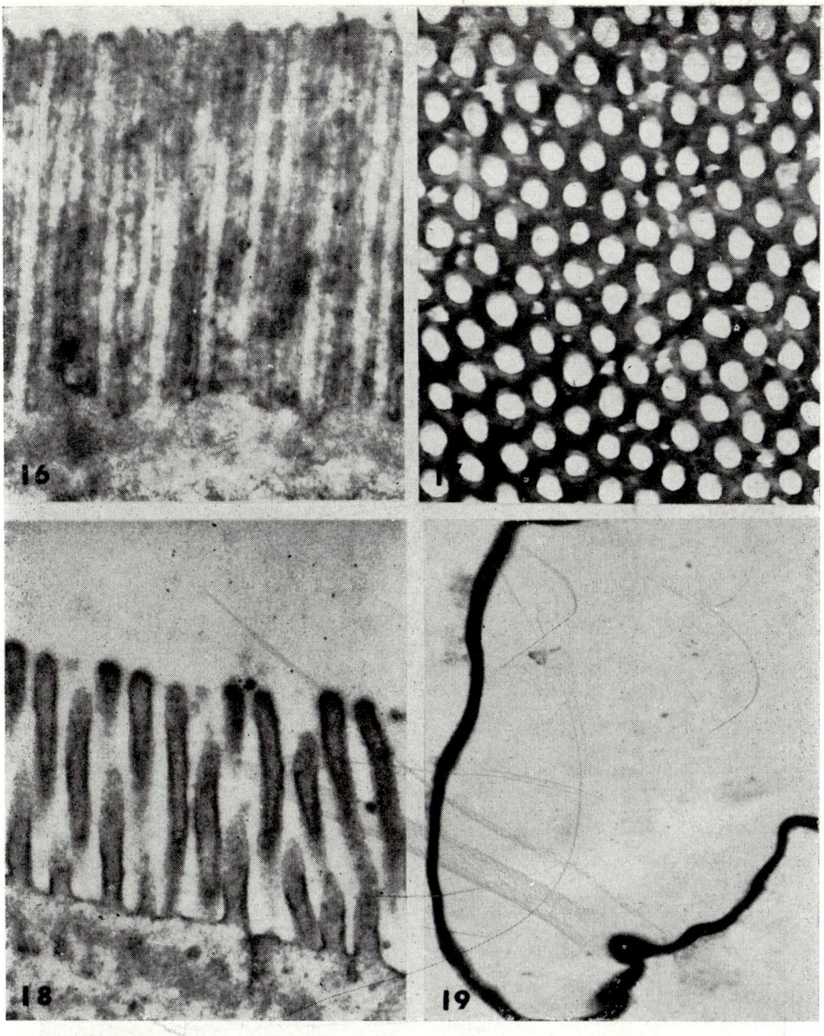

FROM THE WORK OF BARRNETT ON THE DEMONSTRATION OF ALKALINE PHOSPHATASE ACTIVITY IN THE COLUMNAR CELLS OF THE DUODENUM USING AN AZO DYE TECHNIQUE[109]

FIG. 16. Shows the distribution of moderately opaque particles of azo dye applied to the membranes of the microvilli of a columnar epithelial cell. This specimen was taken fron an *in vivo* incubation which had been treated for a few minutes with osmium tetroxide prior to histochemical incubation. × 53,000.

FIG. 17. Micrograph of a section tangential to the surface, passing through the microvilli. As the result of a moderately long incubation, sufficient azo dye was deposited to fill the spaces between the microvilli. × 70,000.

FIG. 18. Control specimen which had been treated with osmium tetroxide before incubation sufficiently long to destroy enzymatic activity. No deposits of final product are present. × 53,000.

FIG. 19. Light photomicrograph of a thick methacrylate-imbedded specimen, showing distribution of alkaline phosphatase activity at the striated border of the duodenum with an azo dye technique. × 800.

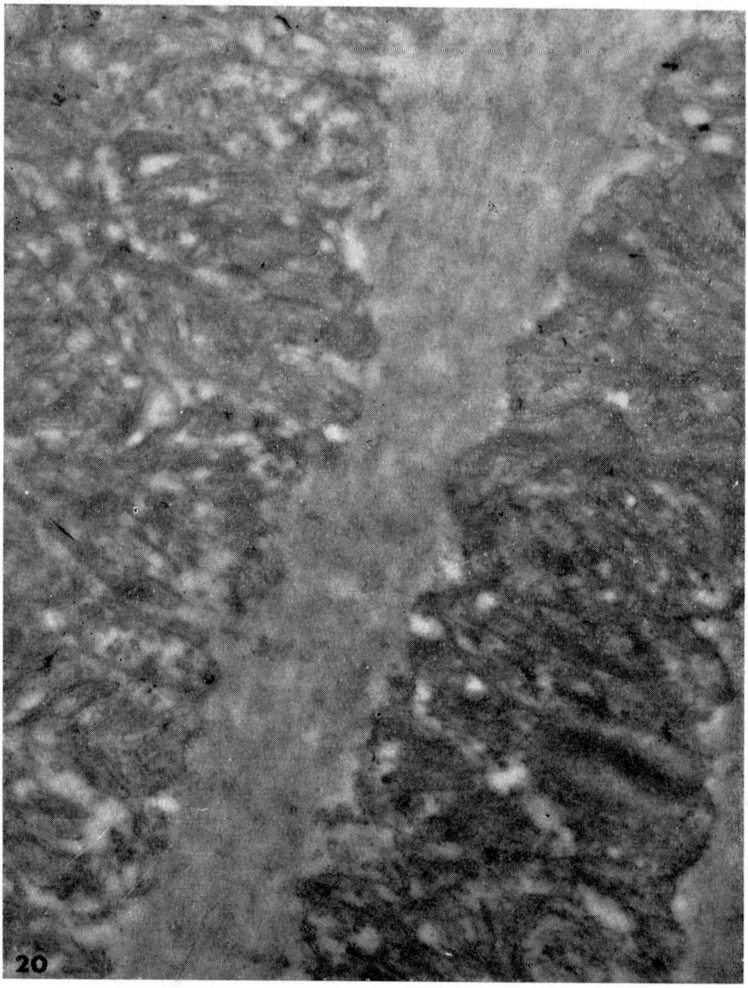

FIG. 20. From the work of Barrnett and Palade [108] utilizing tellurite for the demonstration of endogenous and succinic dehydrogenase activity. Small pieces of heart muscle were incubated in a buffered solution containing succinate, tellurite and activators. The final product, reduced tellurite, formed by the acceptance of electrons by the reagent, was deposited within or on the mitochondria of heart muscle. The final product occurs as relatively large needles or small deposits. No reaction occurs on the myofibrils. × 60,000.

produced. This final product was deposited in tissues as fine granules or as relatively large needles, almost entirely within the mitochondria. It was, however, not possible to localize the deposits to intramitochondrial structures, although the deposition on mitochondrial membranes was moderately common. These experiments and their controls also indicated the degree to which tissues could be treated histochemically and still retain an acceptable and recognizable morphology of fine structure. However, it was subsequently found that the tellurite reaction required two co-factors, one of which appeared in the boiled soluble extract of heart muscle.[109] Since the requirement of co-factors increased the hazard of localization, the method cannot be regarded as giving accurate localization at an ultrastructural level.

The fact that the formazan of nitro-BT (2,2′-di-p-nitrophenyl-5,5′-diphenyl-3,3′-(3,3′-dimethoxy-N,N′-biphenylene)-ditetrazolium chloride) possesses particularly favorable properties, such as insolubility in both aqueous and lipid media, substantivity to protein[155, 156] suggested its use as a possible histochemical reagent that possessed favorable properties for use in electron microscopy. Several workers reported on the use of this reaction briefly.[157–160] In these initial studies, it was indicated that nitro-BT was a suitable reagent for use with the electron microscope. In a more lengthy paper[161] Nelson applied this method as well as the tellurite method for the demonstration of succinic dehydrogenase activity in rat spermatozoa and demonstrated increased density in the outer longitudinal flagellar fibers. Of greater theoretical interest is the fact that Nelson was also able to record increased density after malonate treatment on the theory that this non-competitive inhibitor of succinic dehydrogenase would attach to the enzyme site. This latter experiment shows a major virtue of using frozen-dried preparations of low intrinsic density as an experimental tool; questions of localization, aside, but it is difficult to envision how such increased density could be produced by such a small organic molecule. If the experimental findings of the Gersh school concerning the increase in density in frozen-dried sections survive continued experimentation, it is quite possible that quantitative densitometric measurements of enzyme activity may be made as Bahr has done[92] with microsome isolates.

Barrnett,[109] using nitro-BT, for the demonstration of succinic dehydrogenase activity in heart muscle, was able to localize the deposition of diformazan mainly on the internal membranes of mitochondria instead of finding large intra-mitochondrial deposits of final product. This localization is in agreement with the cytochemical localization of the succinic dehydrogenase system as indicated in a previous section by the work of Watson and Siekevitz[26, 27] and Ball and Barrnett.[28] When DPNH was used as substrate, in addition to intramitochondrial localization of the diformazan, activity within the sarcoplasmic reticulum also occurred, in agreement with the biochemical localization of DPNH-cytochrome *c* reductase.[35] In a further study on the tetrazoles Karmarker *et al.*[162] synthesized and tested a variety of iodonitro tetrazolium derivatives and

FIGS. 21 and 22. Demonstration of dehydrogenase activity in cardiac muscle using nitro BT as reagent. From the work of Karmarker, *et al.* [162] and Barrnett [109].

FIG. 21. Section of frozen and thawed heart muscle incubated in a buffered solution (pH 7·4) containing succinate, activators and nitro-BT. The final product (diformazan) is clearly distributed in relationship to the membranes (either cristae or surface membranes) of the mitochondria. × 49,000.

FIG. 22. Section of small block of heart muscle incubated with DPNH as substrate and nitro-BT as reagent. In addition to mitochondrial localization of final product, the sarcoplasmic reticulum is strongly active, demonstrating presumably the localization of DPNH cytochrome *c* reductase. × 49,000.

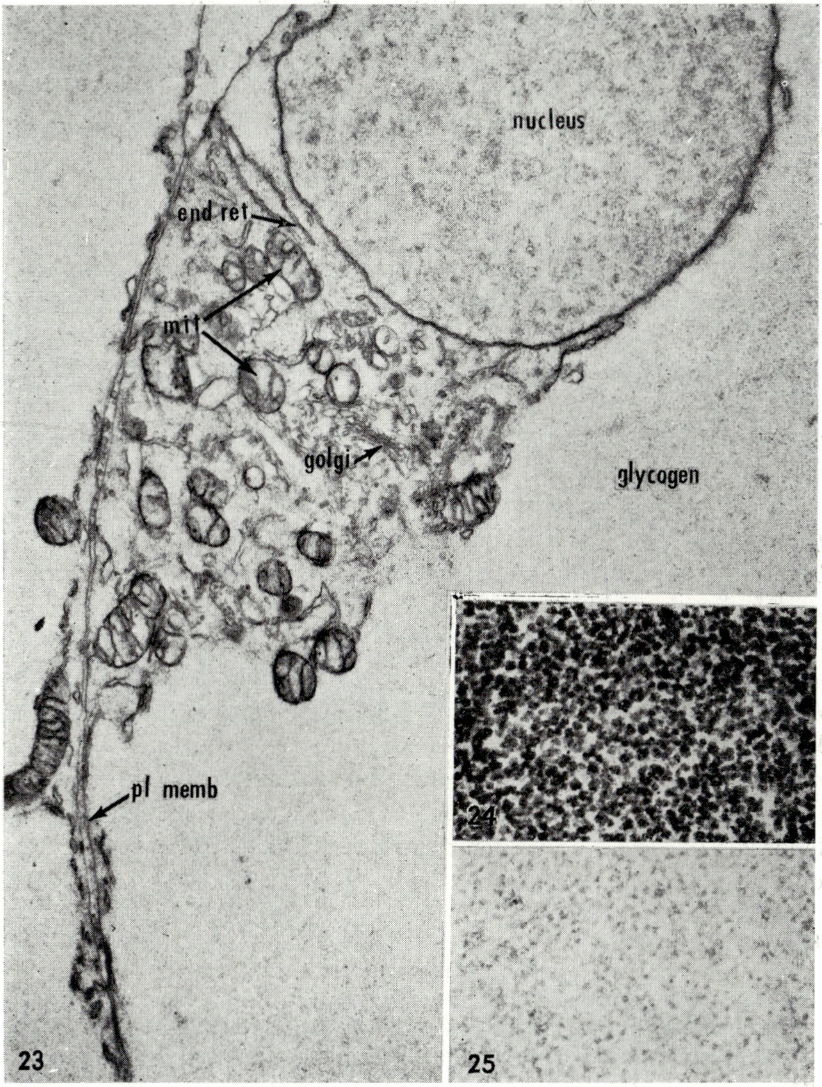

FROM THE WORK OF J. P. REVEL, L. NAPOLITAN AND D. W. FAWCETT. J. BIOPHYS. BIOCHEM. CYTOL.

FIG. 23. Glycogen body cell, 1·9 per cent $KMnO_4$, Araldite, unstained. RCA, 3B, N× 22,000.

FIG. 24. Glycogen pellet, 1·9 per cent $KMnO_4$, Epon, stained Watson's lead hydroxide. Siemens Elm. I. N× 65,000 (Avg. glycogen particle, 360 Å).

FIG. 25. Glycogen pellet, 1·9 per cent $KMnO_4$, Epon, unstained. RCA 3D, N× 45,000.

compared them with nitro-BT. Although increased density within mitochondria caused by the diformazan of these tetrazoles was apparent, it was not felt that they gave any significant improvement over nitro-BT.

In fact, it was even questionable whether the increased molecular weight of these reagents due to the added iodine in the molecule imparted any additional electron opacity. In other unpublished experiments (Barrnett and Seligman) comparison of various diazonium salts with and without one or more iodine atoms revealed no essential difference in density. Under the conditions of examination of sections it is possible that the iodine is sublimated by the electron beam.

Other areas in the field of histochemistry applied to electron microscopy have been indicated in initial reports. Pseudoperoxidase activity has been shown to occur within the specific granules of neutrophilic leukocytes [163] and beginning applications are being made to apply modifications of the Coon's antibody techniques [164] and autoradiography to electron microscopy.[165–167]

In final summary, concerning the applications of histochemistry to electron microscopy, we would like to present a hopeful point of view that is somewhat at variance with the point of view expressed by Novikoff.[13] Although fully aware that techniques in this area must be approached critically, and that existing techniques may ultimately be drastically revised, we see no reason not to be hopeful that continued effort, as well as new approaches will ultimately lead to further sophistication and accomplishment in this new area. Growing pains are known to have high morbidity, but they have essentially no mortality. As a result, it is appealing to consider that work in this area may provide an integrating step which in some cases may lead to a better understanding of the relationship of biochemical components and functions to the ultrastructure of cells.

LITERATURE

1. PALADE, G. E., Transport in quanta across the endothelium of blood capillaries. *Anat. Rec.*, 1960, **136**: 254.
2. PALADE, G. E., Functional changes in the structure of cell components, in HIYASHI, T., ed., *Subcellular Particles*. Amer. Physiol. Soc., Washington, D. C. (1959).
3. PALAY, S. L. and KARLIN, L. J., An electron microscopic study of the intestinal villus. II. The pathway of fat absorption. *J. Biophys. Biochem. Cytol.*, 1959, **5**: 373–84.
4. CLARK, S. L., Jr., The digestion of proteins and colloidal materials by columnar absorptive cells of the small intestine in suckling rats and mice. *J. Biophys. Biochem. Cytol.*, 1959, **5**: 41–50.
5. HUXLEY, H. E., Electron microscope studies of the organization of the filaments in striped muscle. *Biochim. Biophys. Acta*, 1953, **12**: 387–94.
6. FARQUHAR, M. G. and RINEHART, J. F., Electron microscope studies on the interior pituitary gland of castrate rats. *Endocrin.*, 1954, **54**: 516–41.
7. WISSIG, S. L., *The anatomy of secretion in the follicular cell of the thyroid gland.* Thesis, Yale University, (1956).

8. LACY, P. E., Electron microscopic and fluorescent antibody studies on islets of Langerhans. *Exptl. Cell. Res.*, Suppl., 1959, **7**: 296–308.
9. BARRNETT, R. J. and BALL, E. G., Metabolic and ultrastructural changes induced in adipose tissue by insulin. *J. Biophys., Biochem. Cytol.*, 1960, **8**:83 – 101
10. FAWCETT, D. W., Observations on the cytology and electron microscopy of hepatic cells. *J. Natl. Cancer Inst.*, 1955, **15**: 1475–1509.
11. ALLFREY, V., The isolation of subcellular components, in BRACHET, J. and MIRSKY, A. E. Vol. I. Acad. Press, N. Y. 1959.
12. SCHACHMAN, H. K., *Ultracentrifugation in Biochemistry*. Acad. Press. N. Y. 1959.
13. NOVIKOFF, A. B., The intracellular localization of chemical constituents, *Analytical Cytology*, 2d ed., MELLORS, A. C., ed., McGraw-Hill N. Y. 1959.
14. DOUNCE, A. L., The significance of enzyme studies on isolated cell nuclei. *Int. Rev. Cytol.*, 1954, **3**: 199–224.
15. SIEBERT, G. and SMALLIE, R. M. S., Enzymatic and metabolic studies on cell nuclei. *Int. Rev. Cytol.*, 1957, **6**: 330–424.
16. HOGEBOOM, G. H., SCHNEIDER, W. C. and PALADE, G. E., Cytochemical studies on mammalian tissues. I. The isolation of intact mitochondria from rat liver; some biochemical properties of mitochondria and submicroscopic particulate material. *J. Biol. Chem.*, 1948, **172**: 619–35.
17. NOVIKOFF, A. B., PODBER, E. RYAN, J., and NOE, E., Biochemical heterogeneity of the cytoplasmic particles isolated from rat liver homogenates. *J. Histochem. Cytochem.*, 1953, **1**: 27–46.
18. ALLARD, C., MATHIEU, R., DE LAMIRANDE, G., and CANTER, A., Mitochondria populations in mammalian cells. I. Description of a counting technic and preliminary results on rat liver in different physiological and pathological conditions. *Cancer Research.*, 1952, **12**: 407–12.
19. SHELTON, E., SCHNEIDER, W. C. and STRIEBICH, M. J., A method of counting mitochondria in tissue by homogenates. *Exptl. Cell Res.*, 1953, **4**: 32–41.
20. NOVIKOFF, A. B., Preservation of the fine structure of isolated liver cell particulates with polyvinylopyrrolidone sucrose. *J. Biophys. Biochem. Cytol.*, Suppl., 1956, **2**: 65–66.
21. BIRBECK, M. S. C. and REID, E., Development of an improved medium for the isolation of liver mitochondria. *J. Biophys. Biochem. Cytol.*, 1956, **2**: 609–24.
22. NOVIKOFF, A. B., Biochemical heterogeneity of the cytoplasmic particles of rat liver. *Symp. Soc. Exptl. Biol.*, 1957, **10**: 92–109
23. WITTER, R. F., WATSON, M. L. and COLTONE, M. A., Morphology and ATP'ase of isolated mitochondria. *J. Biophys. Biochem. Cytol.*, 1955, **1**: 127–38.
24. PERRY, S. V. and HORNE, R. W., The intracellular components of skeletal muscle. *Biochim. Biophys. Acta*, 1952, **8**: 483–98.
25. SIEKEVITZ, P. and WATSON, M. L., Some cytochemical characteristics of a phosphorylating digitonin preparation of mitochondria. *Biochim. Biophys. Acta*, 1957, **25**: 274–79.
26. WATSON, M. L. and SIEKEVITZ, P., Cytochemical studies on mitochondria. I. The separation and identification of a membrane fraction from isolated mitochondria. *J. Biophys. Biochem. Cytol.*, 1956, **2**: 639–52.
27. SIEKEVITZ, P. and WATSON, M. L., Cytochemical studies of mitochondria. II. Enzymes associated with a mitochondrial membrane fraction. *J. Biophys. Biochem. Cytol.*, 1956, **2**: 653–69.

28. BALL, E. G. and BARRNETT, R. J., An integrated morphological and biochemica study of a purified preparation of the succinate and DPNH oxidase system. *J. Biophys Biochem. Cytol.*, 1957, **3**: 1023–36.

29. ZIEGLER, D. M., LINNANE, A. W., GREEN, D. E., DASS, C. M. S. and RIS, H., Studies on the electron transport system. XI. Correlation of the morphology and enzyme properties of mitochondrial and submitochondrial particles. *Biochim. Biophys. Acta*, 1958, **28**: 524–38.

30. PALADE, G. E., The fine structure of mitochondria. *Anat. Rec.*, 1952, **114**: 427–52.

31. HARMAN, J. W., The cytochondria of cardiac and skeletal muscle. *Int. Rev. Cytol.*, 1956, **5**: 89–146.

32. SLAUTTERBACH, D. B., Electron microscopic studies of small cytoplasmic particles (microsomes). *Exptl. Cell Res.*, 1953, **5**: 178–86.

33. CHAUVEAU, J., GAUTIER, A. MOULÉ, Y. and ROUILLÉ, C., Étude morphologique et biochimique de la fraction microsomes des cellules du foie et du pancréas du rat. *Compt. rend.*, 1955, **241**: 337.

34. PALADE, G. E. and SIEKEVITZ, P., A correlated structural and chemical analysis of microsomes. *Anat. Rec.*, 1955, **121**: 347.

35. PALADE, G. E. and SIEKEVITZ, P., Liver microsomes. An integrated morphological and biochemical study. *J. Biophys. Biochem. Cytol.*, 1956, **3**: 171–200.

36. PALADE, G. E. and SIEKEVITZ, P., Pancreatic microsomes. An integrated morphological and biochemical study. *J. Biophys. Biochem. Cytol.*, 1956, **2**: 671–90.

37. KUFF, E. L., HOGEBOOM, G. H. and DALTON, A. J., Centrifugal biochemical and electron microscopic analysis of cytoplasmic particulates in liver. *J. Biophys. Biochem. Cytol.*, 1956, **2**: 33–54.

38. LITTLEFIELD, J. W., KELLER, E. B., GROSS, J. and ZAMECNIK, P. C., Studies on cytoplasmic ribonucleoprotein particles from the liver of the rat. *J. Biol. Chem.*, 1955, **217**: 111–24.

39. SIEKEVITZ, P. and PALADE, G. E., 1958. A cytochemical study on the pancreas of the guinea pig. I. Isolation and enzymatic activities of cell fractions. *J. Biophys. Biochem. Cytol.*, 1958, **4**: 203–18.

40. SIEKEVITZ, P. and PALADE, G. E., A cytochemical study on the pancreas of the guinea pig. II. Functional changes in the enzymatic activity of the microsomes. *J. Biophys. Biochem. Cytol.*, 1958, **4**: 309–18.

41. SIEKEVITZ, P. and PALADE, G. E., A cytochemical study on the pancreas of the guinea pig. III. *In vivo* incorporation of leucine–1–C^{14} into the proteins of cell fractions. *J. Biophys. Biochem. Cytol.*, 1958, **4**: 557–66.

42. SIEKEVITZ, P. and PALADE, G. E., A cytochemical study on the pancreas of the guinea pig. IV. Chemical and metabolic investigation of the ribonucleoprotein particles. *J. Biophys. Biochem. Cytol.*, 1959, **5**: 1–10.

43. KELLER, E. B. and ZAMECNIK, P. C., The effect of guanosine diphosphate and triphosphate on the incroporation of labelled amino acids into protein. *J. Biol. Chem.*, 1956, **221**: 45–59.

44. KELLER, E. B., ZAMECNIK, P. C. and LOTFFIELD, R. B., The role of microsomes in the incorporation of amino acids into protein. *Histochem. Cytochem.*, 1954, **3**: 378–88.

45. ZAMECNIK, P. C. and KELLER, E. B., Relation between phosphate energy donors and incorporation of labelled amino acids into protein. *J. Biol. Chem.*, 1954, **209**: 337–54.

46. LOFTFIELD, R. B., The biosynthesis of protein. *Progress in Biophys. Chem.*, 1957, **8**: 347–86.
47. SCHNEIDER, W.C. and KUFF, E. L., On the isolation of some biochemical properties of the Golgi substance. *Am. J. Anat.*, 1954, **94**: 209–24.
48. KUFF, E. L. and DALTON, A. J., Biochemical studies of the isolated Golgi apparatus. in HAYASHI, T., ed., *Subcellular Particles*. Amer. Physiol. Soc., Washington, D. C. (1959).
49. DE DUVE, C., PRESSMAN, B.C., GIANETTO, R., WATTIAUX, R. and APPELMANS, F., Tissue fractionation studies. 6. Intracellular distribution patterns of enzymes in rat liver tissues. *Biochem. J.*, 1955, **60**: 604–17.
50. DE DUVE, C., The function of intracellular hydrolases. *Exptl. Cell Res.*, Suppl., 1959, **7**: 169–82.
51. NOVIKOFF, A. B., BEAUFAY, H. and DE DUVE, C., Electron microscopy of lysosome rich fractions from rat liver. *J. Biophys. Biochem. Cytol.*, 1956, Suppl. **2**: 179–84.
52. LABELLA, F. S. and BROWN, J. H. U., Distribution of hydrolases among anterior pituitary cell fractions. *J. Biophys. Biochem. Cytol.*, 1958, **4**: 883–34.
53. STRAUS, W., Concentration of acid phosphatase, ribonuclease, desoxyribonuclease, glucuronidase and cathepsin in droplets isolated from kidney cells of normal rats. *J. Biophys. Biochem. Cytol.*, 1956, **2**: 513–22.
54. STRAUS, W., Changes in droplet fractions from rat kidney cells after interperitoneal injection of egg white. *J. Biophys. Biochem. Cytol.*, 1957, **3**: 933–47.
55. STRAUS, W., Rapid cytochemical identification of phagosomes in various tissues of the rat and their differentiation from mitochondria by the peroxidase method. *J. Biophys. Biochem. Cytol.*, 1959, **5**: 193–205.
56. ASHLEY, C. A., PORTER, K. R., PHILPOTT, D. E. and HASS, G. M., Observations by electron microscopy on contraction of skeletal myofibrils induced with adenosine triphosphate. *J. Exper. Med.*, 1951, **94**: 9–22.
57. HODGE, A. J., The fine structure of striated muscle. A comparison of insect flight muscle with vertebrate and invertebrate skeletal muscle. *J. Biophys. Biochem. Cytol.*, 1956, Suppl. **2**: 131–42.
58. HANSON, J. and HUXLEY, H.E., The structural basis of the cross-striations in muscle. *Nature*, 1953, **172**: 530–31.
59. HANSON, J. and HUXLEY, H. E., The structural basis of contraction in croos-striated muscle. *Symp. Soc. Exptl. Biol.*, 1954, **9**: 228–64.
60. HOKIN, L. E., Isolation of the zymogen granules of dog pancreas and a study of their properties. *Biochim. Biophys. Acta*, 1955, **18**: 379–88.
61. HERLANT, M., Separation des activités du lobe antérieur de l'hypophyse par la méthode des centrifugations differentielles. *Ann. d'Endocrinol.*, 1952, **13**: 611–23.
62. BROWN, J. H. U. and HESS, M., Separation of hormonal activities in the anterior pituitary by ultracentrifugation. *Am. J. Physsiol.*, 1951, **188**: 25–29.
63. LABELLA, F. S. and BROWN, J. H. U., Cell fractionation of anterior pituitary glands from beef and pig. *J. Biophys. Biochem. Cytol.*, **5**: 17–25.
64. HAGEN, P., BARRNETT, R. J. and LEE, F., Biochemical and electron microscopic study of particles isolated from mastocytoma cells. *J. Pharm. and Exp. Ther.*, 1959, **126**: 91–108.
65. HAGEN, P. and BARRNETT, R.J., *The Storage of Amines in the Chromaffin Cell.* Ciba Symposium, 1960. In press. Aderenergic Mechanisms, Little Brown, Boston, 1961.
66. HILLARP, N. A., The release of catechol amines from the amine containing granules of the adrenal medulla. *Acta physiol. scand.*, 1958, **43**: 292–302.

67. CLAUDE, A., Cell morphology and the organization of enzymatic systems. *Proc. Roy. Soc. Lond. B.*, 1954, **142**: 177–86.
68. REVEL, J. P. and NAPOLITANO, L., The fine structure of the glycogen body. *Anat. Rec.*, 1960, **136**: 264.
69. MUDD, S. and ANDERSON, T.F., Selective staining for electron micrography. *J. Exp. Med.*, 1942, **76**: 103–8.
70. HALL, C. E., JAKUS, M. E. and SCHMITT, F. O., The structure of certain muscle fibrils as revealed by the use of electron stains. *J. Appl. Physics.*, 1945, **16**: 459–68.
71. GROSS, J., The behavior of collagen units as a model in morphogenesis. *J. Biophys. Biochem. Cytol.*, 1956, **2**: 261–73.
72. SELBY, C. C., An electron microscope study of the epidermis of mammalian skin in thin sections. *J. Biophys. Biochem. Cytol.*, 1955, **1**: 429–44.
73. HODGE, A, J., Studies on the structure of muscle. III. *J. Biophys. Biochem. Cytol.*, 1955, **1**: 361–80.
74. HUXLEY, H. E., The double array of filaments in cross-striated muscle. *J. Biophys. Biochem. Cytol.*, 1957, **3**: 631–48.
75. WASSERMAN, F. and KUBOTA, L., Observations on fibrillogenesis in the chick embryo with the aid of silver impregnation. *J. Biophys. Biochem. Cytol.*, 1956, Suppl. **2**: 67–73.
76. LACY, D. and CHALLICE, C.E., Studies on the Golgi apparatus by electron microscopy with particular reference to Aoyama's technique. *J. Biophys. Biochem. Cytol.*, 1956, **2**: 395–402.
77. CHURG, J., MAUTNER, W. and GRESHMAN, E., Silver impregnation for electron microscopy. *J. Biophys. Biochem. Cytol.*, 1958, **4**: 841–42.
78. DEMPSEY, E. W., and WISLOCKI, G. B., The use of silver nitrate as a vital stain and its distribution in several mammalian tissues. *J. Biophys. Biochem. Cytol.*, 1955, **1**: 111–18.
79. VAN BREEMAN, V. L. and CLEMENTE, C. D., Silver deposition in the central nervous system and the hematoencephalic barrier studied with the electron microscope. *J. Biophys. Biochem. Cytol.*, 1955, **1**: 161–67.
80. BAHR, G. F., Osmium tetroxide and ruthenium tetroxide and their reactions with biologically important substances. *Exptl. Cell Res.*, 1954, **7**: 457–479.
81. BAHR, G. F., The reactions of osmium tetroxide in relation to electron microscopy. *Proc. Intern. Conf. Electr., Microsc.* London, 1954, 144–7.
82. BAHR, G. F., Continued studies about the fixation with osmium tetroxide. *Exptl. Cell Res.*, 1955, **9**: 277–285.
83. BAHR, G. F., BLOOM, G. and FRIBERG, U., Volume changes of tissues in physiological fluids, during fixation in osmium tetroxide or formaldehyde and during subsequent treatment. *Exptl. Cell Res.*, 1957, **12**: 342–55.
84. HALL, C. E., Scattering phenomena in electron microscope image formation. *J. Appl. Physics.*, 1951, **22**: 655–61.
85. ZEITLER, E. and BAHR, G. F., Contributions to the quantitative interpretation of electron microscope pictures. *Exptl. Cell Res.*, 1957, **12**: 44–65.
86. LOCQUIN, M., Recherche systematique de modifacteurs de contraste par imprégnations sélectives en microscopie électronique. *Compt. rend.*, 1955, **240**: 741–42.
87. ZEITLER, E. and BAHR G. F., Contributions to quantitative electron microscopy. *J. Appl. Physics.*, 1959, **30**: 940–44.
88. ISENBERG, I., The use of organic dyes in electron microscopy. *Bull. Math. Biophys.*, 1957, **19**: 279–92.

89. ORNSTEIN, L. E., How thin should a section be? *J. Biophys. Biochem. Cytol.*, Suppl. 1956, **2**: 53–55.
90. ORNSTEIN, L. E., Osmiophilia—fact or fiction? *J. Biophys. Biochem. Cytol.*, 1957, **3**: 809–11.
91. LUFT, J., Permanganate; a new fixative for electron microscopy. *J. Biophys. Biochem. Cytol.*, 1956, **2**: 799–801.
92. BAHR, G. F., Changes in liver cell elements during stimulated protein synthesis. *Acta Radiol. Suppl.*, 1957, **147**: 1–111.
93. WATSON, M. L., Staining of tissue sections for electron microscopy with heavy metals. II. Application of solutions containing lead and barium. *J. Biophys. Biochem. Cytol.*, 1958, **4**: 727–30.
94. LAMB, W. G., STUART-WEBB, J., BELL, L. G., BOREY, R. and DANIELLI, J. F., Specific stains for electron microscopy. *Exptl. Cell Res.*, 1953, **4**: 159–64.
95. SWIFT, H. and RASCH, E., Localization of nucleic acids, proteins, and polysaccharides with the electron microscope. *J. Histochem. Cytochem.*, 1958, **6**: 391.
96. GERSH, I., ISENBERG, I., BONDAREFF, W. and STEVENSON, J. L., Submicroscopic structure of frozen-dried rat liver specifically stained for electron microscopy. II. Biological. *Anat. Rec.*, 1957, **128**: 149–62.
97. FINCK, H., An electron microscope study of basophile substances of frozen-dried rat liver. *J. Biophys. Biochem. Cytol.*, 1958, **4**: 291–300.
98. DURNING, W. C., Submicroscopic structure of frozen-dried epiphyseal plate and adjacent spongiosa of the rat. *J. Ultrastruct. Res.*, 1959, **2**: 245–60.
99. CHASE, W. H., Fine structure of rat adipose tissue. *J. Ultrastruct. Res.*, 1959, **2**: 283–87.
100. BONDAREFF, W., Morphology of particulate glycogen in guinea pig liver revealed by electron microscopy after freezing and drying and selective staining *en bloc*. *Anat. Rec.*, 1957, **129**: 97–113.
101. GERSH, I., Some cytochemical studies with the electron microscope, in *A Symposium on Molecular Biology*. University of Chicago Press, Chicago, 1959.
102. GERSH, I., Fixation and staining. In: *The Cell*, Vol. **I**. BRACHET, J. and MIRSKY, A. E., eds. Acad. Press, N. Y., 1959.
103. WATSON, M. L., Staining of tissue sections for electron microscopy with heavy metals. *J. Biophys. Biochem. Cytol.*, 1958, **4**: 475–78.
104. PALADE, G. E., A study of fixation for electron microscopy. *J. Exp. Med.*, 1952, **95**: 285–98.
105. DALTON, A. J., A chrome-osmium fixative for electron microscopy. *Anat. Rec.*, 1955, **121**: 281.
106. LOW, F. N. and FREEMAN, J. A., Some experiments with chromium compounds as fixers for electron microscopy. *J. Biophys. Biochem. Cytol.*, 1956, **2**: 629–33.
107. MORGAN, C., MOORE, D. H. and ROSE, H., Some effects of the microtome knife and electron beam on methacrylate-embedded thin sections. *J. Biophys. Biochem. Cytol.*, Suppl., 1956, **2**: 21–29.
108. BARRNETT, R. J. and PALADE, G. E., The demonstration of sites of activity of dehydrogenase systems with the electron microscope. *J. Biophys. Biochem. Cytol.*, 1957, **3**: 577–88.
109. BARRNETT, R. J., The demonstration with the electron microscope of the end-products of histochemical reactions in relation to the fine structure of cells. *Exptl. Cell Res.*, 1959, Suppl. **7**: 65–89.

110. BARRNETT, R. J., and PALADE, G. E., Enzymatic activity in the M-band. *J. Biophys. Biochem. Cytol.*, 1959, **6**: 163–70.
111. BARRNETT, R. J. and PALADE, G. E., Applications of histochemistry to electron microscopy. *J. Histochem. Cytochem.*, 1958, **6**: 1–12.
112. KAPLAN, S. E. and NOVIKOFF, A.B., The localization of adenosine triphosphatase activity in rat kidney; electron microscopic examination of end-product in formol-calcium fixed frozen sections. *J. Histochem. Cytochem.*, 1959, **7**: 294.
113. WACHTEL, A., LEHRER, G. M., MAUTNER, W., DAVIS, B. J. and ORNSTEIN, L., Formalin fixation for the preservation of both intracellular ultrastructure and enzymatic activity for electron microscopic studies. *J. Histochem. Cytochem.*, 1959, **7**: 291.
114. NOVIKOFF, A. B., The proximal tubule cell in experimental hydronephrosis. *J. Biophys. Biochem. Cytol.*, 1959, **6**: 136–38.
115. SHELDON, H., ZETTERQVIST, H. and BRANDES, D., Histochemical reactions for electron microscopy—acid phosphatase. *Exptl. Cell Res.*, 1955, **9**: 592–96.
116. ESSNER, E., NOVIKOFF, A. B. and MASEK, B., Adenosinetriphosphatase and 5-nucleotidase activities in the plasma membrane of liver cells as revealed by electron microscopy. *J. Biophys. Biochem. Cytol.*, 1958, **4**: 711–16.
117. BARRNETT, R. J. and ROTH, W. D., Effects of fixation on protein histochemistry. *J. Histochem. Cytochem.*, 1958, **6**: 406–16.
118. DEANE, H. W., BARRNETT, R. J. and SELIGMAN, A. M., Histochemical methods for the demonstration of enzymatic activity. In *Handbuch der Histochemie*, GRAUMANN, W. and NEUMANN, K. eds. Fischer, Stuttgart, 1960.
119. SJÖSTRAND F. S., Systems of double membranes in the cytoplasm of certain tissue cells. *Nature*, 1953, **171**: 31–32.
120. FEDER, N. and SIDMAN, R. L., Methods and principles of freeze substitution. *J. Biophys. Biochem. Cytol.*, 1958, **171**: 31–32.
121. DAVIS, B. J., ORNSTEIN, L. and TALEPOROS, P., Simultaneous preservation of intracellular morphology and enzymatic or antigenic activities in frozen tissues for high resolution histochemistry. *J. Histochem. Cytochem.*, 1959, **7**: 291.
122. FERNANDEZ-MORAN, H., Cryofixation and supplementary low-temperature preparation techniques applied to the study of tissue ultrastructure. 1959. In press.
123. DAVIS, B. J. and ORNSTEIN, L. E., High resolution enzyme localization with a new diazo reagent "Hexazonium Pararosaniline". *J. Histochem. Cytochem.*, 1959, **7**: 297.
124. SELIGMAN, A. M., Speculations concerning some approaches to the development of histochemical methods for electron microscopy. *Sinai Hosp. Med. J.*, 1956, **5**: 90–102.
125. DAVIS, B. J., The histochemical demonstration of erythrocyte esterase. *Proc. Soc. Exptl. Biol. Med.*, 1959, **101**: 90–93.
126. LEHRER, G. M. and ORNSTEIN, L. E., A diazo coupling method for the electron microscopic localization of cholinesterase. *J. Biophys. Biochem. Cytol.*, 1959, **6**: 399–406.
127. GIBBONS, I. R., Communication to 4th International Society for Electron Microscopy, Berlin, Germany (1958).
128. FERNANDEZ-MORAN, H. and FINEAN, J. B., Electron microscopy and low-angle X-ray diffraction studies of the nerve myelin sheath. *J. Biophys. Biochem. Cytol.* 1957, **3**: 725–48.
129. BRETSCHNEIDER, L. H., Elektronen-Mikroskopische Structuruntersuchung on Spermien. *V. Proc. Koninkl. Ned. Akad. Wetenshap.*, 1950, **53**: 531–44.

130. van WINKLE, Q., RENALL, M. W., Barvey, J. S., PALIK, E. S., and PROBUS, A. F. Electron microscopy of isolated chromosomes. *Exptl. Cell Res.*, 1953, **5**: 38–46.
131. BRADFIELD, J. R. G., New features of protoplasmic structure observed in recent electron microscopic studies. *Quart. J. Micro. Sci.*, 1953, **94**: 351–67.
132. BRADFIELD, J. R. G., Electron microscopic observations on bacterial nuclei. *Nature*, 1954, **173**: 184–86.
133. MOSES, M., Studies on nuclei using correlated cytochemical, light, and electron microscope techniques. *J. Biophys. Biochem. Cytol.* Suppl. 1956, **2**: 397–407.
134. BAHR, G. F., Gallocyanin-Indiumalum. *Exptl. Cell Res.*, 1953, **5**: 551–53.
135. BERNSTEIN, M. H., Iron as a stain for nucleic acids in electron microscopy. *J. Biophys. Biochem. Cytol.*, 1956, **2**: 653–54.
136. GAY, H., Chromosome-nuclear membrane-cytoplasmic interreactions in Drosophila. *J. Biophys. Biochem. Cytol.*, Suppl. 1956, **2**: 407–14.
137. BAHR, G. F. and MOBERGER, G., Methyl-mercury chloride as a specific reagent for protein-bound sulphydryl groups. *Exptl. Cell Res.*, 1954, **6**: 506–519.
138. SIKORSKI, J. and SIMPSON, W. S., Electron microscopic studies of the chemical reactivity in keratin cuticle. *Nature*, 1958, **182**: 1235–36.
139. BARRNETT, R. J., PALADE, G. E., GOLDSTEIN, P. and SELIGMAN, A. M., Histochemical demonstration of protein-bound –SH and S–S groups. *J. Histochem. Cytochem.*, 1958, **6**: 101.
140. AFZELIUS, B. A., The ultrastructure of the cortical granules and their products in the sea urchin egg as studied with the electron microscope. *Exptl. Cell Res.*, 1956, **10**: 257–85.
141. NELSON, L., Cytochemical studies with the electron microscope. *J. Histochem. Cytochem.*, 1958, **6**: 94.
142. BRANDES, D., ZETTERQVIST, H. and SHELDON, H., Histochemical techniques for electron microscopy. Alkaline phosphatase. *Nature*, 1956, **177**: 382–83.
143. BRANDES, D. and ELSTON, R. N., Study of the histochemical localization of alkaline phosphatase in the cell wall of *Chlorella vulgaris*. *Nature*, 1956, **177**: 274–75.
144. NOVIKOFF, A. B., BURNETT, F. and GLICKMAN, M., Some problems in localizing enzymes at the electron microscope level. *J. Histochem. Cytochem.*, 1956, **4**: 416.
145. ESSNER, E. and NOVIKOFF, A. B., Acid phosphatase activity in hepatic lysosomes: electron microscopic demonstration of the reaction products. *J. Histochem. Cytochem.*, 1960, **8**: 318.
146. TICE, L. W. and BARRNETT, R. J., The ATP'ase of striated muscle. *J. Histochem. Cytochem.*, 1960, **8**: 352.
147. BARRNETT, R. J., Histochemical demonstration of the sites of acetyl cholinesterase activity with the electron microscope. *J. Histochem. Cytochem.*, 1958, **6**: 101.
148. WILSON, I. B., Mechanism of hydrolysis. II. New evidence for an acylated enzyme as intermediate. *Biochim. Biophys. Acta*, 1951, **7**: 520–25.
149. ZACKS, S. I. and BLUMBERG, J. M., The fine structure of neuromuscular junctions in mouse and human intercostal muscle with observations on the localization of acetylcholinesterase. *J. Histochem. Cytochem.*, 1960, **8**: 337.
150. BEZNAK, M., Cholinesterase activity of myosin solutions. *Magy. Orv. Arch.*, 1945, **45**: 1.
151. NELSON, L., Cytochemical studies with the electron microscope. I. ATP'ase in rat spermatozoa. *Biochem. Biophys. Acta*, 1958, **27**: 634–641.
152. NELSON, L., Inorganic pyrophosphatase distribution in spermatozoan flagellae. *J. Histochem. Cytochem.*, 1959, **7**: 293–4.

153. BARRNETT, R. J., Histochemical demonstration of dehydrogenase systems requiring pyridine nucleotide co-enzymes with the electron microscope. *Anat. Rec.*, 1957, **127**: 395.

154. MUDD, S., TAKEYA, S. and HENDERSON, H. J., Electron scattering granules and reducing sites in mycobacteria. *J. Bacteriol.*, 1956, **72**: 767–783.

155. TSOU, K. C., CHENG, C. S., NACHLAS, M. M. and SELIGMAN, A. M., Synthesis of some p-nitrophenyl substituted tetrazolium salts as electron acceptors for the demonstration of dehydrogenase. *J. Am. Chem. Soc.*, 1956, **78**: 6139–41.

156. NACHLAS, M. M., TSOU, K. C., DESOUZA, E., CHENG, C. S. and SELIGMAN, A. M., Cytochemical demonstration of succinic dehydrogenase by the use of a new p-nitrophenyl substituted ditetrazole. *J. Histochem. Cytochem.*, 1957, **5**: 420–37.

157. BARRNETT, R. J., The combination of histochemistry and cytochemistry with electron microscopy for the demonstration of the sites of succinic dehydrogenase activity. *4th International Congress for Electron Microscopy.*

158. SEDAR, A. W. and ROSA, C. G., Cytochemical demonstration of dehydrogenase activity with the electron microscope using nitro-BT as an indicator dye. *Anat. Rec.*, 1958, **130**: 371.

159. NELSON, L. and TSOU, K. C., Cytochemical studies with the electron microscope. *J. Histochem. Cytochem.*, 1958, **6**: 94–95.

160. BARRNETT, R. J., KARMARKER, S. S. and SELIGMAN, A. M., The use of ditetrazolium salts as agents for the demonstration of sites of dehydrogenase activity in the electron microscope. *J. Histochem. Cytochem.*, 1959, **7**: 308.

161. NELSON L., Cytochemical studies with the electron microscope. II. Succinic dehydrogenase in rat spermatozoa. *Exptl. Cell Res.*, 1959, **16**: 403–410.

162. KARMARKER, S. S., BARRNETT, R. J., NACHLAS, M. M. and SELIGMAN, A. M., Synthesis of p-nitrophenyl substituted tetrazolium salts containing iodine and other groups. *J. Am. Chem. Soc.*, 1959, **81**: 3771–7.

163. NITSUI, T., An electron microscopic study of cytochemical peroxidase reaction in salamander leucocytes. *J. Histochem. Cytochem.*, 1959, **7**: 320.

164. PEPE, F. A., FINCK, H. and MARSHALL, J., Jr., The preparation of a doubly labelled specific antibody for use in fluorescence and electron microscopy. *Anat. Rec.*, 1960, **136**: 257.

165. LIQUIER-MILWARD, J., Electron microscopy and radioautography as coupled techniques in tracer experiments. *Nature*, 1956, **177**: 619.

166. O'BRIEN, R. T., and GEORGE, L. A. II. Preparation of autoradiograms for the electron microscope. *Nature*, 1959, **183**: 4667–76.

167. FERNANDEZ-MORAN, H., Low-temperature preparation techniques for biological specimens based on ultra-rapid freezing with liquid helium. II. *Ann. N. Y. Acad. Sci.*, 1959. In press.

L'HISTOCHIMIE DES NUCLÉOPROTEINES: LE RÔLE DU NOYAU CELLULAIRE DANS LA SYNTHÈSE DES ACIDES NUCLÉIQUES ET DES PROTÉINES

JEAN BRACHET

Laboratoire de Morphologie animale

Faculté des Sciences de l'Université libre de Bruxelles

THREE different methods are now available for the study of the biochemical role of the cell nucleus:

(1) cytochemical methods for the detection of the nucleic acids (DNA, RNA) and the associated proteins, as well as autoradiography techniques which can follow the incorporation of various radioactive precursors into the various cell organelles;

(2) comparison of nucleate and anucleate fragments of unicellular organisms, with quantitative ultra-micromethods;

(3) homogenization of tissues, followed by differential centrifugation in order to separate the various cell constituents. The advantages and disadvantages of these three main techniques are critically discussed.

The main results obtained with these three methods are presented; the conclusions reached are very similar, if not identical. Here are these conclusions:

(1) the main role of the cell nucleus is the synthesis of nucleic acids (both DNA and RNA);

(2) in all the cases so far studied, the cell nucleus has been found to exert a much closer control on cytoplasmic RNA synthesis than on cytoplasmic protein synthesis; it is likely that the control of the nucleus on cytoplasmic protein synthesis is an indirect one, mediated through the transfer to the cytoplasm of RNA of nuclear origin;

(3) specific proteins can be synthesized in the cytoplasm in the absence of the nucleus, thus in the absence of direct genetic information.

The fact that entirely different methods, applied to a wide variety of biological objects, lead to almost identical conclusion increases confidence in the now available histochemical techniques for nucleic acid and protein detection.

L'HISTOCHIMIE DES NUCLEOPROTEINES: LE RÔLE DU NOYAU CELLULAIRE DANS LA SYNTHÈSE DES ACIDES NUCLEIQUES ET DES PROTEINES

JEAN BRACHET

Laboratoire de Morphologie animale

Faculté des Sciences de l'Université libre de Bruxelles

1. INTRODUCTION

Il existe déjà, à l'heure actuelle, de nombreuses revues où les avantages et les inconvénients des diverses méthodes permettant la détection des acides nucléiques et celle des protéines au sein de la cellule ont été discutés en détails et de façon excellente. C'est pourquoi il nous a paru préférable de limiter le présent rapport à l'étude d'un problème fondamental de cytologie: le rôle du noyau cellulaire dans la synthèse des acides nucléiques et des protéines. En effet, cette question, si importante pour notre compréhension de la vie cellulaire, ne peut être efficacement étudiée qu'à condition d'utiliser, de façon parallèle, tout le faisceau de techniques dont dispose actuellement l'histochimiste; en traitant notre sujet, nous aurons donc l'occasion de parler des méthodes qui ont permis de l'attaquer directement et de critiquer ces techniques. Comme on le verra, des méthodes extrêmement différentes dans leur principe ont conduit, finalement, à des conclusions qui, si elles ne sont pas toujours identiques, constituent cependant un ensemble cohérent: une telle constatation ne peut que renforcer notre confiance dans les techniques dont l'histochimiste dispose aujourd'hui.

Les techniques que nous pouvons actuellement utiliser pour l'étude d'un problème aussi délicat que le rôle biochimique du noyau cellulaire peuvent se ranger dans trois catégories distinctes:

(1) L'emploi de techniques *cytochimiqes* destinées à mettre en évidence, sur des préparations microscopiques, l'acide désoxyribonucléique (ADN), l'acide ribonucléique (ARN) et les protéines. Ces techniques sont maintenant, de plus en plus souvent, combinées à la méthode *autoradiographique* qui permet de suivre, toujours sur coupes microscopiques, l'incorporation de précurseurs radioactifs à l'échelle sub-cellulaire.

En somme, l'autoradiographie constitue le prolongement dynamique, qui permet de suivre le métabolisme, des méthodes cytochimiques classiques qui restent essentiellement statiques et descriptives.

(2) L'emploi de méthodes histochimiques *quantitatives*, permettant d'effectuer des dosages biochimiques à une échelle extrêmement réduite, est utile sinon indispensable dans de nombreux cas. Dans celui qui nous occupe ici, ces méthodes permettront de comparer la teneur en acides nucléiques et en protéines de fragments nucléés et anucléés d'organismes unicellulaires ou d'oeufs. Bien entendu, l'emploi de précurseurs radioactifs constitue, dans ce cas aussi, une arme puissante: l'émulsion photographique fera alors place au compteur; la localisation sera moins précise, mais l'analyse pourra être poussée plus loin sur le plan biochimique.

(3) Enfin, la technique des *homogénats* d'organes, combinée à une *centrifugation fractionnée*, permettra d'isoler les noyaux des mitochondries, des microsomes et le surnageant sous une forme suffisamment pure pour que l'analyse biochimique — qui ne nécessitera plus l'emploi d'ultramicrométhodes en raison de l'importance quantitative du matériel disponible — devienne possible.

Nous examinerons d'abord, dans ce rapport, la valeur de ces trois méthodes fondamentales et nous en ferons une brève critique; nous examinerons ensuite, de façon sommaire les résultats qu'elles ont permis d'obtenir dans le domaine précis qui nous intéresse aujourd'hui: le rôle du noyau dans la synthèse des acides nucléiques et des protéines.

2. BRÈVE DESCRIPTION ET CRITIQUE DES PRINCIPALES MÉTHODES DISPONIBLES

a. *Techniques cytochimiques.* Les plus importantes parmi les nombreuses méthodes dont nous disposons pour déceler sur des coupes microscopiques les acides nucléiques (ADN et ARN) et les protéines sont celles qui se prêtent à des mesures *quantitatives* au moyen d'un cytophotomètre. Comme ces techniques ont été examinées, de façon critique et compétente, dans un article publié dans un traité récent (Walker et Richards, 1959), nous nous limiterons ici à une brève énumération de ces méthodes, sans les décrire en détails.

En ce qui concerne la détection cytochimique des *acides désoxyribonucléiques* (ADN), la méthode de choix, en raison de sa simplicité et de son élégance, demeure celle de Feulgen; on trouvera dans les travaux de Kasten (1956, 1957) d'utiles renseignements en ce qui concerne le choix de colorants susceptibles de remplacer la fuchsine basique lors de la confection du classique réactif de Schiff. Les *protéines basiques* (histones) qui sont généralement associées à l'ADN dans la chromatine, mais dont la présence dans les ribonucléoprotéides du nucléole et des microsomes (ribosomes) est loin d'être exclue, peuvent être aisément décelées par la méthode de Alfert et Geschwind (1953). L'un des constituants principaux de ces histones est l'arginine: les techniques de Serra (1946) et de Thomas (1946), basées sur la réaction classique de Sakaguchi, permettent de mettre facilement en évidence cet acide aminé basique. Ces méthodes peuvent être utilisées de façon quantitative à condition d'employer, comme pour, la réaction de Feulgen (cf. Walker et Richards, 1959; Naora, 1958), un cytophotomètre bien construit (McLeish et çollab., 1957).

La mise en évidence simultanée des deux types d'acides nucléiques est aisément réalisée par l'emploi de colorants basiques combinés à une digestion de l'acide ribonucléique (ARN) à la ribonucléase: on emploiera avantageusement, dans ce but, le mélange vert de méthyle-pyronine de Unna (Brachet, 1953), l'azur B (Flax et Himes, 1952), la gallocyanine (cf. Sandritter, 1958) ou, tout simplement, le bleu de toluidine. Les colorations à l'Unna, à condition de suivre à la lettre les précautions que nous avons indiquées dans notre travail de 1953, permettent d'obtenir un contraste inégalé par les autres méthodes entre les deux types d'acides nucléiques: l'ADN (s'il n'a pas été dénaturé) se colore en vert, tandis que l'ARN se teint vivement en rouge.

Alors que les méthodes qui viennent d'être mentionnées sont basées sur les propriétés chimiques du désoxyribose ou sur le caractère acide des acides nucléiques, la microspectrophotométrie dans l'U. V. (Caspersson, 1936, 1950; Sandritter, 1958) tire parti de la forte absorption dans l'U. V. (à 2600 Å environ) des bases puriques et pyrimidiques. Les techniques dans l'U.V. ont l'inconvénient d'être coûteuses et délicates, mais elles permettent de travailler dans des conditions où les artefacts (de fixation, notamment) sont réduits à un minimum.

Quant aux nombreuses méthodes de détection cytochimique des protéines, elles ont été discutées récemment par Burstone (1959): mentionnons comme particulièrement utiles celles qui visent à mettre en évidence les groupes thiols des protéines (Barrnett et Seligman, 1954; Bennett, 1951, 1958) et leurs fonctions amines (coloration au jaune naphtol S de Deitch, 1955, par exemple). Une discussion, même sommaire, des techniques destinées à mettre en évidence des antigènes spécifiques au moyen d'anticorps marqués par des colorants fluorescents (méthode de Coons) nous entraînerait trop loin; nous renverrons donc le lecteur intéressé à l'étude récente et détaillée de la question faite par Mayersbach (1958).

Mais la méthode de choix, surtout lorsqu'on veut étudier le métabolisme nucléoprotéique, est l'autoradiographie de cellules traitées par un précurseur radioactif des acides nucléiques (P^{32}, purine, pyrimidine, nucléoside marqués au C^{14} ou au tritium), ou des protéines (acides aminés marqués au C^{14} ou au tritium). Les techniques autoradiographiques actuelles permettent une excellente localisation de l'isotope incorporé; il est possible de compter les traces dans l'émulsion ou de mesurer son noircissement: un travail quantitatif est donc possible. Toutefois, on ne peut généralement pas mesurer *l'activité spécifique* des constituants étudiés, faute de connaître la radioactivité du précurseur qui se trouve en solution dans la cellule et la teneur en acides nucléiques ou en protéines des divers organites intracellulaires. On trouvera de bonnes mises au point récentes à propos de la technique autoradiographique dans les travaux de Harbers (1958) et de Ficq (1959).

b. *Histochimie quantitative.* Il s'agit simplement, dans ce cas, de réaliser une réduction massive des volumes mis en oeuvre pour les dosages biochimiques classiques: on pourra donc recourir, mais en passant à l'échelle des ultra-microméthodes, à la titrimétrie, la spectrophotométrie (dans le visible ou l'U.V.), la fluorométrie, la gasométrie, la dilatométrie et aux techniques microbiologiques; le principe de ces techniques, dont beaucoup ont été mises au point par Linderstrøm-Lang et Holter, a été clairement précisé par Glick dans un article récent (1959).

Ces ultra-microméthodes donnent d'excellents résultats; et elles ont l'avantage de se prêter immédiatement à un travail quantitatif rigoureux. Mais leur emploi, sans être vraiment difficile, demande un sérieux entraînement et un goût réel pour le travail soigneux; il se limite donc aux cas où on ne dispose que de très faibles quantités de matériel biologique, aux recherches effectuées sur des fragments d'organismes unicellulaires par exemple.

c. *Emploi d'homogénats cellulaires.* Comme on le sait, il est aisé de broyer des cellules dans un milieu approprié (saccharose isotonique, par exemple) et d'isoler par centrifugation différentielle les principaux constituants cellulaires: on obtient ainsi des fractions fortement enrichies en noyaux, en mitochondries et en microsomes (cf. Allfrey, 1959).

Cette méthode à l'avantage de fournir des quantités importantes de matériel: on ne doit donc pas recourir aux microméthodes pour effectuer les analyses.

Mais en raison de sa brutalité, la technique des homogénats présente une série d'inconvénients: il importe de vérifier que les fractions utilisées sont aussi pures que possible, qu'il ne s'est produit, au cours de l'isolement, ni perte, ni absorption de substances. C'est surtout pour l'étude des *interactions* entre les divers constituants de la cellule que la technique des homogénats se montre peu favorable: l'addition *in vitro* de microsomes ou de mitochondries à des noyaux isolés ne permet pas de reconstituer les conditions qui existaient dans la cellule vivante; les interactions qui se produisent, dans des conditions aussi artificielles, risquent de conduire à des conclusions inexactes, dont l'interprétation, dans le cadre de la physiologie cellulaire, est difficile et dangereuse.

3. EXAMEN DES PRINCIPAUX RÉSULTATS EXPÉRIMENTAUX FOURNIS PAR LES TROIS MÉTHODES

Expériences faites sur des cellules intactes

L'autoradiographie permet d'établir que, d'une manière très générale, l'incorporation des précurseurs de l'ARN est particulièrement intense et rapide dans le *nucléole*. C'est ce qui a été observé notamment par Ficq (1955 a, 1955 b), qui a utilisé de l'adénine et de l'acide orotique, marqués au C^{14}, dans les oocytes d'étoile de mer et de grenouille. Dans ce dernier cas, toutefois, l'incorporation est aussi rapide dans les barbes des chromosomes plumeux (qui sont riches en ARN) que dans les nucléoles (Brachet et Ficq, 1956). Des observations similaires ont été faites, mais en utilisant du P^{32} et une technique autoradiographique différente pour les oocytes d'étoile de mer (Vincent, 1955) et de souris (Odeblad et Magnusson, 1954) et pour le volumineux nucléole d'Acetabularia (Stich et Hämmerling, 1953).

Parmi les travaux plus récents, signalons ceux de Zalokar (1959, 1960), Goldstein et Micou (1959), Woods (1959) et Sirlin (1960), qui ont appliqué la méthode autoradiographique aux objets les plus variés (hyphes de Neurospora, ovaires et glandes salivaires des Diptères, cellules amniotiques humaines, etc.): tous s'accordent à croire que la synthèse de l'ARN débute dans le noyau, peut-être au niveau de la chromatine associée au nucléole; ils admettent comme hautement probable, sinon certaine, une origine nucléaire de l'ARN cytoplasmique. La question de savoir si la totalité de l'ARN cytoplasmique est d'origine nucléaire, comme le croient Zalokar (1959, 1960) et Goldstein et Micou (1959), reste cependant controversée: en effet, d'autres auteurs (Sirlin, 1960, Woodard, 1958) considèrent comme plus probable l'existence de mécanismes cytoplasmiques permettant une synthèse d'ARN indépendamment de la présence du noyau. Harris (1959) va même plus loin, dans le cas des macrophages et des cellules du tissu conjonctif: sans nier l'existence d'une synthèse rapide d'ARN nucléaire, il se refuse à admettre l'origine nucléaire de l'ARN cytoplasmique.

On peut donc conclure que le noyau, et plus particulièrement le nucléole, est le siège d'un anabolisme ribonucléique particulièrement actif. Nous verrons que cette conclusion cadre bien avec les données biochimiques obtenues sur les homogénats. Retenons que les données autoradiographiques sont compatibles avec l'idée que l'ARN du cytoplasme tire son origine de l'ARN nucléaire, sans suffire à prouver cette hypothèse.

La situation est moins claire en ce qui concerne l'incorporation des acides aminés dans les protéines du noyau: dans les oocytes d'étoile de mer et de grenouille, cette incorporation est plus rapide dans le nucléole que dans le cytoplasme (Ficq, 1955 a, 1955 b); mais les différences sont beaucoup moins évidentes que dans le cas de l'incorporation de l'adénine dans l'ARN. Il en va de même chez l'amibe et l'Acetabularia, où l'incorporation des acides aminés n'est pas beaucoup plus intense dans le noyau que dans le cytoplasme. La différence, en faveur du noyau, semble être plus forte dans le foie des Mammifères (Ficq et Errera, 1955; Moyson, 1955). Mais cet organe représente l'exception plutôt que la règle: aucune accumulation préférentielle de la radioactivité (en utilisant la phénylalanine comme précurseur) n'a été observée dans les noyaux du pancréas, de la rate, de l'intestin, du coeur, du muscle et du rein (Ficq et Brachet, 1956).

Il n'existe donc pas de règle précise en ce qui concerne l'incorporation des acides aminés dans les protéines du noyau et du cytoplasme. Toutefois, l'incorporation des acides aminés est beaucoup plus rapide dans les protéines du noyau que dans celles du cytoplasme lorsqu'on s'adresse à des oeufs en voie de développement (Brachet et Ledoux, 1955; Waddington et Sirlin, 1954; Sirlin et Waddington, 1956; Sirlin, 1955); mais l'intensité de l'activité mitotique doit nécessairement s'accompagner d'une synthèse importante de protéines nucléaires.

L'une des raisons pour lesquelles l'autoradiographie a, jusqu'à présent, donné des résultats moins clairs dans le cas de l'incorporation d'acides aminés dans les protéines que dans celui de l'incorporation de bases ou de nucléosides dans l'ARN, pourrait bien tenir simplement au choix du précurseur: la composition chimique des acides nucléiques est, en effet, beaucoup moins variée que celle des protéines; dans le cas de ces dernières il ne serait que logique de ne pas observer l'incorporation d'un acide aminé donné, la phénylalanine par exemple, dans une structure telle que le nucléole si les protéines nucléolaires étaient particulièrement pauvres en phénylalanine. Un autre acide aminé, mieux choisi, pourrait s'y incorporer rapidement, s'il est particulièrement abondant dans le nucléole. C'est pourquoi il importe de multiplier les efforts en vue de mettre au point des techniques permettant de mesurer quantitativement et spécifiquement la teneur en acides aminés de structures telles que le nucléole: on peut légitimement espérer que la cytochimie progressera dans cette voie; mais il n'en serait pas moins utile d'analyser la composition en acides aminés de nucléoles isolés, qui peuvent être obtenus en masse par centrifugation fractionnée d'homogénats d'oocytes d'astéries (Vincent, 1955).

Ces remarques se justifient d'autant plus que nous avons observé récemment une incorporation massive de méthionine dans les nucléoles de l'algue Acetabularia; ces nucléoles n'incorporent, par contre, que faiblement la phénylalanine (Olszewska et Brachet, 1960). Ces observations concordent avec d'autres, faites chez l'amibe, par Goldstein (1958) et qui suggèrent la possibilité qu'une protéine contenant de la méthionine soit synthétisée par le noyau et déversée dans le cytoplasme; nos propres données permettent d'étendre cette conclusion au cas d'Acetabularia. Il est clair qu'il importera, à l'avenir, de multiplier les essais en utilisant, comme précurseurs, des acides aminés aussi variés que possible.

En conclusion, l'autoradiographie permet de montrer que, dans la cellule intacte, le noyau est le siège d'un métabolisme particulièrement intense de l'ARN; par contre, le métabolisme protéique n'y est pas nécessairement plus élevé que dans le cytoplasme, lorsqu'il s'agit de cellules au repos.

Passons au *métabolisme de l'ARN* et à *celui des protéines* dans des fragments d'amibes. Comme nous l'avons montré, (1955) la teneur en protéines diminue plus rapidement, au cours du jeûne, dans les fragments anucléés que dans les autres. Il convenait dès lors de rechercher si le contrôle exercé par le noyau sur le maintien des protéines cytoplasmiques est le même pour différentes protéines spécifiques: la question a été étudiée en suivant, dans les fragments nucléés et anucléés, une série d'enzymes (Brachet, 1955). Voici les résultats obtenus: certains enzymes (protéase, énolase, adénosinetriphosphatase, amylase) ne sont pas affectés par l'ablation du noyau. La dipeptidase, par contre, diminue d'activité peu après la section, sans qu'on observe ultérieurement de modifications. Enfin, le phosphatase acide et l'estérase diminuent fortement d'activité peu après la section; ces enzymes disparaissent pratiquemment du cytoplasme anucléé au bout de quelques jours. Il est donc clair que divers enzymes — donc des protéines différentes — se trouvent placés à des degrés très divers sous le contrôle nucléaire. Ajoutons qu'aucun des enzymes étudiés à ce jour n'est accumulé dans les fragments nucléés.

Signalons enfin que des expériences sur l'incorporation d'acides aminés radioactifs (méthionine: Mazia et Prescott, 1955, phénylalanine: Brachet et Ficq, 1956) ont montré que l'ablation du noyau provoque une nette et rapide diminution de l'anabolisme protéique; toutefois, ce dernier ne tombe jamais à zéro, même une dizaine de jours après l'énucléation. Il faut en conclure que le noyau ne peut être le centre *exclusif* de la synthèse des protéines cellulaires: cette synthèse se maintient longtemps, mais à un niveau réduit, en l'absence du noyau. Voyons maintenant si ces conclusions demeurent valables pour l'ARN.

Des examens cytochimiques et des dosages ont montré que l'enlèvement du noyau provoque une chute rapide et considérable de la teneur en ARN du cytoplasme (Brachet, 1955). Les résultats de ces expériences sont favorables à l'idée que l'ARN du cytoplasme tire son origine de l'ARN nucléaire; toutefois, l'ARN pourrait disparaître du cytoplasme anucléé pour d'autres raisons. Mais d'élégantes expériences de greffes de noyaux ont permis à Goldstein et Plaut (1955) de démontrer l'origine nucléaire de l'ARN cytoplasmique chez l'amibe: leurs expériences ont consisté à greffer le noyau d'amibes rendues fortement radioactives au moyen de P^{32} dans des amibes normales ou dans des fragments anucléés. L'emploi de la méthode autoradiographique, accompagnée de divers contrôles, montre que l'ARN synthétisé dans le noyau est réellement transféré au cytoplasme; le transfert en sens inverse (du cytoplasme vers le noyau) serait négligeable ou inexistant.

Ces expériences n'excluent toutefois pas la possibilité d'un anabolisme de l'ARN au sein du cytoplasme anucléé: en fait, des expériences de Plaut et Rustad (1957) montrent que des fragment anucléés d'amibes demeurent longtemps capables d'incorporer de l'adénine dans leur ARN. Tout comme l'incorporation des acides aminés dans les protéines, celle de l'ARN diminue fortement en l'absence du noyau; mais elle ne devient jamais nulle: les mécanismes de la synthèse de l'ARN demeurent donc intacts (même s'ils sont quantitativement amoindris). Nous avons même constaté que les fragments anucléés d'amibes doivent être capables de réaliser une synthèse complète de l'ARN: ils peuvent, en effect, incorporer, de façon très appréciable, du $C^{14}O_2$ dans l'ARN (Brachet, 1959).

Toutefois, on ne peut négliger, à l'heure actuelle, une objection faite récemment par Prescott (1960): travaillant sur Acanthamoeba (petite amibe qui peut être cultivée en milieu aseptique), il a constaté que les fragments anucléés ne sont le siège d'aucune incorporation d'uracile, d'acide orotique ou d'adénine dans l'ARN. Il en conclut que les résultats obtenus chez Amoeba proteus seraient dus à la persistance de bactéries dans le cytoplasme anucléé; le fait que de la thymidine s'incorpore dans de l'ADN qui serait présent dans le cytoplasme de ces fragments anucléés (Plaut et Sagan, 1958) indique que l'objection de Prescott (1960) ne doit pas être prise à la légère. Il importerait, toutefois, de s'assurer aussi que les précurseurs utilisés par Prescott (1960) pénètrent réellement dans les fragments anucléés d'Acanthamoeba.

On en arrive donc à la conclusion suivante: chez l'amibe, le noyau constitue un centre particulièrement important pour la synthèse des protéines et de l'ARN; ce dernier peut passer du noyau dans le cytoplasme. Mais le cytoplasme anucléé demeure toutefois capable de synthétiser des protéines et, sans doute, de l'ARN par un anabolisme autonome. Voyons si ces conclusions demeurent valides pour Acetabularia.

Acetabularia Mediterranea

Comme on le sait, *Acetabularia* se distingue de l'amibe par son extraordinaire capacité de régénération en l'absence du noyau (Hämmerling, 1934, 1953). On pouvait supposer *a priori* que les fragments anucléés, quand ils sont placés dans des conditions expérimentales où la régénération est possible (lumière), sont le siège d'une *synthèse nette* de protéines et d'ARN; c'est ce qu'ont effectivement montré nos expériences (Brachet, Chantrenne et Vanderhaeghe, 1955).

La croissance des tiges anucléées s'accompagne d'une synthèse de protéines qui dépend des conditions expérimentales choisies: si ces conditions sont suboptimales, la synthèse des protéines est inférieure dans les fragments anucléés à celle des fragments nucléés et elle cesse après une quinzaine de jours.

Si, au contraire, des conditions optimales d'éclairement sont adoptées, la synthèse des protéines est *plus rapide* dans les fragments anucléés que dans les autres, pendant une quinzaine de jours: cette synthèse nette cesse ensuite. Le métabolisme protéique ne s'arrête pas cependant complètement pour autant: en effet, l'incorporation de $C^{14}O_2$ dans les protéines des fragments anucléés se maintient à un taux élevé, qui ne décroît que lentement en 7 semaines (Brachet, Chantrenne, et Vanderhaeghe, 1955; Richter, 1957). L'accélération initiale des synthèses protéiques après l'énucléation est probablement due à ce que le noyau incorpore plus rapidement les précurseurs radioactifs que le cytoplasme: l'enlèvement du noyau, qui serait en compétition avec le cytoplasme pour la synthèse des protéines, aurait pour conséquence de mettre une plus grande quantité de précurseurs (acides aminés) à la disposition du cytoplasme.

Certaines des protéines synthétisées en l'absence du noyau sont spécifiques et fonctionnellement actives: en effet, les fragments anucléés synthétisent un *enzyme*, l'aldolase, à la même vitesse que l'ensemble des protéines (Baltus, 1959). Il en va de même, comme l'ont montré Hämmerling et ses collaborateurs (1959) pour une série d'autres enzymes qui interviennent également dans le métabolisme glucidique (phosphorylase, invertase, fructosidase); il est intéressant de noter que, selon les auteurs allemands, il ne se produit pas de synthèse de phosphatase acide dans les fragments anucléés. Or, nous avons vu plus haut que, chez l'amibe aussi, cet enzyme se trouve sous une dépendance particulièrement étroite du noyau.

La situation est moins claire, pour le moment, en ce qui concerne l'ARN: utilisant une méthode de dilution isotopique, nous avons constaté que l'ARN se comporte sensiblement comme les protéines: il se produit une synthèse nette initiale d'ARN et cette synthèse est plus rapide que celle qu'on observe dans les fragments nucléés. Cette synthèse nette se ralentit au bout de peu de jours (5–7), sans cependant cesser complètement, même après 1 mois (Brachet, Chantrenne et Vanderhaeghe, 1955).

Mais des résultats différents ont été obtenus récemment par Richter (1959), qui a utilisé une méthode de dosage plus classique: selon Richter, la teneur en ARN demeurerait constante dans les fragments anucléés pendant plusieurs semaines. Les résultats de Richter (1957, 1959) ont été confirmés, dans notre propre laboratoire, par Naora, Richter et Naora (1960). Mais un travail plus récent encore de Naora, Brachet et Naora (1960) contribue à éclaircir les causes du désaccord: selon ces auteurs, l'ARN lié aux *chloroplastes* serait le siège, dans les fragments anucléés, d'une synthèse nette; au contraire, l'ARN présent dans les autres fractions cytoplasmiques (microsomes, surnageant) diminuerait. On conçoit, dès lors, que des résultats variables puissent être obtenus, en ce qui concerne l'ARN total, suivant que la multiplication des chloroplastes (qui dépend, notamment, des conditions de culture) est plus ou moins importante dans les fragments anucléés.

Des expériences d'incorporation d'acide orotique marqué dans l'ARN (Brachet, Chantrenne et Vanderhaeghe, 1955) ont montré que les fragments nucléés incorporent 50 per cent de ce précurseur en plus que les tiges anucléées: il faut voir, dans ce résultat, le reflet de l'activité métabolique considérable de l'ARN nucléolaire (cf. plus haut). Mais il ne se produit pas de diminution notable, au cours du temps, de l'incorporation du précurseur dans l'ARN des fragments anucléés: ceux-ci sont aussi actifs, après 70 jours, qu'ils l'étaient tout au début de l'expérience. Le renouvellement des molécules d'ARN, sinon leur synthèse, se produit donc de façon absolument normale, pendant de longues semaines, en l'absence du noyau. Ces conclusions ont été entièrement confirmées dans de nouvelles expériences où d'autres précurseurs de l'ARN (adénine, $C^{14}O_2$) avaient été substitués à l'acide orotique (Brachet, 1959; Naora, Brachet et Naora, 1960).

Si on compare les résultats obtenus chez l'amibe et chez *Acetabularia*, on aboutit à la conclusion que les différences entre les deux organismes sont plutôt d'ordre *quantitatif* que qualitatif: dans les deux cas, le noyau est un centre actif de synthèse pour l'ARN; il est probable qu'il fournit de l'ARN au cytoplasme ; dans les deux cas aussi, le cytoplasme est capable d'une synthèse autonome (ou d'un renouvellement prolongé) de l'ARN; dans les deux cas enfin, le contrôle exercé par le noyau sur le cytoplasme est moins marqué dans le cas de la synthèse des protéines que dans celui de l'ARN. Qu'il y ait, à côté de ces règles générales, des variations quantitatives ne doit pas surprendre si l'on se souvient des différences considérables existant entre l'amibe et l'*Acetabularia* en ce qui concerne les possibilités de nutrition et de production d'énergie. L'étude d'autres cellules (oeufs et réticulocytes) va confirmer l'importance dans ce domaine des conditions physiologiques où vivent les cellules.

Oeufs de Triton et d'Oursin

Les oeufs, en raison de leur richesse en réserves vitellines, se trouvent dans une situation privilégiée en ce qui concerne leurs conditions de nutrition. Il n'est donc pas surprenant de constater que Malkin (1954), travaillant sur l'oursin, ait trouvé une incorporation importante de glycine dans les protéines et d'adénine dans l'ARN des fragments anucléés; de même, Tiedemann et Tiedemann (1954) n'ont pas trouvé de différence appréciable entre les fragments nucléés et anucléés d'oeufs de triton en ce qui concerne l'incorporation du $C^{14}O_2$ dans les protéines et dans l'ARN.

Ajoutons, toutefois, qu'il est douteux que les oeufs, aux stades utilisés, soient le siège d'une synthèse nette d'ARN et de protéines: tout ce que les expériences de Malkin (1954) et de Tiedemann et Tiedemann (1954) permettent de conclure, c'est que le renouvellement de l'ARN et celui des protéines n'est pas affecté de façon mesurable par l'ablation du noyau dans leurs cas.

Réticulocytes

Ces cellules, qui circulent dans le sang, doivent se trouver, elles aussi, dans de bonnes conditions de nutrition. Le métabolisme de leurs protéines a fait l'objet de nombreuses études.

Comme l'ont démontré Borsook et ses collaborateurs (1952), Holloway et Ripley (1952), Koritz et Chantrenne (1954), les réticulocytes sont capables d'incorporer des acides aminés dans leurs protéines, bien qu'ils aient perdu leur noyau. Cette faculté d'incorporation disparaît dans les globules rouges mûrs, qui sont très pauvres en ARN. Les dosages de Holloway et Ripley (1952) et les observations autoradiographiques de Gavosto et Rechenmann (1954) montrent qu'il existe un excellent parallélisme entre la chute de la teneur en ARN et la diminution de la capacité d'incorporer les acides aminés radioactifs dans les protéines.

Des expériences de Koritz et Chantrenne (1954), de Nizet et Lambert (1953) de Schweet et collab. (1958); de Rabinowitz et Olson (1959); de Allen et Schweet (1960) et de Kruh et collab. (1960) indiquent, en outre, que les réticulocytes sont très probablement capables de réaliser, comme *Acetabularia*, une *synthèse nette* de protéines (enzymes et hémoglobine). Ce fait a une importance théorique considérable, car il est bien établi que la synthèse de l'hémoglobine est contrôlée par des gènes: elle est néanmoins encore possible quand le gène a disparu, par suite de la perte du noyau. A cet égard, les réticulocytes se comportent exactement comme les fragments anucléés d'*Acetabularia*, qui forment un chapeau, dont la structure est contrôlée par des gènes, en l'absence totale du noyau.

On sait, malheureusement, peu de choses du métabolisme de l'ARN dans les réticulocytes: une note de Kruh et Borsook (1955) nous apprend toutefois qu'ils sont capables d'incorporer du glycocolle dans leur ARN.

En somme, les expériences faites sur les oeufs et les réticulocytes confirment et étendent les conclusions que nous avons tirées à propos des amibes et d'*Acetabularia*: la synthèse ou le renouvellement des protéines et de l'ARN ne sont jamais immédiatement arrêtés par l'ablation ou la perte du noyau.

Expériences Faites sur des Homogénats

Nous nous limiterons ici aux travaux relatifs au rôle du noyau dans les synthèses nucléoprotéiques et nous renverrons le lecteur qui désirerait plus de détails sur la composition enzymatique des noyaux isolés aux revues de Dounce (1955) et de Siebert et Smellie (1957). De nombreux travaux effectués sur des homogénats appuient l'idée que le noyau joue un rôle prépondérant dans la synthèse de l'ARN. En effet, tous les auteurs qui ont étudié l'incorporation de précurseurs variés dans l'ARN ont trouvé que son activité spécifique est plus élevée dans le noyau que dans le cytoplasme (Marshak et Calvet, 1949; Jeener et Szafarz, 1950; Barnum et Huseby, 1950; Hurlbert et Potter, 1952; Smellie, Mac Indoe et Davidson, 1953). Selon Logan et Davidson (1957); Allfrey et Mirsky (1958, 1959) et Hopkins (1959), les noyaux contiendraient au moins deux fractions différentes d'ARN, dont l'une serait métaboliquement plus active que l'autre.

Ces données expérimentales sont à nouveau compatibles avec l'idée que l'ARN nucléaire constitue un précurseur de l'ARN cytoplasmique. Mais le fait que l'ARN du noyau n'a pas la même composition que celui du cytoplasme suffit à établir qu'il ne se produit pas une simple diffusion de l'ARN nucléaire vers le cytoplasme (Smellie, Mc Indoe et Davidson, 1953; Elson, Trent et Chargaff, 1955). En fait, les expériences faites sur les homogénats concordent avec les idées que nous avons discutées plus haut: l'ARN serait, en majeure partie, synthétisé par le noyau et transféré au cytoplasme; mais celui-ci posséderait, lui aussi, la capacité de synthétiser de l'ARN de façon autonome; cet ARN cytoplasmique serait chimiquement différent de l'ARN d'origine nucléaire.

On sait encore trop peu de choses de la synthèse de l'ADN pour que la question puisse être discutée fructueusement: la localisation strictement nucléaire de l'ADN laisse toutefois à penser que la synthèse de cet acide nucléique est, elle aussi, une fonction du noyau. Il est fort possible que cette synthèse soit une propriété de l'ADN lui-même, comme le suggère la séduisante hypothèse de Watson et Crick (1953 a, b) sur la structure de cet acide nucléique et sur le mécanisme de sa réduplication.

Nous admettrons donc que le noyau joue un rôle capital dans la synthèse des acides nucléiques et de leurs dérivés; il nous reste à examiner s'il en est de même pour celle des protéines.

Les résultats obtenus *in vivo* par Daly, Allfrey et Mirsky (1952) et par Smellie, Mc Indoe et Davidson (1953) concordent avec ceux fournis par la technique autoradiographique (cf. plus haut): après l'injection d'un acide aminé marqué comme précurseur et après fractionnement du foie, le taux d'incorporation est du même ordre de grandeur pour les protéines nucléaires et pour l'ensemble des protéines cytoplasmiques. Les protéines nucléaires sont nettement moins actives que celles des microsomes, au point de vue de leur synthèse ou de leur renouvellement (Allfrey, Daly et Mirsky, 1955). Ces expériences confirment donc les conclusions qui ont été tirées plus haut: les noyaux cellulaires ne constituent pas nécessairement des centres particulièrement actifs de synthèse protéique, bien qu'ils contrôlent, à longue échéance, la synthèse de protéines cytoplasmiques.

Des noyaux isolés sont-ils capables de synthétiser des protéines *in vitro*? Utilisant des noyaux isolés du thymus, Allfrey, Mirsky et Osawa (1957) arrivent aux conclusions suivantes: les noyaux de thymus incorporent rapidement de nombreux acides aminés dans leurs protéines, le processus étant lié au maintien des mécanismes producteurs d'énergie (phosphorylations oxydatives). Le fait que seuls les acides l-aminés sont incorporés signifierait, selon Allfrey et ses collaborateurs (1957), qu'il s'agit bien d'une véritable synthèse protéique et non d'une incorporation banale. Notons cependant que les auteurs américains n'ont pas apporté la preuve de ce qu'une synthèse *nette* de protéines se produit au cours de leurs expériences.

La présence d'ADN est nécessaire pour que l'incorporation ait lieu: un traitement des noyaux par la désoxyribonucléase inhibe fortement l'incorporation, tandis que la ribonucléase est sans effet. L'incorporation des acides aminés dans les protéines nucléaires reprend, dans les noyaux traités par la désoxyribonucléase, lorsqu'on leur ajoute de l'ADN. Mais, chose curieuse, cette restauration de l'activité n'est pas spécifique de l'ADN: on l'obtient aussi avec de l'ARN, ou même des polynucléotides de synthèse.

L'explication de ce paradoxe se trouve dans des observations récentes de Osawa, Allfrey et Mirsky (1957) et de Allfrey et Mirsky (1957): elles montrent que les noyaux isolés sont capables de phosphoryler les nucléotides de l'adénine, de la guanine, de l'uracile et de la cytosine de façon à les transformer en nucléoside-triphosphates. C'est en réalité cette réaction de phosphorylations oxydatives (donc de production d'énergie) qui est inhibée par la désoxyribonucléase et restaurée par des polynucléotides non spécifiques, comme viennent de l'établir Allfrey et Mirsky (1957).

Il faut en conclure que l'effet de l'ADN dans la réaction d'incorporation des acides aminés dans les protéines nucléaires est *indirect*, puisqu'il porte sur la production d'énergie dans les noyaux: on ne peut pas, par conséquent, conclure de ces expériences que l'ADN joue un rôle direct dans la synthèse des protéines nucléaires. Cette synthèse est d'ailleurs certainement très complexe: en effet, l'incorporation des acides aminés dans les protéines des noyaux isolés est inhibée par le riboside du benziminazol qui empêche spécifiquement la synthèse de l'ARN. Allfrey, Mirsky et Osawa (1957) en concluent que les noyaux isolés doivent subir une activation avant de devenir capables de synthétiser les protéines; cette activation comporterait une synthèse d'ARN. En fait, l'analyse plus récente effectuée par Hopkins (1959). dans le laboratoire de Mirsky, montre clairement que l'ARN nucléaire joue un rôle *direct* dans la synthèse des protéines du noyau; il se comporte donc exactement comme le fait l'ARN cytoplasmique pour la synthèse des protéines du cytoplasme.

Signalons encore des observations autoradiographiques très récentes (non encore publiées) de notre collaboratrice A. Ficq: étudiant l'incorporation de divers acides aminés dans les différentes bandes des chromosomes géants des glandes salivaires chez *Rynchosciara*, elle a constaté que seules les bandes riches en ARN sont le siège d'une synthèse de protéines. Ces observations renforcent la conclusion émise ci-dessus: le rôle de l'ADN dans la synthèse des protéines est indirect et il s'effectue par e truchement de l'ARN.

4. CONCLUSIONS

Au terme de cette analyse des faits, on peut tirer les conclusions principales suivantes en ce qui concerne le rôle biochimique du noyau:

(1) Le noyau constitue un centre important de synthèse de l'ARN et, vraisemblablement aussi, de l'ADN. Il y a de sérieuses raisons de penser qu'une partie de l'ARN cytoplasmique tire son origine du noyau; l'énucléation conduit d'ailleurs à une chute de la teneur en ARN dans de nombreux cas. Toutefois, une synthèse autonome d'ARN cytoplasmique (sans doute chimiquement différente de l'ARN nucléaire) a pu être démontrée aussi dans certains cas: il est probable que les deux mécanismes (diffusion d'ARN nucléaire vers le cytoplasme et synthèse autonome d'ARN cytoplasmique) coexistent dans toutes les cellules, mais leur importance relative varie considérablement au point de vue quantitatif.

(2) Il est beaucoup moins certain que le noyau soit toujours le siège de synthèses protéiques plus importantes que le cytoplasme. Le nucléole paraît toutefois jouer un rôle dans les synthèses protéiques, conformément aux idées de Caspersson (1941, 1947, 1950): ce sont, en effet les noyaux riches en ARN, à nucléoles développés, qui sont le siège d'une forte incorporation d'acides aminés dans les protéines (méthode d'autoradiographie). La synthèse des protéines cytoplasmiques est, en général, moins sensible à l'enlèvement du noyau que celle de l'ARN.

(3) Il n'existe pas d'argument probant en faveur de l'idée que l'ADN joue un rôle *direct* dans la synthèse des protéines. Par contre, tous les faits qui ont été présentés dans ce rapport concordent avec l'hypothèse d'une intervention de l'ARN dans les synthèses protéiques (Caspersson, 1941, Brachet, 1941). Le point de savoir si l'information génétique contenue dans l'ADN est transmise au cytoplasme par l'intermédiaire de l'ARN demeure obscur: il s'agit là d'une hypothèse très seduisante, mais pas encore démontrée.

RESUMÉ

Les trois principales méthodes susceptibles de nous renseigner utilement sur le rôle biochimique du noyau cellulaire sont les suivantes:

(1) l'emploi de techniques cytochimiques destinées à mettre en évidence les acides nucléiques (ADN, ARN) et les protéines, combiné à l'utilisation des méthodes autoradiographiques permettant de suivre l'incorporation de précurseurs radioactifs dans ces mêmes constituants;

(2) la comparaison de fragments nucléés et de fragments anucléés d'organismes cellulaires, en suivant divers processus biochimiques à l'aide d'ultramicrométhodes dérivant de celles qui ont été mises au point par Linderstrøm-Lang et Holter;
(3) l'emploi de la technique des homogénats d'organes, combinée à des procédés de centrifugation fractionnée. Les avantages et les inconvénients de ces trois techniques fondamentales sont examinés de façon critique.

Les principaux résultats fournis par ces trois méthodes, si différentes dans leur principe, sont exposés et confrontés. On montrera qu'elles permettent de tirer des conclusions, sinon identiques, du moins très semblables. Voici les principales de ces conclusions générales:

(1) le rôle principal du noyau cellulaire est d'assurer la synthèse des acides nucléiques (ADN, ARN);
(2) dans tous les cas étudiés, le noyau exerce un contrôle beaucoup plus étroit sur la synthèse de l'ARN que sur celle des protéines; c'est en réglant la production d'ARN qu'il contrôle *indirectement* la synthèse des protéines cytoplasmiques;
(3) ces dernières, toutefois, peuvent se synthétiser pendant un certain temps en l'absence du noyau (donc d'information génétique directe) et conserver leur spécificité.

Le fait que des techniques extrêmement différentes, appliquées à des objets biologiques très variés conduisent à des conclusions identiques renforce la confiance qu'on peut avoir dans les méthodes de détection histochimique des acides nucléiques et des protéines.

BIBLIOGRAPHIE

ALFERT, M. et GESCHWIND, I. I., A selective staining method for the basic proteins o cell nuclei. *Proc. Natl. Acad. Sci. U.S.*, 1953, **39**: 991–999.

ALLEN, E. H. et SCHWEET, R. S., Role of transfer ribonucleic acid in hemoglobin synthesis. *Biochim. Biophys. Acta*, 1960, **39**: 185–187.

ALLFREY, V., The isolation of subcellular components. *The Cell*, 1959, **1**: 193–290.

ALLFREY, V. G., DALY, M. M. et MIRSKY, A. E., Some observations of protein metabolism in chromosomes of non-dividing cells. *J. Gen. Physiol.*, 1955, **38**: 415–424.

ALLFREY, V. G. et MIRSKY, A. E., The role of deoxyribonucleic acid and other polynucleotides in ATP synthesis by isolated cell nuclei. *Proc. Natl. Acad. Sci. U.S.*, 1957, **43**: 589–598.

ALLFREY, V. G., MIRSKY, A. E. et OSAWA, S., Protein synthesis in isolated cell nuclei. Mononucleotides of the cell nucleus. *J. Gen. Physiol.*, 1957, **40**: 451–490.

ALLFREY, V. G. et MIRSKY, A. E., Some effects of substituting the deoxyribonucleic acid of isolated nuclei with other polyelectrolytes. *Proc. Natl. Acad. Sci. U.S.*, 1958, **44**: 981–991.

ALLFREY, V. G. et MIRSKY, A. E., Constrasts in the metabolic stability of different nucleotides in the ribonucleic acids of isolated nuclei. *Proc. Natl. Acad. Sci. U.S.*, 1959, **45**: 1325–1344.

BALTUS, E., Évolution de l'aldolase dans les fragments anucléés d'*Acetabularia*. *Biochem. Biophys. Acta*, 1959, **33**: 337–339.

BARNUM, C. P. et HUSEBY, R. A., The intracellular heterogeneity of pentose nucleic acids as evidenced by the incorporation of radiophosphorus. *Arch. Biochem.*, 1950, **29**: 7–26.

BARRNETT, E. J. et SELIGMAN, A. M., Histochemical demonstration of sulfhydril and disulfide groups of protein. *J. Natl. Cancer Inst.*, 1954, **14**: 769.

BENNETT, H. S., The demonstration of thiol groups in certain tissues by means of a new colored sulfhydril reagent. *Anat. Record*, 1951, **110**: 231.

BENNETT, H. S. et WATTS, R. M., The cytochemical demonstration and measurement of sulfhydril groups by azo-aryl mercaptide coupling, with special reference to mercury orange, dans *General Cytochemical Methods*, Acad. Press N. Y., 1958, **1**: 317–374.

BORSOOK, H., DEASY, C.L., HAAGEN-SMIT, A.J., KEIGHLEY, O. et LOWY, P.H., Incorporation *in vitro* of labelled amino acids into proteins of rabbit reticulocytes. *J. Biol. Chem.*, 1952, **196**: 669–694.

BRACHET, J., La localisation des acides pentosenucléiques dans les tissus animaux et les oeufs d'Amphibiens en voie de développement. *Arch. Biol.*, 1941, **53**: 207–257.

BRACHET, J., The use of basic dyes and ribonuclease for the cytochemical detection of ribonucleic acid. *Quart. J. Microsc. Sci.*, 1953, **94**: 1–10.

BRACHET, J., Recherches sur les interactions biochimiques entre le noyau et le cytoplasme chez les organismes unicellulaires. I. *Amoeba proteus*. *Biochim. Biophys. Acta*, 1955, **18**: 247–268.

BRACHET, J., New observations on biochemical interactions between nucleus and cytoplasm in *Amoeba* and *Acetabularia*. *Exptl. Cell Res.*, Suppl. 6, 1958, 78–96.

BRACHET, J., CHANTRENNE, H. et VANDERHAEGHE, F., Recherches sur les interactions biochimiques entre le noyau et le cytoplasme chez les organismes unicellulaires. II. *Acetabularia mediterranea*. *Biochim. Biophys. Acta*, 1955, **18**: 544–563.

BRACHET, J. et FICQ, A., Remarques à propos du rôle biologique des acides nucléiques. *Arch. Biol.*, 1956, **67**: 431–467.

BRACHET, J. et LEDOUX, L., L'action de la ribonucléase sur la division des oeufs d'Amphibiens. 2. Étude cytologique et cytochimique des effets de la ribonucléase chez le Pleurodèle. *Exptl. Cell Res.*, 1955, suppl. 3, 27–39.

BURSTONE, M. S., Histochemical methods for protein detection. *Handb. der Histochemie*, 1959, **III/2**: 244–284.

CASPERSSON, T., Über den chemischen Aufbau der Strukturen des Zellkernes. *Skand. Arch. Physiol.*, 1936, **73**: suppl. 8, 1–151.

CASPERSSON, T., Studien über den Eiweissumsatz der Zelle. *Sympos. Soc. Exper. Biol.*, 1947, **1**: 127–151.

CASPERSSON, T., *Cell Growth and Cell Function*. Norton, N. Y., 1950.

DALY, M., ALLFREY, V. G. et MIRSKY, A. E., Uptake of glycine-N^{15} by components of cell nuclei. *J. Gen. Physiol.*, 1952, **36**: 173–179.

DEITCH, A. D., *Lab. Invest.*, 1955, **4**: 324.

DOUNCE, A.L., The isolation and composition of cell nuclei and nucleoli, in *The Nucleic Acids*. Acad. Press, N. Y., 1955, **11**: 93–153.

ELSON, D., TRENT, L.W. et CHARGAFF, E., The nucleotide composition of pentose nucleic acids in different cellular fractions. *Biochim. Biophys. Acta*, 1955, **17**: 362–366.

FICQ, A., Étude autoradiographique du métabolisme de l'oocyte *d'Asterias rubens* au cours de la croissance. *Arch. Biol.*, 1955, a **66**: 509–524.

FICQ, A., Étude autoradiographique du métabolisme des protéines et des acides nucléiques au cours de l'oogénèse chez les Batraciens. *Exptl. Cell Res.*, 1955 b, **9**: 286–293.

FICQ, A., *The Cell*, 1959, **1**: 67–90, Acad. Press, N. Y.

FICQ, A. et BRACHET, J., Distribution de l'acide ribonucléique et incorporation de la phénylalanine-2-C^{14} dans les protéines. *Exptl. Cell Res.*, 1956, **11**: 135–145.

FICQ, A. et ERRERA, M., Étude autoradiographique de l'incorporation dans le foie de souris de précurseurs des acides nucléiques et des protéines. *Biochim. Biophys. Acta*, 1955, **16**: 45–50.

FLAX, M. H. et HIMES, M. H., *Physiol. Zool.*, 1952, **25**: 297.

GAVOSTO, F. et RECHENMANN, R., *In vitro* incorporation of glycine-I-C^{14} in reticulocytes. *Biochim. Biophys. Acta*, 1954, **13**: 383–386.

GLICK, D., Quantitative microchemical techniques of histo and cytochemistry. *The Cell*, 1959, **1**: 139–160.

GOLDSTEIN, L., Localization of nucleus-specific protein as shown by transplantation experiments in *Amoeba proteus*. *Exptl. Cell Res.*, 1958, **15**: 635–637.

GOLDSTEIN, L. et MICOU, J., On the primary site of nuclear RNA synthesis. *J. Biophys. Biochem. Cytol.*, 1959, **6**: 301–303.

GOLDSTEIN, L. et PLAUT, W., Direct evidence for nuclear synthesis of cytoplasmic ribose nucleic acid. *Proc. Natl. Acad. Sci. U.S.*, 1955, **41**: 874–880.

HAMMERLING, J., Über formbildende Substanzen bei *Acetabularia mediterranea*, ihre räumliche und zeitliche Verteilung und ihre Herkunft. *Roux'Arch. Ent. Mech.*, 1934, **131**: 1–31.

HAMMERLING, J., *Nucleocytoplasmic Relationships in the Development of Acetabularia*, 1953, **2**: 475–498.

HAMMERLING, J., CLAUSS, H., KECK, K., RICHTER, G. et WERZ, G., Growth and protein synthesis in nucleated and enucleated cells. *Exptl. Cell Res.*, 1959, Suppl. **6**: 210–226.

HARBERS, E., *Autoradiographie als histochemisches Untersuchungsverfahren*, 1958, **1**: 400–598.

HARRIS, H., Turnover of nuclear and cytoplasmic ribonucleic acid in two types of animal cell, with some further observations on the nucleolus. *Biochem. J.*, 1959, **73**: 362–369.

HOLLOWAY, B. W. et RIPLEY, S. H., Nucleic acid content of reticulocytes and its relations to uptake of radioactive leucine *in vitro*. *J. Biol. Chem.*, 1952, **196**: 695–709.

HOPKINS, J. W., Amino acid activation and transfer to ribonucleic acids in the cell nucleus. *Proc. Natl. Acad. Sci. U.S.*, 1959, **45**: 1461–1470.

HURLBERT, R. B. et POTTER, V. R., A survey of the metabolism of orotic acid in the rat. *J. Biol. Chem.*, 1952, **195**: 257–270.

JEENER, R. et SZAFARZ, D., Relations between the rate of renewal and the intracellular localization of ribonucleic acid. *Arch. Biochem.*, 1950, **26**: 54–67.

KASTEN, F. H., Chromosomin and the Feulgen reaction. *J. Histochem. Cytochem.*, 1956, **4**: 310–317.

KASTEN, F. H., The Feulgen-deoxyribonucleic acid absorption curve in normal and tumorous tissues. *J. Histochem. Cytochem.*, 1957, **5**: 398–402.

KORITZ, S. V. et CHANTRENNE, H., The relationship of ribonucleic acid to the *in vitro* incorporation of radioactive glycine into the proteins of reticulocytes. *Biochim. Biophys. Acta*, 1954, **13**: 209–215.

KRUH, J. et BORSOOK, H., *In vitro* synthesis of ribonucleic acid in reticulocytes. *Nature*, 1955, **175**: 386–387.

KRUH, J., SCHAPIRA, G. et DREYFUS, J. C., Incorporation de la (C^{14}) valine dans les protéines des fractions subcellulaires de réticulocytes de lapin. *Biochim. Biophys. Acta*, 1960, **39**: 157–159.

LOGAN, R. et DAVIDSON, J. N., Heterogeneity of nuclear RNA. *Biochim. Biophys. Acta*, 1957, **24**: 196.

MALKIN, J. M., Synthesis of RNA purines and proteins in enucleated and nucleated sea urchin eggs. *J. Cell. Comp. Physiol.*, 1954, **44**: 105–112.

MARSHAK, A. et CALVET, E., Specific activity of P^{32} in cell constituents of rat liver. *J. Cell. Comp. Physiol.*, 1949, **34**: 451–455.

MAYERSBACH, VON H., Immunohistologische Methoden in der Histochemie. *Handb. der Histochemie*, 1958, **1/1**: 599–639.

MAZIA, D. et PRESCOTT, J. M., The role of the nucleus in protein synthesis in Amoeba. *Biochim. Biophys. Acta*, 1955, **17**: 23–34.

MAC LEISH, J., BELL, L. G. E., LA COUR, L. F. et CHAYEN, J., The quantitative cytochemical estimation of arginine. *Exptl. Cell Res.*, 1957, **12**: 120–125.

MOYSON, F., Étude autoradiographique de l'incorporation nucléocytoplasmique d'acides aminés marqués et d'adénine dans le foie normal et en régénération. *Arch. Biol.*, 1955, **66**: 149–166.

NAORA, H., Microspectrophotometry in visible light range. *Handb. der Histochemie*, 1958, **1/1**: 192–219.

NAORA, H., BRACHET, J. et NAORA, H., Studies on independent synthesis of cytoplasmic ribonucleic acids in *Acetabularia mediterranea*, *J. Gen. Physiol.*, 1960, **43**: 1083–1102.

NAORA, H., RICHTER, G. et NAORA, H., Further studies on the synthesis of RNA in enucleate *Acetabularia mediterranea*, *Exptl. Cell Res.*, 1958, **16**: 434–436.

NIZET, S. et LAMBERT, A., Synthèse de l'hémoglobine *in vitro* à partir de d-1–3–phénylalanine–2–C^{14} et de glycine–2–C^{14}. *Bull. Soc. Chim. Biol.*, 1953, **35**: 771–780.

ODEBLAD, E. et MAGNUSSON, G., Autoradiography of the intracellular accumulation of radioactive phosphate in the egg cell of the mouse. *Acta Endocrinol.*, 1954, **17**: 290–293.

OLSZEWSKA, M. J. et BRACHET, J., Incorporation de la dl-méthionine S^{35} dans les fragments nucléés et anucléés d'*Acetabularia mediterranea*. *Exptl. Cell Res.*, (sous presse).

OSAWA, S., ALLFREY, C. G. et MIRSKY, A. E., Mononucleotides of the cell nucleus. *J. Gen. Physiol.*, 1957, **40**: 491–513.

PLAUT, W. et RUSTAD, R. C., Cytoplasmic incorporation of a ribonucleic acid precursor in *Amoeba proteus*. *J. Biophys. Biochem. Cytol.*, 1957, **3**: 625.

PLAUT, W. et SAGAN, L. A., Incorporation of thymidine in the cytoplasm of *Amoeba proteus*. *J. Biophys. Biochem. Cytol.*, 1958, **4**: 845–846.

PRESCOTT, D. M., The nuclear dependence of RNA synthesis in *Acanthamoeba* sp. *Exptl. Cell Res.*, 1960, **19**: 29–34.

RABINOWITZ, M. et OLSON, M. E., Protein synthesis, by rabbit reticulocytes. I. Kinetics of amino acid incorporation *in vitro* into protein fractions of intact cells. *J. Biol., Chem.*, 1959, **234**: 2085–2090.

RICHTER, G., Zur Frage der RNA–Synthese in kernlose Teilen von *Acetabularia*. *Naturwiss.*, 1957, **44**: 520–521.

RICHTER, G., Die Auswirkungen der Zellkern-Entfernung auf die Synthese von Ribonukleinsäure und Cytoplasma-Proteinen bei *Acetabularia mediterranea*. *Biochim. Biophys. Acta*, 1959, **34**: 407–419.

SANDRITTER, W., Ultraviolettmikrospektrophotometrie. *Handb. der Histochemie*, 1958, **1/1**: 220–338.

SCHWEET, R., LAMFROM, H. et ALLEN, E., The synthesis of hemoglobin in a cell free system. *Proc. Natl. Acad. Sci. U.S.*, 1958, **44**: 1029–1035.

SERRA, J. A., Histochemical tests for proteins and amino acids; the characterization of basic proteins. *Stain Technology*, 1946, **21**: 5–18.

SIEBERT, G. et SMELLIE, R. M. S., Enzymic and metabolic studies on isolated nuclei. *Intern. Rev. Cytol.*, 1957, **6**: 383–424.

SIRLIN, J. L., Nuclear uptake of methionine-S^{35} in the newt embryo. *Experientia*, 1955, **11**: 112–113.

SIRLIN, J. L., *Exptl. Cell Res.*, 1960, **19**: 177–180.

SIRLIN, J. L. et WADDINGTON, C. H., Cell sites of protein synthesis in the early chick embryos, as indicated by autoradiography. *Exptl. Cell Res.*, 1956, **11**: 197–205.

SMELLIE, B. M. S., MCINDOE, W. M. et DAVIDSON, J. N., The incorporation of N^{15}, S^{35} and C^{14} into nucleic acids and proteins of rat liver. *Biochim. Biophys. Acta*, 1953, **11**: 559–565.

STICH, H. et HAMMERLING, J., Der Einbau von P^{32} in die nucleolar Substanz des Zellkerns von *Acetabularia mediterranea. Z. Naturforsch.*, 1953, **8**b: 329–333.

THOMAS, L. E., A histochemical test for arginine-rich proteins. *J. Cell Comp. Physiol.*, 1946, **28**: 145.

TIEDEMANN, H. et TIEDEMANN, H., Einbau von CO_2 in gefurchte und ungefurchte Eihälften und in verschiedene Entwicklungsstadien von Triton. *Naturwiss.*, 1954, **41**: 535.

VINCENT, W. S., Structure and chemistry of nucleoli. *Intern. Rev. Cytol.*, 1955, **4**: 269–298.

WADDINGTON, C. H. et SIRLIN, J. L., The incorporation of labelled amino acids into amphibian embryos. *J. Embryol. Exper. Morphol.*, 1954, **2**: 340–347.

WALKER, P. M. B. et RICHARDS, B. M., Quantitative microscopical techniques for single cells. *The Cell*, 1959, **1**: 91–138. Acad. Press, N. Y.

WATSON, J. D. et CRICK, F. H., A structure for deoxyribose nucleic acid. *Nature*, 1953 a, **171**: 737–738.

WATSON, J. D. et CRICK, F. H. C., Genetical implications of the structure of deoxyribonucleic acid. *Nature*, 1953 b, **171**: 964–967.

WOODARD, J. W., Intracellular amounts of nucleic acids and protein during pollen grain growth in *Tradescantia. J. Biophys. Biochem. Cytol.*, 1958, **4**: 383–390.

WOODS, P. S., RNA in nuclear-cytoplasmic interactions. *Brookhaven Symposia in Biology*, 1959, **12**: 153–174.

ZALOKAR, M., Nuclear origin of ribonucleic acids. *Nature*, 1959, **183**: 1330.

ZALOKAR, M., Sites of ribonucleic acid and protein synthesis in *Drosophila. Exptl. Cell Res.*, 1960, **19**: 184–186.

DEVELOPMENTAL HISTOCHEMISTRY: THE INTRODUCTION OF NEW METHODS FOR LIGHT AND ELECTRON MICROSCOPY BY THE DESIGN AND PREPARATION OF APPROPRIATE REAGENTS AND SUBSTRATES * †

ARNOLD M. SELIGMAN, M.D.

THE introduction of the first azo dye method for the enzyme, alkaline phosphatase, by Menton, Jung and Green in 1944[1] opened the way to a host of new methods based on the principle of designing organic reagents and substrates to satisfy the fussy requirements of the new science of morphological histochemistry. One of the major advantages of the histochemical demonstration by organic pigments over the original metal salt methods [11,56] was the promise of ever improving methodology by redesign of reagents and reactions. Of the several methods for enzymes originally introduced, not one persists in common usage today with the original reagents. All have been modified by the host of modifications that usually follows immediately upon their publication, providing the reagents are made available. These then have been improved further by real changes in the structures of the reagents. Such improvement occurs at a slower pace and considerably later, since significant progress is made in this field by design and synthesis based on rational theory rather than by availability of agents in industrial catalogues.

The interest of those who have worked with me in the past has been primarily concerned with developing new methods and secondarily with applying them to various physiological or pathological processes. One of the reasons that this field of activity has shown remarkable expansion and activity in the past fifteen years is due to the fact that substrates and reagents have been made readily available to all investigators through our own efforts and the good offices of the Dajac Company under the lead-

* From the Departments of Surgery, Sinai Hospital of Baltimore, Inc., and The Johns Hopkins University School of Medicine, Baltimore, Maryland.

† This work was supported by research grants from the National Cancer Institute, National Institutes of Health, Department of Health, Education and Welfare, Bethesda, Maryland.

ership originally of Drs. David Halpern and Jack Zomlefer and recently of Dr. K-C Tsou. The availability and reliability of reagents and substrates of high purity has served to catalyze ever broadening interest and activity in the field.

Although at first we were delighted to come up with histochemical methods that demonstrated the presence or absence of one enzyme or another more or less specifically in various components of a tissue, in the cytoplasm of one cell or in the nucleus of another, recent goals of histochemistry are more sophisticated and aim at the demonstration of enzymes within certain organelles within the cytoplasm of the cells. Some enzymes are more soluble and diffusable than others and many of the soluble enzymes have less soluble components that lend themselves to precise demonstration, providing the soluble component is allowed to diffuse from the tissue or is inhibited. The demonstration of these fixed components are not to be construed necessarily as the correct localization but may nevertheless be of great importance and interest for study by light and electron miscroscopic methods. The attainment of these goals has been accomplished by the use of reagents that yield very insoluble pigments that are formed by extremely rapid capture reactions. Further benefit has been noted with reagents that yield polymeric pigments or chelates that are substantive for protein by hydrogen bonding. This increased the insolubility in lipid and diminished the tendency to crystallization which is of paramount importance for electron microscopy as well as for light microscopy.

In order to illustrate the evolutionary process in the perfection of histochemical methodology, three hydrolytic and two oxidative enzymes have been selected as examples. Their evolutionary histories form the basis of this paper.

ACID PHOSPHATASE

The first azo dye method for acid phosphatase was proposed in 1949, using calcium 1-naphthyl phosphate as substrate and diazotized 1-aminoanthraquinone as the coupling agent.[49] These agents were selected in order to make possible coupling at the acid pH optimum for this enzyme. By present day standards this capture reaction is much too slow for adequate localization of enzymatic activity. Although several modifications were proposed based on the synthesis of sodium 1-naphthyl phosphate[10] and the selection of other diazonium salts,[7, 13, 40] no coupling agent will couple with 1-naphthol sufficiently rapidly at pH 5·0 to completely satisfy histochemical requirements. A new approach was required. Either the hydrolysis product had to be sufficiently insoluble to allow for coupling at a later stage (post-incubation coupling) or it was necessary that the product possess potent substantive properties for protein to anchor[47] it until coupling could be accomplished later at higher pH. This was accomplished in a method proposed in 1955[46] with 6-benzoyl-2-naphthyl phosphate.[50] Because of a high degree of substantivity to protein, the azo dye produced with tetrazotized diorthoanisidine, did not tend to crystallize in frozen sections. Pre-treatment with formalin[51] preserved intra-cellular organelles through the traumatic process of making frozen sections. Kidney tubular cells are shown in Fig. 1 with this method. More recently naphthol-AS-phosphate has been proposed in a simultaneous coupling method.[5] It also works well because the high degree of substantivity of naphthol-AS compensates for the slow coupling rate at acid pH. Both azo dyes are too lipid soluble to enable extension to electron microscopy. This will be possible when a coupling agent is devised which will produce an azo dye chelatable with a metal of high atomic number and high positive charge to form a lipid-insoluble chelate. We are evaluating a new diazonium salt for this purpose at present.[53] It is important that extension to electron microscopy be accomplished with other than metal salt methods in order to check the validity of localizations obtained with them.[8, 48]

ESTERASE

The first azo dye method for esterase was introduced in 1949, with 2-naphthyl acetate as substrate and diazotized 1-naphthylamine as coupling agent.[28] Although localization was improved somewhat by substituting the reagents 1-naphthyl acetate and tetrazotized diorthoanisidine,[12] it was not appreciated at that time that the use of a two-armed coupling agent with a naphthol capable of coupling twice produced a dye at high pH that was polymeric in character and therefore insoluble in lipid.[46] It was later shown that the capture reaction could be increased significantly by 8-fold increase in the coupling agent.[31] It was also shown that esterase could withstand formalin fixation[51] and this has been used since then by many investigators. The recent introduction of hexazotized pararosaniline provides us with an active coupler that yields polymeric and a very lipid insoluble dye with 1-naphthol.[25] With 2-naphthol the azo dye is just as lipid soluble as all the others because it is not polymeric in character.

Attempts to produce insoluble pigments for use with frozen sections led to the development of methods based on indoxyl acetate[2, 16] and naphthol-AS acetate[14] as substrates. Holt carried the indoxyl methodology forward in an outstanding series of papers,[17, 18] by (1) introducing halogen in the 5-position to increase substantivity of the indigo dye, and (2) addition of ferro-ferricyanide to accelerate the oxidation to indigo. This resulted in localization of esterase in the renal tubule of the adult male rat in droplets which he interpreted to be the correct localization of esterase. In recent experiments Dr. Theodor Shnitka and I have shown that the droplet localization is an artifact due to inhibition of cytoplasmic esterase by the ferro-ferricyanide.[55] A similar conclusion was reached by Wachstein in recent experiments.[58] The staining reaction could be duplicated with the naphthol-AS method and either formalin, sodium fluoride, or atoxyl as an inhibitor. Furthermore, by using two different coupling agents, one that gives a blue color and another that gives a red color with naphthol-AS, it was possible to stain the fluoride resistant esterase in droplets blue, to wash out the reversible inhibitor and then stain the fluoride sensitive esterase in the surrounding cytoplasm red.[55] Examples are shown in Figs. 2 and 3. This method will also be made available for electron microscopy by the development of a suitable diazonium salt to yield chelatable pigments.[53]

LEUCINE AMINOPEPTIDASE

Colorimetric methods for leucine aminopeptidase were introduced by the synthesis of L-leucyl-β-naphthylamide hydrochloride.[9, 15] Histochemical demonstration of the enzyme was based on the use of frozen-dried preparations and Garnet GBC as the coupling agent,[4] or on the use of frozen sections, tetrazotized diorthoanisidine (Fast Blue B) as the coupling agent followed by the chelation with copper sulfate to produce increased substantivity and decreased lipid solubility of the azo dye.[29] In both of these methods the capture reaction was not fast enough as shown in experiments in which the rate of coupling was measured.[35] In this study it was also shown that change in structure of the diazonium salt did not increase coupling rate beyond limits reached by commonly used diazonium salts, but that introduction of weak ortho-para directing groups into the naphthylamine could increase coupling rate.[35] Marked improvement in localization[38] was obtained by increasing the capture reaction 40-fold by the synthesis of 4-methoxy-L-leucyl-2-naphthylamide hydrochloride[34] (Fig. 4).

SUCCINIC DEHYDROGENASE

Stimulated by the early observations that tetrazolium salts are reduced by living plants, germinating seeds, and mammalian tissues,[22, 23, 24] a method for demonstrating succinic dehydrogenase[52] in frozen sections was introduced by adding succinate as substrate to the incubation medium and by the synthesis of BT, a ditetrazolium salt [2,2′,5,5′-tetraphenyl-3,3′-(3,3′-dimethoxy-4,4′-biphenylene) ditetrazolium chloride] that yields a blue diformazan on reduction.[44] The results with this agent were far from ideal for several reasons. The deposition of pigment was erratic and it was depressed by the freezing and thawing process of making frozen sections, or by using thin sections. Heavier pigment deposition was favored by using thick frozen sections, or unfrozen bits of tissues, and by anaerobiosis[39, 52] or certain agents.[45] The diformazan was lipid soluble and tended to crystallize in the sections thus destroying localization. Some organs with low activity failed to stain altogether. The method was, improved slightly with respect to erratic behaviour by the use of NT [2,2',5,5'-tetraphenyl-3,3'-(4,4'-biphenylene) ditetrazolium chloride].[39, 54] However, this agent also gave a lipid soluble diformazan and tended to crystallize badly. A real impetus to the problem was given by the introduction of the monotetrazolium salt, INT(2-*p*-nitrophenyl-3-*p*-iodophenyl-5-phenyl tetrazolium chloride).[1] Although this agent was very lipid soluble, and crystallized more readily than the other agents making its use histochemically quite worthless, two important observations were made with it. These were that it was reduced so easily and regularly by all types of tissue sections, that anaerobiosis was unnecessary, nearly all tissues reacted regularly, and very thin sections could be used.[42] It became obvious to us that the introduction of a nitro-group into the N-2 or N-3 phenyl rings of BT might confer these favorable properties to BT and at the same time retain some of its own. The synthesis of nitro-BT [2,2′-di-*p*-nitrophenyl-5,5′-diphenyl-3,3′-(3,3′-dimethoxy-4,4′-biphenylene) ditetrazolium chloride] was accomplished,[57] and the predicted favorable properties were noted.[30] However, an additional unexpected, favorable property was noted. The diformazan obtained upon reducing nitro-BT proved to be one of the most insoluble organic pigments produced by histochemical methods, and this property was enhanced by its great substantivity for protein, thus not only reducing its lipid solubility even further but reducing the likelihood of crystallization as well.[30] Using nitro-BT, methods were developed for DPN and TPN diaphorases and a large variety of DPN-linked and TPN-linked dehydrogenases.[33, 34] By taking care to protect the intracellular organelles from the damage produced while preparing frozen sections, by prior fixation with concentrated cold formalin, succinic dehydrogenase could be localized in mitochondria and exceptionally in other intracellular structures.[59] This is revealed in Fig. 5. Furthermore, by carrying out the histochemical reaction with fresh unfrozen chips of tissue, followod by fixation, dehydration and embedding in methacrylate it proved possible to demonstrate succinic dehydrogenase under the electron microscope with nitro-BT and with a new synthetic iodo derivative of nitro-BT.[3, 19] The introduction of MTT [3-(4,5-dimethyl-thiazolyl-2)-2,5-diphenyl tetrazolium bromide], a monotetrazolium salt that yields a formazan capable of chelating cobalt, with consequent reduction in solubility[41] was less successful than nitro-BT. An attempt to improve on MTT by the introduction of a nitro group into the N-2 phenyl ring of MTT gave as expected, an even more active hydrogen acceptor, but the cobalt chelate of the formazon crystallized too readily.[20]

Evidence has been provided that the various tetrazolium salts accept hydrogens from different points in the respiratory chain of electron transport of succinoxidase. Electrons funnel off at an earlier level to the nitro analogues[37] and with the help of phenazine methosulfate, electrons may be obtained from succinic dehydrogenase itself.[36]

CYTOCHROME OXIDASE

Although the Nadi reaction has been known for over seventy years, its application to tissue sections has not given satisfactory histochemical results.[27] Its shortcomings are due to rapid fading of the final pigment, crystallization of the pigment, need for using very thick sections, deposition of the pigment in coarse granules, and the lipophilic character of the pigment.[32] That the method revealed cytochrome oxidase which is identical with indophenol oxidase has been clear since 1938.[21]

The first problem in developing a satisfactory application of the Nadi principle was to find agents which would yield pigments of greater stability, less crystallinity and less solubility and at the same time make no sacrifice in reactivity. Both the naphtholic and phenylene diamine components were varied. A satisfactory method was provided by the reaction of 1-naphthol and 4-amino-1-N,N-dimethyl naphthylamine (ADN).[32] An indonaphthol purple pigment was obtained with thin tissue sections, which was more stable and more satisfactorily distributed in tissue than the indophenol blue of the Nadi reaction. The color was much more permanent and the granules were fine and anatomically distributed. The later recommendation of using N-phenyl p-phenylene diamine in the Nadi reaction gives a stable pigment and similar distribution, but has a much greater tendency to crystallize.[6]

Recent attempts to develop agents which will yield pigments with strong chelating properties, have shown that alizarin, 5-hydroxy quinoline, naphtho resorcinol, and 1,5-dihydroxy naphthalene may be used with ADN

(Fig. 6). The chelates so obtained are somewhat less lipid soluble than indonaphthol purple, but the ideal agent for electron microscopy has not yet been developed.

SUMMARY

The historical features of the evolution to the present state of perfection is briefly summarized for acid phosphatase, esterase, leucine aminopeptidase, succinic dehydrogenase and cytochrome oxidase. It was shown that major advance in methodology was accomplished by the design and synthesis of appropriate reagents to fulfill the stringent requirements of morphological histochemistry and cytochemistry.

BIBLIOGRAPHY

1. ATKINSON, E., MELVIN, S. and FOX, S. W., Some properties of 2, 3, 5, triphenyl tetrazolium chloride and several iodo derivatives. *Science*, 1950, **111**: 385–387.
2. BARRNETT, R. J. and SELIGMAN, A. M., Histochemical demonstration of esterases by production of indigo, *Science*, 1951, **114**: 579–582.
3. BARRNETT, R. J., *Vierter Internationaler Kongress für Electronenmikroskopie*. Berlin, 1960, p. 91.
4. BURSTONE, M. S. and FOLK, J. E., Histochemical demonstration of aminopeptidase. *J. Histochem. Cytochem.*, 1956, **4**: 217–226.
5. BURSTONE, M. S., Histochemical demonstration of acid phosphatases with naphthol AS-Phosphatase. *J. Nat. Cancer Instit.*, 1958, **21**: 523–539.
6. BURSTONE, M. S., New histochemical techniques for the demonstration of tissue oxidase (cytochrome oxidase). *J. Histochem. Cytochem.*, 1959, **7**: 112–122.
7. BURTON, J. F., Histochemical demonstration of acid phosphatase by an improved azo dye method. *J. Histochem. Cytochem.*, 1954, **2**: 88–94.
8. ESSNER, E. and NOVIKOFF, A. B., Human hepatocellular pigments and lysosomes. *J. Ultrastruct Res.*, 1960, **3**: 374–391.
9. FOLK, J. E. and BURSTONE, M. S., Chromogenic leucyl substrate for aminopeptidase and papain. *Proc. Soc. Exp. Biol.* New York, 1955, **89**: 473–476.
10. FRIEDMAN, O. M. and SELIGMAN, A. M., Preparation of naphthyl acid phosphates. *J. Am. Chem. Soc.*, 1950, **72**: 624–625.
11. GOMORI, G., Microtechnical demonstration of phosphatase in tissue sections. *Proc. Soc. Exper. Biol. Med.*, 1939, **42**: 23–26.
12. GOMORI, G., Sources of error in enzymatic histochemistry. *J. Lab. Clin. Med.*, 1950, **35**: 802–809.
13. GOMORI, G., An improved histochemical technic for acid phosphatase. *Stain Tech.*, 1950, **25**: 81–85.
14. GOMORI, G., Histochemistry of esterases. *Int. Rev. Cytol.*, 1952, **1**: 323–335.
15. GREEN, M. N., TSOU, K. C., BRESSLER, R. and SELIGMAN, A. M., The colorimetric determination of leucine aminopeptidase activity with L-leucyl-β-naphthylamide hydrochloride. *Arch. Biochem. Biophys.*, 1955, **57**: 458–474.

16. HOLT, S. J., A new principle for the histochemical localization of hydrolytic enzymes. *Nature*, 1952, **169**: 271–273.

17. HOLT, S. J., The value of fundamental studies of staining reactions in enzyme histochemistry with reference to indoxyl methods for esterase. *J. Histochem. Cytochem.*, 1956, **4**: 541–554.

18. HOLT, S. J. and WITHERS, R. F., Studies in enzyme cytochemistry. V. An appraisal of indigogenic reactions for esterase localization. *Proc. Roy. Soc. Bri.*, 1958, **148**: 520–532.

19. KARMARKAR, S. S., BARRNETT, R. J., NACHLAS, M. M. and SELIGMAN, A. M., Synthesis of p-nitrophenyl substituted tetrazolium salts containing iodine and other groups. *J. Am. Chem. Soc.*, 1959, **81**: 3771–3775.

20. KARMARKAR, S. S., PEARSE, A. G. E. and SELIGMAN, A. M., Preparation of nitro-tetrazolium salts containing benzothiazole. *J. Org. Chem.*, 1960, **25**: 575–578.

21. KEILIN, B. and HARTREE, E. F., Cytochrome oxidase. *Proc. Roy. Soc. Bri.*, 1938, **125**: 171–186.

22. KUHN, R. and JERCHEL, D., Über Invertseifen. VII. Mitteil.: Tetrazolium Salte. *Ber. dtsch. Chem. Ges.*, 1941, **74B**: 941–948.

23. KUN, E. and ABOOD, L. G., Colorimetric estimation of succinic dehydrogenase by triphenyl tetrazolium chloride. *Science*, 1949, **109**: 144–147.

24. LAKON, G., Topographischer Nachweis der Keimfähigkeit des Mais durch tetrazolium Salze. *Ber. dtsch. Botan. Ges.*, 1942, **60**: 299–305.

25. LEHRER, G. M., and ORNSTEIN, L., A diazo coupling method for the electron microscopic localization of cholinesterase. *J. Biophys. Biochem. Cytol.*, 1959, **6**: 399–406.

26. MENTEN, M. L.,JUNGE, J. and GREEN, M. M., A coupling histochemical azo dye test for acid phosphatase in the kidney, 1944, **153**: 471–477.

27. MOOG, F., Cytochrome oxidase in early chick embryos. *J. Cell. Comp. Physiol.*, 1943, **22**: 223–231.

28. NACHLAS, M. M. and SELIGMAN, A. M., The histochemical demonstration of esterase. *J. Nat. Cancer Instit.*, 1949, **9**: 415–425.

29. NACHLAS, M. M., CRAWFORD, D. T. and SELIGMAN, A. M., The histochemical demonstration of leucine aminopeptidase. *J. Histochem. Cytochem.*, 1957, **5**: 264–278.

30. NACHLAS, M. M., TSOU, K. C., DESOUZA, E., CHENG, C. S. and SELIGMAN, A. M., Cytochemical demonstration of succinic dehydrogenase by the use of a new p-nitrophenyl substituted ditetrazole. *J. Histochem. Cytochem.*, 1957, **5**: 420–436.

31. NACHLAS, M. M., YOUNG, A. C., and SELIGMAN, A. M., Problems of enzymatic localization by chemical reactions applied to tissue sections. *J. Histochem. Cytochem.*, 1957, **5**: 565–583.

32. NACHLAS, M. M., CRAWFORD, D. T., GOLDSTEIN, T. P. and SELIGMAN, A. M., The histochemical demonstration of cytochrome oxidase with a new reagent for the Nadi reaction. *J. Histochem. Cytochem.*, 1958, **6**: 445–456.

33. NACHLAS, M. M., WALKER, D. G., and SELIGMAN, A. M. A histochemical method for the demonstration of diphosphopyridine nucleotide diaphorase. *J. Biophys. Biochem. Cytol.*, 1958, **4**: 29–38.

34. NACHLAS, M. M., WALKER, D. G. and SELIGMAN, A. M., Histochemical demonstration of protein-bound alpha-acylamido carboxyl groups. *J. Biophys. Biochem. Cytol.*, 1958, **4**: 169–176.

35. NACHLAS, M. M., GOLDSTEIN, T. P., ROSENBLATT, D. H., KIRSCH, M. and SELIGMAN, A. M., Influence of chemical structure on the rate of Azo coupling and its significance in histochemical methodology. *J. Histochem. Cytochem.*, 1959, **7**: 50–65.
36. NACHLAS, M. M., MARGULIES, S. I. and SELIGMAN, A. M., A colorimetric method for the estimation of succinic dehydrogenase activity. *J. Biol. Chem.*, 1960, **235**: 499–503.
37. NACHLAS, M. M., MARGULIES, S. I. and SELIGMAN, A. M., Sites of electron transfer to tetrazolium salts in the succinoxidase system. *J. Biol. Chem.*, 1960, **235**: 2739–2743.
38. NACHLAS, M. M., ROSENBLATT, D. H., MONIS, B. and SELIGMAN, A. M., Improvement in the histochemical localization of leucine aminopeptidase with a new substrate L-leucyl-4-methoxy-2-naphthylamide. *J. Biophys. Biochem. Cytol.*, 1960, **7**: 261–264.
39. PADYKULA, M. A., The localization of succinic dehydrogenase in tissue sections of the rat. *Am. J. Anat.*, 1952, **91**: 107–145.
40. PEARSE, A. G. E., *Histochemistry, Theoretical and Applied.* Little, Brown, 1953.
41. PEARSE, A. G. E., Intracellular localization of dehydrogenase systems using monotetrazolium salts and metal chelation of their formazans. *J. Histochem. Cytochem.*, 1957, **5**: 515–526.
42. PEARSON, B. and DEFENDI, V., Histochemical studies of succinic dehydrogenase by means of tetrazolium in rat liver tumors induced by p-dimethylaminoazobenzene. *Cancer Res.*, 1955, **16**: 593–597.
43. ROSENBLATT, D. H., NACHLAS, M. M. and SELIGMAN, A. M., Synthesis of m-methoxynaphtholamines as precursors for chromogenic substrates. *J. Am. Chem. Soc.*, 1958, **80**: 2463–2465.
44. RUTENBURG, A. M., GOFSTEIN, R. and SELIGMAN, A. M., Preparation of a new tetrazolium salt which yields a blue pigment on reduction and its use in the demonstration of enzymes in normal and neoplastic tissues. *Cancer Res.*, 1950, **10**: 113–121.
45. RUTENBURG, A. M., WOLMAN, M. and SELIGMAN, A. M., Comparative distribution of succinic dehydrogenase in six mammals and modification in the histochemical technic. *J. Histochem. Cytochem.*, 1953, **1**: 66–81.
46. RUTENBURG, A. M. and SELIGMAN, A. M., The histochemical demonstration of acid phosphatase by a post-incubation coupling technique. *J. Histochem. Cytochem.*, 1955, **3**: 455–470.
47. RUTENBURG, A. M. and SELIGMAN, A. M., Protein binding of azo dyes by tissue homogenates. *J. Histochem. Cytochem.*, 1956, **4**: 17–22.
48. SCARPELLI, D. G. and PEARSE, A. G. E., Physical and chemical protection of cell constituents and the precise localization of enzymes. *J. Histochem. Cytochem.*, 1958, **6**: 369–376.
49. SELIGMAN, A. M. and MANHEIMER, L. H., A new method for the histochemical demonstration of acid phosphatase. *J. Nat. Cancer Instit.*, 1949, **9**: 427–434.
50. SELIGMAN, A. M. and RUTENBURG, A. M., 6-Aroyl and 6-aryl-2-naphthols. *J. Am. Chem. Soc.*, 1950, **72**: 3214–3216.
51. SELIGMAN, A. M., CHAUNCEY, H. H. and NACHLAS, M. M., Effect of formalin fixation on the activity of five enzymes in rat liver. *Stain Tech.*, 1951, **26**: 19–23.
52. SELIGMAN, A. M. and RUTENBURG, A. M., The histochemical demonstration of succinic dehydrogenase. *Science*, 1951, **113**: 317–320.
53. SELIGMAN, A. M., HANKER, J., SHNITKA, T. and SEAMAN, A., Unpublished work.

54. SHELTON, E. and SCHNEIDER, W. C., On usefulness of tetrazolium salts as histochemical indicators of dehydrogenase activity. *Anat. Rec.*, 1952, **112**: 61–81.

55. SHNITKA, T. and SELIGMAN, A. M., Role of esteratic inhibition on localization of esterase and the simultaneous cytochemical demonstration of inhibitor sensitive and resistant enzyme species. *J. Histochem. Cytochem.*, 1961, **9**: 504-527.

56. TAKAMATSU, H., Histologische under Biochemische Studien über die Phosphatase; histochemische Untersuchungsmethodik der Phosphatase und deren Verteilung in verschiedenen Organen und Geweben. *Tr. Soc. path. jap.*, 1939, **29**: 492–498.

57. TSOU, K. C., CHENG, C. S., NACHLAS, M. M. and SELIGMAN, A. M., Syntheses of some p-nitrophenyl substituted tetrazolium salts as electron acceptors for the demonstration of dehydrogenases. *J. Am. Chem. Soc.*, 1956, **78**: 6139–6144.

58. WACHSTEIN, M. and MEISEL, E., Histochemistry of "Thiolacetic acid esterase" in relation to DeDuve's lysosomes, (Abstr.). *J. Histochem. Cytochem.*, 1960, **8**: 317–318.

59. WALKER, D. G. and SELIGMAN, A. M., Formalin fixation in the cytochemical demonstration of succinic dehydrogenase of mitochondria. *J. Biophys. Biochem. Cytol.*, 1961, **9**: 415-427.

FIG. 1. Rat kidney tubular epithelium. Calcium-formal fixation for 12 hours. Frozen section. Acid phosphatase by the post-incubation coupling method using 6-benzoyl-2-naphthyl phosphate and Fast Blue B. Note the localization of enzyme in mitochondria as well as the non-mitochondrial localization of acid phosphatase. × 1000.

FIG. 2. Kidney tubular cell of adult male rat. Calcium-formal fixation for 12 hours. Frozen section. Arsanilate-resistant esterase in droplets (blue) and arsanilate-sensitive esterase in surrounding cytoplasm (red). Naphthol-AS method of Shnitka and Seligman.[55] × 1000.

FIG. 3. Rat liver. Same procedure as Fig. 2. Fluoride-resistant esterase along bile canaliculi (blue) and fluoride-sensitive esterase in hepatic cytoplasm (red). × 1000.

FIG. 4. Rat mast cells in prostate stroma. Fresh frozen sections. Leucine aminopeptidase using 4-methoxy-L-leucyl-2-naphthylamide, Fast Blue B, and copper chelation. Note red droplets in the cytoplasm of the mast cells.[38] × 2000.

FIG. 5. Rat liver. Using the procedure of Walker and Seligman,[59] 1 mm thick slices were fixed in 20 per cent formalin at 4° for 6 minutes, rapidly quenched and cut at 2μ. Stained for succinic dehydrogenase with nitro-BT.[30] Note discrete, spherical mitochondria in hepatic cells. They are delineated as with the classical method of Regaud. Compare excellence of this photograph with that of liver in Fig. 9, reference 1, which was not fixed with formalin prior to preparing frozen sections. × 1500.

FIG. 6. Rat tongue. Fresh frozen sections stained for cytochrome oxidase[32] using ADN with 5-hydroxy-quinoline and chelated with $K_2Pd\,Cl_4$. Note enzymatic activity in A bands as well as in mitochondria. × 2000.

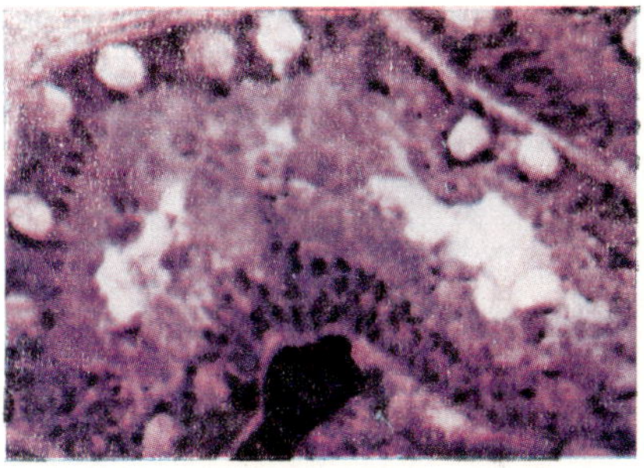

FIG. 1

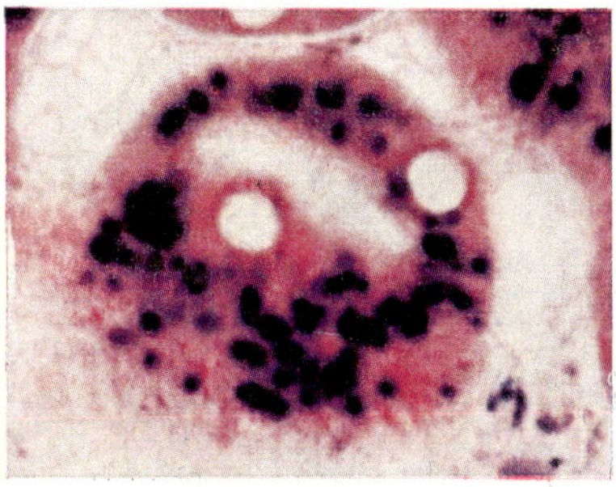

FIG. 2

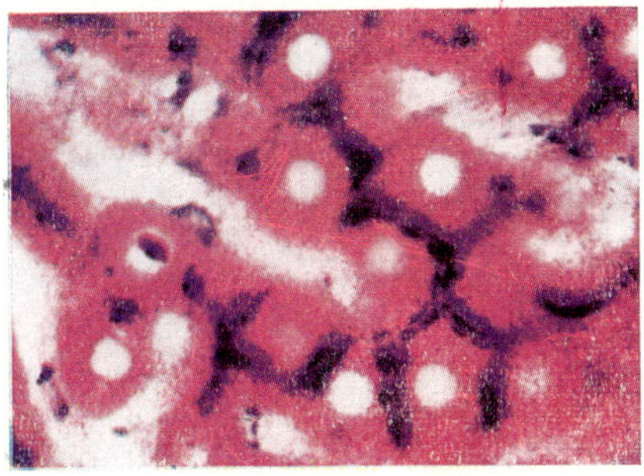

FIG. 3

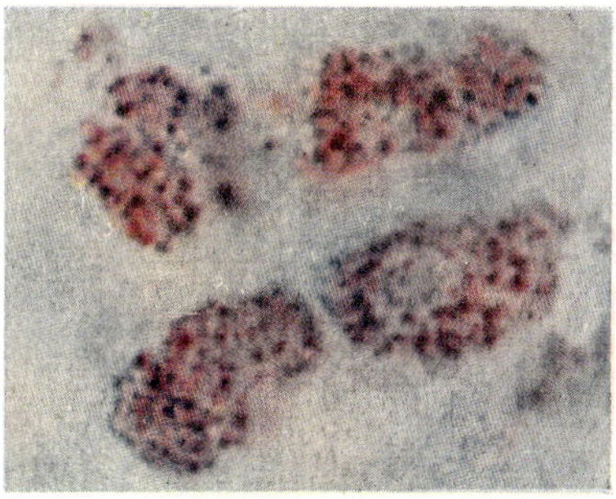

FIG. 4

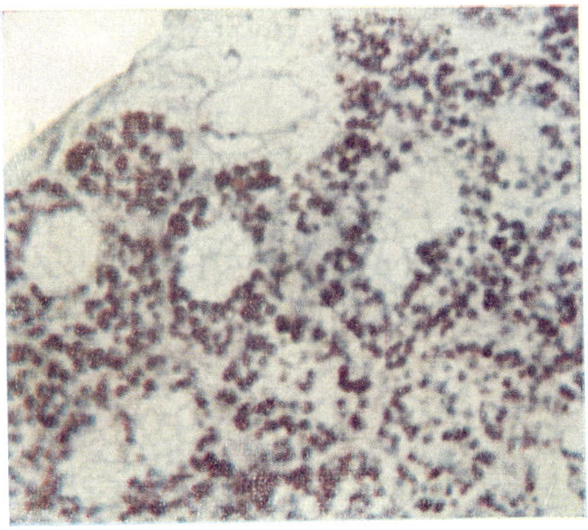

FIG. 5

FIG. 6

HISTOSPECTROGRAPHIE DE FLUORESCENCE: RELATIONS FONCTIONNELLES ET BIOCHIMIQUES

B. DE LERMA

Institut de Zoologie et Anatomie comparée de l'Université de Bari (Italie)

L'HISTOSPECTROGRAPHIE de fluorescence consiste dans l'enregistrement photographique et dans l'analyse quantitative du spectre de la lumière de fluorescence émise sous microscope, sous l'excitation ultraviolette, par une zone bien délimitée d'une coupe. Le but de la méthode est l'identification des substances responsables de l'émission qui sont contenues dans le tissu. Dans ce type de recherche histophysique, le critérium que l'on est généralement conduit à suivre est celui de la comparaison entre le spectre de la structure examinée et ceux de composés chimiques connus que l'on présume être présents sur la coupe. En effet, la microspectrographie de fluorescence acquiert par ses finalités mêmes toute la valeur d'une méthode histochimique.

L'appareillage qu'il convient de réaliser est déjà indiqué implicitement dans la définition même de la méthode: il s'agit, dans ses parties essentielles, d'un microscope à fluorescence, fourni d'une lampe d'excitation (on emploie généralement des lampes à vapeur de Hg à haute pression) avec filtres optiques adaptés à l'isolement des raies à envoyer sur la préparation, d'objectifs speciaux pour la fluoromicroscopie, etc. et d'un spectrographe de bonne luminosité qui doit être relié au microscope de façon que la délimitation précise de la structure fluorescente dont on veut photographier le spectre soit assurée avec une précision absolue.

Certains éclaircissements préliminaires, toutefois, sont nécessaires.

Il convient avant tout d'avertir que par l'expression "analyse quantitative du spectre" photographié au microscope on veut entendre l'évaluation de la distribution spectrale de l'energie dans le flux de la lumière de fluorescence, et non le dosage de la "quantité" de substances fluorescentes qui sont liées à une structure donnée. En effet une recherche d'histospectrographie de fluorescence n'est pas obligatoirement posée, pour le but que l'on se propose, par rapport à des questions qui se rapportent à des microdosages sur les coupes, comme c'est le cas en microspectrophotométrie d'absorption.

Quant à l'expression de "structure fluorescente" elle se rapporte ici à une image lumineuse que l'on peut faire correspondre sur la coupe à une localisation précise, au niveau histologique ou cytologique, d'un matériel fluorescent qui peut résulter simplement accumulé comme tel ou être lié à une microsctructure donnée: accumulations intra- ou extracellulaires de pigment, formations paraplasmatiques les plus diverses, et jusqu'à des structures et organules cellulaires (par ex. mitochondries) à proprement parler. Dans tous les cas, il s'agit de *fluorescences figurées*, en tant qu'elles rendent visibles des accumulations morphologiquement délimitées de matériels ou des microstructures auxquelles sont liées des substances luminescentes. Ces effets photochimiques acquièrent dans la topochimie de la cellule et des tissus une signification évidemment différente de celle que l'on pourrait attribuer aux fluorescences dites diffuses qui, d'une manière plus ou moins évidente, intéressent parfois des masses entières de cytoplasme peu différencié ou des zones de substances intercellulaires homogènes. Il nous semble qu'il faille accepter en histotopochimie la conception d'une fluorescence localisée en sens morphologique: il s'agit en effet d'un aspect particulier de la question plus générale de la correspondence que l'on cherche d'établir, dans une recherche histochimique, entre microstructures et leur composition chimique, parce que le flux de fluorescence qui se dégage en des points donnés de la coupe par excitation ultraviolette représente ici le paramètre physique qui révèle la présence des substances liées à la structure étudiée. Il ne faut pas oublier que très souvent à une substance fluorescente qui prévaut nettement dans une structure donnée, peuvent être associées d'autres substances voisines ou même totalement différentes et pareillement fluorescentes. En ce qui concerne également les substances photosensibles, la chimie des tissus nous présente les possibilités les plus variées: des cas de substances exclusivement présentes ou dominant dans une structure cellulaire donnée ou dans un type donné de cellule, à des conditions de mélanges ou d'associations plus ou moins intimes de substances fluorescentes. On peut rappeler ici, comme exemple du premier type d'un intérêt histochimique plus immédiat, les cellules entérochromaffines dans lesquelles l'entéramine est le composant chimique fondamental que l'on rend évident au microscope à fluorescence après la fixation dans le formol, les dépôts intra- et extracellulaires de porphyrines, les granulations à ptérines des cellules épithéliales d'arthropodes, la vitamine A contenue dans les inclusions lipidiques des cellules hépatiques et d'autres organes. Il est évident que dans le cas des mélanges ou associations de substances dans une même structure, l'analyse ne peut être généralement, en lui-même, suffisant pour une identification certaine des divers composants. Elle représente, dans tous les cas, un élément descriptif d'une signification chimico-physique d'intérêt indubitable, qui peut fournir aussi de bons indices d'orientation en ce qui concerne le problème histochimique de l'identification des substances composantes: ceci est rendu plus facile, en un certain sens, quand il est possible d'éloigner par des solvants convenables quelques-uns des composants, quand l'irradiation ultra-violette prolongée donne lieu à des effets photochimiques plus ou moins apparents, de façon à pouvoir établir une comparaison qui se rapporte à divers stades de modifications quali-quantitatives du mélange de substances étudié.

La recherche microspectrographique apparait mieux définie dans ses possibilités, quand il s'agit de substances seules ou dominant nettement sur d'autres. Il s'agit dans ces cas — comme on l'a déjà dit — d'une identification par comparaison, avec des substances de contrôle connues, et non d'une détermination en sens absolu comme pourrait l'être, par exemple, celle des raies caractéristiques d'un élément donné présent dans un territoire tissulaire dont on enregistre photographiquement sur une coupe le spectre d'émisssion (histospectrographie d'émission: voir Policard et Morel, 1932, Policard, 1933).

Une recherche en microspectrographie de fluorescence serait utilement complétée ensuite par l'étude des caractéristiques d'absorption du matériel. Si celui-ci est pourvu d'une couleur propre que l'on apprécie bien déjà sous l'épaisseur d'une coupe (une dizaine de microns), l'évaluation de l'absorption sélective dans le visible dévient, dans ce cas, vraiment nécessaire pour la définition précise des caractéristiques du spectre de fluorescence du matériel examiné: c'est à dire qu'il faut mesurer l'autoabsorption qui se produit dans la région spectrale dans laquelle bande d'absorption et de fluorescence se superposent. Ceci se produit pour les lipopigments (lipofuscines, lipochromes, substances céroïdes, etc.) qui, particulièrement abondantes dans certains organes (dans le tissue interstitiel du testicule, dans l'ovaire), se présentent sous l'aspect de dépôts intra- ou extracellulaires épais très étendus et doués de fluorescence de divers effets chromatiques, du rouge foncé à l'orange, jusqu'au jaune tendant au vert. Puisque la propre couleur aussi de ces masses résulte suivant l'endroit plus ou moins chargée en diverses tonalités de rouge orangé, un effet d'autoabsorption plus ou moins marqué de la lumière de fluorescence se vérifie en modifiant les caractères du spectre d'émission que l'on enregistre au microscope: seulement si l'on tient compte de la fraction autoabsorbée, les différences que l'on apprécie sur les spectrogrammes peuvent être évaluées dans leur juste mesure, comme l'expression des differences eventuelles de composition chimique du matériel étudié sur coupes. Une recherche dans ce sens apparait très délicate. En effet, il convient de tenir compte en microspectrophotométrie, en plus des facteurs relatifs aux instruments de mesure (optique du microscope, du monochromateur, du spectrographe, appareillage photoélectrique, etc.) également des diverses causes d'erreur liées à la nature microscopique même des objets considérés (c.f. Lison, 1953, Naora, 1955, Sandritter, 1958, Leuchtenberger, 1958, Pollister et Ornstein, 1959). Dans une mesure d'absorption dans le spectre visible—pour rester dans les limites de notre problème—les principaux facteurs d'erreur à considérer sont ceux dûs à l'hétérogénéité optique du matériel ("l'erreur de distribution", suivant Leuchtenberger, *loc. cit.*), à l'orientation éventuelle des molécules absorbantes et, parfois, même aux pertes de lumière par réflexion et réfraction aux "interfacies" de différents indices de réfraction (absorption non spécifique).

Il s'agit là, évidemment, de facteurs limitatifs qui sont aussi valables dans une certaine mesure de l'autoabsorption dans le cas de la fluorescence, avec la complication que les divers points de la couche absorbante sont eux-mêmes la source de la photoémission*: c'est pourquoi l'absorption qui, aux diverses longueurs d'onde, correspond aux différentes couches très minces en lesquelles on pourrait subdiviser idéalement un amas pigmentaire, est une fonction très compliquée de la profondeur de la couche même dans l'épaisseur de la coupe, de la distribution et, parfois, de l'orientation moléculaire aussi d'un matériel qui est à la fois fluorescent et absorbant dans une même région spectrale dans laquelle bande d'émission et d'absorption se superposent.

Il ne résulte pas qu'une étude approfondie dans ce sens ait été effectuée jusqu'à présent.

De toute façon, si le matériel fluorescent se révèle pratiquement dépourvu de couleur propre sur des coupes très minces, de 5–6 μ, la recherche spectrographique de fluorescence peut laisser de côté, sans modifier de façon sensible la valeur des résultats, la mesure de l'absorption dans le visible. En tout cas, l'eventuelle constance des caractères spectrographiques relatifs à un matériel largement distribué sur une même coupe, rend encore plus certaine la fidélité de la recherche fluoromicroscopique. En revenant par exemple pour un moment encore, au cas des lipopigments on doit relever comme l'uniformité des caractères spectrographiques, que l'on peut constater dans des conditions physiologiques ou même pathologiques données, non seulement fournit un critérium objectif et immédiat de carac-

* Ce qui rend tout à fait négligeable l'effet Schwarzschild-Villiger en ce qui concerne l'autoabsorption de la lumière de fluorescence, étant donné que la source de la photoémission en s'identifiant avec la structure fluorescente, est elle-même de l'ordre de grandeur de quelques μ, comme l'exige la correction de Naora (Naora, 1955).

térisation descriptive du matériel en question, mais permet aussi de définir une condition chimico-physique particulière qui correspond à un stade déterminé d'auto-oxydation du pigment, auquel correspond tout un ensemble de propriétés histochimiques, optiques et de solubilité et colorabilité (c.f. de Lerma, 1959). En conséquence, l'analyse du spectre de fluorescence d'un matériel non suffisamment connu du point de vue histochimique, peut fournir une orientation utile pour l'évaluation d'une condition chimico-physique donnée de ce matériel.

La mesure de l'absorption du matériel fluorescent n'est pas seulement utile, parfois nécessaire, pour la définition précise du spectre d'emission (dans la zone où il y a superposition entre bandes d'absorption et d'emission), mais constitue une donnée intégrative de recherche fort importante, en ce qui concerne l'identification chimique des substances fluorescentes. Il est bien connu qu'il existe, en effet, une étroite relation entre spectre de fluorescence et spectre d'absorption; pour les substances fluorescentes dans le spectre visible et dépourvues ou presque de couleur propre, l'absorption est généralement comprise dans l'ultraviolet. Malheureusement, la plupart des substances luminescentes que l'on rencontre dans les tissus résultent pratiquement transparentes à l'ultraviolet sous l'épaisseur d'une coupe, une spectrophotométrie d'absorption dans l'ultraviolet ne résultant probante dans de pareilles conditions que pour les acides nuc léiques — lesquels grâce à la forte absorption des bases puriniques et pyrimidiniques autour de 260 mμ peuvent être déterminés quali- et quantitativement sur les coupes — et pour certains aminoacides (tryptophane, tyrosine), substances dépourvues de fluorescence significative du point de vue histochimique.† D'autre part, les lipides aussi bien que leurs dérivés par oxydation, qui sont doués de fluorescence, résultent en général sur les coupes pratiquement transparents à l'ultraviolet, tandis que divers acides gras, les céphalines, tout en présentant une forte absorption au-dessous de 300 mμ (Caspersson, 1936; Ellinger, 1937), sont présents dans les tissus à des concentrations généralement trop basses pour qu'il soit possible d'en mesurer l'absorption de façon précise (voir Sandritter, 1958). En fluoromicroscopie, au contraire, le rôle limitatif de l'épaisseur et de la concentration est moins marqué, parce que si le pouvoir de fluorescence en est suffisamment élevé, même une quantité extraordinairement petite de substance peut être révélée sur coupe. Pearse (1960) considère avec juste raison la fluoromicroscopie comme une méthode de sensibilité très élevée, supérieure peut-être dans ce sens à toute autre technique histophysique.

† Le tryptophane, sous excitation avec $\lambda = 280$ mμ, résulte fluorescent dans l'ultraviolet avec un maximum à 355 mμ (Sprince, Rowley et Jameson 1957).

Etant donné donc la difficulté de pouvoir associer avec efficacité, dans la plupart des cas, la microspectrophotométrie de fluorescence à celle d'absorption dans l'ultraviolet et (à moins qu'il ne s'agisse de pigments) même dans le visible, il faut se demander dans quelles limites l'étude des effets de fluorescence sur les coupes peut en elle-même contribuer à la solution de problèmes histochimiques.

Nous voulons préciser tout de suite que la fluorescence a été attribuée à la présence dans la molécule de groupes spéciaux, "fluorogènes", dont la plupart auraient une structure en noyaux: le noyau benzénique et certaines structures hétérocycliques (azine, thiazine, etc.) étant fondamentalement importants pour les phénomènes de luminescence. Mais la bande de fluorescence, comme celle d'absorption, doit être mise en relation non seulement avec un groupement chimique particulier, qui acquerra, dans un certain sens, un caractère fonctionnel (les "fluorogènes" pour la fluorescence, les "chromophores" pour l'absorption), mais aussi en rapport avec la molécule dans son ensemble, comme un tout unique.

L'étude des relations entre fluorescence et structure chimique apparait donc d'une importance fondamentale pour l'évaluation histochimique de la méthode de la fluoromicroscopie. Mais cette étude, que nous pourrions limiter dans le cas des composés organiques d'un intérêt biologique, à celle des *relations fonctionnelles* (attendu l'extrême complexité des structures moléculaires), exige dans tous les cas une connaissance plutôt approfondie des aspects physiques du phenomène de la fluorescence. C'est pourquoi nous voulons préciser avant tout dans sa signification physique le phénomène de la fluorescence parmi ceux de la photoémission en général de la part des atomes et des molécules, pour passer ensuite à l'analyse des spectres de fluorescence, dans leurs rapports de même avec les spectres d'absorption.

La fluorescence consiste dans l'émission de lumière de la part d'une substance sur laquelle s'exerce une photoexcitation par des radiations d'une longeur d'onde donnée; émission qui cesse, pratiquement, à la fin de l'excitation. La fluorescence entre donc dans ce type d'émissions de "lumières froides" ou photoluminescences qui peuvent être définies comme des "light emission excited by light absorption" (Pringsheim 1949). C'est en effet par photoabsorption qu'augmente l'énergie du système — l'atome, un groupe d'atomes, une structure moléculaire entière — et cette énergie, si des phénomènes de transformation ou de dissipation n'interviennent pas ou n'interviennent que partiellement, doit être reémise en tout ou partie sous forme de radiations, avec le retour du système aux conditions initiales.

La lumière de fluorescence est habituellement d'une longueur d'onde supérieure à celle d'excitation (loi de Stokes). Le temps qui s'écoule entre l'absorption et l'émission est très bref, de l'ordre de 10^{-8} sec. Habituellement l'énergie est une partie de celle absorbée et, par suite, le *quantum* moyen de la lumière de fluorescence est inférieur à celui d'excitation; en conséquence, la longueur d'onde de la radiation émise, suivant la règle de Stokes, est supérieure à celle de la lumière excitatrice absorbée. Le maximum du spectre de fluorescence est en effet, dans la généralité des cas dans lesquels entrent certainement les molécules organiques photoémissives présentes dans les tissus, déplacé vers le rouge par rapport à celui d'absorption. Ce déplacement vers de longueurs d'onde plus grandes s'explique par le principe de Franck-Condon (voir Jablonski, 1931), et trouve une représentation graphique très simple et satisfaisante — dans le cas des molécules biatomiques — au moyen de l'emploi des courbes d'énergie potentielle (énergie potentielle du système en fonction de la distance entre les noyaux atomiques: Fig. 1). Il résulte évident, à l'observation du graphique, que la fréquence absorbée (lumière excitatrice) AA' est supérieure

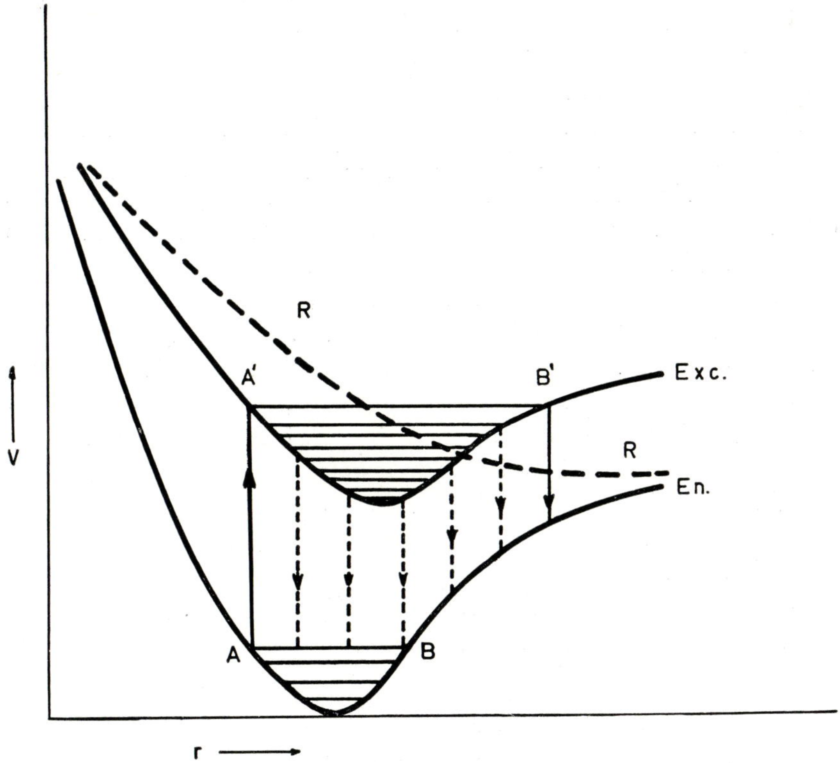

FIG. 1. Courbes d'énergie potentielle d'une molécule biatomique dans les états fondamental (*E n.*) et excité (*Exc.*).

à toutes celles qui peuvent être reémises: le spectre de la luminescence s'étend et se dégrade dans le sens des plus grandes longueurs d'onde. On parle de *résonance optique* quand la lumière reémise, monochromatique, a la même fréquence que celle absorbée: le rendement de la fluorescence est égal à 100 pour cent, parce que le *quantum* de la radiation de fluorescence est égal à celui d'excitation; c'est le cas des gaz et vapeurs métalliques monoatomiques.

Suivant la théorie quantique, un processus aussi bien d'émission que d'absorption correspond au passage entre deux états ou niveaux énergétiques d'un système (atome ou molécule). Si l'on indique par E_a et E_b les énergies qui correspondent à deux niveaux *a* et *b* du système, la relation suivante s'établit entre la variation interne d'énergie $E_b - E_a$ et la frequence de la radiation émise ou absorbée:

$$E_b - E_a = h\nu$$

dans laquelle $h = 6{,}62 \cdot 10^{-27}$ erg sec. est la constante de Planck ($h\nu$ est le *quantum* d'énergie qui correspond à la frequence ν).

Le cas le plus simple est celui des lignes de résonance des gaz et des vapeurs métalliques monoatomiques: vapeurs de sodium, de Hg, résonance dans le néon, etc. Quand l'atome se trouve dans son stade fondamental absorbe une radiation d'une fréquence donnée, il est porté à un état excité qui correspond à un niveau d'énergie plus élevé; un de ces électrons, le plus externe (électron optique), se porte de son orbite fondamentale à une autre de contenu énergétique supérieur. La permanence dans l'état excité est de l'ordre de 10^{-8} sec. et, s'il n'intervient pas d'autres causes de désactivation, l'énergie est reémise comme radiation de fluorescence: si le retour à l'état fondamental se produit avec une seule transition, on a une ligne de résonance de fréquence égale à celle absorbée. Ceci a lieu pour toutes les vapeurs des éléments métalliques des deux premières colonnes du système périodique. Mais si le retour à l'état fondamental survient par sauts intermédiaires (par exemple dans le cas des vapeurs du coesium), le spectre d'émission se révèle formé de diverses lignes. Dans le cas idéal d'une reémission d'énergie égale à toute celle absorbée, la somme des quanta émis dans les diverses transitions se révèle égale à l'énergie d'excitation ($h\nu_1 + h\nu_2 + \ldots\ldots = h\nu$); en conséquence, les fréquences émises sont inférieures à celle absorbée.

Le mécanisme quantique de l'absorption et de l'émission se complique dans le cas des molécules, parce que l'énergie interne n'est plus complètement déterminée par la configuration des électrons; en effet, interviennent aussi les *énergies d'oscillation* des atomes le long de la ligne qui relie les noyaux et les *énergies de rotation* de la molécule entière autour de ses axes d'inertie. L'énergie interne de la molécule W peut être donnée avec une première approximation par la somme de trois termes:

$$W = E_e + E_v + E_r$$

qui correspondent respectivement aux états électroniques, d'oscillation et de rotation.

L'absorption et l'émission dépendent toujours de transitions entre deux niveaux électroniques, mais à chaque état correspond toute une série de niveaux d'oscillation et, à chacun de ces derniers, se superposent divers niveaux de rotation. Graphiquement, les états de l'énergie interne de la molécule peuvent être représentés par des séries de lignes horizontales qui figurent les divers niveaux énergétiques, groupés en une double infinité pour chaque état électronique (Fig. 2). Il apparait en émission, pour une absorption

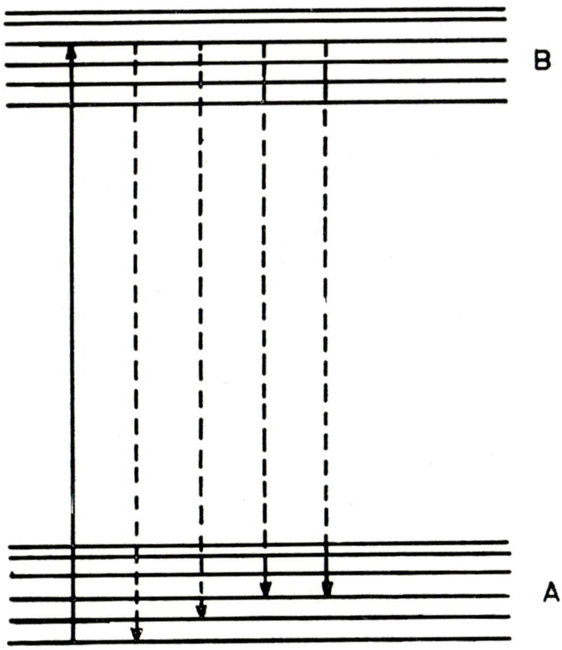

FIG. 2. Diagramme de niveaux énérgetiques d'une molécule: les lignes horizontales correspondent à deux séries de niveaux d'oscillation pour deux états électroniques (*A* et *B*).

monochromatique, diverses lignes (multiplets) correspondant à des niveaux d'oscillation différents, tandis que les lignes très rapprochées des niveaux de rotation peuvent constituer un fond presque continu.

Les spectres acquièrent une structure plus complexe, laquelle déjà dans le cas des gaz et vapeurs polyatomiques (fluorescence de NO_2, de SO_2, de vapeurs d'aldéhyde formique HCHO, d'acétone CH_3COCH_3, du benzène C_6H_6 et dérivés, etc.) apparait d'une interprétation théorique

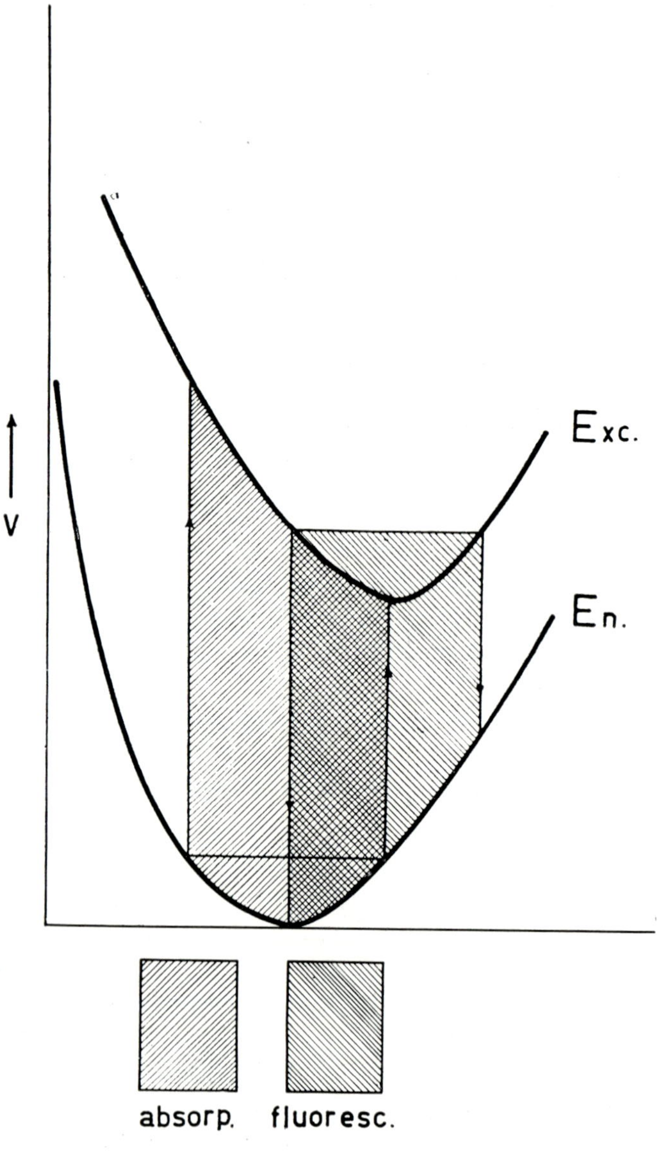

FIG. 3. Mécanisme d'émission de fluorescence dans un système condensé. (D'après Jablonski , 1931.)

difficile: il s'agit de séquences de groupes de bandes dont chacune est formée de lignes très nombreuses se resserrant toujours plus vers le début de chaque bande (exemple le spectre de fluorescence de la vapeur de benzène).

Dans les états condensés (liquides et solides purs, solutions liquides et solides) les conditions se révèlent ultérieurement et énormément compliquées parce qu'interviennent, de façon bien plus marquée que dans l'état de vapeur, des phénomènes de conversions internes d'energie, de pré-dissociation, de polymérisation et en général de photoréactions, à la suite des interactions qui s'établissent entre molécules excitées et molécules du milieu environnant (Fig. 3).

On peut aussi avoir un effet prononcé d'atténuation, jusqu'à l'extinction de la fluorescence. "The probability of internal conversion is greatly enhanced in condensed systems for two reasons. If, in a polyatomic vapor, the electronic excitation energy of an isolated molecule is converted to high vibrational energy of the electronic ground state, the inverse process must occur after some time. This fluctuation of energy from one form to the other may be repeated more than once, but as long as no collision takes place, the absorbed energy must eventually be reemitted as radiation. Whenever a molecule has acquired a high vibrational energy in a condensed system, this energy is almost immediately dissipated into thermal agitation of the surrounding medium and is never restored to the initially excited molecule. Also a molecule in a condensed system, especially in a solution, can form some sort of complex with surrounding molecules, e.g., of the solvent". (Pringsheim, 1949, p. 285)

On peut consulter utilement à ce sujet les récents travaux de Belikova, Galanin et Chizhikova (1956), de Levshin (1956) et de Stevens et Boudart (1957). Vladimirov (1957) a traité à fond la question de la possibilité de transfert de l'énergie d'une molécule excitée à d'autres molécules semblables dans une solution. En effet, dans le système tyrosine-tryptophane-phénylalanine en milieu phosphatique, la fluorescence de l'alanine résulte, selon l'Auteur, d'une reémission de l'énergie qu'elle reçoit de la phénylalanine. Il n'y aurait pas, au contraire, de possibilité de transfert de l'énergie électronique d'excitation par les bases puriniques et pyrimidiniques de l'acide nucléique, aux groupes aromatiques des protéines. En tout cas, des molécules de grande compléxité ont d'autant moins la possibilité de donner lieu à des dissipations par conversion interne de l'énergie absorbée que plus rigide en est leur structure. C'est la raison, on peut affirmer, pour laquelle les substances benzéniques et celles à noyaux hétérocycliques condensés sont presque toutes fortement fluorescentes. "Internal conversion seems to be less frequent in molecules with the rigid structure which is greatly favored by the formation of closed rings. This is the modern version of the fluorogen hypothesis. Thus, nearly all known aromatic hydrocarbons which consist exclusively of condensed phenyl rings are fluorescent." (Pringsheim, *loc. cit.*, p. 394)

C'est évidemment le cas des états condensés qui intéresse de plus près l'histochimiste, parce qu'il s'agit, en définitive, dans les tissus, d'ensembles de substances organiques qui sont à l'état de solution d'une viscosité plus ou moins élevée. Le spectre de fluorescence qu'on enregistre sur coupes (aussi bien que celui d'absorption) résulte en général d'une bande (parfois de bandes) continue, large et diffuse, souvent aux limites estompées: en effet, les états d'oscillation et de rotation qui se superposent aux diverses transitions électroniques ne sont plus nettement quantifiés en des séries discontinues, en raison des interactions avec les molécules du solvant. En plus, l'interférence de divers facteurs inhérents à l'état chimico-physique particulier du protoplasme, contribue à modifier plus ou moins considérablement les caractéristiques spectrophotometriques du flux de fluorescence, de sorte qu'il n'est pas toujours possible d'établir une comparaison digne de foi, pour l'identification chimique, entre le spectre que l'on enregistre sous microscope sur coupes ou dans la cellule vivante et ceux des substances pures de contrôle, que l'on présume se trouver dans le tissu.

En effet, les facteurs qu'il faut envisager dans une recherche soignée d'histospectrographie de fluorescence sont bien nombreux et complexes: viscosité, pH du milieu, influence de l'intensité et de la longueur d'onde de la lumière excitatrice, réactions photochimiques, concentration des substances atténuatrices de la fluorescence qu' on peut trouver parfois dans la structure microscopique à étudier, concentration des substances fluorescentes mêmes, temperature, éventuelle orientation moleculaire du matériel et polarisation de la fluorescence, etc. (c.f. de Lerma 1958, 1959). Pour ce qui concerne les techniques des préparations (action des fixateurs, méthode de congélation-dessiccation, coupes par congélation de tissus frais) on peut consulter avec profit le travaux de Sjöstrand (1945), de Stockinger (1951), de Loiseleur et Prudhomme (1942), de Neves et Castro (1957), ainsi que les oeuvres de caractère général sur la microscopie de fluorescence.

Nous voulons donner maintenant un schéma du mécanisme d'émission d'une molécule polyatomique, dans lequel on peut faire entrer les phénomènes de la fluorescence et de la phosphorescence en même temps. Pour de nombreuses substances organiques d'interêt biologique et histochimique, en effet, des effets de phosphorescence peuvent s'associer à ceux de fluorescence. Ce schéma (Fig. 4), tiré d'un intéressant travail de Rosenberg (1955), peut être ainsi illustré. L'absorption d'une radiation de fréquence donnée conduit la molécule, que nous imaginons se trouver dans son état fondamental, à un niveau énergétique d'oscillation qui n'est pas obligatoirement le plus bas parmi ceux correspondant à la nouvelle configuration électronique. Avec le retour à l'état électronique fondamental, l'énergie d'excita-

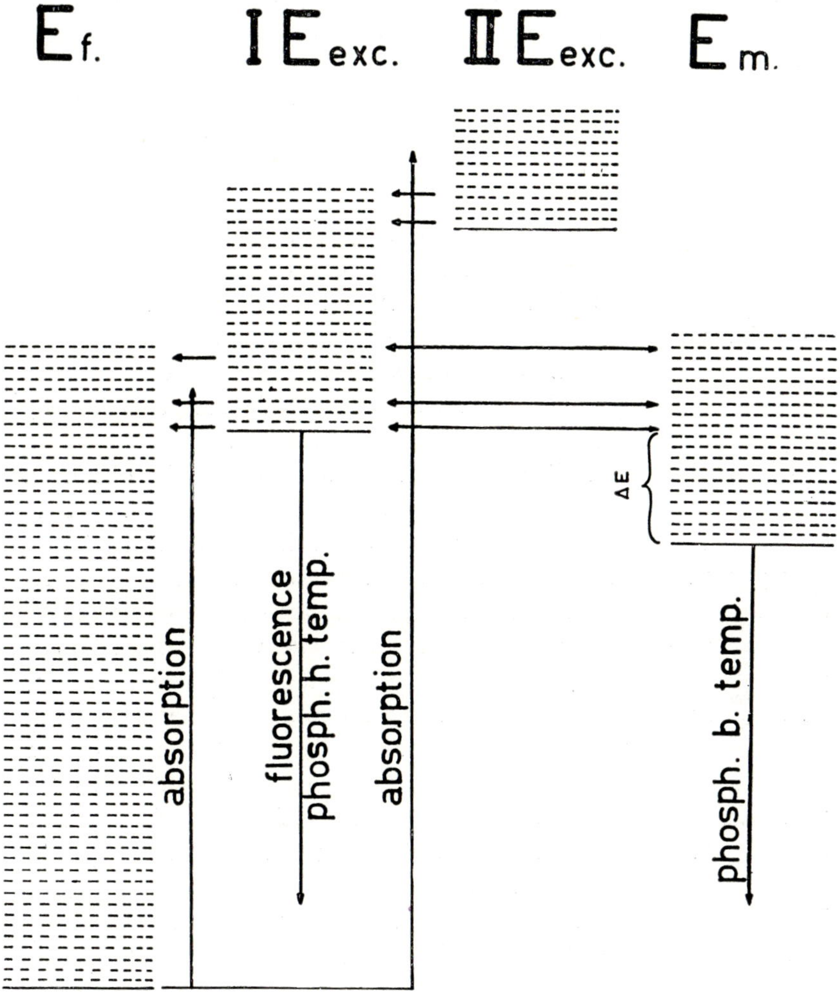

FIG. 4. Diagramme de niveaux énérgetiques d'une molécule polyatomique pour le mécanisme d'émission de fluorescence et de phosphorescence et pour le passage, à basse température, de l'état de fluorescence à l'état de phosphorescence: *Ef.*, état électronique fondamental; *IEexc.*, premier état d'éxcitation; *II Eexc.*, deuxième état d'excitation; *Em.*, état métastable. (D'après Rosenberg, 1955.)

tion est partiellement reémise (avec augmentation de la longueur d'onde), tandis que l'excès d'énergie d'oscillation est dissipé en chaleur. Mais entre l'état excité et celui fondamental il peut se déterminer un état intermédiaire (à la suite d'une dissipation d'une partie de l'énergie d'activation) dans lequel la molécule peut rester pendant un temps supérieur à 10^{-8} sec, et jusqu'à plusieurs secondes. Avec le retour à l'état fondamental, on a une reémission retardée de lumière: c'est en ceci que consiste l'effet de phosphorescence. Tandis qu'à de hautes températures le spectre de phosphorescence se révèle égal à celui de fluorescence, à des températures basses il apparait des bandes considérablement déplacées vers le rouge. Il faut rappeler à ce propos que dans des solutions aqueuses refroidies, diverses substances d'importance biologique (tryptophane, tyrosine, acides nucléiques, orangé d'acridine, progestérone, oestradiol) passent par un état intermédiaire — état métastable — avant de reémettre l'énergie absorbée (Stelle et Szent-Györgyi, 1957). Suivant ces auteurs la transformation à basse température d'une fluorescence en phosphorescence serait une propriété universelle des molécules organiques à structure complexe. On peut consulter aussi à ce sujet le recent travail de Freed et Salmre (1958) sur le spectre de phosphorescence à —186° C. de composés indoliques (tryptophane, indole, 5-hidroxytryptamine, réserpine).

Il serait intéressant d'accomplir en fluoromicroscopie des observations à de basses températures. parce qu'il est fort probable que bien des fluorescences d'ensembles moléculaires présents dans les tissus animaux et végétaux peuvent donner lieu dans des conditions convenables à des luminescences plus ou moins sensiblement retardées — c'est à dire à des phosphorescences — et avec déplacement du spectre vers le rouge. Le milieu protoplasmatique dans lequel sont contenus les centres luminescents peut bien fournir en effet les conditions pour que se produisent des effets de phosphorescence. Entre les deux mécanismes de photoémission la différence substantielle réside dans le fait que tandis que la fluorescence est une transition spontanée d'un état excité à l'état fondamental, la phosphorescence, en se produisant avec le passage par un *état métastable* intermédiaire, exige l'apport d'une énergie supplémentaire extérieure au système. La source de cette énergie supplémentaire est principalement recherchée dans les mouvements d'agitation thermique. La fluorescence, à la différence de la phosphorescence dans laquelle, avec la molécule, est aussi intéressée toute une configuration structurale environnante, correspond à un mécanisme d'émission d'origine entièrement intramoléculaire.

Entre spectre d'absorption et spectre de fluorescence on peut relever, pour de nombreuses substances organiques en solution, une étroite analogie qui se traduit dans la "règle de la symétrie spéculaire" ("mirror symmetry") établie empiriquement par Levshin (1931): si les intensités de la bande d'absorption et de la bande de fluorescence sont représentées en fonction de la fréquence, les deux courbes résultent symétriques par rapport à une fréquence donnée ν qui est la moyenne entre celles correspondant aux deux maximums (Fig. 5). Cette règle peut être également déduite analytiquement d'après la théorie générale des processus d'absorption et émission (v. Förster, 1951, p. 140).

Si nous venons maintenant à l'analyse des relations que l'on peut établir entre fluorescence et structure chimique, nous donnerons avant tout un rapide coup d'oeil d'ensemble aux catégories de composés doués de cette propriété, en nous nous arrêtant spécialement sur ceux d'intérêt biochimique.

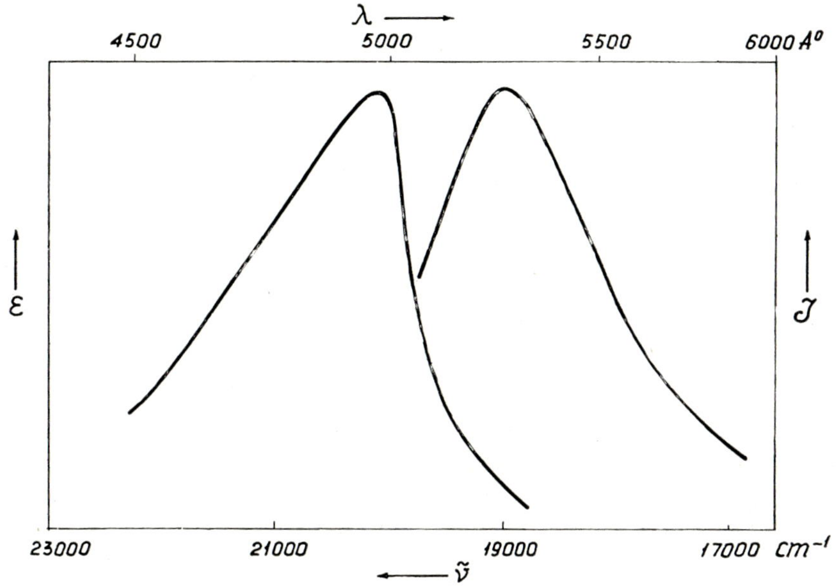

FIG. 5. Spectres d'absorption (à gauche) et de fluorescence (à droite) de la fluoresceine. (D'après Levshin, 1931.)

On sait que la fluorescence est plutôt exceptionnelle parmi les substances inorganiques, tandis qu'elle est fréquente parmi celles organiques, particulièrement parmi les composés à noyaux condensés. Résultent, en effet, fluorescents presque tous les hydrocarbures à anneaux benzéniques condensés ainsi que divers composés hétérocycliques, parmi lesquels il faut rappeler en particulier les pigments pyrroliques (Dhéré, 1937, 1950, Zscheile et Comar, 1941, Zscheile et Harris, 1943, Strain et Manning, 1942), la cumarine et ses dérivés (Wheelock, 1959), corps puriques et pyrimidiques (Stimson et Reuter, 1941). D'un intérêt histochimique sont aussi certaines vitamines et substances dérivés, comme vitamine A, thiochrome, flavine, lumichrome, lumiflavine, vitamine E (Popper, 1944, Greenberg et Popper, 1940, Casella et Reggiani, 1949, von Muralt, 1943, Eymers et v. Schouwenburg, 1937,

Kuhn et Vetter, 1935, Bessey *et al.*, 1949, de Lerma, 1949, Boni, 1950). hormones (Burn et Fiel, 1956, Eränkö, 1956, Aitken et Preedy, 1953, Bompiani, 1954, de Lerma e Bompiani, 1951, Kalant, 1958), enzymes (Verlick, 1958, Chance et Thorell, 1959), aminoacides (White, 1959, Weber, 1960, Uphaus *et al.*, 1959), ainsi que de nombreuses substances colorantes synthétiques qui trouvent une vaste emploi comme fluorochromes (fluorescéine, tripaflavine, orangé d'acridine, rhodamine B, rhodamine 6G, etc. (bibliographie très vaste: v. Förster, 1951, Nihongi et Iwasaki, 1959). Pour des renseignements générals se reporter aux nombreux ouvrages de synthèse de De Ment (1954), de Dhéré (1937, 1950), de West (1956) et aux monographies de Price et Schwartz (1956), Richards (1955) et de Lerma (1958, 1959) surtout d'orientation histologique et histochimique.

Il semblerait donc que, même si elle est largement répandue, la fluorescence doit être considérée comme une proprieté de substances spéciales. Mais il pourrait être légitime se demander, d'un point de vue théorique, s'il existe des substances dont on puisse affirmer avec certitude qu'elles ne sont pas fluorescentes. En effet, à mesure que nos connaissances progressent dans ce domaine, le nombre des substances douées de pouvoir photoémissif par excitation lumineuse augmente de jour en jour. Dans sa monographie précitée, De Ment en dresse la liste de plus de 20.000. On sait, d'autre part, que des composés organiques chimiquement définis qui sont considérés comme non fluorescents, le deviennent s'ils sont dissouts dans des solvents convenables et opportunément excités. Le phénomène exige en effet pour se manifester de façon appréciable avec certitude le concours de conditions chimico-physiques convenables, ainsi que de radiations excitatrices appropriées.

Dès 1907, Stark et Meyer avaient supposé que toutes les substances douées d'absorption sélective devaient être douées de même du pouvoir d'émettre dans des régions déterminées du spectre, une énergie rayonnante.

L'interprétation de la fluorescence en fonction de la constitution chimique part de la prémisse que, pareillement à l'absorption, le phénomène de la reémission de l'énergie absorbée doit être lié à la présence de certains groupes fonctionnels dans la molécule. Dans le cas des substances colorants, qui sont en même temps des substances fluorescentes, on attribua, à l'origine, aux chromophores, groupes insaturés, comme les groupes azo $-N{=}N-$, éthyl $=C-C=$, éthylen $-CH{=}CH-$, carbonyl $=CO$, etc., le pouvoir d'être également *luminofères*. Cette théorie fut bientôt abandonnée, et on pensa que outre le groupe chromophore, une molécule fluorescente devait en posséder un *fluorophore*. Meyer (1898), puis Stark et Meyer (1907), reconnurent dans les structures moléculaires suivantes dérivées du noyau benzénique, dont certaines de nature hétérocyclique, la siège de l'émission:

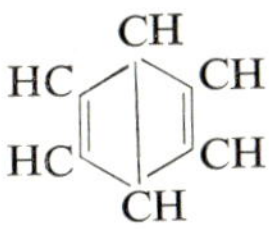

Benzène

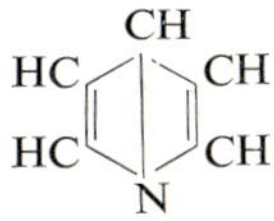

Azine

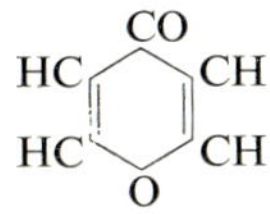

γ-Pyrone

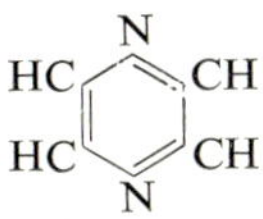

Pyrazine

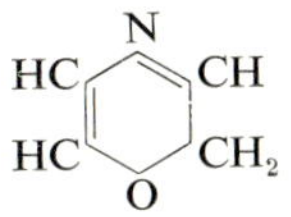

Oxazine

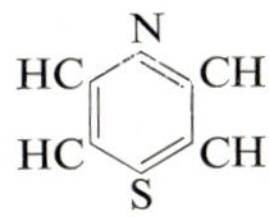

Thiazine

et admirent, en outre, que celles-ci devaient être intercalées, dans une molécule de substance fluorescente, entre d'autres groupes d'atomes qui, en empêchant des dissipations thermiques, rendraient possible une reémission de l'énergie d'éxcitation absorbée. Cette théorie fut reprise et perfectionnée par Kauffmann (1912, 1920) qui introduisit aussi la notion *d'auxochrome* (auxoflore), désigna sous ce terme un groupe qui introduit comme substituant électropositif (substituant de première espèce, selon Förster, 1951, pp. 54, 114) dans l'anneau benzénique, produit une intensification de la fluorescence et un déplacement de la bande spectrale vers le rouge.

Sont auxochromes les groupes $-OH$, $-NH_2$, $-OCH_3$. Par contre, des groupes électronégatifs comme $-COOH$, $-CHO$, $-NO_2$, $-CH{=}CH-$, $-CN$, introduits dans l'anneau benzénique produisent un affaiblissement de la fluorescence, avec un déplacement du spectre vers le rouge aussi: il s'agit de substituants de deuxième type que l'on appelle "fluorogènes". Il faut aussi rappeler les modifications moléculaires qui se produisent dans une solution à la suite de phénomènes de dissociation électrolytique, d'associations entre molécules activées et non activées, entre molécules des substances dissoutes et celles du solvant, de formations de couches moléculaires autour des molécules fluorescentes, etc.

Les caractères de la fluorescence d'une molécule donnée se modifient — on l'a vu — en ce qui concerne l'intensité et la position de la bande dans le spectre, suivant des groupes chimiques déterminés que l'on peut introduire dans la molécule elle-même. Les groupes intensificateurs sont désignés sous le terme d' "auxoflores" qui correspondent aux auxochromes dont nous avons déjà parlé. Ajoutons, maintenant, quelques précisions: on appelle effet "ipsoflore" le déplacement de la bande vers les longueurs d'onde moins grandes, "bathoflore" le déplacement en sens inverse.

Les radicaux saturés, comme le $-CH_3$, introduits dans le noyau benzénique, produisent des effets auxoflore et bathoflore; les atomes des alogènes agissent comme diminuflores, mais ne modifient pratiquement pas la bande d'émission. Les groupes $-NH_2$ et $-OH$ et leurs dérivés intensifient la fluorescence; l' $-NH_2$ en particulier, introduit dans l'anneau phénolique en position ortho, donne lieu à une intensification de l'émission dans le visible. Le nitrogruppe $-NO_2$ confère à la molécule un fort pouvoir absorbant et éteint pour cela plus ou moins complètement la fluorescence; son action est annulée par réduction à $-NH_2$. Des radicaux non saturés $-CH=CH-$ font généralement augmenter le pouvoir de fluorescence; on peut rappeler à ce sujet le stilbène qui, à différence du composé saturé correspondant, se révèle fluorescent. Le groupe carboxylique $-COOH$ et le radical $-CO$ affaiblissent la fluorescence et ont effet bathoflore, le nitril $-CN$, quoique également bathoflore, est au contraire un intensificateur.

Nous nous arrêterons maintenant pour considérer de plus près les caractéristiques de fluorescence de quelques composés d'un intérêt biologique particulier.

La fluorescence de la riboflavine est dûe au groupe iminique $=NH$ en position 3 dans le noyau alloxazinique:

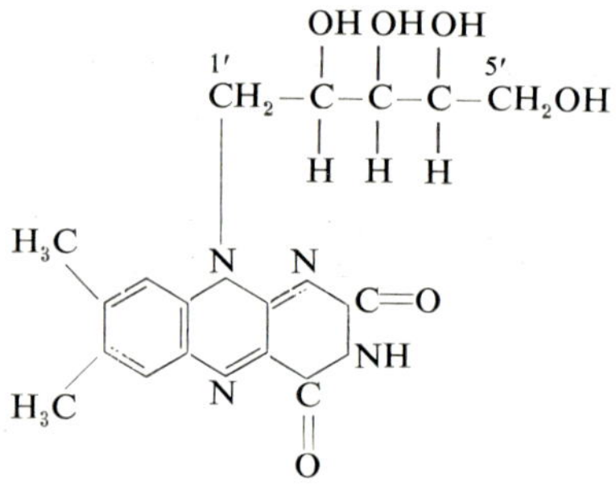

En effet, aussi bien les dérivés substitués en position 3, que les enzymes flavoprotidiques dans lesquelles la protéine spécifique se lie au groupe phosphorique et au groupe 3-iminique du phosphate de riboflavine

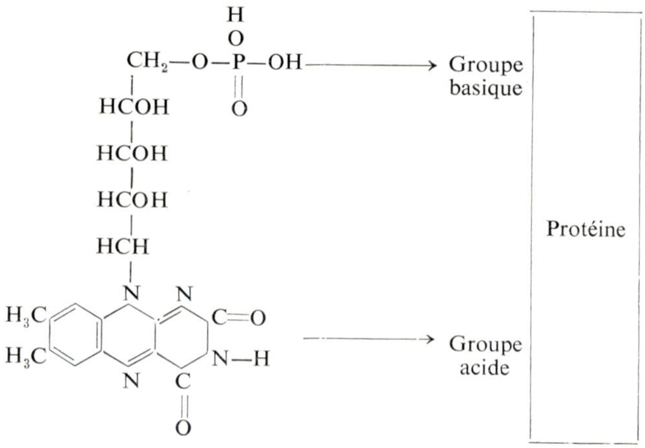

ne possédant plus le groupe iminique libre, sont dépourvus de fluorescence. D'autre part, la faible fluorescence du flavin-adénin-dinucléotide (FAD),

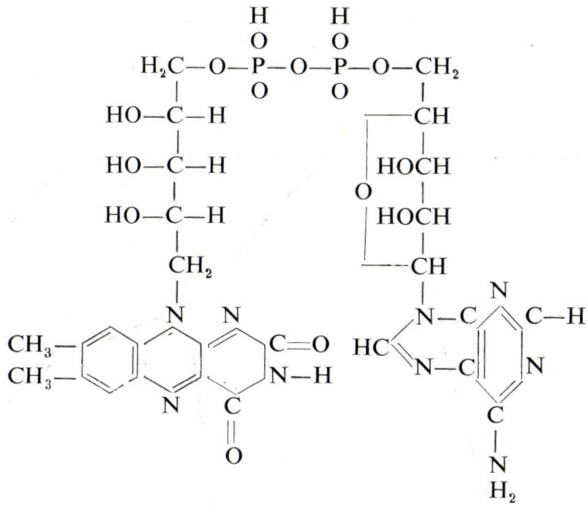

qui possède encore le groupe 3-iminique libre, serait causée, selon Weber, par un effet d'extinction dû à l'interaction qui s'établit entre le groupe alloxazinique et le noyau de l'adénine (voir Sebrell et Harris 1954). Par ailleurs, l'irradiation de la riboflavine provoque, en milieu alcalin, le détachement de la partie de la chaîne ribosique latérale contenant de l'oxygène (avec formation de la lumiflavine), tandis qu'en milieu neutre ou légèrement acide, entraîne le détachement de la chaîne ribosique entière avec formation du lumichrome. Bien que la partie fonctionnelle de la molécule responsable de la fluorescence (le groupement —CO—NH—CO—N=) reste inchangée, la bande se révèle sensiblement déplacée, avec le maximum à 520 mμ pour la lumiflavine, et à 480 pour le lumichrome, tandis que le maximum est à 545 mμ pour la riboflavine (De Lerma, 1949, Boni, 1950, Eymers et v. Schouwenburg, 1937; voir Fig. 6).

La xanthoptérine donne lieu, en solution, à une tautomérie chéto-oenolique au niveau des atomes de carbone 6 et 7; seulement la forme oenolique serait fluorescente (c.f. Albert 1954):

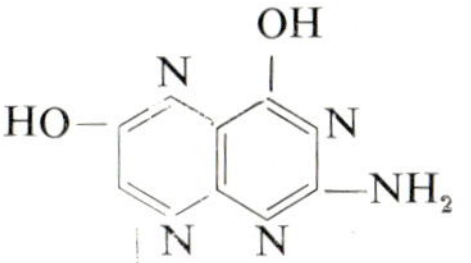

forme oenolique

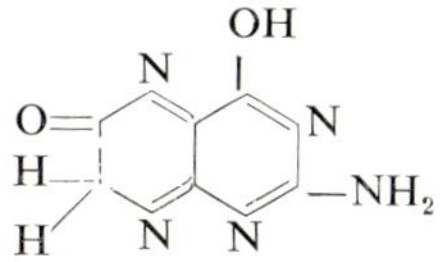

forme "chéto"

Donnons maintenant un rapide coup d'oeil à la méthode photographique que l'on peut réaliser pour une recherche en microspectrographie de fluorescence. Nous savons déjà que le dispositif doit assurer la délimitation précise sur la fente du spectrographe de la région de la coupe (la structure fluorescente) dont on veut enregistrer le spectre. Nous utilisons dans nos recherches le criterium de la spectrophotométrie photographique (c.f. Ornestein, 1935, Ornstein, Moll et Burger, 1932); c'est pourquoi nous pouvons définir la méthode en question comme "histo- ou

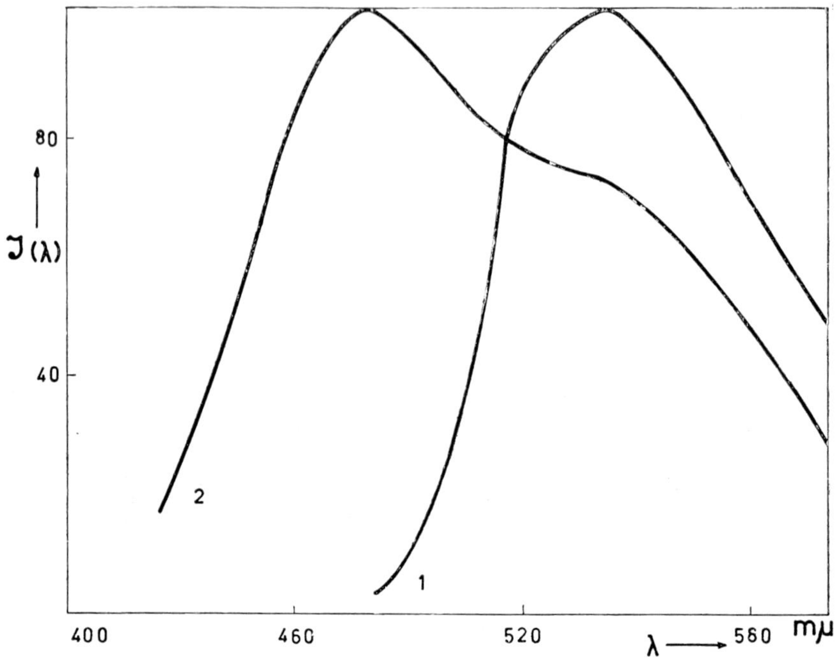

FIG. 6. Spectres de fluorescence de la riboflavine (courbe 1) et du lumichrome (courbe 2). (D'après de Lerma , 1949.)

cytospectrophotometrie photographique de fluorescence" (c.f. de Lerma, 1940, 1942, 1948). Des dispositifs pour la micro- ou histospectroscopie (de fluorescence aussi bien que d'absorption) qui utilisent la photometrie photoélectrique ont été aussi employés (Thorell, 1955; Chance et Thorell, 1959; voir aussi la description d'un dispositif pour la microspectrophotométrie télévisive de fluorescence selon Loeser, West et Schoenberg 1960).

Dans la Fig. 7 est représentée la disposition que nous avons adoptée dans nos recherches de ces dernières années. Le schéma du trajet optique est rapporté dans la Fig. 8; on indique par M un microscope-viseur spécial ou chercheur de l'image (Suchermikroskop, selon de Lerma, 1958) avec lequel on peut observer à travers la fente l'image de la structure fluorescente. Avec l'objectif pour microscope de fluorescence de grossissement propre 70×, on a sur le plan de la fente un grossissement d'un peu plus de 100 diamètres; de sorte qu'avec une fente ouverte à 0,1 mm et haute 0,2 mm on peut avec certitude spectrographier une superficie fluorescente de 1×2 μ. Il est évident que l'on peut pousser la localisation un peu au-

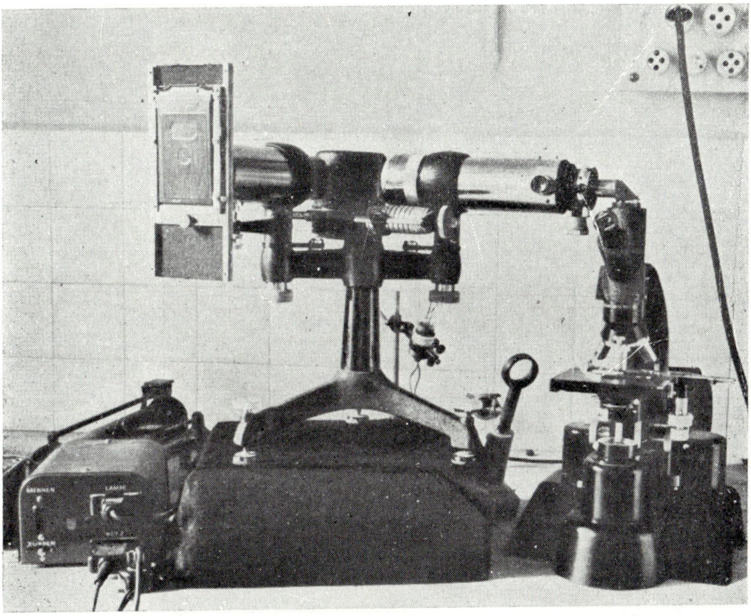

FIG. 7. Dispositif pour la microspectrographie de fluorescence. (D'après de Lerma, 1948.)

dessous du μ, en employant un objectif à immersion, et spectrographier ainsi un corpuscule fluorescent du diamètre de 1 μ; mais en pratique des grossissements plus faibles, autour de 40–60 diamètres, sont avantageux aussi bien pour la plus grande luminosité de l'image, que pour la signification statistique plus sûre qu'acquiert une détermination spectrographique obtenue par l'étude de spectrogrammes relatifs à une zone plus étendue de matériels fluorescents.

Une exigence de la microspectrographie de fluorescence à laquelle on doit chercher de satisfaire le plus possible est celle de la brièveté de la pose qui doit permettre toutefois d'obtenir sur la plaque un enregistrement du spectre d'une densité suffisante pour la doser. La luminosité de l'optique du spectrographe est une qualité très importante, qui exige l'emploi d'un appareil qui ait en même temps un pouvoir de séparation suffisant. Le spectrographe-spectromètre de Zeiss, avec bras à 90°, avec objectifs du diamètre de 54 mm, f=248 mm, s'est révélé excellent; avec plaque panchromatique rapide et encore plus avec la pellicule ultra rapide Kodak Royal-X Pan, qui a un index de rapidité correspondant, pour la lumière de fluorescence, à 32–33 DIN, on enregistre avec des poses qui vont de quelques secondes (pour la fluorescence par exemple qui se développe

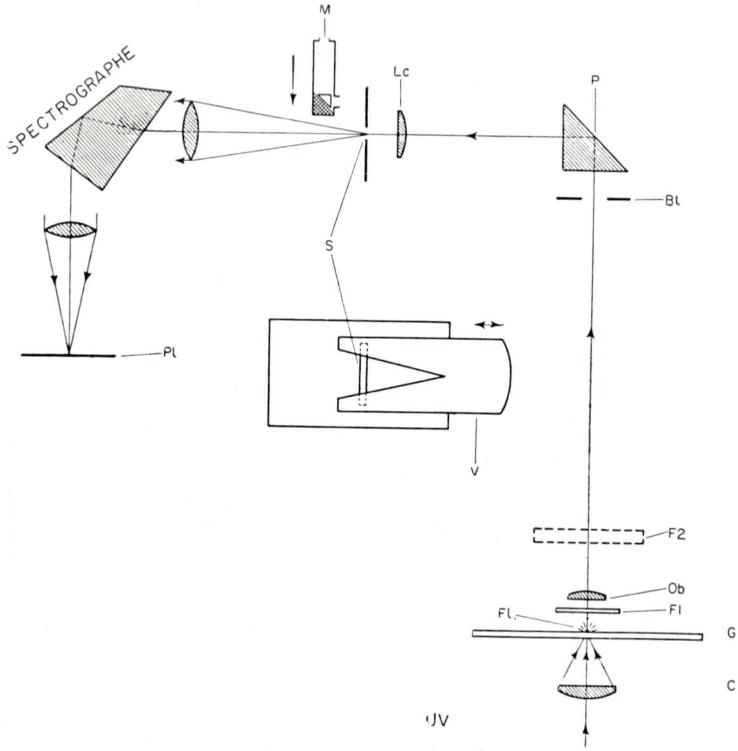

FIG. 8. Marche des rayons dans le dispositif pour la microspectrographie de fluorescence. (D'après de Lerma , 1948.)

par traitement d'hormones sexuelles avec acide sulfurique concentré, aussi bien *in vitro* que sur le tissu) à quelques minutes, jusqu'à 10′–15′, pour de faibles effets. Un dépôt de pigment à contenu lipofuscinique de l'ovaire de rongeurs est enregistré avec des poses qui ne dépassent pas 4 ou 5 minutes; une dizaine de minutes est plus que suffisante pour les cellules entérochromaffines; pour les porphyrines, des temps plus longs sont nécessaires quand on veut enregister les bandes extrèmes vers le rouge, parce qu'il convient d'employer des plaques moins rapides qui soient sensibles à ces radiations voisines de l'infra-rouge.

Ce n'est que dans peu de cas, désormais bien connus, que les spectres des substances fluorescentes d'intérêt histochimique présentent des caractères de structure capables de rendre possible l'identification du composé, déjà même à l'observation directe de la plaque. Il en est ainsi pour les porphyrines, pour le chlorophylles, pour les hydrocarbures polycycliques (qui peuvent présenter un intérêt histochimique indirect en tant qu'ils se

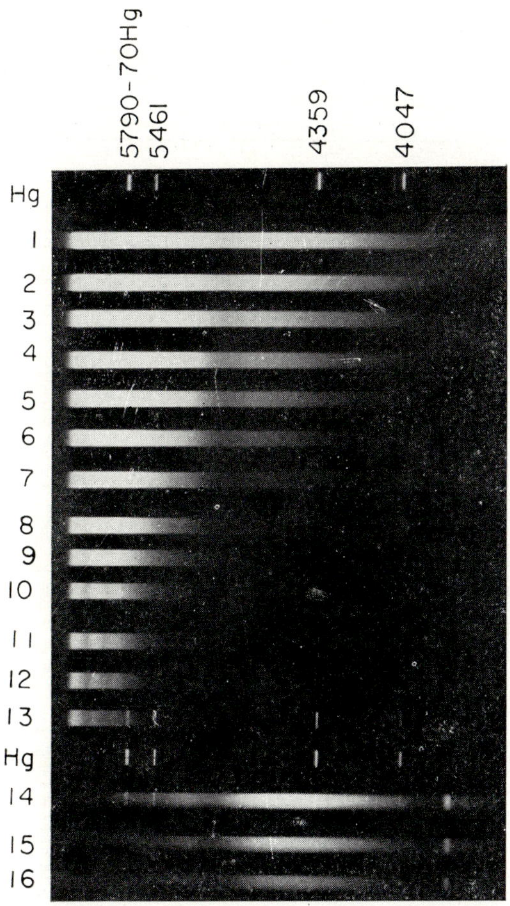

FIG. 9. Spectres d'émission (de 1 à 13; intensité du courant: 13, 12·6, 12·2,.. 8·2 ampères) de la lampe calibrée pour la comparaison spectrophotométrique, et spectres de fluorescence (14, 15, 16) enregistrés au microscope dans la zone glomérulaire du cortex de la glande surrénale du cobaye (v. Fig. 15). Grossissement sur le plan de la fente: 45× ; Largeur de la fente: 0,2 mm; exp. de 20, 12 et 6 minutes. (D'après de Lerma , 1948.)

dissolvent spécifiquement dans le corps gras) qui présentent des caractéristiques bandes étroites avec des maximums pour cela facilement déterminables sur la plaque même. Mais, plus fréquemment, les émissions que l'on enregistre au microscope sur les coupes d'organes et de tissus animaux et végétaux se résolvent en bandes spectrales larges, aux limites estompées. L'appréciation de la position du maximum (ou des maximums) sur la plaque ou sur la microphotométrie résulte très incertaine. Une analyse spectrophotométrique de la lumière de fluorescence devient nécessaire, laquelle consiste en la détermination d'une courbe continue qui exprime la variation de l'énergie dans le spectre de fluorescence en fonction de la

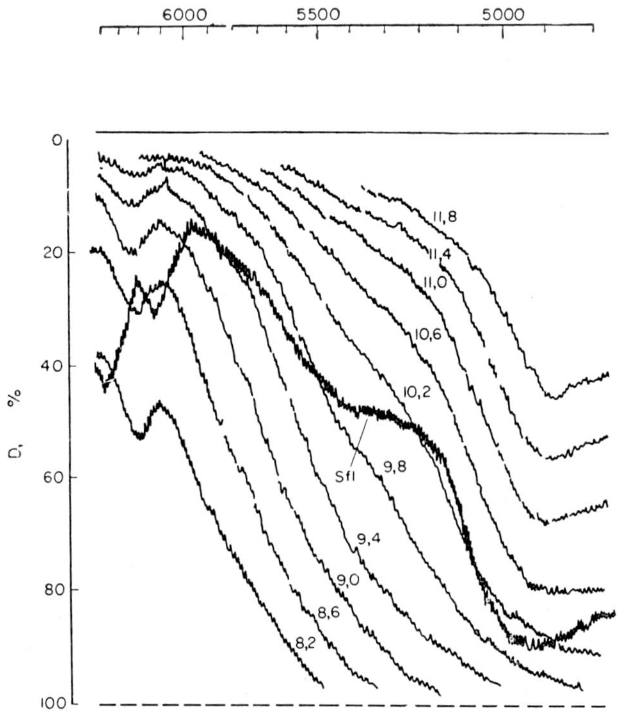

FIG. 10. Comparaison microphotométrique entre le spectre de fluorescence (*Sfl.*) enregistré sous microscope (pigment du corps jaune d'un insecte) et les spectres d'émission (de 8,2 jusqu'à 11,8) de la lampe calibrée. (D'après de Lerma, 1958.)

longueur d'onde. Cette recherche, en pratique plutôt laborieuse, exige l'emploi d'un étalon photométrique — une source de lumière à spectre continu, comme celle d'un filament ou d'un ruban métallique incandescent — dont on connait la relation entre la température absolue atteinte par le filament et l'intensité du courant d'alimentation. Avec une formule de Wien on calcule, à des températures déterminées, la distribution de l'énergie, en fonction de la longueur d'onde, dans le spectre de la lumière émise par la lampe. On photographie sur une même plaque aussi bien le spectre de la fluorescence étudiée au microscope (généralement sont suffisants trois spectrogrammes de différentes densités, obtenus en faisant varier opportunement le temps ou la largeur de la fente; l'emploi d'un secteur tournant est moins conseillable: de Lerma 1958) que ceux, dans divers degrés d'affaiblissement connus, de l'étalon photométrique de comparaison (lampe étalonnée). Dans les Figs. 9 et 10 on a rapporté une de ces successions de spectres. Par interpolation on déduit que dans le spectre de fluorescence l'énergie est distribuée par rapport à la longueur

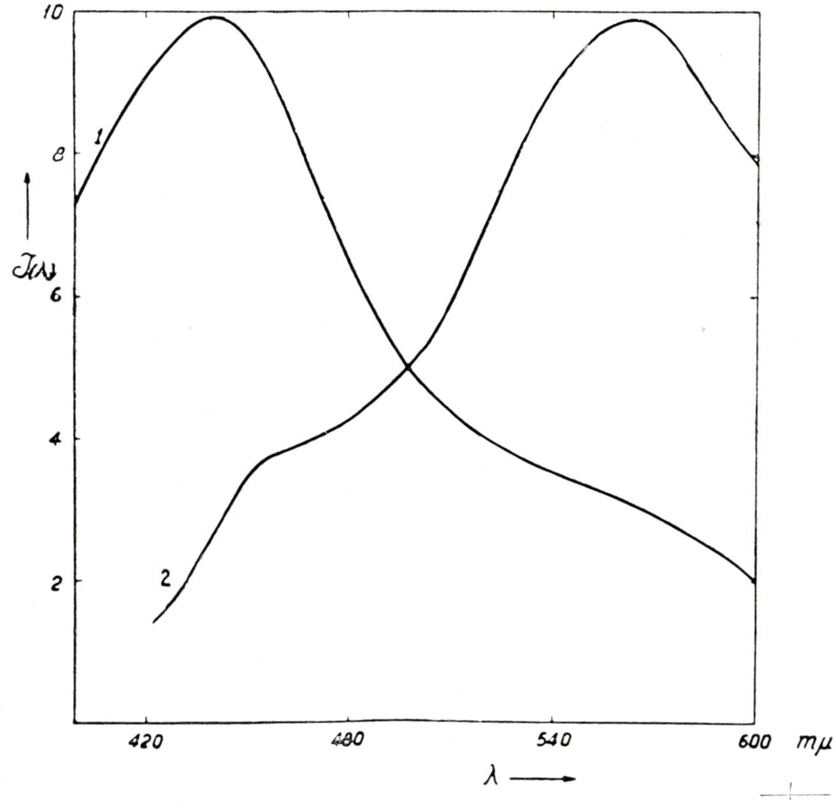

FIG. 11. Distribution de l'énergie dans les spectres de fluorescence de cellules à lutéine (courbe 1) et du corps jaune en régression (courbe 2) du cobaye. (D'après Bompiani, 1954c.)

d'onde (courbe I (λ)). Ces courbes définissent de façon complète les caractéristiques spectrophotométriques d'un flux de fluorescence. Elles constituent sans aucun doute un élément descriptif important, suffisant pour caractériser le composé ou le mélange de composés fluorescents (étant donné que ce dernier démontre des caractères de constance suffisante par rapport à des conditions normales physiologiques ou pathologiques données) que l'on individualise dans une structure cellulaire ou intercellulaire. Dans les Figs. 11, 12 sont rapportées les courbes de matériels fluorescents,

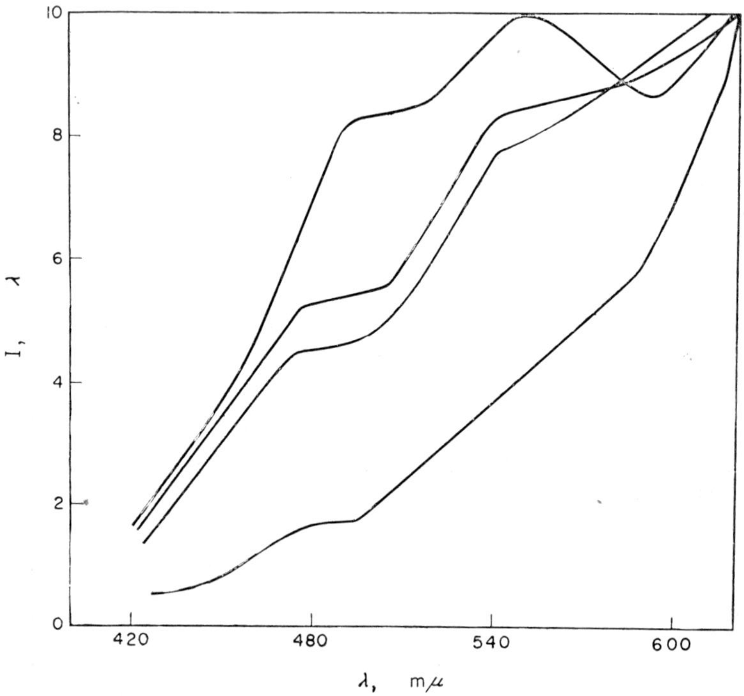

FIG. 12. Distribution de l'énergie dans les spectres de fluorescences d'amas pigmentaires à contenu lipofuscinique de la glande interstitielle du cobaye. (D'après Bompiani , 1954c.)

à contenu lipofuscinique, de la glande interstitielle de l'ovaire de cobaye.

Il peut être utile, pour des considérations d'ordre théorique, de donner la distribution spectrale de l'énergie en fonction du nombre d'onde ν au lieu de la longueur d'onde λ. En posant donc $\nu = 1/\lambda$, on a:

$$d\nu = -\frac{1}{\lambda^2} d\lambda$$

où le signe négatif indique que ν augmente avec la diminution de λ et *vice versa*. Puisque:

$$d\bar{\varphi} = I(\lambda)\, d\lambda = I(\nu)\, d\nu\,,$$

on obtient:

$$I(\nu)=I(\lambda)\frac{d\lambda}{d\nu}$$

et puisque

$$\left|\frac{d\lambda}{d\nu}\right|=\lambda^2$$

on peut écrire:

$$I(\nu)=\lambda^2\cdot I(\lambda)\,.$$

Cette transformation se révèle utile, par exemple, quand on veut décomposer une courbe de distribution énergétique non symétrique, en des composants symetriques par rapport à des fréquences que l'on peut considérer comme fréquences fondamentales de l'émission.

La coïncidence d'une distribution énergétique dans le flux d'une fluorescence étudiée au microscope, avec celle d'une substance chimiquement connue, rend évidemment très sûre une identification chimique dans le tissu.

Peu de cas ont été analysés, jusqu'à présent, avec une méthode comme celle que nous venons d'exposer qui, si elle se révèle très laborieuse, a par contre le mérite de la grande précision et certitude des résultats qu'elle permet d'atteindre. On peut rappeler à ce propos les recherches de Casella et Reggiani (1949) sur l'identification de la vitamine A dans la zone fasciculée de la surrénale de cobaye (recherches qui mériteraient un approfondissement ultérieur pour l'analyse des phénomènes d'affaiblissement par irradiation de la fluorescence verdâtre caractéristique de la fasciculée à attribuer, surtout, mais non exclusivement, à la vitamine); les nôtres (de Lerma, 1952, de Lerma et Bompiani, 1952), respectivement sur les substances fluorescentes dans l'oeuf d'orthoptères, pour l'identification, aussi bien dans des extraits que sur des coupes d'oeufs, de riboflavine et de substances ptériniques et sur la glande surrénale de cobaye (Figs. 13, 14, 15); celles de Sjöstrand (1946) sur la présence de la riboflavine dans des micro-extraits de la choroïde de l'oeil de la grenouille.

Dans la Fig. 16 on rapporte, enfin, les courbes de distribution énergétique dans le spectre de fluorescence de vitamines et de ptérines qui peuvent être utilement comparées avec les courbes que l'on peut obtenir, au moyen d'une analyse histophotométrique, par l'étude de fluorescences tissulaires particulières.

*

* *

Nous voulons maintenant présenter quelques spectrogrammes qui se rapportent à des fluorescences localisées sur des coupes de divers organes qui ont été analysées, en partie, suivant les critériums de recherche histo-spectrophotométriques que nous venons d'exposer.

Dans le tissu interstitiel du testicule de divers mammifères, en particulier chez les Equidés (cheval, âne, mulet), on trouve d'importants dépôts fluorescents (T. I) dont les caractères histochimiques et de solubilité viennent confirmer, d'accord avec l'examen spectrographique (Fig. 17), la nature chromolipoïdique.

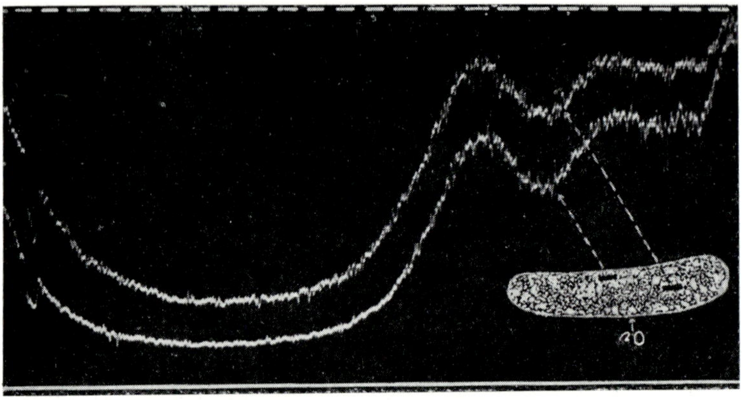

FIG. 13. Tracés au microphotomètre à travers deux spectrogrammes enregistrés sous microscope sur une coupe d'oeuf de *Locusta danica*. (D'après de Lerma, 1952.)

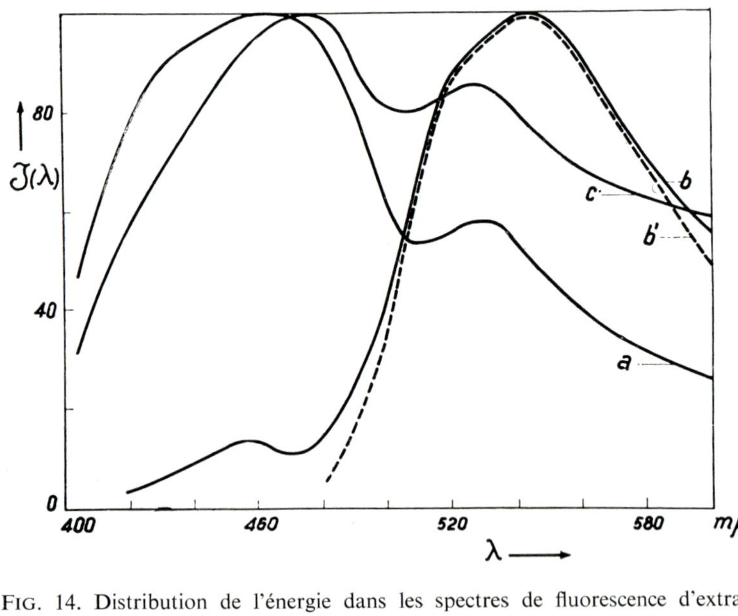

FIG. 14. Distribution de l'énergie dans les spectres de fluorescence d'extraits en milieu acide (courbe *b*) et en milieu alcaline (courbe *c*) d'oeufs de *L. danica*, aussi bien que dans le spectre enregistré sur une coupe d'oeuf (courbe *a*); *b'* est le spectre de la riboflavine. (D'après de Lerma, 1952.)

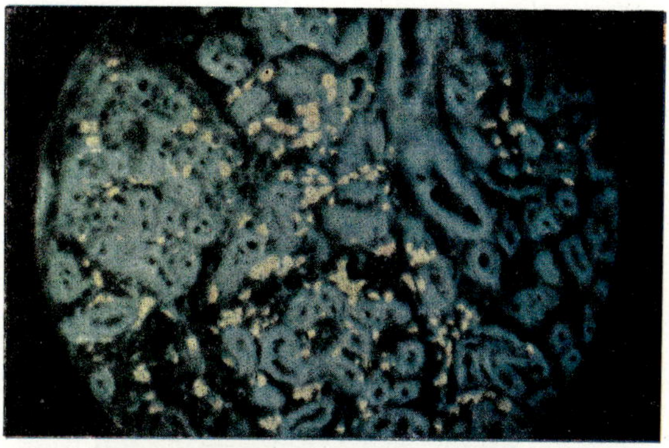

FIG. a

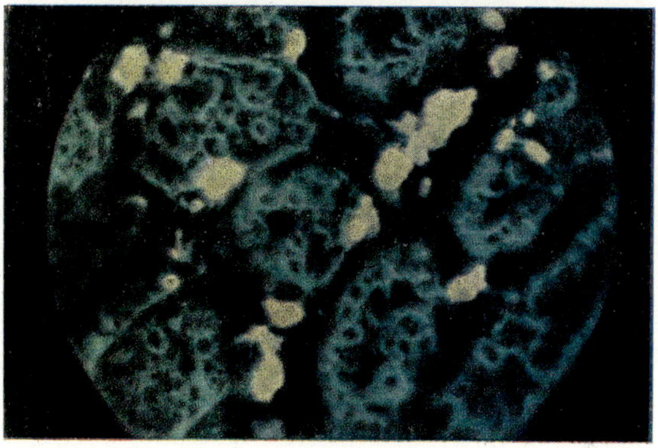

FIG. b

PLATE 1

Coupe de testicule du cheval: on observe des amas d'un pigment chromolipoidique dans le tissu interstitiel. (Original)

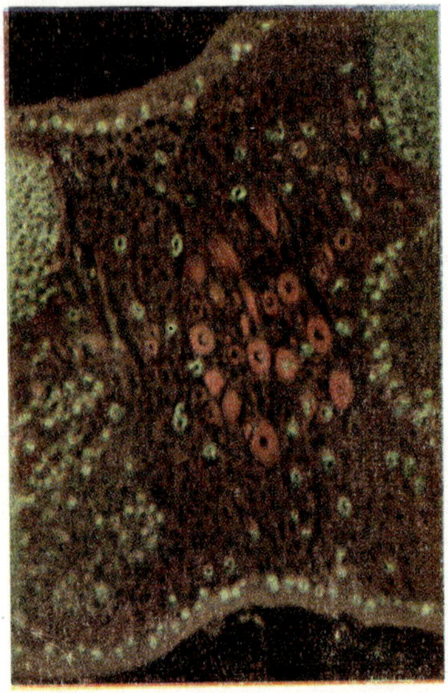

PLATE 2

Coupe de la *pars intercerebralis* du "cerebron" d'un Coléoptère *(Hydrous piceus* L.*)*. Fluorochromisation par l'orangé d'acridine. (Original)

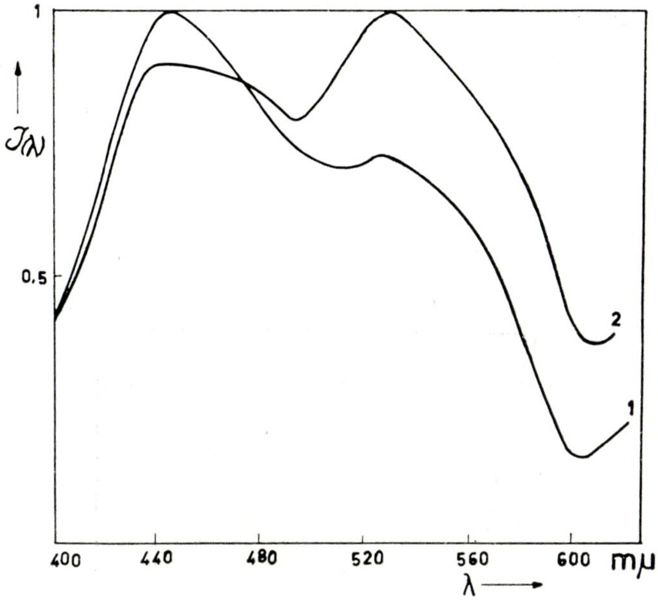

FIG. 15. Courbes de distribution de l'énergie dans le spectre de fluorescence de la zone glomérulaire (courbe 1) et de la zone fasciculée (courbe 2) du cortex de la glande surrénale du cobaye. (D'aprés de Lerma et Bompiani, 1952.)

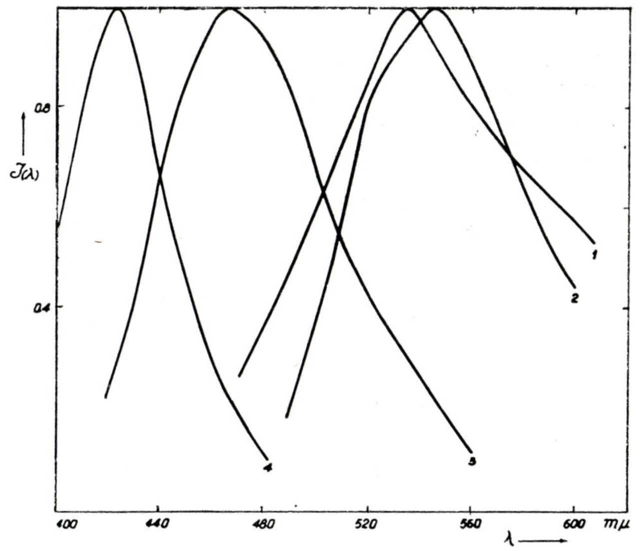

FIG. 16. Distribution de l'énergie dans le spectre de fluorescence de la vitamine A (courbe 1, d'après Casella et Reggiani, 1949), de la riboflavine (courbe 2, d'après Eymers et van Schouwenburg, 1937), de la xanthoptérine (courbe 3, d'après de Lerma, Colarusso et Boni, 1948) et de l'isoxanthoptérine (courbe 4, d'après Lowry, Bessey et Crawford, 1949). (voir de Lerma, 1948.)

Les porphyrines contenues dans la glande de Harder du rat sont à rapporter, par comparaison spectrographique, à une protoporphyrine (Cohn 1954; pour la bibliographie très riche sur les localisations histochimiques des porphyrines, consulter les oeuvres générales de Lison, 1953, de Pearse, 1960, de Dhéré, 1937, ainsi que les travaux de de Lerma, 1958, 1959, de Price et Schwartz, 1956 et de Borst et Königsdörffer, 1929).

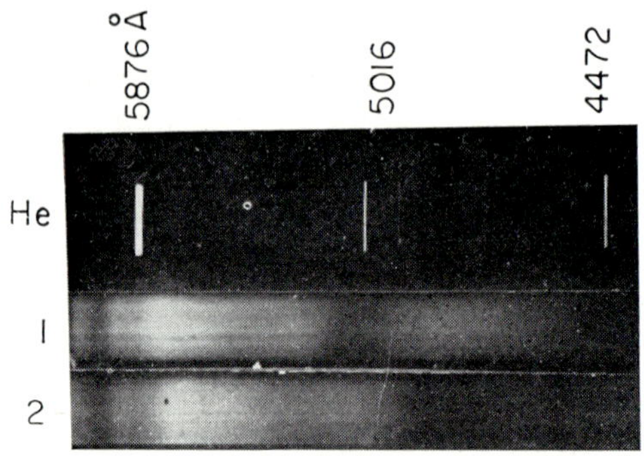

FIG. 17. Spectres de fluorescence d'amas pigmentaires de nature chromolipoïdique dans l'ovaire du rat (1) et dans le tissu interstitiel du testicule du cheval (2).

Egalement dans la glande digestive de divers mollusques (poulpe, sépia, *Cardium sp.*) on trouve des substances certainement à noyau porphyrinique. Sur ce sujet nous avons en cours une recherche en collaboration avec L. Arvy destinée à éclaircir la nature, l'origine et la signification de ces substances; peut-être s'agit-il, pour le *Cardium*, d'une féoporphyrine de très probable origine alimentaire, tandis que pour la sépia et le poulpe on pourrait encore penser à une protoporphyrine.

La Fig. 18 reproduit une coupe par congélation de duodénum de cobaye fixé par le formol à 10 pour cent. On découvre diverses cellules entérochromaffines, dont le spectre (Fig. 19) est avec une bonne évidence comparable à celui de la 5-hydroxytryptamine en solution formolique (à 10 et à 20 pour cent). Nous rappellerons que, suivant Welsh et Moorhead (1959), le maximum de l'émission de fluorescence de l'entéramine est à 540 mμ.

En ce qui concerne la fluorescence des mastocytes (Mastzellen; "labrocytes" selon Arvy 1955), on peut consulter utilement le travail de Turchini et van Kien (1959) ainsi que le traité de Riley (1959).

Relativement à la possibilité d'identifier sur les coupes certaines hormones sexuelles (la testostérone, hormones oestrogènes) en utilisant la propriété de la molécule stérolique de former des ensembles fluorescentes à la suite d'un traitement avec acide sulfurique concentré à chaud, il faut rappeler les travaux de Burkl et Kellener (1954) et puis Burkl (1954) qui ont étudié la localisation des hormones sexuelles masculines et féminines sur coupes par congélation des gonades frais. Cette recherche dérive d'une intéressante application à l'histochimie de fluorescence d'une réaction solvato-chromique des stéroïdes (v. Kalant, 1958) aujourd'hui largement utilisée en chimie clinique pour le dosage des hormone oestrogènes.

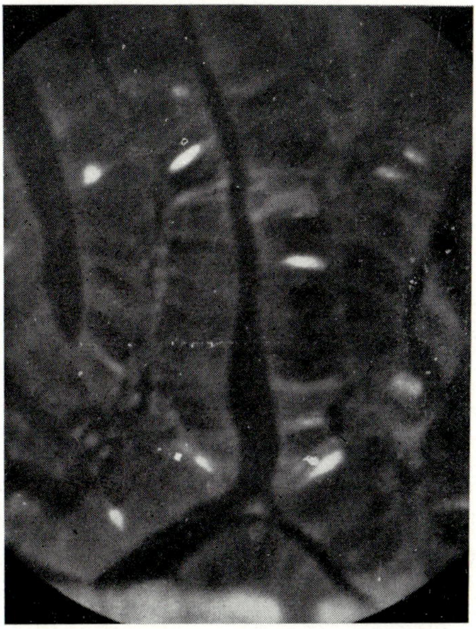

FIG. 18. Cellules entérochromaffines de duodénum du cobaye.

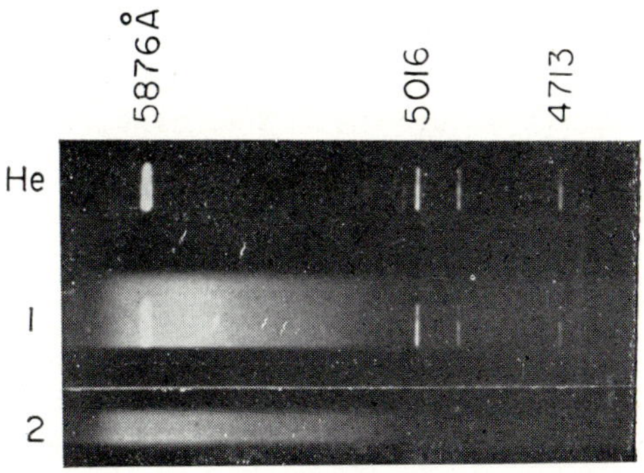

FIG. 19. Spectres de fluorescence de la 5-hydroxytryptamine en solution formolique à 10 per cent (1) et du matériel fluorescent contenu dans une cellule entérochromaffine (2).

Pour ce qui est de la localisation de l'adrénaline et de la noradrénaline sur les coupes de la glande surrénale nous renvoyons aux travaux de Eränkö. Nous voulons rappeler toutefois que Weil-Malherbe et Bone (1952) parviennent à estimer les proportions relatives d'adrénaline et noradrénaline dans un mélange des deux substances par la différente couleur de fluorescence qu'elles développent sous l'action de l'éthylendiamine (voir aussi les précisations à cet égard, de Burn et Field 1956) On pourrait essayer sur les coupes la réaction avec éthylendiamine dans un but histochimique.

Nous devons renoncer à traiter à fond la question très complexe des fluorochromes. Par rapport à leur emploi en histochimie, nous nous bornerons à signaler qu'aussi bien les substances lipoïdiques que les acides nucléiques peuvent être individualisés facilement dans les tissus, sur coupes, grâce à l'emploi de fluorochromes convenables. On peut trouver des renseignements à cet égard dans les traités d'histochimie. L'orangé d'acridine en particulier, a été très étudié et il est désormais entré dans la technique histochimique pour l'étude de la distribution dans la cellule des acides nucléiques, aussi bien dans les tissus normaux (T. II) que, dans un but diagnostique, dans ceux néoplastiques (c.f. Bertalanffy, Masin M. et Masin F., 1958).

Des recherches très récentes traitent à fond le problème chimicophysique des ensembles moléculaires qui se forment entre l'orangé d'acridine et les acides nucléiques (Peacock et Skerret, 1956, Bradley et Felsenfeld, 1959, Beers *et al.*, 1958, Zanker, 1952, Zanker *et al.*, 1959, Ranadive et Korgaonkar, 1960, Loeser, *et al.* 1960).

Nous désirons conclure le présent rapport en exposant très brièvement les interactions entre ADN et hydrocarbures polycycliques aromatiques qui se produisent *in vitro* et, semblerait-il, aussi dans la cellule vivante. Il s'agit de recherches dont les résultats préliminaires sont en cours de publication. La recherche chimico-physique est accomplie par le Prof. A. M. Liquori et coll. de l'Université de Bari (Italie), parallèlement à l'étude histochimique et biologique qui est encore en cours dans mon Institut.

Nous rappellerons que dès 1946 Weil-Malherbe a signalé la capacité qu'ont les solutions aqueuses de diverses purines de rendre solubles des hydrocarbures aromatiques, et a obtenu des cristaux mixtes dans lesquels un petit nombre de molécules d'hydrocarbure se révélaient incorporées entre les bases puriniques. Compte tenu de la disposition particulière des purines et des pyrimidines à l'intérieur de la double hélice de l'ADN, on est conduit à prévoir qu'une interaction verticale entre les bases et la molécule de l'hydrocarbure peut déterminer la solubilisation des hydrocarbures polycycliques dans la molécule de l'ADN. Toute une série de recherches chimico-physiques, et d'études de spectrographie d'absorption et de fluorescence, confirment en effet que des solutions aqueuses de l'ADN dissolvent une certaine quantité d'hydrocarbures polycycliques (on a employé principalement le 3,4-benzopyrène).

La molécule du benzopyrène est évidemment incorporée le long de la double chaîne de nucléotides, grâce à un mécanisme d'interaction avec les bases qui est rendu possible (compte tenu, d'une part, des distances

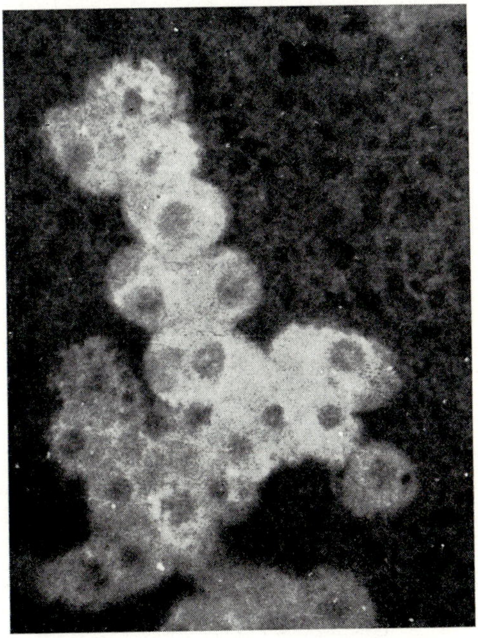

FIG. 20. Cellules hépatiques de rat traité *in vivo* par le benzopyrène, observées avec le microscopeen fluorescence. (Original.)

en sens vertical entre les bases mêmes et de l'autre, de la dimension de la molécule du benzopyrène) seulement dans ces lieux où existent des désordres de structure qui comportent une augmentation de la distance verticale entre les bases.

Pour établir si un tel type d'intéraction se produit aussi dans la cellule vivante† (après avoir constaté que la tentative de fluorochromiser des coupes à frais de tissus avec des solutions de benzopyrène en caféine, suivant la méthode de Berg (1951), pour les lipoïdes a donné un résultat négatif en ce qui concerne les structures contenant certainement l'ADN),

† Pour la question de la penetration du benzopyrène dans la cellule, c.f. Norden, 1953 et Calcutt et Payne, 1953.

nous avons injecté à des rats "long evans" des suspensions colloïdales de benzopyrène à des doses allant de 40 à 100 mg/*pro capite*. Dans des coupes à la congélation ou, mieux encore, dans des préparations par apposition sur la lame de cellules hépatiques, on observe une vive fluorescence du cytoplasme, tandis que l'on observe en même temps dans le noyau des fluorescences figurées, moins intenses mais bien appréciables, qui correspondent exactement à la disposition de la chromatine (Fig. 20). La chromatine nucléaire de jeunes ovocytes de cobaye présente, elle aussi, un effet de fluorochromisation *in vivo* par le benzopyrène, plus évident même que celui observé dans la cellule hépatique. Le spectre de ces fluorescences, comparé avec celui de zones cytoplasmatiques riches en ARN et avec ceux de composés ADN-benzopyrène et caféine-benzopyrène, a démontré une étroite ressemblance, en ce qui concerne l'élargissement et le déplacement des bandes vers le rouge (v. Fig. 21). Il s'agit donc,

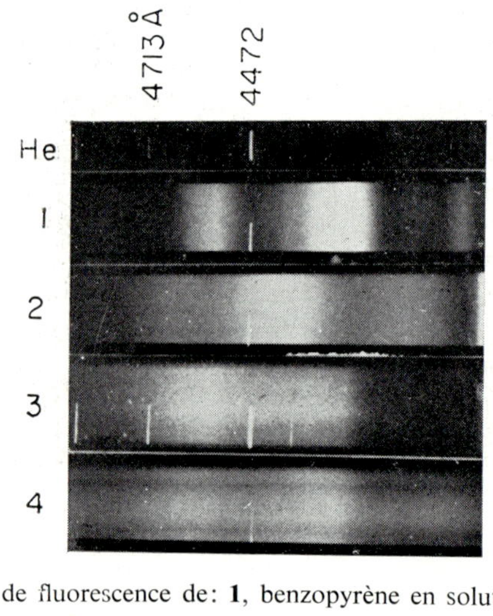

FIG. 21. Spectres de fluorescence de: **1**, benzopyrène en solution dans le cyclohexane; **2**, ensemble ADN-benzopyrène; **3**, noyau de cellule hépatique de rat, après fluorochromisation in *vivo* par le benzopyrène (v. Fig. 20); **4**, ensemble caféine-benzopyrène. (Original.)

dans le cas aussi des matériels biologiques, de bandes d'interaction: leur ressemblance avec l'ensemble caféine-benzopyrène est particulièrement évidente.

Il semble donc permis d'affirmer que, certainement avec des bases puriniques et peut-être même avec l'acide nucléique lui-même, il se produit — au moins pour certains organes et dans des conditions données — une interaction *in vivo* d'un hydrocarbure polycyclique bien connu pour son pouvoir cancérigène et mutagène élevé: le benzopyrène.

BIBLIOGRAPHIE

AITKEN, E. H. et PREEDY, J. R., The fluorescence and absorption spectra of oestrone, oestradiol–17 and oestriol compounds. *J. Endocr.*, 1953, **9**: 251–260.

ALBERT, A., Some unresolved problems. *Ciba Found. Symp. on Chemistry and Biology of Pteridines*, Churchill, London, 1954, 204–219.

ARVY, L., Les labrocytes (Mastzellen). *Rev. Hématol.*, 1955, **10**: 55–94.

BEERS, R. F., HENDLEY, D. D. et STEINER, R. F., Inhibition and activation of polynucleotide phosphorylase through the formation of complexes between acridine-orange and polynucleotide. *Nature*, 1958, **182**: 242–244.

BERG, N. O., A histological study of masked lipides. Stainability, distribution and functional variations. *Acta Pathol. Scand.*, 1951, Suppl. **90**: 1–192.

BERTALANFFY, L. VON, MASIN, M. et MASIN, F., A new and rapid method for diagnosis of vaginal and cervical cancer by fluorescence microscopy. *Cancer*, 1958, **11**: 873–887.

BELIKOVA, T. P., GALANIN, M. D. et CHIZHIKOVA, Z. A., Transfer of excitation energy from the solvent to a dissolved luminophor in liquid or solid solution. *Izvest. Akad. Nauk. S.S.S.R.*, 1956, Ser. Fiz. **20**: 384–387.

BESSEY, O. A., LOWRY, O. H. et LOVE, R. H., The fluorometric measurement of the nucleotides of riboflavin and their concentration in tissues. *J. Biol. Chem.*, 1949, **180**: 755–769.

BOMPIANI, A., Spettrofotometria di fluorescenza del 11–desossicorticosterone, 17–idrossicorticosterone, 17–idrossi–11–deidrocorticosterone in varie reazioni solvatocromiche. *Boll. Soc. Ital. Biol. Sperim.*, 1954a, **30**: 868–871.

BOMPIANI, A., Caratteri spettrofotometrici di fluorescenza del 16–chetoestradiolo in alcune reazioni solvatocromiche. *Boll. Soc. Ital. Biol. Sperim.*, 1954b, **30**: 871–873.

BOMPIANI, A., Ricerche istospettrografiche di fluorescenza sull'ovario nei roditori e nella donna. *Ann. Ostetr. Ginecol.*, 1954c, **76**: 869–892.

BONI, P., Sulla fluorescenza della riboflavina e dei suoi prodotti di irraggiamento ultravioletto. *Boll. Soc. Ital. Biol. Sperim.*, 1950, **26**: 532–533.

BORST, M. et KÖNIGSDÖRFFER, H., *Untersuchungen über Porphyrie mit besonderer Berücksichtigung der Porphyria congenita*, Leipzig, 1929.

BRADLEY, D. F. et FELSENFELD, G., Aggregation of an acridine dye on native and denatured deoxyribonucleate. *Nature*, 1959, **184**: 1920–1922.

BURKL, W., Fluoreszenzmikroskopischer Nachweis der Sexuellhormone im Rattenhoden. *Zeitschr. f. Zellfors.*, 1954, **40**: 379–388.

BURKL, W. et KELLNER, G., Über die Entstehung der Zwischenzellen im Rattenovar und ihre Bedeutung im Rahmen der Oestrogenproduktion. *Zeitschr. f. Zellfors.*, 1954, **40**: 361–378.

BURN, G. P. et FIELD, E.O., Fluorescence of adrenaline and noradrenaline with ethylene diamine. *Nature*, 1956, **178**: 542.

CALCUTT, G. et PAYNE, S., The intracellular distribution of 3,4-benzpyrene during metabolism in the mouse liver. *Brit. J. Cancer*, 1953, **7**: 279–282.

CASELLA, C. et REGGIANI, M., Istospettrografia di fluorescenza. *Arch. Biol.*, 1949, **60**: 207–234.

CASPERSSON, T., Über den chemischen Aufbau der Strukturen des Zellkernes. *Skand. Arch. Physiol.*, 1936, **73**, Suppl. 8.

CHANCE, B. et THORELL, B., Fluorescence measurements of mitochondrial pyridine nucleotide in aerobiosis and anaerobiosis. *Nature*, 1959, **184**: 931–934.

COHN, S. A., Histochemical observations on the harderian gland of the albino mouse. *J. Histochem. Cytochem.*, 1954, **3**: 342–353.

DE LERMA, B., La spettrofotometria in biologia: metodi e problemi. *Boll. Soc. Natur. Napoli*, 1940, **51**: 17–35.

DE LERMA, B., Un nuovo metodo d'indagine istochimica: la citoflurospettrografia quantitativa. I. Attrezzature strumentali e tecnica di ricerca. *Boll. Soc. Natur. Napoli*, 1942, **53**: 9–16.

DE LERMA, B., Sulla presenza e significato della riboflavina e di altre sostanze fluorescenti contenute nei tubi malpighiani di Ortotteri, rivelate col metodo della spettrografia di fluorescenza. *Ann. Ist. e Mus. Zool. Napoli*, 1949, **1**, n. **4**: 1–32.

DE LERMA, B., Ricerche di embriologia chimica degli insetti. II. Sulla natura e significato delle sostanze fluorescenti delle uova di *Locusta migratoria. Arch. Zool. Ital.*, 1952, **37**: 81–90.

DE LERMA, B., Analisi spettrofotometrica della fluorescenza del materiale pigmentato dei "corpi residuali" (*corpora lutea*) degli Ortotteri. *Boll. Soc. Ital. Biol. Sperim.*, 1954, **30**: 1311–1313.

DE LERMA, B., Die Anwendung von Fluoreszenzlicht in der Histochemie, GRAUMANN, W. et NEUMANN, KH. *Handbuch der Histochemie*, Fischer, Stuttgart, 1958, I/**1**: 78–159.

DE LERMA, B., Il contributo della microscopia di fluorescenza all'istochimica. *Riv. Istochim. norm. e pat.*, 1959 (sous presse).

DE LERMA, B. et BOMPIANI, A., Caratteri spettrofotometrici della fluorescenza ottenuta dall'α-estradiolo e dall'estrone mediante trattamento con acido solforico concentrato. *Boll. Soc. Ital. Biol. Sperim.*, 1951, **27**: 233–236.

DE LERMA, B. et BOMPIANI, A., Istotopografia delle sostanze fluorescenti della corteccia surrenale di cavia e loro caratterizzazione spettrofotometrica. *Boll. Soc. Ital. Biol. Sperim.* 1952, **28**: 583–585.

DE MENT, J., *Fluorochemistry*. Chemical Publ., N. Y., 1954.

DHÉRÉ, C., *La fluorescence en biochimie*. Les Presses Univ. de France, 1937.

DHÉRÉ, C., Progrès récents en spectrochimie de fluorescence des produits biologiques. *Fortschr. Chem. org. Naturstoffe*, 1950, **6**: 311–356.

ELLINGER, F., Absorptions-Spektroskopie im Ultraviolett. *Tabulae Biologicae Periodicae*, 1937, **6**: 201.

ERÄNKÖ, O., Distribution of fluorescing islets, adrenaline and noradrenaline in the adrenal medulla of the hamster. *Acta Endocrinol.*, 1955a, **18**: 174–179.

ERÄNKÖ, O., Histochemistry of noradrenaline in the adrenal medulla of rats and mice. *Endocrinol.*, 1955b, **57**: 363–368.

ERÄNKÖ, O., Histochemical demonstration of noradrenaline in the adrenal medulla of the hamster. *J. Histochem. Cytochem.*, 1956, **4**: 11–13.

EYMERS, J. G. et SCHOUWENBURG, K. L. VAN. On the luminescence of bacteria. III. Further quantitative data regarding spectra connected with bioluminescence. *Enzymol.*, 1937, **3**: 235–241.

FÖRSTER, T., *Fluoreszenz organischer Verbindungen*. Vandenhoeck & Ruprecht, Göttingen, 1951.

FREED, S. et SALMRE, W., Phosphorescence spectra and analysis of some indole derivatives. *Science*, 1958, **128**: 1341.

GREENBERG, R. et POPPER, H., Differentiation between vitamin A_1 and vitamin A_2 by means of fluorescence microscopy. *J. Cell, Comp. Physiol.*, 1941, **18**: 269-272.

JABLONSKI, A., Über das Entstehen der breiten Absorptions- und Fluoreszenzbanden in Farbstofflösungen. *Zeitschr. f. Phys.*, 1931, **73**: 460.

KALANT, H., Chromogenic and fluorogenic reactions of adrenocortical and other steroids in concentrated acids. *Biochem. J.*, 1958, **69**: 79–93.

KAUFFMANN, H., *Beziehungen zwischen physikalischen Eigenschaften und chemischer Konstitution*, Enke, Stuttgart, 1920.

KUHN, R. et VETTER, H., Zur Kenntnis des Thiochroms. *Ber. Dtsch. Chem. Ges.*, 1935, **68**: 2375–2385.

LEUCHTENBERGER, C., Quantitative determination of DNA in cells by Feulgen microspectrophotometry, Dans DANIELLI, J. F., *General Cytochemical Methods*, Acad. Press. N. Y., 1958, **1**: 219–278.

LEVSHIN, V. L., Das Gesetz der Spiegelkorrespondenz der Absorptions- und Fluorescenzspektren. *Zeitschr. f. Phys.*, 1931, **72**: 368–381.

LEVSHIN, V. L., Influence of association and of other physicochemical factors on the luminescence and absorption of complex molecules in solution. *Izvest. Akad. Nauk. SSSR*, 1956, **20**: 397–409.

LISON, L., *Histochimie et Cytochimie Animales*. Gauthiers-Villars, Paris, 1953.

LOESER, C. N., WEST, S. S. et SCHOENBERG, M. D., Absorption and fluorescence studies on biological systems: nucleic acid-dye complexes. *Anat. Rec.*,1960, **138**: 163–178.

LOISELEUR, J. et PRUDHOMME, R. O., Fluorescence of α-amino acids after the secondary action of formaldehyde. *Bull. Soc. Chim. Biol.*, 1942, **24**: 244–247.

MEYER, R., *Z. physikal. Chem.*, 1898, **24**: 468 (cit. par FÖRSTER, 1951).

MURALT, A. V. von, The secondary thiochrome fluorescence of peripheral nerves and their relation to Beths polarization structure. *Arch. ges. Physiol.*, 1943, **247**: 1–10.

NAORA, H., Microspectrophotometry of cell nucleus stained by Feulgen reaction. I. Microspectrophotometer apparatus without Schwarzschild-Villiger effet. *Exp. Cell. Res.*, 1955, **8**: 259–278.

NEVES, M. et CASTRO, E., L'influence du formol sur le phénomène de la fluorescence primaire des tissus; Etude histospectrographique. *C. R. Soc. Biol.*, 1957, **151**: 1473–1476.

NIHONGI, T. et IWASAKI, S., Fluorescence of various dyes, with special reference to their characteristics as standards for fluoreometric determination. *Tokyo Jikeikai Ika Daig. Zasshi.*, 1959, **74**: 949 952.

NORDEN, G., The rate of appearance, metabolism and disappearance of 3, 4-benzpyrene in the epithelium of mouse skin after a single application in a volatile solvent. A microfluorescence-spectroanalytical study. *Acta Path. Microbiol. Scand.*, 1953, Suppl. **96**: 1–87.

ORNSTEIN, L. S., Quantitative methods of spectrophotometry. *Atti I. Congr. Internaz. Elettro-radio-biol.*, 1935, 605–627.

ORNSTEIN, L. S., MOLL, W. J. et BURGER, H. C., *Objektive Spektralphotometrie*. Vieweg, Braunschweig, 1932.

PEACOCK, A. R. et SKERRETT, J. N. H., Interaction of aminoacridines with nucleic acids. *Tr. Faraday Soc.*, 1956, **52**: 261–279.

PEARSE, A. G. E., *Histochemistry*. Churchill, London, 1960.

POLICARD, A.et MOREL, A., Application de la spectrographie d'émission aux problèmes histochimiques. L'histospectrographie par étincelage direct des coupes. *Bull. hystol. appl.*, 1932, **9**: 57–68.

POLICARD, A., L'histospectrographie. *Protoplasma*, 1933, **19**: 602–629.

POLLISTER, A. W. et ORNSTEIN, L., The photometric chemical analysis of cells, dans *Mellors Analytical Cytology*, McGraw-Hill, N. Y., 1959.

POPPER, H., Distribution of vitamin A in tissue visualized by fluorescence microscopy. *Physiol. Rev.*, 1944, **24**: 205–224.

PRICE, G. R. et SCHWARTZ, S., *Fluorescence microscopy*, dans OSTER, G. et POLLISTER, A. W. *Physical techniques in Biological Research III*. Acad. Press., N. Y., 1956, 91–148.

PRINGSHEIM, P., *Fluorescence and Phosphorescence*. Interscience, N. Y., 1949.

RANADIVE, N. S. et KORGAONKAR, R. S., Spectrophotometric studies on the binding of acridine orange to ribonucleic acid and deoxyribonucleic acid. *Biochem. Biophysica Acta*, 1960, **39**: 547–550.

RICHARDS, O. W., Fluorescence microscopy, dans MELLORS, R. C., *Analytical Cytology*. Blakiston Div., N. Y., 1955.

RILEY, J. F., *The Mast Cells*. Livingstone, London, 1959.

ROSEMBERG, J. L., Photochemistry and luminescence, dans OSTER, G. et POLLISTER, A. W., *Physical Techniques in Biological Research*, Acad. Press, N. Y., 1955, **I**: 1–49.

SANDRITTER, W., Ultraviolettmikrospektrophotometrie, dans GRAUMANN, W. et NEUMANN, Kh., *Handbuch der Histochemie*, Fischer, Stuttgart, 1958, I/**1**: 220–338.

SEBRELL, W. H. et HARRIS, R. S., dans *The Vitamins. Chemistry, Physiology, Pathology*, Acad. Press., N. Y., 1954, III:

SJÖSTRAND, F., Über die Eigenfluoreszenz tierischer Gewebe mit besonderer Berücksichtigung der Säugetiere. *Acta Anat.*, 1945, Suppl. I: 1–136.

SJÖSTRAND, F., The fluorescence microspectrographic localization of riboflavin (Vitamin B_2) and thiamin in tissue cells. *Acta Physiol. Scand.*, 1946, **12**: 42–52.

SPRINCE, H., ROWLEY, G. R. et JAMESON, D., Spectrophotofluoremetric studies of 5-hydroxyindoles and related compounds. *Science*, 1957, **125**: 442–443.

STARK, J. et MEYER, E., Beobachtungen über Fluoreszenz von Benzolderivaten. *Phys. Z.*, 1907, **8**: 250.

STEELE, R. H. et SZENT-GYÖRGYI, A., Excitation of biological substances. *Proc. Natl. Acad. Sci. U.S.*, 1957, **43**: 447–491.

STEVENS, B. et BOUDART, M., Vibrational energy transfer from collisional deactivation of simple molecules and fluorescence stabilization of complex molecules. *Ann. N. Y. Acad. Sci.*, 1957, **67**: 570–599.

STIMSON, M. et REUTER, A. M., The fluorescence of some purines and pyrimidines. *J. Amer. Chem. Soc.*, 1941, **63**: 697–699.

STOCKINGER, L., Über die Eigenfluoreszenz von Formol und die Fluoreszenz formolfixierter Gewebe. *Anat. Anz.*, 1951, **98**: 82–88.

STRAIN, H. H. et MANNING, W. M., Chlorofucine (chlorophyll c), a green pigment of diatoms and brown algae, *J. Biol. Chem.*, 1942, **144**: 625–636.

THORELL, B., Cellular formation of intermediates during haemoglobin synthesis. *Ciba Found. Symp. on Porphyrin*, Churchill, London, 1955, 174–182.

TURCHINI, J. et VAN KIEN, K., Les mastocytes à la lumière de recherches récentes. *C. R. Ass. Anat.* (*Bull. Ass. des Anat.*), 1959, **105**: 3–30.

UPHAUS, R. A., GROSSWEINER, L. I., KATZ, J. J. et KOPPLE, K. D., Fluorescence of tryptophan derivatives in trifluoroacetic acid. *Science*, 1959, **129**: 641–643.

VERLICK, S. F., Fluorescence spectra and polarization of glyceraldehyde-3-phosphate and lactic dehydrogenase. *J. Biol. Chem.*, 1958, **233**: 1455–1467.

VLADIMIROV, YU. A., Fluorescence and aromatic amino acids. *Doklady Akad. Nauk SSSR*, 1957, **116**: 780–783.

WEBER, G., Fluorescence-polarization spectrum and electronic-energy transfer in tyrosine, tryptophan and related compounds. *Biochem. J.*, 1960, **75**: 335–345.

WEBER, G., Fluorescence-polarization spectrum and electronic-energy transfer in proteins. *Biochem. J.*, 1960, **75**: 345–352.

WEIL-MALHERBE, H. et BONE, A. D., The chemical estimation of adrenalinelike substances in blood. *Biochem. J.*, 1952, **51**: 311–318.

WELSH, J. H. et MOORHEAD, M., Identification and assay of 5-HT inMolluscan tissues by fluorescence method. *Science*, 1959, **129**: 1491–1492.

WEST, W., Fluorescence and phosphorescence, dans WEST, W., *Chemical Applications of Spectroscopy*, Interscience, N. Y., 1956, 707–758.

WHITE, A., Effect of pH on fluorescence of tyrosine, tryptophan and related compounds. *Biochem. J. Lond.*, 1959, **71**: 217–220.

WHEELOCK, C. E., Fluorescence of some coumarins. *J. Am. Chem. Soc.*, 1959, **81**: 1348–1352.

ZANKER, V., HELD, M. et RAMMENSEE, H., Neuere Ergebnisse der Absorptions-, Fluoreszenz- und Fluoreszenz-Polarizationsgrad-Messungen am Acridinorange-Kation, ein weiterer Beitrag zum Metachromasie-Problem dieses Vitalfarbstoffs. *Zeitschr. Naturforsch.*, 1959, **14**: 789–801.

ZANKER, V., Quantitative absorption and emission measurements on the acridine orange cation at room and low temperatures in an organic solvent and their contribution to the explanation of metachromatic fluorescence. *Zeitschr. Physik. Chem.*, 1952, **200**: 250–292.

ZSCHEILE, F. P. et COMAR, C. I., Influence of preparative procedure on the purity of chlorophyll components as shown by absorption spectra. *Botan. Gaz.*, 1941, **102**: 463–481.

ZSCHEILE, F.P. et HARRIS, D.G., Studies on the fluorescence of chlorophyll. The effects of concentration, temperature and solvent. *J. Physiol. Chem.*, 1943, **47**: 637-642.

RAPPORT SUR L'UTILISATION DE LA SPECTROMÉTRIE INFRAROUGE EN HISTOCHIMIE ET EN CYTOCHIMIE

JEAN LECOMTE

Membre de l'Institut
Directeur de Recherches au Centre National de la Recherche Scientifique

INTRODUCTION

JUSQU'A présent, les applications de la Spectrométrie infrarouge à l'Histochimie et à la Cytochimie sont restées assez modestes. Nous devons d'ailleurs souligner que la même conclusion s'applique, si l'on considère la Biologie et la Médecine, comparativement aux résultats, si remarquables et si nombreux, obtenus en Chimie, en Physico-Chimie et en Physique moléculaire. Mais nous pensons qu'il existe un intérêt certain à faire une synthèse rapide de résultats déjà obtenus dans un cadre qui déborde nettement l'Histochimie et la Cytochimie, de manière à montrer les possibilités de la Spectrométrie infrarouge et à inciter les techniciens à l'utiliser dans une beaucoup plus large mesure que par le passé. Sauf une exception, nous ne considèrerons ici aucune des applications utilisant les radiations infrarouges sans dispersion spectrale.

Nous commencerons par indiquer rapidement les raisons pour lesquelles, d'une manière générale, l'extension des Recherches dans l'infrarouge ne remonte qu'à une date récente, et nous montrerons qu'actuellement, il n'existe aucune raison valable pour empêcher l'utilisation régulière de ce domaine spectral dans des problèmes biologiques en général. Nous donnerons ensuite divers exemples concernant l'application des spectres infrarouges pour l'identification des substances, soit pures, soit dans un mélange, présentant un intérêt certain en Biologie et, s'il est possible, en Histochimie et en Cytochimie. Nous verrons ensuite qu'il est possible d'aller plus loin, en reconnaissant, dans un premier stade, la présence de groupements déterminés, et ensuite, en se servant de ces données, soit pour doser quantitativement un ou plusieurs composants dans un mélange, soit pour élucider la structure de certaines substances. Nous ferons enfin une synthèse rapide des résultats obtenus et nous esquisserons un programme pour les utilisations futures de l'infrarouge.

I

Technique expérimentale

(a) *Spectromètres et leur emploi. Bien que la découverte du spectre infrarouge remonte à plus de 150 ans, par suite du manque d'un détecteur très sensible et fidèle, le développement des Recherches n'a progressé qu'avec une grande lenteur jusqu'au début de ce Siècle.* Nous trouvons ensuite une période, allant jusqu'en 1945 environ, où, fort souvent, on devait construire soi-même ses spectrographes, et où de nombreuses difficultés de tous ordres réservaient pratiquement l'usage de l'infrarouge à un petit nombre d'expérimentateurs, particulièrement patients et habiles. Maintenant, par suite du succès de la méthode infrarouge dans de nombreux domaines, il existe d'excellents modèles, fabriqués en série, qui se perfectionnent de plus en plus, au fur et à mesure du développement dans les applications. On trouve dans le Commerce les modèles qui permettent les examens les plus variés et qui fournissent, au moyen d'un enregistreur à plume, une courbe représentant la répartition des intensités du spectre, par exemple, en présence d'une substance absorbante, en fonction des longueurs d'onde λ ou des nombres d'ondes ν.*

Avec les spectrographes à simple faisceau, on obtient les intensités en unités arbitraires; avec les spectrographes à double faisceau, les spectres d'absorption ou de réflexion se mesurent directement en pour cent ou en coefficients absolus. Citons aussi les spectrographes équipés pour des analyses quantitatives, les spectrographes rapides, qui donnent l'enregistrement d'un spectre en moins d'un centième de seconde, les spectrographes équipés avec des dispositifs intégrateurs, de manière à mesurer directement l'intensité des bandes en unités absolues, dont nous verrons plus loin l'intérêt.

Nous nous arrêterons un peu aux *microspectrographes*, qui permettent d'obtenir un spectre infrarouge avec des quantités de substances de l'ordre du microgramme ou avec des fibres d'un diamètre de 10 μ. En principe, (Fig.1), l'image de la source est réduite dans des proportions considérables au moyen d'un système de Cassegrain (combinaison d'un miroir sphérique concave, percé en son sommet d'un trou, et d'un petit miroir convexe) et formée sur l'échantillon à étudier. Après passage à travers ce dernier,

* Les longueurs d'onde λ se chiffrent en microns (μ), et les nombres d'ondes ν en cm^{-1}. On passe rapidement de λ à ν par la relation: $\nu = 10^4/\lambda$, Comme 1 cm vaut $10^4\,\mu$, en obtient immédiament ν en cm^{-1}, en exprimant λ en μ. Si l'on mesurait λ en cm, on écrirait $\nu = 1/\lambda$. Ainsi, $\lambda = 10\,\mu$ donne $\nu = 1.000\ cm^{-1}$ et $\lambda = 3\,\mu$ fournit $\nu = 3{,}333{\cdot}333$ cm^{-1}.

un système analogue agrandit l'image, qui se forme finalement sur la fente d'entrée du spectrographe. Ce dispositif présente l'inconvénient d'un échauffement possible de la préparation, en raison de la concentration sur celle-ci de l'énergie totale de la source. Aussi, dans d'autres réalisations,

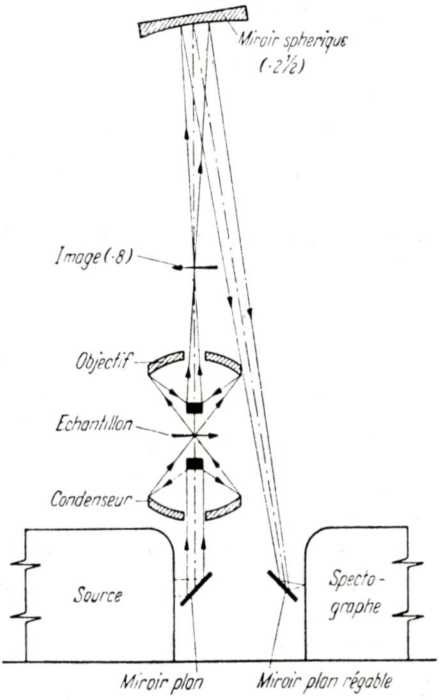

FIG. 1. Microscope à miroirs utilisé avec un spectrographe infrarouge. (D'après Blout, E. R., Bird, G. R., et Grey, D. S.)

le microscope à miroirs se place-t-il à l'intérieur du spectrographe; juste avant le récepteur, de sorte qu'il ne concentre sur l'échantillon que des radiations monochromatiques, qui ne produisent pratiquement plus d'échauffement. L'emploi exclusif de miroirs conduit ainsi à un dispositif utilisable, en principe dans la totalité du spectre infrarouge, et fournit l'avantage précieux d'une grande tolérance sur la mise au point dans l'échantillon. Des essais ont été poursuivis pour réaliser un spectrographe à double faisceau portant un microscope à miroirs; mais on se heurte à des difficultés importantes. L'adjonction de plusieurs miroirs et de trajets supplémentaires dans l'atmosphère se traduit naturellement par une perte d'énergie, ce qui oblige à ouvrir les fentes du spectrographe par exemple trois fois plus que si l'on avait utilisé un spectrographe ordinaire. La définition des maximums reste néanmoins largement suffisante pour toutes

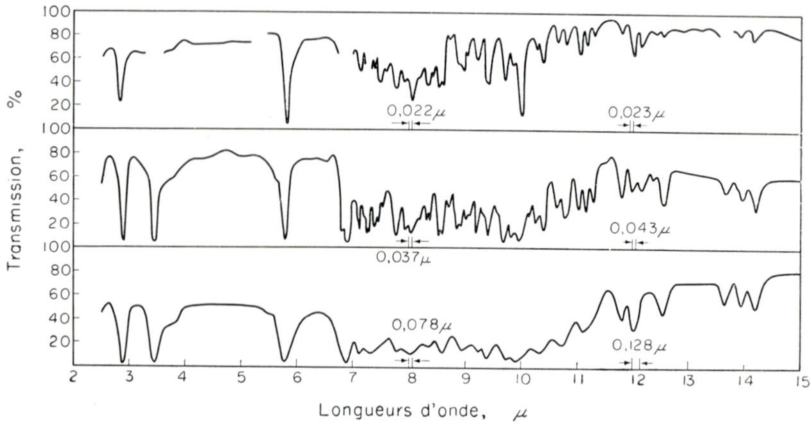

FIG. 2. Comparaison des spectres de l'androstérone (de haut en bas): (a) poudre mouillée avec du Nujol, spectrographie ordinaire; (b) microcristal, avec le microspectrographie et l'objectif N.A.O. 68; (c) microcristal avec le microspectrographe et l'objectif N.A.O. 40 (D'après Blout, E. R., et Bird, G. R.).

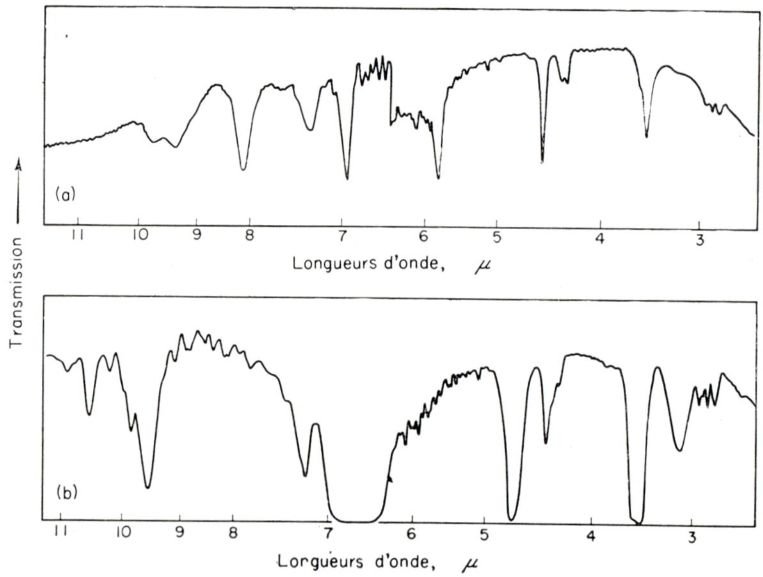

FIG. 3. Transmission d'une fibre d'acrilan de 17 μ de diamètre (a) et d'une solution de cholestérol dans le sulfure de carbone, contenue dans un tube capillaire en chlorure d'argent (b). (D'après *Instrument News*, **4**, N° 4, 1953.)

les substances solides ou liquides. *Nous devons conclure que l'introduction, dans la pratique journalière, de microspectrographes constitue un très grand progrès pour la résolution des problèmes qui nous intéressent.*

La Fig. 2 se rapporte, dans la partie supérieure, à un spectre de l'androstérone, obtenu sur un spectrographe ordinaire avec environ 10 mg de substance mouillée avec du nujol et à l'état de poudre, dans les parties médiane et inférieure, à un petit cristal de la même substance étudié avec un microspectrographe équipé au moyen de deux objectifs d'ouverture numérique différente. On verra, dans la Fig. 3, le spectre d'une fibre unique d'acrilan et d'une solution de cholestérol.

On peut d'ailleurs encore améliorer le dispositif précédent, pour toutes les études sur les cristaux, en y ajoutant un système de polarisation. On fait souvent apparaître des différences notables, suivant la direction du vecteur électrique. Par suite du manque de place, on est généralement obligé de recourir à un polariseur par transmission, à membrane de sélénium, extrêmement fragile, au lieu des polariseurs classiques par transmission, comportant par exemple plusieurs lames de chlorure d'argent.

On a aussi recouru avec un certain succès, pour examiner de petits échantillons, dans le but de réduire l'image de la source sur la préparation, à des lentilles en chlorure d'argent, qui permettent encore l'étude d'une large région infrarouge.

A de nombreuses reprises, nous avons insisté sur la nécessité absolue de choisir une dispersion correcte pour le spectrographe, si l'on veut arriver à des résultats interprétables. Un spectrographe, équipé avec un prisme ou un réseau déterminé, ne peut servir que dans un intervalle spectral fixé, et, dans tous les cas, il vaut infiniment mieux enregistrer des spectres dans un domaine restreint, mais bien choisi, que de vouloir faire un usage incorrect d'un instrument donné. Faute d'observer ces règles, que nous énoncions déjà, il y a plus d'une quart de siècle, on a souvent déclaré un peu vite que l'infrarouge ne servait à rien. *Nous rencontrons ici l'une des raison fondamentales qui contribuèrent, dans une assez large mesure, à freiner les applications de l'infrarouge aux problèmes biologiques.*

Si l'on se borne au très proche infrarouge, jusqu'à 1,2 μ par exemple, on peut rendre visible, au moyen d'un convertisseur d'images, l'image obtenue avec le microspectrographe. Dans la région plus lointaine, au moyen de la méthode évaporographique, ou d'un récepteur thermique qui explore point par point l'image microscopique, on peut obtenir des représentations, dont la densité ou la couleur dépendent de l'intensité des radiations infrarouges qui existent dans l'image de l'objet. Avec une coupe de tissu, la microphotographie infrarouge correspondante dépendra de la transmission de cette section pour une longueur d'onde déterminée (obtenue avec un spectrographe ou un filtre). On peut d'ailleurs sensibiliser le détecteur pour un matériau déterminé, par exemple une protéine, en masquant la surface à examiner avec un film de cette protéine. La microphotographie thermique fournira la répartition et la concentration de la protéine dans la section du tissu. Mais les possibilités de cette technique restent encore à exploiter.

(b) *Préparation des échantillons.* Elle demande une attention particulière pour différentes raisons. Avec les liquides et les solides, les épaisseurs requises descendent généralement à quelques centièmes de mm. et même au dessous de cette limite. Il existe des cuves de toutes natures, pour hautes et basses températures, permettant d'utiliser l'intervalle de 4°K à 1.000°C et au dessus. Pour les gaz, des modèles conviennent pour l'étude avec des pressions élevées (jusqu'à 1.000 atmosphères au moins), et des systèmes de réflexions multiples donnent des parcours de plusisurs mètres ou même de plusieurs centaines de mètres sous un encombrement assez réduit. Pour ce qui nous intéresse particulièrement, des cuves ne réclamant qu'une faible fraction de mg (ou de mm^3) de substance, permettent de profiter des avantages du microscope à miroirs. Signalons, pour ce dernier, le recours à de petits cylindres en chlorure d'argent, dont la longueur ne dépasse pas quelques millimètres et le diamètre le millimètre. Ils sont percés longitudinalement d'un trou de quelques dixièmes de mm. Le volume de cette microcuve reste évidemment des plus réduits et la transparence du chlorure d'argent, jusqu'à des longueurs d'onde d'une vingtaine de microns, permet de placer directement ce dispositif sur la platine du microscope à miroirs. (Fig. 1).

Pour les cuves de construction usuelle, on peut les choisir démontables ou non démontables. La première hypothèse permet un nettoyage plus aisé et la seconde conduit à une beaucoup meilleure connaissance de l'épaisseur, qui est indispensable dans tous les cas où l'on désire effectuer des mesures quantitatives. Depuis quelque temps, au lieu de séparer deux lamelles, transparentes dans la région à étudier, par une cale d'épaisseur convenable, il est possible de percer directement dans le matériau transparent, une cavité (pour y placer directement la substance). Elle s'obtient en utilisant les ultrasons. De cette manière, se trouvent résolus les problèmes d'étanchéité des cuves, mais on rencontre d'autres difficultés (nettoyage, mesure exacte de l'épaisseur par exemple).

Avec les substances, qui se présentent, dans les conditions ordinaires, sous forme liquide, il suffit de choisir une épaisseur convenable (avec les gaz, on devra, bien entendu, tenir compte de la pression). Si les solides sont solubles dans un solvant utilisable dans notre domaine; on est ramené au cas des liquides. Signalons la possibilité de recourir, comme solvant, à l'eau ou encore mieux à l'eau lourde, alors que, jusqu'à une époque fort récente, ces substances restaient absolument inutilisables et que l'on devait s'abstenir d'étudier des corps hygroscopiques. Leur introduction, pour des problèmes qui nous intéressent, présente une importance capitale: elle permet d'examiner les substances biologiques, non plus à l'état sec, mais dans leurs conditions normales. On a, en effet, appris dans ces dernières années, par suite de l'augmentation dans la précision des mesures, à se contenter d'une transmission très réduite dans certains domaines spectraux, et aussi à utiliser des méthodes différentielles (sur des spectrographes à double faisceau) qui consistent à placer, sur le faisceau de référence, soit une cuve contenant le solvant pur, s'il s'agit d'un seul constituant, soit une solution avec une concentration bien choisie d'un ou

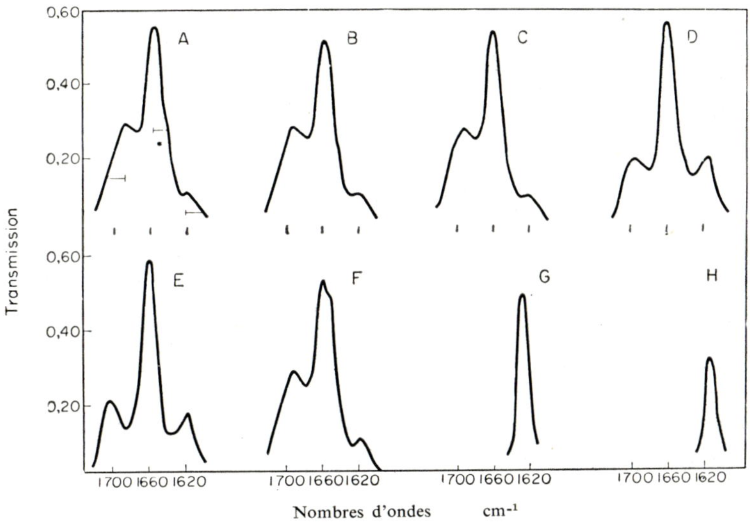

FIG. 4. Spectres d'absorption de différents nuclétides en solution dans l'eau lourde (voir texte). (D'après Miles, M. T.)

plusieurs constituants, dans le cas de mélanges plus complexes. On fera éventuellement attention au pH de la solution, qui, dans bien des cas, exerce une influence importante sur les résultats, comme nous le verrons plus loin.

Un excellent exemple de l'utilisation de l'eau lourde pour les solutions (sous des épaisseurs de 25 μ), se trouve représenté dans la Fig. 4. A uridine (0,225 M), B déoxyuridine (0,192 M), C 1-β-D-glucopyranosyl-uracil (0,219 M), E 1-β-D-glucopyranosyl-3 méthyluracil (0,225 M), F Na_2UMP (0,195 M) G Na_2 AMP (0,195 M) H,6-diméthylamino-9 β-D-ribofuranosyl-purine, (0,113 M). La région étudiée correspond à une très forte bande d'absorption de l'eau, qui aurait empêché toute mesure, même sous une très faible épaisseur.

On peut aussi recourir à un film mince obtenu par fusion, si le composé ne fond pas à une température trop élevée et s'il ne se décompose pas. L'évaporation d'un solvant volatil conduit parfois, à partir d'une solution, à une couche solide correcte.

Pour l'étude des autres solides — infusibles, se décomposant pendant la fusion, changeant de structure dans la dissolution ou la fusion etc. . . — le problème se présente comme plus difficile. Si l'on dispose d'un cristal de dimensions suffisantes (ou d'un microcristal), on pourra le tailler à la bonne épaisseur et suivant des orientations connues par rapport aux axes

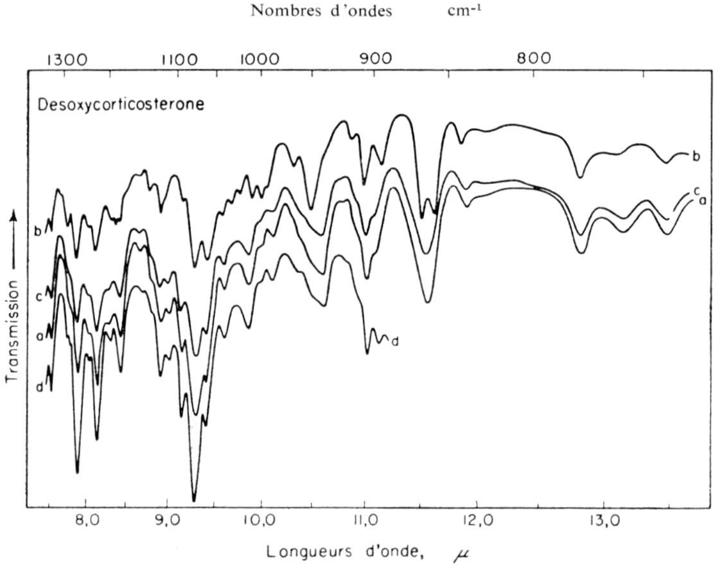

FIG. 5. Variation du spectre de la désoxycorticostérone, suivant l'état physique. (a) film fondu ;(b) film mouillé avec du Nujol: (c) film déposé à partir d'une solution dans le chloroforme; (d) solution dans le sulfure de carbone. (D'après Rosenkrantz, H. et Zablow.)

cristallographiques. Nous avons mis au point, avec Cl. Duval, la méthode des poudres qui consiste à opérer directement sur une couche de substance finement broyée, placée entre deux lamelles transparentes. On obtient généralement un spectre d'absorption très convenable, par suite de la diminution de la diffusion, due à la grande longueur d'onde des radiations infrarouges. Pour la réduire encore, on mouille la poudre avec une substance convenable, comme le nujol et l'hexachlorobutadiène. Il est commode, dans certains cas, d'assurer une répartition plus uniforme des grains en partant d'une suspension dans l'alcool isopropylique — dans lequel la substance doit être insoluble — l'alcool s'évapore assez rapidement, laissant une mince couche de poudre sur un support transparent.

La Fig. 5 représente le spectre de la desoxycorticostérone, sous forme d'une couche obtenue avec un film résultant de la fusion, la poudre mouillée avec du nujol, une poudre résultant de l'évaporation du chloroforme et une solution dans le sulfure de carbone. Les variations, plus ou moins marquées, dans les spectres conduisent à la conclusion *qu'il est dangereux, surtout avec des substances aussi compliquées, de se contenter de l'étude d'une couche préparée avec une seule méthode.*

Depuis longtemps, pour l'examen des substances à l'état de poudre, on avait pensé les placer en suspension dans un milieu transparent. Malheureusement, les substances proposées, comme le stéarate d'aluminium, possèdent de nombreuses bandes d'absorption, ce qui rend l'emploi hasardeux. Dans ces dernières années, le problème a été résolu simultanément aux Etats Unis par Soeur M. Stimson et en Allemagne par U. Schied au moyen de *la méthode des pastilles*, qui, dans un nombre important de cas, fournit d'intéressants résultats. En principe, on mélange à un halogénure alcalin en poudre (généralement du bromure de potassium) environ 1 pour cent de la substance à étudier, également réduite en poudre fine. Avec une pression d'au moins 5 à 6 tonnes par cm^2, on obtient des pastilles transparentes, ayant ordinairement 13 à 20 mm. de diamètre et de 0,3 à 4,0 mm. d'épaisseur, suivant la quantité de substance utilisée. Par pesée de l'halogénure et de la substance, on obtient des indications spectrales quantitatives, en raison de l'élimination à peu près totale de la diffusion. Des résultats corrects demandent seulement une dizaine microgrammes de substance.

Cette technique remarquable est entrée dans la pratique quotidienne et a déjà rendu de grands services en Biologie. Nous ne saurions cependant trop conseiller de vérifier, par d'autres méthodes de préparation des couches, les résultats obtenus: ils dépendent d'une foule de facteurs, tels que la nature de l'halogénure, la grosseur des grains, leur répartition, la pureté de l'halogénure, des traces d'humidité dans la substance et dans l'halogénure etc.... Il arrive aussi que l'utilisation de ces pressions élevées conduise à une modification de la structure du produit examiné: il faut y faire une attention particulière, lorsque celui-ci est capable de se décomposer, ou lorsqu'il contient de groupements oxhydriles OH ou OD.

La Fig. 6 se rapporte au benzile. Les résultats diffèrent, suivant que l'on a utilisé, pour réduire les substances en poudre, un instrument métallique ou en plastique, et suivant que l'opération s'est effectuée avec ou sans chauffage du KBr. Le spectre correspondant à la solution (5 pour cent dans CS_2), se montre très semblable à celui qui s'obtient, après deux minutes de traitement, avec un instrument métallique.

Avec le cortol (prégnane 3α, 11β, 17α, 20α, 21 pentol), il n'est pas indifférent que le boyage ait eu lieu à la main ou avec une machine et les résultats varient avec la région considérée (Fig. 7).

Nous pouvons conclure de ce qui précède, que la technique infrarouge constitue maintenant un outil parfaitement au point, qui peut être utilisé, quotidiennent et sans difficultés particulières par des biologistes. Elle s'ap-

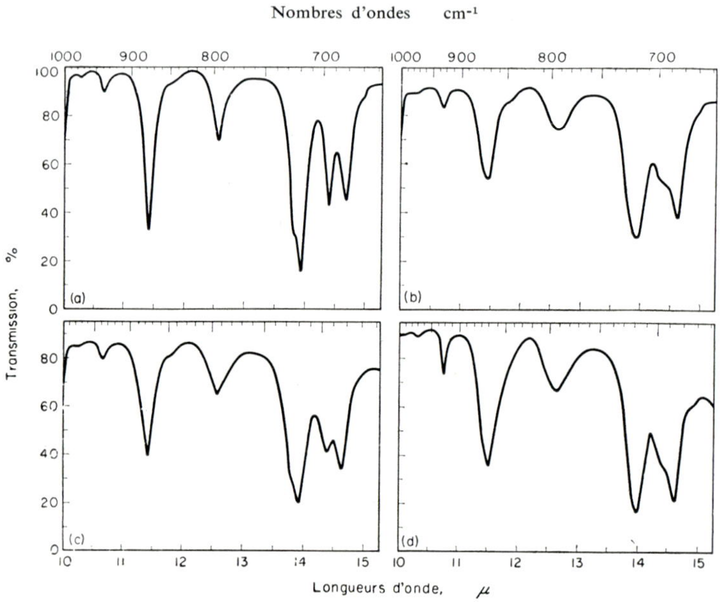

FIG. 6. Variation du spectre du Benzile avec la méthode des pastilles de KBr (a) Broyage avec un pilon métallique, vibrateur pendant 2 minutes; KBr chauffé; (b) Broyage avec un pilon métallique, vibrateur pendant 2 minutes; (c) Broyage avec un pilon en plastique, vibrateur peudant 2 minutes (d) solution à 5 pour cent dans le sulfure de carbone. (D'après Baker, A. W.)

plique immédiatement à tous les produits, même colorés ou noirs, ou encore fluorescents. Pendant la durée d'une expérience, on n'a jamais observé de réaction chimique, ni de modification de structure, surtout si l'on évite tout échauffement des échantillons, dans le cas où ils se montrent sensibles à une élévation de température. Les substances peuvent être examinées dans l'état exact où elles se trouvent (à l'état de poudre ou dans un milieu aqueux par exemple), ce qui évite évidemment des interprétations inexactes.

II

Dans de très nombreux cas, on ne connaît pas la nature même des composés que l'on se propose d'étudier: sans faire aucune hypothèse, la simple comparaison des spectres d'absorption infrarouges permet:

(a) Connaissant le spectre de produits à l'état pur, de les reconnaître soit à l'état séparé, soit dans un mélange;

(b) de prouver l'identité de deux substances même sans savoir leur formule, ni leur structure;

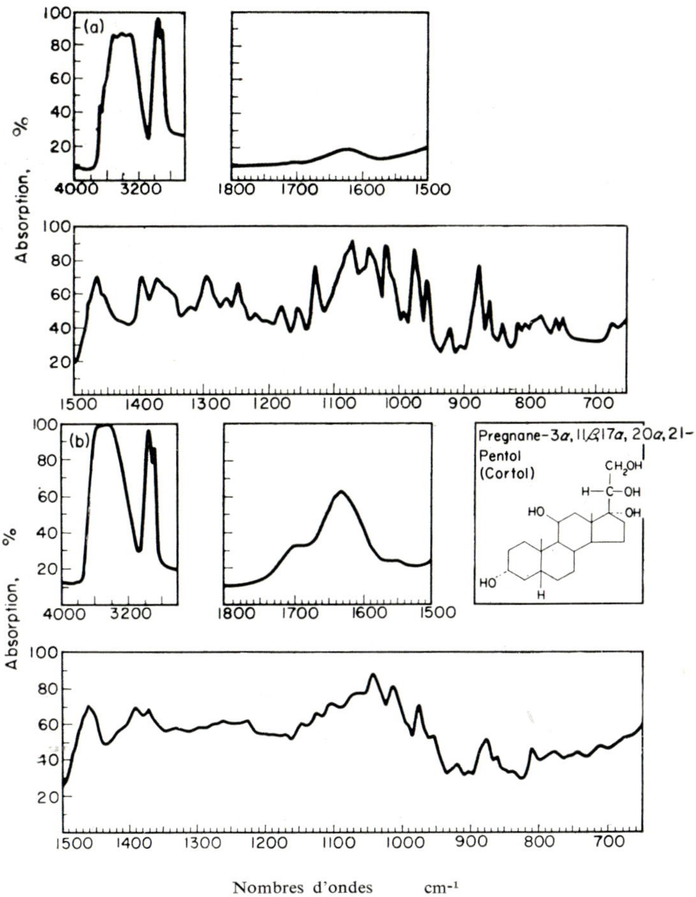

FIG. 7. Absorption du Cortol, étudié au moyen de plaquettes en KBr, suivant le broyage (de haut en bas): A, Broyage à la main, B, Broyage avec un vibrateur. (D'après Roberts, G.)

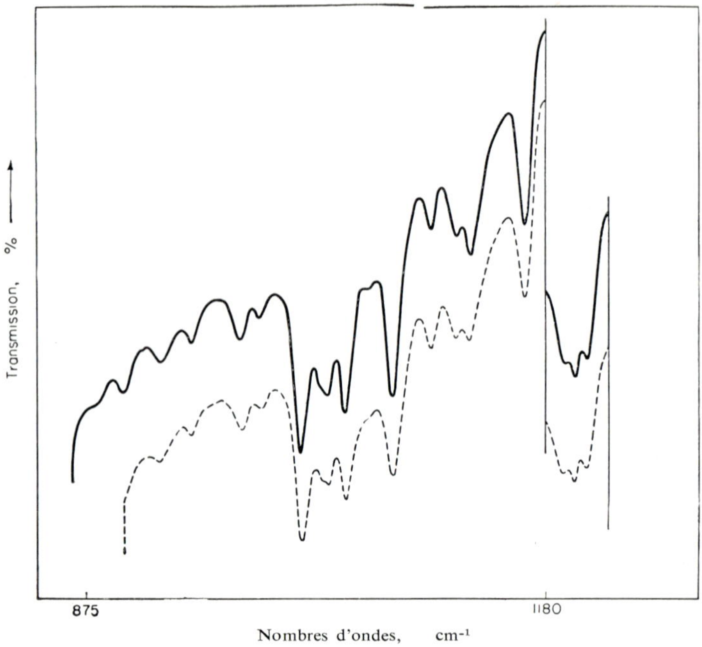

FIG. 8. Spectres d'absorption de l'androstérone de synthèse et d'un produit isolé dans un extrait urinaire. (D'après Jones, R. N. et Dobriner, K.)

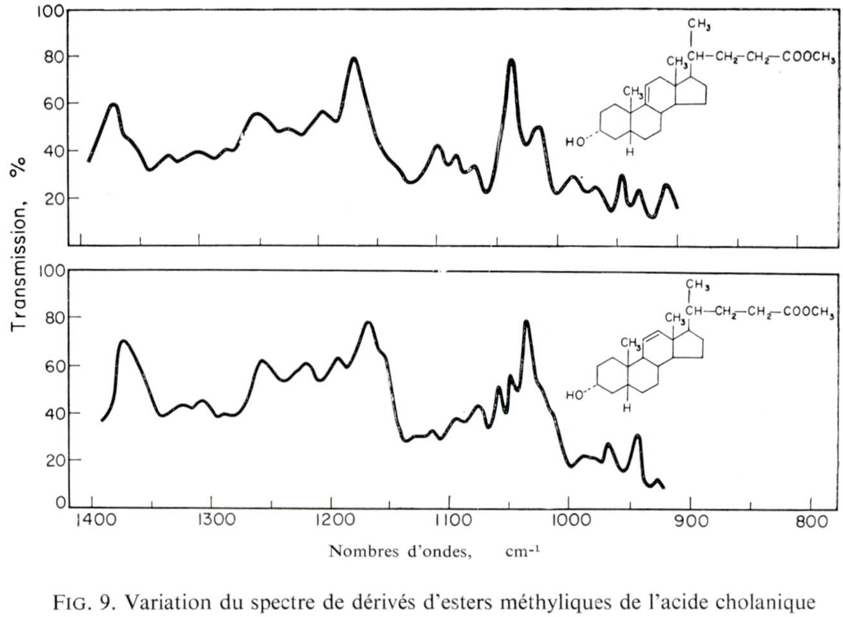

FIG. 9. Variation du spectre de dérivés d'esters méthyliques de l'acide cholanique avec la position de liaisons éthyléniques (D'après Jones, R. N.)

(c) de suivre la variation spectrale de substances pures ou en mélange, soumises à divers traitements chimiques ou physiques (possibilité de suivre une préparation, une extraction, une purification etc.).

Nous devons souligner qu'un des avantages de notre technique sur d'autres utilisations des spectres (ultraviolet par exemple) vient de ce que *tous les produits biologiques sans exception possèdent, entre le visible et des longueurs d'onde d'une vingtaine de microns — que l'on obtient facilement avec des optiques en NaCl ou en KBr — un nombre de bandes qui atteint souvent plusieurs dizaines.* Dans ces conditions, si les spectres infrarouges de deux substances se montrent identiques, tant par la position que par l'intensité des bandes d'absorption, on pourra affirmer qu'elles sont identiques. Dans les cas de mélanges, pour de faibles concentrations d'un ou de plusieurs constituants, ceux-ci pourront cependant échapper à l'analyse, si leurs spectres caractéristiques se trouvent cachés par ceux des constituants principaux. Il faut simplement en conclure que la séparation n'a pas été poussée assez loin et recommencer l'expérience dans de meilleures conditions.

Nous passerons en revue quelques exemples des applications précédentes, sans toutefois pouvoir les ranger strictement dans l'une des catégories décrites ci-dessus.

La spectrométrie infrarouge, grâce aux études fondamentales de K. Dobriner, R. N. Jones et de nombreux autres, a permis d'indentifier dans le corps humain, en particulier dans l'urine, de nombreux stéroïdes, dont beaucoup restaient inconnus jusqu'àlors. Le cas classique est celui de l'androstérone avec une identité totale du spectre du produit pur et de l'extrait urinaire (Fig. 8). Cependant, en examinant de très près certains extraits urinaires, on a constaté que leur spectre différait légèrement, en certains points, de celui de l'androstérone pure. Une étude attentive a permis de mettre en évidence des traces de Δ^9-androsténolone. Comme l'on a parfois établi ou tenté d'établir une relation entre certaines affections et l'apparition de stéroïdes déterminés, par exemple de la Δ^9-étiocholénolone notre méthode semble appelée à rendre de grands services, en raison de sa simplicité et de sa précision, généralement plus grandes que celles d'autres techniques d'usage courant.

Malgré la complication des formules reproduites dans la Fig. 9 on remarquera, pour des dérivés très voisins de l'ester méthylique de l'acide cholanique, les spectres apparaissent assez différents. La double liaison en 9–11 est seulement passée en 11–12.

Inversement, il a été possible de s'assurer que l'effet de rayons γ, provenant de sources radioactives de l'ordre du kilocurie, reste nul sur les acétates de cortisone (Fig. 10) et de prognélonone avec des doses supé-

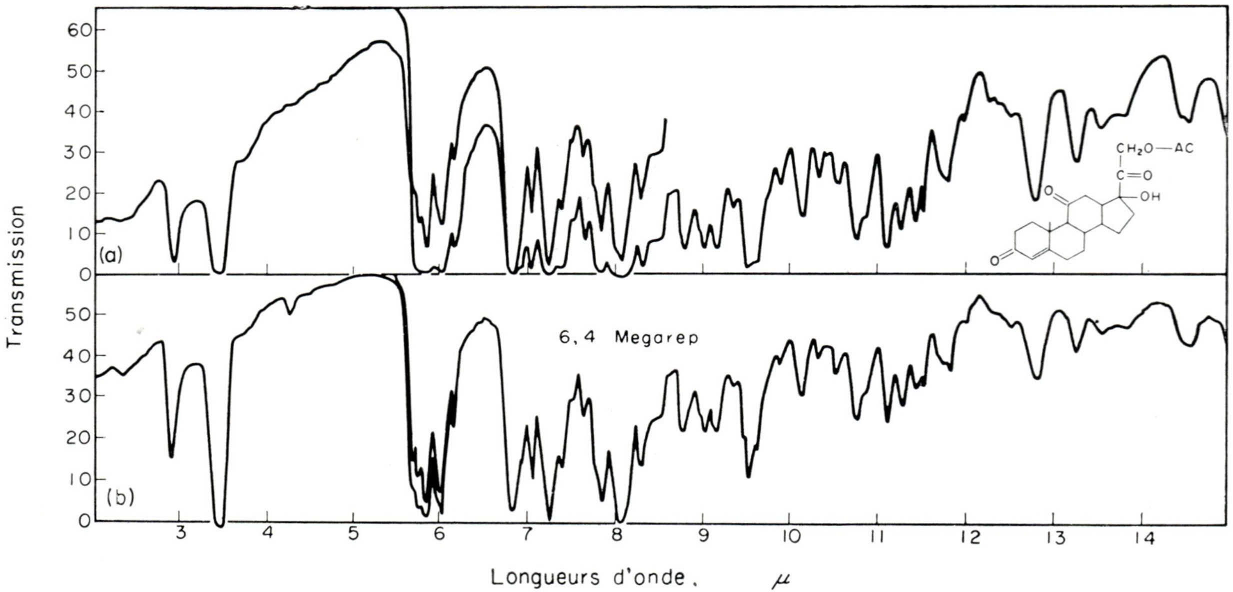

FIG. 10. Effet de l'irradiation par des produits radioactifs sur le spectre de l'acétate de cortisone. (D'après Tarpley, W., Yudis, M., Manowitz, B., Horrigan, R. V. et Weiss, J.). (a) Avant irradiation; (b) après irradiation (poudre mouillée avec du Nujol.)

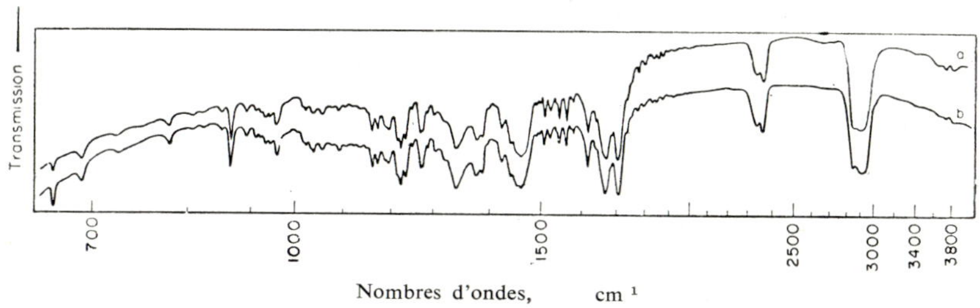

FIG. 11. Spectre d'absorption d'un produit obtenu par l'oxydation au moyen de microorganismes et de la céto-11 progestérone de synthèse. (D'après Peterson, D.H., et Murray, H. C.)

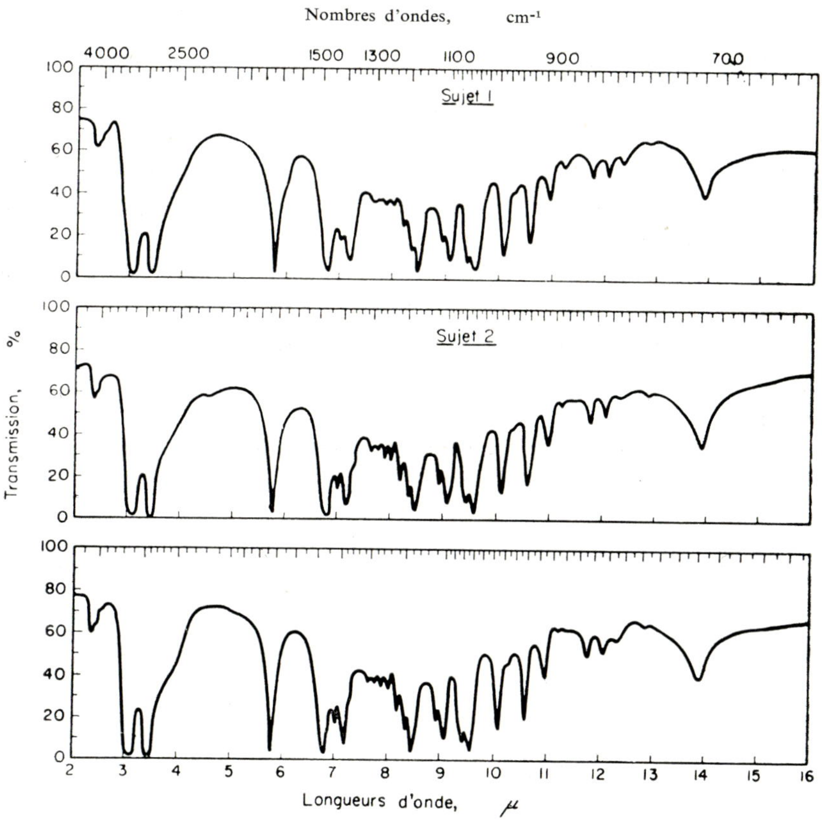

FIG. 12. Spectres d'absorption de monoglycérides isolés dans le contenu intestinal de deux sujets (deux cartons supérieurs) et du produit de la réaction entre la graisse de lait et la glycérine. (D'après Kurth, N. H., Welch, E. A. et Perry, F. S.)

rieures de 4,5 et de 2 fois à celles qui correspondent à la stérilisation. Les modifications, indiquées par d'autres auteurs, tiendraient à des réactions produites avec les radicaux libres venant du solvant: ce qui montre quel soin on doit apporter avant de tirer des conclusions de ces spectres.

On peut contrôler par infrarouge l'action de microorganismes sur certaines substances. L'action oxydante provoque ainsi un composé identique à la céto-11 progestérone (Fig. 11). Dans des cas plus compliqués, on a pu suivre la réduction de la Δ^4-9 méthyl-octalindione (3–8) ou de stéréoisomères de décalinediones 1–4, de dérivés de la 9-méthyl décalone, de décalindiones 1–5 etc.

Des monoglycérides saturés, isolés dans un contenu intestinal, donnent un spectre analogue au produit de la réaction de la graisse de lait et de la glycérine (Fig. 12).

Un sujet qui intéresse directement la Biologie concerne les carbures cancérigènes polycycliques, que l'on distingue très facilement de leurs isomères sans action nocive. Certains auteurs, après examen de douze méthyl-1–2 benzanthracènes, ont pu établir une certaine corrélation entre leur activité et une bande vers 3.050 cm^{-1} (vibration ν(CH) aromatique). Il est, en tout cas, important de pouvoir identifier ces composés à l'état pur ou dans l'organisme.

Conformément aux résultats obtenus dans notre équipe, mais encore restés sans publication, les spectres infrarouges de calculs donnent des indications sur leur nature. Nous noterons qu'avec la même méthode, on a pu mettre en évidence une modification des calculs, au cours du temps, principalement dans les couches superficielles. La comparaison avec les principaux constituants (acide urique (Fig. 13), phosphate ammoniaco-magnésien ou mélange de phosphate ammoniaco-magnésien et d'oxalate de calcium (Fig. 14)) permet un classement immédiat de ces calculs.

On reconnaît facilement le α fructose extrait du tabac, par comparaison avec le spectre du produit pur (Fig. 15).

La Fig. 16, relative à l'absorption de la poudre de muscles de grenouille, montre que l'on peut suivre, avec l'infrarouge, la modification d'un mélange dont on ne connaît pas les éléments constituants. Ce travail déjà ancien, éxécuté en collaboration avec A. M. Monnier et M. Dubuisson (1942), montre le parti que l'on peut tirer d'un appareil à faible dispèrsion spectrale, suivant que l'on s'adresse successivement au muscle normal au repos, au muscle intoxiqué par l'acide monoiodoacétique et stimulé dans des conditions isométriques, au muscle fatigué dans des conditions isotoniques et enfin au muscle non intoxiqué et fatigué dans des conditions isotoniques. Au cours de nombreux essais, il a été toujours possible à l'expérimentateur, et sans aucune erreur de diagnostic, de dire quelles avaient été les conditions de départ, qui lui étaient, bien entendu, inconnues.

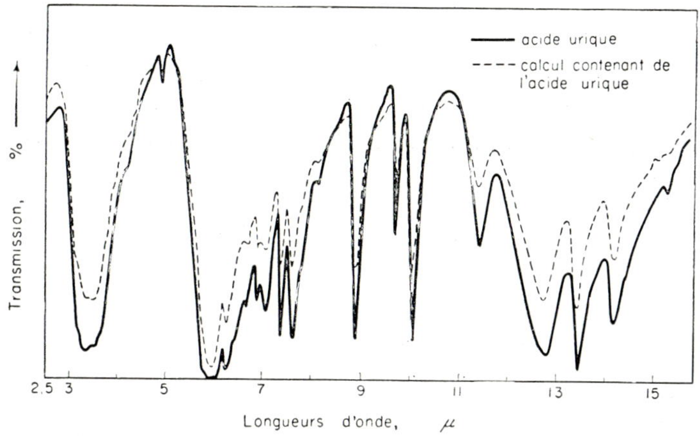

FIG. 13. Comparaison des spectres d'un calcul contenant de l'acide urique et de l'acide urique. (D'après Weissmann, M., Klein, B. et Berkowitz, J.)

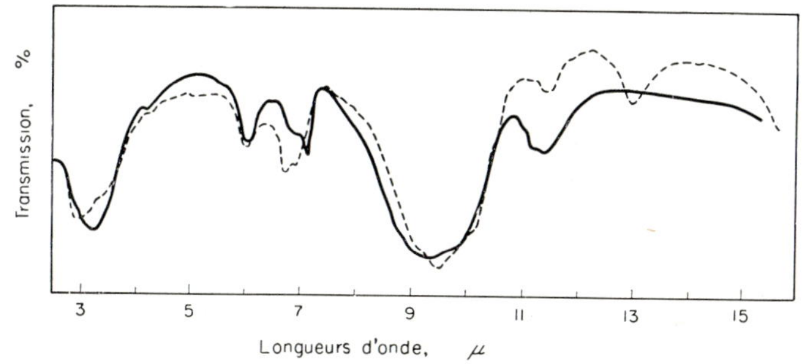

(1)

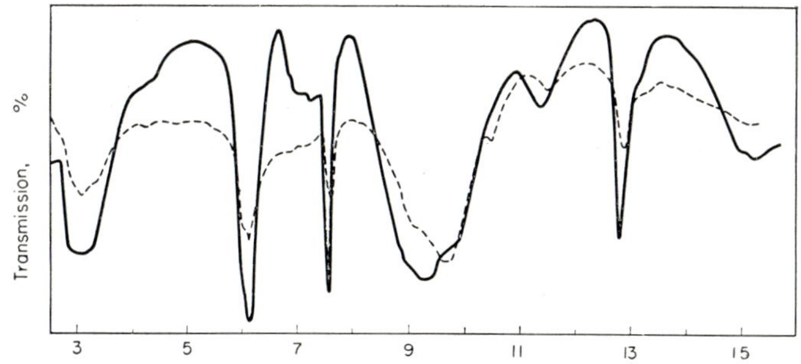

(2)

FIG. 14. Spectres d'absorption: de calculs contenant du phosphate trivalent (trait discontinu) et de phosphate ammoniaco-magnésien (trait plein) (1); de calculs contenant un mélange de phosphate ammoniaco-magnésien et d'oxalate de calcium (trait discontinu), et de phosphate ammoniaco-magnèsien (trait plein) (2). (D'après Weissmann, M., Klein, B. et Berkowitz, J.)

Sans anticiper sur l'exposé des remarquables travaux de M. Janot, relativement à la structure des alcaloïdes, notons que la simple comparaison des spectres infrarouges a permis de constater l'identité de la pseudoyohambine de Karrer et du yohimbène de Hahn, qui étaient considérés comme deux produits différents. Même résultat par d'autres auteurs, pour l'acide miropinique et l'acide isodextropimarique etc. . . .

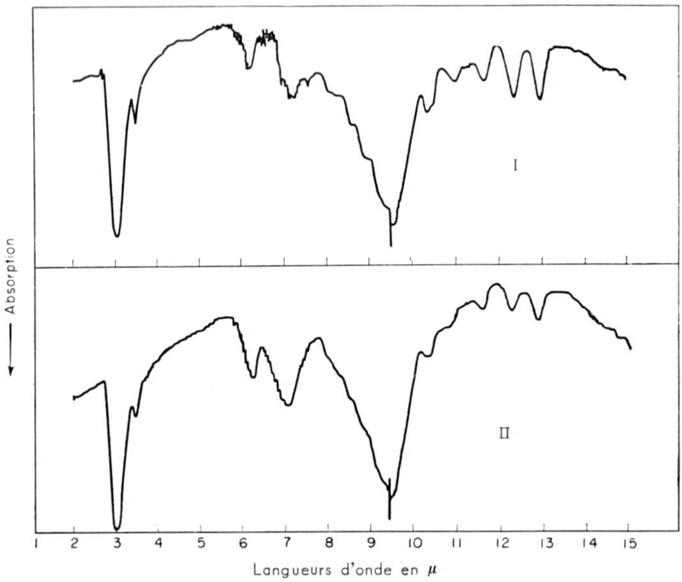

FIG. 15. Spectre de la α-Fructose (I) et de la α-Fructose (II) extraite du tabac. (D'après Resnik, F., Harrow, L. S., Holmes, J. C., Bill, M. E. et Green, F. L.)

Certains auteurs ont tenté, avec quelque succès d'ailleurs, de classer les préparations de virus, d'après leurs spectres infrarouges. La difficulté réside évidemment dans la facilité de contamination des échantillons. Naturellement suivant le degré d'impureté, les virus provenant d'animaux, par exemple, ne fournissent pas des spectres reproductibles. La Fig. 17 se rapporte à des préparations de bacilles de pneumonie méningée par extraction avec l'acide trichloracétique:*A* avant extraction, *B* résidu après extraction avec 10 pour cent d'acide à froid, *C*, résidu après extraction avec l'acide à 5 pour cent à chaud.

On reconnaît, de même la présence de glycogène dans les spectres de cellules nourries de glucose. On a obtenu des variations, suivant l'origine des produits, de polysaccharides provenant de pneumocoques.

Il y a déjà quelques années, H. M. Randall et ses collaborateurs montraient, par infrarouge, que des extraits préparés à partir de bacilles tuberculeux étaient des lipides, ce qui constituait déjà un point important. A l'aide d'une technique d'extraction appropriée, on a pu ainsi établir que des bacilles tuberculeux, provenant de la même souche, conduisaient toujours au même spectre (Fig. 18), mais que des prélèvements successifs

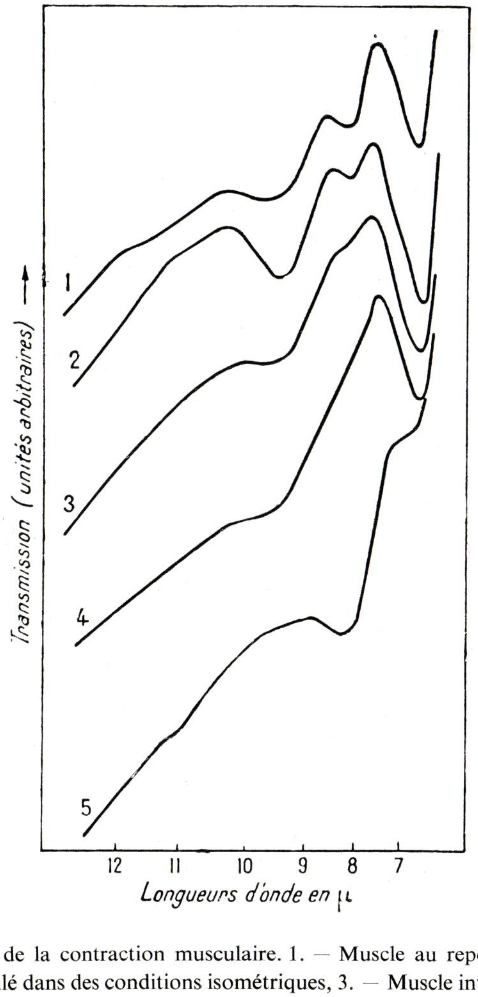

FIG. 16. Étude de la contraction musculaire. 1. — Muscle au repos, 2. — Muscle intoxiqué stimulé dans des conditions isométriques, 3. — Muscle intoxiqué, stimulé dans des conditions isotoniques, 4. — Muscle non intoxiqué, fatigué dans des conditions isotoniques, 5. — Myosine de chat (D'après Dubuisson, M., Lecomte, J. et Monnier, A. M.)

sur des souches différentes ont fourni des spectres autres que les précédents (Fig. 19). Généralisant ce qui précède, on a montré que différentes cultures de microorganismes conduisaient à des spectres infrarouges pos-

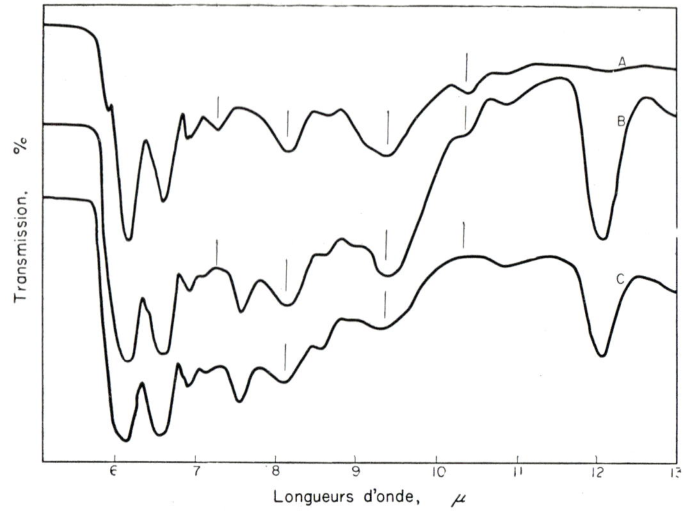

FIG. 17. Spectres d'absorption de bacilles de pneumonie-méningée A. — Avant extraction, B. — Résidu après extraction avec l'acide trichloracétique à 10 pour cent. C. — Résidu après extraction avec l'acide trichloracétique à chaud à 5 pour cent. (D'après Benedict, A. A.)

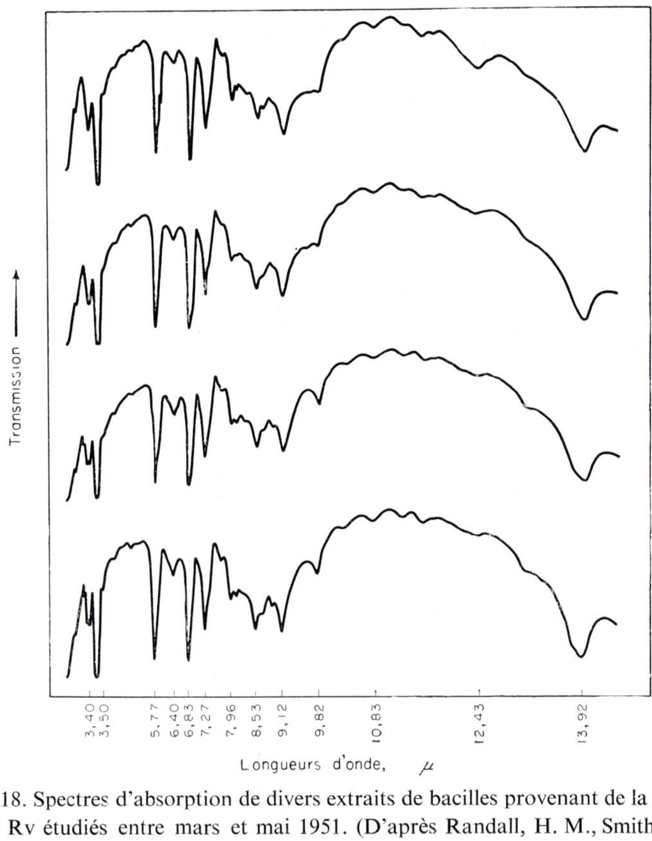

FIG. 18. Spectres d'absorption de divers extraits de bacilles provenant de la souche H 37 Rv étudiés entre mars et mai 1951. (D'après Randall, H. M., Smith, D. W. et Nungester, W. J.)

sédant les mêmes bandes principales, mais que leur intensité variait, ainsi que les bandes d'absorption secondaires, ce qui permet, dans un certain nombre de cas, de différencier les cultures. Il est bien évident que ces intéressants résultats ne peuvent s'obtenir qu'avec une technique bien au point permettant la reproductibilité des expériences.

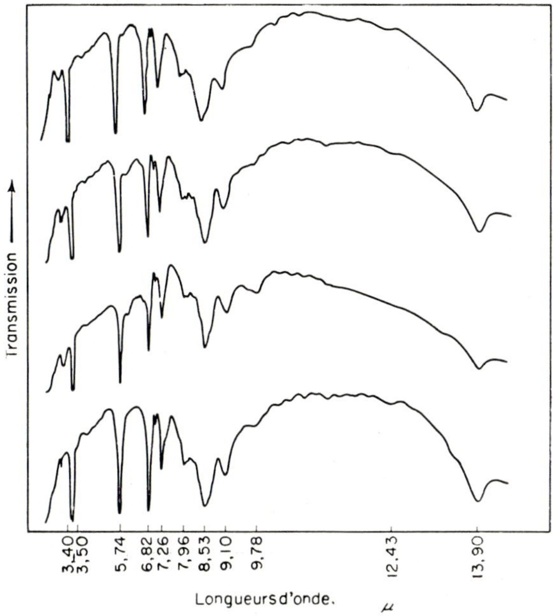

FIG. 19. Spectres d'absorption de bactéries. Fraction de la souche H 37 Ra. Prélèvements entre mars et mai 1951. (D'après Randall, H. M., Smith, D. W. et Nungester, W. J.)

Les spectres infrarouges des membranes de bactéries, produites par "Acetobacter xylinum" sur différents supports carbonés: cellobiose, mannitol, glycérine, dextrose, lévulose se présentent comme fort voisins, les petites différences étant rapportées à des variations d'épaisseur dans la membrane étudiée.

Les tissus ont donné lieu à diverses études, avec lesquelles on doit faire preuve d'une grande prudence dans les interprétations, et même dans les comparaisons, en raison, d'une part, de la complexité des substances contenues dans les échantillons et aussi de la difficulté de les préparer correctement, en particulier pour éviter la diffusion des radiations. Pour divers auteurs, les spectres de tissus cancéreux présentent certaines différences avec les spectres de tissus normaux, et elles s'interpréteraient par la présence d'acide nucléique en excès. Dans la Fig. 20, le carton 1 se rapporte à un carcinome de la vessie, fixation au formol, montage à la paraffine, (a) section sans paraffine, (b) la même avec addition d'une ou deux gouttes d'une huile pour éviter la diffusion. Carton 2: carcinome du

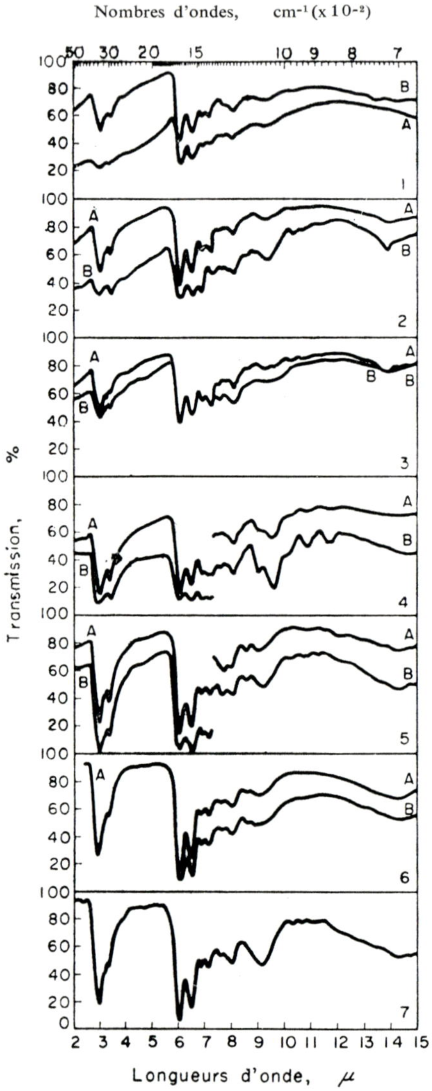

FIG. 20. Spectres de tissus. 1. — Carcinome de la vessie, épaisseur 18 μ; 2. — Carcinome du sein, épaisseurs 10 et 50 μ; 3. — Adénome fibreux du sein, épaisseur 20 μ, tissu normal du sein, même épaisseur; 4. — Carcinome du sein, tissu déshydraté; 5. — frottis de sang (partie externe), séché à l'air A: normal, B: leucémie aiguë 6. — Histone (film sur AgCl); Ribonucléase, films sur AgCl. (D'après Blout, E. R. et Mellors, R. C.)

sein, coupes de deux épaisseurs 10 et 50 μ fixées à la formaline. Carton 3: adénome fibreux du sein, fixé à la formaline et sein normal sous 20 μ; Carton 4: cancer du sein, après congélation et deshydratation, épaisseurs de 20 et 50 μ. Carton 5: frottis périphérique du sang, dans l'air sec. Carton 6: Histone, film sur chlorure d'argent; Carton 7: Ribonucléase, film sur chlorure d'argent.

Deux échantillons de cérébron ont conduit exactement au même spectre, affirmant ainsi l'identité de ces produits (Fig. 21). Par contre, des coupes de cerveaux d'adulte ou de fétus ont donné des résultats différents (Fig. 22).

En collaboration avec le professeur Verne et R. Wegmann, nous avons trouvé de petites différences entre le spectre de la graisse péritonéale (a) de rat normal, (b) de rat castré. Les graisses de réserve n'auraient, d'après cette expérience, pas la même structure que les graisses normales du rat.

La reconnaissance de l'identité de deux spectres infrarouges se trouve grandement facilitée par l'emploi de machines électroniques. Dans le cas d'un seul constituant, on obtient, tout le long du spectre, d'une manière automatique, la différence entre l'absorption du produit pur et de l'échantillon. Avec plusieurs constituants, le problème se présente comme plus compliqué. A un étage du calculateur, il faut obtenir le spectre de chacun d'eux, correspondant à sa concentration propre. A l'étage suivant, la machine additionne ces résultats en fournissant le spectre prévu pour le mélange synthétique aux concentrations données, et ensuite, par différence, on obtient, toujours automatiquement, l'écart spectral existant entre le mélange à étudier et le mélange synthétique. Pour arriver à de bons résultats, il faut faire intervenir le fond continu comme constituant supplémentaire et ce n'est généralement pas toujours le plus facile. Cette méthode se montre particulièrement précieuse pour faire ressortir, dans un produit dit pur, ou dans un mélange, l'existence d'un ou de plusieurs constituants, qui auraient pu échapper à une analyse ordinaire du spectre par simple comparaison, si ces spectres se présentent comme voisins de ceux d'un ou de plusieurs des constituants, ou s'il n'existe qu'à l'état de traces. D'excellents résultats ont été ainsi obtenus dans l'analyse de substances possédant un spectre compliqué, comme par exemple les stéroïdes.

III

(a) Les spectres d'absorption infrarouges permettent de mettre en évidence des différences entre des produits de structure très voisine, par exemple entre des isomères et des homologues. Nous n'insisterons pas sur ces résultats bien connus, qui utilisent assez souvent la région de 6 à 15μ (1630–650 cm^{-1}), où le spectre correspond à "l'empreinte digitale" du composé.

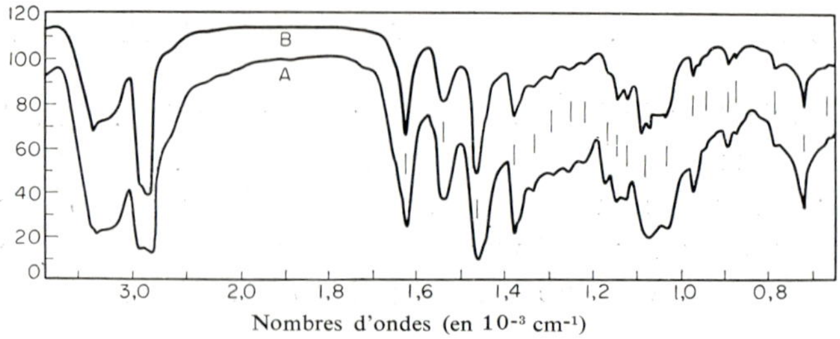

FIG. 21. Spectres d'absorption de deux échantillons de cérébron: de Thierfelder (a) de Chatagnon (B). (D'après Melle, C. et Chatagnon, M. P.)

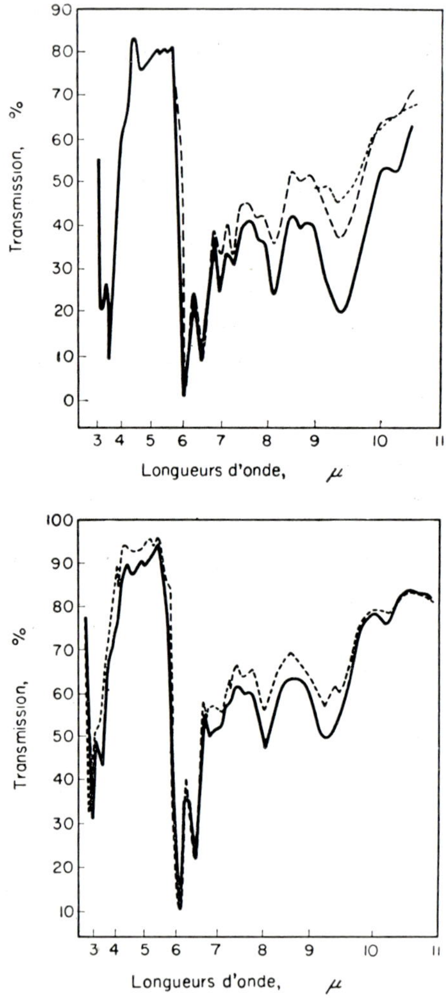

FIG. 22. Coupes de cerveaux d'adultes (courbe supérieure) et de fétus (courbe inférieure). Trait plein: avant extraction, en trait discontinu: extraction au chloroforme et à l'éther ou à l'éthanol. (D'après Schwarz, H. P., Riggs, H. E., Gluck, C., McGrath, J., Caeron, W., Breyer, E., Bew, E., Jr. et Childs, R.)

Un cas plus difficile se rencontre avec les stéroisomères, par exemple avec les stéroïdes où l'on désigne par α et β les positions des groupements en avant ou en arrière du plan de la figure. Quatre stéroïdes stéréoisomères: l'androstérone, l'isoandrostérone, l'étiocholanol 3 α one I7, l'etiocholanol 3β one I7, se distinguent par les positions du groupement OH et d'un atome d'hydrogène. Malgré cette très petite différence de structure, les spectres infrarouges permettent de les différencier aisément (Fig. 23). R. N. Jones, en particulier, au cours de ses remarquables travaux sur les spectres infrarouges des stéroïdes, a donné de nombreux exemples de cas analogues dans la collection des spectres qu'il a publiés.

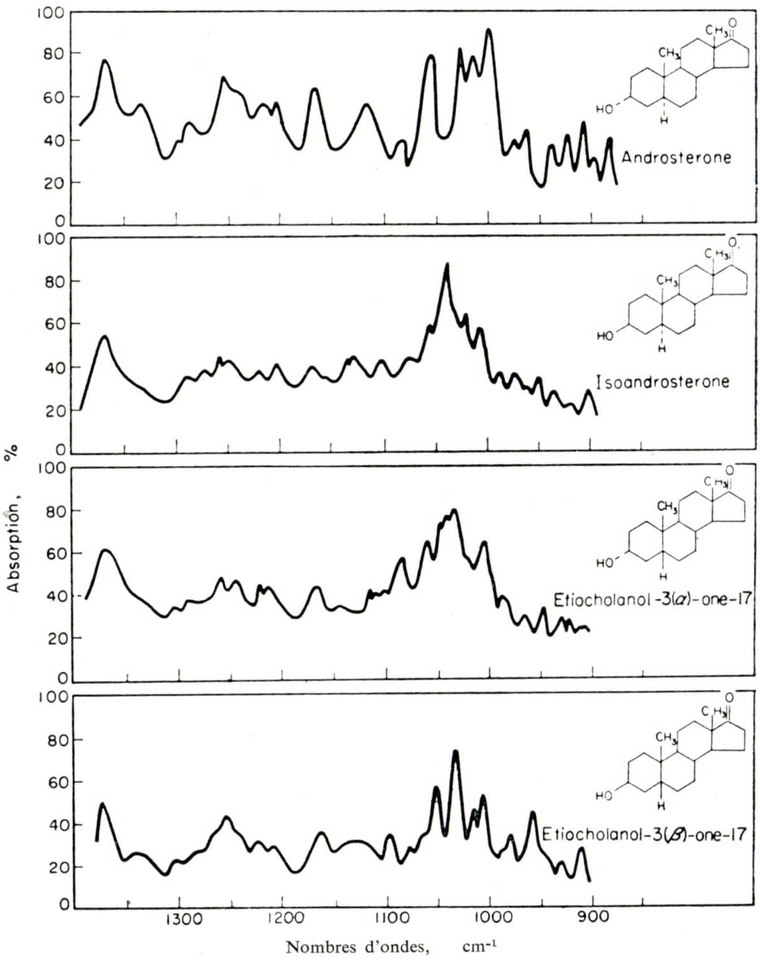

FIG. 23. Spectres d'absorption de quatre stéroïdes stéréoisomères. (D'après Jones, R. N. et Dobriner, K.)

Depuis longtemps, on a établi la possibilité de reconnaître par notre méthode des substances assez voisines comme la théophylline, la théobromine, la caféine. D'une manière plus générale, l'infrarouge se montre très utile pour compléter les indications d'autres techniques, dans le but de distinguer des alcaloïdes présentant de grandes ressemblances.

Signalons aussi que des substances minérales, cristallisant dans des systèmes différents, possèdent des spectres infrarouges bien différenciés. Un des cas les plus remarquables se présente avec les carbonates de calcium. Ils présentent, on le sait, les variétés suivantes: calcite (rhomboédrique), aragonite (orthorhombique), vatérite (hexagonal), calcaire amorphe, sans compter des hydrates possibles. Il nous a été ainsi possible de distinguer, dans une très petite quantité de calcaire, prélevé dans la pince d'un crabe, trois variétés de carbonate de calcium dont le calcaire amorphe, qui n'aurait pas pu être décelé par le recours aux rayons X.

De même, nous avons identifié, dans des plantes, des oxalates de calcium diversement hydratés, dont les spectres se présentaient comme caractéristiques.

Certains de ces hydrates n'étaient pas connus auparavant et ils cristallisent dans des systèmes différents.

En dehors des cas d'isomérie et de stéréoisomérie, que nous venons de signaler, la spectrométrie infrarouge se montre extrêmement utile pour déceler les *isomères de rotation*. Les chimistes ont eu beaucoup de peine à admettre ce cas d'isomérie, car il n'est pas possible de séparer les constituants, les formes se présentant en équilibre à une température et à une dilution déterminées, de sorte que, si l'on arrive en isoler l'un, d'entre elles, elle se reforme immédiatement au dépens des autres. Rappelons que l'un des dogmes de la chimie organique consistait, à une époque encore récente, à admettre qu'il existait *toujours* une rotation libre autour des "simples" liaisons C—O, C—C, C—N etc.... En réalité, cette libre rotation correspond seulement à nombre infime de cas. Dans tous les autres, il faut considérer une série d'isomères, qui se déduisent les uns des autres par une rotation, non plus libre, mais déterminée autour de la "simple" liaison. Il est naturellement fort important, en biologie, de considérer l'existence de ces isomères de rotation, qui modifient souvent, dans une assez large mesure, les propriétés des molécules considérées. Vers 1935, nous avions remarqué que le nombre des bandes d'absorption de corps organiques, considérés comme parfaitement purs, dépassait de beaucoup les prévisions. De là, il n'y avait qu'un pas à franchir pour supposer l'existence de ces différentes formes, qui d'ailleurs a été prouvée par d'autres méthodes.

Nous citerons, comme seul exemple, celui des acides saturés aliphatiques. Lorsque l'on passe de l'état liquide à l'état solide (soit en refroidissant les composés liquides à la température ordinaire, soit en élevant la température des composés solides), on a remarqué, en particulier dans notre équipe, que le nombre des maximums augmentait. Ainsi les acides stéarique et cérotique, correspondant respectivement à 18 et 27 atomes de carbone, fournissaient, dans la même région spectrale, respectivement

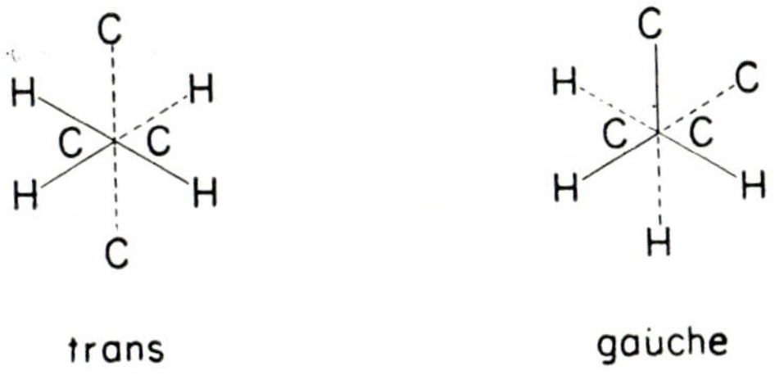

FIG. 24. Structures *trans* et *gauche* dans une chaîne carbonée en zig-zag autour de chaque liaison C–C, supposée perpendiculaire au plan de la figure.

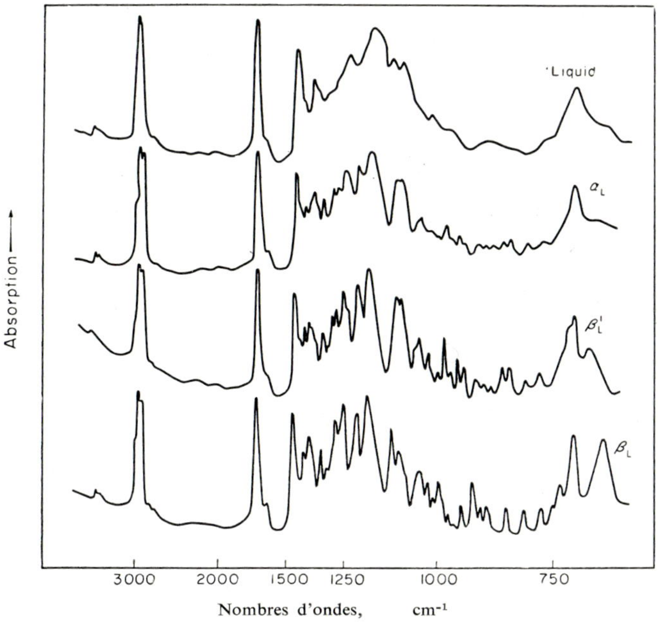

FIG. 25. Formes polymorphes de la mono-1 stéarine. (D'après Chapman, D.)

12 et 9 maximums à l'état liquide, contre 27 et 26 à l'état solide. On sait, par des déterminations effectuées au moyen des rayons X, qu'à l'état solide, on ne rencontre que la structure *trans* autour de chaque liaison C—C (Fig. 24), avec une chaîne en zig-zag. Par contre, à l'état liquide, on admet l'existence d'autres structures, *gauches* par exemple. Le fait

qu'*une diminution* du nombre des formes en présence conduise à *une augmentation* des bandes observées a semblé, au premier abord, assez singulier. Une analyse de ce problème montre que, dans le cas de deux ou plusieurs formes (état liquide), il existe un trop grand nombre de maximums rapprochés, pour que les spectrographes actuels puissent les résoudre. Par contre, à l'état solide, les larges bandes non résolues de l'état liquide se séparent en composantes, parce qu'elles sont bien moins nombreuses que dans l'autre cas.

La Fig. 25 indique des modifications substantielles dans le spectre infrarouge des formes polymorphes de la mono-1 stéarine. Le liquide et les formes $\alpha_2 \beta'_2 \beta_2$ sont obtenus en chauffant à des températures variées; ces dernières s'étudient à l'état solide et mouillées avec du nujol. Tous ces spectres présentent des variations facilement reconnaissables.

On a aussi cité des modifications à l'état solide dans le spectre de la Δ^5 prégnenol-3α-one 20 ou pour les deux formes polymorphes de la allo-prégnanol-3α-one 20 de formules respectives:

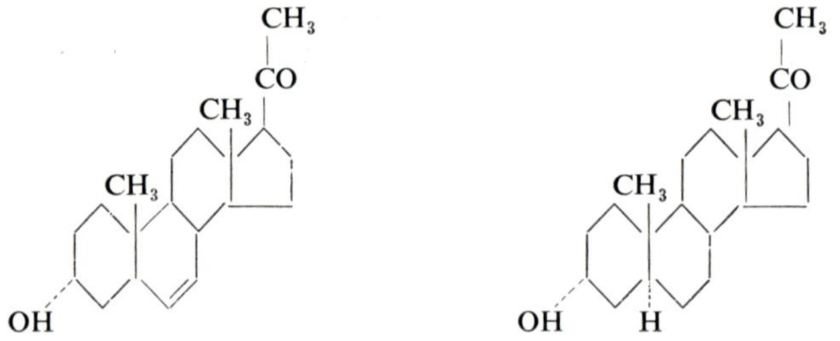

D'une manière générale, toutes les fois où le spectre infrarouge d'un composé se modifie, on peut affirmer qu'il s'agit d'un changement quelconque dans la structure moléculaire. Il peut arriver que, par d'autres méthodes, au moyen des rayons X par exemple, on mette en évidence des formes polymorphes qui conduisent au même spectre infrarouge. Il faut en conclure que les structures moléculaires restent les mêmes, mais que la disposition des molécules les unes par rapport aux autres peut varier d'une forme polymorphe à l'autre. Il est alors vraisemblable que, si l'on étudiait le spectre infrarouge vers des longueurs d'onde assez grandes, au lieu de se borner, comme on le fait généralement, à la région qui s'atteint avec une optique en chlorure de sodium ou en bromure de potassium, on mettrait en évidence ces modifications du réseau cristallin. Jusqu'à présent, les difficultés dans l'expérimentation ont empêché, dans la presque totalité des cas, d'aborder ces problèmes.

(b) Nous quitterons maintenant les comparaisons empiriques pour attaquer le problème concernant le nombre, la position et l'intensité des bandes d'absorption infrarouges et la structure des molécules.

Pendant une vingtaine d'années, on s'est attaché à identifier la présence de certains maximums d'absorption avec l'existence, dans la molécule, de groupements déterminés. Il a suffi, en chimie minérale, comme en chimie

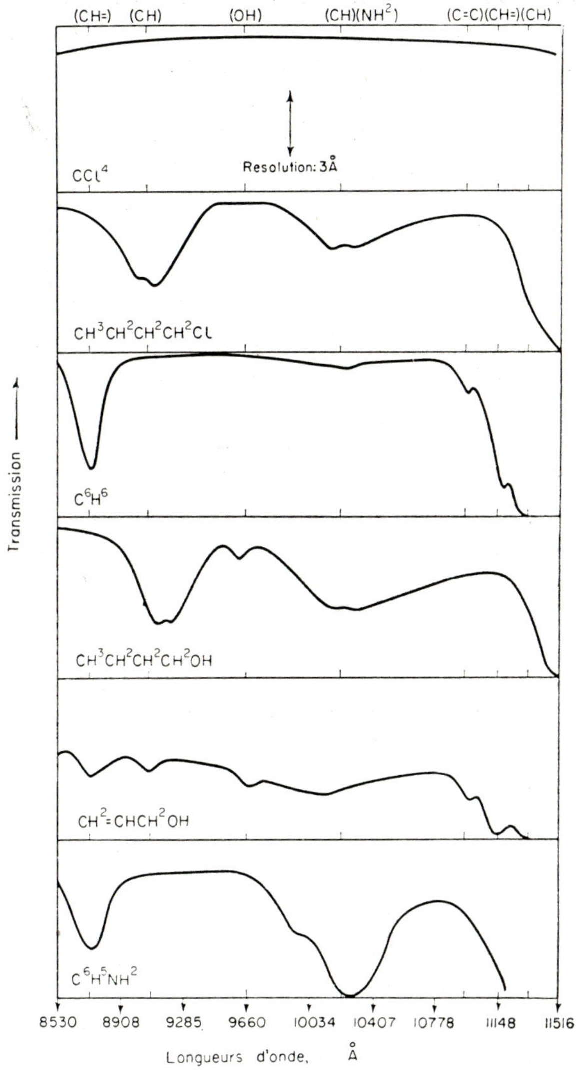

FIG. 26. Bandes d'absorption caractéristiques de divers groupements. (D'après Freymann, R.)

organique, de procéder à des comparaisons de proche en proche. Ainsi, en passant du tétrachlorure de carbone, qui ne posseède, entre 0,8 et 1,2 μ, aucune bande, au chlorure de butyle (*n*), on met en évidence trois maximums caractéristiques de la liaison C-H. Entre le chlorure de butyle (*n*) et l'alcool butylique (*n*), une nouvelle bande apparaît et représente l'introduction du groupement OH. Du benzène à l'aniline on met en évidence le groupement NH_2 etc. (Fig. 26.) Des tableaux de corrélation, de plus en plus complets et s'étendant sur un domaine spectral de plus en plus étendu (actuellement, il va du visible à 25 μ environ), ont été publiés dans différents recueils. Leur utilité apparaît comme incontestable pour effectuer un premier débrouillage des résultats. Mais nous avons protesté énérgiquement contre la méthode qui consiste à découper la molécule en éléments constituants et à essayer d'identifier chacun d'eux au moyen des tableaux contenant les maximums caractéristiques. Cette soi-disant méthode d'interprétation automatique des spectres infrarouges a conduit déjà à de très nombreuses erreurs, et elle a été en partie responsable du peu d'intérêt que certains chercheurs attachent encore actuellement à notre technique. De plus, tous les chimistes savent parfaitement que les différentes parties d'une molécule réagissent les unes sur les autres en produisant des propriétés complètement différentes de celles des constituants. Il en est de même des spectres infrarouges, puisque ceux-ci suivent de très près les moindres modifications qui se présentent dans la structure des molécules. Ainsi, les spectres, comme les propriétés chimiques des acides-alcools, se présenteront comme notablement différents de ceux des acides et des alcools correspondants.

Si les spectres infrarouges de molécules contenant les mêmes groupements se montraient identiques, on ne pourrait pas différencier par cette méthode les isomères, encore moins les stéréoisomères, et on rencontrerait de grandes difficultés avec les homologues successifs. Mais ce n'est que depuis quelques années qu'est apparu tout le parti que l'on peut tirer de la variation des spectres en général et des bandes caractéristiques en particulier, lorsque se modifient légèrement les structures (modification des distances entre deux ou plusieurs groupements caractéristiques), ou que l'on change les conditions expérimentales (passage du solide à l'état de vapeur ou en solution). Au lieu de rester sensiblement fixes, comme on le supposait auparavant, les maximums caractéristiques d'une fonction éprouvent ainsi des variations en position et en intensité, qui fournissent une aide considérable pour la reconnaisance et la disposition des différentes fonctions à l'intérieur d'une même molécule. C'est de cette manière qu'a pu être abordé le difficile problème de la détermination des structures moléculaires par la méthode infrarouge.

(c) Détermination de quelques structures moléculaires par spectrométrie infrarouge. Nous devons nous borner à un petit nombre d'exemples et nous choisirons d'abord la bande qui caractérise la présence du groupement C=O (vibration de valence entre le carbone et l'oxygène). La Fig. 27 concerne la déhydrocorticostérone dans la région intéressante. Nous y voyons, en effet, quatre bandes d'absorption, qui correspondent aux quatre groupements C=O contenus dans la molécule. Les maximums, marqués I et II, proviennent de l'ester et du carbonyle en 17 (le fait d'appartenir à un cycle

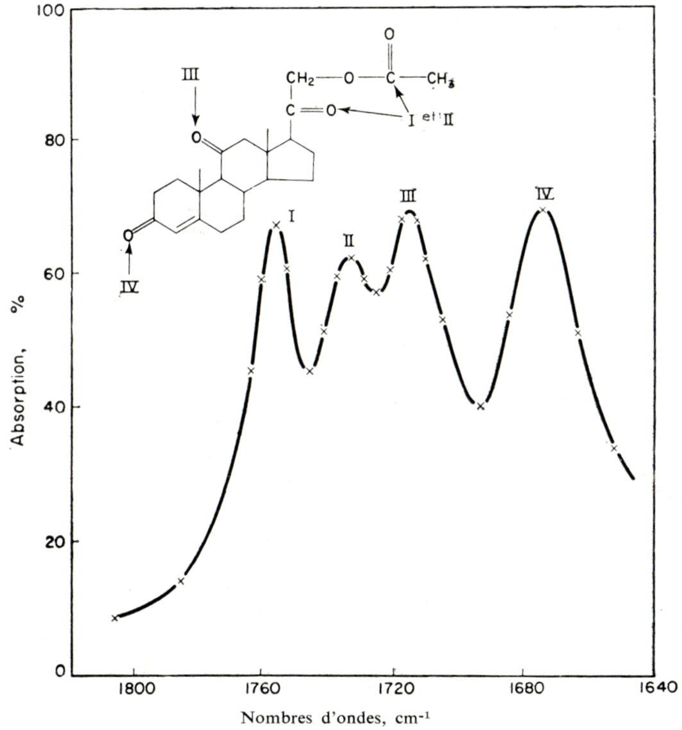

FIG. 27. Positions des bandes d'absorption caractéristiques du groupement carbonyle, suivant sa situation dans la molécule. (D'après Jones, R. N. et Dobriner, K.)

pentagonal élève le nombre d'ondes), III du C=O en II (position normale de la bande par suite du cycle hexagonal) et IV du C=O en 3 conjugué avec la double liaison en 4—5 (ce qui produit, comme toujours, un abaissement du nombre d'ondes).

D'après les spectres infrarouges de 3.000 stéroïdes de structure connue, il a été possible de les classer en 150 types différents relativement à la fonction carbonyle. R. N. Jones, dans des études personnelles sur plusieurs centaines de stéroïdes, a précisé d'influence sur la position de la bande précédente (vibration de valence ν C=O) de la structure du composé (doubles liaisons, conjugaison de doubles liaisons, substitutions diverses), de sorte que l'on pourra inversement déduire la structure des composés d'après leur spectre infrarouge, même s'il s'agit de stéroïdes nouveaux. Il est inutile d'insister sur l'intérêt de premier ordre que présentent ces déterminations, en evitant des analyses chimiques longues et difficiles.

Lorsqu'un ou plusieurs atomes de carbone se trouvent reliés au deutérium, à la place de l'hydrogène, au lieu de trouver seulement des bandes d'absorption dans la région de 2.800–3.000 cm^{-1} (vibration de valence C—H), on mesure aussi des maximums dans la région de 2.100–2.200 cm^{-1} [vibration de valence ν (C—D)]. De plus, suivant la Fig. 28, tout le spectre

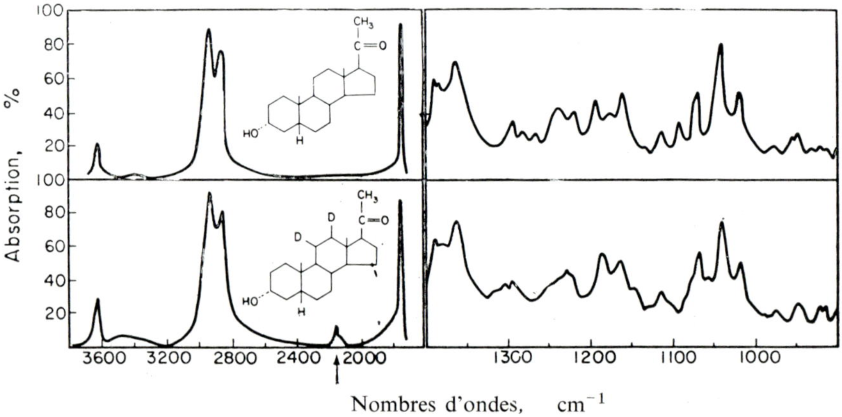

FIG. 28. Spectre d'absorption de la Prégnanolone deutériée et non deutériée en solution dans le sulfure de carbone (cuve de 1 mm, concentration 10 mg/ml. La flèche indique la bande C–D vibration de valence). (D'après Dobriner, K., Krichevski, T. H., Fukushima, D. K., Gallagher et Hardy J. D.)

vers de plus grandes longueurs d'onde se trouve plus ou moins modifié par la deutération. Ces remarques présentent d'abord une grande importance pour l'établissement des structures et le fait que les vibrations de valence C—D tombent dans une région généralement vide de bandes fortes permet de reconnaître aisement les éléments marqués par le deutérium, même dans des quantités croissantes d'isomères non marqués.

Ayant injecté de l'acétate d'allouprégnan—5—6 d_2—01 3(β)—one 20, on a recueilli dans les urines et les fèces du patient, des substances montrant, par leurs bandes C—D, la présence de produits deutériés (fractions crues α et β hydroxycétoniques et fractions α et β hydroxy non cétoniques). Par contre, ces bandes n'apparaissaient pas dans la fraction neutre non alcoolique et non cétonique. Il semble important de pouvoir mettre en évidence la présence du deutérium dans des métabolites des hormones stéroïdes; elles se présentent en si faible quantité que la spectrométrie de masse ne peut être appliquée qu'avec de grandes difficultés, parce que l'on ne connaît pas à l'avance la teneur approximative de l'isotope.

Le regretté H. Lenormant a étudié en détails la structure de la liaison peptidique et il a reconnu que l'on retrouvait, dans le spectre des protéines pures, des maximums d'absorption qui correspondaient à ceux des amides

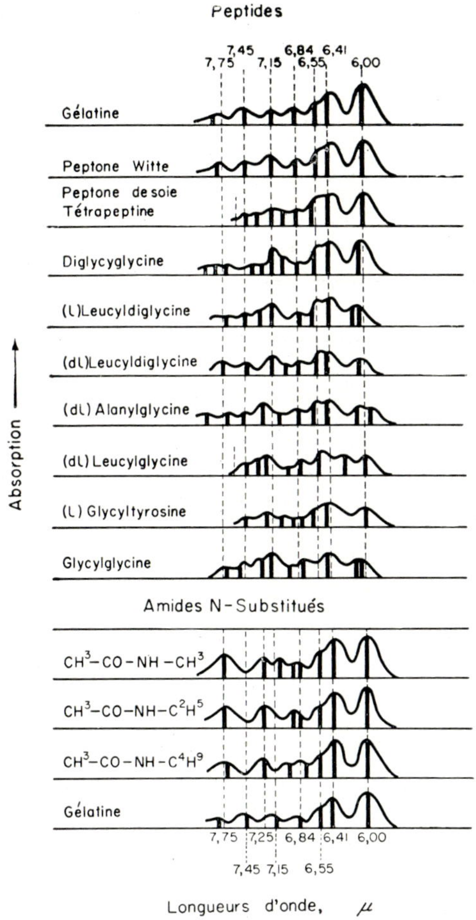

FIG. 29. Comparaison des spectres de peptides et d'amides substitués. (D'après Lenormant, H., Thèse Paris 1950.)

monosubstitués sur l'azote. On obtient donc, de cette manière, immédiatement les indications désirées en limitant l'exploration à une étroite région spectrale (6 à 8 μ), à condition de l'étudier correctement. (Figs. 29 et 30.)

Un succès remarquable de la méthode infrarouge se présente à propos de la structure de la pénicilline. La complication de cette molécule montre que l'on peut arriver à d'excellents résultats, à condition de posséder un nombre de substance suffisant pour servir de termes de référence. Il faut d'abord établir dans quelle mesure la présence simultanée de différents groupements dans une molécule arrive à modifier les caracteristiques spec-

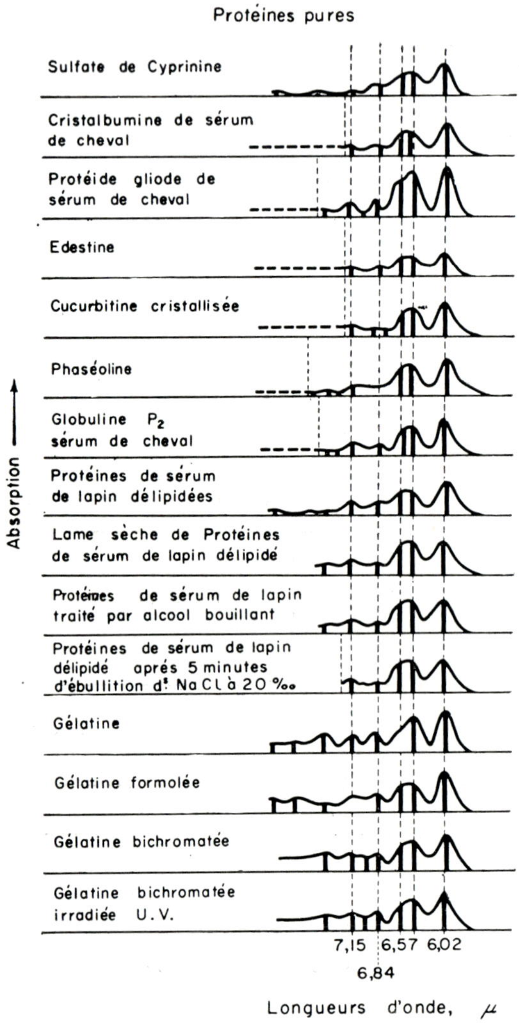

FIG. 30. Absorption de protéines pures. (D'après Lenormant, H., Thèse Paris 1950.)

trales de chacun d'eux. Un important ouvrage de H. M. Randall et coll. donne une idée du travail chimique considérable qui a été effectué dans ce but.

En bref, trois structures se trouvaient en compétition: la structure oxazolane (I), la structure tricyclique (II) et la structure β lactame (III).

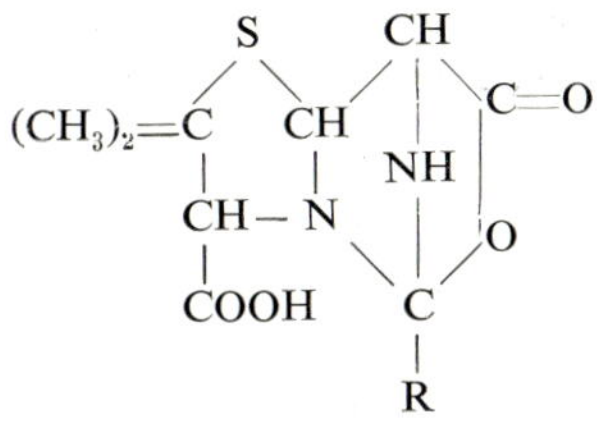

II

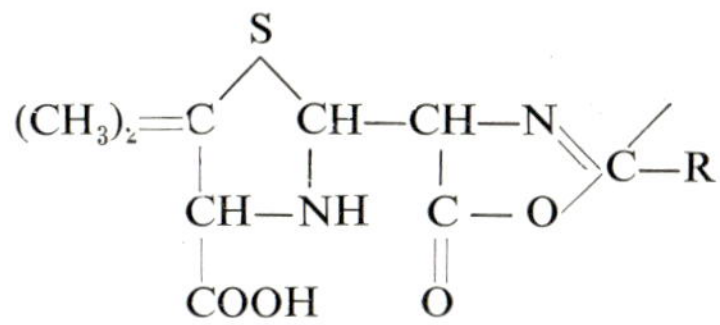

I

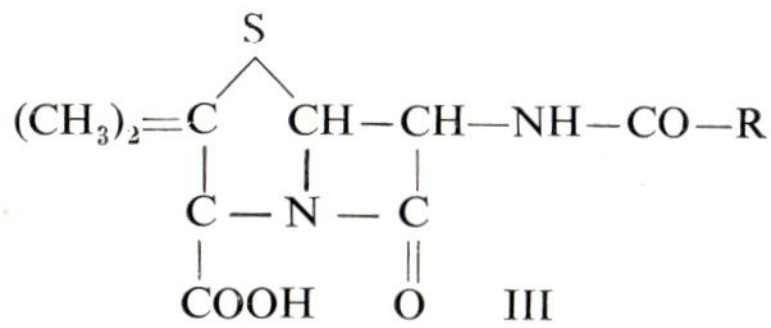

III

Toute la discussion repose sur l'attribution de trois bandes fortes vers 5,62 6,0 et 6,6 μ. Deux d'entre alles pourraient représenter des doubles liaisons (en dehors de C=O), que l'on ne trouve pas dans la structure (II). La structure (I) conduirait à des bandes vers 5,49 et 5,97 μ. La première ne concorde pas avec celle qui a été observée à 5,62 μ dans le spectre de la pénicilline et, dans tous les cas, on ne saurait interpréter, de cette manière, la forte absorption vers 6,6 μ. Dans ces conditions, il reste la structure (III), β lactame. La présence d'un groupement amide, monosubstitué sur l'azote, explique déjà l'existence des bandes de 6,6 et de 6,0 μ. Dans la synthèse difficile de systèmes thiazolidine—β lactame, on peut montrer que la fusion du cycle β lactame avec la thazolidine conduit éventuellement à un abaissement de la longueur d'onde de 6 μ, caractéristique des amides à chaîne ouverte, jusqu'aux environs de 5,655 à 5,625 μ, c'est-à-dire exactement dans la région où la pénicilline absorbe fortement. C'est donc l'existence d'une bande à une position inusitée de 5,62 μ, qui a permis de choisir définitivement entre les trois formules proposées pour représenter la pénicilline. Les rayons X, d'ailleurs, conduisent de confirmer ces conclusions.

Les beaux travaux de M. Janot et des ses collaborateurs sur les alcaloïodes, ont permis de préciser la structure de plusieurs d'entre eux. Ainsi, on avaint pensé que la Sempervirine répondant à la formule globale $C_{19}H_{16}N_2$, possédait la structure I. Or le spectre infrarouge ne révèle aucune bande dans

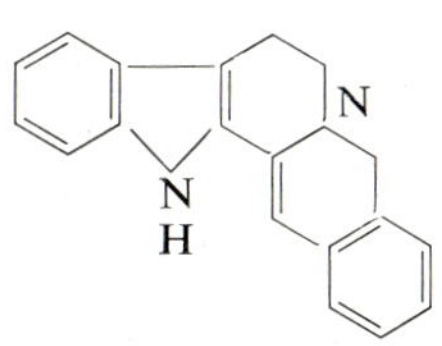

I

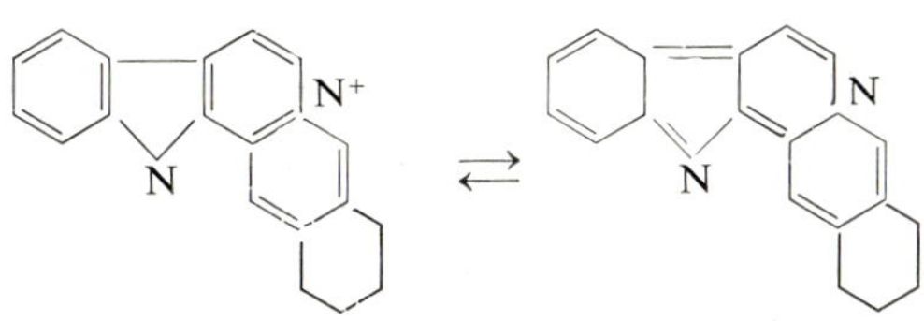

II

la région de 3μ (3.300 cm^{-1}), qui permette de prévoir une liaison N—H. Dès lors, suivant la synthèse totale également effectuée par R. B. Woodward, il faut adopter la formule II.

Pour la corinanthéine (voir son spectre et celui de substances apparentées Fig. 31), il n'y a pas fallu moins de 13 années pour justifier la structure III,

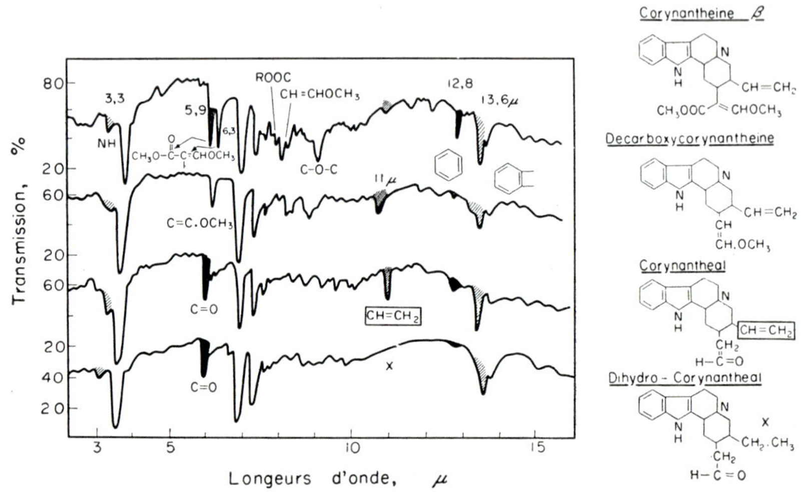

FIG. 31. Différenciation de dérivés du coryanthène. (D'après Janot, M. M. et Goutarel, R.)

caractérisée par un enchaînement d'atomes jusqu'a lors inconnu dans le règne végétal: $CH_3—O—C—C{=}C—OCH_3$. Il présente une fonction ester

‖ | |
H

($CH_3—O—C—OCH_3$), avec une fonction aldéhyde, stabilisée à l'état

‖
H

d'énol ($—C{=}C—OCH_3$). Cet enchaînement d'atomes doit se traduire

| |
H OH

par *deux* maximums d'absorption, situés de part et d'autre de 6 μ: fonction ester C=O à 5,9 μ (1690 cm^{-1}) et conjugaison aldéhyde énolique à 6,2 μ (1612 cm^{-1}). Ils ont été mis en évidence, suivant les prévisions, non seulement dans le spectre de la corynanthéine, mais encore dans ceux d'autres alcaloïdes: l'aricine, connue depuis 1829 (Peltier et Coriol), la dihydrocorynanthéine, la corynoxéine (IV), la dihydrocorynoxéine et la corynoxéine (V).

Pour d'autres substances, comme l'alstonine et la tétrahydroalstonine, on retrouve les deux bandes indiquées comme caractérisant l'enchaînement indiqué ci-dessus: il faut donc éliminer toutes les formules, qui ne le met-

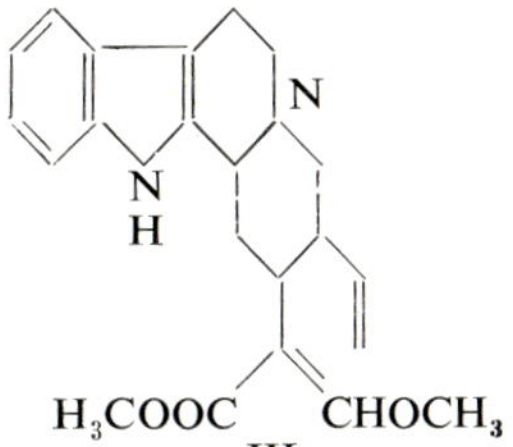

III

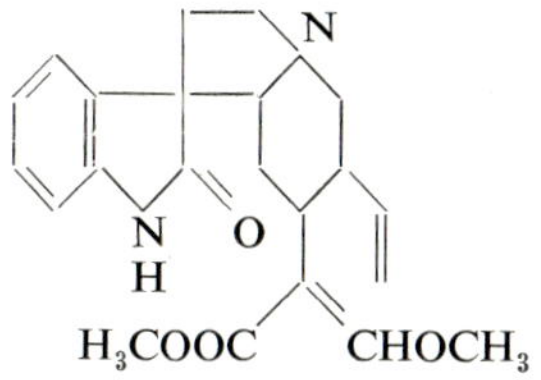

IV

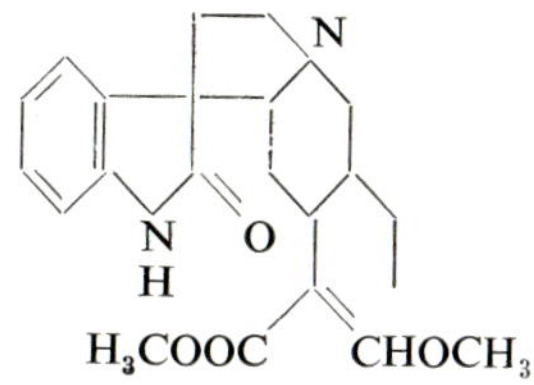

V

tent pas en évidence. Il est assez remarquable, pour la même raison, que la δ- yohambine, doive être écrite suivant la formule VII, avec le même enchaînement, alors que la yohambine, l'allo-yohambine, la pseudo-yohambine, la coryanthine, l' α yohambine, la β yohambine ne possèdent, dans la région de 6 μ, qu'une seule bande caractérisant la fonction ester (C=0), et répondent au développement de la formule brute $C_{21}H_{26}O_3N_2$:VI

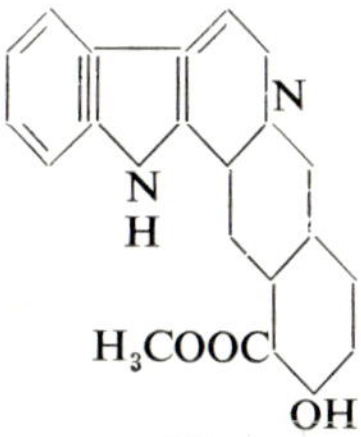

VI

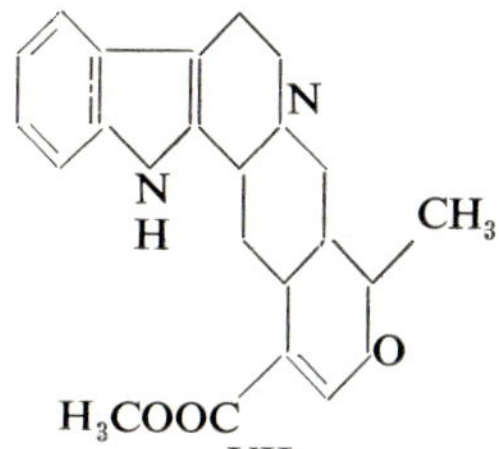

VII

De même, la spectrométrie infrarouge, dans le cas de la structure extrêmement compliquée de la geissospermine, a pu mettre en évidence les liaisons intermoléculaires qui conduisent à la formule IX actuellement admise.

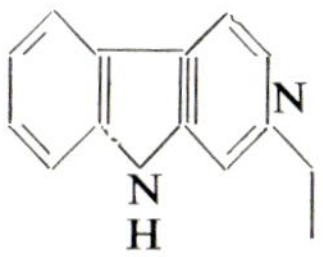

VIII

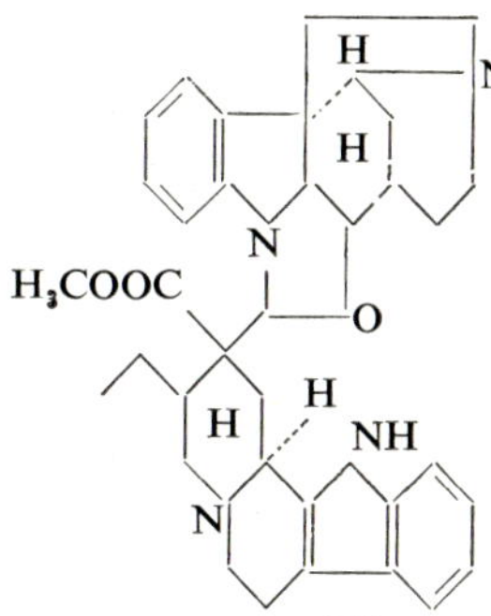

IX

Poursuivant des études très approfondies sur le thème: odeur et constitution, M. Stoll et M. Hinder ont cherché à établir la formule d'hydrocarbures II à V, obtenus par le traitement de "l'oxyde de sclaréol" I à l'acide sulfurique ($C_{18}H_{28}$). Ce sont des carbures tricycliques, comme l'indique la réfraction moléculaire et aussi le nombre des doubles liaisons.

Mais, pour le troisième cycle, le squelette carboné était resté hypothétique. Le spectre infrarouge indique la présence d'une double liaison trisubstituée et d'une double liaison semi-cyclique conjuguée, établies par les bandes ν(C=C) à 6,03 μ et δ(CH) à 12,09 μ c'est-à-dire respectivement 1658 et 829 cm^{-1}. La vibration de valence de la double liaison trisubstituée est donc déplacée vers des longueurs d'onde plus grandes, ce qui indique sa conjugaison avec une seconde double liaison. La bande

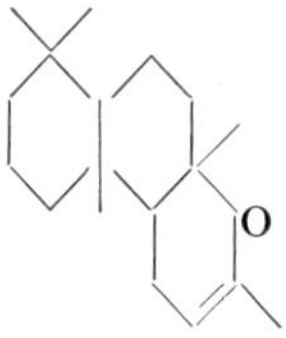

I

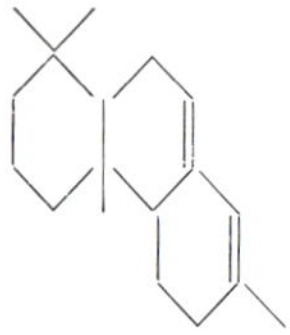

II

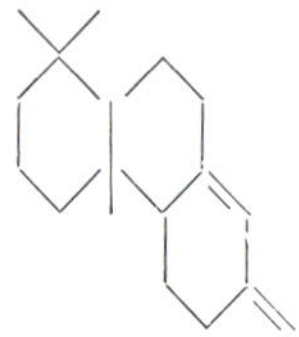

III

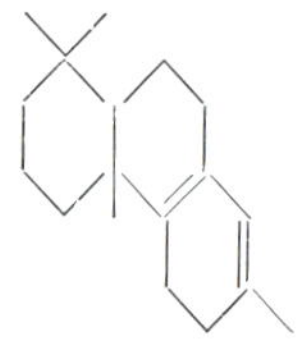

IV

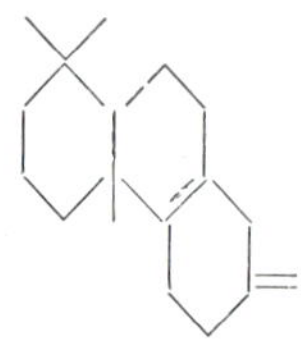

V

ν (C=C) de la double liaison semicyclique, plus forte et également déplacée se trouve à 6,11 μ (1637 cm^{-1}). La bande δ (CH) forme un doublet à 11,38 et 11,48 μ (883 et 876 cm^{-1}). La conjugaison pourrait être la cause de ce doublet, à moins qu'il ne s'agisse de deux doubles liaisons, dont l'une serait conjuguée et l'autre non conjuguée, par exemple dans les formules III et V. En tenant compte de l'absorption dans l'ultraviolet, qui ne permet pas plus de 20 pour cent de la structure V, la formule III serait la plus probable.

Les ionones et les irones, synthétiques ou extraites de la racine d'iris par exemple, donnent lieu à plusieurs espèces d'isomérie. Avec les ionones il s'agit: de la position cis ou trans de la double liaison dans la chaîne latérale, de la position de la double liaison cyclénique (isomères α, β, γ) et stéréoisomérie 2—6 des substituants par rapport au noyau (cis ou trans). Il y aura ainsi 4 isomères possibles en α, 2 en β, et 4 en γ. Si l'on vient à saturer la chaîne latérale en passant aux dihydrodérivés, on prévoit 2 isomères en α et en γ, contre un seul en β. Avec la suppression consécutive

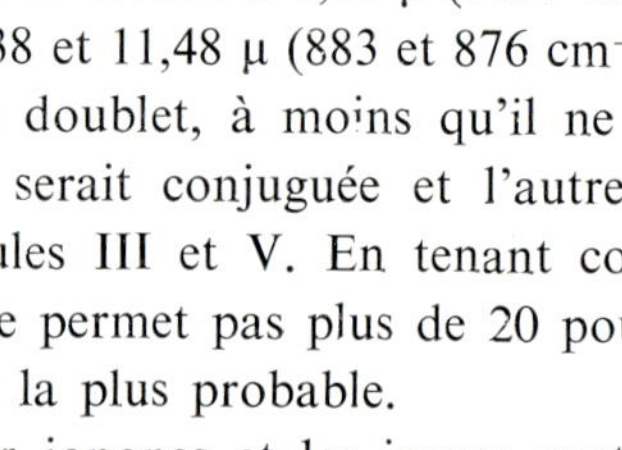

α

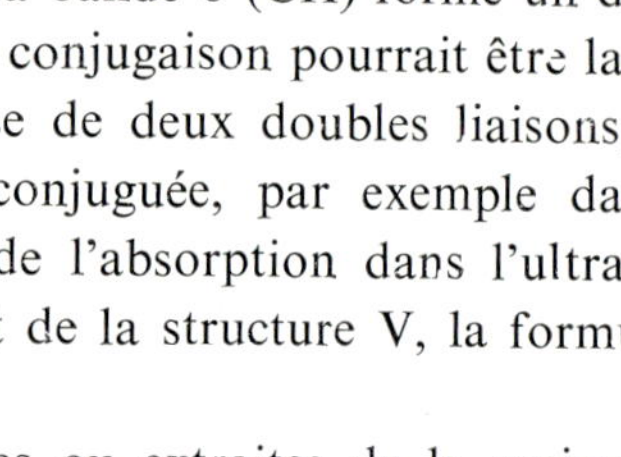

β

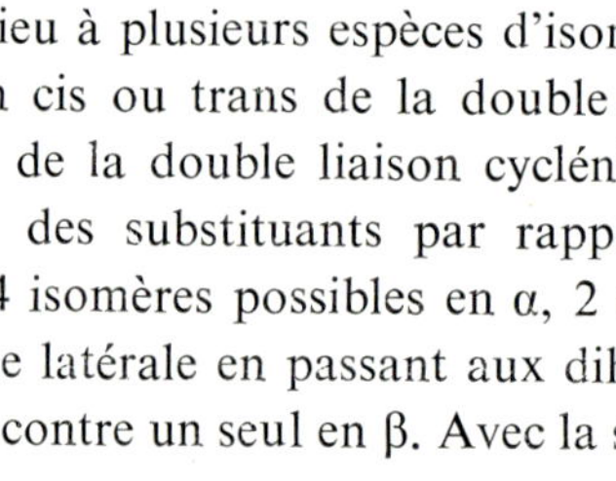

γ

de la liaison cyclénique (tétrahydrodérivés), il y aura, pour les tétrahydroionones, deux stéréoisoméries dans le noyau. Les mêmes conclusions se montrent applicables aux irones, pour lesquelles, il faut ajouter un groupement méthyle en 6.

Le spectre infrarouge de nombreux dérivés, que nous avons interprété avec Y. R. Naves, permet naturellement de mettre en évidence des différences entre les isomères et les stéréoisomères. Mais l'étude de la région de 1600 à 1720 cm^{-1} conduit à des conclusions importantes concernant la structure. La saturation de la chaîne latérale, fait disparaître un fort maximum vers 1620 cm^{-1} [ν(C=C)] conjugué avec ν(C=O) en même temps, on retrouve le maximum cétonique ν (C=O) normal vers 1710 cm^{-1}, également présent dans les tétrahydrodérivés. Dans les formes α et γ des ionones et des irones, la conjugaison entre C=O et C=C de la chaîne latérale, fait descendre la bande caractéristique C=O jusqu'à 1675 cm^{-1} environ. Pour les dérivés α, elle se confond avec la bande due à la double liaison cyclénique, en produisant une très forte absorption. Pour les dérivés γ, la région de 1675 cm^{-1} correspond seulement à l'absorption du C=O, perturbé par la conjugaison avec la double liaison C=C de la chaîne latérale. et la liaison semi-cyclique se traduit par une bande à 1645 cm^{-1}. Les dérivés β donnent lieu à une double conjugaison entre les deux liaisons C=C du noyau et de la chaîne latérale, et aussi avec cette dernière et C=O. Les deux premières se manifestent par une très large absorption vers 1590–1610 cm^{-1}, qui se dédouble avec une dispersion suffisante et une dilution convenable, alors que ν (C=O) reste vers 1670 cm^{-1}. On peut ainsi, par une interprétation correcte, suivre les variations de structure en passant de l'un à l'autre de ces composés compliqués.

Etant donné l'intérêt qui s'attache actuellement aux antibiotiques, nous ne devons pas manquer de donner un exemple pour montrer l'aide que notre domaine spectral peut apporter à l'élucidation de leur structure. La mycomicine a été désignée ainsi comme 3–5–7–8 n-tridécatétraène –10–12 diynoïque. (probablement 3-trans 5-cis ou peut-être 3-cis, 5-trans:

$$CH\equiv C-C\equiv C-CH=C=CH-CH=CH-CH=CH-CH_2COOH$$

En solution alcaline aqueuse, la mycomicine se transforme en isomycomicine: trans-3, trans-5 n-tridécadiène–7–9–11 triynoïque.

$$CH_3-C\equiv C-C\equiv C-C\equiv C-CH=CH-CH=CH-CH_2COOH$$

La liaison acétylénique terminale de la mycomicine se traduit par les bandes de 3,08 μ (F) et 4,90 μ (f), et la liaison acétylénique disubstituée, par la bande caractéristique de 4,55 μ. L'existence de la bande du carboxyle, à sa position normale à 5,78 μ (dans l'ester méthylique), prouve qu'il n'existe pas de conjugaisons entre C=O et C=C. Les bandes à 10,53 et 10,15 μ caractérisent un système à deux doubles liaisons en position cis-trans, contrairement à l'isomycomicine, où la bande de 10,53 μ manque et la seule forte bande à 10,10 μ indique une position trans-trans. Le diène, dans la micomycine, peut donc être 3-trans, 5-cis, ou 3-cis, 5-trans. Le groupement allénique (aux positions 7–8) se traduit par la bande de 5,18 μ. Sa position, dans la chaîne se trouve fixée par l'existence d'un diène en 3–5 et d'un diyne en 10–12.

La structure de l'isomycomicine se déduit de celle de la mycomicine. On observe encore la bande ν (C=O) à sa position normale (5,77 μ), ce qui exclut encore une conjugaison possible. On a pu, par réaction chimique, prouver qu'il s'agissait bien, dans de cas des deux composés, de diènes 3–5; mais avec l'isomycomicine, nous avons affaire à la position trans-trans, comme nous l'avons déjà indiqué. L'intensité plus grande de la bande de 4,55 μ, dans l'isomycomicine, suggère la présence de trois liaisons acétyléniques substituées, qui, en raison du groupement CH_3 terminal, doivent se placer en 7,9,11.

Dans les ésters méthyliques des acides 3-trans 5-cis-tridécadienoïque et 3-trans, 5-cis nonanediènеoïque, on trouve bien les bandes à 10,53 et 10,15 μ, caractéristiques des positions cis et trans comme dans les linoléates conjugués. Une isomérisation avec l'iode comme catalyseur, produit la structure trans-trans, la disparition des maximums précédents et leur remplacement par un maximum unique à 10,10 μ, comme dans les linoléates conjugués.

On peut se demander s'il est possible, dans l'état actuel de nos connaissances, de prévoir le spectre infrarouge d'une substance d'après sa constitution chimique. Ce que nous avons déjà dit, à propos des variations présentées par les bandes caractéristiques des différents groupements suivant leur environnement, permet d'affirmer qu'il s'agit d'un problème extrêmement difficile, qui aurait paru complètement insoluble, il y a seulement quelques années. Cependant, certains auteurs, comme R. N. Jones, ont abordé avec succès le problème inverse, avec des substances aussi compliquées que les stéroïdes, à condition naturellement de bien choisir ses exemples. Le spectre infrarouge apparaît ainsi comme une somme ou une différence de spectres d'autres substances. Ainsi, la machine dont nous avons parlé plus haut montre que les résultats de l'androstanol 3β one-17 se prévoient en additionnant les spectres de l'androstanol 3β et de l'androstanone-17 en soustrayant le spectre de l'androstane (Fig. 32).

D'une autre manière, le même auteur indique des corrélations remarquables entre les spectres des stéroïdes 5β, 3β pour des composés possédant respectivement 19, 21 et 27 atomes de carbone (Fig. 33).

IV

La possibilité de reconnaître la présence d'une substance, pure ou dans un mélange, constitue déjà un résultat important, mais son dosage, par spectroscopie infrarouge, représente une précieuse acquisition. La méthode, bien connue, consiste à repérer, pour la substance à doser, au moins une bande d'absorption qui la caractérise, et qui n'apparaît pas dans les spectres des autres substances du mélange, prises à l'état pur.

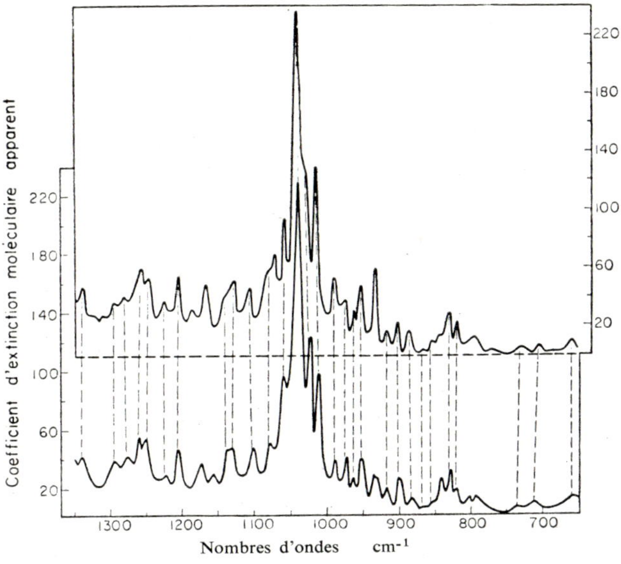

FIG. 32. Comparaison du spectre de l'androstanol 3β one-17 (courbe inférieure) et l'addition des spectres de l'androstanol 3β et l'androstanone 17 avec soustraction du spectre de l'androstane (courbe supérieure). (D'après Cole, A. R. H., Jones, R. N. et Dobriner, K.)

Si l'on désire doser quantitativement plusieurs substances, on devra choisir judicieusement, pour chacune d'elles, une bande caractéristique (bande clef). Pour chacune des longueurs d'onde correspondantes, il faudra connaître les coefficients d'absorption de toutes les substances que l'on se propose de doser. On mesure alors l'absorption du mélange pour chacune des longueurs d'onde clefs. On écrit que la densité optique (mesurée) pour chacune de ces positions spectrales, représente la somme des densités optiques que possèdent les constituants en ces points: elles s'expriment en fonction des concentrations (inconnues) et des coefficients d'absorption (connus). On aboutit ainsi à un système de n équations linéaires

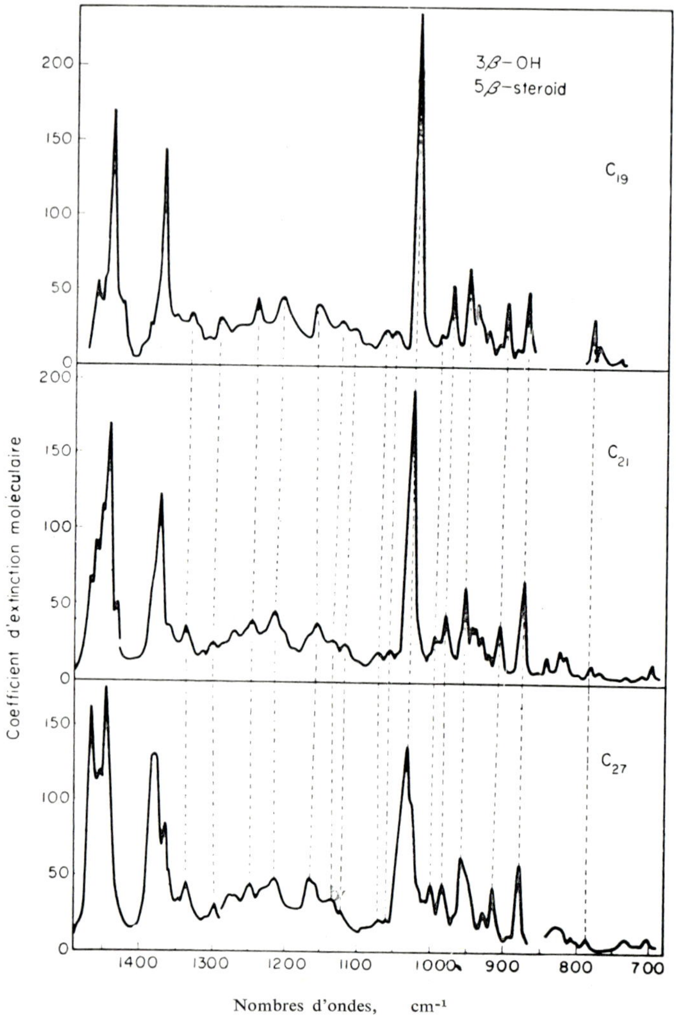

FIG. 33. Bandes caractéristiques du système 3 β hydroxy, 5 β stéroïde. (D'après Jones, R. N.)

et homogènes, si n représente le nombre des constituants à doser. On suppose naturellement que les densités optiques s'ajoutent, c'est-à-dire que les constituants ne réagissent pas entre eux, qu'ils ne forment pas d'associations moléculaires entre eux et que le mélange lui-même ne contient pas d'associations intermoléculaires. La résolution de ce système de n équations donne alors les concentrations des n constituants du mélange. Il existe des méthodes d'approximation successive pour éviter les règles classiques de résolution, et des machines, construites à cet effet, permettent d'obtenir rapidement les solutions cherchées. Actuellement, le record semble concerner un mélange avec une douzaine de constituants, que l'on dose avec une précision de l'ordre de 1 pour cent en moyenne dans les cas normaux (beaucoup moins de 1 pour cent dans les cas très favorables et quelques pour cent dans les cas difficiles).

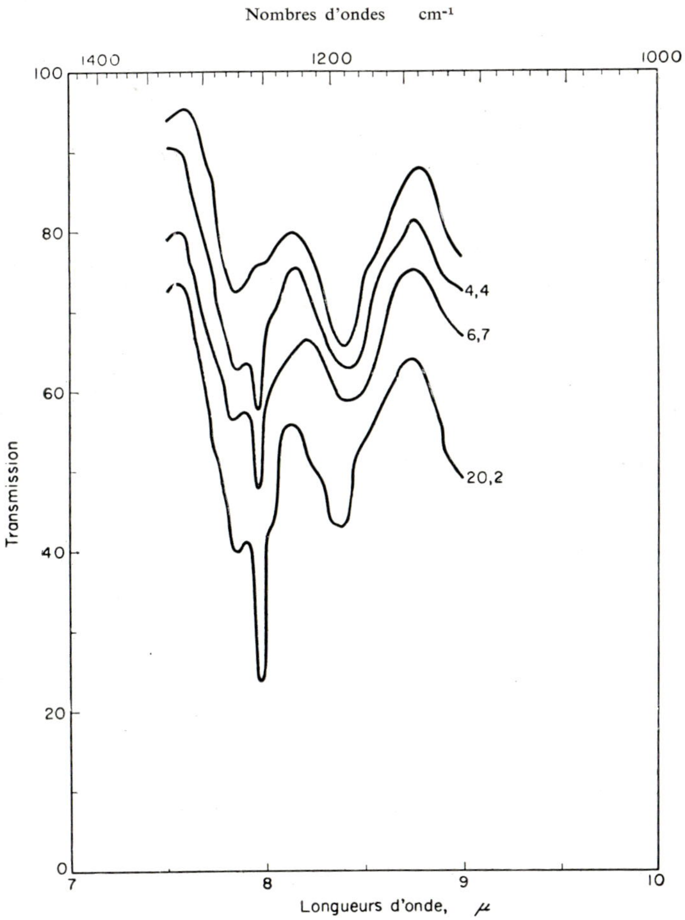

FIG. 34. Détection de silicones dans le jus de pamplemousse. (D'après Horner, H. J., Weiler, S. E. et Angelotti, N. C.)

(a) Nous montrerons maintenant quelques exemples de dosages quantitatifs.

Suivant la Fig. 34 on détecte quelques millionièmes de silicones dans le jus de pamplemousse.

Les courbes de la Fig. 35 montrent comment varie le spectre de l'androstérone avec diverses additions d'éthiocholanol 3α one-17: 0 pour cent (III), 25 pour cent (IV), 50 pour cent (V), 75 pour cent (VI). Le spectre continu et l'absorption du solvant (sulfure de carbone) sont représentés dans les courbes I et II.

Le dosage du cholestérol s'effectue facilement suivant les courbes de la Fig. 36 relatives à des solutions dans le sulfure de carbone à 10 5 2,5

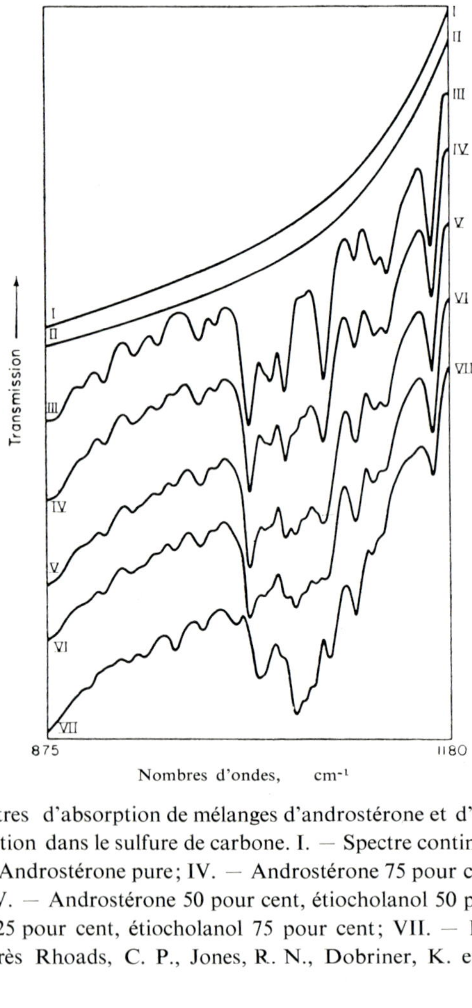

FIG. 35. Spectres d'absorption de mélanges d'androstérone et d'étiocholanol 3 α one-17 en solution dans le sulfure de carbone. I. — Spectre continu; II. — Spectre du CS_2; III. — Androstérone pure; IV. — Androstérone 75 pour cent, étiocholanol 25 pour cent; V. — Androstérone 50 pour cent, étiocholanol 50 pour cent; VI. — Androstérone 25 pour cent, étiocholanol 75 pour cent; VII. — Etiocholanol 3 α one-17. (D'après Rhoads, C. P., Jones, R. N., Dobriner, K. et Lieberman, S.)

0,62 0,31 et 0 pour cent. La Fig. 37 représente la courbe d'étalonnage.

Les longueurs d'onde clefs pour le dosage de la phénacétine, de l'aspirine et de la caféine sont respectivement 8,99 9,27 10,26μ. Les courbes

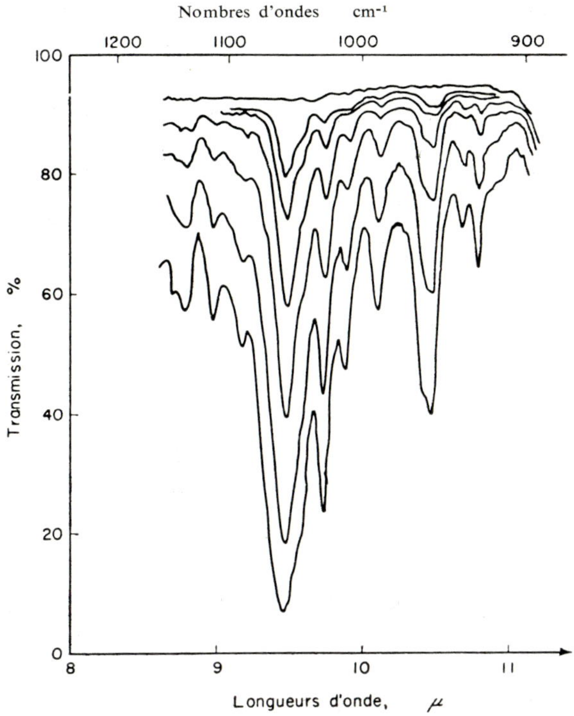

FIG. 36. Spectres d'absorption du cholestérol en solution dans le sulfure de carbone à 10, 5, 2,5, 0,62, 0,31, et 0 pour cent. (D'après Guy, J., Deltour, G. H. et Weinmann, S. H.)

de gauche de la Fig. 38 représentent la transmission de ces substances avec les longueurs d'onde clefs et les droites isochromatiques de la partie droite fournissent les éléments du dosage en fonction de la densité optique.

Les spectres de l'aldrine et de la dieldrine, à diverses concentrations, permettent de les déceler à de très faibles concentrations (Fig. 39).

Différents alcaloïdes se laissent doser, suivant la Fig. 40, avec les longueurs d'onde clefs suivantes: Pipérine 7,968 μ, Nicotine 13,966 μ, Hydrastine 12,579 μ, Pipéridine 9,921 μ, Strichnine 6,006 μ (les deux cartons se rapportent à des concentrations différentes dans le chloroforme et permettent des dosages dans une gamme différente).

Pour la dihydrone (base), le dosage peut s'effectuer au moyen des bandes de 5,79 ou de 10,31 μ et pour la papavérine (base) 6,25 et 6,34 μ (Fig. 41). Des essais ont montré que le couple 5,79 et 6,25 μ conduisait aux meilleurs résultats. (Fig. 42).

La Fig. 43 se rapporte au dosage de la prégnenolone avec utilisation de la Loi de Beer.

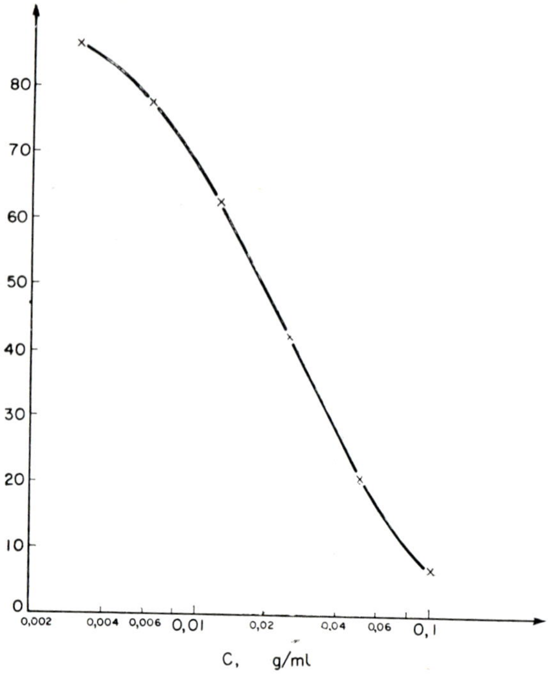

FIG. 37. Courbe de dosage du cholestérol au moyen de la bande-clef de 9,49 μ. (D'après Guy, J., Deltour, G. H. et Weinmann, S. H.)

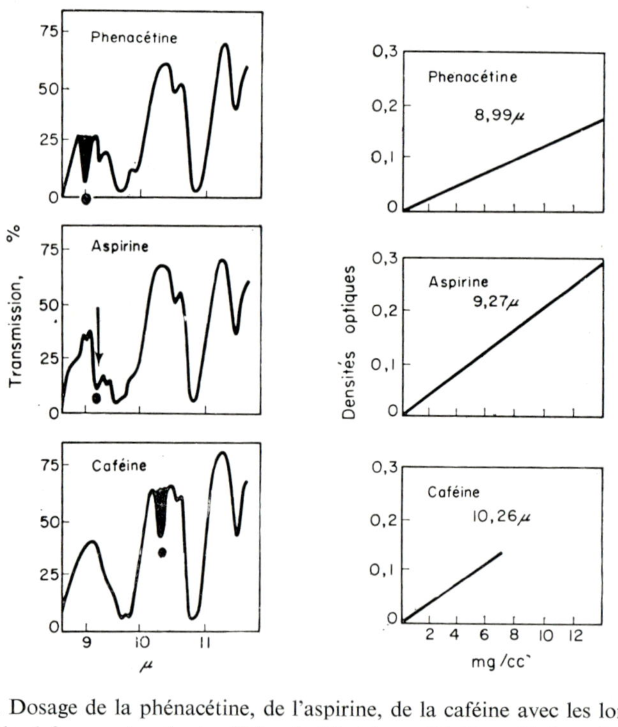

FIG. 38. Dosage de la phénacétine, de l'aspirine, de la caféine avec les longueurs d'onde clefs correspondantes. (D'après Washburn, W. H. et Krüger, E. O.)

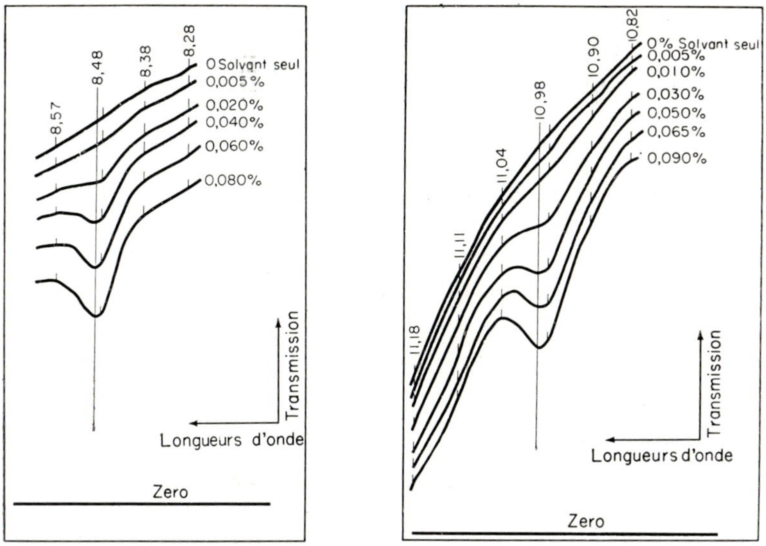

FIG. 39. Aldrine (à gauche) et dieldrine (à droite) à diverses concentrations dans le sulfure de carbone. (D'après Garhart, M. D., Witmer, F. J. et Tajima, Y. A.)

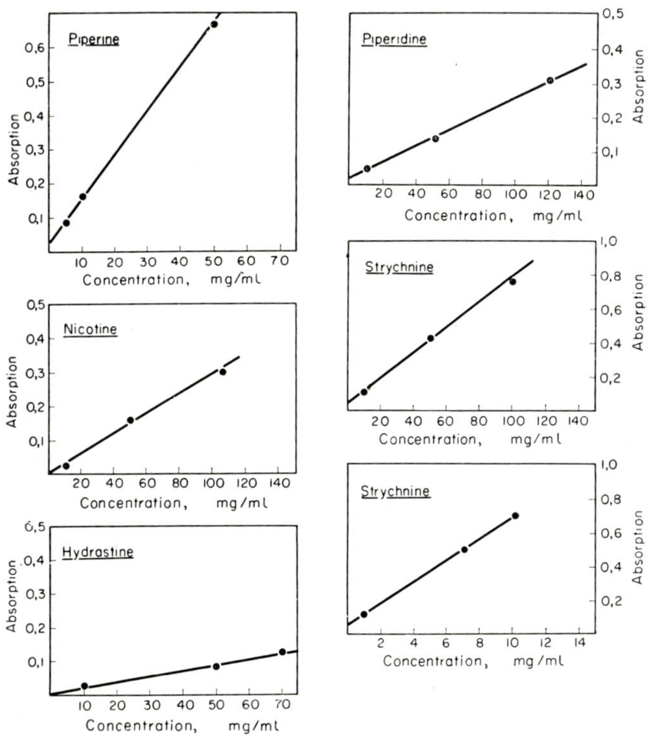

FIG. 40. Dosage de divers alcaloïdes et de la pipéridine pour les longueurs d'onde clefs suivantes: pipérine 7,968 μ, nicotine 13,966 μ, hydrastine 12,579 μ, pipéridine 9,921 μ, strychnine 6,006 μ (solution avec deux gammes de concentrations) (D'après Bleat, G. B., Harley, J. et Wiberley, S. E.)

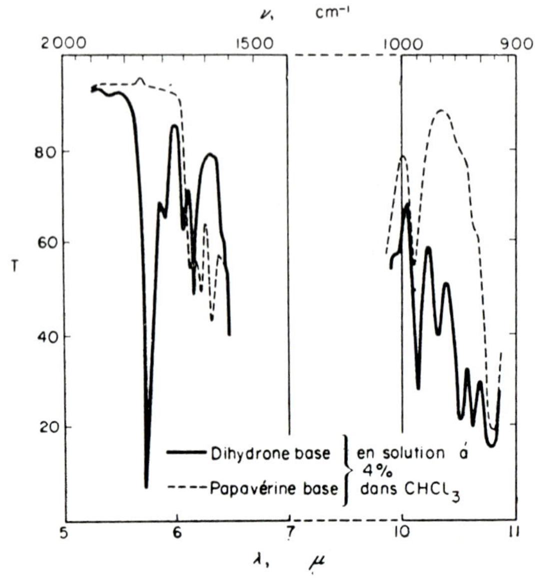

FIG. 41. Spectres de la dihydrone base et de la papavérine base (en solution dans le chloroforme). (D'après Salseven, B., Domange, L. et Guy, J.)

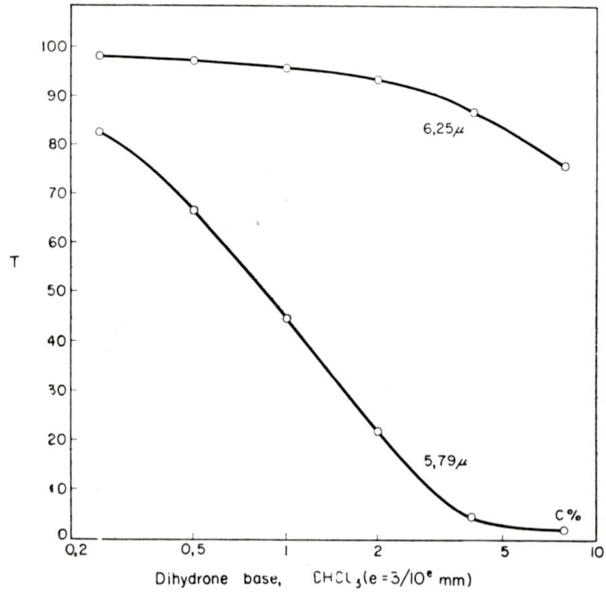

FIG. 42. Dosage de la dihydrone avec deux longueurs d'onde clefs. (D'après Guy, J., Domange, L. et Salseven, B.)

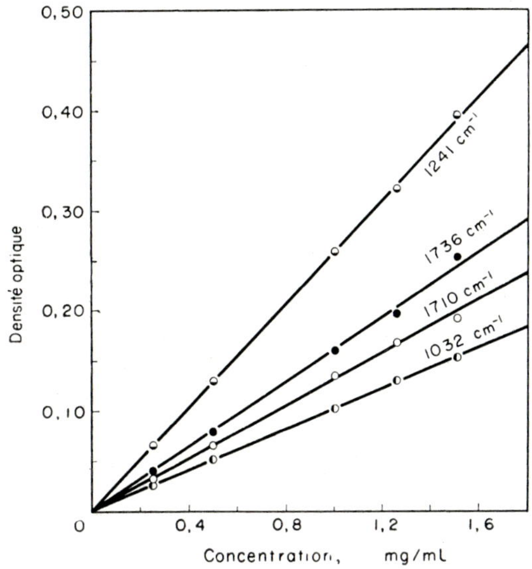

(a)

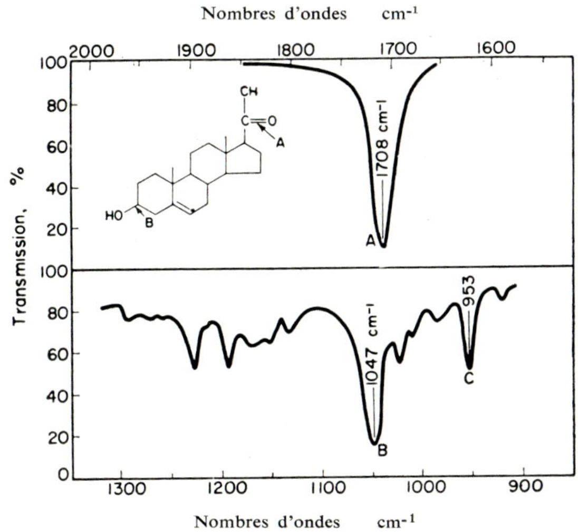

(b)

FIG. 43. Spectre d'absorption de l'acétate de prégnenolone et son dosage. (a) Loi de Beer, solvant CS_2, épaisseur de la cuve 1 mm; (b) Spectre d'absorption de la pregnenolone (solution saturée dans CS_2 cuve de 3 mm.)

Les mesures classiques de R. B. Barnes et coll. montrent que la bande de 1770 cm^{-1} permet de doser les unités dans la pénicilline. La fig. 44 se rapporte à des solutions des sels de sodium des différentes espèces de pénicilline dont voici les longueurs d'onde clefs:

Pénicillines	G	F	X	K	amyl
	14,2	10,3	8,2	7,55	8,58 μ
			12,05		
	703	971	830	1330	1166
			1220		

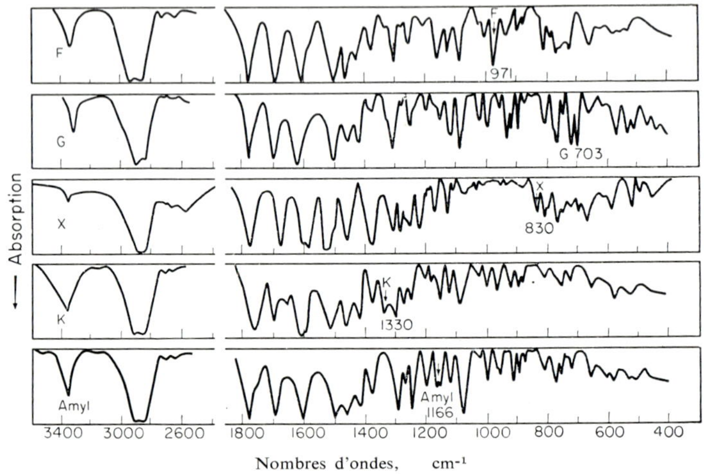

FIG. 44. Spectre de sels de sodium de différentes pénicillines. (D'après Barnes, R. B., Gore, R. C., Williams, E. F., Linsley, S. G. et Peterson, E. M.)

(b) Jusqu'à une époque assez récente, on s'est contenté, dans les dosages, de mesurer les coefficients d'absorption, correspondant à la position du maximum de chaque bande clef. On s'est aperçu que des erreurs importantes pouvaient s'introduire, si l'on ne se plaçait pas rigoureusement dans les mêmes conditions expérimentales, relativement à la dispersion du spectrographe utilisé. Comme cette condition ne se présente pas facile à réaliser, même avec les différentes unités d'un même modèle, on a imaginé de mesurer non plus les coefficients d'absorption au maximum, ε_m, mais les intensités absolues des bandes, qui sont immédiatement transposables à tous les cas possibles.

On sait depuis longtemps, en effet, que la forme d'une bande d'absorption varie avec la largeur des fentes du spectrographe. Plus elles sont larges et plus la bande se trouve aplatie. Au contraire, avec des fentes fines, la forme de la bande devient plus aigüe et le coefficient d'absorption ε_m devient supérieur à celui qui correspond à des fentes larges. En même temps, la largeur de la bande 2Δ, comptée à la hauteur de $\varepsilon_m/2$ diminue considérablement. On n'observe une certaine constance, dans 2Δ et dans

ε_m, que si l'on opère, dans tous les cas avec une fente inférieure ou égale au cinquième de la largeur de la bande 2Δ, c'est-à-dire avec une fente généralement très fine. On a remarqué aussi que toutes les bandes d'une même substance présentaient une variation différente avec la largeur de la fente, soit pour ε_m, soit pour 2Δ. (Fig. 45).

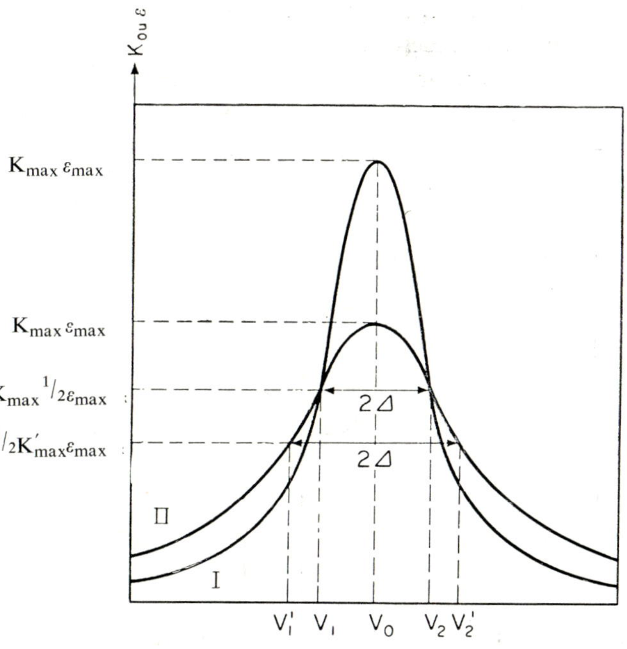

FIG. 45. Forme d'une bande d'absorption I — Avec une fente infiniment étroite; II — Avec une fente de largeur finie.

Pour éviter des inconvénients, qui se traduisaient inévitablement par des erreurs dans les dosages, on a pensé que l'absorption totale d'une bande d'absorption ne devait pas se modifier avec les conditions expérimentales et que la différence de hauteur dans ε_m devait trouver sa compensation dans l'augmentation de 2Δ et, en particulier dans l'accroissement des ailes de la bande. C'est ainsi que l'on a considéré l'*intensité absolue*, qui correspond à l'aire sous-tendue entre la courbe d'absorption et l'axe des longueurs d'onde ou des fréquences. Nous ne décrirons pas les procédés de mesure, dont le plus immédiat consiste à planimétrer cette aire. Cette opération assez fastidieuse, comporte certaines difficultés avec des fentes larges, car alors, les ailes s'étendent fort loin de chaque côté du maximum.

En dehors des dosages, comme l'a très bien montré R. N. Jones avec un assez grand nombre de stéroïdes, pour des positions déterminées de la bande caractéristique de la vibration de valence ν (C=0), on peut calculer des intensités absolues qui se rapprochent effectivement beaucoup de celles que l'on observe, c'est-à-dire qu'il devient possible de prévoir l'allure du spectre d'absorption, malgré les variations assez grandes de l'intensité absolue, suivant les différentes positions du groupement C=0 dans les molécules considérées. Pour citer d'autres exemples, le courbe d'absorption calculée pour l'acétate d'androstane 3β ol-17 one ou l'étiochlan 3α ol-17 one dans la région des vibrations de déformation de la liaison C—H (1350–1470 cm^{-1}) présente des ressemblances remarquables avec celle que l'on mesure.

La détermination des structures tire aussi un profit immédiat de la connaissance de ces intensités absolues. Suivant la Fig. 46, deux stéroïdes

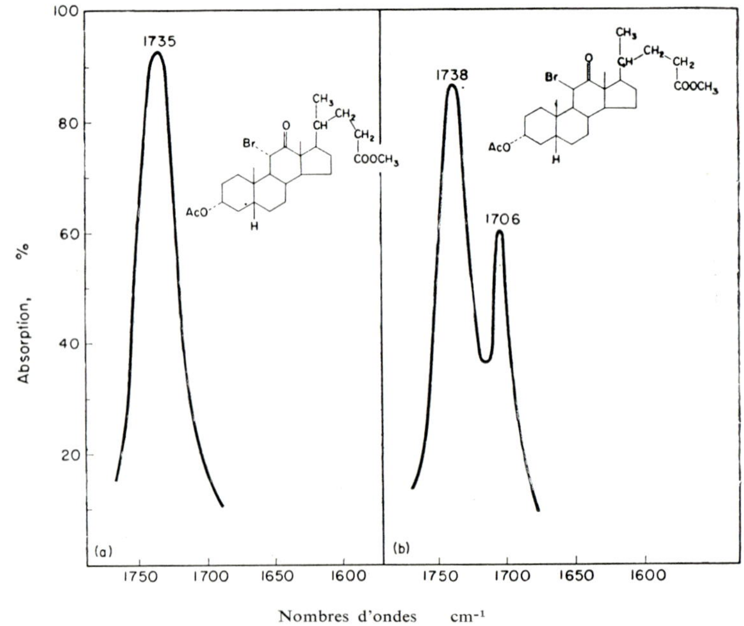

FIG. 46. Spectres d'absorption de deux stéréoisomères de stéroïdes bromés. (D'après Jones, R. N., Ramsay, D. A., Herling, F. et Dobriner, K.) Solution dans CCl_4, Bande A: intensité 8,28 unités, deux bandes B: intensité 8,85 unités.

tous deux bromés en 11, différaient par la position de l'atome de brome, en avant ou en arrière du plan de la figure. Dans un cas, on trouve, pour la vibration de valence ν (C=0) une bande simple à 1735 cm^{-1}, et, dans l'autre cas, une bande double, à 1706 et 1738 cm^{-1}. L'intensité absolue se chiffre, pour la bande simple, à 8,28 unités, et, pour les deux bandes prises ensemble, à 8,85 unités. Il n'est plus douteux dès lors, que, dans le cas de la bande, simple en apparence, il s'agit d'une bande double, dont les nombres d'ondes se présentent comme très voisins. Avec l'autre

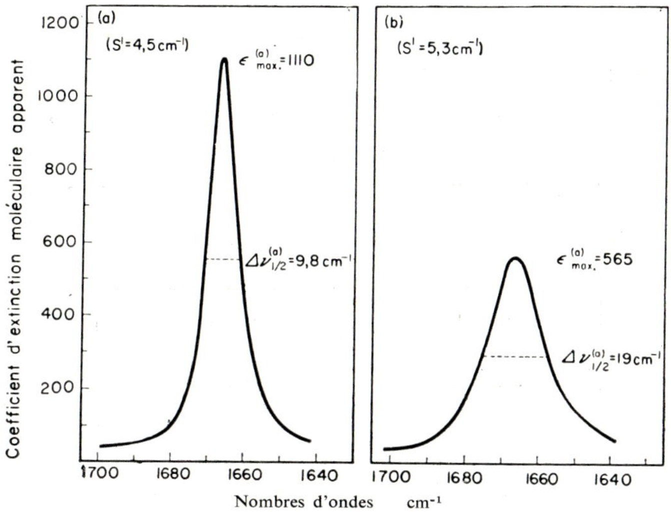

FIG. 47. Contours des bandes correspondant aux vibrations de valence (C=0) pour des cétones conjuguées. A. Δ^{1-4} diène 3-cétostéroïde. B. Δ^{3-5} diène 3-cétostéroïde solution dans le sulfure de carbone). (D'après Jones, R. N.)

stéréoisomère, les deux bandes apparaissent comme déplaceés l'une par rapport à l'autre.

La Fig. 47 fournit un autre exemple de l'intérêt des mesures d'intensité. Il s'agit de deux stéroïdes I et II, de formule très voisine avec une conjugaison. La vibration de valence ν (C=0) est beaucoup plus intense dans le premier cas que dans le deuxième et inversement, la largeur de la bande se montre supérieure dans le deuxième cas à celle du premier cas.

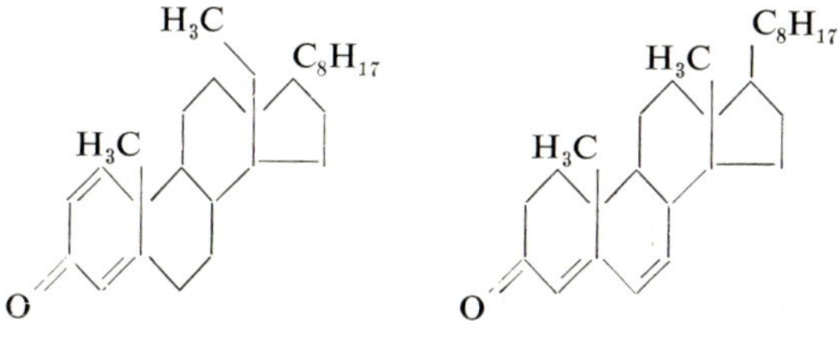

I II

V

Comme au cours de ce Rapport, il n'a été possible de donner que quelques exemples sur l'application de la méthode infrarouge, il nous semble nécessaire d'effectuer une rapide vue d'ensemble de quelques-unes des catégories de problèmes où elle a conduit à des résultats particulièrement remarquables.

Sans que notre liste soit limitative, les spectres d'absorption infrarouges ont été appliqués aux catégories suivantes de substances: les acides nucléiques et les produits dérivés, les purines et les pyramidines, les protéi-

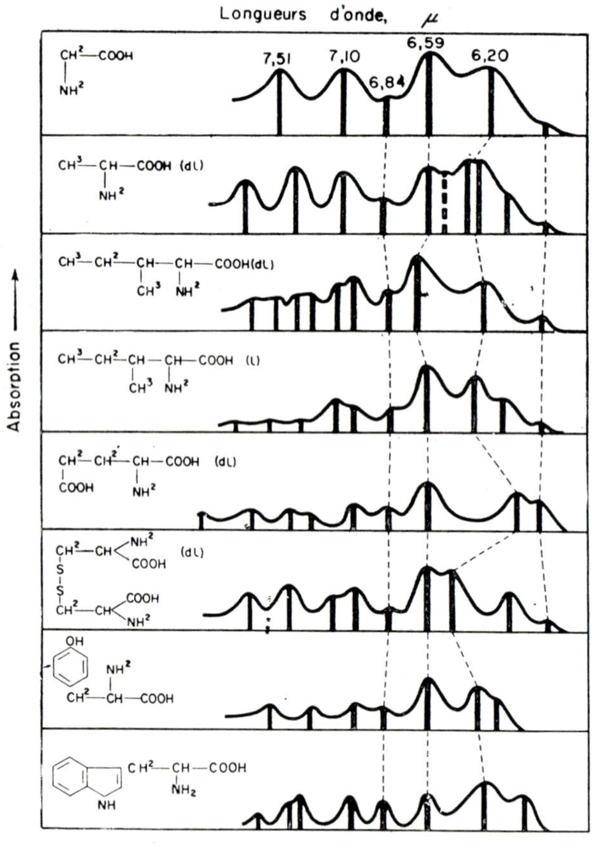

FIG. 48. Absorption d'acides aminés à l'état solide. (D'après Lenormant, H.)

nes, les polypeptides, les acides aminés (Fig. 48), les lipides (en particulier des tissus et des sérums), le hydrates de carbone, les hormones (Fig. 49 et 50), les porphyrines, les vitamines, les stéroïdes, les constituants des huiles essentielles, les triterpènes et les sesquiterpènes, les produits odorants (par exemple de la racine d'iris ou de l'essence de violette), les alcaloïdes, les antibiotiques, les acides gras et leurs esters, les tissus, les microorganismes etc.

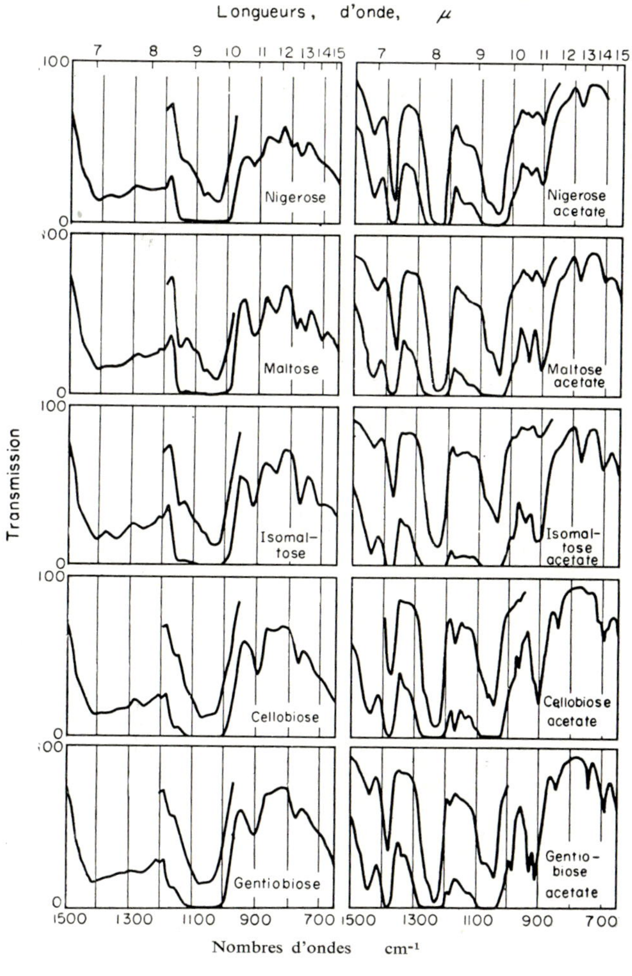

FIG. 49. Identification de divers hydrates de carbone (à gauche) et de leurs esters acétiques (à droite) — octoacétates — (pastilles de bromure de potassium). (D'après White, J. W., Jr, Eddy, C. R., Petty, J. et Hoban, N.)

En dehors de la simple comparaison, il a été possible, dans de nombreux cas, de choisir entre les structures controversées. Par example, evec les *acides aminés*, nous avons contribué à montrer que les spectres varient suivant les conditions expérimentales, ce qui indique une modification de structure. Des études ultérieures, par exemple celles du regretté Henri Lenormant, ont montré que, sous forme ionisée, c'est-à-dire lorsque des maximums d'absorption apparaissent vers 1350 et 1550 cm^{-1}, il s'agit de la forme $NH_3^+—R—C\langle^{O^-}_{O}$ (R représentant un squelette carboné quelconque) pour les acides non substitués, alors, qu'avec les acides N-substitués, on doit remplacer NH_3^+ par NH_2^+. Par contre, si l'on décèle une forte absorp-

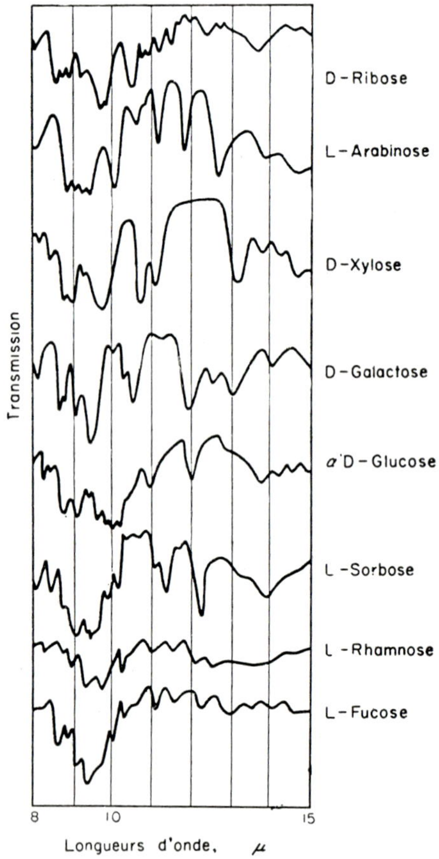

FIG. 50. Spectres d'absorption de différents hydrates de carbone. (D'après Kuhn, L. P.)

tion vers 1700–1730 cm^{-1}, il s'agit de la forme $NH_2—R—COOH$. Suivant qu'on opére en solution acide ou alcaline, on trouvera l'une ou l'autre structure.

Pour *les protéines* et *les polypeptides*, la structure exacte ne semble pas encore définitivement établie. L'infrarouge a apporté des arguments pour ou contre les formes α et β, repliées ou en extension, la célèbre structure hélocoïdale de Pauling et une autre structure, proposée par Cannon. Le spectre infrarouge offre aussi un nouveau moyen d'attaquer l'ancien et difficile problème de la dénaturation des protéines. Le recours à des radiations polarisées a ouvert un champ nouveau d'expériences, principalement avec la possibilité d'étudier de cette manière des fibres synthétiques.

Un problème fondamental et particulierement difficile concerne le rôle de *l'eau en biologie.* Nous devons rappeler que le spectre infrarouge de l'eau varie considérablement suivant son état physique, la raison provenant des modifications dans les liaisons entre les molécules d'eau. A l'état de vapeur, ou en solution très diluée (dans le sulfure ou le tétrachlorure de carbone par exemple), les molécules d'eau se présentent comme pratiquement libres. Elles éxécutent des vibrations et des rotations simultanées et aussi des rotations pures: les unes et les autres se traduisent par un spectre extrêmement compliqué, qui s'étend sur plusieurs centaines de microns de longueurs d'onde. A l'état liquide ou à l'état solide, il n'existe plus de vibrations et rotations simultanées (à moins que l'on n'ait, par des artifices expérimentaux, séparé les molécules les unes des autres, par exemple au moyen de molécules de gaz rares à l'état solide) et les rotations se trouvent sinon complètement supprimées, du moins considérablement gênées. Nous leur avons attribué, dans ces dernières années, les bandes situées entre 12 et 24 μ environ. Les bandes caractérisant les vibrations des molécules d'eau se placent, pour les mouvements de valence, dans la région de 3 μ et, pour les mouvements de déformation dans la région de 6 μ. Nous ne considérerons que les premiers parce que leur interprétation se montre plus immédiate. Les bandes vers 3 μ, caractérisant les molécules d'eau, reliées entre elles par des liaisons intermoléculaires (ponts d'hydrogène) correspondent à des fréquences plus faibles (longueurs d'onde plus grandes) que dans le cas de molécules libres. *Par suite, la seule position des bandes d'absorption de l'eau donne inversement son degré de liaison.* Une même substance peut posséder plusieurs espèces differentes d'eau et nous avons mis, depuis longtemps, en évidence ce phénomène avec la plus grande facilité: il s'agit simplement d'emplacements variés des molécules d'eau dans le réseau cristallin. Une eau très labile, par exemple dans les zéolites, possèdera des maximums d'absorption voisins de ceux de l'eau à l'état de vapeur.

Il devient également possible, par simple examen du spectre infrarouge, de savoir s'il s'agit d'eau de cristallisation ou d'eau de constitution, les deux espèces pouvant d'ailleurs coexister dans une même molécule. Si un édifice se démolit, lorsque l'on tente de faire partir toute l'eau qu'elle contient, pour une part, celle-ci correspond à de l'eau de constitution, et le spectre de la substance hydratée diffère généralement plus ou moins profondément de celui de la substance anhydre. Au contraire, l'eau de cristallisation peut être enlevée sans dommage pour la molécule, et on voit seule-

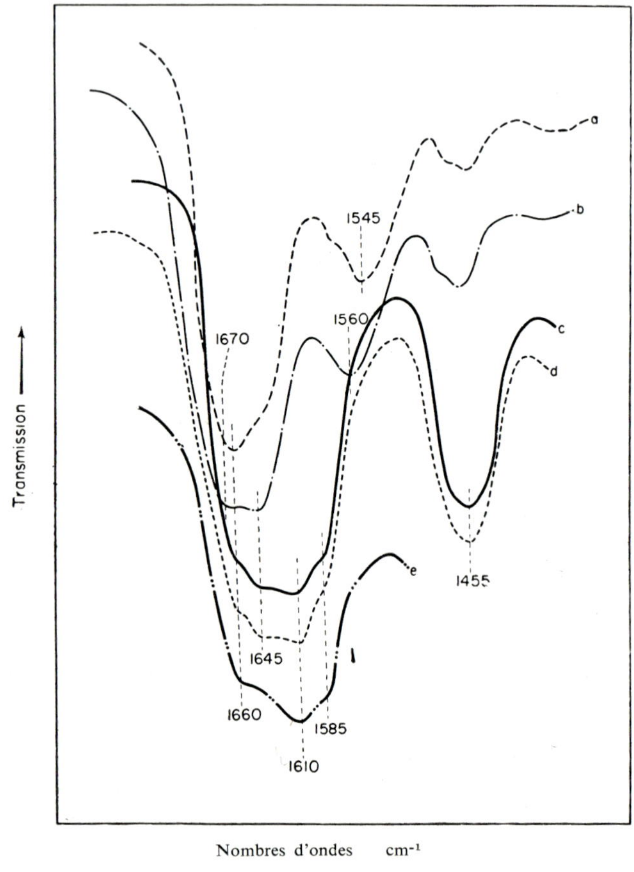

FIG. 51. Spectre d'absorption du sulfate de protamine, deutérié ou non deutérié dans une atmosphère à divers degrés d'humidité.

(a) Film exposé à une atmosphère à moins de 10 pour cent d'humidité.

(b) Film exposé à une atmosphère à 100 pour cent d'humidité relative(H_2O).

(c) Film deutérié exposé à une atmosphère à moins de 10 pour cent d'humidité relative.

(d) Film C exposé à une atmosphère à 100 pour cent d'humidité relative (vapeur D_2O).

(e) Solution de sulfate de protamine à 10 pour cent dans D_2O.

(D'après de Loze, C.)

ment disparaître les bandes d'absorption caractéristiques de l'eau elle-même. Dans le cas de coexistence de plusieurs espèces d'eau, le départ d'une partie de cette dernière se traduira par l'effacement seulement de certaines bandes propres à l'eau, d'autres restant généralement sans changement. Nous avons, entre beaucoup d'exemples, appliqué ces considérations à l'émétique et à d'autres complexes bismutho-tartriques, dont on arrive ainsi à préciser la structure. (En collaboration avec M. Girard.)

Des cas extrêmement intéressants ont été mis en évidence avec l'acide désoxyribonucleique, à l'état de haut polymère ou de film orienté, la protamine etc. Pour cette dernière à l'état de sulfate, la Fig. 51 représente, dans la courbe (a), un film exposé à une atmosphère à moins de 10 pour cent d'humidité relative, dans la courbe (b) un film exposé à une atmosphère à 100 pour cent d'humidité, dans la courbe (c), un film exposé à une atmosphère de D_20 à 100 pour cent d'humidité dans la courbe (c), un film deutérié, exposé à une atmosphère à moins de 10 pour cent d'humidité relative et (e) une solution de sulfate de protamine à 10 pour cent dans D_20. Ces variations spectrales s'obtiennent immédiatement et, comme elles se produisent en dehors des zones caractéristiques de l'absorption propre de l'eau, elles manifestent probablement des modifications structurales de l'acide désoxyribonucléique, dues à des perturbations dans les ponts d'hydrogène, unissant les bases puriniques et pyridiliniques.

Le recours à des radiations polarisées, dont nous avons parlé plusieurs fois au cours de cet exposé, fournit des indications supplémentaires concernant la structure de l'acide désoxyribonucléique. Les courbes a se rapportent à des films orientés dans une atomsphère humide à 95 pour cent et les courbes b à une atmosphère avec moins de 10 pour cent d'humidité. Les courbes en trait plein correspondent à un vecteur électrique parallèle à la direction d'étirement et les courbes en pointillé à un vecteur électrique perpendiculaire au précédent Fig. 52.

La Fig. 53 représente des solutions de DNA-4 (obtenu à partir du sperme de hareng et de DNA-1 (préparé à partir du thymus de veau) à différents pH, en solution dans D_2O: Les courbes de gauche correspondent à DNA-4 (a) à un pH voisin de 2 (solution trouble), (b) à un pH voisin de 4, (c) à un pH voisin de 7, (d) à un pH voisin de 10 et (e) à un pH voisin de 14. Les courbes de droite, pour DNA-1 sont obtenues avec (a) un pH voisin de 5, (b) un pH voisin de 9, (c) un pH supérieur à 11, (d) à la solution précédente (pH supérieur à 11) ramenée à environ 6. On remarque peu de modifications spectrales pour des pH compris entre 4 et 10. Mais, pour pH voisin de 11, les bandes de 1625 et 1575 cm^{-1} augmentent notablement en intensité, alors que pour pH=2, la bande de 1625 cm^{-1} disparaît et fait place à un épaulement à 1685 cm^{-1}. On notera que, dans la région de

1550 à 1750 cm^{-1}, le spectre du bas polymère de DNA en solution dans D_2O, diffère natablement du spectre correspondant à l'état sec. Malgré l'intérêt de recourir à D_2O comme solvant, ce qui permet l'étude de la région précitée (la plus intéressante) il faut prendre quelques précautions pour tenir compte de changements possibles par deutération.

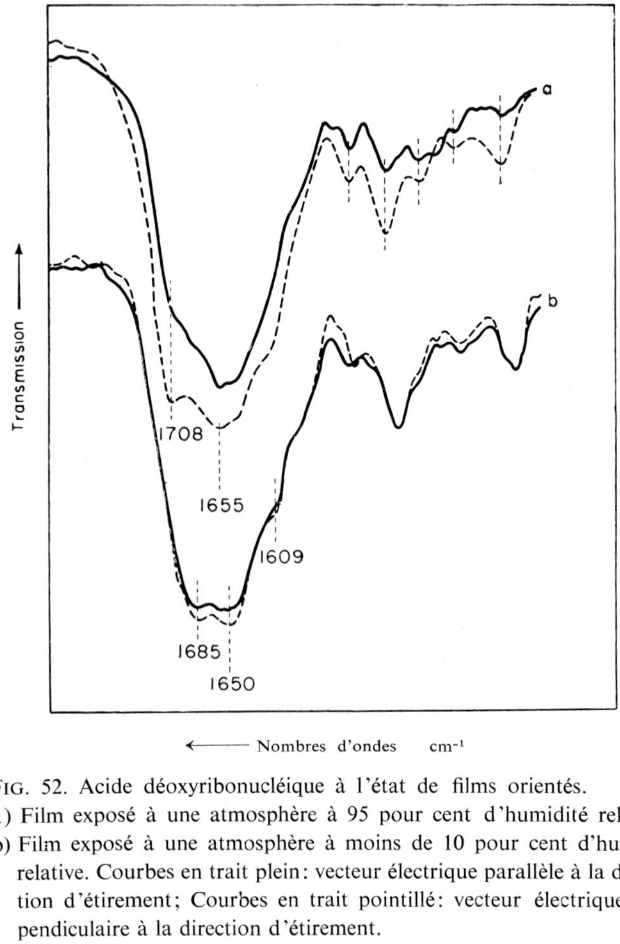

FIG. 52. Acide déoxyribonucléique à l'état de films orientés.
(a) Film exposé à une atmosphère à 95 pour cent d'humidité relative.
(b) Film exposé à une atmosphère à moins de 10 pour cent d'humidité relative. Courbes en trait plein: vecteur électrique parallèle à la direction d'étirement; Courbes en trait pointillé: vecteur électrique perpendiculaire à la direction d'étirement.
(D'après de Loze, C.)

Nous devons, à ce propos, souligner que la spectrométrie infrarouge représente une des methodes les meilleures et les plus rapides pour mettre en évidence des liaisons inter et intramoléculaires. Elles jouent, en biologie un rôle immense, qui n'avait pu être jusqu'ici entièrement prouvé par suite de la difficulté de mettre en évidence ces liaisons généralement fragiles, sans les rompre ou les modifier. Cette crainte n'existe absolument pas avec notre méthode. Chaque fois qu'un groupement ne se trouve pas dans la possibilité de vibrer librement, par suite de ponts d'hydrogène par exemple, la position des bandes infrarouges correspondantes se modifie. Les conclu-

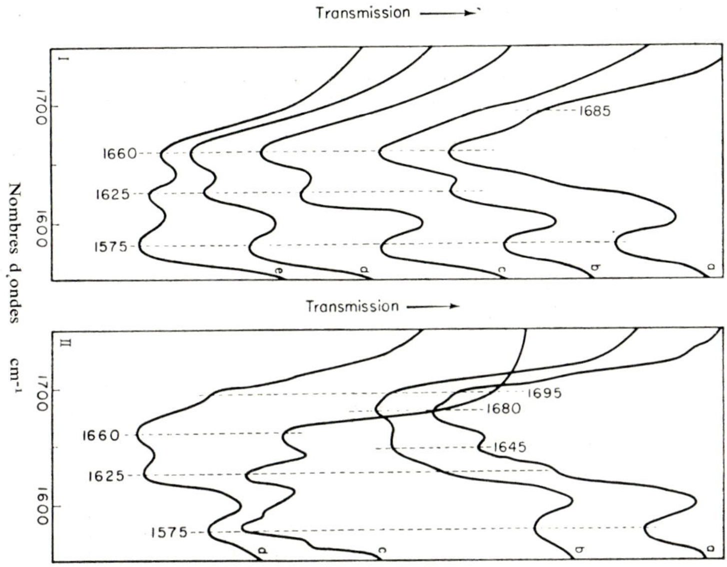

FIG. 53. D. N. 4 et D. N. 1 en solution dans D_2O à différents pH (D'après Blout, E. R., et Lenormant, H.)

I. (a) pH voisin de 2 (solution trouble); (b) pH voisin de 4; (c) pH voisin de 7; (d) pH voisin de 10; (e) pH supérieur à 11.

II. (a) pH voisin de 5; (b) pH voisin de 9; (c) pH supérieur à 11; (d) solution *c* de pH supérieur à 11 ramenée à pH voisin de 6.

sions apparaissent comme immédiates avec les groupements OH ou OD NH, (ou NH_2), ND (ou ND_2), SH etc. Les molécules libres donnent lieu à une bande d'absorption étroite, et les molécules associées à une bande d'absorption large, cette dernière se trouvant, pour les vibrations de valence (les plus étudiées de beaucoup) à de plus grandes longueurs d'onde. En faisant varier les proportions des molécules libres et associées — par dilution ou par élévation de température — on voit se modifier les intensités respectives des deux bandes larges et étroites, et on peut ainsi mesurer le degré d'association. Dans le cas de liaisons intramoléculaires, on a beau faire varier les facteurs physiques de dissolution et de température, à moins d'aboutir à leur rupture, les bandes infrarouges correspondantes n'éprouveront pas de modifications. Pour arriver à des conclusions correctes, il est seulement nécessaire d'opérer avec une dispersion suffisante, pour que les diverses bandes caractéristiques ne viennent pas à interférer entre elles (particulièrement dans le cas où elles se présentent comme assez rapprochées, pour SH par exemple).

Dans ces derniéres années, on a remarqué que la dissolution de substances, capables de former des complexes, par exemple par ponts d'hydrogène, dans des solvants variés, conduisait à des déplacements variables des bandes caractéristiques. Ces déplacements ont été pris comme mesure de la stabilité des complexes et la représentation du phénomène en fonction de l'expression $\frac{D-1}{2D+1}$ où D représente la constante diélectrique du solvant a permis de tracer la droite de Kirkwood–Bauer–Magat, qui correspond aux molécules libres (état de vapeur ou solvants ne donnant pas d'associations). Tous les points relatifs (Fig. 54) aux autres solvants, qui se trouvent à droite de cette ligne correspondent à des complexes. On a été ainsi très surpris de constater que des carbures donnaient lieu à la formation de complexes. Des études sont en cours pour classer les carbures polycycliques d'après la nature de leurs complexes, et nous pensons qu'il en résultera des conclusions inattendues pour leur comportement en biologie.

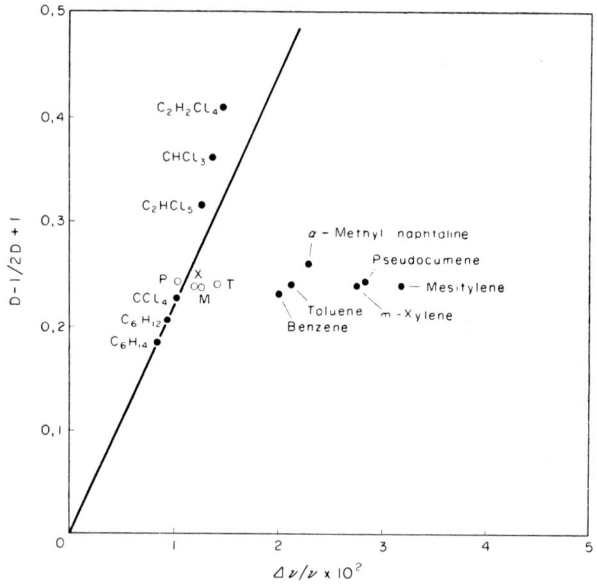

FIG. 54. Déplacement relatif de la fréquence (OH) du méthanol en solution diluée, en fonction de la constance diélectrique du solvant. Les cercles vides marqués P,X,M,T indiquent les composantes de haute fréquence des doublets de la fréquence (OH) du méthanol en solution respectivement dans le pseudo-cumène, le m-xylène, le mésitylène et le toluène. (D'après Josien, M. L. et Fuson, N.)

A côté des réactions proprement dites, qui prennent place dans les êtres vivants, il existe très probablement une série de complexes, qui se modifient avec une grande facilité, suivant les conditions locales présentées par les organismes. L'existence de ces complexes empêche certains effets de se produire. Nous pensons qu'une étude approfondie de la possibilité, pour diverses substances, de fermer des complexes avec des produits biologiques, tout en étant facile du point de vue infrarouge, conduirait à des vues nouvelles.

VI

Quelles sont Maintenant les Perspectives d'Avenir de la Spectrométrie Infrarouge en Histochimie et en Cytochimie?

Comme nous l'avons dit en commençant, on se trouve tout-à-fait au début des utilisations de l'infrarouge dans ces domaines et, sans vouloir faire preuve d'un optimisme exagéré, nous nous trouvons en présence d'un sujet très vaste et très prometteur. Voyons maintenant rapidement quels progrès on peut espérer à tous les points de vue.

En ce qui concerne les instruments, on arrivera vraisemblablement à construire des dispositifs possédant un grossissement plus élevé, ce qui permettra d'opérer directement, d'une manière absolument courante, sur la cellule et ses éléments constitutifs. Accessoirement, il pourra s'ensuivre une réduction des quantités de matière nécessaires. On doit, dès maintenant, prévoir une extension du domaine d'étude vers de plus grandes longueurs d'onde: le recours à des optiques de bromure de potassium et de bromure de césium dans le spectrographe devrait, immédiatement et sans difficultés, conduire à d'importants résultats. Tout ce que l'on peut craindre, dans ces prévisions, c'est que le manque d'énergie oblige à ouvrir démesurément les fentes du spectrographe, en amenant un pouvoir de résolution par trop réduit. D'autre part, nous pensons qu'il faudra encore attendre un peu pour introduire en biologie l'usage de spectrographes beaucoup plus dispersifs, recourant par exemple à des réseaux. Etant donné le grand nombre de bandes, que l'on peut prévoir pour des substances aussi compliquées que celles qui se rencontrent dans notre sujet, on doit arriver à séparer des maximums voisins et augmenter ainsi la précision des déductions. Par la suite, mais dans un délai plus éloigné, il ne semble pas impossible d'introduire des systèmes à très grande résolution, par exemple comme ceux qui procèdent des interféromètres.

Pour que l'infrarouge puisse rendre quotidiennement davantage de services en Histochimie et en Cytochimie, il faudrait pouvoir disposer d'un beaucoup plus grand nombre de spectres de référence. Le nombre de ceux qui intéressent les biologistes reste encore très restreint, surtout étant donné la complication des substances étudiées, ce qui exige un nombre de documents beaucoup plus élevé qu'avec des molécules plus simples. Déjà un atlas, comme celui de R. N. Jones, sur les stéroïdes, se montre capable de rendre les plus grands services: mais il faudrait que les utilisateurs disposassent de plusieurs dizaines de milliers de spectres sous une forme permettant des comparaisons rapides, par exemple avec des cartes perforées. Il faudrait aussi s'attacher, de plus en plus, à donner des listes de bandes caractéristiques des différentes substances, un peu comme on recourt aux raies ultimes dans les spectres d'émisison des éléments.

A ce moment, puisqu'il n'existe déjà actuellement que des difficultés expérimentales fort réduites pour l'obtention des spectres infrarouges, rien n'empêcherait d'utiliser cette méthode dans les diagnostics quotidiens, en plus de celles qui se trouvent déjà employées. Il ne faut pas oublier que *la Spectrométrie infrarouge constitue probablement la méthode la plus puissante pour suivre les moindres variations dans la structure moléculaire*. Nous avons montré, sur divers exemples, la puissance d'analyse et d'identification de notre méthode et nous avons fourni quelques exemples de dosages. Ils indiquent immédiatement que, dans de nombreux cas, avec les substances très compliquées dont il s'agit ici, la spectrométrie infrarouge l'emporte de beaucoup, en simplicité et en précision, sur d'autres techniques d'un usage courant.

Le nombre des bandes d'absorption reste un garant de la sûreté des conclusions. D'autre part, la possibilité d'opérer avec des quantités fort réduites de substance, descendant à l'ordre du microgramme, se montre fort précieuse, ainsi que le fait capital de pouvoir opérer, sans difficultés et sans exception, dans les conditions exactes où se trouvent les substances (méthode des poudres, solutions aqueuses etc.). De cette manière, on est sûr de ne pas modifier les proportions des isomères de rotation et de respecter toutes les liaisons intermoléculaires par ponts d'hydrogène, qui peuvent exister dans des mélanges naturel ou synthétiques.

Mais, malgré toutes les facilités, que présente actuellement la méthode infrarouge, il est extrêmement aisé d'en faire un mauvais usage, en se contentant de presser sur les boutons des spectrographes. L'expérience indique, en effet, que les meilleurs résultats ne s'obtiennent qu'avec une vitesse d'enregistrement et un programme dans la largeur des fentes, appropriés à chaque problème particulier. D'autre part, nous avons montré, il y a une trentaine d'années, que les analyses d'hydrocarbures en mélange par spectrométrie infrarouge, ne conduisaient à de bons résultats que si l'on opérait sur des fractions contenant seulement un très petit nombre de constituants (deux ou trois). Cette conclusion s'applique à tous les mélanges et surtout à ceux des produits biologiques, si complexes. Toute machine ne conduit à des résultats utiles que si le problème lui est bien posé. Il faudra donc absolument commencer par appliquer à ces mélanges toutes les techniques de séparation, en commençant par les distillations fractionnées et les congélations fractionnées, la chromatographie sur la chromatographie sur papier, la chromatographie en phase gazeuse, colonne, la distribution à contre-courant &... La Fig. 55 présente un exemple de la variation dans les spectres d'une fraction séparée aux colonne à élutions suivant les traite-

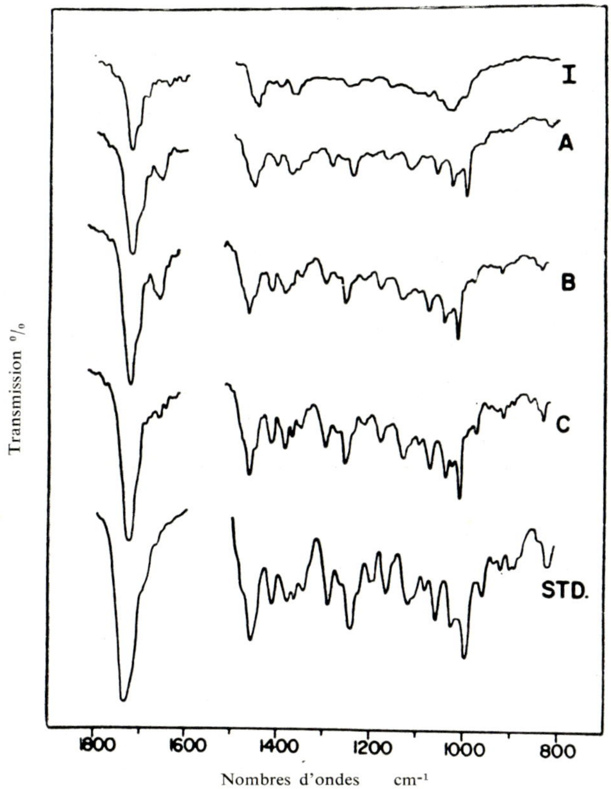

FIG. 55. Spectres d'une fraction, obtenue avec une colonne à élution.

I. Extrait lavé trois fois avec 0,1 volume d'alcali (480 de 17-céto-stéroïde)

A. Après lavage trois fois avec un égal volume d'alcali (800 de 17-céto-stéroïde)

B. Après lavage comme A, puis traitement avec du charbon (700 de 17-céto-stéroïde)

C. Après lavage comme A, trois lavages avec un égal volume de HCl puis traitement avec du charbon (750 de 17-céto-stéroïde)

STD. Androstérone pure (700).

(D'après Slaunwite, W. R. Jr. et Neely, L.)

ments ultérieurs. Ensuite, une fois les spectres obtenus sous des conditions correctes, sur des produits bien préparés, vient l'interprétation, qu'il est impossible actuellement de rendre automatique. Comme nous l'avons souligné à diverses reprises, les différentes parties de la molécule forment un tout, et réagissent les unes sur les autres dans la distribution spectrale des maximums d'absorption. Pour dire la bonne aventure sur ces spectres, le jour que nous espérons prochain, où l'infrarouge ne servira pas seulement, dans quelques rares laboratoires spécialisés, à identifier des substances et à pénétrer leur structure, mais où il sera utilisé à des fins cliniques plus directes,il faudra s'assurer le concours de spécialistes, si l'on ne veut pas commettre d'erreurs grossières. On distinguera deux stades qui se complètent l'un l'autre: utilisation, par des collaborateurs techniques, d'une routine d'analyse bien au point, et essai de résolution, par des spécialistes, de nouveaux problèmes.

Une collaboration confiante entre biologistes et médecins d'une part, et spécialistes de l'infrarouge d'autre part, nous semble donc absolument indispensable, les uns apportant ce que les autres ne connaissent que mal ou pas du tout. Une solution consisterait dans la création d'Instituts, aussi bien en France qu'à l'Étranger, où les utilisateurs, depuis les chercheurs chevronés jusqu'aux collaborateurs techniques, pourraient, sans perdre de temps, s'initier aux mystères de l'infrarouge. Ces Instituts resteraient, en dehors de ces stages dont la durée ne pourrait pas excéder quelques semaines ou quelques mois, ensuite en liaison avec les différents Services où s'appliquerait notre méthode et ces Instituts se trouveraient consultés, pour chaque problème nouveau, ou pour des questions particulièrement ardues. Si une telle idée était retenue à la suite de ce Congrès, nous estimons qu'un pas considérable aurait été franchi et nous efforcerions, dans toute la mesure du possible, de la rendre applicable d'abord et fructueuse ensuite.

BIBLIOGRAPHIE SOMMAIRE

Ouvrages généraux

1. BELLAMY, L. J., *The Infrared Spectra of Complex Molecules.* Methuen, London; 1954 *Ultrarotspektrum und chemische Konstitution.* Steinkopf, Darmstadt: 1955.
2. BRUEGEL, W., *Einführung in die Ultrarotspektroskopie.* Steinkopf, Darmstadt; 1954 et 1957.
3. DOBRINER, K., KATZENELLENBOGEN, E. R. et JONES, R. N., *Infrared Absorption Spectra of Steroids.* Interscience, New York, 1953.
4. FREEMAN, N. K., *Advances in Biological and Medical Physics*, t. IV, p. 167–221, 1956.
5. JONES, R. N. et SANDORFY, C., *The Application of Infrared and Raman Spectrometry to the Elucidation of Molecular Structure*: Interscience, New York, 1956, p. 247–580.
6. LECOMTE, J., *Le Rayonnement Infrarouge. I.—Applications Biologiques, Physiques et Physiologiques. II.—La Spectrométrie Infrarouge et ses Applications Physico-chimi-*

ques. Gauthier-Villars Paris: 1948 et 1949. Spectroscopie dans l'infrarouge. *Handb. der Physik*, **26**, Berlin, Göttingen, Heidelberg, 1958, p. 244–917.

7. RANDALL, H. M., FOWLER, R. G., FUSON, N. et DANGL, J. R., *Infrared Determination of Organic Structure*. Van Nostrand, New York: 1949.
8. SUTHERLAND, G. G. B. M., *Advances in Protein Chemistry*, **VII**. Acad. Press, N. Y., p. 291–318.
9. THOMPSON, H. W., BRATTAIN, R. R., RANDALL, H. M., et RASMUSSEN, R. S., *Chemistry of Penicillin*, 1949, p. 382–414.
10. WHEELER, D. H., *Progress in the Chemistry of Fats and Other Lipids*. N. Y. 1954, p. 268–291.

Articles Généraux de Revues Scientifiques

Ann. pharmaceut. franç., 1953, **9**: p. 129–151. BERTON, A., Les spectres infrarouges en biologie et en pharmacie.

Ann. of the N. Y. Acad. of Sci., 1957, **69**: p. 1–254. Biological applications of the infrared Spectroscopy. (Nombreux articles de différents auteurs provenant du Congrès tenu en décembre 1956 par la Section de Physique et de Chimie de cette Académie).

Bull. de la Soc. Chim. de France. 1959, p. 1049–1099. LECOMTE J.: L'infrarouge et la chimie organic. ibid. 1959, p. 1080–1099. J. LECOMTE: La Spectrométrie infrarouge et ses applications à l'analyse qualitative et quantitative.

Rev. of Mod. Phys., 1959, **31**, 118–122. SUTHERLAND, G. B. B. M., Applications of infrared spectroscopy to biological problems.

Vitam. & Horm., 1949, **7**, 293–363. JONES, R. N. et DOBRINER, K., Infrared spectrometry applied to steroid structure and metabolism.

HISTOCHIMIE DANS LES RECHERCHES ONCOLOGIQUES

H. G. GODLEWSKI

L'Institut de la Pathologie Expérimentale de l'Académie Polonaise des Sciences. (Chef: Prof. Dr L. Paszkiewicz)

LE BUT que nous envisageons dans cet exposé est de présenter des problèmes oncologiques les plus importants vus sous l'angle histochimique. L'oncologie constitue de nos jours une discipline tellement étendue que même passer en revue superficiellement les résultats des recherches sur la morphochimie du tissu cancéreux, dépasse les cadres d'une seule conférence. C'est pourquoi ce ne sont que des problèmes concernant exclusivement l'histochimie que nous allons aborder. Compte tenu de l'esprit dominant de ce Congrès nous avons laissé de côté délibérément les problèmes très passionnants biochimiques et métaboliques, de même les problèmes des acides nucléiques qui font l'objet d'un exposé spécial de Mme Vendrely au cours de cet après midi.[120].

Quand on parcourt les données ayant traits aux recherches oncologiques histochimiques, on est frappé de la diversité des sujets et des méthodes de recherche qui sont tributaires de la contexture de chaque chercheur. Suivant le domaine de spécialisation des oncologues qui emploient des méthodes histochimiques on pourrait effectuer un classement général de ces travaux d'après le sujet. On pourrait donc parler de l'histochimie appliquée par les praticiens en vue du diagnostic du cancer, tant au point de vue de l'histogénèse, qu'au point de vue du développement du cancer chez l'homme. Un oncologue expérimentateur, pour qui les problèmes de l'étiologie du cancer, du métabolisme des cellules cancéreuses et de la dégénérescence cancéreuse des cellules se mettent au premier plan, en même temps qu'il aborde le rapport mutuel du cancer de l'hôte, en un mot les problèmes de la "biologie des cancers", cet oncologue pose à l'histochimie des problèmes bien définis.

Il est évident que toute distinction entre, par exemple une histochimie clinique et une histochimie biologique ne permettra pas de séparer les problèmes qui sont communs pour toute discipline médicale ou naturelle engagés dans les recherches oncologiques. Bien qu'il existe maintes directions dans les recherches oncologiques et qu'on applique de différentes méthodes, toutes ces recherches n'ont qu'un but commun qui est éminnement pratique, celui de délivrer l'humanité du fléau du cancer.

Seulement pour alléger cet exposé nous n'avons choisi que quelques exemples concernants les problèmes oncologiques fondamentaux:

(1) Différences entre les cellules normales et cancéreuses
(2) Histochimie dans le diagnostic du cancer
(3) Cancérogénèse et développement des cancers
  (a) cancérogenèse expérimentale, stades précancéreux chez les animaux,
  (b) dégénérescence cancéreuse des tissus (stades précancéreux) chez les hommes,
  (c) réaction du stroma contre l'invasion des cellules cancéreuses
(4) Réactivité du cancer
(5) Changements du système dans la maladie de cancer (réactions éloignées dans les organes qui ne sont pas atteints du cancer)
(6) Perspectives de l'histochimie dans les recherches oncologiques.

Quand on considère la part de l'histochimie aux recherches oncologiques il faut remarquer que deux éléments ont une influence essentielle sur la poursuite des recherches dans cette voie. L'un d'eux est en relation avec le développement des méthodes histochimiques qui devient particulièrement rapide au cours de la période des vingts dernières années; le second résulte de l'étendue des problèmes oncologiques augmentant sans cesse, qui profite actuellement des acquisitions de presque toutes les sciences naturelles d'où la contribution en plus importante de l'histochimie dans l'étude de l'oncologie.

1. DIFFÉRENCES ENTRE LES CELLULES NORMALES ET CANCÉREUSES

Le problème des différences entre les cellules normales et cancéreuses, essentiel pour le diagnostic et pour connaître les particularités du cancer continue de faire l'objet des maintes recherches histochimiques. En admettant que la cellule cancéreuse prend son origine au cours de la dégénérescence des cellules normales détérminées, la base des recherches histochimiques sur le matériel humain est la comparaison des cellules cancéreuses avec celles dites homologues.

Les cellules des tumeurs infiltrantes, surtout celles de cancer et sarcomes [91], se caractérisent en général par l'impossibilité de démontrer par méthode histochimique *le glycogène*, ce qui se rattache probablement avec les tendances à la prolifération rapide. L'analyse de l'apparition du glycogène et de la prolifération cellulaire, effectuée par Gropp[55] sur le matériel de différente origine n'aboutit point à la conclusion que ces phénomènes s'excluent mutuellement. Il est incotestable, néamoins, que la majorité des tumeurs malignes humaines et animales, de même que celles cultivées *in vitro*, ne contiennent pas de glycogène en quantité suffisante pour les détecter par méthode histochimique. Tandis que les tissus homologues, comme l'épithélium tappisant les canaux de la glande mammaire ou l'épithélium de la muqueuse du col uterin, les cellules hépatiques et d'autres, se caractérisent par la présence de glycogène.

Au cours de ces dernières années le problème de la distribution du glycogène augment considérablement grâce à l'introduction de la méthode histochimique *des phosphorylases* et de *l'enzyme branchant* — "branching enzyme".[116, 117] Les phosphorylases, bien qu'elles soient actives *in vivo* en tant qu'enzyme glycogénolytique, ont inspiré aux histochimistes la question si leur localisation correspond à celle du glycogène. Il doit être ainsi en égard au principe que les phosphorylases agissent en tant qu'enzyme de synthèse du glycogène. Pour la plupart cette corrélation a lieu; pourtant Braun-Falco[12, 16] dans ses recherches comparatives sur la localisation des phosphorylases et du glycogène dans l'épiderme et dans le cancer cutané, a démontré qu'elle n'est point égale dans tous les genres des tumeurs. Dans le cas des tumeurs humaines examinées par nous (carcinome du sein, fibroadénome mammaire, adénocarcinome du rectum et du colon, carcinome du ventre, carcinome du col utérin ainsi que le myome, cellules HeLa cultivées *in vitro*) de même que quelques tumeurs animales (Carcinome Guérin chez les rats, cancers spontanés de mammelle chez les souris, tumeur d'Ehrlich ascitique, tumeur ascitique du sarcome amytal chez les souris) les réactions histochimiques des phosphorylases et l'enzyme branchant étaient négatives.[49] En cas du cancer infiltrant de mammelle, ainsi que du col utérin on trouvait des cellules situées pour la plupart en groupes, fréquemment près des vaisseaux sanguins. Ces cellules révélaient décidément les réactions positives sur les deux enzymes. Ces cellules, bien que dans les préparatifs colorés d'hématoxyline et d'eozine ne diffèrent pas des cellules à réaction négative pour phosphorylases, se caracterisaient par le contenu du glycogène et par l'activité de ces enzymes.[49]

La distribution des phosphorylases dans la tumeur ascitique de Novikoff attire l'attention. Environ 15 pour cent donne des réactions positives qui sont distribuées dans les granulations cytoplasmatiques. On décrivait de même les corpuscules expulsés soit adsorbés par les cellules cancereuses, qui donnaient des réactions enzymatiques positives. Le pourcentage des cellules contenant le glycogène est bien faible en comparaison avec celui des cellules à réaction positive de Takeuchi et Kuriaki.[48] Il n'est pas d'interpréter le comportement du glycogène et des phosphorylases dans le cancer. Il paraît que ces substances sont liées avec le degré de différenciation des cellules et n'apparaissent pas dans les cellules décidément anaplastiques.

Dans le cancer du col utérin *les graisses* colorées par la méthode de sudan ne différencient pas du principe les cellules normales des celles cancereuses,[41] de même que le contenu des *groupes —SH des proteines.*[43, 102, 123] On rapporte de même que le contenu d'estres du cholestérol augmente dans les tumeurs malignes.[105] Dans les cellules du cancer du sein on constate des réactions pour *les phospholipides* un peu plus fortes que celles dans les cellules de glande normale tapissant les canaux et les sections terminantes.[52] Il paraît que le comportement des lipides dans ses cellules cancéreuses mérite d'être l'objet d'une étude histochimique plus detaillée. On constate par exemple que les cellules du cancer intracanaliculair de la mammelle formant des rosettes, démontrent les vacuoles dans les préparations à la parafine, — ce qu'on interprétait comme capacité des cellules cancéreuses à reproduire la structure primitive de glande. A la lumière des résultats des réactions histochimiques aux graisses ce sont les cellules à symptôme de la dégéneration adipeuse.[52]

Dans un important ouvrage portant sur le *caractéristique enzymatique* des différentes tumeurs, Sylven et Malmgren[115] attirent l'attention sur le fait que les cellules du cancer croissant sur la circonférence des tumeurs révèlent une activité plus élevée des protéinases et des peptidases que celles situées au centre. Les auteurs croient que les cellules cancéreuses, tout en augmentant, sécrètent les enzymes protéolitiques d'où résulte à son tour l'apparition de la métasthase des tumeurs. Les tumeurs plus différenciées révèlent une activité protéolytique moins importante, ce qui peut être lié avec de mauvaises conditions trophiques locales des tumeurs.

Dès qu'il apparaît en histochimie la méthode des aminopeptidases[17] le comportement de ces enzymes dans les cellules cancéreuses a suscité un grand intérêt, surtout le rôle prétendu de ces enzymes dans le processus de métastases. Les résultats obtenus par les différents auteurs sont quelquefois contradictoires. Braun-Falco[15] constate dans le cancer squameux une activité variable des aminopeptidases ce qui est confirmé par Glenner et coll.[45] Dans les cellules du cancer des canaux biliaires et dans celles de l'estomac (adénocarcinome), de même que dans les métastases du cancer de l'estomac dans les ganglions lymphatiques, on constatait une activité élevée des amidopeptidases[45, 125, 127] ce qui n'est pas confirmé par Monis et coll.[93] De plus on a démontré l'aminopeptidase dans les tumeurs malignes du côlon (adénocarcinome) dans le cancer de la mammelle dans quelques formes de tumeur bénigne (méningiome) et dans quelques hypertrophies non tumorales (mastopatie), maladie kystique de la mammelle, hypertrophie de la prostate.[17, 45] La comparaison de Monis et de ses collaborateurs[93] de l'activité des aminopeptidases dans de différentes tumeurs ne permet point d'associer cette activité enzymatique avec la capacité des tumeurs à produire des métastases. On peut tirer une conclusion pareille du rapport de Fischer[38] qui a passé en revue le matériel de 57 différentes sortes de tumeurs humaines.

Dans le cancer invasif du col utérin on a constaté l'accroissement de l'activité de *la succino-déshydrogénases*, témoignant de l'acroissement de l'index oxydoréducteur de cytoplasme,[41, 104] bien que, compte tenu de l'appareil mitochondrial modifié dans les cellules cancéreuses, on devrait s'attendre à une activité diminuée. L'accroissement de la réaction histochimique peut résulter de l'activité non spécifique de la réductase.[85] Dans de nombreux épithelioma on n'a pas constaté de différences de l'intensité de la réaction des déhydrogénases en comparaison avec les cellules normales.[10, 27, 77] D'après Monis, Nachlas et Seligman[94] qui étudiaient la distribution de trois systèmes des déhydrogénases dans differentes tumeurs, on peut localiser les enzymes non seulement dans les membranes mitochondriales et cellulaires, mais également dans d'autres organismes cellulaires. L'activité des succino déshydrogénases est en général moins élevée dans les tumeurs que celle dans les cellules normales,[27, 94] bien que le pléomorphisme des cellules cancéreuses et par suite les variations de l'intensité de la réaction, rendent l'appréciation plus difficile. On constatait l'accroissement définitif de la réaction dans le cancer du côlon, dans le pappillome des poumons et dans les cancers à cellules géantes des os.[94] Tandis que les systèmes des diaphorases dépendant du DPN, révèlent dans les cellules du cancer une activité élevée, pareillement d'ailleurs comme c'est le cas des cellules homologues normales, on observait une intensité médiocre de l'activité des diaphorases dépendant de TPN dans les cellules cancéreuses. Elles se situent dans les microsomes et dans certains cancers (adénocarcinome du col utérin), dans les membranes cellulaires. Moins le cancer est différencié, plus des variations s'effectuent dans l'intensité de la réaction sur les diaphorases dépendant de TPN.[94]

Sandritter et coll. montrent dans les cellules cancéreuses trouvées dans la salive de sujets atteints du cancer des poumons, outre le contenu augmenté de ADN[110] l'activité élevée de la *phosphoamidase* et de la *phosphatase acide* et de *l'estérase*.[109] Dans les cellules du cancer des poumons on a trouvé une activité plus accrue de la phosphatase acide que dans l'épithelium des bronches.[9] Il y a une dépendance de certains enzymes avec le cancer de bronches. Ainsi, par exemple les tumeurs, où la phosphatase alcaline est active on a démontré une activité très faible de la phosphatase acide et des lipases (dans l'épithélium bronchial les lipases ne devaient pas apparaître). D'autre part, les cancers riches en phosphatase acide étaient entièrement exempts de l'activité de la phosphatase alcaline.[9] On peut quelquefois attribuer l'activité des phosphatases acides et alcalines à la distribution des acides nucléiques qui caractérisent les types des cellules cancéreuses discernées par Caspersson.

Dans les recherches sur de différentes tumeurs du système nerveux central de même que sur les métastases cancéreuses au cerveau, Kemali et Scarlato[68] trouvent que les phosphatases alcalines sont présentes dans ces parties des cellules où s'accumule l'acide ribonucléique (dans le nucléole), tandis que la phosphatase acide se retrouve là où se situe l'acide désoxyribonucléique (dans le noyau).

On a constaté pour la plupart les réactions négatives des phosphatases alcalines dans le cancer du col utérin[41, 112] et de mammelle chez l'homme[1, 34, 47] et les autres[95] de même que dans les cancers animaux spontanés[47] et transplantables.[29]

La réaction des β-*glucuronidases* n'est pas caractéristique pour les tumeurs, bien que la plupart des tumeurs humaines semble démontrer une activité augmentée[14, 39] et très faible dans les sarcomes (Monis, commun.personn.). D'après Braun-Falco[14] l'intensité de l'activité de cet enzyme paraît être proportionnel au degré de la prollifération des cellules.

On a décrit quelques tumeurs animales (hépatome des souris) et humaines, se caractérisant par la réaction intense des *porphyrines* libres, localisées dans de petits corps de cytoplasme et nucléaires, ou sous la forme de réaction diffuse.[88]

Conformément aux résultats des analyses chimiques (cit. 64), dans certaines tumeurs on a démontré par les méthodes histochimiques (spodographie et d'autres) la diminution du contenu du *calcium* (carcinome mammaire,[51]) et l'augmentation du contenu du *potassium* (carcinome du col uterin,[61]). Les réactions du *zinc* sont négatives dans le cancer de prostate[121] et de celui de la peau[13] en comparaison avec les cellules normales.

Dans le cytoplasme et même dans les noyaux[75, 126] des cellules cancéreuses on trouve parfois des inclusions composées de différentes substances.[75] On a décrit de menus grains PAS-positifs entourés d'un anneau de matériel se colorant par le Bleu Alcian. Quelquefois en dehors de cet anneau apparaît un "halo" PAS-positif (dans le cancer du rein,[119]). Ces corps peuvent apparaître aussi dans l'épithelium normal à fonction modifiée. Certains chercheurs rattachent à la présence de ces corps une étiologie virale des tumeurs.[101]

La revue susmentionnée des résultats des réactions histochimiques dans les cellules cancéreuses et normales permet de supposer l'existence des différences métaboliques essentielles. Pourtant il n'existe pas de réaction histochimique spécifique qui caractérise d'une façon indéniable les cellules cancéreuses. Foraker[40] suggère une pareille conclusion résultant de la comparaison des réactions histochimiques dans le cancer du col utérin. Les tissus cancéreux se distinguent parmi eux par rapport à l'histochimie non seulement selon la distribution, le degré de maturation et le genre de la tumeur, mais ils peuvent se différencier à l'intérieur de la même tumeur. L'expression du pléomorphisme cellulaire est le tableau non uniforme de l'intensité et de la distribution des réactions histochimiques dans le cancer. Bien que tout essai de caractérisation histochimique général des tumeurs soit intéressant, ce sont les phosphatases alcalines et les phosphorylases dont le comportement est le plus caractéristique, en montrant pour la plupart des tumeurs une activité considérablement diminuée.

Ce qui suscite des réserves c'est la valeur objective des comparaisons des cellules cancéreuses avec celles normales homologues. Le matériel comparatif propre semble être le tissu en voie de régéneration de l'organe d'où le cancer prend l'origine.

2. HISTOCHIMIE DANS LE DIAGNOSTIC DU CANCER

La tendance à assumer le diagnostic histopathologique dans la période la plus précoce du développement du cancer, se heurte fréquemment à des difficultés pour discerner les modifications déja très avancées de la degénérescence de la tumeur préexistante. On croit qu'on doit chercher à aller l'histochimie au diagnostic. Le second motif c'est la caractéristique plus précise des particularités, soit de l'origine de la tumeur constatée, ce qui peut avoir une importance prognostique.

Un groupe des chercheurs français avec surtout Funck-Brentano et Moricard[44, 97] a attiré l'attention sur l'importance des réactions histochimiques des *acides nucléiques* et du *glycogène* dans la différenciation entre modifications cancéreuses et noncancéreuses de l'épithélium du col utérin. Les travaux de Remotti[107] et des anatomo-pathologistes américains[41, 42, 60, 91] étendent les dites recherches, en confirmant le manque du glycogène dans les cellules cancéreuses qui ne manifestent pas la tendance à mourir et à se différencier.

Nous trouvons une étude de grand intérêt histogénétique dans le travail de Botella Llusia et Nogales Oritz[11] qui déterminent, sur la base de recherches histochimiques, l'étiologie de l'atypie cancéreuse dans les glandes du col utérin. Si la prolifération cancéreuse manifeste le caractère mucoïde, cela prouve son origine glandulaire. S'il arrive, en revanche, à l'épidermisation de la glande, par suite de la pénétration de l'épithélium pavimenteux et de la transformation secondaire en cancer, les cellules de cet épithélioma sont exemptes de mucines et de glycogène. Dans les globes cornées cancéreux le glycogène peut se manifester en foyer comme marque de maturation locale des cellules (comp. aussi[96]).

En considérant le glycogène dans les autres tumeurs il devrait être mentionné, que les cellules du sarcome d'Ewing renferment le glycogène, tandis que celles du réticulo-sarcome en sont privéés.[111] Ces données histochimiques semble être d'une grande importance, car ces deux tumeurs similaires donnent des prognostics totalement différents.

Dans le diagnostic cytologique du cancer du col utérin outre le contenu varié des acides nucléiques[7, 62, 90] les remarques sur le contenu élévé du *potassium* dans les cellules du cancer attirent l'attention.[61]

On attribue une importance diagnostique aux réactions négatives des *phosphatases alcalines* dans le cancer du col utérin,[112] de l'estomac,[108] de la mammelle[1] et de la leucémie;[89] dans les cas de la différenciation entre les formes des leucémies le comportement de la réaction histochimique des phosphatases alcalines devait créer des possibilitées diagnostiques plus grandes que la détermination chimique de l'activité de l'enzyme dans le sang.[89] On a proposé de même de différencier les tumeurs bénignes des tumeurs malignes à l'aide de la réaction sur les estres du cholestérol.[105]

Du point de vue de l'utilité diagnostique les travaux de Bertalanffy[6, 7] qui applique fluorescéine et ceux de Louis, King et coll.[71, 80] méritent l'attention particulière. Les derniers auteurs constatent sur le différent matériel humain et animal que ce ne sont que les cellules cancéreuses qui n'ont aucune affinité avec le complexe des albumines de sérum à fluoresceine, soit du complex α-globuline fluorescent. La réaction positive entre ce complexe et les cellules normales dépend de l'affinité physico-chimique entre les albumines du complexe et des cellules qui résulte des différences entre les points isoéléctriques.[70, 71] Louis et coll., utilisant cette méthode[81] différencient les tumeurs malignes de la mammelle, des modifications précancéreux (hyperplasie de l'épithelium) et des tumeurs bénignes (fibroadénome).
Ils examinaient de même les cancers du côlon,[80] de différentes formes de leucémie des souris[79] et comparaient le foie régénerescence avec celui cancéreux des rats[78] en obtenant toujours des différences caractéristiques. En dépit de la tendance à appliquer l'histochimie à des but diagnostiques on ne peut pas espérer que les méthodes histochimiques actuelles permettent de différencier d'une façon absolue et sûre les cas où l'on se heurte à des difficultés diagnostiques à côté des méthodes appliquées d'ordinaire. Néamoins on peut prendre que l'histochimie procure des renseignements supp-

lémentaires et bien importants qui faciliteront le diagnostic soit qui attirent l'attention sur des traits biologiques de la tumeur reconnue.

3. CANCEROGÉNÈSE ET LE DÉVELOPPEMENT DE LA TUMEUR

(a) *Cancérogénèse Expérimentale, Stades Précancéreux chez des Animaux*

Nous prenons cancérogénèse expérimentale comme modèle des changements locaux morphologiques et fonctionnels des tissus subissant la dégénerescence cancéreuse, qui devait compléter, sinon expliquer, les modifications morphochimiques observés dans les stades de la prétandue cancérogenèse chez l'homme.

Dans le problème de la cancérogenèse expérimentale stimulée par des corps chimiques les expériences sur les cancers provoqués par badigeonnage de l'épiderme par le benzopyrène, les méthylcholantrènes et d'autres substances, se mettent au premier plan, ensuite suivent les sarcomes provoqués par injection de ces substances sous l'épiderme. L'influence de la cancérogénèse examiné en temps permet de suivre les changements qui se déroulent aussi bien dans le tissu conjonctif que dans l'épiderme.

Prodi et Maltoni[83, 84, 106] coloraient avec bleu de toluidine les coupes de la peau des différents animaux de laboratoire, qu'on avait badigeonnées antérieurement soit avec du méthylcholantrène soit avec de l'huile de croton. Ils constataient l'apparition de la coloration métachromatique dans les fibres collagènes se trouvant dans les couches sous-épithéliales et dans celles plus profondes. La modification de la teinture des fibres était précédée de changements morphologiques aussi bien des fibres (arrangement, dimensions) que de l'épiderme (hyperplasie). La métachromasie du tissu conjonctif s'intensifiait à mesure de la prolifération de l'épithelium indépendamment du fait si elle était provoquée par l'huile de croton ou par le méthylocholantrène. Le dégré de l'intensification de la métachromasie dépend de la réaction différente de l'épiderme chez de différentes espèces d'animaux. Les changements de coloration du tissu conjonctif sont réversibles, pourtant la période nécessaire pour retourner à l'état normal est plus longue quand on applique le méthylocholantrène que l'huile de croton.[106] La réaction augmentée de la métachromasie dans la substance fondamentale après le badigeonnage de l'épiderme trouve son explication dans l'accroissement du contenu de l'acide chondroite sulfurique. Ce qui l'indique aussi ce sont les résultats autoradiographiques des recherches sur l'incorporation de l'isotope S^{35} du soufre.[2, 59, 100]

Dans les organes où le stroma du tissu conjonctif est assez abondant (la peau, la mammelle) on suivait les changements de certaines réactions histochimiques dans le tissu conjonctif voisin de celui de l'épithélium. Dans les stades précancéreux de la mamelle provoqués par l'administration prolongée d'oestrogènes on a démontré chez les rats l'intensification des réactions de PAS dans les périodes de la déposition des fibres de réticuline et la diminution de la coloration dès que la production du collagène s'intensifiait et que l'hyalinose apparaissait[46]. On constatait de même différentes réactions des phosphatases alcalines[29] et des groupes—SH proteiques[122] dans l'épithélium et dans le tissu conjonctif dans les stades précancéreux de la mammelle, provoqués chez les souris par les oestrogènes; les dites différences dépendent de la disposition des souches au cancer. Les recherches de ce genre déterminent les posssibilités d'utiliser[5] l'histochimie dans le problème de cancérogénèse considéré sous l'aspect génétique.

Pour comprendre le mécanisme des changements morphochimiques de l'épithélium en voie de cancérisation il est important de connaître le lieu d'action primitif sur la cellule du facteur cancérogénétique. La méthode histochimique qui donne de belles perspectives d'avenir est l'immunohistochimie et la microscopie de fluorescence. Graffi[54] a établi qu'au cas de la cancérogénèse de la peau, le benzopyrène s'accumule dans le cytoplasme de l'épiderme, et Cunningham et coll. ont trouvé dans la cancérogénèse des bronches que le cancérogène s'arrête aussi dans les noyaux.[22] L'explication de la séquence des changements du métabolisme intracellulaire induit, se trouve hors des possibilités histochimiques. Les résultats des analyses chimiques des particules fractionnées des cellules, comparées aux images obtenues dans le microscope électronique par Fiala et Fiala[37] semblent être bien importants sous ce rapport.

Les recherches récentes de Haddow de Horning[58] jettent le jour sur le rôle des complexes ferriques, comme évocateur du sarcome du tissu conjonctif et réticulo-endothélial.

Maintes recherches histochimiques furent consacrées à la dégénérescence cancéreuse du foie. Dans le foie, par suite de l'administration dans les aliments des corps cancérogénétiques, on peut discerner des processus caractéristiques de la dégénérescence et de la régénération cellulaire qui s'opérent l'une à côté de l'autre ou bien s'imposant mutuellement, deviennent le barème morphologique du stade précancéreux. C'est Stowell, Chang et coll.[20, 21,114] qui ont entrepris l'analyse bien affrontée histochimique, biochimique et expérimentale de ces changements. Ils examinaient isolément la dégénérescence des cellules hépatiques provoquée par la conservation des fragments de l'organe dans la température plus élévée et isolément la régénéréscence après hépatectomie. Ils ont également consacré un travail aux modifications récentes s'opérant dans le foie après l'administration de diméthylazobenzène. On peut résumer les resultats des ces recherches histochimiques comme suit: au début (du 7e au 14e jours) on observe l'accroissement de la basophilie de cytoplasme accompagnée de la diminution du nombre des mitochondries et de l'abaissement de l'activité des estérases dans les parties périphériques des lobules autour des veines centrales; le déclin du glycogéne se manifeste 14 jours après le commencement de l'administration du cancérogène. Ces changements sont plus manifestes et embrassent le champ plus vaste des lobules. Si les graisses neutres, les deshydrogénases, les phosphatases alcalines ne manifestaient pas les changements, l'activité des phosphatases alcalines augmente nettement. Les modifications métaboliques mentionnées ci-dessus s'opéraient avant la prolifération des conduits biliaires.

Dans les stades précancéreux avancés[114] on remarquait l'accroissement du contenu du glycogène dans les territoires nécrotiques; en comparaison avec les cellules normales le niveau bien abaissé des lipides ressemblait au contenu des lipides des cellules de l'hépatome. Dans les tissus cirrhotiques l'activité des phosphatases alcalines augmente et dépasse considérablement celle dans les cellules de l'hépatome. L'accroissement insensible de l'activité des estérases caractérise le foi cirrhotique et son abaissement—les cellules cancéreuses.[114] Zachnert[128] trouve l'accroissement de l'activité de la phosphatase alcaline dans les cellules parenchymateuses voisinant des cellules cancéreuses; ces dernières manifestent l'activité fragile des phosphatases. Dans le foie, dans des lobules cancérisés on a examiné les dehydrogénases, les ATP-ases, les G-6-P-ases et les diaphorases liés au DPN.[124] La 5-nucléotidase manifeste une activité accrue dans les endroits de transformation fibreuse (dans la fibrose) associée à une activité accrue des ATP-ases. Quelques réactions enzymatiques donnent des résultats positifs également dans l'hépatome, mais l'activité des ATP-ases dans les parois des canaux biliaires fait défaut. Le moment de disparaitre de l'activité de l'ATP-ase des territoires de parenchyme nécrotique et en régénérescence est considéré comme caractéristique pour la transformation des cellules hépatiques en cellules malignes.[124]

Les récentes recherches de l'oncologie expérimentale, pleines de promesse, qui comprennent les problèmes de la prétendue transduction, attire dans leur orbite l'histochimie. Les Leuchtenberger et coll.[76] en injectant aux souris de l'ADN préparé par méthode de Vendrely, ont obtenu des tumeurs de la mammelle des souris d'une autre souche et ont trouvé dans les foies des animaux auxquels on avait injecté cet l'ADN, de grandes cellules contenant des corpuscules cytoplasmatiques à réactions PAS fréquemment positives. Les valeurs de l'ADN dans ces cellules étaient élévées et malgré des oscillations importantes ressemblaient aux cellules de l'hépatome.

Ce n'est pas dans tous les cas que les changements histochimiques du cancer provoqué sont aussi évidents que ceux dans le foie. Dans les stades précancéreux du jéjunum et de l'oesophage chez les souris on n'a pas constaté de différences dans le comportement des phosphatases alcalines et acides, tandis que l'abaissement de l'activité alcaline et la hausse de l'activité acide caractérisait les cellules du cancer provoqué.[18]

(b) *Stades Précancéreux chez l'Homme*

Dans le matériel humain on a consacré beaucoup d'attention à l'étude des stades de début du cancer du col utérin. On a démontré que dans les proliférations displastiques non cancéreuses de l'épithélium (paratypie), en cas où ces proliférations ne sont pas accompagnées des processus de maturation[40] le glycogène apparaît en quantités variables, fréquemment il disparaît totalement.[41, 42, 44, 97]

L'évidence d'une rélation bien étroite du glycogène avec les phosphatases dans l'épithélium dégéneratif du col utérin résulte des recherches dejà mentionnées de Botella Lluisia et Nogales Otizà[11] et des autres.Dans l'épithélium normal l'activité des phosphatases alcalines se limite à la couche basale où le glycogène n'apparaît point. Au cours de la prolifération des cellules basales le glycogène apparaît dans les couches plus superficielles que d'habitude, ce qui s'accompagne d'une activité élevée de la phosphatase alcaline. Dans des périodes ultérieures de la prolifération displasique, où les couches superficielles ne contiennent ni glycogène ni mucopolysaccharides, la réaction des phosphatases alcalines diminue nettement, tandis que l'activité de la phosphatase acide accroit. Un état pareil (manque des polysaccharides histochimiquement détectables), l'activité élévée de la phosphatase acide et base de l'alcaline se limite dans la plupart des cas au carcinoma préinvasif, de même que dans les cas de l'épidermisation des glandes.

Foraker et coll.[40, 41, 43] ne trouvent dans les stades précancéreux de l'épithélium du col utérin aucun changement caractéristique dans le contenu et la localisation des groupes protéiques -SH et des lipides. Ils soulignent la variabilité de l'intensité des réactions sur les phosphatases alcalines en comparaison avec l'épithélium normal. L'activité des déshydrogénases est paraillement variable.[77]

L'autre organe, où les stades précancéreux ont attiré l'intérêt des histochimistes est la glande mammaire. Dans les stades de la prolifération pathologique mais non encore cancéreux de l'épithélium de revêtement des parties terminales, des canaux dillatés et des kystes (hyperplasie épithéliale, adénose, epithéliose) on a constaté des différences entre les réactions avec celles observées dans les cellules non sécrétantes de la glande normale, en particulier des acides nucléiques et des sels inorganiques,[51] des groupes -SH,[123] des phosphatases alcalines et acides[1, 34, 47] des phosphorylases,[49] des déshydrogénases[94] et des amidopeptidases.[38, 45, 93]

En dépit de cette différence du comportement des réactions dans les structures épithéliale des stades précancéreux, on ne peut pas déterminer la direction des changements dans laquelle des réactions particulières se différencient des réactions des cellules normales. Ainsi par exemple les phosphatases alcalines manifestent dans certains groupes de cellules épitheliales des réactions fortes, dans d'autres, observées dans le même champ du microscope, elles sont plus faibles, soit normales. La même remarque concerne les dépôts inorganiques dans les spodogrames, ou les groupes -SH et d'autres réactions.[47, 49, 123]

On pourrait discuter de l'instabilité des réactions histochimiques dans les stades précancéreux. Les conclusions qu'on en tire justifieraient les observations microscopiques classiques démontrant dans les stades précancéreux différents degrés de vitalité des cellules épithéliales tant des canaux dilatés que des vésicules hypertrophiques ou hyperplasiques. Il en est de même dans la dégénérescence cellulaire. Nous observons les résultats histochimiques les plus nets dans la tumeur préinvasive (carcinome intracanaliculaire), dans les tumeurs bénignes (fibroadénome, pappilome) et infiltrantes (cancer invasif) de la mammelle bien que les deux derniers groupes de tumeur revêtent des formes de tumeur complètement différentes du point de vue biologique aussi bien que morphologique.

Les modifications précancéreuses observées dans l'épithélium, en dépit de la différence d'intensité des réactions histochimiques dans les groupes particuliers des cellules, expriment parfois les propriétés du tissu cancéreux. Par exemple la réaction de Tinna pour le zinc apparaît positive dans l'épithélium normal de prostate et est beaucoup moins intense dans l'hypertrophie; dans carcinome prostatique et ses métastases la réaction du zinc est décidément négative.[121] De même Braun-Falco ne trouve point de zinc dans les tumeurs de l'épiderme.[13] Les aminopeptidases qui apparaissent dans les proliférations métaplasiques de la muqueuse de l'estomac et du cancer de l'estomac offrent un autre exemple. Elle font défaut dans les cellules de muqueuse de l'estomac qui est pathologiquement indemne.[125] Les réactions fortes des phosphatases alcalines ont été décelées dans les cellules claires tapissant certains kystes au cours de la maladie de Recling; elles apparaissent aussi intensivement dans la pappilome composé de cet épithélium (Godlewski—non publié) dans d'autres épithéliomas du stade précancéreux de la mammelle (épithélioplasie) et du col utérin (paratypie), le déclin de l'activité des phosphatases alcalines signale une activité diminuée de ces enzymes dans les cancers.

On n'a consacré que peu de travaux au comportement des réactions histochimiques du stroma conjonctif dans les stades précancéreux. L'apparition de la métachromasie dans la substance fondamentale peut être observée chez l'homme aux stades de prolifération cancéreuse.[33, 63, 74] Les modifications des mucopolysaccharides neutres[46] et des phosphatases[95] semblent s'attacher aux processus fibrogénétiques apparaissant nettement aux stades précancéreux. Dans la maladie cancéreuse les mucopolysaccharides (PAS positives) semblent prendre origine des cellules cancéreuses en train de la dégéneresce.nce.[73]

En appréciant de façon générale les résultats histochimiques des recherches sur la cancérogenèse chez l'homme et les animaux, on peut dire que par suite des processus intrigués de dégénérescence et de régénération dues à une trophicité locale perturbée, les réactions histochimiques manifestent des variations importantes. On peut considerer cette variabilité comme l'expression de la labilité métabolique qui caractérise les stades précancéreux.[47] Cette labilité s'exprime plus fort que dans les cancers où le pléomorphisme favorise les différences de l'intensité des réactions histochimiques.

(c) *Réaction du Stroma sur l'Invasion des Cellules Cancéreuses*

Les recherches portant sur la réaction du stroma qui accompagne les modifications cancéreuses de l'épithélium sont peu nombreuses, surtout par rapport au matériel clinique tandis que la réaction du tissu conjonctif à l'égard de la pénétration des cellules cancéreuses a fait l'objet d'assez nombreux travaux histochimiques. L'apparition d'esters hautement polymérisés de l'acide chondroitinoulfurique dans la substance fondamentale du tissu conjonctif constitue fréquemment une forme caractéristique de la réactivité de base de l'invasion cancéreuse.[33, 63, 92] Dans le cas du cancer de la mammelle on connaît bien les aspects des territoires soumis à une infiltration cancéreuse à réaction métachromatique positive qui se détachent nettement des territoires de tissu exempt de réaction positive, appartenant à la mastopathie kystique. Autant la réaction des mucopolysaccharides neutres augmente dans le stroma du tissu conjonctif en cas de prolifération épithéliale displastique non cancéreuse ou dans les tumeurs bénignes (fibroadénome, papillome) autant elle s'abaisse au cours de l'infiltration cancéreuse maligne[82] au profit des mucopolysaccharides acides en rélations avec les protéines.[63] On a constaté de même l'accroissement du matériel PAS positif dans les membranes fondamentales (pharyngiome,[19] les tumeurs cutanées.[28]) Selon Maltoni[83] dans les tumeurs expérimentales qui forment les métastases, le tissu conjonctif lâche est caractérisé par une métachromasie intense, qui disparaît après le traitement des coupes avec l'hyaluronidase; au cas où les tumeurs (de rat) ne forment pas de métastases, les cellules cancéreuses infiltrent le tissu conjonctif et les muscles, qui alors ne manifestent aucun accroissement des mucopolysaccharides acides. Maltoni conclut que la capacité de la tumeur à produire des métastases dépend du genre de la réaction locale du tissu conjonctif de l'hôte.[83]

Dans le cancer invasif de la mammelle on a observé des réactions des phosphatases alcalines dans le tissu conjonctif.[34, 47, 98] Ce phénomène observé aussi dans les cancers de la peau[72] et des autres organes[95] n'a pas été dûment éclairé, pourtant on a souligné la possibilité de la diffusion des enzymes des vaisseaux sanguins atteints. Le problème de l'apparition des réactions positives a été étudié précisément sur l'exemple du cancer du col utérin par Schmidt-Matthiesen.[112] Il distingue trois sortes de réactions du tissu conjonctif, qui manifestent un caractère enzymatique différent (phosphatases alkalines, ATP-ases, 5-nucléotidases). On rapportait de même l'apparition dans le stroma des cancers invasifs du col utérin des lipides soudanophiles et du cholestérol[77] de même que la disparition des deshydrogénases.[104] Les estérases ne devaient pas apparaître dans le tissu conjonctif des epithélioma ni dans les tumeurs d'origine mésenchymale.

Braun-Falco[15] trouve dans le cancer basocellulaire une activité accrue des aminopeptidases, tandis que le tissu conjonctif de ces tumeurs reste enzymatiquement inactif. Les cancers squameux se caractérisent par une activité prononcée des aminopeptidases, surtout des cellules du tissu conjonctif lâche de la zone invasive entournant les cellules cancéreuses. Les excroissances de ces cellules en voie de prolifération manifestent de même la réaction positive des amidopeptidases. L'activité de ces emzymes dans le tissu conjonctif est particulièrement expressif dans les cas du kératoacanthome.

La localisation assez significative des amidopeptidases, soit dans le cytoplasme de certaines cellules cancéreuses, soit dans les fibroblastes du tissu conjonctif, soit hors des cellules[15, 38, 45, 93, 125, 127] a suscité une discussion de grand intérêt sur la signification de cet enzyme pour la biologie des tumeurs examinées. Fischer[38] est d'avis que l'amidopeptidase dans le tissu conjonctif résulte de l'activité histiocytaire et qu'elle ne prend point son origine dans les cellules cancéreuses. Il conteste qu'il n'y a aucune relation entre la réaction sur les amidopeptidases dans le stroma et la malignité néoplasmique. De même Monis, Nachlas et Seligmann[93] considèrent que l'apparition de cet enzyme dans le stroma est conditionné par l'activité des fibroblastes. Ils croient que l'activité enzymatique dans le stroma ne se rattache pas avec la capacité des cellules cancéreuses à pénétrer le tissu conjonctif. D'après Glenner, Burton et Meyer[45] l'activité de l'aminopeptidase dans le tissu conjonctif avoisinant les cellules cancéreuses infiltrantes, constitute l'expression des particularités protéolytiques de ces cellules. Pourtant ils ne soutiennent pas que toutes les tumeurs invasives montrent dans le stroma une activité aminopeptidasique, puisque d'autres enzymes qu'on ne peut pas mettre en évidence histochimiquement, peuvent être activés dans certains types déterminés des tumeurs. Probablement la protéolyse du stroma se réalise alors grâce aux substances produites dans les cellules cancéreuses, qui peuvent activer les peptidases du stroma, soit qu'une pareille protéolyse peut résulter de l'activité provoquée par la réaction immunologique. Certains auteurs[45] maintiennent encore que l'activité des aminopeptidases dans le tissu conjonctif dépend de la capacité de la tumeur à infiltrer le stroma mais sans rapport avec le degré de l'anaplasie de la tumeur, soit de l'intensification de la fibroplasie dans l'entourage le plus proche des cellules cancéreuses. De tout ce qu'a été dit ci-dessus il résulte que le problème exige de continuer les études surtout celles expérimentales.

Il y a certain nombre de prémisses indiquant une unité fonctionelle entre les cellules cancéreuses et le stroma conjonctif. Les recherches immunohistochimiques attirent l'attention sur le fait, que dans le tissu conjonctif a lieu une réaction entre l'antigène et les anticorps obtenus contre ces antigènes cancéreux.[35, 53, 66]

D'autre part l'immunohistochimie peut parfois donner des résultats inattendus. Les recherches de Goldstein et coll.[53, 65] indiquent par exemple, qu'une souche des cellules hépatiques cultivées *in vitro* peut prendre son origine des cellules du tissu conjonctif, plutôt que des cellules parenchymateuses du foie embryologique.

Les recherches histochimiques portant la réaction du tissu conjonctif sur l'invasion cancéreuse ont une grande importance car d'une part, elles permettent de jeter le jour sur le problème de la capacité invasive de la tumeur et du mecanisme de sa métastase et d'autre part de contribuer à comprendre les relations fonctionelles entre la cellule cancéreuse et son milieu.

4. RÉACTIVITÉ DES TUMEURS

Dans le problème de la réaction des tumeurs à l'égard de facteurs intérieurs et extérieurs de l'organisme, les recherches histochimiques se bornent à des sujets liés avec le métabolisme intracellulaire soit avec les modifications mutuelles de structure et de fonction de tissus à l'interieur de la tumeur. L'importance de ces recherches est considérable, compte tenu du fait que les conditions de l'expérience obligent quelquefois le tissu cancéreux à révéler les particularités qu'on ne peut pas reconnaître par voie de recherches comparatives, ou par des méthodes à caractère statique.

Comme exemple du travail histochimique expérimental sur l'influence des *hormones* sur la tumeur peuvent servir les recherches portant sur le comportement des phosphatases alcalines dans l'épithélium du vagin de souris et les épithélioma transplantables du vagin après avoir administré les estrogènes.[30] En confirment les recherches *in vitro* de Elias et Rivera,[31] l'activité des phosphatases accroît dans l'épithélium normal, devenant corné tandis qu'elle ne varie pas dans la tumeur. Bartoszewicz et Dux[5] comparaient le comportement des membranes fondamentales avec les fibres de reticuline dans l'épithélium et dans l'épithélioma du vagin après administration d'estrogènes à des souris. On a constaté que le processus de la différenciation induit de la sorte épithéliale et est en corrélation avec l'épaisseur de la membrane fondamentale mise en évidence par méthode du PAS; l'épithélioma du vagin examiné prolifère en papillome le long des parois des vaisseaux sanguins; il produit des foyers de cellules qui, appuyés sur la membrane fondamentale des vaisseaux se mettent à se différencier en épithélium multistratifié, de manière analogique à l'épithélium de vagin. Les remarques mentionnées ci-dessus illustrent les possibilités de connaître la morphochimie des systèmes des tissus attachés aux modifications locales des particularités biologiques des cellules cancéreuses.

Le mode de réaction des tumeurs sur les hormones peut être déterminé conformément aux principes de *génétique*. On doit s'attendre que de manière comparable aux stades précancéreux[29, 122] cette subordination trouve son expression dans les caractères des réactions histochimiques. L'autre domaine de la réactivité du tissu cancéreux est lié avec l'*immunologie*. Les méthodes immunohistochimiques doivent mettre en évidence l'apparition du nouvel antigène soit sous l'influence des modifications du milieu de végétation des cellules cancéreuses soit sous l'influence des passages de la tumeur sur l'hôte d'une espèce étrangère. On a réussi à obtenir ce résultat par la voie des recherches immunohistochimiques dans les cas de transmission du cancer de Guérin (du rat) sur les souris (K. Dux — communication personnelle).

L'influence du milieu a été l'objet de fréquentes recherches histochimiques sur les tumeurs ascitiques soit sur celles cultivées *in vitro*. Comme exemple peuvent servir les observations de Mlle Krzyżowska (communication personnelle) sur l'apparition des lipides dans la cytoplasme des cellules ascitiques de l'hépatome de Novicoff après les avoir transplantées des rats sur les hamsters. Dans les mêmes expériences on a constaté que les cellules de ce cancer perdent les réactions positives sur les phosphorylases et sur l'enzyme branchant.[49] Les cellules jeunes HeLa poussées en culture sont pauvre en lipides mais riche en acides ribonucléiques, en phosphatases alcalines et contiennent du glycogène. Les cellules vieillisantes recèlent beaucoup de graisses, alors qu'elles s'apauvrissent d'autres constituants.[8, 26] Dans les cultures HeLa et dans d'autres tumeurs on a étudié l'influence de l'infection par les virus. On a trouvé comme réaction cellulaire les incusions dans les noyaux et dans la cytoplasme; ces corps avaient des caractéristiques histochimiques nettes mais non toujours uniformes.[23, 24] L'interprétation de la présence des inclusions est différente; elle peut être l'expression de la multiplication du virus, soit de la variabilité des cellules[32] soit des changements séniles régressifs.[23]

Ce sont les travaux de Gropp et coll.[56, 57] sur des différentes phosphatases dans les cellules vivantes cancéreuses et dans les fibroblastes cultivées *in vitro* qui méritent l'intérêt particulier du point de vue technique histochimique et des perspectives des recherches histochimiques dans l'oncologie. Les tableaux de l'activité de ces enzymes sur la surface des membranes cellulaires et dans les replis du cytoplasme sont très nets. En utilisant des milieux différents on réussit à démontrer des différences dans l'activité des enzymes à la surface des cellules.

Les recherches histochimiques sur l'influence des *rayonnements ionisant* sur les cellules cancéreuses ont une importance non seulement sous l'aspect de la radiobiologie mais aussi du point du vue pratique. En dépit des efforts on n'a pas trouvé jusqu'ici de tests de radiosensibilité de la tumeur qui soit sûr au point de pouvoir décider l'application d'une radiothérapie dans des cas particuliers. D'après Herovici et coll.[61, 62] l'abaissement du potassium cytoplasmique et de l'ADN à côté de l'accroissement de ARN et de l'apparition du glycogène est l'expression de la radiosensibilité des cellules du cancer du col utérin. Le caractère morphochimique du tissu conjonctif peut avoir de même une signification prognostique. L'application de la radiothérapie profonde dans les cas du cancer du col utérin provoque des modifications dans la localisation des succinodéshydrogénases;[103] on démontre la diffusion de l'enzyme à partir des mitochondria et des cellules par suite de la lésion des membranes mitochondriales ainsi que des cellules du noyau et des membranes cellulaires.[103]

Les rayon X appliqués aux cellules HeLa causent au début une fusion des granules PAS positifs en éléments plus grands; ces particules confluent ensuite en des masses de matériel intracellulaire qui disparaît plus tard totalement.[23]

Il résulte de toutes ces données ci-dessus que les problèmes de la réactivité embrassent maints aspects qui grâce aux methodes histochimiques trouvent une plus large compréhension.

5. MODIFICATIONS DE SYSTÈMES DANS LA MALADIE CANCÉREUSE (RÉACTIONS ÉLOIGNÉES DANS LES ORGANES NON ATTEINTS PAR LE NÉOPLASME)

L'intérêt porté aux modifications à distance dans la maladie cancéreuse contribue à perfectionner l'appréciation (le diagnostic) du degré de la maladie et des résultats de la thérapie. Il permet aussi de connaître le métabolisme de l'organisme atteint par le cancer. Nous avons porté attention surtout au foie, au rein et à la glande surrénale.

Le travail de Sirtori et coll.[113] constitue le type d'étude des modifications au niveau de la glande surrénale chez l'homme. Les femmes atteintes de cancer mammaire subissaient l'adrénalectomie à deux étaps. On extirpait d'abord une glande surrénale. Par comparaison avec la glande surrénale de personnes saines c'est la zone fasciculée qui est la plus large et qui est la plus riche en acides gras et plus qu'en graisses neutres. Les lipides, les mucopolysaccharides et les phosphatases alcalines ne révélaient aucun changement. Puis la seconde glande est extirpée deux mois après. A côté de l'hypertrophie de la zone fasciculée on a constaté une atrophie de la zone glomérulée accompagnée de l'accroissement des phosphatases avec abaissement simultané de cholestérol.

Dalton[25] a remarqué que les glandes surrénales des souris mâles réagissent plus fortement à la présence des tumeurs transplantables ou spontanées que les glandes surrénales des femelles. En dépit de la dilatation de la zone fasciculée, le contenu en lipides diminuait, constituant une marque de l'insuffisance des glandes surrénales. Cette diminution, à mesure que la maladie cancéreuse avançait, commençait sur le bord interne de la zone fasciculée et s'avançait vers la périphérie de cette zone. Il serait de grand intérêt de savoir si la méthode de Khanolkar et coll.[69] sur les corticoides pouvait révéler les différences dans le contenu des stéroïdes.

Sans doute a-t-on consacré le plus d'intérêt à l'activité du foie et des reins dans la maladie cancéreuse. On a démontré l'abaissement chez les souris et chez les rats de l'activité des lipases commençant à la périphérie des lobules et l'apparition d'une diffusion des enzymes (phosphatases acides et alcalines) dans les reins et dans le foie.[36, 99] Enfin et à mesure de la prolifération de la tumeur transplantable du sarcome, l'ARN disparaît successivement dans le foie tandis que l'ADN s'accroît. Cet accroissement correspond à l'accroissement des noyaux des cellules hépatiques.[67] De pareilles observations ont été faites sur le foie des souris atteints du sarcome de Crocker ou cancer évoluantes.[4, 67, 87] Parallèlement à l'abaissement de l'ARN le glycogène disparaît.[4, 3] Cette disparition prend son début tout près des vaines centrales. Cela a trouvé son expression dans une disparition analogue de l'activité des phosphorylases.[50] L'activité de l'enzyme branchant ne subit pas de pareilles transformations.[50]

La faible activité du foi dans la maladie cancéreuse se manifeste par des modifications de la structure des mitochondria et par l'abaissement du contenu des phospholipides.[86] Le niveau des groupes protéiques —SH, examiné par voie histochimique ne doit pas subir des changements (K. Vorbrodt — communication personnelle). Les analyses chimiques peuvent mieux déterminer le degré des troubles fonctionnels dans de différents organes au cours du développement de la maladie cancéreuse. L'importance des recherches histochimiques par rapport aux recherches biochimiques demeure incontestable si les modifications de structures microscopiques les rattachent à des donnés biochimiques dont le système naturel est complètement détruit par la technique de préparation du matériel.

6. PERSPECTIVES DE L'HISTOCHIMIE DANS LES RECHERCHES ONCOLOGIQUES

Personne ne saurait soutenir l'opinion que c'est grâce à l'aide des méthodes histochimiques qu'on peut resoudre le secret du cancer. De même que toutes méthodes de recherche, la méthode histochimique est celle aussi limitée. Si le chercheur reste conscient de ces limitations et qu'il impose aux méthodes histochimiques des tâches se trouvant dans les limites de leur maximum d'efficacité, la valeur objective des méthodes est alors importante. Dans l'oncologie où les problèmes oscillent entre beaucoup de disciplines, les problèmes des modifications structurales ainsi que de ceux du tissu et des cellules appartiennent aux problèmes fondamentaux. Dans ce domaine, c'est-à-dire quand les problèmes morphologiques se mettent au premier plan, c'est l'histochimie qui doit créer un pont entre la biochimie et la morphologie du tissu cancéreux d'une part et entre la biologie de l'organisme et la morphologie de la tumeur de l'autre.

Passant en revue les problèmes oncologiques nous avons remarqué dans cet exposé, que la part de l'histochimie pour résoudre ces problèmes est assez considérable. Il est induscutable que l'histochimie pourra contribuer de manière spectaculaire aux progrès de l'oncologie: les résultats obtenus par les méthodes histochimiques auront atteint le degré de précision voulu et qu'elles seront confirmés par les résultats des recherches obtenus par d'autres méthodes. Dans les perspectives des recherches oncologiques successives il faut voir toujours l'histochimie dans l'ensemble des autres disciplines comme apportant un complément d'information et formant avec elles une unité intégrale.

SOMMAIRE

La contribution de l'histochimie aux recherches oncologiques est discutée dans quelques chapitres qui comprennent les problèmes fondamentaux de l'oncologie histologique et expérimentale.

On a consacré le premier chapitre aux différences qu'on peut détecter par voie histochimique entre les cellules cancéreuses et celles homologues normales. Compte tenu des résultats des recherches sur le matériel clinique et animal on a souligné que la majorité des tumeurs malignes ne contiennent pas de glycogène ni ne manifestent une activité des phosphorylases et de l'enzyme branchant. Les phosphatases alcalines ne manifestent non plus d'activité, tandis que les acides sont fréquemment plus actives que dans les cellules normales. L'activité des succinodéshydrogénases est fréquemment diminuée. On a constaté dans les cellules de certaines tumeurs une activité accrue des phosphoamidases, des aminopeptidases et des glicuronidases. La réaction du potassium est en général accrue, celle du zinc et calcium négative,—relativement faible. Les graisses, les groupes -SH ne manifestent pas en général de différences. On a mentionné des inclusions qui ne manifestent pas en général de différences. On a mentionné des inclusions qui manifestent une certaine caractéristique histochimique.

On a discuté ensuite des essais pour utiliser l'histochimie dans le diagnostic du cancer. On a tiré des conclusions portant sur l'absence d'une méthode histochimique particulière à signification diagnostique incontestable; au cours du résumé sur les travaux concernant la caractérisation des glandes du col utérin [11] on a souligné l'utilité des méthodes histochimiques pour les recherches sur l'histogénèse des tumeurs.

Le chapitre portant sur la cancérogénèse et le développement des tumeurs comprend les changements détectables par voie histochimique du tissu conjonctif dans les mucopolysaccharides au cours de la cancérogénèse artificielle de la peau, de même que les modifications du foie atteint à la suite de l'ingestion des corps cancérogénétiques. On a discuté des perturbations de l'activité des phosphatases et des deshydrogénases ainsi que du contenu du glycogène et des lipides accompagnant la dégénérescence et la régénération du parenchyme hépatique.

On a consacré des fragments de chapitre aux stades précancéreux chez l'homme ainsi qu'à la réaction du tissu conjonctif à l'égard de l'invasion des tumeurs. Les stades précancéreux se caractérisent par la variabilité manifeste des réactions histochimiques. On a souligné l'accroissement de l'intensité des réactions des mucopolysaccharides neutres dans le tissu conjonctif avoisinant les proliférations cellulaires cancéreuses ainsi que l'accroissement des réactions des mucopolysaccharides acides dans les cas d'infiltrations des cellules malignes. On a examiné en substances l'importance des réactions positives des phosphatases et des aminopeptidases dans le tissu conjonctif des tumeurs.

Dans le chapitre intitulé: réactivité des tumeurs, on a présenté des exemples de l'utilisation de l'histochimie dans les recherches sur l'influence des hormones, de la radiation ionisante et des changements du milieu de la culture *in vitro* sur les néoplasmes.

Le chapitre portant sur les changements de système discute les résultats des réactions histochimiques (lipides, phosphatases, glycogène et autres) avant tout dans la glande surrénale et dans le foie chez les animaux où le développement de la maladie cancéreuse est très avancée.

Dans le dernier chapitre sur les perspectives de l'histochimie dans les recherches oncologiques on a souligné l'utilité de l'histochimie dans des problèmes où les questions morphologiques se mettent au premier plan et on a attiré l'attention sur le rôle complémentaire majeur de l'histochimie dans l'ensemble des autres méthodes de recherches en oncologie.

BIBLIOGRAPHIE

1. Андерс, А. Г., Милонов, Б. В., Щелочная глицерофосфатаза в раках, предраковых изменениях и доброкачественных опухолях молочной железы человека. *Арх. Патол.*, 1951, **13**: 39-46.
2. Asboe-Hansen, G., Levi, H., S^{35} autoradiographie studies on sulfomucopolysaccharides in the connective tissue of induced skin tumours in mice and Rous'fowl sarcoma I. *Lab. Invest.*, 1959, **8**: 251–262.
3. Bańkowski, Z., Kwasy nukleinowe w komórce wątroby u myszy z przeszczepialnym mięsakiem Crockera. *Pol. Tyg. Lek.*, 1954, **9**: 161–165.
4. Bańkowski, Z., Glikogen w wątrobie myszy z przeszczepialnym mięsakiem Crockera. *Pol. Tyg. Lek.*, 1954, **9**: 609–612.
5. Bartoszewicz, W., Dux, K., Influence of estrogens on the basement membrane of the normal and neoplastic epithelium of the mouse vagina. *Anat. Rec.*, **140**: 167-181.
6. Bertalanffy, F. D., Fluorescence microscope method for detection of pulmonary malignaneies. *Canad. Med. Assoc. J.*, 1960, **83**: 211–212.

7. VON BERTALANFFY, L., BERTALANFFY, F. D., Nouvelle méthode basée sur la microscopie de fluorescence après coloration par l'acridine-orange. *Abbotherapie.*, 1960, **1**: 15–17.
8. BIMES, C., PLANEL, H., DAVIS, J. F., Recherches histochimiques sur la souche cancéreuse HeLa. *C. R. Soc-Biol.*, 1959, **153**: 347–350.
9. BIRESSI, P. C., CONCIMA, E., Studio istochimico sulla fosfatasi "acida" e sulla lipasi dei branchi e dei tumori bronco-pulmonari. *Minerva med.* (*Torino*), 1957, **48**: 1555–1559.
10. BLACK, M. M., OPLER, S. R., SPEER, F. D., Observations on the reduction of triphenyl tetrazolium chloride by normal and malignant human tissue. *A. M. A. J. Pathol.*, 1957, **26**: 1097–1103.
11. BOTELLA LLUSIÁ, J., NOGALES ORTIZ, F., Histoquimica de las atipias epiteliales del cuello uterino. *Acta ginec.* (*Madr.*), 1956, **7**: 555–560.
12. BRAUN-FALCO, O., Über die Fähigkeit der menschlichen Haut zur Polysacharidsynthese, ein Beitrag zur Histotopochemie der Phosphorylase. *Arch. f. Klein. exp. Dermat.*, 1956, **202**: 163–170.
13. BRAUN-FALCO, O., RATHJEUS, B., Histochemische Untersuchungen über das Verhalten von Zink in der Haut bei Psoriasis und anderen Hauterkrankungen. *Dermat. Wschr.*, 1956, **134**: 837–841.
14. BRAUN-FALCO, O., Histochemische Untersuchungen über das Verhalten der β-glucuronidase-activität bei Psoriasis, Basaliom und spinocellular Carcinom. *Arch. f. exp. Dermat.*, 1956, **203**: 68–72.
15. BRAUN-FALCO, O., Histochemische Aminopeptidase-Darstellung in normaler Haut, bei Psoriasis, Dermatitis, Basaliom, spinocellulärem Karcinom und Molluscum Sebaceum. *Dermat. Wschr.*, 1956, **134**: 1347–1349.
16. BRAUN-FALCO, O., Zur Histotopographie der Phosphorylase bei Basaliom und Psoriasis. *Arch. Klin. exp. Dermat.*, 1957, **204**: 157–181.
17. BURSTON, M. S., Histochemical demonstration of proteolytic activity in human neoplasms. *J. Nat. Canc. Inst.*, 1956, **6**: 1149–1162.
18. BURT, R. C., KILMEYER, L. A., GRAUER, R. C., Histochemical study of gastrointestinal tract tumors in strain A (jax) (lung tumor susceptible) mice. *J. Histochem. Cytochem.*, 1959, **7**: 182–188.
19. BÜTTGER, H. W., MÜLLER, W., P. a. S.-positive Substanzen in Craniopharyngien. IV. Beiträge zur Histochemie der Hirntumoren. *Frank. Z. Path.*, 1958, **69**: 468–476.
20. CHANG, J. P., SPAIN, J. D., GRIFFIN, A. C., Histochemical manifestations of early changes in rat liver during carcinogenesis induced by 3-methyl-4-dimethylaminoazobenezene. *Canc. Res.*, 1958, **18**: 670–675.
21. CHANG, J. P., STOWELL, R. E., BETZ, H. E., BERENBOM, M., Histochemical studies on necrosis of mouse liver *in vitro*. *A. M. A. Arch. Pathol.*, 1958, **65**: 479–487.
22. CHAYEN, J., CUNNINGHAM, G. J., WINSTENLEY, D. P., Chemical changes in human bronchial epithelium and their relation to bronchial cancer. *Nature*, 1959, **183**: 1743.
23. CHŁAP, Z., Pathomorphological change in cultured HeLa cancer cells caused by biological and physicochemical factors. *Acta. Medica Cracov.*, 1962—sous presse.
24. CONSTANTIN, T., FEBVRE, H., Évolution des acides nucléiques dans les corps d'inclusions provoqués par le virus en fibrome de Shope. *C. R. Acad. Sci.* (*Par.*), 1958, **246**: 332–334.

25. DALTON, A. J., Histologic changes in the adrenal glands of tumor-bearing mice. *J. Nat. Canc. Inst.*, 1945, **5**: 99–109.

26. DAVID, J., La souche cancéreuse HeLa. Étude générale et recherches histochimiques. *Imprimérie Toulousaine*, R. Lion, Toulouse, 1958, 1–86.

27. DE CECCO, L., SALMÉ, A., PIPINO, G., L'attivitá succideidrogenesica nell'endometrio in condizioni normali e patologiche (studio histochimico). *Quaderni Clin. Ost. Gin.*, 1960, **15**: 113–128.

28. DUTU, R., LONGHIN, C., Variatiile histochimice ale carbohidratilor in tomorile cutanate maligne. *Dermato-Venerologia*, 1959, **4**: 97–102.

29. DUX, A., VORBRODT, A., Badania morfologiczne i histochemiczne nad zmianami w gruczołach mlecznych pod wpływem przewlekłego podawania estrogenów myszom z 3 szczepów o różnej zapadalności na raka. *Nowotwory*, 1955, **5**: 179–200.

30. DUX, K., SKURZAK, H., O wpływie hormonów płciowych na aktywność fosfatazasadowych i kwaśnych w przeszczepialnych nowotworach pochwy u myszy. *Nowotwory*, 1959, **9**: 177–186.

31. ELIAS, J. J., RIVERA, E., Comparison of the responses of normal, precancerous and neoplastic mouse mammary tissues to hormones *in vitro*. *Canc. Res.*, 1959, **19**: 505–511.

32. ENDO, H., AOKI, M., AOYAMA, Y., Formation of nuclear inclusion bodies in tissue culture cells by 4-nitroquinoline N-oxide. *Gann*, 1959, **50**: 209–217.

33. FANGER, H., BARKER, B., Histochemical studies of some keratotic and proliferating skin lesions. I. Metachromasia. *Arch. Path.*, 1957, **67**: 143–147.

34. FANGER, H., BARKER, B. E., Histochemistry of breast diseases. I. Phosphatases. *A. M. A. Arch. Path.*, 1959, **67**: 293–305.

35. FENNEL, R. H., VAZGUEZ, J. J., Immunocytochemical study of the sensitization response (SR) in vaginal epithelium. *Cancer*, 1960, **13**: 555–558.

36. FERINA, F., PASQUALINO, A., Comportamento delle fosfatasi nei portari di tumori trattati con florizina e con allossana. *Cancro*, 1957, **10**: 229–239.

37. FIALA, S., FIALA, E., Intracellular localization of carcinogen and its relationship to the mechanism of carcinogenesis. *Brit. J. Canc.*, 1959, **12**: 236–250.

38. FISCHER, R., Über den histochemischen Nachweis der Aminopeptidase in Krebsgewebe. *Z. Krebsforsch.*, 1959, **63**: 18–21.

39. FISCHMAN, W. H., BAKER, J. R., BORGES, P. R. F., Localization of β-glucuronidase in some human tumours. *Cancer*, 1959, **12**: 240–245.

40. FORAKER, A. G., Histochemical studies in squamous carcinoma. *Cancer*, 1956, **9**: 367–373.

41. FORAKER, A. G., Squamous-cell carcinoma of the uterine cervix. A histochemical review. *Am. J. Obst.*, 1957, **74**: 13–24.

42. FORAKER, A. G., MARINO, G., Glycogen in invasive squamous carcinoma of the uterine cervix. *Am. J. Obstetr. and Gyn.*, 1956, **72**: 400–403.

43. FORAKER, A. G., WINGO, W. J., Protein bound sulfhydryl and disulfide groups in squamous-cell carcinoma of the uterine cervix. *A. M. J. Obst. Gyn.*, 1956, **71**: 1182–1188.

44. FUNCK-BRENTANO, P., MORICARD, R., PALMER, R., De BRUX, J., L'épithélioma pavimenteux intra-épithélial du col utérin. *Bull. Fédér. Soc. Gyn. Obst.*, 1952, **4**: 80–144.

45. GLENNER, G. G., BURSTON, M. S., MEYER, D. B., A study of aminopeptidase activity in the stroma of neoplastic tissue with a comparison of histochemical techniques. *J. Nat. Canc. Inst.*, 1959, **23**: 857–873.

46. GODLEWSKI, H., Histochemical investigation on the mucoproteids of the mammary glands in rats after long-continued treatment with estrogens. *Acta Biologica Cracov. S. Zool.*, 1958, **1**: 25–34.

47. GODLEWSKI, H., Rys histochemii tkanki nowotworowej i stanów przedrakowych. *Nowotwory*, 1958, **8**: 195–203.

48. GODLEWSKI, H., Localization of the histochemically demonstrable phosphorylase and branching enzyme activity in some animal ascites tumours. *Acta Histoch.*, 1961 **11**, 58–67.

49. GODLEWSKI, H. G., Histochemical studies on phosphorylases and branching enzyme in various human and animal neoplasm. *Acta L'Un. Intern. Canc.*, 1962 sous presse.

50. GODLEWSKI, H., PENAR, B., Histochemistry of phosphorylases and branching enzyme in liver of the tumour bearing animals. *Bull. l'Acad. Pol. Sci. Cl* VI, 1961, **9**, 195–199.

51. GODLEWSKI, H., VORBRODT, A., Histochemical studies on the histogenesis of some human mammary gland tumours. Distribution of the nucleic acids and inorganic salts. *Bull. Soc. Amis des Sci.*, Poznań, 1955, **12**: 309–383.

52. GODLEWSKI, H., VORBRODT, A., Histochemiczne badania nad histogenezą niektórych nowotworów sutka kobiety. Rozmieszczenie ciał tłuszczowych. *Morf. Klin. Stanów Przedrakowych.* PZWL, Warszawa, 1956, 123–129.

53. GOLDSTEIN, M. N., HIRAMOTO, R., PRESSMAN, D., Comparative fluorescein labeling and cytoxicity studies with human cell strains HeLa, Raos and 407-liver and with fresh surgical specimens of cervical carcinoma, osteogenic sarcoma, and normal adult liver. *J. Nat. Cancer Inst.*, 1959, **22**: 697–705.

54. GRAFFI, A., BIELKA, H., Probleme der experimentellen Krebsforschung. *Leipzig, Akad. Verlagsges. Geest. Portig K. G.*, 1959, 216–227.

55. GROPP, A., Glycogen und Mitose. *Z. Krebsforsch.*, 1952, **58**: 438–452.

56. GROPP, A., BONTKE, E., HUPE, K., Untersuchungen zum Nachweis der alkalischen Phosphatase an in vitro gezüchteten menschlichen Carcinomzellen mit besonderer Berücksichtigung ihrer Beziehung zu der Zelloberfläche. *Exp. Cell. Res.*, 1958, **15**: 200–213.

57. GROPP, A., HUPE, K., HELLWEG, H. R., Zum Nachweis der Adenosin-triphosphatase (ATP-ase) an ingezüchteten Carcinomzellen. *Naturwiss.* 1958, **45**: 394–396.

58. HADDOW, A., HORNING, E. S., On the carcinogenecity of an iron-dextran complex. *J. Nat. Canc. Inst.*, 1960, **24**: 109–147.

59. HAYASHI, Y., Histochemical and autoradiographic study of experimental epidermal tumors. *Gann*, 1960, **51**: 105–112.

60. HENRY, J. J. S., LATOUR, J. P. A., Glycogen in squamous epithelium of the cervix uteri. *Am. J. Obst. Gyn.* 1957, **74**: 610–615.

61. HEROVICI, C., ACOSTA, V., Contribution à l'étude du potassium intracellulaire. Corrélation entre le potassium et la tendence néoplasique à la prolifération. *Bull. Canc.*, 1958, **45**: 38–46.

62. HEROVICI, C., CAO XUAN AN., Signification prognostique des critères cytochimiques dans une serie de 117 cancers en col utérin. *Bull. Canc.*, 1958, **45**: 83–91.

63. HIERONYMI, G., Über Vorkommen und Verteilung saurer Mucopolysacharide in Geschwülste. *Frankf. Zeitschr. Pathol.*, 1954, **65**: 409–434.

64. HINSBERG, K., Das Geschwulstproblem in Chemie und Physiologie. Liesegang's *Wiss. Forschungsberichte, Naturwiss. Reiche*, T. Steinkopff, Dresden, 1942, **57**: 434.

65. HIRAMOTO, R., GOLDSTEIN, M., PRESSMAN, D., Reactions of antisera preparations against HeLa cells and normal fetal liver cells with adult human tissues. *Canc. Res.*, 1958, **18**: 668–669.

66. HIRAMOTO, R., YAGI, Y., PRESSMAN, D., Immunohistochemical studies of antibodies in anti-Murphy lymphosarcoma sera. *Canc. Res.*, 1959, **19**: 874–879.

67. HORI, S., TAKAYAMA, S., MATSUMATO, T., MAKINO, S., Changes in glycogen, RNA and DNA contents in livers of tumor-bearing rats. *Gann*, 1958, **49**: 319–330.

68. KEMALI, G., SCARLATO, G., Rilievi istochimici su alcuni tumori del sistema nervoso centrale (Primi dati comparativi tra attivita fosfatasica ed acidi nucleici). *Acta Neurol.*, 1957, **12**: 388–418.

69. KHANOLKAR V.R., KRISHNAMURTHI, A.S., BAGUL, C.D., SAHASRABUDHE, M.B., A new method of histochemical localization of corticoids. *Indian J. Pathol. Bacteriol.*, 1958, **1**: 84-89.

70. KING, E. S. J., HUGHES, P. E., LOUIS, C. J., The species non-specificity of globulins in the globulin-fluorescein staining of tissues. *Brit. J. Canc.*, 1958, **12**: 5–13.

71. KING, E. S. J., HUGES, P. E., LOUIS, C. J., Differential fluorescence staining of normal and neoplastic tissue: use of various serum proteins. *Cancer*, 1959, **12**: 741–752.

72. КОЛЕСНИКОВА Г. С, Гистохимическое исследование активности щелочной фосфатазы при раке кожи. *Вопросы онкологии*, 1956, **2**: 87-90.

73. KROMPECHER, St., BERENCSI, Gy., Mucopolysaccharides in the histochemistry of cancer. Production of neutral mucopolysuccharides and their drainage through dilated lymphatics in mouse cancer C_3H. *Acta Morphol. Ac. Sci. Hung.*, 1960, **9**: 375–384.

74. KRYGIER, A., STOJAŁOWSKI, K., Mukopolisacharydy istoty podstawowej tkanki łącznej w stanach zapalnych, niektórych zwyrodnieniach naczyń i sprawach nowotworowych. *Post. Hig. Med. Dośw.*, 1960, **14**: 190–215.

75. LEDUC, E. H., WILSON, H. W., A histochemical study of intranuclear inclusions in mouse liver and hepatoma. *J. Histochim. Cytoch.*, 1959, **7**: 8–16.

76. LEUCHTENBERGER, C., LEUCHTENBERGER, R., UYEKI, E., Cytological and cytochemical changes in livers of white mice following intraperitoneal injections of DNA preparations from breast cancers of C_3H mice. *Proc. Nat. Acad. Sci.* (*Wash.*), 1958, **44**: 700–705.

77. LONG, M. E., DOKO, F., Cytochemical studies on non-malignant and malignant human endometria. *Ann. N. Y. Acad. Sci.*, 1959, **75**: 504–523.

78. LOUIS, C. J., Histochemical differences between regenerating and neoplastic rats liver. *Aust. Ann. Med.* (*Glebe, N. S. W.*), 1957, **6**: 227–281.

79. LOUIS, C. J., The nature of leuchaemia. I. A histochemical study of the leuchaemic cell in man. II. A histochemical study of the leuchaemic cells in the experimental animal. *Anat. Ann. Med.* (*Glebe N. S. W.*), 1957, **6**: 300–310.

80. LOUIS, C. J., A study of the carcinoma of colon using an histochemical technique. *Aust. N. Z. J. Surg.*, 1957, **27**: 146–154.

81. LOUIS, C. J., Tumours of the breast: A study employing a histochemical technique. *Brit. J. Surg.*, 1958, **46**: 147–155.

82. MAGRASSI, B., Ricerche istochimiche sugli acidi nucleinici (DNA) e sui mucopolisaccaridi in materiale operatorio di mammelle in varistati patologici. *Arch. Sci. Med.*, 1958, **105**: 435–440.

83. MALTONI, C., Local reaction to non-metastasizing and metastasizing transplantable tumours. *Nature*, 1958, **182**: 1742.

84. MALTONI, C., PRODI, G., Reconstituzione motrfologica ed isochimica del derma di coniglio dopo trattamento con sostanze oncogene e cocarcinogene. *Tumori*, 1957, **43**: 477–483.
85. MARCUSE, P. M., Tetrazolium staining in cytology of the uterine cervix. Cytochemical studies on supravital preparations of benign and malignant origin. *Obst. Gynec.*, 1958, **11**: 707–714.
86. MATSUMOTO, T., Some cytochemical studies on changes in mouse liver following the implantation of carcinoma 51. *Gann*, 1959, **50**: 141–146.
87. MATSUMOTO, T., HORI, S. H., Some cytochemical studies on changes in mouse liver following the implantation of carcinoma 51. *Gann*, 1959, **50**: 141–146.
88. MĘDRAŚ, K., Presence and distribution of free porphyrins in transplants of a chrysoidin-induced mouse hepatoma. *J. Nat. Canc. Inst.*, 1960, **25**: 465-471.
89. MEISLIN, A. G., LEE, S. L., WASSERMAN, L., Leucocyte alcaline phosphatase activity in hematopoietic disorders. A correlative study by biochemical and cytochemical techniques. *Cancer*, 1959, **12**: 760–766.
90. MELLORS, R. C., KEANE, J. F., PAPANICOLAOU, G. N., Nucleic acid content of the squamous cancer cell. *Science*, 1952, **116**: 265–268.
91. MITUS, W. J., BERGNA, L. F., MEDNICOFF, J. B., DAMASHEK, W., Cytochemical studies of glycogen content of lymphocytes in lymphocytic proliferations. *Blood*, 1958, **13**: 748–756.
92. MOCHIZUKI, N., Histochemical study on the polysaccharides of cancer tissues. *Keio J. Med.*, 1957, **6**: 59–70.
93. MONIS, B., NACHLAS, M. M., SELIGMAN, A. M., Study of leucine aminopeptidase in neoplastic and inflammatory tissues with a new histochemical method. *Cancer*, 1959, **12**: 601–608.
94. MONIS, B., NACHLAS, M. M., SELIGMAN, A. M., Histochemical study of deshydrogenase systems in human tumors. *Cancer*, 1959, **12**: 1238–1247.
95. MONIS, B., RUTENBURG, A. M., Alkaline phosphatase activity in neoplastic and inflammatory tissues of man. *Cancer*, 1960, **13**: 538–544.
96. MOORE, R. B., REAGAN, J. W., SCHOENBERG, M. D., The mucins of the normal and cancerous uterine mucosa. *Cancer*, 1959, **12**: 215–221.
97. MORICARD, R., Anatomie patologique des épithéliomas intra-épithéliaux du col utérin. *Essai de définition du stade O. Chirurgie*, Paris, 1955, 5–56.
98. НОСАЛЕВИЧ, О. М., Гистохимические исследбвания активности щелочной и кислой фосфатозы при предраке и раке молочной железы. Арх. Патол., 1954, 16: 75—76.
99. ONNIS, A., MEGA, M., Determinazione istochimica dell'attività lipasie epatica e renale nei portatori di neoplasie maligne. (Riserche sperimentale). *Attual. Ostet. Ginecol.*, 1958, **4**: 1381–1394.
100. PARMEGGIANI, A., PRODI, G., MALTONI, C., Incorporazione del solfato radioattivo nei polisaccharidi solforati della cute di coniglio in corso di trattamento con sostance cocarcinogene (olio di crotoni). *Boll. Soc. Ital. Biol. Sper.*, 1957, **33**: 496–499.
101. PECCHIAI, L., D'ANCONA, S., Sugli inclusi necleari nei tumori maligni. *C. R. Inst. Lombardo Sci. Lett.* (*Sci. Biol. Med.*), 1958, **92**: 424–430.
102. PIERAGNOLI, E., STEGER, C., TURA, S., Über die Verteilungen der sulfhydrilsubstanzen in den Zellen epithelialer Neubildungen. *Oncologia* (*Basel*), 1957, **10**: 355–363.
103. PIPINO, G., FERRARI, B., Contributto allo studio istochimico del cancro del collo uterino durante la roentgenoterapia con griglia (Nota IV-succideidrogenasi). *Pathologica*, 1959, **781/782**: 2–16.

104. PIPINO, G., VASSALLO, E., Comportamento della succinodeidrogenasi in alcuni casi di carcinoma della portio. *Quad. Clin. ostet. Ginec.*, 1958, **13**: 449–456.
105. POPA, R., SERBAN, A., Über den Wert der histochemischen Cholesteinuntersuchung in der Diagnostik der bösartigen Geschwülsten. *Arch. Geschwforsch.*, 1959, **14**: 163–169
106. PRODI, G., MALTONI, C., Alterazioni del derma nell'oncogenesi sperimentale cutanea. Studio comparativo condotto sul topo, coniglio, ratto, cavia, hamster. *Tumori*, 1957, **43**: 430–454.
107. REMOTTI, G., La reazione istochimica all'Alcyan + PAS nelle metaplasio squamose del canale cervicale e nel carcinoma "in situ" ed invasivo della portio. *Ann. Ostorti e Ginecol.*, 1956, **78**: 1–10.
108. ROSEMAN, D. M., SIMON, D., SLEISENGER, M. H., The concentration and distribution of acid phosphatase in the human stomach with particular reference to gastric carcinoma. *Gastroenterology*, 1959, **36**: 589–592.
109. SANDRITTER, W., SCHREIBER, M., Histochemie von Sputumzellen. I. Qualitateiv histochemische Untersuchungen. *Frankf. Zeitschr. Path.*, 1958, **68**: 693–709.
110. SANDRITTER, W., MÜLLER, D., SCHÄFER, H., SCHIEMER, H. G., Histochimie von Sputumzellen. II. Quantitative ultraviolett-microphotometrische Nucleinsäureebestimmungen. *Frankf. Zeitschr. Path.*, 1958, **68**: 710–727.
111. SCHAJOWICZ, F., Ewing's sarcoma and reticulum cell sarcoma of bone. With special reference to the histochemical demonstration of glycogen as an aid to differential-diagnosis. *J. Bone Jt. Surg.* 1959, **41**: 349–356.
112. SCHMIDT-MATTHIESEN, H., Adenosintriphosphatase-5-Nucleotidase und alkalische Phosphatase in Carcinombindegewebe. *Arch. Geschwforsch*, 1959, **14**: 265–276.
113. SIRTORI, C., PIZZETTI, F., CATANIA, V. C., Studio istologo ed istoc himicodei surreni e delle ovaie in pazienti portatrici di carcinoma mammario. *Tumori*, 1958, **44**: 263–282.
114. STOWELL, R. E., LEE, C. S., TSUBOI, K. K., VILLASANE, A., Histochemical and microchemical changes in experimental cirrhosis and hepatoma formation in mice by carbon tetrachloride. *Canc. Res.*, 1951, **11**: 345–354.
115. SYLVEN, B., MALMGREN, H., The histological distribution of proteinase and peptidase activity in solid tumor transplants. A histochemical study on the enzymatic characteristic of the different tumor cell types. *Acta Radiol. (Stockh.)*, 1957, **154**: 124 (suppl.).
116. TAKEUCHI, T., Histochemical demonstration of branching enzyme (amylo-1,4→1,6-transgluconidase) in animal tissues. *J. Histoch. Cytochem.*, 1958, **6**: 208–216.
117. TAKEUCHI, T., KURIAKI, H., Histochemical detection of phosphorylase in animal tissues. *J. Histoch. Cytochem.*, 1955, **3**: 153–160.
118. TELKKÄ, A., AHLQVIST, J., Succinic deshydrogenase activity and sulfhydryl groups in cirrhosis of the rat liver induced by a low protein (high fat diet). *Acta Pathol. Microb. Sci.*, 1959, **46**: 1–10.
119. TUCKER, E., LUPTON, Ch. H., McMANUS, J. F. A., A new inclusion on the visceral epithelium of the renal pelvis. The presence of those inclusions in a papillary carcinoma of the kidney and its metastases. *Cancer*, 1959, **12**: 1052–1057.
120. VENDRELY, C., Histochimie de l'ARN des tumeurs malignes. *Ier Congrès Intérnational d'Histochimie et de Cytochimie* Paris, 28.VIII.—3. IX., 1960: 195.
121. VOIGT, G. E., Histochemische Untersuchungen über das Zink in der normalen hypertrophischen und carcinomatösen Prostata. *Acta Path. Microbiol. Scand.*, 1958, **42**: 242–246.

122. VORBRODT, A., Wpływ estrogenów na rozmieszczenie białkowych grup sulfhydrylowych w gruczołach mlecznych myszy z 3 szczepów o różnej zapadalności na raka. *Nowotwory*, 1957, **7**: 165–174.

123. VORBRODT, A., GODLEWSKI, H., Histochemical studies on the histogenesis of some human mammary tumours. II. Distribution of free and protein-bound sulfhydryl and disulfide groups. *Bull. Acad. Pol. Sci. Cl. II.*, 1956, **4**: 13–18.

124. WACHSTEIN, M., MEISEL, E., Enzymatic histochemistry of ethionine-induced liver cirrhosis and hepatoma. *J. Histoch. Cytochem.*, 1959, **7**: 89–201.

125. WATTENBERG, L. W., Histochemical study of aminopeptidase in metaplasia and carcinoma of the stomach. *A.M.A. Arch. Path.*, 1959, **67**: 281–286.

126. WESSEL, W., Elektronenmikroskopische Untersuchungen von intra-nuclearen Einschlusskörpern. *Virchow's Archiv.*, 1958, **331**: 314–320.

127. WILLINGHAGEN, R. G. J., PLANTEYDT H. T., Aminopeptidase activity in cancer cells. *Nature*, 1959, **183**: 263–264.

128. ZAHNERT, R., Experimentelle Untersuchungen über die Phosphataseaktivität in der Rattenleber, insbesondere bei Hepatomen. *Acta Biol. et Med. Germ.*, 1958, **1**: 259–271.

AZO-DYE AND NAPHTHOLIC FLUORESCENCE TECHNIQUES FOR THE DEMONSTRATION OF PHOSPHATASES

M. S. BURSTONE

National Institutes of Health, Public Health Service, Department of Health, Education and Welfare, Bethesda 14, Maryland

INTRODUCTION

In 1944, with the advent of the Menton, Jung, and Green azo-dye technique for the demonstration of alkaline phosphatase, new possibilities for the visualization of this as well as other enzyme systems became apparent. The original azo-dye techniques, which employed β-naphthyl phosphate with slow coupling diazonium salts, precluded the obtaining of definitive localizations. Problems relating to the use of β-naphthol as the basis of phosphatase and other substrates have been evaluated and reviewed by Gomori.[1] In 1951, Gomori introduced the use of α-naphthyl phosphate in conjunction with stabilized diazonium salts for the demonstration of alkaline phosphatase.[2] This technique represented a distinct advance in that good localizations were obtained in the alkaline pH range. Gomori, however, pointed out that α-naphthol phosphate was not entirely satisfactory as an acid phosphatase substrate.[3] More recently, the so-called naphthol AS-phosphates have been developed.[4, 5, 6] These new substrates are highly useful in that they are readily hydrolyzed under histochemical conditions and azo-couple rapidly to form permanent dyes in both the alkaline and acid phosphatase pH range. New post-coupling substrates have also been reported.[7] The results with these compare favorably with the best localizations obtained with simultaneous coupling procedures, and any possible inhibitory or background staining effect of diazonium salt is obviated. Several phosphatase substrates which liberate a naphtholic fluorochrome upon enzymatic hydrolysis have also been synthesized,[7, 8] and should enhance the sensitivity of phosphatase detection. The newer simultaneous coupling, post-coupling, and fluorescence techniques are based upon unique naphthols which contain unique structural features, and thus should be useful as the basis of substrates for the accurate localization of hydrolytic enzymes other than phosphatases.

FIXATION PROCEDURES

Azo dyes as well as enzymatically released naphthols are known to be lipid soluble to a greater or lesser degree. Because of this as well as the solubility of undenatured proteins, unfixed-frozen sections are not as a rule to be recommended. However, it should be pointed out that in certain specific instances unfixed specimens (e. g. smears) will give useful localizations. In general, when unfixed frozen sections are incubated with simpler naphthol phosphates, the final preparation is often characterized by irregular clumps of dye, dye crystals, as well as halos and streamers of dye adjacent to sites of high or moderately high activity. The preponderance of evidence indicates that some form of fixation is usually necessary for the accurate localization of phosphatases. The use of unfixed frozen sections presents problems, not only related to the initial solubility of tissue constituents, but also those related to the solubilizing effects of freezing and subsequent thawing.

Tissues fixed in cold neutral formalin, and subseqently frozen and sectioned have been successfully used with simple and complex naphthyl phosphates.[9, 4] In general, free floating frozen sections are used. A simpler but very effective technique has been recently evolved for application of AS-phosphates to frozen sections.[10] Frozen sections, mounted on glass slides (Adamstone—Taylor cold knife technique) are treated with graded changes of diacetone-alcohol or acetone at room temperature. This manoeuver simultaneously affords mild fixation and removal of lipid. Good localizations are obtained for both acid and alkaline phosphatase. Gomori employed cold acetone fixation followed by paraffin embedding [1,pp140-141]. Although considerable distortion may result from a histological standpoint, this procedure is still highly useful when paraffin sections are needed.

In the opinion of the author the freeze-dry technique followed by paraffin embedding is best when used with azo-dye procedures for phosphatases. The enzymes are well preserved, and the excess lipid is removed during the dewaxing procedure. In addition the paraffin blocks may be stored indefinitely, and serial sections of uniform thickness may be cut with relative ease. Frozen-dried single embedded tissue sections may be difficult at times to mount on glass slides without wrinkles. This may be circumvented by the use of a double embedding procedure. The frozen-dried specimen is post-fixed in the cold (0°C) in acetone, ethanol, and followed by celloidin.[11] The specimen is subsequently embedded in paraffin. Acrylic and other plastics may be substituted for celloidin. Tissues so treated retain high phosphatase activity, and paraffin ribbons may be floated out on a water bath to remove wrinkles. This double embedding technique is particularly useful for the study of phosphatases associated with undecalcified bones and teeth.[12]

SPECIFIC TECHNIQUES

A. *Alkaline Phosphatase*

Simultaneous coupling procedures. As previously indicated, the first really successful azo-dye method for alkaline phosphatase was that of Gomori[1, 2], who employed α-naphthyl phosphate in conjunction with a number of stabilized diazonium salts (e. g. Red RC, diazotized p-chloro-o-anisidine). The results were far superior to the earlier β-naphthyl phosphate procedures in that sharper more detailed localizations were obtained. The α-naphthyl phosphate method has been further employed by Gössner[13] and by Pearse.[9] Caution should be exercised when utilizing this procedure. Gomori (ref. 1, p. 172) points out that the ester may be rapidly hydrolyzed and not coupled promptly enough to form an insoluble dye, thus resulting in diffusion artefacts. He recommends that the solution be constantly stirred during incubation. Frequently, when highly active sections (most often frozen sections) are incubated a dye cloud may be seen adjacent to the section. This may indicate one or more of the following factors:

1. diffusion of enzyme;
2. diffusion (movement) of soluble cytoplasmic elements together with enzyme;
3. diffusion of the final dye product.

The last factor is most frequently responsible for the dye cloud. This condition can be remedied to a great extent by stirring, lowering the substrate

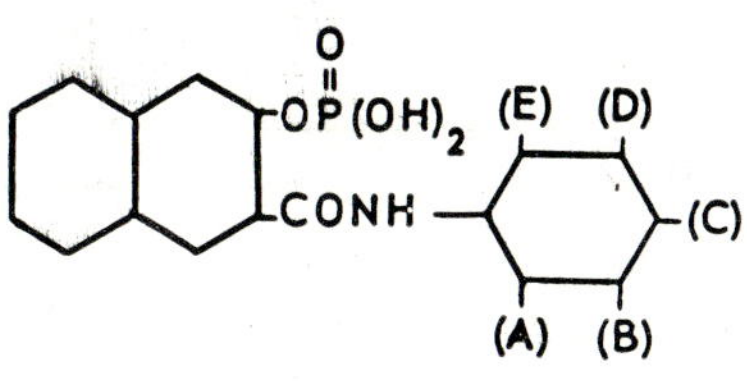

FIG. 1

concentration, and by cooling. Unfortunately, the last two manoeuvers may lower the sensitivity of the technique. Davis and Ornstein have modified the naphthyl phosphate technique by the use of a complex diazonium salt, hexazonium pararosaniline.[14] The dyestuff produced is insoluble in a number of organic solvents, including methacrylate monomer, and thus the technique may be applied to electron microscopy.

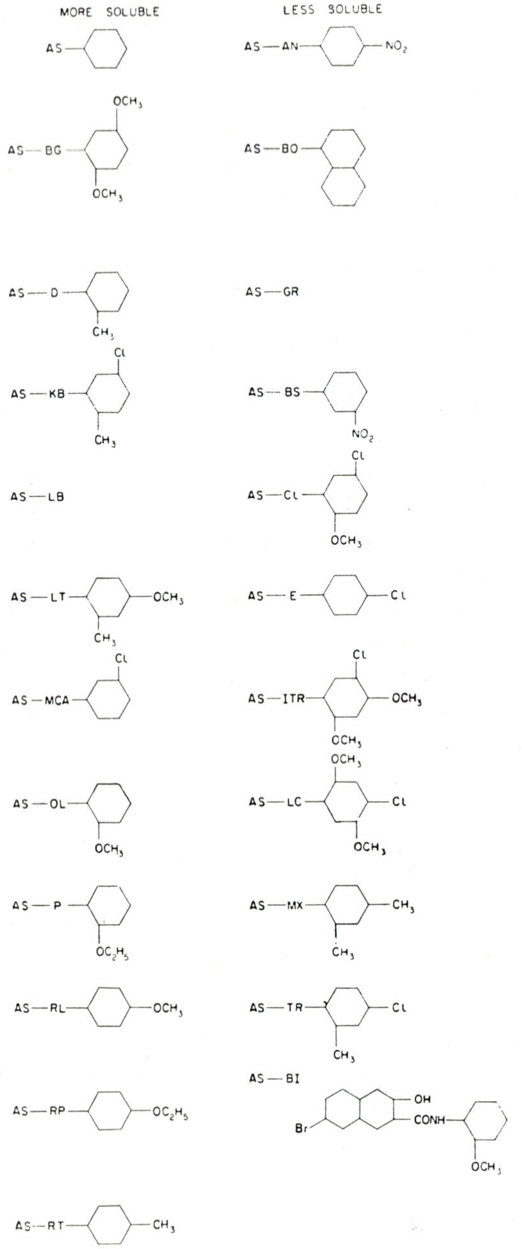

FIG. 2

Recently, a series of naphthol AS-phosphates have been synthesized and utilized.[4, 5, 6, 10] AS-type naphthols are prepared by condensing 2-hydroxy, 3-naphthoic acid with an arylamine. The complex naphthol formed contains a peptide bond which exerts a bathochrome effect upon the final dyestuff. The substrate is synthesized by phosphorylation of the naphthol to form the following type of compound (text Fig. 1): (A) through (F) indicates the position of electropositive or electronegative groupings which behave as auxochromes, as well as further enhancing the insoluble nature of the naphthol. Figure 2 shows the specific grouping on the arylide ring of naphthol AS-phosphates developed in this laboratory.[6] The last naphthol (AS-BI) is shown in its entirety because of its unique structure. Of importance is the fact that the enzymatically released naphthol will azo-couple efficiently over a wide pH range and thus facilitate accurate microscopic localizations. For example phosphatase activity may be studied at neutral pH. The glycerophosphate technique by contrast may show diffusion artefacts at this non-optimal pH.[15] An interesting phosphate substrate is exemplified by naphthol AS-GR phosphate.[11] It is characterized by an anthracene, instead of a naphthalene nucleus, and couples with certain diazonium salts to form a green dye. It has proved to be useful for the visualization of both acid and alkaline phosphatase in sections of developing bone.[11] In addition to coupling rapidly with suitable diazonium salts, the AS compounds represent the most insoluble naphthols for histochemical purposes. Figure 3 illustrates the solubilities (μg/ml) of various naphthols proposed as bases for phosphatase substrates.

2-naphthol	740
8-hydroxyquinoline	520
1-naphthol	303
6-bromo-2-naphthol	195
6-benzoyl-2-naphthol	9-27
2,4-dichloro-1-naphthol	12
2,4-dibromo-1-naphthol	3·5
Naphthol AS and derivative	1·0

FIG. 3

From a theoretical standpoint, as well as from practical experience naphthol AS-phosphates have proved to be exceedingly useful general purpose substrates for phosphatases. From both theoretical standpoints the more insoluble substantive naphthols also possess distinct advantages especially when employed with frozen sections. Figure 4 shows some of the complex naphthols which are most suitable for use with formalin fixed frozen sections, or diacetone alcohol treated frozen sections.

Histochemical results with these and other AS-substrates are illustrated by Plate 1, Figs. 1 through 4.

Since even these naphthols may tend to diffuse following enzymatic release, fairly rapid coupling diazonium salts are usually employed. Among

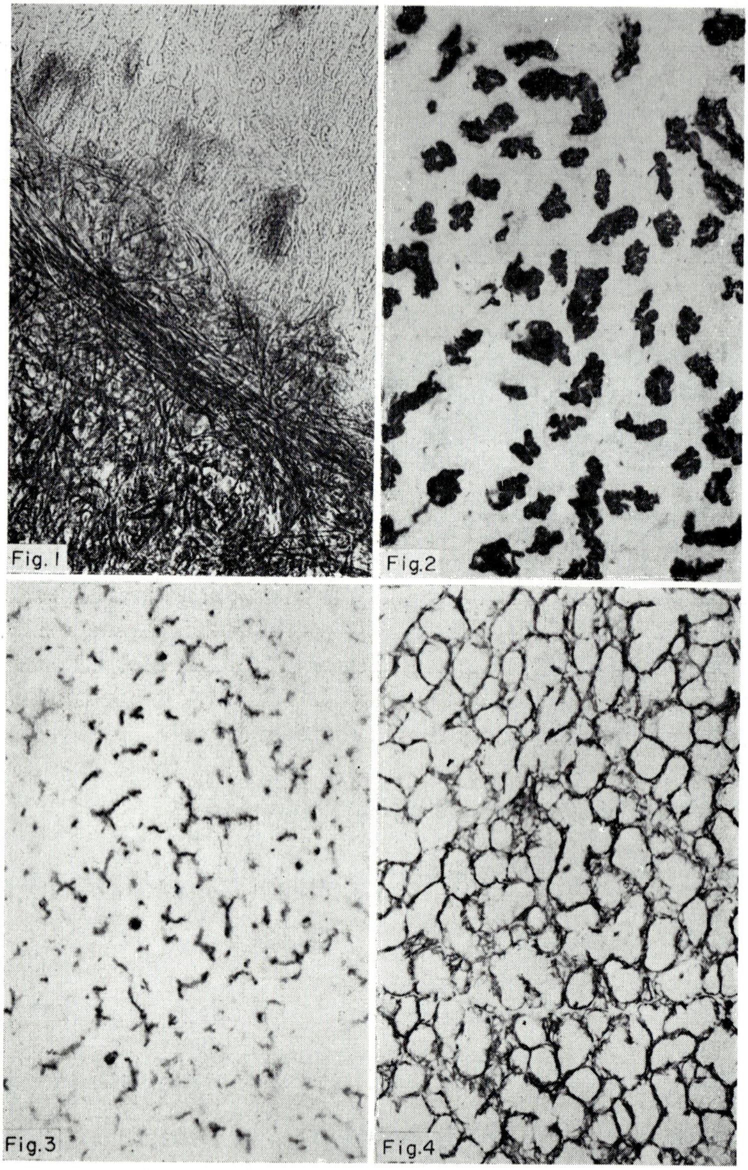

PLATE 1

Frozen-dried tissues are paraffin embedded or double embedded in celloidin and paraffin. Frozen sections are cut and mounted on glass slides (Adamstone-Taylor method) and subsequently fixed in diacetone alcohol. Nuclear stain in some cases is hematoxylin.

FIG. 1. Alkaline phosphatase activity of collagenous fibers of hamster oral lamina propria. Frozen-dried specimen. Simultaneous coupling, naphthol AS-TR phosphate. × 285.

FIG. 2. Alkaline phosphatase activity of brush borders of rat kidney. Frozen section fixed n diacetone alcohol. Simultaneous coupling, AS-E phosphate. × 143.

FIG. 3. Rat liver, showing alkaline phosphatase activity of bile canaliculi and leukocytes. Frozen section fixed in diacetone alcohol. Simultaneous coupling, AS-E phosphate. × 143

FIG. 4. Rat sublingual gland showing alkaline phosphatase activity associated with basement membranes. Frozen section post-fixed in diacetone alcohol. Simultaneous coupling, AS-E phosphate. × 143.

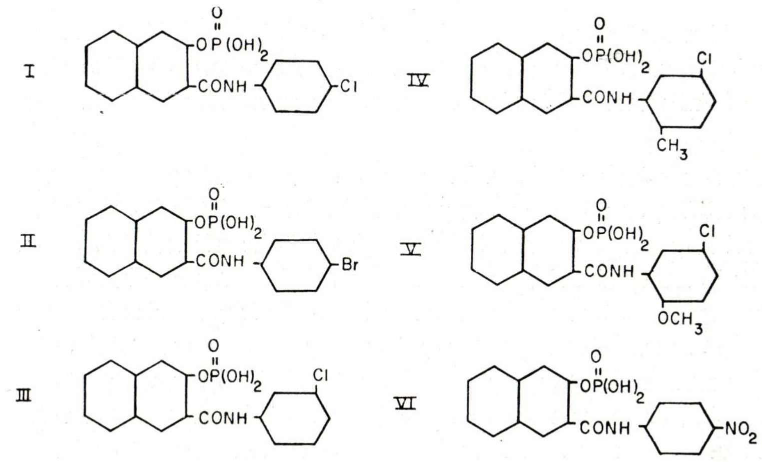

FIG. 4

these are Fast Red Violet LB, Red RC, Red TR and Red RL salts. Red Violet LB salt (diazotized 5-benzamido-4-chloro-2-toluidine) first introduced for histochemical purposes with these substrates, is most often used because of its stability and low decomposition rate. A combination of Red Violet LB-salt and naphthol As-phosphates (pH 8·5–9·5) is especially useful in the study of leucocytic alkaline phosphatase.

Diazonium chloride–zinc chloride double salts ... ... (Also double salts with $MnCl_2$, $CoCl_2$ and $CdCl_2$)	R·N:N}Cl,½$ZnCl_2$
Diazonium acid sulphates	R·N:N}SO_4H
Diazonium alkyl sulphates	R·N:N}SO_3·O·Alk
Diazonium chlorides	R·N:N}Cl
Diazonium fluoroborates	R·N:N}BF_4
Diazonium benzenesulphonates ... (Also with NO_2, Cl, and NH·CO·CH_3 as substituents)	R·N:N}SO_3·C_6H_5
Diazonium acid 1:5-naphthalenedisulphonates	R·N:N}SO_3 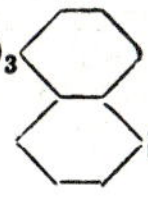 SO_3H

FIG. 5

The possible inhibitory effect of diazonium salts upon alkaline phosphatase has yet to be evaluated. Most diazonium compounds are stabilized as zinc chloride double salts, and may contain metal salts and sulfonic acid derivatives as diluents. Figure 5 shows the types of complexes of commercially available diazonium salts.

The question has been raised as to possible differences in specificity of simple naphthol phosphates versus AS-phosphates. At present there is no evidence of any difference in specificity from both histochemical and starch gel zone electrophoresis (zymogram) studies.[16, 17] The sharpness of the AS technique is thus evidence of accurate localization.

Post-coupling procedures. In the past there do not appear to have been any satisfactory post-coupling procedures for alkaline phosphatase.[1] This is probably related to the relatively high solubility and lack of substantivity of the brominated and other naphthols used. Recently a series of new post-coupling substrates have been synthesized.[7] Their use yields highly precise localizations which compare very favorably with the best results obtained with simultaneous coupling procedures. Needless to say, the post-coupling method avoids any possible inhibitory effect of diazonium salt. In addition long incubation periods may be used to demonstrate sites of very low activity without the production of background staining caused by decomposition of diazonium salt. The coupling speed of the diazonium component is of no consequence in the post-coupling technique, and thus complex slow coupling salts may be employed. Included among these are diazo oxides and other diazo compounds which are capable of chelating with metals. Application of the chalation principle should be of value in electron microscopy.

The post-coupling substrates shown in Fig. 6 contain special structural features. These features, which markedly enhance substantivity may be of value in the design of other than phosphatase substrates. Substrate I contains a saturated ring, substrate II contains the anthraquinone residue, while substrate III is characterized by azo bonds. When coupled with a suitable diazonium salt the naphthol from III will produce a dye containing three azo groups. Further analysis of these substrates will be considered in the discussion. Paraffin embedded (usually frozen-dried) sections are generally employed with the post-coupling technique. Frozen sections are not satisfactory in that the released naphthol may crystallize in the presence of lipid. However, diacetone alcohol treated frozen sections were useful in certain instances. The results with the new post-coupling techniques are shown in Plate 2, Figs. 5 through 7.

Fluorescence procedures. The author has recently described a new fluorescence technique for demonstration of alkaline phosphatase. The method is based upon the enzymatic release of a naphtholic fluorochrome which remains *in situ*. Two naphthols were used

1. β-tetralol carboxylic acid β-naphthylamide (I, text Fig. 6)
2. 2-hydroxydibenzofuran carboxylic acid 2,5-dimethoxyanilide.

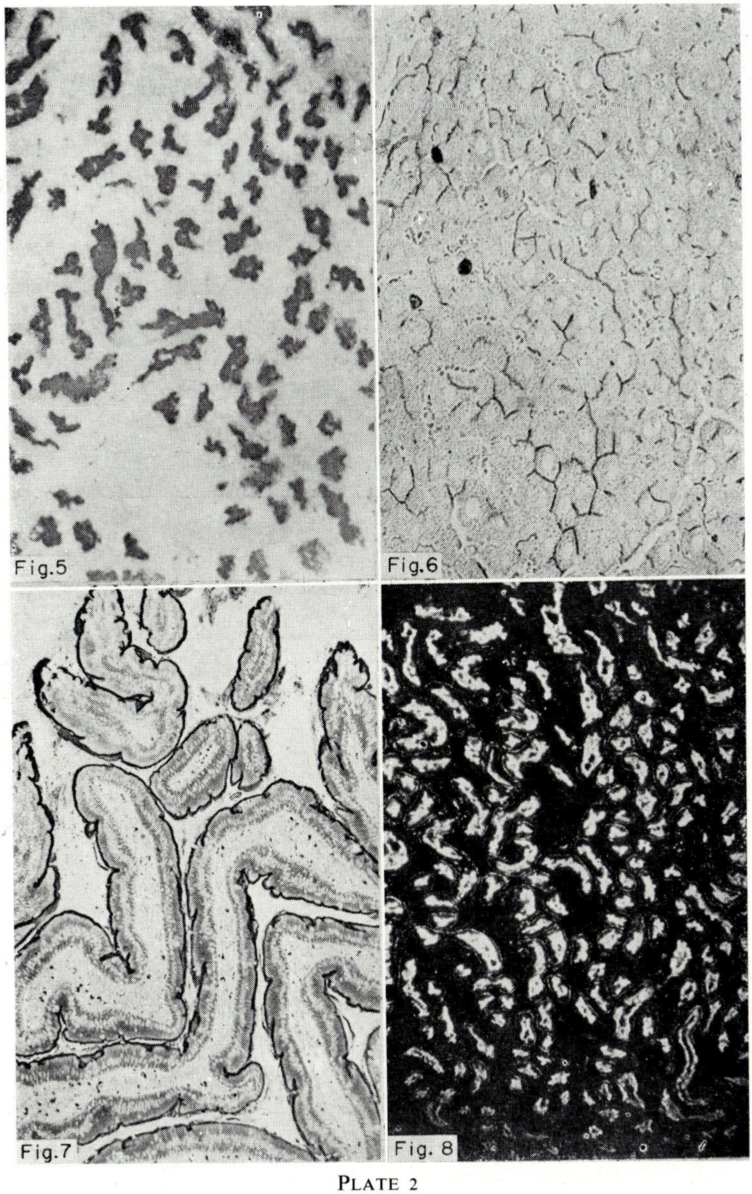

PLATE 2

Frozen-dried tissues are paraffin embedded or double embedded in celloidin and paraffin. Frozen sections are cut and mounted on glass slides (Adamstone-Taylor method) and subsequently fixed in diacetone alcohol. Nuclear stain in some cases is hematoxylin.

FIG. 5. Post-coupling method showing alkaline phosphatase in rat kidney brush borders. Frozen section post-fixed in acetone. Substrate II, text Fig. 6. × 143.

FIG. 6. Post-coupling method showing alkaline phosphatase of rat liver canaliculi and leukocytes. Frozen-dried specimen. Substrate II, text Fig. 6. × 285.

FIG. 7. Post-coupling method showing alkaline phosphatase of rat intestine. Note sharp reaction localized to borders of villi. Frozen-dried specimen. Substrate III, text Fig. 6. × 117.

FIG. 8. Fluorescence method showing alkaline phosphatase of rat kidney brush borders and tubular basement membranes. Frozen-dried specimen. Substrate I, text Fig. 6. × 100.

These naphthols are highly fluorescent, and may be expected to enhance the sensitivity of the alkaline phosphatase technique. Basement membranes in various sites are more sharply delineated than with other phosphatase techniques. In the rat kidney basement membranes of glomeruli and tubules are clearly delineated (Plate 2, Fig. 8). Otherwise the fluorescent technique reveals the same histochemical localizations as seen with the glycerophosphate and azo-dye methods. It is interesting to note that although most AS-naphthols are fluorescent, the fluorescence in quenched by coupling with diazonium salts. The fluorescence methods are useful in that the procedure is elegantly simple, and the incubating medium contains no extraneous materials except activator. Although the enzymatically released naphthol is a fluorochrome, the phosphate ester exhibits negligible fluorescence. As with the post-coupling substrates, structural features of the fluorescent compounds may find application in the design of other ester substrates.

Non-coupling procedures. Loveless and Danielli[18] developed a non-coupling procedure based upon the phosphorylation of an azo-dye, *p*-nitrophenylazo-α-naphthyl phosphate. Unfortunately this substrate is in itself a dye, and the enzymatically released naphthol appears to be soluble to some degree. Nevertheless, this ingenious approach warrants further study. It should be mentioned that one of the post-coupling substrates containing an azo group (III, text Fig. 6) may be used for the non-coupling technique. Preliminary studies also suggest that phosphorylated naphthol AS dyes can also be employed.

B. *Acid Phosphatases*

Simultaneous coupling procedures. The earliest of these procedures which employed β-naphthyl phosphate were considered to be unsatisfactory by Gomori[2] and by Pearse (ref. 9, p. 402). Although Gomori found α-naphthyl phosphate to be useful for the demonstration of alkaline phosphatase, he did not recommend the reagent in the acid range presumably because of low coupling under those conditions. On the other hand, Pearse has found the technique to be of use especially with frozen sections (ref. 9, p. 404). From the experience of the author, it is felt that the α-naphthyl phosphate acid phosphatase method is unsatisfactory for use with paraffin embedded sections.

A more recent approach to the problem has employed AS-phosphates.[5, 10] The enzymatically released naphthols are not only very insoluble but couple efficiently at the pH optimum of the enzyme. In general the substituted naphthols (AS-TR, AS-E, and AS-BI) are most suitable for

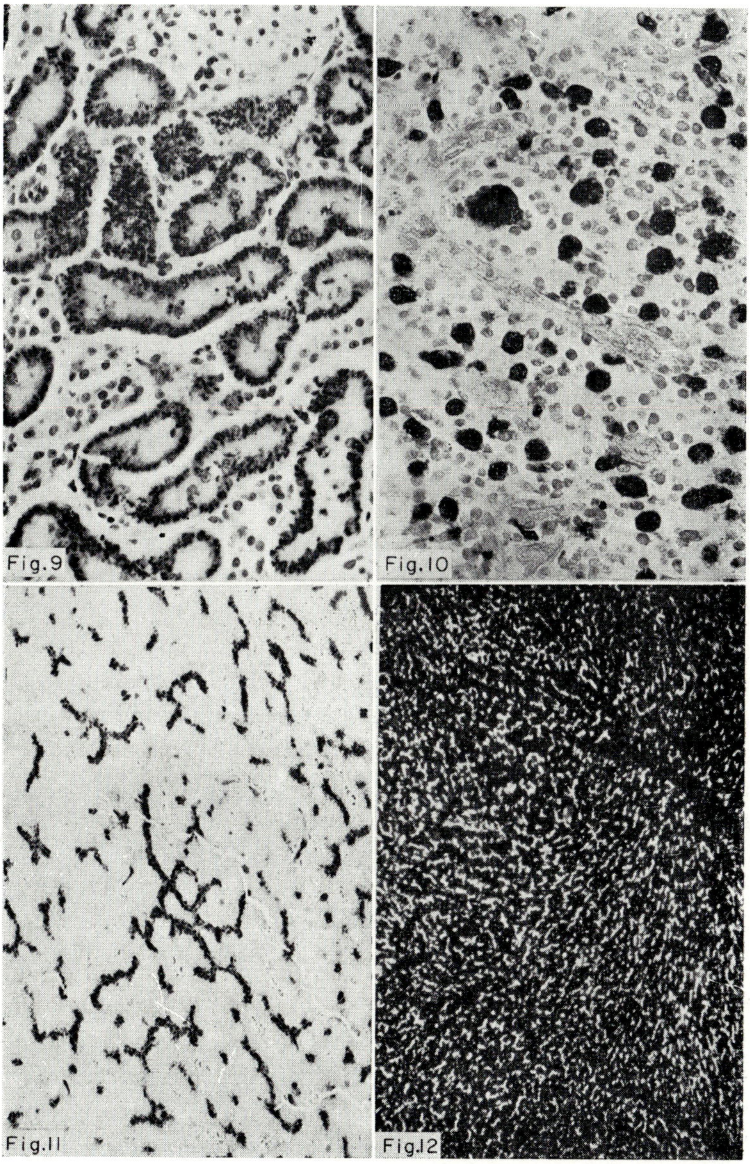

Plate 3

Frozen-dried tissues are paraffin embedded or double embedded in celloidin and paraffin. Frozen sections are cut and mounted on glass slides (Adamstone-Taylor method) and subsequently fixed in diacetone alcohol. Nuclear stain in some cases is hematoxylin.

Fig. 9. Acid phosphatase activity of rat kidney tubules. Frozen-dried specimen. Naphthol AS-TR phosphate. × 285.

Fig. 10. Acid phosphatase activity of macrophages and giant cells from human dental granuloma. Frozen-dried specimen. Naphthol AS-BI phosphate. × 285.

Fig. 11. Peribiliary distribution of acid phosphatase of rat liver. Frozen-dried specimen. Naphthol AS-BI phosphate. × 285.

Fig. 12. Fluorescence method showing peribiliary distribution of acid phosphatase in frozen-dried rat liver. Substrate I, text Fig. 6. × 100.

the demonstration of acid phosphatase. Frozen-dried paraffin embedded, or frozen sections fixed in diacetone alcohol may be used. Long incubations may be employed with suitable stable diazonium salts such as Fast Red Violet LB. The results with the AS-phosphate technique are illustrates by Plate 3, Figs. 9 through 11. Of interest is the comment of Gomori, "It is certain that a significant diffusion of enzyme (acid phosphatase) takes place from formalin-fixed frozen sections and even more from unfixed cryostat sections".[3]

Post-coupling and fluorescence procedures. Post-coupling techniques for acid phosphatase probably represent an ideal procedure in that any inhibitory effect of diazonium salt is obviated. In the past, attempts to use certain brominated naphthols as the basis of acid phosphatase substrates have not been successful (ref. 1, p. 171; ref. 9, p. 447). In 1956 Gomori evaluated the status of post-coupling procedures for acid phosphatase.[3] He concluded that the benzoyl naphthol method of Rutenberg and Seligman[19] was the most satisfactory at that time. He pointed out, however, that areas adjacent to highly active enzymatic centers were diffusely and non-specifically stained. This indicates that under conditions of rapid hydrolysis benzoyl nephthol will diffuse and become absorbed to neighboring tissues. He further stated that diffusion artefacts by all post-coupling methods are also suggested by the rather intense staining of fat droplets in and around active tissue sites.[3]

At present the use of complex AS-phosphates as employed in the post-coupling demonstration of alkaline phosphatase is being evaluated for the demonstration of acid phosphatase.

The fluorescence techniques for alkaline phosphatase have been success fully utilized for the demonstration of acid phosphatase in paraffin embedded tissues (Plate 3, Fig. 12).[8]

DISCUSSION

Fixation procedures and substrate specificity. As previously mentioned the use of unfixed frozen sections with azo-dye techniques is not generally recommended because of the soluble state of proteins and also the lipid soluble nature of azo-dyes. In specific instances useful results may be obtained with unfixed tissues, including blood films. In these cases substrates based upon the more insoluble naphthols are recommended (see Fig. 4). If frozen sections are to be used, the most convenient procedure is to prepare sections according to the Adamstone–Taylor method, and subsequently fix them in diacetone alcohol. Although cold formalin fixation may be employed, the handling of free floating sections may be more cumbersome. The histological patterns of staining with α-naphthyl phosphate and naphthol AS-phosphates appear to be identical. Zymogram studies also reveal a similar pattern, with no suggestion of different substrate specificities. Thus it would seem that the AS-phosphates offer a distinct advantage over the simpler naphthol phosphates for general purpose applications.

Substantivity and substrate design. The key to the attainment of accurate localizations at the histological and cytological levels as well as the design of new substrates lies in a basic understanding of the physical interaction between dye molecules and tissue proteins. This interaction or affinity is referred to in the dyestuff as well as histochemical literature as *substantivity*. Our knowledge of substantivity has been primarily gleaned from the dyestuff literature. Much of this information relates to substantivity of dyes for cellulose and synthetic fibers, although some data relating to protein and protein-like fibers (wool and nylon) are also available. Substantivity, as might be expected, is enhanced in many instances by increase in molecular size.[6] Thus within certain limits, substrates which release naphthols of higher molecular weight may be expected to augment more accurate microscopic localization. Increase in molecular weight without radical alteration in molecular size may be achieved by the introduction of halogen groupings into the naphthalene nucleus or arylide ring (see text Figs. 2 and 4). By analogy, the introduction of halogen groupings into indoxyl substrates has been observed to facilitate histochemical localizations.[20, 21, 22] The affinity of azo dyes for proteins is believed to be related in part to hydrogen bonding between —CONH— groupings of the protein and hydroxyl, amino, or azo groups of the dye[23,24] (ref. 25, pp. 1277 and 1302). Robinson[26] and Bamford *et al.*[27] studied the mechanism of dyeing synthetic polypeptides. They suggest three possible sites of attachment of dye molecules. These include polypeptide backbones, terminal amino groups of the chains, and side chain groupings. Certain other types of chemical groupings are known to facilitate substantivity. Among these are the presence of conjugated double bonds, heterocyclic and saturated rings, sulfur atoms, and quinone groupings. It is interesting to note that the substantivity of curcumen, the coloring matter of turmeric is believed to be related to its double bond structure.[28] The fluorescent technique employs a substrate with a saturated ring structure (I, text Fig. 6). Although heterocyclic rings are also known to enhance substantivity they have found little application in histochemistry except for cytochrome oxidase substrates.[29] From another standpoint, hydrogen bonding may occur between oxygen atoms of quinone groups and proteins. It is interesting to note that many anthraquinone dyes are characterized by high substantivity. A more important confirmation of the value of quinone groupings is clearly shown by the usefulness of post-coupling substrate II (text Fig. 6) which contains the anthraquinone nucleus.

Certain geometric molecular configurations are also considered to be related to enhanced substantivity. These include molecular linearity and coplanarity of aromatic ring structures.[30, 31] Groups which are capable of behaving as electron donors as well as those containing hydrogen atoms capable of forming a hydrogen bond with external groups are considered

I

II

III

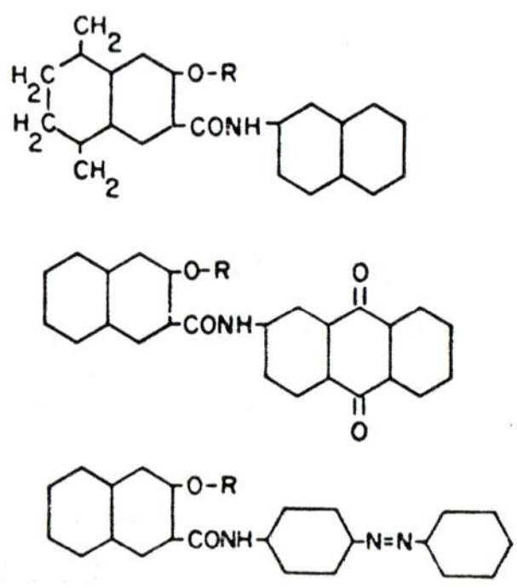

R= Phosphate grouping

FIG. 6

to be significant. Electron donating groups are exemplified by —N=N—, —NH_2—, —OR, —S—, H—O—, and —NHR while hydrogen donating groups by —O—H, —NHOC—, and —NHCONH.

To summarize this portion of the discussion, it is felt that from both theoretical and practical standpoints the following factors should be considered in the design of naphthols for enzyme histochemistry.

1. Geometric configuration. Linear and coplanar structure have been considered to facilitate substantivity. Large flat molecules in solution may tend to polymerize due to intermolecular resonance. On the other hand substantive anthraquinone dyes often exhibit an angular configuration of condensed ring systems. The relation of specific molecular geometry to histochemical substantivity requires further elucidation.

2. Presence of electron donating and hydrogen donating groups capable of coordinating with external groups to form hydrogen bonds.

3. Specific features which have been shown by work in this laboratory to enhance substantivity, e.g. peptide bonds, azo-groups, quinone groups and saturated ring structures.

Diazonium salts and coupling rate. With simultaneous coupling techniques rapid coupling with the diazo component is of prime importance if the potential qualities of the naphthol are to be realized. As previously indicated, this condition necessitates the use of a rapid coupling diazonium salt. Some of the factors relating to the application of diazonium salts to histochemical enzyme techniques have been considered in a recent review.[6] The coupling rate of an aromatic diazo compound is primarily determined by the nature of its substituents. The coupling reaction may also be considered to be a race between azo-coupling and decomposition of the diazo compound to the isodiazotate which does not couple. In general, diazonium salts are rather unstable at an alkaline pH, and thus it ns not advisable to subject these compounds to a strongly alkaline medium. *For example, it may be advisable to run alkaline phosphatase reactions at pH 8·5 instead of pH 9-10.* The presence of strongly negative diazo substituents (e.g. NO_2, Cl, and Br) is known to increase coupling energy, while the presence of positive substituents (e.g. OCH_3) reduces coupling energy. Negative substituents also increase the stability of diazonium compounds in solution. The more complex diazonium salts and diazo oxides are known to be slow couplers and thus are probably most suitable for post-coupling techniques.

Areas for possible development of new azo-dye procedures. Azo-dyes are known to be produced by the interaction of quinones and arylhydrazines.[32, 33] Thus it would appear possible to incubate sections in a substrate solution containing a suitable naphthyl phosphate, arylhydrazine, and oxidizing agent. Upon enzymatic release the naphthol would be converted into the quinone which would condense with the hydrazide to form the azo-dye. A number of heterocyclic compounds are known to form azo-dyes upon oxidative coupling[34, 35] and the possibility of synthesizing their phosphates should be investigated.

Certain enols are known to couple with diazonium salts. These enols are arylamides of β-ketonic acids and are exemplified by naphthol AS-G, which is derived from acetoacetic ester and tolidine. Since this compound is radically different in structure from the "naphthols", it is conceivable that an enol phosphate might exhibit distinct substrate specificities.

Certainly the post-coupling and fluorescence techniques warrant further development. The simplicity of these procedures, as well as the absence of any potential inhibitory influences would recommend these methods for general application.

At present, the azo-dye methods do not appear to be capable of demonstrating the more specific types of phosphatases (e.g. nucleotidase or

ATPase). Naphtholic substrates incorporating purines or pyrimidines may be synthesized. The suitable naphthyl phosphoryl dichloride is treated with a purine such as adenine, thus resulting in the formation of a naphthylphosphoadenine. This type of synthesis has been used for the preparation of naphthylphosphodiamides which are potential phosphoamidase substrates.[5] Among the amines, in addition to adenine, which can be employed are cytosine and guanine. A number of sugars may be similarly phosphorylated. There is little question that the azo-dye technique for phosphatases presents many worthwhile facets for future study.

SUMMARY

Theoretical considerations as well as practical experience indicate that some form of tissue fixation is usually necessary for the accurate localization of phosphatases. Frozen-dried, single and double embedded tissues yield highly reproducible results for the demonstration of both acid and alkaline phosphatases. Frozen sections mounted on glass slides (Adamstone-Taylor cold knife method) also give useful results provided that they are briefly fixed in diacetone alcohol or acetone.

With reference to simultaneous coupling procedure, naphthol AS-phosphates appear to be the best general purpose substrates. These compounds are rapidly hydrolyzed and couple over a wide pH range (5–9·5) with suitable diazonium salts to form highly insoluble, permanent azo-dyes. The introduction of halogen groupings into these substrates facilitates their use with frozen sections, in that the azo-dye formed is less lipid soluble than that produced from simpler naphthols.

The new post-coupling procedures are of interest from several standpoints. First, the localizations obtained with them agree with those obtained with the use of other techniques. Second, certain structural features of the naphthol molecule may be employed in the design of substrates for the demonstration of other hydrolytic enzymes. The naphtholic fluorescence techniques represent an innovation in phosphatase procedures, in that the released products require no coupling. The method is potentially very sensitive because of the highly fluorescent nature of the enzymatically released product, and may find application in the *in vivo* study of phosphatase activity.

The possible design of naphtholic substrates for specific types of phosphatases is also considered.

In addition to facilitating more definitive microscopic localizations, the newer naphtholic substrates shed light upon the nature of substantivity from the histochemical standpoint. Implicit in consideration of substrate design should be molecular geometry as well as the presence of certain structural features. Among these the presence of peptide bonds, saturated ring structures, halogen, azo, and quinone groupings have been shown to enhance substantivity. The value of the aforementioned groups is evident in the case of the post-coupling and fluorescent substrates.

BIBLIOGRAPHY

1. GOMORI, G., *Microscopic Histochemistry: Principles and Practice.* Univ. Chicago Press, Chicago, 1952.
2. GOMORI, G., Alkaline phosphatase of cell nuclei. *J. Lab. Clin. Med.*, 1951, **37**: 526–531.
3. GOMORI, G., Histochemical methods for acid phosphatases. *J. Histochem. & Cytochem.*, 1956, **4**: 453–461.
4. BURSTONE, M. S., Histochemical comparison of naphthol AS-phosphates for the demonstration of phosphatases. *J. Nat. Cancer Inst.*, 1958, **20**: 601–615.
5. BURSTONE, M. S., Histochemical demonstration of acid phosphatases with naphthol AS-phosphates. *J. Nat. Cancer Inst.*, 1958, **21**: 523–539.
6. BURSTONE, M. S., The relationship between fixation and techniques for the histochemical localization of hydrolytic enzymes. *J. Histochem. & Cytochem.*, 1958, **6**: 322–338.
7. BURSTONE, M. S., Post-coupling, noncoupling, and fluorescence techniques for the demonstration of alkaline phosphatase. *J. Nat. Cancer Inst.*, 1960, **24**: 1199–1217.
8. BURSTONE, M. S., *Enzyme Histochemistry and its Application in the Study of Neoplasms.* Academic Press, New York, 1962.
9. PEARSE, A. G. E., *Histochemistry: Theoretical and Applied.*, Little, Brown, Boston, 1960. 2nd. ed.
10. BURSTONE M. S., Histochemical demonstration of phosphatases in frozen sections with naphthol AS-phosphates. *J. Histochem. & Cytochem.* In press.
11. BURSTONE, M. S., Hydrolytic enzymes in dentinogenesis and osteogenesis. In *Calcification in Biological Systems.* Am. Assoc. Adv. Sc. Monograph, 1960, 217–243.
12. BURSTONE, M. S., Histochemical observations on enzymatic processes in bones and teeth. In the *Metabolism of Oral Tissues. Ann. New York Acad. Sc.*, 1960, **85**: 431–444.
13. GÖSSNER, W., Histochemischer Nachweis hydrolytischer Enzyme mit Hilfe der Azofarbstoffmethode. *Histochemie.*, 1958, **1**: 48–96.
14. DAVIS, B. J., and ORNSTEIN, L., High resolution enzyme localizations with a new diazo reagent, "hexazonium pararosaniline". *J. Histochem. & Cytochem.*, 1959, **7**: 297–298.
15. GOMORI, G., Sources of error in enzymatic histochemistry. *J. Lab. & Clin. Med.*, 1950, **35**: 802–809.
16. HUNTER, R. L. and BURSTONE, M. S., The zymogram as a tool for the characterization of enzyme substrate specificity. *J. Histochem. & Cytochem.*, 1960, **8**: 58–62.
17. BURSTONE, M. S., and HUNTER, R. L., Unpublished data.
18. LOVELESS, A. and DANIELLI, J. F., A dye phosphate for the histo- and cytochemical demonstration of alkaline phosphatase, with some observations on the differential behavior of nuclear and extranuclear enzymes. *Quart. J. Micrs. Sc.*, 1949, **90**: 57–66.

19. RUTENBERG, A. M. and SELIGMAN, A. M., The histochemical demonstration of acid phosphatase by a post-incubation coupling technique. *J. Histochem. & Cytochem.*, 1955, **3**: 455–470.

20. HOLT, S. J. and O'SULLIVAN, D. G., Studies in enzyme cytochemistry I. Principles of cytochemical staining methods. *Proc. Roy. Soc.*, 1958, **148**: 465–480.

21. HOLT, S. J. and SADLER, P. W., Studies in enzyme cytochemistry II. *Synthesis of indigogenic substrates for esterases.*, 1958, **148**: 481–494.

22. HOLT, S. J. and SADLER, P. W., Studies in enzyme cytochemistry III. Relationships between solubility, molecular association and structure in indigoid dyes. *Proc. Roy. Soc.*, 1958, **148**: 495–505.

23. VALKO, E. I., Particle size in wool dyeing. *J. Soc. Dy. & Col.*, 1939, **55**: 173–182.

24. EISTERT, B., *Tautomerie und Mesomerie.* Gleichgewicht und Resonanz, Stuttgart, Enke, 1938.

25. VENKATARAMAN, K., *The Chemistry of Synthetic Dyes.* Acad. Press, N. Y., Vol. 1, 1952.

26. ROBINSON, C., Atomic models, Part 3. Some stereochemical problems in dyeing. *Disc. Faraday, Soc.*, 1954, **16**: 125–132.

27. BAMFORD, C. H., BOULTON, J., HANBY, W. E. and WARD, J. S., The dyeing of synthetic polypeptides. *Disc. Faraday Soc.*, 1954, **16**: 222–229.

28. BHAT, R. V., FORSTER, R. B. and VENKATARAMAN, K., Studies in the naphthol AS series. Part IV. Synthetical experiments I. *J. Soc. Dy. & Col.*, 1940, **56**: 166–178.

29. BURSTONE, M. S., New histochemical techniques for the demonstration of tissue oxidase (cytochrome oxidase). *J. Histochem. & Cytochem.*, 1959, **7**: 112–122.

30. SPIEGLER, L., "Naphthanil" coupling components: relationship between chemical structure and cellulose substantivity. *J. Org. Chem.*, 1953, **18**: 1292–1316.

31. ZOLLINGER, H., Farbevorgänge und Molekülgestalt. *Textil Rundschau*, 1959, **14**; 113–127.

32. FIERZ-DAVID, H. E., BLANGLEY, L. and KAUL, H., Über die Kondensation von asymmetrischen Alkyl- und Aryl-phenylhydrazinen mit 1,2-Naphthochinon. *Helv. Chim. Acta*, 1946, **29**: 1765–1782.

33. FIERZ-DAVID, H. E., BLANGLEY, L. and STREIFF, H., Zur Kenntnis der p-Oxy-azo-Farbstoffe. *Helv. Chim. Acta*, 1946, **29**: 1718–1764.

34. VITTUM, P. W. and WEISSBERGER, A., The chemistry of dye-forming development. *J. Photo. Sci.*, 1954, **2**: 81–96.

35. HÜNIG, S., BALLI, H., FRITSCH, K. H., HERRMANN, H., KÖBRICH, G., WERNER, H., GRIGAT, E., MÜLLER, F., NÖTHER, H. and OETTE, K. H., Heterocyclische Azofarbstoffe durch oxydative Kupplung. *Angew. Chem.*, 1958, **70**: 215–222.

HISTO- ET BIOCHIMIE DES FOYERS INFLAMMATOIRES

ALBERT DELAUNAY* et SUZANNE BAZIN**

Institut Pasteur, Garches, Seine et Oise, France

DANS les foyers inflammatoires prennent place, comme il est facile de l'imaginer, d'innombrables processus chimiques qui sont à la fois cause et conséquence des remaniements de tous ordres dont est le siège le tissu atteint.

Ces processus se traduisent, d'une part, par des variations pondérales souvent importantes des constituants normaux de la trame conjonctive et, de l'autre, par l'apparition de constituants nouveaux. Quelques-uns, parmi ces derniers, sont amenés par le plasma sanguin, d'autres par les globules blancs qui ont franchi, par diapédèse, la paroi des capillaires, d'autres enfin sont la conséquence d'une activité exacerbée des cellules conjonctives.

Tous ces constituants se mêlant aussitôt, il est presque toujours difficile de préciser leur origine. Au reste, d'autres corps, également présents nous demeurent inconnus. Les foyers inflammatoires sont des arches de Noé dont l'inventaire n'est pas près d'être clos.

Cela fait qu'en 1960, c'est-à-dire au moment où nous écrivons, il serait puéril de vouloir être complet. Une fois de plus, il faut choisir. Après réflexion, nous avons adopté un plan où seront passés en revue tour à tour:

les mucopolysaccharides;

le collagène;

l'eau, les protides, les glucides, les lipides, les acids nucléiques et les sels;

les enzymes;

le pH enfin.

Cela fait cinq grands chapîtres. Nous sommes loin de tout savoir, disions-nous plus haut. Le lecteur, pourtant, va reconnaître que déjà, nous savons beaucoup.

I. LES MUCOPOLYSACCHARIDES (MP)

A l'heure actuelle, trois grandes méthodes peuvent être retenues par ceux qui se consacrent à l'examen des MP présents dans les tissus: des méthodes histochimiques, des méthodes faisant usage d'un corps marqué

* Chef du Service de Pathologie expérimentale à l'Institut Pasteur.

** Chargée de Recherches au C.N.R.S.

comme le ^{35}S, enfin des méthodes biochimiques. Toutes les trois ont déjà servi à l'étude des tissus enflammés. Nous rapporterons dans un premier temps, sur un plan analytique, les résultats fournis par l'emploi de chacune d'elles. Puis, nous tenterons de faire, de l'ensemble, une synthèse. Précisons que, dans la règle, seront surtout retenues les données apportées par l'expérimentation. Les données cliniques (au demeurant peu nombreuses) ne seront présentées qu'exceptionnellement.

DONNÉES HISTOCHIMIQUES

Les réactions couramment utilisées ici sont:

le test de la métachromasie au bleu de toluidine;

la réaction de Hale au fer colloïdal;

enfin, la réaction de Hotchkiss-Mc Manus, également connue sous le nom de PAS.

La métachromasie et la réaction de Hale concernent seulement l'étude des MP acides. La métachromasie offerte par ces substances persiste à des pH d'autant plus acides que les groupements anioniques dont ils sont porteurs se trouvent dans un état plus fortement ionisé. On peut donc établir une gamme où se rangent dans l'ordre l'acide hyaluronique, l'acide chondroïtine sulfurique, enfin l'héparine. La métachromasie peut disparaître quand les groupements anioniques ont été bloqués, par exemple par des protéines basiques.

La réaction au PAS, de son côté, est donnée par des polyosides (les molécules plus petites, oses et oligosaccharides, ayant été éliminées, le plus souvent, au cours des lavages); ces polyosides sont, par exemple, le glycogène et les MP neutres. Mais elle peut être donnée aussi par des lipides et des protides lorsque ceux-ci possèdent un groupement cétonique ou aminé en α par rapport à un oxhydrile terminal. Pour que la reaction au PAS soit dite spécifique, il faut donc qu'elle soit effectuée avant et après action de certaines enzymes ou de certains réactifs chimiques: amylase (enzyme qui est capable d'éliminer le glycogène), acétylation (reaction capable de bloquer les groupements diols des polyosides) etc.

A qui se livre à une étude générale des travaux qui concernent les MP des tissus enflammés, il apparait vite que, trop souvent, un contrôle sérieux par actions enzymatiques (type amylase) n'a pas été fait, que, bien souvent aussi, on n'a pas cherché à distinguer les MP acides des MP neutres. Ce qui conduit évidemment à une certaine imprécision. Malgré tout, l'impression d'ensemble que l'on finit par retirer d'une telle étude peut être présentée sous la forme suivante.

Dans la première phase de l'inflammation (e.g., du premier au cinquième jour), les réactions propres à la mise en évidence des MP locaux augmentent nettement d'intensité;

Dans une seconde phase (du cinquième au neuvième jour), l'intensité de ces réactions demeure très élevée;

Enfin, dans une troisième phase (du neuvième au quinzième jour environ), cette intensité diminue peu à peu. Finalement, la réaction que l'on trouve est celle qui était donnée par les tissus normaux.

On comprend bien que tout cela ne vaut que sur un plan très général. Les trois phases auxquelles nous avons fait allusion ont une longueur qui, dans la réalité, dépend pour beaucoup de la cause qui a provoqué l'inflammation. Ainsi, en présence d'un irritant non résorbable (telle la silice), les deux premières phases évoluent lentement. Quant à la troisième, elle se prolonge de façon à peu près indéfinie.

A. *Données Générales*

Nous entendons par: *données générales*, celles qui ont été fournies par des études où les MP de la trame étaient examinés globalement. Autrement dit, des études où les auteurs ne cherchaient pas à préciser la nature des MP mis en évidence.

1. *Plaies cutanées.* En 1934, Bensley avait le mérite de découvrir qu'une substance métachromatique s'accumule en vingt-quatre heures, entre les cellules conjonctives, dans les plaies expérimentales. De 1938 à 1941, Sylven pouvait préciser que les réactions offertes par cette substance augmentent très fortement les jours qui suivent, puis qu'elles diminuent peu à peu d'intensité. Les très nombreuses observations réunies depuis lors dans le même domaine ont confirmé les précédentes; elles ont aussi apporté les précisions que voici.

(a) Près de la substance métachromatique notée par Bensley, existent, dans les tissus enflammés, des MP neutres, PAS positifs. Leur apparition, chez le cobaye, le rat, le lapin etc. et même chez l'homme, correspond à la prolifération fibroblastique. L'accumulation de ces MP neutres précède la production des fibrilles de réticuline. Elle se prolonge jusqu'au cinquième jour environ Penney, et Balfour, Bunting et White, Bunting, McManus et Lupton, Stein et Wolman.

(b) Dans les incisions pratiquées, chez le rat, sur la peau du dos, les réactions propres aux MP acides atteignent leur maximum d'intensité du quatrième au septième jour. Dunphy et Udupa, Balazs et Holmgren ont mesuré la quantité de bleu de toluidine fixée sur les MP métachromatiques des plaies. La quantité trouvée par eux, du sixième au neuvième jour de la réaction, dépassait de deux à trois fois celle notée le premier jour. La quantité présente de MP serait donc de deux à trois fois plus grande.

(c) Au delà du neuvième jour d'évolution, le taux des MP acides métachromatiques et des MP neutres PAS + diminuerait progressivement dans les plaies cutanées. Au dixième jour, les substances en cause pourraient encore être décelées dans les espaces interfibrillaires et à la surface des fibres de collagène (Bradfield et Kodicek). Au quinzième jour, la quantité de bleu de toluidine fixée serait comparable à celle retenue le premier jour (Balazs et Holmgren). Enfin, au bout de quelques semaines (de deux à cinq), il n'y aurait plus aucun excès de MP; la réaction au PAS se montrerait même plus faible que dans la peau normale (Bradfield et Kodicek)

2. *Granulomes*

(a) *Granulomes provoqués par la section d'un tendon.* Au niveau du tendon de la patte du rat au préalable sectionné, Buck a relevé, vers le quatrième jour, l'apparition d'une substance métachromatique. Son taux augmentait jusqu'au douzième jour, restait identique pendant plusieurs semaines, enfin baissait très lentement. Des traces de substance étaient encore visibles au bout d'un an. Dans le tendon, les MP sont donc de formation et de disparition plus lentes que dans les plaies cutanées.

(b) *Granulomes provoqués par la réparation d'une fracture* (fémur). Hudack et coll. ont montré que, dans le fémur brisé du lapin, prend place une substance métachromatique qui est Hale +, résistante à l'hyaluronidase et qui atteint sa plus haute concentration de sept à dix jours après le traumatisme. Cette substance disparaît peu à peu, pendant que s'élaborent les fibres de collagène.

(c) *Granulomes provoqués par l'injection d'une substance irritante.*

(α) *Essence de térébenthine.* Il convient ici de signaler d'abord les observations, désormais classiques, de Gersh et Catchpole. Techniques expérimentales: injections sous-cutanées, dans la région interscapulaire de souris, d'essence de térébenthine, prélévement des peaux traitées de une à vingt-quatre heures et de deux à quatorze jours plus tard. Résultats: moins d'une heure après l'injection, présence dans les fibroblastes de nombreux granules PAS +. Puis, au cours de la semaine suivante, enrichissement progressif de la substance fondamentale en MP également PAS +. Ultérieurement, intensité moindre de la réaction au PAS. Selon Gersh et Catchpole, ces expériences donnaient à penser que les MP sont formés par des fibroblastes jeunes, que, des cellules, ils passent dans la substance fondamentale, que, là, ils sont lentement polymérisés, la polymérisation accompagnant une diminution de l'intensité de la réaction au PAS. Mais, sur la foi des données nouvelles, une telle interprétation apparaît peu plausible, la polymérisation conduisant plutôt à une diminution d'intensité de la réaction.

On doit à Romani des expériences semblables mais effectuées chez le rat. Observations: apparition vers le quatrième jour dans les cellules granulomateuses, et autour d'elles, de MP PAS + mais non métachromatiques. Le taux de ces MP allait en augmentant jusqu'au sixième ou septième jour, c'est-à-dire jusqu'au moment où des fibres de collagène néoformées deviennent histochimiquement décelables.

(β) *Carragéenine.* Zak, Bubelis et Paronetto, ayant injecté de la carragéenine dans le parenchyme hépatique de rats, ont vu que des MP acides, métachromatiques et sensibles à l'hyaluronidase apparaissaient dans la substance fondamentale et que leur accumulation se poursuivait, l'espace de deux semaines.

(γ) *Silice colloïdale.* Injection de silice dans le péritoine de souris. Apparition secondaire d'une substance Hale +, PAS —, non métachromatique (peut être un MP lié à des protéines), d'abord dans les fibroblastes (ceci très rapidement), puis dans les espaces intercellulaires. Abondance croissante de cette substance jusqu'à l'apparition de fibrilles de réticuline, puis diminution quand se multiplient les fibres de collagène. Autre type d'expériences: injection de silice chez des cobayes. Résultats : formation de MP moins accusée que chez les souris. Multiplication considérable des fibres de réticuline, moindre des fibres de collagène (Curran, Curran et Kennedy).

Pour sa part, Schmidt-Matthiesen a observé que, dans le granulome silicotique du rat, les réactions métachromatiques, Hale et PAS, sont d'abord intenses à la partie périphérique de la lésion (là où se multiplient les cellules). Puis, du dixième au dix-huitième jour, la même intensité se manifeste aussi dans la partie centrale. Alors, dans le cytoplasme des macrophages, on arrive à distinguer des granulations métachromatiques et Hale +.

A ajouter encore des recherches de Gedick et Pioch. Injection souscutanée de silice à des rats. La multiplication fibroblastique qui se trouve déclenchée se montre d'autant plus intense que les particules injectées ont une taille plus fine. Corrélativement, la fixation des MP est d'autant plus nette qu'apparait plus active la prolifération cellulaire.

Heppleston et Keyser ont également constaté que la réaction au bleu de toluidine et au bleu Alcian est surtout positive, dans le granulome silicotique du lapin, au niveau de la zone de prolifération fibroblastique.

(δ) *Substance inerte* (spongel). En 1953, Du Boistesselin et De Brux ont signalé qu'après implantation de spongel sous la peau du dos, chez le rat, la réaction PAS est fortement positive au septième jour, donc quand la multiplication des macrophages et des fibroblastes atteint son maximum. Cependant, au quinzième jour, la réaction redevient faible; elle peut même être nulle. A citer, dans le même domaine, des recherches de Saunders et Taylor. Introduction, sous la peau du dos du rat, de fragments d'éponge de gélatine. Prélèvements des fragments entourés de leurs coques fibrocellulaires, échelonnés du premier au quatorzième jour. Fixation, coupe de ces coques et examens des coupes colorées. Résultats : les auteurs ont été à même de noter sur les coupes une apparition précoce de MP métachromatiques et Hale+. Ces MP, intercellulaires, prenaient place dès le début de la prolifération fibroblastique. Ils tendaient à disparaitre quand allaient en se multipliant les fibres de réticuline, puis de collagène.

3. *Cirrhoses hépatiques.* En 1953, Balasubrahmanyan a signalé que, dans le foie des rats traités par le CCl_4, des MP se déposent là où se reproduisent les cellules conjonctives, qu'ils disparaissent progressivement quand les fibres se développent, qu'ils ne réapparaissent pas quand, après arrêt du traitement, la fibrose régresse.

4. *Lésions expérimentales du coeur et des vaisseaux.* En 1954, McGill et Holman ont soumis des chiens à un régime riche en graisses puis, chez ces animaux, ont provoqué une insuffisance rénale par injection de Cl_2Hg ou de nitrate d'urane. Des lésions nécrotiques ont alors fait leur apparition au niveau de l'endocarde, de l'aorte et des artères. Ces lésions se caractérisaient par l'absence de cellules réactionnelles. Les MP acides qu'elles contenaient donnaient au début une forte réaction métachromatique et Hale +. Ils étaient résistants à l'hyaluronidase. Parallèlement à l'accumulation des MP, prenait place une fragmentation des fibres de collagène et d'élastine. Plus tard, le processus nécrotique continuant d'évoluer, les réactions offertes par les MP acides diminuaient d'intensité, la réaction PAS résistante à la digestion salivaire allait au contraire en s'intensifiant. Cela traduisait sans doute l'entrée en scène de MP neutres.

5. *Lésions produites par l'application de radiations ionisantes.* Cinq à sept jours après l'irradiation totale d'un cobaye par des rayons X, s'accumulent, dans le derme, des MP Hale +. Cette accumulation persiste de une à deux semaines. Elle accompagne l'augmentation locale de la perméabilité capillaire (Upton et Gude).

6. *Lésions produites par l'application de substances cancérigènes.* A noter ici des observations de Prodi et de Maltoni. Après application de carbures

cancérigènes sur la peau du lapin se forme en 24 heures, dans la partie immédiatement sous-épidermique du derme, une substance métachromatique qui est sensible à l'hyaluronidase. Peu à peu, cette substance s'accumule dans la partie profonde du derme puis elle tend à disparaître lentement (en 80 jours environ).

7. *Lésions humaines d'origine spontanée.* En 1951, Atschuler et Angevine ont signalé que les réactions histochimiques données par les MP acides augmentaient (plus ou moins) d'intensité dans les lésions caractéristiques du R.A.A., de l'arthrite rhumatoïde, du lupus érythématheux, et au niveau de traumatismes divers. La réaction pouvait être positive, alors que la prolifération cellulaire était absente, par exemple dans des lésions cardiaques et rénales évoluant chez des sujets atteints de lupus érythémateux ou de fièvre rhumatismale et dans les parois vasculaires des artérioscléreux.

En 1958, Cavallero a montré qu'au niveau de granulomes tuberculeux humains, existent des substances dont la métachromasie se manifeste aux pH 2,5–4,3 et 6,5. Ces substances sont partiellement sensibles à l'hyaluronidase testiculaire. Il s'agirait donc d'un mélange de plusieurs MP acides. Par ailleurs, Cavallero a mis en évidence, dans des cellules géantes, la présence de MP neutres, PAS +.

B. *Identification des MP présents dans les Foyers Inflammatoires*

1. *Acide hyaluronique*

(a) *Modes d'identification.* L'acide hyaluronique a pu être identifié, dans les foyers inflammatoires, de deux façons:

(α) *Après emploi d'une hyaluronidase bactérienne.* Celle-ci hydrolyse spécifiquement l'acide. Quand une coloration métachromatique disparaît après incubation en présence d'une hyaluronidase bactérienne, on est en droit de dire qu'on se trouve en présence d'acide hyaluronique. Cette méthode a été utilisée notamment par Campani et Reggiani, par Curran et Kennedy.

(β) Par l'utilisation de la *technique* du Bi-col, de Stein et Wolman. Dans cette technique, se voient colorés en bleu les groupements faiblement acides (cf. acide hyaluronique) et en rouge les groupements fortement acides (cf. acide chondroïtine-sulfurique, héparine, etc.).

(b) *Résultats.* C'est à Campani et Reggiani que nous devons d'avoir appris, pour la première fois, que de l'acide hyaluronique pouvait exister dans les plaies cutanées. Il serait même le seul MP présent dans le granulome qui vient de prendre place. Seulement un peu plus tard, apparaîtrait un autre MP qui, lui aussi, serait métachromatique mais qui se différencierait du précédent par une moindre abondance et, surtout, par sa résistance aux hyaluronidases bacteriénne et testiculaire. L'acide hyaluronique, dans les plaies cutanées, a également pu être détecté par mise en évidence à son niveau de groupements faiblement acides (coloration bleue par la technique du Bi-col. (Stein et Wolman).

2. *Acides chondroïtine-sulfuriques*

(a) *Modes d'identification.* Deux méthodes peuvent également être utilisées ici. On peut tabler, en premier lieu, sur la sensibilité à l'hyaluronidase testiculaire jointe à l'insensibilité à l'hyaluronidase bactérienne. Cela permet de mettre à part les acides chondroïtine-sulfurique A et C. Quant à l'acide chondroïtine-sulfurique B, il offre ceci de particulier (caractéristique qu'il partage d'ailleurs avec l'héparine et le kératosulfate) qu'il est réfractaire à l'action de toutes les espèces de hyaluronidases.

On peut également, dans une autre voie, se servir de la coloration dite Bi-col, de Stein et Wolman. Les groupements fortement acides propres aux acides chondroïtine-sulfuriques A,B,C, (et non moins à l'héparine) conduisent à l'obtention de colorations rouges.

(b) *Résultats.* De l'acide chondroïtine-sulfurique a été trouvé dans des plaines cutanées. Il s'agirait, plus précisément des acides chondroïtine-sulfuriques A et C. La première observation, encore douteuse, a été faite ici par Bunting et White. Un peu plus tard, confirmation était apportée par Campani et Reggiani.

La détection des acides chondroïtine-sulfuriques par la technique du Bi-col dans des plaies cutanées et musculaires a été faite, d'autre part, par Stein et Wolman.

Ajoutons enfin que, d'après Curran et Kennedy, il y aurait, dans les granulomes silicotiques moins d'acides chondroïtine-sulfuriques A et C que d'acide hyaluronique. Les premiers résideraient surtout au sein des fibroblastes mais ils ne seraient pas absents autour des fibres de collagène, quand celles-ci sont nombreuses.

3. *Dérivés hépariniques.* Plusieurs observations sont venues montrer que ces dérivés existent dans les plaies cutanées. Ainsi, Sylvén, après avoir observé une lyse des granulations mastocytaires dans un tissu sous-cutané de rat qui avait été incisé, est parvenu à déceler localement des MP dont la métachromasie, par son intensité et sa résistance à l'action de l'alcool, rappelait tout à fait celle que donne l'héparine.

DONNÉES FOURNIES PAR L'EMPLOI D'ISOTOPES RADIOACTIFS

On sait que les travaux de Layton, de Dziewiatkowski et coll., de Boström et coll. ont montré qu'une injection chez l'animal de $^{35}SO_4Na_2$ est suivie d'une élimination rapide (en 24 à 48 heures) de 80 p. 100 du soufre marqué. La quantité restante demeure fixée dans l'organisme et elle est fixée presque en totalité dans les MP sulfatés (A. CH. S., héparine, etc.). L'utilisation de $^{35}SO_4Na_2$ peut donc servir à l'étude des MP sulfatés présents dans les tissus irrités. En fait, elle a déjà été mise à contribution sur plusieurs types d'inflammation.

1. *Plaies cutanées et musculaires.* En 1950, Layton a constaté que des fragments de muscle déposés *in vitro* n'absorbent pas le ^{35}S, que celui-ci, en revanche, est fixé par du tissu musculaire en régénération (après traumatisme) aussi bien que par du tissu embryonnaire. En 1957, expériences de Moltke. Celles-ci avaient l'intérêt de préciser que l'incorporation du ^{35}S chez le cobaye est active surtout dans le tissu qui borde la plaie, qu'une augmentation progressive se produit du troisième au septième jour. A mentionner enfin, l'année suivante, de nouvelles recherches de Layton et coll. Une incision avait été faite sur la cuisse d'un poulet de deux semaines qui avait été suivie, deux jours plus tard, d'une injection de $^{35}SO_4Na_2$. L'incorporation du ^{35}S est apparue quatre fois plus forte dans le tissu cicatriciel prélevé sept jours plus tard que dans la peau normale.

En 1955, Upton, Odell et Crude ont signalé qu'au niveau des plaies cutanées provoquées chez le cobaye, l'incorporation de ^{35}S atteint son intensité la plus grande dans la zone de prolifération fibroblastique, là où se forme du collagène en grande quantité.

2. *Granulomes*

(a) *Granulomes provoqués par la section d'un tendon.* Les tendons en voie de régénération après section incorporeraient activement le soufre marqué dans les premières heures de la réaction conjonctive dont ils sont le siège. L'incorporation deviendrait moins forte quand le tissu s'appauvrit en cellules et s'enrichit en collagène (Loewi et Kent).

Kodicek et Loewi nous ont appris, par ailleurs, que dans le tissu tendineux de la patte de cobaye qui subit une régénération après section, l'incorporation du ^{35}S devient perceptible dès le cinquième jour. Elle augmente fortement le sixième, atteint son maximum le septième, est étale jusqu'au quinzième, enfin baisse peu à peu jusqu'à revenir, le vingt-huitième jour, à des chiffres normaux.

(b) *Granulomes provoqués par l'injection de substances irritantes.*

(α) *Carragéenine.* Slack. Au sein du granulome provoqué par une injection sous-cutanée de carrageenine chez le cobaye, l'incorporation du ^{35}S atteint son maximum vers le cinquième ou sixième jour. Elle apparaît surtout rapide au sein de la fraction soluble dans une solution de ClNa O, 2M de pH 7,4 (maximum en moins de 24 heures) mais elle ne s'y maintient pas (une chute de 80 pour cent survient en quatre jours). Au maximum, elle dépasse de dix fois celle qui est observée dans la même fraction, isolée, de la peau normale. Cependant, dans la fraction insoluble, l'incorporation apparaît plus lente (maximum atteint cette fois en trente-six heures). Elle est aussi moins intense (seulement 2,5 fois celle observée dans la même fraction extraite du tissu cutané normal). En revanche, la radioactivité, dans cette fraction, décroît beaucoup plus lentement (chute de 80 pour cent en douze jours). Les dosages effectués par ailleurs sur le soufre des MP sulfatés ont indiqué que le taux maximum était atteint dès le huitième jour et qu'il demeurait tel jusqu'au dixième. Plus tard, se dessinait une baisse progressive. Le retour à la normale se produisait vers le quatorzième jour. L'augmentation portait principalement, vers le troisième jour, sur la fraction soluble dans une solution de ClNa 0,2M de pH 7,4 puis, au cinquième-sixième jour, sur la fraction insoluble. Il apparaît par là que la fraction soluble doit contenir un précurseur de la fraction insoluble.

(β) *Huile de croton.* Junge-Hülsing a injecté du $^{35}SO_4Na_2$ à des rats, porteurs d'une inflammation provoquée par une injection d'huile de croton dans une poche à air ("pouch") déterminée sous la peau du dos. Il a observé une incorporation maximum du septième au dixième jour, puis un retour à la normale vers le dix-septième jour. L'incorporation du ^{35}S dans le foyer inflammatoire dépassait dans son intensité de trois fois et demi (24 heures après l'injection) et de deux fois (48 heures après) celle qui prend place dans le tissu normal. Au niveau du foyer inflammatoire, le turnover des MP sulfatés apparaît dans ces conditions plus rapide qu'au niveau du tissu normal.

(c) *Granulomes provoqués par l'implantation d'une substance inerte* (coton). Hershberger, Hansen et Ranney ont injecté du $^{35}SO_4Na_2$ à des rats porteurs d'un implant de coton sous-cutané. Ils ont remarqué que, dans le tissu inflammatoire qui entourait l'implant, l'incorporation du ^{35}S était beaucoup plus forte que dans le tissu sous-cutané normal. Elle augmentait du quatrième au sixième jour. Elle atteignait alors le taux maximum. Puis, s'amorçait une diminution progressive. Au douzième jour, toutefois, le taux observé restait encore très supérieur au taux normal.

DONNÉES BIOCHIMIQUES

Pour déceler par voie biochimique des MP dans un tissu normal ou enflammé, beaucoup d'auteurs ont recours à des dosage d'*hexosamines*. Par ces dosages, on titre les MP neutres aussi bien que les MP acides et encore les glycoprotéines sériques quand sont en cause des tissus enflammés.

Certains auteurs dosent en même temps les *acides uroniques*. Ceux-ci concernent uniquement des MP acides.

On peut aussi doser séparément glucosamine et galactosamine. La première correspond à l'acide hyaluronique et aux MP neutres, la seconde, en majeure partie, aux acides chondroïtine-sulfuriques. On admet, en général, quand les dosages d'acides uroniques et de glucosamine donnent des chiffres égaux, que l'on se trouve en présence d'acide hyaluronique. Lorsque les MP acides ont été extraits dans un état de purification convenable, on peut essayer enfin de les séparer par électrophorèse et de les identifier d'après les caractères de leur mobilité électrophorétique.

Les tissus enflammés ont donné lieu déjà — en ce qui concerne les mucopolysaccharides — à de nombreux dosages; cette fois encore, nous rapporterons les résultats enregistrés en fonction de la nature du matériel examiné.

1. *Plaies Cutanéous-muqueuses*

(a) *Plaies cutanées*. En 1955, Dunphy et Udupa ont dosé les hexosamines dans des granulomes provoqués chez le rat par des incisions de la peau du dos. Trois jours après le début de l'expérience, la teneur en hexosamine déterminée dépassait du double celle trouvée dans un tissu normal. Par la suite, le taux baissait lentement. Le retour à la normale se faisait en une quinzaine de jours.

De leur côté, en 1958, Grillo, Watts et Gross, ayant découpé des carrés de peau sur le dos de cobayes, ont titré les hexosamines dans les granulomes réactionnels. Au bout de 24 heures, la teneur en hexosamines était plus élevée que dans un tissu normal. Elle correspondait à peu près à celle du plasma. Au delà, la teneur avait tendance à diminuer progressivement jusqu'au dixième jour. D'après ces auteurs, l'augmentation du taux relevée le premier jour traduirait seulement une imbibition plasmatique. A leur avis, le dosage des héxosamines totales comme procédé d'étude des MP tissulaires serait criticable.

En 1957, Snellman, Ottoson et Sylvén sont parvenus, par une méthode spécifique (au thiocynate), à isoler de l'héparine du tissu cicatriciel de rats (plaies cutanées âgées de trois jours). La quantité obtenue était identique à celle trouvée dans la peau témoin.

(b) *Plaies muqueuses.* Selon Forscher et Cecil, le taux d'hexosamines présentes dans la voute palatine du rat irritée par l'application d'un courant de haute fréquence resterait stable durant 36 heures puis diminuerait de 35 pour cent au cours du troisième jour. Au delà, il resterait inchangé jusqu'au quatorzième jour, époque à laquelle la cicatrisation n'est pas encore totalement terminée.

2. *Granulomes*

(a) *Granulomes provoqués par la section d'un tendon.* Kodicek et Loewi par examen du tendon de la patte sectionné et en voie de régénération chez le cobaye, ont constaté une montée rapide du taux des hexosamines. Le taux maximum (trois à quatre fois le taux normal) était atteint le quatrième jour. Ce taux se maintenait élevé juqu'au douzième. Après le seizième jour, s'amorçait le retour à la normale. Par électrophorèse, les mêmes auteurs ont pu détecter la présence d'acide chondroïtine-sulfurique dès le sixième jour.

(b) *Granulomes provoqués par une fracture expérimentale.* En 1952, Maurer et Hudack ont extrait, au moyen du $CaCl_2$, à partir de cals âgés de 7 à 9 jours et secondaires chez le lapin à une fracture du fémur, un MP acide qu'ils ont pu caractériser par électrophorèse, et aussi d'après sa teneur en acide uronique et en hexosamine; il s'agissait d'acide hyaluronique.

(c) *Granulomes provoqués par l'injection d'une substance irritante.*

(α) *Essence de térébenthine.* Bazin et Delaunay ont pu montrer que, dans le granulome provoqué par l'essence de térébenthine, le taux des hexosamines totales se trouve en 24 heures multiplié par deux (au moins) et que l'augmentation en cause porte surtout sur une fraction mucopolysaccharidique soluble dans un tampon phosphate de pH 7,8.

(β) *Huile de croton.* Selon Baggi et Prodi, le granulome déterminé chez le cobaye par une injection intrapéritonéale d'huile de croton contient un taux d'hexosamine supérieur à celui trouvé dans l'epiploon et le mésentère normaux. L'élévation du taux débute vingt-quatre heures après l'injection. Vingt-quatre heures plus tard, le taux atteint dépasse de 65 pour cent le taux normal. Houck et Jacob ont signalé des faits analogues. Ils ont vu, par exemple, qu'après injection d'huile de croton dans le derme du rat, le taux des hexosamines augmente rapidement jusqu'au quatrième jour. Il atteint, les jours suivants, des chiffres de trois à quatre fois supérieurs aux chiffres trouvés dans la peau normale. Plus tard, au septième jour, une baisse légère se fait sentir (alors que, macroscopiquement, le tissu atteint est surtout nécrotique).

On doit également à Baggi et Favilli une étude de liquides d'épanchements péritonéaux (cobayes) ou pleuraux (lapins) qui avaient été provoqués par une injection locale d'huile de croton. Ici, les auteurs ont constaté que la viscosité des liquides diminuait d'environ 70 pour cent après mise en jeu d'hyaluronidase testiculaire ou bactérienne. Pour cette raison, ils ont pensé que leurs liquides renfermaient de l'acide hyaluronique. La concentration de celui-ci serait en rapport avec l'intensité du processus réactionnel (e.g. la quantité d'huile de croton injectée). G. Ludany ayant isolé de l'acide hyaluronique de leucocytes inflammatoires du rat (et même en quantité importante: de 0,7 à 0,8 pour cent), il ne serait pas impossible que, dans le cas étudié par Baggi et Favilli, l'acide hyaluronique mentionné relève de la même source.

(γ) *Carragéenine* (en moyenne 5 ml d'une solution à 1 pour cent injectée par voie sous-cutanée chez le cobaye).

Observations de W. Van B. Robertson, H. Hinds et coll. Le taux des hexosamines, d'abord élevé, diminue du huitième au quatorzième jour (alors que le taux du collagène continue d'augmenter). La diminution porte surtout sur une fraction de MP insoluble dans un tampon phosphate de pH 7. Cette partie contenant des hexosamines et des acides uroniques dans un rapport égal à 1, il s'agit, selon toute vraisemblance, d'acide hyaluronique.

Observations de Slack. Dans le granulome provoqué par la carragéenine, le taux des hexosamines augmente très rapidement. Déjà élevé le troisième jour, il atteint son maximum vers le cinquième ou sixième jour, les chiffres trouvés dépassant alors du double les chiffres normaux. Puis survient une baisse progressive qui s'achève par un retour à la normale. Détail intéressant: au moment de l'élévation maximum, 60 pour cent des hexosamines sont solubles dans une solution de ClNa 0,2 M de pH 7,4, alors que, dans la peau normale, le chiffre correspondant n'est que de 33 pour cent. L'augmentation enregistrée concerne donc surtout la fraction soluble.

Observations de Robert. Cet auteur a porté son attention sur des liquides d'exsudat retirés de granulomes provoqués chez le rat ou le cobaye par une injection de carragéenine. Il a trouvé une teneur en glycoprotéines (MP "neutres") inférieure de 25 pour cent à celle mise en évidence au même moment dans le plasma des animaux (titrages par la teneur en acide sialique). Cependant, le rapport glycoprotéines/globulines α et β était un peu supérieur (de 10 pour cent). Cela devrait permettre de conclure que les liquides d'exsudat contiennent moins de macromolécules que le plasma et que les complexes MP "neutres" observés dans les deux cas sont différents.

Robert a découvert, par ailleurs, que le granulome formé par la carragéenine sous la peau du rat ou du cobaye contenait au sixième jour plus d'hexosamines (de une à deux fois) et d'hexoses que le tissu normal. Le rapport hexosamines/acides uroniques était de 4. Un tel résultat mène à cette conclusion que, dans le granulome, les MP "neutres" sont plus abondants que les MP acides.

Observations personnelles. Après injection de carragéenine sous la peau du lapin, se produit, en 24 heures, une augmentation du taux des hexosamines qui est de l'ordre de deux fois. L'augmentation porte principalement sur une fraction soluble dans un tampon phosphate de pH 7,8.

(d) *Granulomes provoqués par une injection d'antigène* (inflammation allergique). Bazin et Delaunay ont pu montrer que, dans la masse granulomateuse caractéristique des phénomènes d'Arthus et de Shwartzman chez le lapin, existe, au bout de vingt-quatre heures dans le premier cas, de cinq heures dans le second, un taux d'hexosamines supérieur de plus de deux fois à celui trouvé dans le tissu sous-cutané normal. L'augmentation porte surtout sur une fraction soluble dans un tampon de pH 7,8.

(e) *Granulomes provoqués par l'implantation d'une substance inerte.*

(α) *Eponge de polyvinyle.* Noble et Boucek ont remarqué que, dans le néotissu formé, sous la peau du rat, autour d'un fragment d'éponge de polyvinyle, se produisait, jusqu'au sixième jour, un enrichissement en hexosamines. Au delà, le taux demeurait constant; il était encore élevé au trois centième jour. Au sixième jour, 70 pour cent des hexosamines étaient solubles dans l'eau physiologiques. Au vingtième jour, et de même au trois centième, ce pourcentage n'était plus que de 45 pour cent. A préciser que, dans ces expériences, le poids de tissu néo-formé autour du fragment d'éponge n'avait pas cessé d'augmenter.

Les hexosamines dosées comprenaient de la glucosamine et de la galactosamine. La première existait, seule, jusqu'au neuvième jour dans la fraction insoluble et jusqu'au quinzième dans la fraction soluble dans l'eau physiologique. La seconde apparaissait dans la fraction insoluble au neuvième jour. Elle y augmentait progressivement pour représenter, du huitième au trois centième jour, le tiers des hexosamines. Dans la fraction soluble, elle faisait son apparition vers le quinzième jour et augmentait assez pour représenter finalement 25 pour cent (environ) des hexosamines de cette fraction. En 1959, Boucek, Noble et Woessner ont été en mesure de confirmer leurs premiers résultats. Ils ont montré, en outre, que l'apparition de la galactosamine coïncidait avec une chute du taux du collagène soluble dans l'acide acétique.

Des implants d'éponge de polyvinyle ont encore été utilisés—comme matériel d'expérience—par Bollet et coll. Pour ceux-ci, dans le tissu néoformé, existent, pendant la première semaine, de l'acide hyaluronique et de l'acide chondroïtine-sulfurique A (et peut-être C). A partir de la seconde semaine, vient s'ajouter de l'acide chondroïtine-sulfurique B. Le taux de celui-ci augmente pendant que celui de l'acide A (ou A+C) diminue.

(β) *Cylindre en acier inoxydable.* En 1959, Shetlar, Lacefield, White et Schilling ont introduit sous la peau de cobayes des cylindres d'acier inoxydable percés de trous, puis ont prélevé le tissu inflammatoire qui avait pénétré à l'intérieur du corps étranger. Ils ont trouvé que le taux des hexosamines et des hexoses y était élevé au septième jour et qu'il se maintenait élevé jusqu'au quarante-deuxième jour. Cependant, le taux des acides uroniques était encore très bas au septième jour. Il augmentait jusqu'au vingt-huitième jour. Après cela, il demeurait constant. De toute manière, il était inférieur à celui des hexosamines. Il apparait, par là, que, dans ce cas particulier, se trouvent surtout en cause des MP neutres ou des glycoprotéines. Venant sans doute de ces corps, on a pu jusqu'à présent caractériser par électrophorèse du galactose et du mannose. On a trouvé aussi du glucose (origine probable : le glycogène).

3. *Cirrhoses hépatiques.* A signaler ici des observations de Singer, Hutterer, Kent, Zak et Popper. Ces auteurs, ayant provoqué des cirrhoses hépatiques chez le rat au moyen d'éthionine, ont constaté que le taux des hexosamines hépatiques augmentait de 60 pour cent entre la sixième et la septième semaine. Au même moment, la métachromasie du tissu devenait plus prononcée.

4. *Liquides synoviaux.* (Inflammations humaines d'origine spontanée).

Jusqu'à présent, l'acide hyaluronique a été recherché par dosage de la glucosamine dans le "mucin-clot" du liquide synovial (Ogston et Stanier) et par électrophorèse (W. Pigman et coll.). Des valeurs identiques ont été apportées pour des liquides normaux et des liquides pathologiques; toutefois, au sein de ces derniers, la viscosité était plus faible. Cela tiendrait, pour Ogston et Stanier et aussi pour Johnston, au fait que les liquides pathologiques renferment des molécules anormales ou partiellement dépolymérisées. Mais on pourrait penser qu'il se forme également des complexes nouveaux avec les protéines du liquide synovial. Ainsi, Pigman a trouvé, dans des complexes extraits d'exsudats d'arthritiques, des α et des β globulines en proportions différentes de celles qui sont généralement observées chez les individus normaux.

En 1957, Bollet, Seraydarian et Simpson ont découvert, dans les liquides provenant de quatorze malades atteints d'épanchements pleuraux, péricardiques et péritonéaux, de 44 à 1400 μg/ml d'acides uroniques. Les taux les plus élevés étaient trouvés dans des épanchements péricardiques provenant de sujets atteints de lupus érythémateux, les taux les plus faibles dans des épanchements péritonéaux secondaires à une cirrhose du foie. Par chromatographie, deux composants ont fini par être isolés; le premier avait les caractères de l'acide hyaluronique, le second d'un acide chondroïtine-sulfurique. Tous deux étaient hydrolysés par l'hyaluronidase. Les hexosamines se répartissaient en glucosamine (58 pour cent) et en galactosamine (42 pour cent).

Arrêtons ici notre exposé analytique. Venons en à la synthèse. Du long exposé que nous venons de faire, on peut, semble-t-il, dégager les conclusions suivantes.

1. Le taux des MP est plus élevé dans les tissus enflammés que dans les tissus sains. Ce taux augmente rapidement, dès le début de la multiplication fibroblastique. Il peut atteindre finalement des valeurs qui sont de trois à quatre fois supérieures aux valeurs normales.

2. L'augmentation porte d'abord sur la fraction mucopolysaccharidique qui est soluble dans les solutions physiologiques ou dans des tampons de pH physiologique. Elle porte secondairement sur la fraction insoluble (fraction qui est plus ou moins liée à des substances insolubles, à du collagène notamment). Les deux fractions contiennent des MP neutres et des MP acides. Parmi ces derniers, les MP sulfatés, type acide chondroïtine-sulfurique, apparaissent en moins grande abondance que les MP non sulfatés, type acide hyaluronique, cela étant surtout vrai pour la fraction soluble. L'héparine, de son côté, semble peu touchée.

3. La rapidité avec laquelle le taux augmente parait être influencée par le type d'inflammation en cause. De toute façon, le taux maximum paraît atteint quand commencent à se multiplier activement les fibres de réticuline puis de collagène.

4. Ultérieurement, le taux diminue. La chute est progressive, proportionnelle, semble-t-il, à l'importance de la formation des fibres de collagène.

5. Le retour à la normale se fait plus ou moins vite. En règle générale, quand il se produit, le stade terminal de la réaction inflammatoire n'est pas encore atteint.

6. Faute de place, nous avons dû renoncer à passer en revue dans les pages qui précèdent, les effets exercés sur la teneur en MP des tissus enflammés par des carences vitaminiques ou des surcharges hormonales. Mais un travail récemment paru en a fait largement état. Il permet de conclure ainsi : les exemples ne sont plus rares qui montrent que, chez l'animal, l'état vitaminique ou hormonal (surcharges, carences) est à même de modifier, assez largement, la réaction normale des MP dans les tissus enflammés, comme il le fait dans les tissus normaux.

II. COLLAGÈNE

Le collagène, chacun le sait, est un des constituants fondamentaux de la trame conjunctive. Il occupe les espaces extracellulaires. Dans la trame qui devient la proie d'une lésion inflammatoire, les fibres de collagène préexistantes, très souvent, dégénèrent. Le fait est particulièrement net quand le processus qui a pris naissance s'accompagne de nécrose.

Quand, à la lésion initiale, succède la réaction inflammatoire se forme plus ou moins vite un néotissu où abondent les cellules conjonctives. Dans ce néotissu, du collagène apparaît peu à peu. Son apparition peut être rapide. Plus tard, quand la réaction inflammatoire touche à la seconde phase de son évolution, le taux du collagène augmente encore. Il y a même des cas (inflammations chroniques, scléroses) où la concentration finalement atteinte se montre considérable. Enfin, au cours de la phase terminale (celle qui se caractérise par la résorption du granulome), deux éventualités peuvent s'offrir. Ou bien le taux du collagène diminue progressivement pour revenir au taux initial, ou bien il demeure élevé. Cette seconde éventualité se rencontre principalement en cas de cicatrice pauvre en eau.

Ceci dit, pour mieux montrer les différentes évolutions possibles, il nous faut revenir sur chacune d'elles. Tour à tour, nous envisagerons:

ce que devient le collagène préexistant dans les foyers inflammatoires;

la néoproduction du collagène dans les mêmes foyers;

le sort du collagène néoformé.

DEVENIR DU COLLAGÈNE PRÉEXISTANT DANS LES FOYERS INFLAMMATOIRES

A. *Données Histologiques*

Nous ne pouvons ici être complets. Nous nous bornerons à des données qui nous paraissent particulièrement significatives.

Expériences de C. A. Ross et C. J. Walker. L'abdomen de rats est exposé à des températures de l'ordre de 50 à 80°C pendant une à deux minutes. La peau abdominale est ensuite prélevée, fixée au Carnoy, incluse, coupée, finalement colorée (acide phosphomolybdique + bleu d'aniline + orange B, corps dissous dans du méthanol). Colorées de cette façon, des fibres de collagène normales apparaissent en bleu. La même coloration se retrouve sur les coupes de peaux exposées à une température de 60°C. Elle n'existe plus en revanche sur celles faites avec des peaux qui ont été soumises à une température plus élevée. En ce cas, les fibres gonflées sont teintées en jaune.

Toutefois, quand, avant coloration, la peau provenant d'animaux soumis aux plus hautes températures a été traitée par un tampon de pH 7,7 ou une solution de ClNa M/6, les fibres de collagène redeviennent bleues. Cela prouve que la chaleur a modifié les fibres en solubilisant un de leurs constituants et que celui-ci peut être extrait par un tampon de pH 7,7 ou une solution de ClNa M/6.

Expériences de J. Abello. Cet auteur a constaté que, dans des nodules tuberculeux d'origine humaine, les fibres de collagène préexistantes paraissent gonflées, qu'elles sont en outre devenues argyrophiles. A rapprocher peut-être de celles-ci, des expériences plus récentes de Majno. Cet auteur, ayant implanté des fragments de tendon de queue de rat sur la peau du dos de rat, a remarqué que, dans un laps de temps allant de sept à quinze jours, les fragments insérés subissent un raccourcissement de l'ordre de 20 à 60 pour cent. A son avis, ce raccourcissement devrait être mis sur le compte de la réaction inflammatoire qu'entraîne la mise en place des implants. En effet, chez les animaux traités par la cortisone, alors que cette réaction ne se produit pas ou, du moins, qu'elle est très faible, les fragments de tendon insérés gardent leur longueur initiale.

Expériences de G. Williams. Celui-ci, ayant injecté de la carragéenine dans le derme du cobaye, non par voie sous-cutanée mais intradermique, a remarqué qu'au cinquième jour, la multiplication des fibroblastes est accompagnée par une dégradation progressive du collagène local, cette dégradation pouvant aller jusqu'au stade nécrotique (sans formation de fibrinoïde). En 1959, Williams, après avoir confirmé les résultats précédents, a pu préciser que la destruction des fibres de collagène préexistantes, rapide du cinquième ou dixième jour, se poursuit ultérieurement (jusqu'au quatorzième jour) mais plus lentement.

B. *Données Biochimiques*

A signaler ici deux groupes d'observations. D'abord, celles de Forscher et de Cecil. Ces auteurs avaient déterminé une plaie (avec nécrose) de la voûte palatine du rat par l'application d'un courant de haute fréquence. Dans cette plaie, se produisait une chute progressive du taux de l'hydroxyproline qui était de l'ordre de 35 pour cent par rapport au taux normal.

Ensuite, celles de Houck et Jacob. Protocole expérimental: Injection d'huile de croton sous la peau de rats; prélèvement des tissus nécrosés au bout de délais variables. Résultats: baisse progressive du taux de l'hydroxyproline présente dans le tissu conjonctif (disparition des 2/3 en sept jours). Au même moment, augmentation du titre de l'hydroxyproline du sang (le titre se trouvait multiplié par trois).

NÉOFORMATION DU COLLAGÈNE DANS LES FOYERS INFLAMMATOIRES

Cette néoformation accompagne pour ainsi dire toujours l'hyperproduction des MP dont nous avons parlé ci-dessus. Mais son début est un peu plus tardif. Il ne se dessine, dans les granulomes inflammatoires, qu'au bout de plusieurs jours, quand la prolifération fibroblastique subit déjà un ralentissement et que les fibroblastes nouvellement formés ont déjà atteint leur maturité. Peu après, cesse l'hyperproduction des MP.

Il faut toutefois remarquer—nous le montrerons plus loin sur des exemples concrets—que le moment où se forme un excès de collagène peut varier de façon assez nette selon le type d'inflammation en cause. Il arrive souvent que les chimistes décèlent de l'hydroxyproline là où les histologistes ne voient encore aucune fibre de collagène. Souvent ausi, avant la mise en place de fibres typiques, apparaissent de fines fibrilles argyrophiles et de la réticuline.

A. *Données Histologiques*

1. *Plaies cutanées.* En 1951 Bradfield et Kodicek ont signalé la présence, chez le cobaye, au niveau de plaies cutanées âgées de plus de dix jours, de fibres de collagène fines et parallèles qui se coloraient par le PAS. Passé ce temps, la coloration ne se produisait plus.

En 1957, Akazaki a observé la présence, également dans des plaies cutanées, de fines fibrilles très argyrophiles qui prenaient naissance autour des histiocytes. Ces cellules, peu à peu, se voyaient emprisonnées dans un fin réseau. Les véritables fibres de collagène n'apparaissaient que beaucoup plus tard.

2. *Granulomes*

(a) *Granulomes provoqués par la section d'un tendon.* A signaler ici des observations de Buck. Cet auteur, étudiant des granulomes déclenchés par la section du tendon de la patte chez le rat, y a détecté, dès le quatrième jour et à la surface des fibroblastes, de fines fibrilles argyrophiles. Les fibres de collagène de colorabilité normale n'étaient, elles, visibles qu'à partir du quatorzième jour.

(b) *Granulomes provoqués par une injection de substance irritante.*

(α) *Carragéenine.* Après injection sous-cutanée de carragéenine chez le cobaye, Williams a signalé la présence, dans le tissu réactionnel, de fibres argyrophiles. Celles-ci apparaissaient vers le cinquième jour. Peu à peu, elles se transformaient en fibres de collagène. Ces fibres étaient de colorabilité et de largeur normales à partir du quatorzième jour.

En 1958, Ligas et Novelli ont coloré des coupes de granulomes déterminés chez le cobaye par une injection de carragéenine au moyen d'une méthode spéciale mise au point par eux-mêmes. Par cette méthode, les fibres de collagène jeunes se colorent en bleu. Dans le cas présent, elles sont apparues le second jour; elles étaient déjà nombreuses le cinquième jour. Plus tard, elles se transformaient peu à peu en fibres normales (rose). Le "passage" avait lieu du dixième au quatorzième jour.

La même année, ayant injecté de la carrageenine dans le foie de rats, Zak, Bubelis et Paronetto ont vu que des fibres argyrophiles et PAS + apparaissaient, dans les granulomes inflammatoires, dès le quatrième jour et qu'elles se transformaient peu à peu en fibres adultes.

(β) *Silice colloïdale*. Expériences de Schmidt-Matthiesen. Injection de silice par voie sous-cutanée chez des rats. Prélèvement des granulomes, à des moments variés (de deux heures à dix-huit jours après l'injection). Examen des coupes. De fines fibrilles argyrophiles, colorables en jaune clair par la picrofuchsine, existaient en petit nombre dès le troisième jour. Plus tard, elles se multipliaient, s'agglomeraient, se coloraient en rouge, puis en jaune orangé. Cette teinte jaune orangée — obtenue vers le dixième jour — est la teinte prise normalement par le collagène.

Dans notre pays, Policard, Collet et Giltaire-Ralyte ont étudié, au moyen du microscope électronique, la constitution de granulomes silicotiques qui évoluaient dans le poumon ou dans l'épiploon; à leur avis, les premières fibrilles de collagène, très fines, de 100 à 200 Å de diamètre, se forment vers le cinquième jour. Au delà, ces fibrilles s'allongent, s'épaississent et se groupent en faisceaux parallèles.

B. *Données Biochimiques*

En ce cas, le taux du collagène est apprécié par dosage d'hydroxyproline après extraction et hydrolyse.

1. *Plaies cutanées. Observations de M. Abercrombie, M. H. Flint et D. W. James*. Expériences sur des rats. Des plaies cutanées de 17 mm^2, ouvertes, sont pratiquées sur le peau du dos. Cinq, dix, quinze et vingt-cinq jours plus tard, le tissu sous-cutané en voie de néoformation est prélevé et le collagène y est dosé. Résultats: le collagène, d'abord très peu abondant, augmente très rapidement du cinquième au dixième jour, puis plus lentement. (A noter: la période pendant laquelle le taux de collagène monte rapidement est celle où se produit la contraction qui rapproche les deux bords de la plaie).

Observations de D.W. James. Examen des croûtes qui étaient venues recouvrir des plaies de 25 mm^2 pratiquées sur la peau du dos, chez des cobayes. Ces croûtes, qui atteignent leur poids maximum vers le huitième jour, ne renferment pas de fibres de collagène visibles. On y trouve cependant un peu d'hydroxyproline dès le deuxième jour. Cette quantité augmente puis diminue fortement vers le septième jour pour disparaître le dixième. Cette hydroxyproline indique-t-elle la présence d'un précurseur servant à l'édification des fibres dans le tissu de nouvelle formation qui repose sous la croûte? Ce point n'a pas encore été clairement élucidé.

Observations de J. E. Dunphy et K. N. Udupa. Ces auteurs, après avoir pratiqué une incision cutanée longitudinale sur la peau abdominale de rats, ont prélevé le tissu cicatriciel, trois, six, neuf, douze et quinze jours plus tard. Ils ont trouvé que, dans ce tissu, le taux de collagène restait bas jusqu'au troisième jour, qu'il s'élevait jusqu'au neuvième, qu'il s'élevait encore plus vite du neuvième au douzième jour, qu'il redescendait ensuite jusqu'au quinzième.

Observations de B. S. Gould et F. Woessner. Production de plaies circulaires sur la peau du dos du cobaye. Dans ces plaies, du collagène a été trouvé en faible quantité les quatrième et cinquième jours. Puis une augmentation nette a été notée du sixième au huitième jour. A ce moment, les fibres de collagène étaient nettement visibles.

Observations de H. C. Grillo, G. T. Watts et J. Gross, de J. Gross. Production de plaies cutanées carrées de 1, 8 à 2 cm de côté sur le dos de cobayes. Prélèvement des tissus cicatriciels. Dans ces tissus, les auteurs ont trouvé une augmentation rapide du taux du collagène du quatrième au sixième jour et une diminution du septième au dixième.

2. *Granulomes*

(a) *Granulomes provoqué par l'injection de substances irritantes.*

(α) *Carragéenine.* Expériences sur le cobaye (injection sous-cutanée de 5 ml d'une solution à 1 pour cent).

Premières données: celles de Robertson et de Schwartz. Dans le granulome réactionnel, du collagène commencerait à se former au bout du cinquième jour. Au quatorzième, sa teneur évaluée par dosage de l'hydroxyproline serait la teneur normale multipliée par trois.

1956–1957. Expériences de Jackson. Pour étudier le collagène dans le granulome, cet auteur a en recours, lui aussi, à des dosages d'hydroxyproline. La protéine a pu être identifiée, le troisième jour d'évolution de la lésion, sous trois formes: neutrosoluble, acidosoluble et insoluble, ce qui surprend un peu, étant donné qu'à ce moment, l'histologiste n'arrive pas encore à déceler, localement, des fibres néoformées. Sans doute, le collagène neutrosoluble se trouve-t-il, en ce cas, à l'état dissous; quant à la très faible quantité de collagène insoluble observée au même moment, elle proviendrait—du moins, on peut le penser — du tissu sous-cutané préexistant. A partir du cinquième jour, l'augmentation locale du taux de collagène est rapide. Cette augmentation se ralentit vers le neuvième (le fait pouvant être démontré, non seulement par dosage de l'hydroxyproline, mais encore par mesure de l'incorporation de la glycine radioactive); elle se poursuit toutefois jusqu'au vingt et unième jour. De son côté, la proportion de collagène insoluble, qui était de 60 pour cent au début de la réaction, finit par atteindre 80 et même 88 pour cent entre le sixième et le quatorzième jour.

(β) *Silice colloïdale.* En 1957, Daniel-Moussard a dosé le collagène dans un granulome dû à une injection intrapéritonéale de silice (chez des rats et des lapins). Au trentième jour, elle y a trouvé une très forte quantité de collagène (près de cent fois la quantité normale).

Dans un granulome géant déterminé chez le cobaye par une injection intrapéritonéale massive de fines particules de quartz et âgé de deux mois, M. Mosinger et coll. ont trouvé une teneur en protéines totales de l'ordre de 14,2 pour cent. 10 pour cent d'entre elles étaient représentées par du collagène, les autres par des protéines solubles dans un tampon de pH 9. A remarquer que le granulome en question ne contenait que de rares fibres de collagène (il y avait surtout des fibres de réticuline). Ceci contraste avec l'abondance de fibres que récèlent les micronodules de même cause et de même âge. Pour que le micronodule devienne riche en éléments fibrillaires, il faut attendre le troisième mois.

(b) *Granulomes provoqués par l'implantation d'une substance inerte* (fragments d'éponge de polyvinyle). Expériences de Boucek et Noble, de Kao, Boucek et Noble, de Noble et Boucek. Implantations faites sous la peau du rat. Bientôt les fragments d'éponge paraissent envahis par des fibroblastes et se trouvent entourés par une sorte de "capsule" fibreuse, facile à détacher. Aux quatrième et cinquième jours, apparition, dans cette capsule, d'une substance argyrophile; toutefois de l'hydroxyproline n'est décelable qu'après le septième jour. Du septième au vingt et unième jour d'évolution, le taux du collagène augmente rapidement. Ultérieurement, l'augmentation se maintient mais se fait plus lente, à partir du cinquantième jour chez les mâles et du trentième chez les femelles. Le pourcentage de collagène insoluble dans le tissu néoformé serait de 5,2 pour cent au septième jour et de 45,8 pour cent au vingt et unième. Son abondance serait un peu plus grande chez les mâles que chez les femelles.

Expériences de Noble, Frederick, Woessner, Kao et Boucek, de Boucek, Noble et Kao, de Noble et Boucek, Noble et Woessner. Ces auteurs, ayant injecté de la lysine marquée à des rats porteurs d'implants d'éponge de polyvinyle, ont constaté que l'incorporation du radio-élément dans le collagène était aussi rapide dans les granulomes âgés de trois cents jours que dans ceux âgés de vingt jours. Ce qui correspondrait à une demi-vie du collagène de l'ordre de 25 à 30 jours. Pour les mêmes, l'incorporation dans les différentes formes de collagène serait au trois centième jour proportionnelle aux taux de ces formes, soit 10 pour cent de neutrosoluble, 5 pour cent d'acidosoluble et 85 pour cent d'insoluble. De l'ensemble de ces résultats, il ressort que le turnover des différentes formes de collagène est à la fois quasi identique et assez élevé. Sa valeur serait indépendante de la durée du séjour de l'implant dans l'organisme.

3. *Cirrhoses hépatiques*

Expériences de Morrione, de Aterman, de Bazin et Delaunay. Après un long traitement des rats par du tétrachlorure de carbone ou le p-diméthylaminobenzène existe, dans le foie des animaux, une très forte augmentation du taux du collagène. On peut parler d'une teneur double, triple ou même quadruple (par rapport à celle des foies normaux). Les collagènes solubles et d'abord neutrosolubles semblent surtout abondants quand la fibrose s'installe: malgré tout, ils se trouvent dans une proportion qui est relativement faible (Bazin et Delaunay).

En 1959, Singer, Hutterer, Kent, Zak et Popper ont observé, dans le foie de rats traités depuis cinq à six semaines par l'éthionine, une augmentation rapide du taux de collagène. Deux semaines plus tard, le taux atteint était de trois fois supérieur au taux normal. La fraction soluble dans les alcalis dilués (laquelle est différente des collagènes neutro et acidosolubles) ne représentait que 40 pour cent du collagène total (soit la valeur normale multipliée par deux).

4. *Tumeurs.* Grabowska a greffé des tumeurs (primitivement induties par du méthylcholanthrène) dans le tissu sous-cutané de rats. Cinq jours plus tard, l'auteur a vu que ces tumeurs contenaient de 10 à 18 pour cent de collagène (examen du tissu désséché). La quantité correspondante dans le tissu périphérique était de 25 à 35 pour cent. Elle était de 56 pour cent dans le tissu normal.

5. *Lésions produites par l'application de radiations ionisantes.* En 1959, Konno, Altman et Hempelmann ont injecté de la glycine marquée au ^{14}C chez des rats qui devaient être soumis à une irradiation par les rayons X. Secondairement, ils ont extrait le collagène du muscle et mesuré l'évolution de sa radioactivité en fonction du temps écoulé depuis l'injection. Le turnover leur est apparu plus rapide chez les rats irradiés que chez les rats témoins.

SORT DU COLLAGÈNE NÉOFORME DANS LES FOYERS INFLAMMATOIRES

1. *Plaies cutanées.* Il peut arriver que la cicatrisation s'achève sans que le collagène, localement présent, aît retrouvé son taux normal. Ainsi, Abercrombie, Flint et James ont récemment découvert que, dans la cicatrice formée au vingt-cinquième jour, là où avaient été faites sur le dos d'animaux des plaies de 17 mm^2, le collagène ne correspondait au taux normal que dans la proportion de 80 pour cent. Des observations comparables ont été publiées par Dunphy et Udupa. La teneur en collagène déterminée par ceux-ci dans des citatrices cutanées âgées de quinze jours ne représentait que 50 pour cent de la teneur habituelle.

On connaît cependant des cas qui se caractérisent à l'opposé, au niveau de cicatrices déjà achevées, par une teneur en collagène accrue. Tel celui rapporté par Grillo, Watts et Gross. Il s'agissait de plaies cutanées de 1,8 à 2 cm de côté, pratiquées sur le dos du cobaye. La teneur locale en collagène, qui avait beaucoup augmenté du quatrième au sixième jour, et qui était redescendue du sixième au dixième, est enfin demeurée constante (une vérification étant faite au trentième jour) stabilisée autour de chiffres normaux.

Il serait évidemment intéressant de savoir si l'hyperconcentration du collagène persiste dans les cicatrices qui tendent à devenir chéloïdiennes mais, à notre connaissance du moins, un tel travail n'a jamais été entrepris.

2. *Granulomes*

(a) *Granulomes provoqués par la section d'un tendon.* D'après Buck, dans le granulome qui succède à la section du tendon de la patte, chez le cobaye, de fines fibrilles apparaissent très rapidement. Toutefois, ce n'est qu'au bout de quatre mois que ces fibrilles laissent la place à des fibres de largeur et d'abondance classiques.

(b) *Granulomes provoqués par une injection de substances irritantes.*

(α) *Carragéenine.* Chez le cobaye, dans le granulome secondaire à une injection sous-cutanée de carragéenine, le collagène ne parvient à maturité que vers le quatorzième jour (Williams). A ce moment, toutes les fibres, traitées par la technique de Ligas et Novelli, se colorent en rose (coloration propre aux fibres mûres). On ne trouve plus de fibres bleues (c'est à dire jeunes).

La quantité de collagène (determinée par des méthodes chimiques) augmente encore les jours suivants. Au vingt et unième jour, elle dépasse de plus de cent fois celle d'un tissu normal (Jackson). Vers la quatrième semaine, cependant, une diminution s'amorce. La quantité retombe progressivement en six à huit semaines et atteint de nouveau la normale. C'est là du moins ce que constate le biochimiste. L'histologiste, pour sa part, assiste à une altération progressive des fibres et à une invasion du tissu par des cellules adipeuses. Ces cellules restent seules visibles vers la huitième semaine (Williams). A ce stade, le granulome est pratiquement résorbé.

(β) *Silice.* Les granulomes provoqués par la silice ne montrent aucune tendance à se résorber. Pour certains auteurs, leur richesse en collagène, encore très élevée vers le trentième jour, diminuerait lentement au cours du second mois. Pour d'autres, au contraire Mosinger et coll., pendant ce second mois et même pendant le troisième, cette richesse irait encore en augmentant (rappelons que, dans ce cas, les expériences étaient faites sur un granulome silicotique géant qui avait pris naissance dans des péritoines de cobayes).

(c) *Granulomes provoqués par une injection de substances inertes* (fragments d'éponge de polyvinyle). Expériences de Boucek et Noble, Kao, Boucek et Noble, Boucek, Noble et Woessner. Les fragments d'éponge étaient insérés sous la peau de rats. Dans les granulomes réactionnels, le taux du collagène montait très lentement après le cinquantième jour chez les mâles; il diminuait lentement chez les femelles après le quarantième. Les observations furent poursuivies jusqu'au trois centième jour. Le turnover est apparu assez rapide, plus rapide que dans le tissu normal, et cela indépendamment de l'âge de l'implant.

Comme nous l'avons fait ci-dessus à propos des MP, nous résumerons en quelques lignes tout ce que nous venons de dire. Que devient le collagène dans les foyers inflammatoires? A notre avis, la réponse suivante peut être donnée.

1. Dans les foyers inflammatoires, la prolifération des fibroblastes précède la néoformation du collagène.

2. Le taux de la protéine ne commence à augmenter — dans la règle — que vers le quatrième jour, c'est-à-dire à un moment où celui de MP est déjà très anormalement élevé.

3. Le taux maximum est atteint plus ou moins vite, en général vers le quatorzième jour. Il correspond alors à un taux de MP sensiblement normal.

4. Au delà, se produit une chute du taux de la protéine avec retour progressif à la norme physiologique. Le fait apparait particulièrement net quand on examine des granulomes déterminés par des injections de carragéenine. Une exeption toutefois: ce qui semble se passer dans les "coques" réactionnelles apparues autour de corps étrangers inertes, type polyvinyle. En ce cas, la production du collagène, encore que faible, semble continue;

elle peut se prolonger des mois. Il est vrai que cette observation a été faite seulement chez le rat et que le rat est un animal à part.

5. Cette fois encore, faute de place, nous ne dirons pas ici comment la synthèse du collagène se voit régularisée dans les foyers inflammatoires par des vitamines et par des hormones. Les lecteurs intéressés par ce sujet particulier pourront se reporter à une de nos publications récentes.

III. CONSTITUANTS DIVERS

Nous considérerons, tour à tour, ce qui rapporte à l'eau, aux protides, aux glucides, aux lipides, aux acides nucléiques, enfin aux cations.

EAU

La teneur en eau augmente dans les tissus où a pris place un foyer inflammatoire. Cette augmentation devient elle assez nette pour être discernable à l'oeil nu, on parle d'oedème. On sait que l'oedème est un des signes les plus remarquables de toute phlogose. On a pu le prendre pour test au cours de recherches faites sur des substances considérées comme antiinflammatoires. Exemple: les recherches se rapportant à l'oedème du rat provoqué par une injection d'ovalbumine ou de dextrane...

Cela dit, il est curieux de remarquer que, sur cette réaction fondamentale, les biochimistes ne nous ont encore donné que peu d'éléments précis. Nous rapporterons du moins les suivants.

En 1951, Weiss, Siler et Buechler ont signalé que l'augmentation de la teneur en eau d'un tissu enflammé croît régulièrement, comme la concentration du produit injecté, de 40 à 145 pour cent. Dans les expériences de ces auteurs, les produits injectés (sous la peau de lapins) étaient des agents tensio-actifs non ionisés (solutions de 0,5 à 2 pour cent). Que la chose soit exacte, on devrait pouvoir, par la simple mesure de la teneur en eau, déterminer le degré d'une inflammation.

En 1957, Forscher et Cecil, ayant déterminé une congestion de la voûte palatine du rat au moyen d'un courant de haute fréquence, ont constaté que la teneur en eau du tissu prélevé dix minutes après l'application du courant, était déjà plus élevée que celle du tissu normal. Cette augmentation s'accentuait avec le temps pour atteindre un maximum vers la dixième heure. La teneur en eau restait élevée jusqu'au dixième jour.

Observations de Bazin et Delaunay. La teneur en eau augmente très rapidement dans les tissus sous-cutanés où évoluent des granulomes formés par action de substances irritantes (essence de térébenthine, carragéenine) ou encore des granulomes d'origine allergique (phénomènes d'Arthus et de Shwartzman). Ainsi, de 63 pour cent (chiffre normal), en vingt-quatre heures, à 85 pour cent dans les granulomes provoqués par une injection de substances irritantes, à 87,8 pour cent dans le granulome d'Arthus. Au niveau de la lésion caractéristique du phénomène de Shwartzman, la teneur en eau, qui était de 64,2 pour cent vingt-quatre heuers après l'injection sous-cutanée du lipopolysaccharide typhique, passe, cinq heures après l'injection intraveineuse du même produit, à 83 pour cent.

PROTIDES

Toute réaction inflammatoire modifie *localement* le métabolisme des protides. Et quand elle est très marquée, elle entraîne également des modifications d'un ordre général. Nous ne pouvons ici entrer dans les détails. Toutefois, avant d'étudier ce que deviennent les protides dans les foyers inflammatoires eux-mêmes, nous tenons à rapporter les quelques faits suivants.

En 1945, Madden et Clay ont étudié les modifications de l'excrétion azotée en fonction de la richesse en protides du régime alimentaire chez des chiens normaux et chez des chiens porteurs d'une forte réaction inflammatoire; celle-ci avait été provoquée par une injection d'essence de térébenthine. Ils ont observé que l'inflammation augmentait d'autant plus fortement l'excrétion azotée que le régime était plus riche en azote. Il apparait, par là, que la réaction inflammatoire augmente le catabolisme protidique sans diminuer l'anabolisme.

En 1953, Yurile et coll. se sont penchés sur le renouvellement des protéines plasmatiques (moyen d'étude: injection de protéines marquées) chez des chiens porteurs d'une inflammation due, comme ci-dessus, à une injection d'essence de térébenthine. Its ont constaté les faits suivants. Le fibrinogène perd rapidement toute radioactivité; il doit donc être détruit rapidement (peut-être même dans le foyer inflammatoire). La sérum-albumine montre un turnover accéléré. Au contraire, le turnover des globulines reste inchangé.

En 1954, Williamson et Fromm ont signalé que, chez les rats porteurs de plaies cutanées (excision d'un disque de peau sur le dos.) l'excrétion d'azote était plus forte que chez les rats normaux. Cependant, parmi les acides aminés excrétés, les acides soufrés (cystine, méthionine) étaient moins abondants chez les premiers. Il en allait de même pour la taurine, autre acide aminé soufré (Williamson et Passmann).

A. *Les protides des exsudats inflammatoires*

1. *Comparaison avec les protides plasmatiques.* Les liquides d'exsudat sont riches en protéines. Moins toutefois que le plasma. Par exemple, Adamkiewicz, Horava et Salgado ont trouvé dans le liquide d'une poche ("pouch") inflammatoire provoquée chez le rat par une injection d'huile de croton, 5 g. 4 de protides pour 100 ml.

En 1955, Schilling et Milch avaient introduit des cylindres d'acier inoxydable percés de trous sous la peau de rats et de cobayes puis ils avaient examiné les liquides qui s'y étaient collectés. En 1958, cette étude était reprise par White, Shetlar, Shurley et Schilling sur des chiens. Les liquides étaient recueillis de une à quatre semaines après l'implantation des cylindres. Résultats d'ensemble: ils peuvent être présentés de la façon suivante. La teneur des exsudats en protides totaux est moins élevée que celle du plasma — de 30 à 50 pour cent en moins. Cette teneur diminue avec le temps. L'albumine est un peu plus abondante (+10 pour cent), les α 2, β, et γ globulines un peu moins abondantes (—10 pour cent) dans les liquides d'exsudat. Le fibrinogène est absent. Les glucides liés aux globulines, enfin, sont un peu plus abondants (environ 5 à 10 pour cent). Cela conduit à penser que les complexes trouvés ici et là sont de nature différente.

2. *Protides Doués d'une Activité Particulière*

(a) *Travaux de Menkin. D'exsudats pleuraux récents* (24 heures) et *de réaction alcaline*, le biologiste Valy Menkin a retiré de nombreux produits. Tels les suivants:

(α) *La leukotaxine.* Ce corps a pu être obtenu par plusieurs procédés: déprotéinisation partielle par la pyridine ou le dioxane puis par l'acétone, enfin traitement par l'alcool butylique après évaporation. Ou encore: élimination des globulines par du $SO_4(NH_4)_2$ à demisaturation, suivie d'une précipitation de la leukotaxine après traitement du surnageant dialysé par de l'acide acétique. La leukotaxine serait un polypeptide de structure assez simple. Il contiendrait cinq acides aminés: leucine, valine, alanine, glycine, glutathion. Thermostable, il augmenterait la perméabilité capillaire et entraînerait la diapédèse des globules blancs.

(β) *Le L. P. F.* ("*Leukocytosis-promoting-factor*"). Cet autre produit accompagnerait les α_1 et α_2 globulines dans le précipité formé entre 30 et 50 pour cent de la saturation en $SO_4(NH_4)_2$. Il pourrait être séparé des globulines par centrifugation fractionnée. Thermolabile au moment de la préparation, il deviendrait thermostable au bout de quelques mois. Alors, se séparerait, de la solution vieillie, un précipité inactif. La fraction active resterait en solution. On se trouverait en présence, cette fois encore, d'un polypeptide. Celui-ci contiendrait quinze acides aminés, dont la lysine, la proline, la valine, la leucine, l'alanine, la tyrosine, la thréonine, la glycine, la sérine, les acides glutamique et aspartique. Sur le plan physiologique, le L. P. F. serait capable de provoquer une hyperleucocytose.

(γ) *Leucopénine.* Il s'agit là d'une fraction insoluble qu'on arriverait à séparer du L. P. F. en laissant vieillir les solutions de ce corps. Cette substance, thermolabile, serait, elle aussi, un polypeptide. Elle entraînerait, comme le nom l'indique, une importante leucopénie.

En traitant des *exsudats pleuraux de formation moins récente* (âgés, par exemple, de 48 heures) et de réaction acide ($\leqslant$6), Menkin a obtenu d'autres principes: l'*exudine*, la *nécrosine*, la *pyrexine*, etc..

L'*exudine* se trouve dans les surnageants qui résultent d'une précipitation des exsudats par du $SO_4(NH_4)_2$ au tiers de saturation. La *nécrosine* peut être extraite des précipités par de l'eau distillée. Dans les précipités se trouve également une fraction, insoluble dans l'eau distillée, dite *pyrexine impure*. Celle-ci, traitée par du $SO_4(NH_4)_2$ à demi-saturation, conduit à l'obtention d'une solution qui, après dialyse et chauffage de 20 heures à 100°C, fournit par refroidissement un nouveau corps qui, lui, est capable, comme le L.P.F., de déterminer chez l'animal une leucocytose et que Menkin a nommé *leukocytosis factor*. Pour obtenir la *pyrexine* à l'état pur, le résidu de *pyrexine impure* est traité par du $SO_4(NH_4)_2$ à demi-saturation, puis dialysé, enfin soumis à de l'acide acétique à 50 pour cent. La pyrexine pure, *cristallisée*, se dépose lentement.

Quand la pyrexine impure a été hydrolysée légèrement (15 à 20 minutes en présence de ClH N/10), on obtient une solution. Dans cette solution, neutralisée et dialysée, se trouve un autre facteur. A ce dernier, Menkin a donné le nom de *facteur leucopénique*.

Le *leukocytosis factor* est thermostable. C'est un corps pauvre en azote (2,1 pour cent) qui donne une réaction de Molish positive. C'est donc probablement un corps de nature glucidique. Comme le L.P.F., il entraîne, quand on l'injecte chez l'animal, une forte leucocytose.

Le *facteur leucopénique* est également thermostable. Il doit donc être distingué de la leucopénine que renferment les exsudats alcalins. Il paraît être de nature polypeptidique. Chez l'animal, il détermine une leucopénie.

Pyrexine. Ce corps, aussi, est thermostable. Dans les préparations impures, il contient à la fois des glucides et des polypeptides. Sous forme purifiée, il ne paraît composé que de polypeptides. Sous forme pure ou impure, la pyrexine provoque, chez l'animal, une poussée thermique. Les préparations impures seraient les plus actives.

Le mode général d'obtention de l'*exudine* est le suivant. Précipitation de l'exsudat par du $SO_4(NH_4)_2$ au tiers de saturation, puis dialyse du surnageant, enfin traitement du surnageant par de l'acide acétique. L'exudine, qui contient 10 pour cent d'azote, serait aussi un polypeptide. Ce corps aurait la même action physiologique que la leucotaxine. Ce qui le différencierait de celle-ci, c'est que son action n'est pas abolie par la cortisone (comme l'est celle de la leukotaxine). Au contraire, elle est inhibée (alors que celle de la leukotaxine ne l'est pas) par l'ACTH.

(b) *Travaux de A. A. Miles et coll. et de W. C. Spector.* Ces travaux ont montré que certains exsudats contiennent des *globulines* douée du pouvoir d'augmenter la perméabilité capillaire. Nous les avons analysés dans une autre publication. Nous ne pensons pas utile d'y revenir ici.

(c) *Pyrogènes.* Des facteurs pyrogéniques ont été décelés, par différents auteurs, dans des exsudats péritonéaux ou pleuraux qui avaient été provoqués par des infections bactériennes, ou encore par des injections d'eau physiologique répétées (Bennet et Beeson; King et Wood etc. . . .) Ces principes n'ont pas encore été isolés et caractérisés chimiquement.

B. *Les Protides des Tissus Enflammés* (autres que le collagène)

1. *Protides divers*

(a) *Abondance.* Les protéines autres que le collagène paraissent assez abondantes dans les tissus enflammés. D'après Boucek et Noble, elles atteindraient un pourcentage de l'ordre de 15 et même 20 pour cent (poids. sec) dans les tissus inflammatoires qui prennent naissance, chez le rat, autour d'implants d'éponge de polyvinyle (tissus âgés de 15 à 140 jours). De leur côté, Forscher et Cecil, par dosage des protéines d'après leur teneur en tyrosine dans la voûte palatine du rat irritée par l'application d'un courant de haute fréquence, ont trouvé un taux stable pendant 24 heures. Plus tard, ce taux allait en augmentant. Il atteignait, au quatorzième jour, 130 pour cent du taux initial. Dixon a remarqué que les réactions histochimiques propres aux protéines riches en tyrosine, tryptophane et histidine étaient très intenses dans les lésions tuberculeures chroniques (lymphadénites). Voilà qui prouve qu'au cours de la caséification, l'activité des protéases ne doit pas être très grande.

(b) *Nature*

(α) *Protides solubles et peu solubles.* Les tissus enflammés contiennent deux groupes de protéines. Les unes sont solubles dans l'eau physiologique ou dans les tampons légèrement alcalins. Les autres ne peuvent être isolés qu'après mise en jeu d'agents dissociants comme des solutions alcalines ou des sels concentrés. Il y aurait, parmi les premières, d'après Kao, Noble et Boucek des protéines sériques (albumines α, β et γ globulines) liées à des glucides, non à des lipides. L'ensemble représenterait 19 pour cent des protéines totales (y compris le collagène) présentes dans le granulome silicotique géant provoqué dans le péritoine du cobaye pour Mosinger et coll.

Dans le second groupe de protéines, se trouverait, entre autres corps, une protéine du type des α globulines, liées à des glucides et à des lipides. Elle a notamment été obtenue par Kao, Noble et Boucek après traitement par la soude 0,15 N d'un tissu conjonctif néoformé autour d'implants d'éponge de polyvinyle chez le rat.

(β) *Polypeptides.* Les tissus enflammés sont riches en polypeptides. Viennent-ils des produits de désintégration cellulaire? Il y a de fortes raisons de le penser. Bazin et Delaunay, par mise en oeuvre de méthodes proches de celles couramment utilisées pour la préparation des histones, sont parvenus à extraire des quantités assez importantes de fractions polypeptidiques complexes à partir de granulomes provoqués chez le lapin par une injection sous-cutanée d'essence de térébenthine. Ces quantités augmentaient rapidement dès le début de l'inflammation. Le maximum était atteint au sixième jour (0,4 pour cent du tissu frais, soit 20 fois la teneur normale). A partir du dixième jour, une diminution s'amorçait. Le taux, toutefois, restait encore supérieur à la normale cinq semaines après l'injection de l'irritant, c'est-à-dire à un moment où le granulome paraissait entièrement résorbé.

(γ) *Acides aminés.* Lindner est parvenu à extraire de coupes de granulomes provoqués chez des lapins, des rats et des cobayes par des injections d'huile de croton, de dextrane, etc. toute une série d'acides aminés: glycine, alanine, sérine, thréonine, méthionine, leucine, tyrosine, acides aspartique et glutamique, arginine, lysine, proline, hydroxyproline, tryptophane etc. . . Il les caractérisait par électrophorèse et chromatographie.

(δ) *Protides riches en acides aminés soufrés.* Daniel-Moussard a dosé les groupements SH dans un granulome silicotique présent dans le péritoine. Elle a pu mettre en évidence une augmentation progressive du quatrième au sixième jour. Puis elle a noté une stabilisation du taux jusqu'au trentième jour. Dans un granulome dû à une injection de poudre de carbone, la production des groupements SH était moins intense et elle était aussi plus brève.

Les animaux porteurs de plaies cutanées (rat) excrètent moins d'acides aminés soufrés (cystine, méthionine, taurine) que les animaux normaux, bien qu'ils éliminent une plus grande quantité d'azote. (Williamson et Fromm, Williamson et Passmann). Pour cette raison, une hypothèse a été émise qui voudrait que les acides aminés soufrés entrent en grande quantité dans les protéines qui prennent part aux processus cicatriciels. Cette hypothèse a reçu confirmation de trois manières:

Par dosage de la cystine et de la méthionine dans des protéines isolées de plaies en voie de cicatrisation (rats). Jusqu'au dixième jour, il y avait davantage de méthionine et, à partir du douzième, davantage de cystine que dans la peau normale (Williamson et Fromm);

Par mesure comparée de la radioactivité dans la peau normale et dans des plaies en voie de cicatrisation après injection, chez le rat et chez l'homme, de ^{35}S cystine. Au quatrième jour, la radioactivité de la plaie est de deux à trois fois supérieure à celle de la peau. Elle se maintient pendant des semaines alors que, dans la peau normale, elle tend à disparaître progressivement (Williamson);

Par étude enfin de la répartition de la radioactivité, après injection de ^{35}S méthionine à des rats sur lesquels était pratiquée, quarante huit heures plus tard, une incision de forme circulaire (sur la peau du dos). Dans ces conditions, on a pu constater que du quatrième au sixième jour, la radioactivité du sang, du foie et du rein diminuait alors que, dans la plaie, elle augmentait. Au niveau de la plaie, le ^{35}S était localisé surtout dans une protéine riche en cystéine et pauvre en méthionine; il faisait pratiquement défaut dans les MP sulfatés malgré leur abondance. La radioactivité de la peau normale est plus faible que celle des peaux enflammées. Celle du foie, du sang et du rein décroît moins vite chez les animaux normaux. Il apparaît par là que, chez les animaux blessés, se produit une augmentation du métabolisme hépatique des acides aminés soufrés. Cette augmentation serait entrainée par les besoins accrus en acides aminés soufrés des plaies en voie de cicatrisation (Nordlie et Fromm; Fromm et Nordlie).

2. *Protides doués d'une activité physiologique particulière.* Kemp, Cartwright et Wintrobe ont découvert dans des extraits aqueux préparés à partir de granulomes produits chez le rat par une injection de poudre d'organes desséchés (rate, etc.) ou de poudres inertes (norite, celite) une substance particulière qui, introduite chez des rats normaux, se montre fortement leucopénisante. Cette substance serait constituée par un mélange de polypeptides thermostables. Elle ne serait pas sans analogie avec la substance eucopénisante isolée par Menkin des exsudats acides.

GLUCIDES

A. *Les Glucides des Exsudats Inflammatoires*

1. *Glucides intracellulaires.* On sait, depuis longtemps, que les polynucléaires inflammatoires sont beaucoup plus riches en glycogène que les polynucléaires du sang. Le fait fut révélé d'abord par des colorations à l'iode (Salmon; Loeper). Il était interprété comme un signe d'hyperactivité cellulaire, dès 1898, par Ehrlich puis, en 1921, par de Haan et,

en 1931, par Willstäter et Rohdewald). L'histochimie moderne a été en mesure d'apporter pleine confirmation aux travaux des pionniers; par exemple, grâce à la réaction PAS faite avant et après action de la ptyaline. Le glycogène est localisé, en masses diffuses, dans le cytoplasme des polynucléaires inflammatoires, entre les granulations spécifiques (Mancini, Wislocki et coll., Boivin etc.).

En même temps, des précisions quantitatives étaient apportées, par exemple, par dosage microchimique. Premiers résultats: ceux de Willstäter et Rohdewald; ces auteurs ont trouvé de 0,6 à 1,5 pour cent de glycogène dans les leucocytes du sang et, à l'opposé, de 1,5 à 2 pour cent dans les leucocytes d'exsudat (lapin). Des travaux plus récents, fondés sur l'utilisation de meilleures techniques, ont achevé de montrer que les différences observées pour le glycogène avec les leucocytes du sang et ceux des exsudats sont réellement importantes, qu'elles peuvent varier aussi selon les espèces. Wagner a trouvé 1,36 µg de glycogène pour 10^6 leucocytes du sang et 10 µg pour le même nombre de leucocytes d'exsudat (lapin). Bazin, Robineaux et Delaunay, travaillant sur des cobayes, ont donné, pour leur part, les chiffres suivants: 5,7 µg pour 10^6 leucocytes sanguins, II, 6 µg pour un nombre égal de leucocytes inflammatoires.

2. *Glucides extracellulaires.* On sait que les liquides biologiques ne contiennent pas de glycogène. Ils renferment seulement des oses réducteurs dont la majeure partie est représentée par du glucose. Les liquides exsudatifs ne font pas exception à cette règle. Quand on décèle le glycogène dans du pus, on peut affirmer que cette substance a une origine cellulaire (polynucléaires) et que sa dispersion traduit seulement l'existence d'une lyse des éléments figurés. Normalement, les liquides d'exsudats à cellules intactes n'ont pas de glycogène.

En 1937, Menkin a eu l'idée de doser la quantité d'oses présente dans des liquides d'exsudats pleuraux provoqués chez le chien par une injection locale d'essence de térébenthine. Voici ses résultats. Le taux des oses réducteurs augmente pendant les soixante premières heures; il atteint, au maximum, le taux de la glycémie. Au troisième jour, il commence à baisser. Cette baisse se poursuit pendant cinq à six jours. Finalement, la valeur atteinte est égale à 15 pour cent environ de la glycémie. En même temps, le taux de l'acide lactique dans l'exsudat s'élève. Pendant les trois premiers jours, il était de trois à quatre fois supérieur à celui de la lactacidémie. Il dépasse celui-ci, au sixième jour, de dix à quinze fois. On voit, par ces résultats, que les foyers inflammatoires sont le siège d'une glycolyse anaérobie intense. L'accumulation de l'acide lactique serait la cause première de l'acidose locale.

Les travaux de Menkin que nous venons de résumer ont reçu une confirmation, au moins partielle, d'abord par Adamkiewicz, Horava et Salgado. Ces auteurs ont trouvé 6 mg/100 ml de sucres réducteurs dans un liquide provenant d'une poche ("pouch") inflammatoire âgée de 14 jours et provoquée, chez le rat, par une injection d'huile de croton. Ils ont aussi été confirmés par Perdrisot. Pour ce dernier, l'augmentation de la lactacidémie veineuse dans un membre atteint de lésions rhumatismales ne ferait que refléter l'hyperproduction d'acide lactique dans le tissu enflammé.

MP neutres. Leur examen a été fait par White, Sheltar et Schilling, puis par White, Shetlar, Shurley et Schilling sur des réactions inflammatoires provoquées chez des cobayes, des rats et des chiens, par l'implantation sous-cutanée de cylindres d'acier inoxydable percés de trous. Lors des expériences sur les chiens, dans les liquides d'exsudats, des glycoprotéines existaient en quantité égale à 65 pour cent des glycoprotéines plasmatiques. Seul, le séromucoïde était présent dans l'exsudat et dans le plasma à même concentration. Le taux des autres glycoprotéines liées aux globulines diminuait, comme celui des protéines de l'exsudat, vers le quinzième jour après l'implantation des cylindres.

B. *Les Glucides des Tissus Enflammés*

Là où le *tissu musculaire* devient le siège d'une inflammation, le taux du glycogène baisse très rapidement. L'observation a d'abord été faite par Frunder. Cette chute s'explique par une augmentation simultanée de la glycolyse. Son existence a été confirmée par Yokoyama et coll. Ces auteurs avaient déclenché un infarctus du ventricule gauche chez le chien en obstruant momentanément une branche de l'artère pulmonaire. Dès la vingt-cinquième seconde, le taux du glycogène diminuait dans le muscle. Deux heures plus tard, se formait localement une substance colorable par le PAS, non hydrolysable par l'amylase. Sa quantité augmentait pendant vingt-quatre heures. Aux approches de la guérison, le glycogène retrouvait sa valeur normale.

Dans le *tissu sous-cutané*, les phénomènes paraissent se dérouler de façon un peu différente. D'abord, il y aurait une chute rapide du taux du glycogène préexistant. Puis le taux remonterait rapidement en raison de l'infiltration locale par des cellules sanguines riches en glycogène. C'est là, du moins, ce qui se passerait, d'après Forscher et Cecil dans la voûte palatine du rat soumise à l'action d'un courant de haute fréquence. Chiffres obtenus par ces auteurs: en dix heures, le glycogène local est tombé à 65 pour cent de sa valeur primitive. Au troisième jour, il dépassait de quatre fois cette valeur. Au cinquième jour, il commençait à redescendre pour atteindre à nouveau un taux normal.

En cas de lésions inflammatoires chroniques de la peau, du glycogène s'accumulerait dans les cellules épidermiques (couche de Malpighi). Le fait a été constaté, par Fanger et Barker, dans un certain nombre de lésions: *verrues vulgaires*, kératose séborrhéique, kératose sénile, papillomes squameux, cancers basocellulaires, etc. Le glycogène accumulé ici représenterait une source d'énergie pour les cellules en voie de multiplication. Il faciliterait d'autant les processus de kératinisation.

Dans le tissu néoformé autour d'implants d'éponge de polyvinyle (rats), se maintiendrait une quantité à peu près constante de glycogène: de 0,30 à 0,40 pour cent (mesure exprimée en poids sec). C'est une quantité assez faible. Elle varierait à peine en fonction de l'âge de l'implant (de treize à cent quarante jours) et du sexe de l'animal Boucek et Noble.

Lindner a pu déceler par électrophorèse et chromatographie, sur des coupes de granulomes provenant d'animaux (cobayes, rats, lapins ...) qui avaient reçu une injection sous-cutanée d'huile de croton, de dextrane, etc. différents oses (glucose, mannose) et plusieurs constituants des MP (acétylglucosamine, acide glucuronique etc.).

LIPIDES

A. *Les Lipides des Exsudats Inflammatoires*

1. *Lipides intracellulaires.* Dans des leucocytes provenant d'exsudat péritonéal de lapins, Burt et Rossiter ont trouvé une assez forte teneur en lipides: de 5 à 8% du poids sec. Ces lipides compraient: 30% de lipides neutres, 13% de cholestérol, 5% de cérébrosides, 50% de phospholipides dont 31% de lécithine, 29% de sphyngomyéline et 39% de céphaline.

2. *Lipides extracellulaires.* En 1953, Adamkiewicz, Horava et Salgado ont trouvé 85 mg/100 ml de lipides totaux dans un liquide provenant d'une poche ("pouch") inflammatoire provoquée sur le dos du rat par une injection d'huile de croton. La réaction inflammatoire évoluait depuis quatorze jours. Cette concentration apparait assez faible.

En 1955, Schilling et Milch, ayant implanté, sous la peau du cobaye, des cylindres d'acier inoxydable percés de trous, ont recueilli, au septième jour, le liquide présent dans les cylindres. Cela fait, ils ont comparé sa composition avec celle du plasma du même animal. Résultats: les lipides étaient moins abondants dans les exsudats que dans le plasma, et principalement, les phospholipides et le cholestérol (il y en avait deux fois moins). On sait que les lipides du plasma sont liés aux globulines α et β. Or, ces dernières, à l'inverse des lipides, étaient plus abondantes dans les liquides d'exsudat que dans le plasma. Il faut donc admettre que les complexes lipoprotéiques sont différents dans ces deux milieux.

En 1958, White, Shetlar et Schilling, en 1959, White, Shetlar, Shurley et Schilling ont repris les expériences précédentes et les ont complétées chez le chien. Les exsudats obtenus dans ce cas contenaient seulement 53 pour cent des lipides du plasma à la seconde semaine d'implantation. Ce taux diminuait encore, et plus rapidement que celui des protéines, au cours des deux semaines suivantes. Le cholestérol, toutefois, se maintenait plus longtemps que les autres lipides. En effet, le rapport protéine/cholestérol restait constant.

B. *Les Lipides des Tissus Enflammés*

1. *Foyers tuberculeux.* La richesse particulière en lipides des lésions tuberculeuses est connue depuis longtemps. Elle n'a pas conduit, malgré tout, à de nombreuses études.

En 1951, Grundland, Bulliard et Maillet ont étudié par des méthodes histochimiques des tissus caséifiés de provenance humaine (poumon, rein). Ils ont trouvé que le cytoplasme des cellules géantes était très riche en lipides et que ceux-ci étaient constitués, en majeure partie, par des lipides neutres. La quantité de phosphatides et de cholestérol était, en revanche, faible. Le cholestérol était réparti dans les granulations cytoplasmiques. D'après Grundland et coll., les lipides décelés proviendraient, pour la plupart, des bacilles phagocytés, la digestion intracellulaire n'ayant pas été suffisamment poussée.

En 1952, Cmelik a dosé les lipides dans des foyers tuberculeux humains. Il a pu mettre en évidence une forte proportion de lipides mais un quart seulement de ceux-ci était représenté par des phosphatides. La fraction insaponifiable était constituée presque uniquement par du cholestérol, un dixième seulement de ce corps étant estérifié. Les acides gras trouvés étaient, bans leur majorité, non saturés. Tous ces caractères font penser à l'origine dacillaire des lipides en cause.

2. *Granulomes*

(a) *Granulomes provoqués par une injection de carragéenine.* Brève remarque sur ce point de Williams. Cet auteur, ayant fait à des cobayes une injection sous-cutanée de carragéenine, a remarqué que le granulome secondairement formé atteignait son plus grand développement vers le quatrième jour. Peu après, commençait la résorption. Celle-ci se prolongeait de quatre à six semaines et s'accompagnait d'une dégénerescence des fibres de collagène. A la place des fibres, prenait naissance une petite masse de tissu adipeux.

(b) *Granulomes provoqués par l'implantation de fragments d'éponge de polyvinyle.* Les lipides présents dans ces granulomes font actuellement l'objet de recherches systématiques de la part de Boucek, de Noble et coll. Ces auteurs ont déjà rapporté les faits suivants. Le tissu néoformé s'enrichit en lipides avec le temps. Cet enrichissement est plus net chez les femelles que chez les males. Il porte surtout sur les lipides neutres. Chiffres rapportés: lipides totaux: 10 pour cent du poids sec au vingtième jour d'implantation, 25 pour cent chez les mâles et 30 pour cent chez les femelles au bout de 120 jours. Ces chiffres sont, remarquons le, très élevés. Ils sont supérieurs à ceux que l'on trouve dans tous les autres tissus, le cerveau mis à part. A celà, il faut ajouter que la teneur en lipides varierait en fonction de l'espèce animale. Elle serait particulièrement élevée chez le rat, plus faible chez le lapin, très faible enfin chez le hamster. Les différences observées porteraient davantage sur les lipides neutres que sur les phospholipides.

Les lipides présents dans le tissu néoformé autour des implants sont, soit solubles, soit insolubles dans l'eau physiologique. Les premiers rappellent la β-lipoprotéine du plasma mais leur taux est différent. Quant aux lipides insolubles, ils semblent n'avoir aucun rapport avec la lipémie; particulièrement riches en cholestérol, le taux de celui-ci augmente encore avec le vieillissement du granulome. Une partie se trouverait localisée dans le cytoplasme des fibroblastes, une autre dans la substance fondamentale où elle serait fortement liée aux fibres de collagène. Le cholestérol de la fraction lipidique insoluble s'élève quand les animaux reçoivent cette substance *per os*, mais, à l'inverse du cholestérol de la fraction soluble, son taux ne diminue pas quand la cholestérolémie est revenue à son taux normal, après arrêt du régime. Bien au contraire, même en cas d'hypocholestérolémie, il continue à s'accroître. Cependant, la fraction soluble des lipides présents autour de l'implant reste plus pauvre en cholestérol que chez les animaux soumis à un régime normal.

(c) *Granulomes de causes diverses.* Selon Dubouloz et Dumas, des peroxydes lipidiques se formeraient très rapidement et les groupements SH libres disparaîtraient dans les lésions cutanées provoquées par irradiations aux ultra-violets ou aux rayons X et, aussi, dans les granulomes provoqués par l'introduction sous-cutanée d'un vésicant (caryolysine) ou de coton stérile. On assisterait donc, dans les tissus enflammés, à une oxydation rapide des lipides. Cette observation demande, toutefois, à être confirmée.

ACIDES NUCLÉIQUES

Les acides nucléiques sont des constituants essentiellement intracellulaires. On ne les trouve hors des cellules qu'après lyse de celles-ci. L'augmentation de leur taux dans un tissu est le signe, pour l'acide désoxyribonucléique (DNA), d'une multiplication cellulaire (cf. division du noyau), pour l'acide ribonucléique (RNA), d'une augmentation de l'activité métabolique.

En 1953, Hori, Hattori et Hagihara ont étudié, par des méthodes histochimiques, les réactions données par les acides nucléiques dans des lésions tuberculeuses d'origine humaine, et chez des cobayes rendus expérimentalement malades. Résultats: les cellules épithéliales et les cellules géantes avaient un noyau riche en DNA; leur cytoplasme, cependant, sauf au niveau des nucléoles, était assez pauvre en RNA. Situation inverse pour les fibroblastes puisque, dans ces cellules, le cytoplasme était très riche en RNA. Dans le caseum, existait une assez grande quantité de DNA fortement polymérisé; il n'y avait pas de RNA. En 1954, Menten et Willms ont dosé le RNA et le DNA dans le pus d'abcès septiques d'origine humaine. Ils ont observé une diminution du taux qui correspondait à l'abaissement du pH (ce dernier peut atteindre 5 et même 4) et à la richesse en bactéries. Il apparait, par là, que les acides nucléiques, libérés lors de la lyse cellulaire, se trouvent peu à peu décomposés dans le pus.

A côté des précédentes, d'autres observations sont venues montrer que le taux des acides nucléiques augmente d'abord dans les tissus enflammés (lors de la multiplication cellulaire) puis qu'il diminue (lors de la lyse des cellules). Témoin les suivantes.

En 1955, Boucek et Noble ont signalé que, dans le tissu néoformé autour d'implants d'éponge de polyvinyle (chez le rat), le taux du DNA augmente jusqu'au quinzième jour puis qu'il demeure stable. De son côté, le taux du RNA augmenterait fortement jusqu'au vingtième jour puis diminuerait lentement.

Etudiant ce qui se passe autour de fragments d'éponge de polyvinyle implantés cette fois chez le cobaye, Bollet et coll. ont trouvé que le DNA augmentait de taux au cours des deux premières semaines.

En 1957, Forscher et Cecil ont remarqué que, dans la voûte palatine du rat irritée par l'application d'un courant de haute fréquence, le taux du DNA reste normal pendant trente-six heures, puis qu'il monte rapidement pour atteindre le troisième jour un maximum correspondant environ à 265 pour cent de la valeur habituelle. Le taux, secondairement, diminue. Toutefois, au quatorzième jour, il est encore supérieur à la normale (de 170 pour cent). Cependant, le taux du RNA reste stable pendant vingt-quatre heures, puis il s'élève. Il atteint 155 pour cent de la valeur normale au bout de trois jours. Il demeure à ce taux pendant deux semaines.

La même année, Daniel-Moussard a rapporté que, dans le granulome provoqué par une injection de silice dans le péritoine du rat, la concentration du RNA augmente du quatrième au septième jour. Alors se dessine un retour lent vers l'état normal. Ce retour s'achève le huitième jour.

D'après tout ce qui précède, il est intéressant de noter qu'il n'y a aucun parrallélisme entre le DNA et le RNA. Cela prouve qu'une activité métabolique plus grande n'est pas forcément liée à la multiplication cellulaire. Le taux de RNA, en restant longtemps au-dessus de la normale dans le tissu enflammé, parle en faveur d'une hyperactivité métabolique de ce tissu.

En 1958, Mouriquand et Fauchet ont observé que l'addition de DNA au régime alimentaire pendant les deux semaines qui précèdent, chez des rats, une fracture expérimentale du genou, accélère considérablement l'évolution des cals. En trois jours, chez les animaux qui ont reçu le DNA, le caillot est totalement résorbé et on assiste à une transformation osseuse des ilôts cartilagineux de nouvelle formation. Dans le même temps, la réparation n'est pas encore commencée chez les témoins. Pareille action du DNA mériterait de donner naissance à de nouveaux travaux.

CATIONS

A. *Les Cations des Exsudats*

Les résultats dont on peut ici tenir compte sont discordants. Pour les uns, il y aurait, dans les exsudats, accumulation de certains cations (calcium, potassium). Pour d'autres auteurs, les concentrations seraient inférieures à celles relevées au même moment dans le plasma. Peut-être existe-t-il des différences selon le type d'inflammation et les espèces animales.

1. *Sodium, potassium.* En 1956, Menkin a trouvé que le sang et des liquides d'exsudat peuvent avoir une même teneur en sodium. Le potassium, au contraire, se trouverait en plus grande quantité dans les exsudats. Son taux augmenterait dès la quatrième heure. Il resterait élevé pendant toute la durée du processus phlogistique. Chiffres trouvés: 30 à 48 mg/100 ml de K dans les exsudats contre 15 à 23 mg/100 ml dans le sang.

Schilling et Milch, dans les liquides venant de cylindres métalliques percés de trous et implantés sous la peau de cobayes, ont trouvé un peu moins de sodium (10 pour cent en moins) et de potassium (16 pour cent en moins) que dans le plasma.

2. *Calcium, magnésium.* En 1948, Moyson a dit avoir trouvé, dans 100 ml de pus, de 11 à 15 mg de calcium, soit une quantité supérieure à celle du sang. Utilisant la technique des cylindres percés de trous et implantés sous la peau de cobayes, Schilling et Milch ont décelé, en revanche, dans le liquide fourni par les cylindres le septième jour, deux fois moins de calcium que dans le sang.

Selon Menkin, des liquides d'exsudats récents (il examinait des exsudats pleuraux provoqués par l'injection d'irritants) auraient une teneur en calcium sensiblement identique à celle du sang. Plus tard, quand les exsudats deviennent très acides, et aussi dans le pus, la teneur en calcium augmenterait. Chiffres trouvés: de 17 à 36 mg/100 ml.

Pour le même auteur, la teneur en magnésium serait plus faible dans les exsudats que dans le sang: de 0,16 à 2,3 mg/100 ml contre 1,6 à 4,5 mg/100 ml.

B. *Les Cations des Tissus Enflammés* (cirrhoses)

Des études histospectrométriques ont appris à Policard que du cuivre s'accumule dans les zones sclérosées des foies cirrhotiques. Ce résultat a pu être confirmé, au moyen de microdosages, par Gerlach qui a trouvé une moyenne de 7,5 µg/g de cuivre dans le foie frais normal et de 13 à 40 µg/g dans des foies atteints de cirrhose.

Nouvelle confirmation a été apportée, en 1958, par Cavallero. Grâce à des méthodes histochimiques, cet auteur a pu constater, une accumulation de cuivre, et aussi de fer, dans trente foies atteints de cirrhose atrophique de Laënnec. Pour Cavallero, l'accumulation des deux cations se produirait là où le flux biliare est arrêté par la sclérose.

IV. ENZYMES

A. *Enzymes Capables d'Intervenir dans le Métabolisme des MP*

1. *Dans l'Anabolisme*

(a) *A. T. P. sulfurylase et adénosine phosphokinase*

Nous avons montré, dans un chapître précédent, que les granulomes inflammatoires sont riches en MP. On devrait donc pouvoir y déceler, sans beaucoup de peine, les enzymes qui interviennent dans la synthèse de ces corps. En fait, peu de travaux ont été consacrés, jusqu'à présent, à ce cujet. A noter seulement un travail important de Loewi et Kent qui soncerne, plus précisément, les diastases responsables de la sulfatation.

Loewi et Kent ont remarqué que des fragments de granulomes provoqués, chez le cobaye, par une section du tendon ont le pouvoir, *in vitro*, d'incorporer le ^{35}S dans l'acide chondroïtine-sulfurique et de synthétiser, en présence de phénol, du phénylsulfate marqué. Ces fragments contiennent donc les diastases responsables de la sulfatation des molécules organiques (ATP sulfurylase et adénosine-phosphokinase, d'après les travaux de Hilz et Lipmann). Le tissu normal (ici, le tendon de cobaye) n'a pas la même activité enzymatique. Pour Loewi et Kent, l'activité sulfatante serait liée à la richesse du tissu en fibroblastes. Elle se montre, en effet, plus intense dans les granulomes riches en cellules que dans ceux envahis déjà par la sclérose.

(b) *Héxokinase*, etc.

Une étude de Bollet, Brown et Goodwin, effectuée sur des broyats du tissu néoformé autour d'implants d'éponge de polyvinyle (chez le cobaye) a permis de déceler la présence dans ces milieux des enzymes suivantes: hexokinase, phosphoglucomutase, uridine-diphosphogluco-phosphorylase, uridine-diphosphoglucodéhydrogénase, autrement dit, des enzymes qui assurent la transformation du glucose en acide glucuronique (pour plus de détails, voir notre Revue générale sur le métabolisme des MP).

2. *Dans le Catabolisme*

(a) *Hyaluronidase.* Au niveau de granulomes de causes diverses (chaleur de 70°C appliquée pendant une à deux minutes, irradiations aux U. V., réactions allergiques dues à la paraphénylène-diamine ou au sérum de cheval . . .), chez des cobayes, Mayer et coll. ont détecté une activité hyaluronidasique (mesurés d'aprés la chute de viscosité de l'acide hyaluronique provoquée par des extraits tissulaires placés dans un tampon acétate de pH 6) quarante fois supérieure à celle manifestée, dans les mêmes conditions, par des tissus normaux. Ces résultats sont impressionnants. Il convient toutefois de se demander si l'expérience que nous venons de rapporter est à l'abri des critiques; il n'est pas sûr, par exemple, que les auteurs aient travaillé stérilement. En effet, il a été maintes fois prouvé, depuis lors, que le tissu sous-cutané normal ne contient pas d'hyaluronidase. Au demeurant, une mesure de la chute de viscosité offerte par une solution d'un acide hyaluronique plus ou moins impur ne peut plus être considérée comme vraiment spécifique. En ce cas, pourraient agir également — près de l'hyaluronidase — des protéases. Celles-ci entraîneraient la diminution de la viscosité en détruisant la ou les protéines liées à l'acide hyaluronique.

(b) *Lyzozyme.* Selon Prudden, Lane et Meyer, il y aurait moins de une unité de lyzozyme par gramme de peau normale. Dans les tissu granulomateux (plaies cutanées chez l'homme ou chez le chien: fractures chez le lapin), le taux serait, au contraire, élevé: de 80 à 500 unités de lyzozyme par gramme de tissu.

(c) β-*glucuronidase*. Rappelons que, sous ce nom, est désignée une enzyme capable d'agir sur les oligosaccharides formés après action de "mucopolysaccharidases" sur des MP. Ici, se trouve donc en cause le stade terminal de la dégradation des MP.

Pour Gedigk et Bontke, la β-glucuronidase donnerait une réaction histochimique nette dans les macrophages de granulomes formés après implantation sous-cutanée de corps non résorbables (quartz, talc, plastiques, etc.) ou après injection de protéines (gélatine, fibrine etc.) ou d'acides gras non saturés.

Une activité β-glucuronidasique a également été trouvée par Bollet et coll., chez le cobaye, dans des tissus néoformés autour d'implants d'éponge de polyvinyle.

En 1959, Boucek, Noble et Woessner ont signalé que l'activité de la β-glucuronidase dans le tissu néoformé autour d'implants d'éponge de polyvinyle continuait d'augmenter, même quand le DNA avait atteint, localement, son taux maximum. Elle ne parait donc pas liée directement au développement cellulaire.

B. *Protéases*

1. *Protéases des exsudats inflammatoires*. Il faut signaler ici la *nécrosine*, enzyme découverte par Menkin en 1943 et étudiée par celui-ci de 1943 à 1959.

La nécrosine serait, au sein des exsudats acides (de pH$\pm$6,5), liée à la pyrexine dans la fraction euglobuline. Introduite par injection sous cutanée, elle provoque localement de l'érythème, de l'oedème, une nécrose. La première action discernable est un gonflement des fibres de collagène. Répandue dans le sang, il arrive que la nécrosine provoque, dans la lumière des vaisseaux sanguins et lymphatiques, la formation de thrombi. *In vitro*, du reste, la nécrosine peut accélerer la coagulation sanguine. Par injection intraveineuse chez le chien, elle conduit à des effets toxiques (troubles digestifs, lésions hépatiques).

Une étude biochimique poussée de la nécrosine vient d'être faite par Gorkin. L'enzyme avait été isolée, après fractionnement par des sels, à partir d'exsudats pleuraux provoqués chez le chien par une injection d'essence de térébenthine. Elle se trouvait dans la fraction pseudoglobulinique. Par électrophorèse, deux composants ont pu être séparés. Le composant actif a une mobilité comprise entre celles des β et des γ globulines. La nécrosine parait être une protéase dont le pH optimum d'action se situerait entre 7,7 et 8,2. Elle serait inhibée par les inhibiteurs de la trypsine. Thermolabile, elle perdrait toute activité après un chauffage de cinq minutes à 56°C. Pour Gorkin, la nécrosine serait associée, dans la fraction pseudoglobulinique des exsudats, à une hémolysine. A l'exemple de Menkin, Gorkin a pu s'assurer que l'enzyme était absente des exsudats alcalins ou neutres. Les cellules présentes dans ces exsudats, mises à incuber dans un milieu acide (pH 6,5), ne libèrent pas l'enzyme. Celle-ci est attachée à la fraction insoluble du cytoplasme. Peut-être joue-t-elle un rôle dans la digestion intracytoplasmique des germes phagocytés.

2. *Protéases des tissus*

(a) *Brûlures cutanées.* Peters et coll. ont décrit une *dermoprotéase.* Celle-ci prend naissance dans la peau d'animaux (rats, lapins, cobayes) soumise, *in vivo*, à une brûlure légère (eau portée à 70°C.) Elle agit à un pH optimum de 7,5. Elle parait différente de la trypsine et de la chymotrypsine. On peut la retrouver dans les liquides de phlyctènes. A cet endroit, elle se trouve souvent accompagnée par une *tripeptidase*, enzyme capable d'hydrolyser la D-L-leucylglycylglycine. La dermoprotéase serait progressivement éliminée du tissu brûlé par voie sanguine (Zamenik et coll.).

Selon Cullumbine et Rydon, la dermoprotéase de Peter pourrait attaquer la fibrine en donnant naissance à des peptides doués d'une activité comparable à celle de la leukotaxine. Il y a peut-être là un mode de formation de la leukotaxine. Les données de Cullumbine et Rydon ont été confirmées en 1955 par Atum et Shelley.

En 1954, Ungar et Damgaard ont montré que des fragments de peau soumis à une température de 70°C pendant quelques minutes puis maintenus à 37°C subissent une protéolyse. Une protéase a pu être extraite du tissu chauffé. Pour Martin et coll., celle-ci préexisterait dans la peau normale mais combinée à un inhibiteur. De celui-ci, on pourrait la séparer par divers procédés chimiques (exemple: comme ci-dessus, la chaleur).

(b) *Lésions tuberculeuses.* On doit à Weiss et coll. une importante étude sur la caséification tuberculeuse, présente chez des lapins infectés par voie respiratoire au moyen d'une dose connue de bacilles de Koch. Les auteurs en question cherchaient à mettre en évidence le rôle de la protéolyse dans la formation du caseum.

(α) *Travaux de Weiss, Singer et Boyar-Manstein.* Prélèvement de tubercules pulmonaires. Homogénéisation des différentes parties de la lésion. Mise en présence des homogénats avec du benzoyl-l-arginamide (pour l'étude de l'activité de la BA amidase (cathepsine II)) et avec de la leucyl-arginamide (pour l'étude de l'activité de la LA peptidase). Comparaison était faite avec du tissu pulmonaire normal. Résultats: fut mise en évidence une activité très forte des deux enzymes dans la zone inflammatoire qui entoure le caseum (activité en rapport évident avec l'intensité de l'infiltration cellulaire). Cette activité était beaucoup plus faible dans la zone plus interne, en voie de caséification. Elle était nulle dans le centre caséifié. Peut-être doit-on mettre cette diminution d'activité progressive de la périphérie vers le centre de la lésion sur le compte d'un inhibiteur en quantité croissante.

(β) *Travaux de Weiss, Tabachnick et Cohen.* Essais d'autolyse des tubercules *in vitro*. pH optimum: 5. A ce pH, 60 pour cent des protéines sont hydrolysées en six jours. A pH 6,4, l'autolyse n'était que de 25 pour cent. *In vivo*, l'action de l'autolyse, comme facteur de caséification, devrait être plus faible attendu que le pH local, plus élevé, est moins favorable.

(γ) *Travaux de Tabachnick et Weiss.* Isolement d'une protéinase à partir de polynucléaires de lapin. PH d'action optimum: 4. Même quand elle avait été extraite de leucocytes de lapins infectés par le bacille de Koch, cette protéase ne digérait que 20 pour cent des protéines du tubercule. Elle apparaît, par là, différente de celle qui existe dans les tubercules.

A ajouter à ces différents travaux, une remarque de Dixon. Les protéases ne joueraient qu'un rôle limité dans le processus de la caséification. Le caseum, en effet, reste remarquablement riche en protéines non dégradées.

(c) *Granulomes.* Etudes de Gedigk et Bontke sur des granulomes déterminés par implantation de substances inertes (talc, silice, fil chirurgical, etc.) ou par injection sous-cutanée de protéines (gélatine, fibrine) ou d'acides gras non saturés. A été décelée une aminopeptidase active sur le l-leucyl-β-naphtylamide dans les macrophages de granulomes âgés de 4 à 6 jours. Elle se trouvait aussi dans les cellules géantes. Mais elle disparaissait peu à peu. Elle faisait notamment défaut dans des granulomes âgés de plusieurs mois et plus ou moins transformés en tissu scléreux.

Etudes de Boucek, Noble et Woessner sur des tissus néoformés autour d'implants d'éponge de polyvinyle chez le rat. Isolement d'une protéase active à pH 3,2. L'activité de celle-ci augmentait quand le DNA avait atteint son taux maximum, c'est-à-dire quand la multiplication cellulaire avait cessé de se produire. Une prolidase a pu également être mise en évidence.

C. *Lipases et Estérases*

Les lipases hydrolysent les graisses de haut poids moléculaire comme l'oléine; les estérases frappent les esters d'acides gras de faible poids moléculaire; maximum: de cinq à dix atomes de carbone.

1. *Lipases et estérases des exsudats inflammatoires.* Une étude systématique

a été faite par Rossiter et Wong sur l'activité estérasique des polynucléaires inflammatoires de lapins, isolés d'exsudats péritonéaux. A été trouvée une estérase banale, fortement active sur les esters d'acides gras en C_5 et en C_6 (esters valérique et caproïque); elle était beaucoup moins active sur le tributyrate.

2. *Lipases et Estérases des Tissus Enflammés*

(a) *Lipase.* Par méthodes histochimiques, Vogel a pu détecter l'existence d'une très forte activité lipasique dans les histiocytes de granulomes intraganglionnaires secondaires à l'injection, chez le cobaye, d'un mélange contenant un extrait cérébral, des bacilles de Koch et des substances adjuvantes. Les animaux, en conséquence de cette injection, étaient victimes d'une encéphalomyélite. Chez les cobayes qui avaient reçu seulement des substances adjuvantes, la richesse en lipase des histiocytes granulomateux était nettement moins élevée. Après simple injection aux animaux de talc ou d'alumine, l'activité lipasique des mêmes cellules était pratiquement nulle. Sans doute existe-t-il une relation entre la richesse des histiocytes en lipase et la démyélinisation qu'on observe au cours des encéphalomyélites expérimentales.

(b) *Estérase.* Une estérase non spécifique a été trouvée en grande abondance dans des macrophages, au sein de lésions pulmonaires, hépatiques et spléniques qui avaient pris naissance chez des lapins infectés par le BK bovin. Elle existait aussi dans des macrophages appartenant à des lésions tuberculeuses chez le cobaye mais, d'après les résultats des tests histochimiques, en moindre quantité. Elle existait encore, mais en quantité également faible, dans des cellules géantes. Elle faisait défaut chez des rats et des souris infectés de la même manière (Grogg et Pearse).

Une estérase non spécifique a encore été mise en évidence dans les macrophages et les cellules géantes existant dans des granulomes provoqués par une injection de substances inertes (silice, talc, plastiques) ou de protéines (gélatine, fibrine) ou d'acides gras non saturés. Abondante vers le sixième, jour, elle semblait disparaître au bout de plusieurs mois (Gedigk et Bontke).

D'après Lindner, les estérases donneraient une réaction histochimique intense dans les granulomes dus à une injection sous-cutanée, chez le rat, de dextrane ou d'huile de croton.

D. *Nucléases*

Dans les foyers inflammatoires, les cellules du pus (polynucléaires, essentiellement) subissent pour la plupart un processus d'autolyse. De ce processus sont victimes à la fois les cytoplasmes et les noyaux. L'étude de la dégradation a surtout été faite sur des lésions tuberculeuses car, en ce cas, la fonte cellulaire est particulièrement accusée.

On doit à Weiss et coll. une étude des tubercules apparus dans le poumon de lapins infectés par voie pulmonaire au moyen d'une dose connue de bacilles de Koch. Pour cette étude, étaient mis en présence des homogénats cellulaires et des acides nucléiques fortement polymérisés; secondairement était mesurée la chute de la viscosité. Les auteurs ont remarqué que les nucléases, desoxyribonucléase et ribonucléase, sont abondantes dans la zone périphérique des tubercules (zone inflammatoire) et dans les foyers nécrotiques. Les lésions ramollies, au contraire, ainsi que le caseum, n'ont qu'une très faible activité nucléasique. Cela paraît dû à la présence d'un inhibiteur (dont la concentration serait en rapport avec la richesse des milieux en BK). En effet, quand on ajoute à un homogénat fait avec le tissu granulomateux qui entoure le caseum une petite quantité de caseum, on constate une chute (50 pour cent) de l'activité nucléasique de l'homogénat. Le même résultat pourrait être obtenu avec un extrait aqueux de bacilles de Koch ajouté à un homogénat actif.

L'autolyse des acides nucléiques de tubercule est rapide: 70 pour cent en 24 heures. Les pH optimum sont de 5 pour la désoxyribonucléase et de 7 pour la ribonucléase. Cette dernière enzyme doit donc être la plus active *in vivo* (le pH étant plus favorable).

L'ensemble des résultats que nous venons de passer en revue a été obtenu *in vitro*. Mais, *in vivo*, confirmation a pu être apportée grâce à des observations histochimiques faites sur des lésions humaines de lymphadénite tuberculeuse chronique. Dixon a montré par exemple que la basophilie cytoplasmique (due au RNA) disparaît au cours de la caséification. De même, la réaction de Feulgen (due au DNA) devient négative au stade terminal de la karyolyse lors de la formation du caseum.

Au sein du caseum, la dégradation des dérivés nucléiques serait très poussée car, dans les extraits de cette substance, on ne retrouve plus le spectre des nucléotides (Weiss et coll). Etudiant des foies cirrhotiques de rats traités par l'éthionine, Wachstein et Meisel ont remarqué qu'une 5-nucléotidase donnait une très forte réaction histochimique dans les zones où se forment en abondance les fibres de réticuline.

E. *Phosphatases*

Les phosphatases font normalement défaut dans les liquides d'exsudat. Elles ne s'y rencontrent qu'en cas de nécrose avancé; en ce cas, elles proviennent de cellules lysées. Il n'y a pas de phosphatases dans le caseum.

1. *Dans les cellules des exsudats.* La présence de phosphatases dans ces cellules a été démontrée, pour la première fois, par Fiessinger et Boyer.

(a) *Exsudats expérimentaux.* Des expériences, ici, ont été effectuées sur des lapins et des cobayes, après injection dans le péritoine de substances ou de solutions irritantes (exemple: bouillon).

Observations sur les polynucléaires. A citer les études de Cram et Rossiter, de Chevillard, enfin de Haight et Rossiter. Tous les résultats obtenus ont été concordants. Les polynucléaires contiennent une phosphomonoestérase alcaline très active (pH optimum: 9 environ) et une ou deux phosphomonoestérases acides, celles-ci étant comparativement moins fortes. Par rapport aux polynucléaires du sang, les polynucléaires inflammatoires sont plus riches en phosphatases. Selon Bruyet, le pH optimum pour l'activité de la phosphatase alcaline serait de 9,6. Celui concernant la phosphatase acide varierait, selon le tampon utilisé, entre 4,5 et 5,7. Des leucocytes inflammatoires provenant de cobayes carencés en vitamine C ont la même activité phosphatasique que ceux fournis par des cobayes normaux.

Observations sur les macrophages. D'après Bruyet et coll., les macrophages ne contiendraient pas de phosphatase alcaline. Ils auraient une phosphomonoestérase acide d'activité maximum pour des pH compris entre 4,5 et 5,7.

(b) *Exsudats de causes spontanées.* Par des procédés histochimiques, Romani a pu mettre en évidence une forte activité phosphatasique alcaline dans des cellules provenant d'épanchements pleuraux (chez l'homme).

2. *Dans les Tissus Enflammés*

(a) *Dans les polynucléaires.* Ces cellules apparaissent toujours riches en phosphatases alcalines. Du point de vue histochimique, la constatation a déjà été rapportée par de nombreux auteurs, en particulier:

— par Fell et Danielli, sur des plaies en voie de cicatrisation (après incisions cutanées chez le cobaye);

— par Fisher et Glick, par Pirila et Eranko sur des cellules exsudatives présentes dans des lésions cutanées (acné vulgaire, acné rosacé, lupus erythémateux, etc.);

— par Grogg et Pearse, sur des lésions tuberculeuses du poumon, du foie et de la rate de rats, de souris, de cobayes et de lapins infectés par des bacilles de Koch bovins;

— par Hori, Hattori et Hagihara sur des lésions tuberculeuses humaines (post mortem) ou sur des lésions prélevées chez des cobayes infectés par voie intratrachéale;

— par Verne sur des tissus de rats traités par l'histamine.

(b) *Dans les macrophages.* Nous avons eu, déjà, l'occasion de dire que ces cellules, dans les exsudats, ne renferment pas de phosphatase alcaline. Par procédés histochimiques, une phosphatase acide a été détectée par:

— Grogg et Pearse dans des lésions du poumon, du foie, de la rate de rats, de souris, de cobayes, de lapins, infectés par des bacilles de Koch bovins (la même phosphatase se retrouve aussi dans les cellules géantes);

— Hori, Hattori et Hagihara au niveau de lésions tuberculeuses humaines (post mortem) ou de lésions de cobayes infectés; les cellules géantes observées dans les mêmes tissus seraient également riches en phosphatases alcalines;

— Schmidt-Matthiesen sur des granulomes silicotiques produits, chez le rat, dans la paroi cutanée. Les macrophages qui bordent le granulome auraient une activité phosphatasique acide particulièrement forte. Une certaine activité phosphatasique alcaline serait exercée par les macrophages du centre de la lésion;

— Gedigk et Boentke, enfin, sur des granulomes provoqués par une injection de silice ou de polymères synthétiques, de protéines ou d'acides gras, sous la peau de souris et de rats.

(c) *Dans les histiocytes.* A signaler ici un travail de Collet et Daniel-Moussard. Matériel: des granulomes silicotiques provoqués chez le lapin par une introduction intratrachéale de silice. Une intense réaction pour la phosphatase acide a été trouvée dans le cytoplasme des cellules mésenchymateuses et, surtout, des histiocytes. Vers le dixième jour, était aussi observée une légère réaction nucléaire. Ultérieurement, il y avait disparition progressive de l'activité phosphatasique, sauf en quelques histiocytes.

(d) *Dans les fibroblastes.* De nombreux travaux ont, en ce cas, montré qu'une phosphatase alcaline réside dans les fibroblastes et que son activité est, en général, maximum vers le septième jour d'évolution des foyers inflammatoires, c'est-à-dire quand la formation des fibres, au sein des granulomes, est particulièrement accusée. D'où l'idée émise par certains auteurs d'un rapport possible entre l'activité phosphatasique et le processus de fibrillogénèse. Nous ne pouvons, sur ce sujet, passer en revue tous les travaux. Nous signalerons au moins les études histochimiques suivantes. D'abord — puisqu'elles sont les premières en date — celles de Danielli, Fell et Kodicek. Ce sont ces auteurs qui ont soulevé l'hypothèse d'une relation possible entre phosphatases d'une part, synthèse du collagène de l'autre. Ils avaient, en effet, remarqué que, chez les cobayes scorbutiques, là où la fibrillogénèse laisse beaucoup à désirer, la phosphatase alcaline fait défaut.

1950: Bunting et White. Ceux-ci ont pu mettre en évidence une phosphatase alcaline dans les fibroblastes et les espaces intercellulaires de plaies de cobayes. Comparativement, l'activité phosphatasique était plus faible chez les cobayes scorbutiques. Toutefois, les auteurs se sont refusés à parler d'un rapport indiscutable entre la quantité de collagène synthétisé et l'intensité de l'activité phosphatasique.

1950: Van Robertson, Dunihue et Novikoff. Ceux-ci ont trouvé une réaction phosphatasique alcaline fortement positive dans les fibroblastes appartenant à la partie corticale de la capsule fibreuse qui avait pris naissance autour d'un rein enserré dans un sac de cellophane, c'est-à--dire là où du collagène était activement synthétisé.

En 1951, Gould et Gold ont trouvé, aussi eux, une diminution de l'activité phosphatasique dans les fibroblastes de cobayes scorbutiques, mais, comme Bunting et White, ils n'ont pas cru pouvoir la mettre en relation avec une formation réduite de collagène. Ils ont donné, pour leur part, les raisons suivantes: une injection locale de phosphatases n'accélère pas la cicatrisation chez des animaux scorbutiques; l'injection d'un inhibiteur de phosphatases dans des plaies d'animaux normaux n'entrave pas l'évolution du processus cicatriciel.

En 1954, French et Benditt, examinant des plaies en voie de cicatrisation, ont trouvé que l'activité phosphatasique était plus intense au voisinage de l'épithélium. D'où cette nouvelle idée que le rapport à établir serait davantage entre la phosphatase et l'épithélium qu'entre l'enzyme et le collagène.

Observations de Romani et Chirico: Dans les granulomes de rats, produits par une injection d'essence de térébenthine, le maximum d'activité phosphatasique est atteint le septième jour, c'est-à-dire au moment où il y a multiplication très active des fibres de collagène. Des résultats analogues ont été rapportés par Lindner. Le matériel examiné se composant cette fois de granulomes provoqués, chez le rat, par le dextrane ou l'huile de croton.

Dernier travail méritant mention: celui de McMinn et Johnson. Pour ceux-ci, l'activité phosphatasique locale serait passible de larges variations selon les espèces animales: ainsi, l'activité apparaît intense chez le cobaye, nulle chez le rat. D'autre part, chez un même animal (tel le chat), elle varierait, dans les granulomes, en fonction de l'origine de ceux-ci. Par exemple, elle serait assez forte dans le tissu néoformé autour de fragments de peau ou de muqueuse implantés dans le muscle; elle serait nulle en revanche dans les mêmes conditions après implantation de catgut ou de paraffine.

De toute manière, une corrélation serait impossible à établir entre le collagène et l'activité phosphatasique.

Quelques auteurs ont prétendu que l'activité phosphatasique des fibroblastes serait contrôlée par des hormones, qu'elle pourrait notamment être diminuée par la cortisone.

Observations princeps de Lustig et Sacerdote: en cultures de tissus. Pour Chirico, Viola et Romani, chez des animaux traités par la cortisone, la faible activité phosphatasique du granulome tiendrait seulement à la petitesse de celui-ci. L'activité phosphatasique des fibroblastes demeurerait inchangée. Pour que cette dernière diminue à son tour (ce qui entraîne l'arrêt de la fibrillogénèse), il serait nécessaire d'injecter localement une suspension microcristalline de cortisone, cela lorsque la zone vasculofibroblastique du granulome a subi une différenciation (Romani, Quantius et Chirico).

Dans le tissu néoformé autour d'implants d'éponge de polyvinyle, Boucek, Noble et Woessner ont observé que l'activité de la phosphatase alcaline se met à diminuer quand le DNA a atteint son taux maximum. Cependant, l'activité de la phosphatase acide continue d'augmenter. La première serait donc liée à la prolifération cellulaire: la seconde serait influencée par le développement de la fibrose.

Depuis 1945, des discussions ont eu lieu entre les histochimistes à propos de la localisation de la phosphatase alcaline (notamment, celle des polynucléaires). Se trouve-t-elle dans le cytoplasme (liée ou non aux granulations) ou dans les noyaux? Nous ne jugeons pas utile d'aborder le problème dans cette revue, le matériel d'examen alors utilisé étant constitué presque uniquement par des cellules sanguines.

D'après Wachstein et Meisel, l'adénosine triphosphatase (ATpase) donnerait une très forte réaction histochimique au niveau des lésions fibreuses produites dans le foie du rat par l'éthionine.

F. *Oxydases*

1. *Dans les cellules des exsudats.* Rebuck a démontré, pai voie histochimique, que la cytochrome C oxydase était, au niveau d'exsudats inflammatoires aigus, très active dans les polynucléaires neutrophiles et dans les lymphocytes hypertrophiés en voie de transformation histiocytaire. Cette enzyme n'existe pas dans les cellules du sang. Son activité augmente, dans les cellules d'exsudats, moins de douze heures après le début de l'inflammation.

2. *Dans les tissus enflammés.* Tout ce qui précède montre que les tissus enflammés sont le siège de transformations rapides et importantes. Il est normal, dans ces conditions, que leurs besoins énergétiques soient accrus. Ce fait se traduit par l'accélération de certaines réactions métaboliques dont *la consommation d'*O_2.

Scarpelli, Knouff et Angerer ont trouvé une augmentation du Q O_2 qui dépassait de plus de trois cent fois la valeur normale dans des plaies cutanées du lapin. Heim, Dietrich et Mc Donald ont constaté que la respiration d'un homogénat de tissu enflammé était très augmentée par rapport à celle d'un tissu normal (les expériences étant faites sur une poche („pouch") inflammatoire déterminée sous la peau du rat et qui contenait de l'huile de croton. Q O_2 était, en ce cas, de 15 fois supérieur au chiffre obtenu avec des tissus sains.

La cytochrome-oxydase est fortement active (constatation faite par voie histochimique) dans les polynucléaires et les histiocytes siègeant au centre de granulomes provoqués chez le rat par une injection sous-cutanée de silice (Schmidt-Matthiesen).

La dégradation aérobie des glucides (cycle de Krebs) se révèle très rapide dans les foyers inflammatoires. Par voie histochimique, on a pu déceler, en abondance, de la déhydrogénase succinique dans le cytoplasme des cellules épithélioïdes et des cellules géantes de granulomes tuberculeux (Cavallero), dans les histiocytes et les fibroblastes de la zone moyenne du granulome apparu après injection intrapéritonéale de silice (Collet et Daniel-Moussard).

On sait que l'occlusion d'une artère rénale chez le chien provoque un infarctus rénal. Il a été remarqué, à ce sujet, qu'une occlusion de trente minutes abaisse en quatre à cinq heures la réaction de la déhydrogénase succinique, des DPN et TNP diaphorases dans les cellules rénales. Après une occlusion qui a duré trois heures, les réactions correspondant à ces trois enzymes deviennent négatives. Elles ne réapparaissent que progressivement, vers le sixième jour (Peters et Farber).

Dans le tissu néoformé autour d'implants d'éponge de polyvinyle chez le rat, Boucek, Noble et Woessner ont observé que l'activité de la catalase, de la cytochrome C oxydase, des déhydrogénases lactique et malique est proportionnelle à la teneur du tissu en acide désoxyribonucléique. Elle serait donc liée au nombre des cellules présentes. L'activité de la peroxydase diminue quand le DNA a atteint sa valeur maximum. Cela prouve qu'elle devrait être mise en relation avec la prolifération active des cellules.

V. PH

A. *Dans les Exsudats*

Le pH des exsudats est d'abord légèrement alcalin (de 7,4 à 7,2). Puis il baisse progressivement de 7 à 6 (et au dessous) selon la nature des exsudats. Enfin, quand la réaction inflammatoire tend à régresser, il y a retour au pH normal ($\geqslant$7,5).

Ces faits sont connus depuis longtemps. Parmi les premiers à les avoir signalés, il faut citer, en 1921, Shade et coll. Ils ont été, ces dernières années, longuement étudiés par Menkin.

Pour cet auteur, le pH des exsudats pleuraux, provoqués chez le chien par une injection d'huile de croton ou d'essence de térébenthine, conditionnerait la nature des éléments cellulaires que contient l'exsudat. Au pH alcalin, il y aurait prédominance de polynucléaires. A partir de pH 6,9–6,8, ces cellules subiraient un processus de dégénérescence et seraient remplacées par des macrophages. A pH 6,5, et au dessous, toutes les cellules seraient frappées de mort et il y aurait formation de pus. Le pH continuant à baisser, il arriverait que l'animal succombe. Quand la guérison se produit, le pH de l'exsudat remonte à la neutralité et au dessus.

Des observations analogues ont été faites en 1946 par Swenson et Claff sur des liquides d'oedème apparus après fracture expérimentale du fémur chez des rats et des cobayes. Le pH, qui était de 7,3 deux heures après la fracture, était de 7,1 vingt-quatre heures plus tard. Cependant, neuf jours plus tard, au moment où commençait de s'installer un début de calcification, il était passé à 7,5.

En 1953, Adamkiewicz, Horava et Salgado ont signalé un pH de 7,5 à 7,6 pour des exsudats âgés de quatorze jours et provenant de poches inflammatoires déterminées sur le dos du rat et emplies d'huile de croton.

B. *Dans les Tissus Enflammés*

Là encore, une phase d'acidose accompagnerait la formation du pus. Plus tard, dans les abcès chroniques, de même que dans les granulomes en voie de cicatrisation, elle ferait place à une phase alcaline. A cet égard, nous signalerons les observations suivantes. D'abord, celles de Frunder. Cet auteur a constaté qu'après injection souscutanée d'essence de moutarde ou de bactéries chez le cobaye, le pH du tissu atteint passe de 7,4 à 6 en trois heures. Le pH d'un granulome allergique (phénomène d'Arthus produit par une hyperimmunisation due au sérum de cheval) était également de 6.

En 1954, Weiss et coll. ont trouvé que les jeunes tubercules présents dans les poumons de lapins infectés par voie trachéale par une dose connue de bacilles de Koch ont un pH acide (de 6,4 à 6,7). Au niveau des lésions anciennes (tubercules ramollis), le pH du tissu nécrotique est de 7,4 ou plus.

BIBLIOGRAPHIE

1. ABELLO J., Nuevas investigations sobre el origen de la colagena y la neo-reticulina del tuberculo pulmonar. *Enfermed del Torax*, 1956, **5**: 495.
2. ABERCROMBIE M., FLINT M. H. et JAMES D. W., Collagen formation and wound

contraction during repair of small excised wounds in skin of rats. *J. Embryol. exp. Morph.*, 1954, **2**: 264.

3. ADAMKIEWICZ V. W., HORAVA A. et SALGADO E., Observations on the chemical constitution of inflammatory exudate in normal and hypophysectomized rats. *Science*, 1953, **118**: 415.
4. AKAZAKI K., A continued report on reticulo-endothelial system and the changes thereof caused by inflammatory stimulation. *Tohoku J. Exp. Med.*, 1957, **66**: 293.
5. ATERMAN K., Studies on fibrosis of the liver induced by carbon tetrachloride—I. Relation between hepatocellular injury and new formation of fibrous tissue. *Arch. Path.*, 1954, **57**: 1.
6. ATHM R. P. et SHELLEY W. B., *J. Invest. Dermat.*, 1955, **25**: 341. d'après LORINCZ A. L. et STOUGHTON R. B., Specific metabolic processes of skin. *Physiol. Rev.*, 1958, **38**: 481.
7. ATSCHULER C. H. et ANGEVINE D. M., Acid mucopolysaccharide in degenerative disease of connective tissue with special reference to serious inflammation. *Amer. J. Path.*, 1951, **27**: 141.
8. BAGGI G. F., Indagini sui fattori che controllano la produzione dell' acido ialuronico nella essudazione flogistica. *Arch. Sci. Biol.*, 1954, **38**: 56.
9. BAGGI G. F. et FAVILLI G., Quelques facteurs qui contrôlent la composition chimique et cellulaire et la réactivité individuelle au processus phlogistique. *Rev. Path. Gen. Comp.*, 1953, 1331.
10. BAGGI G. F. et PRODI G., Osservazioni sul contenuto totale in aminozuccheri nei mesenteri e nell'omento di cavie durante flogosi peritoneale sperimentalmente prodotta. *Boll. Soc. Ital. Biol. Sper.*, 1953, **29**: 1.
11. BALASUBRAHMANYAN M., The ground substance of the fibrous tissue in experimental liver cirrhosis. *J. Path. Bact.*, 1953, **65**: 123.
12. BALAZS A. et HOLMGREN H. J., The basic dye uptake and the presence of a ground inhibiting substance in the healing tissue of skin wounds. *Exp. Cell. Res.*, 1950, **1**: 206.
13. BAZIN S. et DELAUNAY A., Études sur le collagène—XIII. Influence de divers polypeptides, dont quelques uns extraits de granulomes inflammatoires, sur les combinaisons collagène-mucopolysaccharides *in vitro*. *Ann. Inst. Pasteur*, 1958, **95**: 520.
14. BAZIN S. et DELAUNAY A., Biochimie de la trame conjonctive enflammée—II. Le collagène. *Bull. Assoc. Dipl. Microb. Fac. Pharm. Nancy*, no. 76, 1959, 3.
15. BAZIN S. et DELAUNAY A., Collagènes solubles et insolubles dans la formation des cirrhoses expérimentales. *Rev. Fr. Et. clin. Biol.*, 1959, **6**: 605.
16. BAZIN S. et DELAUNAY A., Le métabolisme des mucopolysaccharides. *Biol. Med.*, 1959, **48**: 351.
17. BAZIN S. et DELAUNAY A., Biochimie de l'Inflammation—I. Les hexosamines au niveau des réactions cutanées d'Arthus et de Shwartzmann. *Ann. Inst. Pasteur*, 1960, **98**: 494.
18. BAZIN S., ROBINEAUX R. et DELAUNAY A., Sur la teneur en glycogène des polynucléaires. *C. R. Soc. Biol.*, 1951, **145**: 1855.
19. BELOFF A. et PETERS R. A., Observations upon thermal burns; the influence of moderate temperature burns upon a proteinase of skin. *J. Physiol.*, 1954, **103**: 461.
20. BENNETT I. L. JR., Studies on the pathogenesis of fever—IV. Further observations on the production of fever in rabbits by the fluid of sterile exudates. *Bull. Johns Hopkins Hosp.*, 1956, **98**: 7.

21. BENNETT I. L. JR. et BEESON P. B., Studies on the pathogenesis of fever—II. Characterization of fever producing substances from polymorphonuclear leucocytes and from the fluid of sterile exudates. *J. exp. Med.*, 1953, **98**: 493.
22. BENSLEY S. H., On the presence, properties and distribution of the intercellular ground substance in loose connective tissue. *Anat. Rec.*, 1934, **60**: 93.
23. BOISTESSELIN (DU) R. et BRUX (DE) J., Étude histologique et histochimique du tissu de granulation sous l'influence de la thérapeutique tissulaire. Comparaison avec l'action de la cortisone. *Presse Méd.*, 1953, **61**: 543.
24. BOIVIN P., *Recherches sur quelques Réactions Histochimiques Appliqués aux Leucocytes.* Thèse Fac. Médecine, Paris, 1955.
25. BOLLET A. J., BROWN A. L. et GOODWIN J. L., Metabolism of mucopolysaccharides in connective tissue. *J. Lab. Clin. Med.*, 1958, **52**: 795.
26. BOLLET A. J., GOODWIN J. F., SIMPSON W. F. et ANDERSON D. V., Mucopolysaccharide protein and desoxyribonucleic acid concentration of granulation tissue induced by polyvinyl sponge. *Proc. Soc. exp. Biol. Med.*, 1958, **99**: 418.
27. BOLLET A. J., SERAYDARIAN M. W. et SIMPSON W. F., Acid mucopolysaccharides in pleural, pericardial and ascitic fluids. *J. Lab. Clin. Med.*, 1957, **50**: 795.
28. BOSTRÖM H. et AQUIST S., Utilization of ^{35}S-labelled Na sulphate in the synthesis of chondroitin sulfuric acid, taurine, methionine and cystine. *Acta Chim. Scand.*, 1952, **6**, 1556.
29. BOSTRÖM H. et JORPES E., On the enzymatic exchange of the sulphate group of the animal sulphomucopolysaccharides. *Experientia*, 1954, **10**: 392.
30. BOUCEK R. J. et NOBLE N. L., Connective tissue. A technique for the evolution and study. *Arch. Path.*, 1955, **59**: 553.
31. BOUCEK R. J., NOBLE N. L. et KAO K. Y. T., Sex differences in the biochemistry of rat biopsy connective tissue. *Circulation*, 1957, **16**: 485.
32. BOUCEK R. J., NOBLE R. J. et WOESSNER J. F., Properties of fibroblasts. Connective tissue, thrombosis and atherosclerosis. *Proc. Conf. Princeton, New Jersey, May* 1958, Acad. Press N.Y., 1959, 193.
33. BRADFIELD J. R. G. et KODICEK E., Abnormal mucopolysaccharide and "pre-collagen" in vitamin C deficient skin wounds. *Bioch. J.*, 1951, **49**: XVII.
34. BRUYET P, Communication personnelle.
35. BRUYET P., DELAUNAY A. et MEIGNIEN C., L'équipement des macrophages en phosphomonoestérases. *Ann. Inst. Pasteur*, 1955, **89**: 45.
36. BUCK R. C., Regeneration of tendon. *J. Path. Bact.*, 1953, **66**: 1.
37. BUNTING H., The distribution of acid mucopolysaccharides in mammalian tissues as revealed by histochemical methods. *Ann. N. Y. Acad. Sci.*, 1950, **52**: 977.
38. BUNTING H. et WHITE R. F., Histochemical studies of skin wounds in normal and scorbutic guinea pigs. *Arch. Path.*, 1950, **49**: 590.
39. BURT N. S. et ROSSITER R. J., Lipids of rabbit blood cells. Data for red cells and polymorphonuclear leucocytes. *Bioch. J.*, 1950, **46**: 569.
40. CAMPANI M. et REGGIANI O., Observations in the experimental animal on the nature of the metachromatic ground substance in granulation tissue. *J. Path. Bact.*, 1950, **62**: 563.
41. CAVALLERO G., Considerazioni sul contenuto in Cu ed in Fe nelle cirrosi epatiche atrofiche: ricerche istochimiche e sperimentali. *Pathologica*, 1958, **50**: 189.
42. CAVALLERO G., I mucopolisaccharidi nel granuloma tuberculose. *Pathologica*, 1958, **50**: 285.

43. CAVALLERO G., La attivita succinodeidrogenasia nel granuloma tuberculosa. *Pathologica*, 1958, **80**: 411
44. CHEVILLARD L., Sur les phosphomonoestérases dans la moëlle du fémur, dans les ganglions lymphatiques, dans les leucocytes d'exsudats chez le cobaye, et dans les plaquettes sanguines chez le lapin. *C. R. Soc. Biol.*, 1945, **139**: 249.
45. CHEVILLARD L., Sur les pyrophosphatases de la moëlle du fémur, des ganglions lymphatiques, des leucocytes d'exsudat chez le cobaye et des plaquettes sanguines chez le lapin. *C. R. Soc. Biol.*, 1946, **140**: 955.
46. CHIRICO G., VIOLA S., et ROMANI J. D., Étude de la phosphatase alcaline dans les tissus inflammatoires. Ses modifications sous l'influence des hormones antiphlogisitiques et prophlogistiques. *C. R. Soc. Biol.*, 1955, **149**: 1759.
47. CMELIK S., Über die Lipoide der tuberkulösen Foci beim Menschen. *Bioch. Z.*, 1952, **322**: 288.
48. COLLET A. et DANIEL-MOUSSARD H., Étude histochimique du granulome silicotique expérimental: déshydrogénase succinique et phosphatase acide. *C. R. Soc. Biol.*, 1958, **152**: 322.
49. CRAM D. M. et ROSSITER R. J., Phosphatase of rabbit polymorphonuclear leucocytes. *Bioch. J.*, 1941, **43**: XXI.
50. CRAM D. M. et ROSSITER R. J., Phosphatase of rabbit polymorphonuclear leucocytes. *Canad. J. Res.*, section E., 1949, **27**: 290.
51. CULLUMBINE H. et RYDON H. N., A study of the formation, properties and partial purification of leukotaxine. *Brit. J. exp. Path.*, 1946, **27**: 33.
52. CURRAN R. C., Observations on the formation of collagen in quartz lesions. *J. Path. Bact.*, 1955, **66**: 271.
53. CURRAN R. C. et KENNEDY J. S., Utilisation of sulphate ion by fibroblasts in the quartz focus. *Nature*, 1955, **175**: 435.
54. DANIELLI J. F., FELL H. B. et KODICEK E., The enzymes of healing wounds – II, The effect of different degrees of vitamin C deficiency on the phosphatase activity in experimental wounds in the guinea pigs. *Brit. J. exp. Path.*, 1945, **26**: 367.
55. DANIEL-MOUSSARD H., Etude microchimique du granulome silicotique expérimental par test péritonéal chez le rat – I. Collagènes, acides nucléiques et groupements sulfhydrilés. *Bull. Soc. Chim. Biol.*, 1957, **39**: 1183.
56. DELAUNAY A. et BAZIN S., Biochimie de la trame conjonctive enflammée – I. Mucopolysaccharides. *Bull. Assoc. Dipl. Microb. Fac. Ph. Nancy*, 1959, **75**: 3.
57. DELAUNAY A. et BAZIN S., Le foyer inflammatoire. Aspects biochimiques. *Rapport au 6ème Congrès International de Thérapeutique*. Strasbourg. 1–3 octobre 1959. Volume du Congrès, 241.
58. DIXON K. C., Protein and nucleic acid in caseous necrosis. *Amer. Rev. Tub.*, 1958, **77**: 106.
59. DUBOULOZ P. et DUMAS J., Étude histochimique des péroxydes et des groupes sulfhydriles dans la peau du rat présentant une réaction inflammatoire. *C. R. Soc. Biol.*, 1954, **148**: 1430.
60. DUBOULOZ P. et DUMAS J., Sur le métabolisme des péroxydes lipidiques – IV. Présence de péroxydes lipidiques dans la peau au cours des processus inflammatoires. *Bull. Soc. Chim. Biol.*, 1954, **36**: 983.
61. DUNPHY J. E. et UDUPA K. N., Chemical and histochemical sequences in the normal healing of wounds. *New Engl. J. Med.*, 1955, **253**: 847.
62. DZIEWIATKOWSKI D. D., Isolation of chondroitin sulfate ^{35}S from articular cartilage of rats. *J. Biol. Chem.*, 1951, **189**: 187.

63. DZIEWIATKOWSKI D. D., BENESCH R. E. et BENESCH R., On the possible utilization of sulfate sulfur by the suckling rat for the synthesis of chondroitin sulfate as indicated by the use of radioactive sulfur. *J. Biol. Chem.*, 1949, **178**: 931.

64. FANGER H. et BARKER B., Histochemical studies of some proliferating and keratotic skin lesions – II. Glycogen. *Arch. Path.*, 1957, **64**: 657.

65. FELL H. B. et DANIELLI J. F., The enzyme of healing wounds – I. The distribution of alkaline phosphomonoesterase in experimental wounds and burns in the rat. *Brit. J. exp. Path.*, 1943, **24**: 196.

66. FIESSINGER N. et BOYER F., Les phosphatases des leucocytes. *Enzymologia*, 1936, **1**: 172.

67. FISHER I. et GLICK D., Histochemistry – XIX. Localization of alkaline phosphatase in normal and pathological human skin. *Proc. Soc. exp. Biol. Med.*, 1947, **66**: 14.

68. FORSCHER B. K. et CECIL H. C., Biochemical studies of acute inflammation. Chemical changes in the normal animal. *Arch. Bioch.*, 1957, **70**: 367.

69. FRENCH J. E. et BENDITT E. P., Observations on the localization of alkaline phosphatase in healing wounds. *Arch. Path.*, 1954, **57**: 352.

70. FROMM H. J. et NORDLIE R. C., Redistribution of methionine and cystine during experimental wound healing. *Bioch. Bioph. Acta*, 1959, **31**: 357.

71. FRUNDER H., Der Stoffwechsel des entzündeten und geschädigten Gewebes. *Rev. Canad. Biol.*, 1953, **12**: 277.

72. GEDIGK P. et BONTKE, Über die Enzymaktivität im Fremdkörpergranulationsgewebe. *Virchows Archiv.*, 1957, **330**: 538.

73. GEDIGK P. et PIOCH W., Über die Bildung von organischen Substanzen in Siliciumdioxygranulomen. *Virchows Arch.*, 1956, **328**: 513.

74. GERLACH W., Über den Kupfergehalt der menschlichen Organe in besonderen Fällen. *Virchows Arch.*, 1935, **295**: 394.

75. GERSH J. et CATCHPOLE H. R., The organisation of ground substance and basement membrane and its significance in tissue injuries disease and growth. *Am. J. Anat.*, 1949, **85**: 457.

76. GORKIN V. Z., Research into biochemical factors of inflammation: necrosin (macrocytase) and haemolysin of inflammatory exudates. *Clin. Chim. Acta*, 1957, **2**: 83.

77. GOULD B. S. et GOLD N. I., Studies on the "alkaline" phosphatase associated with regenerating connective tissue fibers. *Arch. Path.* 1951, **52**: 413.

78. GOULD B. S. et WOESSNER F., Biosynthesis of collagen – I. The influence of ascorbic acid in the proline, hydroxyproline, glycine and collagen content of regenerating guinea pig skin. *J. Biol. Chem.*, 1957, **226**: 289.

79. GRABOWSKA M., Collagen content of normal connective tissue, of tissue surrounding a tumour and of growing rat sarcoma. *Nature*, 1959, **183**: 1186.

80. GRILLO H. C., WATTS G. T. et GROSS J., Studies in wound healing – I. Contraction and the wound contents. *Ann. Surg.*, 1958, **148**: 145.

81. GROGG E. et PEARSE A. G. E., The enzyme and lipid histochemistry of experimental tuberculosis. *Brit. J. exp. Path.*, 1952, **33**: 567.

82. GROSS J., The connective tissue in medicine and surgery. *Bull. N. Y. Acad. Med.*, 1958, **34**: 701.

83. GRUNDLAND I., BULLIARD H. et MAILLET M., Etude du mécanisme chimique de la caséification tuberculeuse. *Presse Méd.*, 1951, No. 20, 406.

84. HAAN J. de., Über den Glykogengehalt der weissen Blutkörperchen. *Bioch. Zeits.*, 1921, **128**: 124.

85. HAIGHT W. F. et ROSSITER R. J., Acid and alkaline phosphatase in white cells. *Blood*, 1950, **5**: 267.
86. HEIM H. C., DEITRICH R. A. et MC DONALD J. G., The effect of hydrocortisone on the oxygen uptake of inflamed tissue. *J. Pharm. exp. Ther.*, 1955, **114**: 51.
87. HEPPLESTON A. G. et KEYSER J. W., The relationship of tissue formation and destruction to the serum protein-bound carbohydrate levels in experimental inflammation. *Brit. J. Exp. Path.*, 1957, **38**: 111.
88. HERSHBERGER L. C., HANSEN L. et RANNEY R. E., Growth and ^{35}S uptake of cotton granulomas in rats. *Proc. Soc. exp. Biol. Med.*, 1959, **101**: 328.
89. HILZ H. et LIPMANN F., The enzymatic activation of sulphate. *Proc. Nat. Acad. Sci.*, 1955, **41**: 880.
90. HORI M., HATTORI S. et HAGIHARA T., Histochemical study on the histogenesis of tuberculous lesion in the lung—I. Nucleic acid, alkaline phosphatase and acid mucopolysaccharides in pulmonary lesions of tuberculous patients. *Med. J. Osaka Un.*, 1953, **4**: 329. II. Histogenesis of pulmonary tuberculosis in guinea pigs. *Med. J. Osaka Un.*, 1953, **4**: 341.
91. HOUCK J. C. et JACOB R. A., Some systemic chemical responses to local inflammation. *Proc. Soc. exp. Biol. Med.*, 1958, **98**: 655.
92. HUDACK S. S., BLUNT J. W., HIGBEE P. et KEARING M., A probable acid mucopolysaccharide present in granulation tissue. *Proc. Soc Exp. Biol. Med.*, 1949, **72**: 526.
93. JACKSON D. S., The stimulation of connective tissue formation by carrageenine. *Bioch. J.*, 1956, **62**: 25 P.
94. JACKSON D. S., Connective tissue growth stimulated by carrageenin—I. The formation and removal of collagen. *Bioch. J.*, 1957, **65**: 277.
95. JACKSON D. S., The formation and breakdown of connective tissue. *Connective Tissue Symposium*. 1 Vol., Oxford, 1957, Blackwell Scient. Publ., 62.
96. JAMES D. W., A connective tissue constituent in the scab found over cutaneous wounds. *J. Path. Bact.*, 1955, **69**: 33.
97. JOHNSTON J. P., Comparaison of the properties of hyaluronic acid from normal and pathological human synovial fluids. *Bioch. J.*, 1955, **59**: 626.
98. JOHNSTON J. P., The viscosity of normal and pathological human synovial fluids. *Bioch. J.*, 1955, **59**: 633.
99. JUNGE-HÜLSING G., Über den Stoffwechsel von Sulfomukopolysacchariden in Granulationsgewebe. *Zeits. Rheumatf.*, 1959, **18**: 355.
100. KAO K. Y. T., Rate of collagen formation in rat biopsy connective tissue. *Fed. Proc.*, 1957, **16**: 310.
101. KAO K. Y. T., BOUCEK R. J. et NOBLE N. L., Rate of collagen formation in biopsy connective tissue of the rat. *Proc. Soc. exp. Biol. Med.*, 1957, **95**: 535.
102. KAO K. Y. T., NOBLE N. L. et BOUCEK R. J., Paper electrophoretic study of the ground substance and scleroprotein of connective tissue. *Fed. Proc.*, 1956, **15**: 105.
103. KEMP I., CARTWRIGHT G. E. et WINTROBE M. M., Studies on a leukopeniaproducing factor obtained from inflammatory tissue. *Amer. J. Phys*, 1951, **165**: 554.
104. KING M. K. et WOOD W. B. JR., Studies on the pathogenesis of fever—III. The leucocytic origin of endogenous pyrogen in acute inflammatory exsudates. *J. exp. Med.*, 1958, **107**: 279.
105. KODICEK E. et LOEWI G., The uptake of ^{35}S sulphate by mucopolysaccharides of granulation tissue. *Proc. Roy. Soc. B.*, 1956, **144**: 100.

106. KONNO K., ALTMAN K. I. et HEMPELMANN L. H., Factors affecting metabolism of muscle collagen—II. Effect of radiation exposure. *Proc. Soc. exp. Biol. Med.*, 1959, **101**: 320.

107. LAYTON L. L., Labeled sulfur in organic sulfate in the diagnosis of cartilaginous tumors and their metastases. *Cancer*, 1949, **2**: 1089.

108. LAYTON L. L., *In vitro* sulfate fixation by granulation tissue and injured muscle tissue from healing wounds. *Proc. Soc. exp. Biol. Med.*, 1950, **73**: 570.

109. LAYTON L. L., FRANKEL D. R., SHER J. H. et SCAPA S., Importance of the synthesis of acidic polysaccharide for wound healing. *Nature*, 1958, **181**: 1543.

110. LIGAS A. et NOVELLI A., Sulla formazione delle fibrille collagene nel granuloma sperimentale di carragenina. *Pathologica*, 1958, **50**: 291.

111. LINDNER J., Vergleichende histochemische und papierchromatographische Untersuchungen bei Entzündungsvorgänger an der Haut. *Arch. f. klin. exp. Dermat.*, 1957, **206**: 379.

112. LINDNER J., Histologische, histochemische und papierchromatographische Untersuchungen der Entzündung unter dem Einfluss von Antiphlogistika. *Acta Histoch.*, 1959, **7**: 179.

113. LOEPER M., Le glycogène dans le sang, les organes hématopoïétiques, les exsudats et les foyers infectieux. *Arch. Méd. exp.*, 1902, **14**: 576.

114. LOEWI G. et KENT P. W., The utilization of inorganic sulphate by granulation tissue. *Bioch. J.*, 1957, **65**: 550.

115. LUDANY G. de., Der Hyaluronsäuregehalt und die Hyaluronidase-Activität der Leukocyten. *Experientia*, 1955, **9**: 71.

116. LUSTIG DE E. S. et SACERDOTE F., Relations entre la phosphatase et la fibrillogénèse des cellules cultivées en présence de cortisone. *C. R. Soc. Biol.*, 1953, **147**: 157.

117. MC GILL H. C. et HOLMAN R. L., Alteration in ground substance in experimental necrotizing endocarditis. *Arch. Path.*, 1954, **57**: 431.

118. MC MANUS J. F. A. et LUPTON C. H., The healing wound as a chemical system: a histochemical study. *Amer. J. Path.*, 1958, **34**: 574.

119. MC MINN R. M. H. et JOHNSON F. R., Observations on the nature of fibrogenesis in the cat. *Transplantation Bulletin*, 1958, **5**: 398.

120. MADDEN S. C. et CLAY W. A., Protein metabolism and protein reserves during acute sterile inflammation. *J. exp. Med.*, 1945, **82**: 65.

121. MAJNO G., Contraction of collagen fibres *in vivo* induced by inflammation. *Lancet*, 1958, no. 7054, 995.

122. MANCINI R. E., Glycogène des leucocytes dans le diabète humain et expérimental. *C. R. Soc. Biol.*, 1950, **144**: 422.

123. MARTIN C. J. et AXELROD A. E., The proteolytic enzyme system of skin—I. Extraction and activation. *J. Biol. Chem.*, 1957, **224**: 309.

124. MARTIN C. J. et AXELROD A. E., The proteolytic enzyme system of skin—III. Purification of proteinase C and its separation from inhibitor. *Bioch. Bioph. Acta.*, 1958, **27**: 52.

125. MAURER P. H. et HUDACK S. S., The isolation of hyaluronic acid from callus tissue of early healing. *Arch. Bioch.*, 1952, **38**: 49.

126. MAYER R. L., KOCHOLATY H. et STANTON D., Hyaluronidase content of normal, and inflamed guinea pig skin. *Proc. Soc. exp. Biol. Med.*, 1948, **67**: 529.

127. MENKIN V., *Biochemical Mechanisms in Inflammation.* I vol., Springfield, 1956, 2-me édition. C. Thomas Ed.

128. MENKIN V., On the further characterization of exudin, a factor concerned with increased capillary permeability in inflammation. *Fed. Proc.*, 1959, **18**: 494.

129. MENTEN M. L. et WILLMS M., Varying content of nucleic acids in polymorphonuclear leukocytes in abscesses of patients. *Arch. Path.*, 1954, **57**: 147.

130. MILES A. A. et WILHELM D. L., Distribution of globulin permeability factor and its inhibitor in the tissue fluid and lymph of the guinea pig. *Nature*, 1958, **181**: 96.

131. MOLTKE E., Uptake of ^{35}S sulphate by healing wounds. Effect of thyroxine and of ascorbic acid deficiency. *Acta Endocr.*, 1957, **25**: 179.

132. MORRIONE T. G., Quantitative study of collagen content in experimental cirrhosis. *J. Exp. Med.*, 1947, **85**: 217.

133. MOSINGER M. et CARTOUZOU G., Sur la constitution histologique et cytologique du granulome silicotique péritonéal. Histiocytes argyrophiles. *C. R. Soc. Biol.*, 1959, **153**: 647.

134. MOSINGER M., LISSITZKY S., CARTOUZOU G., SOUCHOU C., RAYNAUD J. et MIRANDA F., Sur la composition en protéines du granulome silicotique expérimental chez le cobaye. *C. R. Soc. Biol.*, 1959, **153**: 650.

135. MOURIQUAND C. et FAUCHET R., Action de l'acide désoxyribonucléique sur la réparation des fractures chez le rat. *C. R. Soc. Biol.*, 1958, **152**: 1523.

136. MOYSON F., A propos de la teneur du pus en calcium. *C. R. Soc. Biol.*, 1948, **142**: 1188.

137. NEVILLE J. D. et PETERS R. A., Further observations on the proteolytic enzymes in rat skin. *Bioch. J.*, 1948. **43**: 303.

138. NOBLE N. L. et BOUCEK R. J., The effects of augmented cholesterol intake on the lipid of connective tissue. *Circulation*, 1956, **14**: 487.

139. NOBLE N. L. et BOUCEK R. J., Relationship of glucosamine and galactosamine to collagen formation. *Fed. Proc.*, 1958, **17**: 399.

140. NOBLE N. L. et BOUCEK R. J., Collagen partitions in developing connective tissue. *Fed. Proc.*, 1959, **18**: 294.

141. NOBLE N. L., BOUCEK R. J. et KAO K. Y. T., Lipoproteins of serum and connective tissue of the rat and rabbit. *Fed. Proc.*, 1955, **14**: 261.

142. NOBLE N. L., FREDERICK J., WOESSNER J., KAO K. Y. T. et BOUCEK R. J., *In vivo* synthesis and turnover of collagen. *Fed. Proc.*, 1958, **17**: 283.

143. NORDLIE R. C. et FROMM H. J., Distribution of sulfur in regenerating wound tissue. *Proc. Soc. exp. Biol. Med.*, 1958, **97**: 246.

144. OGSTON A. E. et STANIER J. E., Some effects of hyaluronidase on the hyaluronic acid of ox synovial fluid and their bearing on the investigation of pathological fluids. *J. Physiol.*, 1953, **119**: 253.

145. PENNEY J. R. et BALFOUR B. M. The effect of vitamin C on mucopolysaccharide production in healing. *J. Path. Bact.*, 1949, **61**: 171.

146. PERDRISOT A., Inflammation et oxydo-réduction. *Presse Méd.*, 1956, **64** no. 91, 2090.

147. PETERS E. R. et FARBER E., Histochemical localization of certain oxidative enzymes during the production of infarcts of the rat kidney. *Amer. J. Path.*, 1955, **31**: 590.

148. PIGMAN W., GRAMLING E., PLATT D. et HOLLEY H. I., Electrophoretic studies of human synovial mucin. *Bioch. J.*, 1959, **71**: 201.

149. PIRILÄ V. et ERANKÖ O., Distribution of histochemically demonstrable alkaline phosphatase in normal and pathological skin. *Acta Path. Microb. Scand.*, 1950, **27**: 650.

150. POLICARD A., Détection histospectrométrographique du cuivre renfermé dans le foie normal et pathologique. *Bull. Hist.*, 1933, **10**: 94.

151. POLICARD A. et COLLET A., La génèse des fibrilles collagènes et les débuts de la fibrose envisagée au point de vue inframicroscopique. *Biol. Méd.*, 1956, **45**: 231.

152. POLICARD A. et COLLET A., Observations au microscope électronique sur les fibrilles collagènes au cours de la fibrose du granulome silicotique expérimental. *C. R. Soc. Biol.*, 1957, **151**: 821.

153. POLICARD A., COLLET A. et GILTAIRE-RALYTE L., Étude au microscope électronique des premiers stades de la fibrose dans le granulome silicotique. *C. R. Acad. Sc.*, 1954, **239**: 1449.

154. POLICARD A., COLLET A. et GILTAIRE-RALYTE L., Les réactions des cellules réticulo-histiocytaires vis à vis de la silice. Étude au microscope électronique de la fibrillogénèse dans le granulome silicotique expérimental. *Rev. Hématol.*, 1955, **10**: 3.

155. PRODI G. et MALTONI C., Observations on the behaviour of the dermal ground substance in the early stages of treatment with carcinogenic hydrocarbons and promoting substances (croton oil and tween 80). *J. Path. Bact.*, 1957, **73**: 355.

156. PRUDDEN J. P., LANE N. et MEYER K., Lysozyme content of granulation tissue. *Proc. Soc. exp. Biol. Med.*, 1949, **72**: 38.

157. REBUCK J. W., Histochemical changes in lymphocytes in acute inflammation in man. *J. Lab. Clin. Med.*, 1950, **36**: 1009.

158. ROBERT B., *Études sur les Glycoprotéines Sériques et Tissulaires.* Thèse Fac. Méd. Paris, 1959.

159. ROBERTSON Van W. B., DUNIHUE F. W. et NOVIKOFF A. B., The metabolism of connective tissue: absence of alkaline phosphatase in collagen fibres during formation. *Brit. J. exp. Path.*, 1950, **31**: 545.

160. ROBERTSON VAN W. B. et HINDS H., Polysaccharide formation in repair tissue during ascorbic acid deficiency. *J. Biol. Chem.*, 1956., **221**: 79.

161. ROBERTSON VAN B. W. et SCHWARTZ B., Ascorbic acid and the formation of collagen. *J. Biol. Chem.*, 1953, **201**: 689.

162. ROMANI J. D., Sur la nature et la signification des cellules PAS + dans le granulome inflammatoire expérimental. *C. R. Soc. Biol.*, 1954, **148**: 996.

163. ROMANI J. D., Étude de la localization cytologique de la phosphatase alcaline au niveau des épanchements pleuraux chez l'homme. *C. R. Soc. Biol.*, 1956, **150**: 41.

164. ROMANI J. D. et CHIRICO G., Étude des modifications de l'activité phosphatasique alcaline au cours de l'évolution d'un granulome inflammatoire chez le rat. *C. R. Soc. Biol.*, 1956, **150**: 43.

165. ROMANI J. D. QUANTIUS A. et CHIRICO G., Inhibition par la cortisone de l'activité phosphatasique du granulome inflammatoire chez le rat. *C. R. Soc. Biol.*, 1956, **150**: 1173.

166. ROSS O. A. et WALCKER C. J., Histochemical studies of thermal injury on rat skin. *Proc. Soc. exp. Biol. Med.*, 1953, **82**: 379.

167. ROSSITER R. J. et WONG E., Esterase of rabbit polymorphonuclear leucocytes. *J. Biol. Chem.*, 1949, **180**: 933.

168. SALMON P., *Le Glycogène des Leucocytes.* Thèse Fac. Méd. Paris, 1899.

169. SAUNDERS A. M. et TAYLOR H. E., The association of granulation tissue ground substance with fibroblastic activity. *Amer. J. Path.*, 1956. **32**: 617.

170. SCARPELLI D. G., KNOUFF R. A. et ANGERER C. A., Cortisone on the oxygen consumption of granulation tissue from rabbits. *Fed. Proc.*, 1953, **12**: 125.

171. SCHILLING J. A. et MILCH L. E., Fractional analysis of experimental wound fluid. *Proc. Soc. exp. Biol. Med.*, 1955, **89**: 189.

172. SCHMIDT-MATTHIESEN H., Siliciumdioxyd und die reaktive Enstehung von Bindegewebe. *Virchows Arch.*, 1955, **327**: 419.

173. SHADE H., NEUKIRCH P. et HALPERT A., Über lokale Acidosen des Gewebes und die Methodik ihrer intravitalen Messung, zugleich ein Beitrag zur Lehre der Entzündung. *Ztschr. f. ges. exp. Med.*, 1921, **24**: 11.

174. SHETLAR M. R., LACEFIELD E. G., WHITE B. M. et SCHILLING J. A., Wound healing: glycoproteins of wound tissue – I. Studies of hexosamine, hexose and uronic acids contents. *Proc. Soc. exp. Biol. Med.*, 1959, **100**: 501.

175. SINGER E. J., HUTTERER F., KENT G., ZAK F. G. et POPPER H., Hepatic fibrosis. Chemical and histologic studies during subacute ethionine intoxication. *Arch. Path.*, 1959, **68**: 103.

176. SLACK H. G. B., The metabolism of sulphated polysaccharides in carrageenin induced granuloma. *Bioch. J.*, 1956, **64**: 7 P.

177. SLACK H. G. B., Connective tissue growth stimulated by carrageenin – II. The metabolism of sulphated polysaccharides. *Bioch. J.*, 1957, **65**: 459.

178. SLACK H. G. B., Connective tissue growth stimulated by carrageenin – 3. The nature and amount of polysaccharide produced in normal and scorbutic guinea pigs and the metabolism of a chondroitin sulphuric acid fraction. *Bioch. J.*, 1958, **69**: 125.

179. SNELLMAN O., OTTOSON R. et SYLVÉN B., On the nature of the metachromatic ground substance polysaccharide of healing wounds. *Connective Tissue Symposium.* I vol. Oxford, 1957, Blackwell Scient. Public. 136.

180. SPECTOR W. G., Activation of a globulin system controlling capillary permeability in inflammation. *J. Path. Bact.*, 1957, **74**: 67.

181. STEIN O. et WOLMAN M., A histochemical study of wound healing in scorbutic guinea pigs. *Brit. J. exp. Path.*, 1958, **39**: 418.

182. SWENSON O. et CLAFF C. I., Changes in the hydrogen ion concentration of healing fractures. *Proc. Soc. exp. Biol. Med.*, 1946, **61**: 151.

183. SYLVÉN B., Über das Vorkommen von metachromatischer Substanz im wachsenden Gewebe und ihre Bedeutung. *Klin. Wsch.*, 1938, **17**: 1545.

184. SYLVÉN B., Über das Vorkommen von hochmolekularen Esterschwefelsäuren im Granulationsgewebe und bei der Epithelgeneration. *Acta Chir. Scand.*, 1941, **86**: Suppl. 66.

185. TABACHNICK J. et WEISS C., Mechanism of softening of tubercles – IV. Digestion of caseous tubercles by a proteinase extracted from polymorphonuclear leucocytes. *Arch. Path.*, 1956, **61**: 76.

186. UNGAR G. et DAMGAARD E., Protein breakdown in thermal injury. *Proc. Soc. Exp. Biol. Med.*, 1954, **87**: 378.

187. UPTON A. C. et GUDE W. D., Changes of dermal connective tissue after total body irradiation. *Fed. Proc.*, 1953, **12**: 405.

188. UPTON A. C., ODELL T. T. et GUDE W. D., Incorporation of S^{35}-labelled sulfate in healing wounds and in platelets of normal and scorbutic guinea pigs. *Fed. Proc.*, 1955, **14**: 421.

189. VERNE J., L'activité phosphatasique alcaline des granulocytes neutrophiles. Étude histochimique chez le rat blanc. *C. R. Soc. Biol.*, 1955, **149**: 803.

190. VOGEL F. S., A lipolytic enzyme in reactive histiocytes of guinea pigs with experimental encephalomyelitis. *J. exp. Med.*, 1951, **93**: 305.

191. WACHSTEIN M. et MEISEL A., Enzymatic histochemistry of ethionine induced liver cirrhosis and hepatoma. *J. Histoch. Cytoch.*, 1959, **7**: 189.

192. WAGNER R., The estimation of glycogen in whole blood and white blood cells. *Arch. Bioch.*, 1946, **12**: 249.

193. WEISS C. et BOYAR MANSTEIN M. L., On the mechanism of liquefaction of tubercles – I. The behavior of endocellular proteinases in tubercles developing in the lungs of rabbits. *Amer. Rev. Tuberc.*, 1951, **63**: 694.

194. WEISS H. V., SILER V. E. et BUECHLER P. R., A quantitative relationship between the water content of s kin and inflammation produced by chemical irritant. *J. Clin. Invest.*, 1951, **30**: 1507.

195. WEISS C. et SINGER F. M., Mechanism of softening of tubercles – II. Behavior of desoxyribonuclease in tubercles dev eloping in the lungs of rabbits. *Arch. Path.*, 1953, **55**: 516.

196. WEISS C., SINGER F. et BOYAR-MANSTEIN M. L., Mechanism of liquefaction of tubercles. *Fed. Proc.*, 1951, **10**: 423.

197. WEISS C., TABUCHNICK J. et COHEN H. P., Mechanism of softening of tubercles – III. Hydrolysis of protein and nucleic acid during anaerobic autolysis and tuberculous lung tissue *in vitro*. *Arch. Path.*, 1954, **57**: 179.

198. WHITE B. N., SHETLAR M. R. et SCHILLING J. A., Fractional analysis of experimental wound fluid. *Fed. Proc.*, 1958, **17**: 465.

199. WHITE B. N., SHETLAR M. R., SHURLEY H. M. et SCHILLING J. A., Wound healing: investigation of proteins, glycoproteins and lipids of experimental fluid in the dog. *Proc. Soc. exp. Biol. Med.*, 1959, **101**: 353.

200. WILLIAMS G., A histological study of the connective tissue reaction to carrageenin. *J. Path. Bact.*, 1957, **73**: 557.

201. WILLIAMS G., Some histological aspects of connective tissue metabolism in acute scorbutus. *Brit. J. exp. Path.*, 1959, **40**: 176.

202. WILLIAMSON M. B., Use of cystine ^{35}S for determining rate of wound healing. *Fed. Proc.*, 1957, **16**: 271.

203. WILLIAMSON M. B. et FROMM H. J., Excretion of sulfur during healin g of experimental wounds. *Proc. Soc. exp. Biol. Med.*, 1954, **87**: 366.

204. WILLIAMSON M. B. et FROMM H. J., The incorporation of sulfur aminoacids into the proteins of regenerating wound tissue. *J. Biol. Chem.*, 1955, **212**: 705.

205. WILLIAMSON M. B. et PASSMANN J. M., Amino acid metabolism during healing of wounds. *Fed. Proc.*, 1959, **18**: 352.

206. WILLSTATER R. et ROHDEWALD M., Über die Amylasen der Leukocyten – I. Über den Abbau des Glykogens in den Leukocyten. *Zeits f. Physiol. Chem.*, 1931, **203**: 189.

207. WISLOCKI G. B., RHENIGOLD J. J. et DEMPSEY E. W., The occurrence of the periodic Acid-Schiff reaction in various normal cells of blood and connective tissue. *Blood*, 1949, **4**: 562.

208. YOKOYAMA H. O., JENNINGS R. R., WARTMAN W. B. et CLABAUGH G., Histochemical observations on normal and experimentally injured dog myocardium. *Fed. Proc.*, 1954, **13**: 447.

209. YOKOYAMA H. O., JENNINGS R. R., CLABAUGH G. F. et WARTMAN W. B., Histochemical studies of early experimental myocardial infection. *Arch. Path.*, 1955, **59**: 347.

210. YUILE C. L., LUCAS V. F., JONES C. K., CHAPIN S. J. et WHIPPLE G. H., Inflammation and protein metabolism studies of C^{14}-labelled proteins in dogs with sterile abscesses. *J. exp. Med.*, 1953, **98**: 173.

211. ZAK F. G., BUBELIS I. et PARONETTO F., Experimental fibroplasia in the liver induced by carrageenin in the normal rat and under the influence of cortisone and ethionine. *Amer. J. Path.*, 1958, **34**: 569.

212. ZAMENIK P. C., STEPHENSON M. L. et COPE O., Peptidase activity of lymph and serum after burns. *J. Biol. Chem.*, 1945, **158**: 135.

ON SOME MECHANISMS REGULATING THE CHEMICAL ACTIVITY OF THE NEURON MITOCHONDRIA

V. V. PORTUGALOV, E. L. DOVEDOVA AND V. G. SKREBITSKY

Institute of the Brain, Academy of Medical Sciences, Moscow, U. S. S. R.

THE practical applications of improved tetrazolium methods have made it possible to study the distribution of dehydrogenating enzymes and the electron transfer systems within mitochondria with the light microscope and provides a new approach to the evaluation of the functional activities of the organoid.[1, 2]

Investigations carried out at the laboratory of Professor A.G.E. Pearse have demonstrated repeatedly that changes occur in the mitochondria of the cells of the epithelium of the rat kidney convoluted tubules and parathyroid glands under various physiological and pathological conditions.[3, 4, 5, 6, 7] Portugalov V. V. *et al.*[8, 9] showed on neuronal mitochondria of the central and peripheral nervous systems, that under sufficient influence exerted on the animal organism increased formazan deposits develop in the mitchondria of neuronal cells.

The histochemical literature contains numerous reports bearing on the distribution of formazans in the cellular structures of various organs in different physiological and pathological states of the organism; these investigations, however, are not concerned with the mechanisms involved in changing the size, shape and properties of mitochondria.

This paper is an attempt to elucidate the nature of phenomena instrumental in the changes of mitochondria in different functional states of the cell as well as to assay the histochemical alterations.

In this experiment histochemical, biochemical and electroencephalographic studies were carried out.

MATERIALS AND METHODS

The animals weighed 250–300 g and were kept in vivarium conditions on a normal diet. Prior to the experiment the animals were stretched in a special frame, their heads being fixed motionless. These experiments were conducted under local anesthesia (5 per cent novocain solution), their cranial fornex being opened and sciatic nerves isolated. Electrodes were attached to the nerve trunks 15 min. after severing the latter. Stimulation was effected by using the technique of Ungar,[10] i.e. rectangle impulses of 40 volts with the frequency of 60 per second were originated by an electric stimulator, each impulse being of 10 msec. The stimulation time varied with experiments from 5 to 20 min. In a number of physiological experiments EEG curves were recorded after a 10 min stimulation after which the stimulation was resumed and went on up to 20 min.

The brain tissue was frozen after the nervous stimulation by applying a cold metallic cylinder containing the cooling mixture of solid carbon dioxide and acetone to the dura mater. The cortex became frozen in 2–3 seconds. The brain of animals subjected to the same experiments excluding electric stimulation served as controls.

The material was prepared with the help of the cytoarchitectonic map of Rose[11] and the Woolsey and Le Messurier scheme from Bennet *et al.*[12] of the motor area of the cortex and in some experiments from the visual area. For biochemical purposes the cortical tissue was homogenized (20 mg of tissue per 1 ml) in a glass homogenizer in phosphate buffer of appropriate pH. For histochemical investigations 7–9 micron-thick sections were prepared in cryostate.

The EEG recordings were made with the needle electrodes embedded in the cranial bones by the scheme shown in Figs. 4 and 5 on the left. The registration was bipolar from the following leads: 1–2, 3–4, 5–6, 7–8, 1–5, 2–6, 3–7, 4–8. The ECG was taken simultaneously of leads 9–10. Succinic dehydrogenase with tetrazolium MTT[13] and tetrazolium NITRO-BT;[14] DPN diaphorase with tetrazolium MTT and tetrazolium NITRO-BT[16] were demonstrated histochemically. The activity of succinic dehydrogenase, DPN diaphorase, cytochrome oxidase and also the content of the SH-groups of soluble proteins and non-protein thiol compound in cerebral cortex were determined biochemically.

The determination of the succinic dehydrogenase activity was performed on the incubation medium (terminal pH=7·7) containing the following ingredients: 0·25 ml of 0·5 M sodium succinate, 0·25 ml of fresh solution of 2(*p*-iodphenyl)-3-*p*-nitrophenyl tetrazolium chloride-INT (3 mg/ml), 0·25 ml cortical tissue homogenate. Incubation lasted for 20 minutes in a thermostate at 37°C. On completion of incubation 1·25 ml of the mixture of ethylacetate with 96 per cent ethanol (1 : 1) was added and centrifuged. The formazan content in the centrifugate was determined in a spectrophotometer "SF-4" at a wavelength of 460 mμ. Tests were made to determine the endogenous dehydrogenase activity. Later the value of the endogenous activity was subtracted from the extinction values of experimental tests.

The calibration curve was obtained by reducing the known quantities of INT in the phosphate buffer 0·1 M pH-7·7 with surplus ascorbic acid.[17]

The estimation of the lactic acid DPN diaphorase activity was performed by the histochemical method of Nachlas, Walker and Seligman[16] modified for utilization in a biochemical investigation. INT was used as the acceptor of hydrogen. The reaction was effected in an incubation medium (terminal pH-7·4) containing: 0·3 ml of 0·5 M sodium lactate solution, 0·1 ml lactic dehydrogenase solution (the firm of Boeringer), 0·15 fresh DPN solution (5 mg/ml), 0·15 fresh INT solution (3 mg/ml), 0·25 ml 0·2 M phosphate buffer with pH-7·4 and 0·25 ml of tissue homogenate. Incubation conditions as well as the treatment which followed, were the same as in the experiments with the estimation of the succinic dehydrogenase activity.

The cytochrome oxidase activity estimation was determined by the histochemical method of Nachlas, Grawford, Goldstein and Seligman modified for biochemical purposes.[18] The reaction was effected in anaerobic conditions in the Tunberg test-tubes. The lower reservoir of the tube contained 0·1 ml of cytochrome *c* solution (5 mg/ml), 0·45 ml 0·06 M phosphate buffer with pH-7·7 and 0·25 ml tissue homogenate; the upper reservoir was filled with 0·4 ml of α-naphthol (1 mg/ml) and 0·4 ml of fresh 4-amino-1-NN_1-dimethylnaphthylamine—ADN (2 mg/ml). After creating vacuum in conditions of cold, the test-tube was placed into a thermostat and kept there at temperature of 37°C for 5 minutes after which the contents of the upper reservoir were poured into the lower one. Incubation was effected at continous shaking of the mixture for 15 min. On completion of incubation a definite volume of incubation mixture was poured into centrifugal test-tubes into which an equal volume of ethylacetate and 96 per cent ethanol mixture (1 : 1) was added. After extracting and centrifuging the optical density of the extract was determined in the "SF-4" spectrophotometer at a wavelength of 530 mμ. In control tests all ingredients were introduced into the medium excluding the homogenate. The extinction values (530 mμ) of the cytochrome *c* solution (0·31 mg/ml) were subtracted from the extinction values of experimental tests. The calibration curve was obtained by oxidizing the known quantities of α-naphthol and ADN solved in the pH-7·7 phosphate buffer with surplus $K_2Cr_2O_7$.[19]

The estimation of the SH-groups content in soluble protein and non-protein thiol compounds of the cortex was done by the modified Kolthoff and Harris argento-amperometric titration method.[20, 21]

The results of titration were shown in tables demonstrating the ratio between the voltage and the quantity of the $AgNO_3$ solution added to the homogenate. Titration of known quantities of glutathione served as control.

The enzymic activity was expressed in μg of reduced INT (formazan) per 100 mg of wet tissue weight when estimating the succinic dehydrogenase activity and DPN diaphorase or in μg of the indonaphthol purple formed as a result of oxidation of ADN and α-naphthol per 100 mg of tissue when demonstrating cytochrome oxidase. The SH-groups content was expressed in μM/100 mg of wet tissue weight. Changes of enzymic activity and thiol compounds content after stimulation (compared to controls) were expressed in percentage. Estimations in all instances were made parallel on experimental and control animals. Experiments were performed on a total number of 250 animals.

RESULTS

Compared to the control animals, neuronal mitochondria and synaptic apparatus of all layers of the cerebral cortex motor area (a. Prec. gran. and a. Postc. according to Rose) demonstrate clearly visible changes already after the first several minutes of stimulation. The demonstration of succinic dehydrogenase activity by means of MTT tetrazolium shows changes in the form of increased intramitochondrial formazan deposits,

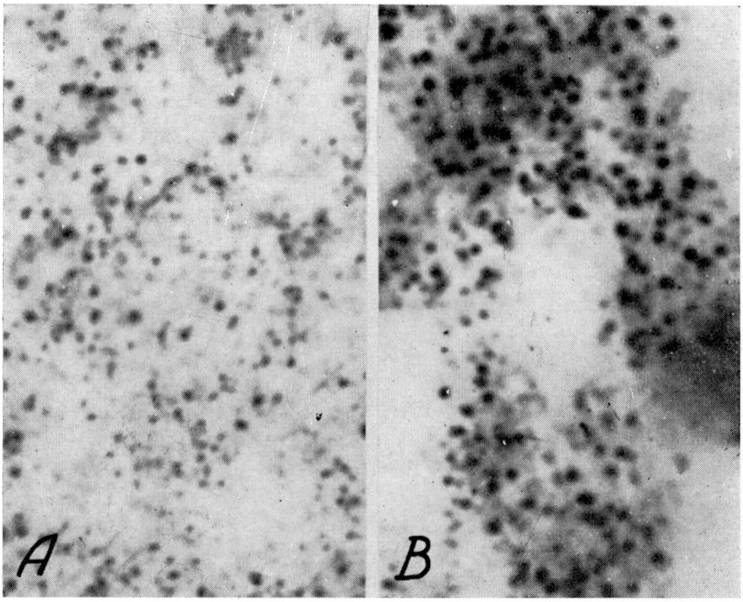

FIG. 1. Demonstration of succinic dehydrogenase with MTT in mitochondria of neurons of the III and IV layers of the motor area of the cerebral cortex of rat. Magnification 4000. A — resting animal; B — after a 20 min. electric stimulation of sciatic nerves.

frequently exceeding their initial size 1·5—2-fold. The intensity of the formazan coloration seems also to be somewhat higher (Figs. 1a and b).

Mitochondrial changes do not occur in an equal degree in all layers of the cerebral cortex motor area. They are most pronounced in the structures of the upper layers and less in the lower layers of the cortex. This phenomenon in itself is of definite interest since it is to the neurons of the upper cortical layers that afferent nerves ascend from the thalamus opticus. At the same time the amount of formazan deposits in various structures of the upper cortical layers is also different. Separate groups and single neurons could be identified against the general background, their mitochondria containing larger formazan deposits compared to the surrounding structures. It was impossible to identify neurons demonstrating formazan deposits of different size. Longer stimulation (20 minutes) of sciatic nerves leads to more pronounced mitochondrial changes.

All changes of mitochondria described above such as mitochondrial swelling, increased formazan deposits and intensification of the latter's coloration 20 minutes after the cessation of electric stimulation were no longer perceptible. This indicates to the reversibility of the observed phenomena.

Similar changes were observed during the demonstration of DPN diaphorase. In this instance too there was an increase in the size of formazan deposits; these changes, however, set in on a later date after the beginning of stimulation and took a longer time to develop. Cessation of stimulation

Table 1

Changes of enzymic activity cerebral cortex motor area of the rat after 20 min electrical stimulation of peripheral nerves

No. of exp.	μg of reduced INT per 100 mg of tissue		Decrease of activity in per cent	No. of exp.	μg of reduced INT per 100 mg of tissue		Decrease of activity in per cent	No. of exp.	μg iodnaphthol blue per 100 mg of tissue		Decrease of activity in per cen
	Contr.	After Stimul.			Contr.	After Stimul.			Contr.	After Stimul.	
Succinic dehydrogenase					DPN Diaphorase				Cytochrome oxidase		
4	9000	4200	57	33	16,880	12,600	25	18	15,000	1380	91
8	14,000	7700	47	34	13,200	8980	32	19	13,000	2460	81
10	10,200	6200	38	35	13,200	8580	35	20	15,000	1800	88
								21	14,480	1010	86
								30	14,200	4200	70
								31	16,000	2400	85

led to the development of the initial picture approximately in the same span of time that was required for succinic dehydrogenase.

No histochemical alterations were observed after stimulation of sciatic nerves of the cerebral cortex visual area (a. striatae according to Rose) during the localization of succinic dehydrogenase and DPN diaphorase.

Weakening of enzymic activity invariably set in after stimulation in biochemical experiments. Table 1 shows the results of several characteristic experiments.

The decrease of the succinic dehydrogenase activity int he motor cortex was registered 5 minutes after the nerve stimulation. After 20 min stimulation the activity of succunic dehydrogenase dropped by 40–60 per cent, that of DPN diaphorase by 25–30 per cent and cytochrome oxidase by 70–90 per cent. The activity of succinic dehydrogenase and DPN diaphorase was completely restored during 20 min after the cessation of stimulation. The restoration of cytochrome oxidase activity took a longer time: it reached 70 per cent of its initial level during 20 min after the cessation of stimulation; its complete restoration took place 40–50 min after stimulation (Fig. 2).

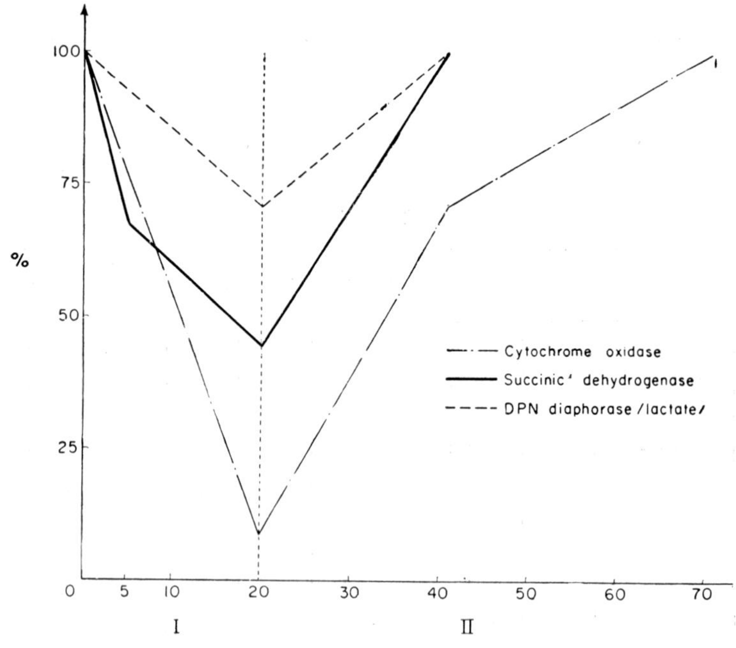

FIG. 2. Changes in the activity of succinic dehydrogenase, DPN diaphorase and cytochrome oxidase in the tissue of the motor area of the rat cerebral cortex as a result of sciatic nerve electric stimulation. I—after different periods of stimulation, II—after cessation of stimulation.

An investigation of parallel results obtained in the motor and visual areas of the cerebral cortex demonstrated that the stimulation was of diffuse character and spread as well to other areas of the cortex; however, it was much less pronounced there. Thus in experiment No. 49 the succinic dehydrogenase activity decreased by 58 per cent and by 23 per cent in the visual area after a 20 min stimulation. The decrease ef cytochrome oxidase activity in the visual area reached about 10 per cent and in the motor area of the cerebral cortex as much as 90 per cent.

When weakening the intensity of stimulation by decreasing the voltage down to 20 volts a drop in enzymic activity after a 20 min stimulation never reached the above-mentioned values. The succinic dehydrogenase activity decreased by 16 per cent and the activity of cytochrome oxidase not more than by 10 per cent.

The summary determination of SH-groups of soluble proteins and non-protein thiol compounds in the motor cortex by means of amperometric titration demonstrated that the stimulation of the sciatic nerves for 20 min led to an increase of SH-groups by an average 70 per cent. In spite of significant individual fluctuations in the SH-groups content in rat brain cortex, the number of titrable SH-groups was essentially higher in all experiments compared to controls. Table 2 shows the results of several experiments.

Table 2

Content of SH-groups in soluble protein and non-protein thiol compounds of the cerebral cortex motor area of the rat after a 20 min electrical stimulation of peripheral nerves

No. of experim.	Content of SH-groups in µg per 100 mg of tissue.		Content of SH-groups in per cent to contr.
	Control	After stimulation	
3	0·150	0·200	133
5	0·110	0·220	200
6	0·104	0·156	150
7	0·121	0·237	195
9	0·156	0·312	200

Figure 3 shows typical results of amperometric titration of SH-groups in the centrifugate of cortical homogenate prior to and after stimulation of peripheral nerves.

The registration of the electrical activity of the cerebral cortex showed that the main result of a 20 min stimulation of the nerves was depression of this activity manifest in the decrease of the amplitude and flattening

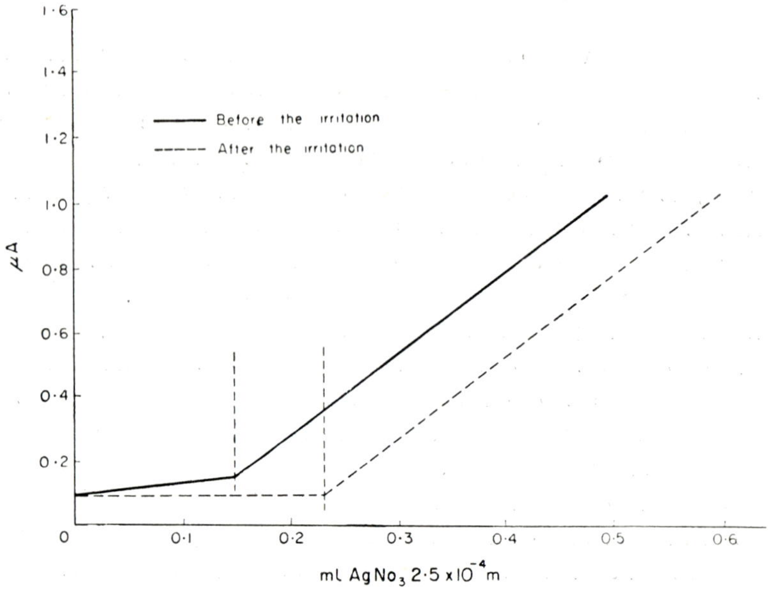

FIG. 3. Titration of SH-groups of soluble proteins and non-protein thiol compounds of the motor area of the cerebral cortex of rat.___resting animal,----animal after a 20 min electric stimulation of sciatic nerves.

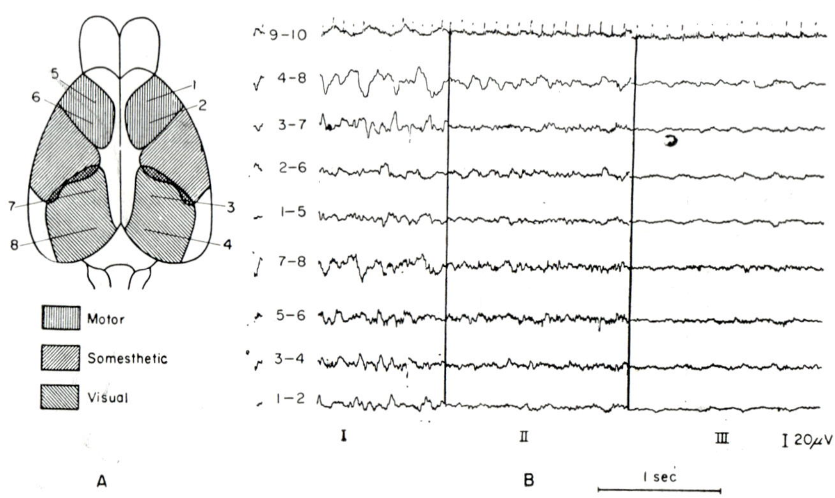

FIG. 4. Registration of biopotentials of the cerebral cortex of rat before and after electric stimulation of sciatic nerves. A — sites of biopotential electrodes. B— recording of the electrical activity of the brain. Experiment 109. I—EEG prior to stimulation, II—EEG after a 20 min electric nerve stimulation, III—EEG after 50 min after cessation of stimulation.

of the whole pattern of the curve. After stimulation the EEG was considerably decreased by various patterns of rhythmical activity. The general picture varied with experiments, on the whole preserving its general features. Figure 4 (experiment 108) shows alterations in the character of the EEG after a 20 min stimulation. The immediate result of stimulation (Fig. 4,II) was manifest in the transition from synchronous high-amplitude oscillations to desynchronization accompanied by a slight drop in the amplitudinal oscillations. The curve became flatter and monotonous. The EEG recordings from different leads were practically the same. Depression deepened in the course of the experiment and 50 min after stimulation the electrical cortical activity was almost totally inhibited (Fig. 4, III). In experiment 111 prior to stimulation there was an interchange of increase and decrease of electrical activity which are not shown in the figure. After a 10 min stimulation the periods of depression in terms of their length began to predominate over the periods of high electrical activity. Repeated stimulation for 10 minutes led to an abrupt inhibition of electrical activity (Fig. 5, II) and the pattern of the curve was no longer different essentially from the one observed after continuous 20min stimulation. High-amplitude synchronous oscillations appeared from time to time against the background of a considerably weakened activity. Gradually these oscillations became less and less pronounced (Fig. 5, III).

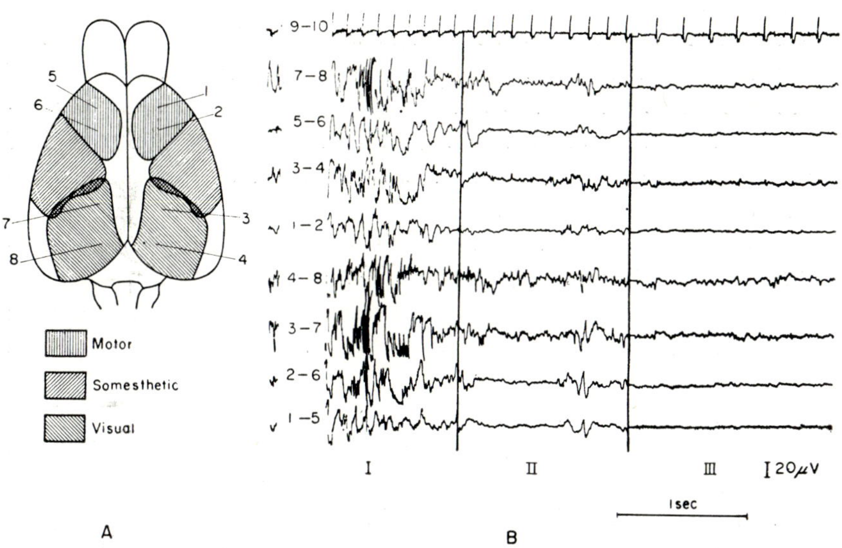

FIG. 5. Registration of biopotentials of the cerebral cortex of rat prior and after electric stimulation of sciatic nerves. Experiment 111. Arbitrary signs are the same as in Fig. 4. I—EEG prior to stimulation, II—EEG after a two-stage stimulation, 10 min each, III—EEG in 2 hours after cessation of stimulation.

That depression was not a result of painful stimuli connected with the preparation of the nerves and the fixation of the animal is evident from the experiments in which normal conditions were preserved barring the stimulation of the nerves. In two hours after the embedding of the electrodes the electrical activity of the cortex remained at the initial level. A slight drop in it became perceptible in 4 hours which, however, did not resemble the depression which set in after stimulation. Thus, there are sufficient grounds to believe that the observed depression of cortical electrical activity is a result of the whole complex of stimuli where the effect of the electric current was many times stronger than the rest of the stimuli.

It was not always possible to observe local alterations in the pattern and character of depression in individual leads. At the same time, in some instances it was clearly evident that the depression of activity is very strongly manifest in the frontal regions of the brain (electrodes 1, 2, 5, 6) as compared with the posterior ones (Fig. 5, III).

DISCUSSION

It has been demonstrated that intensive stimulation of sciatic nerves in rats leads to essential changes in the motor area of the cerebral cortex. These changes were detected histochemically, biochemically and electrophysiologically.

Histochemically the observed changes were manifest in an increase of intramitochondrial formazan deposits, their size and intensification of the latter's coloration when demonstrating the activity of succinic dehydrogenase and DPN diaphorase. Changes set in against the background of mitochondrial swelling. In 20 min after cessation of stimulation these changes failed to be detected.

Observations of this nature are by no means exclusive. Data on mitochondrial changes occurring in various physiological and pathological states can be found in a number of investigations. Thus, in conditions of magnesium deprivation,[4] hypervitaminosis D,[6] dehydration of the organism,[5] water loading,[8] mitochondrial swelling and increase of formazan deposits in mitochondria occur in the epithelium cells of the convoluted kidney tubules of rats during the demonstration of the succinic dehydrogenase and DPN diaphorase activity. Analagous observations were in neural mitochondria various portions of the acoustic and motor analyzers as well as in the cerebral cortex conducted on other tissues. Formazan deposits increased in size and their coloration seemed intensified during epileptiform attacks in rats as a result of strong sound stimuli.[8] Similar phenomena set in at the primary stages in the development of ischemia in the neurons of the spinal ganglia of rabbits in experiments with clamping the abdominal aorta beneath the branching-off of the left renal artery.[9]

Stimulation of peripheral nerves in the course of 20 minutes led to an essential increase of titrable SH-groups of soluble proteins and non-protein thiol compound of the motor cortex. On the average the number of SH-groups increased from 0·128 up to 0·225 μM per 100 mg of wet tissue weight. In analogous experimental conditions an increase in the content of SH-groups from 0·431 up to 0·634 μM per 100 mg of wet weight of tissue was described by Ungar *et al.*[22, 23] A higher content of thiol compounds compared to our data is, we believe, connected mainly with the difference in the procedure of preparing proteins for titration.

Recently Lehninger and Schneider[24] demonstrated that reduced glutathione in a concentration of 0·005 M causes abrupt swelling of rat liver mitochondria *in vitro*. Cystein in concentration lower than 0·003 M gives the same effect as 0·01 M solution of reduced glutathione. Essential mitochondria swelling is also caused by the reduced form of the coenzyme A in concentration about 0·001 M.

The comparison of results obtained in experiments *in vitro* and in our experiments *in vivo* gives us grounds to assume that the cause, or one of the causes, of mitochondrial swelling of neurons of the cortex in cases of intensive stimulation of peripheral nerves is an increase in the content of extremely active chemical agents—the reduced thiol compounds—within the confines of the cell. This assumption is especially probable since changes in the content of SH-groups in soluble proteins and non-protein compounds of the cortex are easily reversible. According to Ungar *et al.*[22, 23] whose data were later reproduced in our laboratory by Y. M. Torchinsky, the content of SH-groups returns to the initial level and even becomes lower in 20 minutes after the cessation of stimulation. These data are of special interest in view of indications as to the possible involvement of the glutathione SH-groups in energetics of the nerve tissue.[25]

An increase in the formazan deposits, size and intensification of their coloration when estimated visually, posed the legitimate question to the effect whether these phenomena should not be considered as symptoms of a short-lived increase in the enzymic activity of succinic dehydrogenase and DPN diaphorase as a result of stimulation. Proceeding from the data of Lehninger on the important role of reduced thiol compounds, particularly glutathione, in the regulation of mitochondrial permeability, we thought that an increased content of titrable SH-groups led to greater permeability of mitochondrial membranes. We assumed that greater permeability of mitochondria allowed for an easier access of substrate to enzyme. As a result, microscopic studies demonstrated increased formazan deposits within the confines of mitochondria. Thus, on the basis of this premise it was possible to interpret the short-lived, transitory intensification of mitochondrial coloration only by changes in the concentration of the substrate available for the enzyme, the interpretation being done on the basis of estimating visually histochemical pictures.

Materials on the quantitative determinations of enzymic activity demonstrated that with an increase in the SH-groups content there is a drop, but not a rise in the succinic dehydrogenase and DPN diaphorase activity. Not in one of the 85 experiments could we observe an increase in the content of formazans in tissue tests after stimulating peripheral nerves. In determining the activity of succinic dehydrogenase after nerve stimulation, a decrease in the formazan content set in within the very first minute of the experiment. It should be noted here that at the beginning the drop in activity was very abrupt and was followed by a slow-down reaching 40–60 per cent of its initial value after 20 minutes of stimulation. Changes in the DPN diaphorase were of a similar nature, the drop in its activity being within the limits of 25–35 per cent. Impairments of the cytochrome oxidase system were especially grave. In a number of cases the residual activity of the enzyme was below 10 per cent of the initial level.

These facts are in accord with Slater's investigations [26] who demonstrated that BAL, cysteine and other thiols may inhibit respiration under certain conditions. According to data of Lehninger and Schneider [24] especially strong influence is exerted by reduced thiol compounds on the function of the respiration cycle link between cytochrome c or c_1 and oxygen.

The cause of the discrepancy between the visual evaluation of histochemical pictures and the data of biochemical investigations should, evidently, be sought in the fact that mitochondria swelling is accompanied by the accumulation of metabolic products not sufficiently oxidized in this organoid. If this process takes a longer course matabolic products can be identified by histochemical methods [3, 8, 9] It is possible that the ability of formazan to dissolve in these products leads to the seeming intensification of coloration.

Chemical changes observed in our experiments were closely connected with physiological mechanisms. This last statement is confirmed by our observations to the effect that the most pronounced chemical changes occurred in the motor area of the cerebral cortex which is anatomically connected with stimulated nerves. In this case the depression of cytochrome oxidase reached 90 per cent whereas it was at the level of a mere 10 per cent in the visual cortex; the figures for succinic dehydrogenase were 58 and 23 per cent respectively. A decrease in the strength of electrical stimulation from 40 to 20 volts led to the weakening of response reaction from mitochondrial chemical systems. Changes in the enzymic activity and in the EEG which set in due to the nerve stimulation beyond the confines of the motor area of the cerebral cortex are to be determined, evidently, by the spread of the nervous processes through the system of diffuse afferent fibres of the cerebral cortex. One should point out the discrepancies in the timing of responses to stimulation which were detected by biochemical, histochemical and electrophysiological methods. Inhibition of the electrical activity of the brain which set in as a result of a 20 min stimulation of the nerves went on reaching its climax in 1–2 hours and later, i.e. at the time when the chemical activity of cortical structures returned to the initial level.

CONCLUSION

A great number of reduced thiol compounds appear in the cerebral cortex in conditions of intensive stimulation of peripheral nerves. These thiols affect specific chemical receptors of mitochondria causing alterations in their structures and physico-chemical properties. An increased content of reduced thiol compounds may lead to mitochondrial swelling. The visual estimation of histochemically demonstrated activity of succinic dehydrogenase and DPN diaphorase shows this picture as an increase of the intramitochondrial formazan deposits and their intensified coloration. Mitochondrial swelling causes impairment in the respiratory cycle. It should be noted that in this process the activity of cytochrome oxidase is almost completely inhibited, the system of electrons transfer is impaired (DPN diaphorase) and the activity of succunic dehydrogenase shows a considerable drop. Alterations of respiration are reversible and after a lapse of time after the cessation of stimulation (20 min for DPN diaphorase and succinic dehydrogenase and 50 min for cytochrome oxidase) the activity of the enzymes returns to normal. Histochemical alterations undergo an opposite development. Mitochondrial changes detected by histochemical tests with the utilization of tetrazolium salts MTT and Nitro-BT reflected extremely subtle alterations in the functional state of these organoids although they fail to serve as criteria for the quantitative estimation of the dehydrogenase and diaphorase activity. In our experiments mitochondrial swelling was accompanied by a drop in their enzymic activity of this organoid. Also described was the dissociation in the time of changes of the chemical and electrical activity of the cerebral cortex.

BIBLIOGRAPHY

1. PEARSE, A. G. E. and SCARPELLI, D. G., Intramitochondrial localisation of oxidative enzyme systems. *Exp. Cell. Res.*, 1959, suppl. **7**: 50–64.
2. SCARPELLI, D. G. and PEARSE, A. G. E., Cytochemical localisation of succinic dehydrogenase in mitochondria. *Anat. Rec.*, 1958, **132**: 133–151.
3. PEARSE, A. G. E., Extension of the limits of cellular pathology: the role of enzyme histochemistry. *J. Clin. Path.*, 1958, **11**: 520–534.
4. HESS, R., MACINTYRE, I., ALCOCK, N. and PEARSE, A. G. E., Histochemical changes of rat kidney in magnesium deprivation. *Brit. J. exp. Path.*, 1959, **40**: 80–86.
5. NIEMI, M., SCHOR, N., and PEARSE, A. G. E., Effect of dehydration on the mitochondria of the mouse kidney. *Nature*, 1960, **185**: 786–787.
6. SCARPELLI, D. G., TREMBLAY, G. and PEARSE, A. G. E., A comparative cytochemical and cytological study of vitamin D induced nephrocalcinosis. *Amer. J. Path.*, 1960, **36**: 331–354.
7. TREMBLAY, G., PEARSE, A. G. E., A cytological study of oxidative enzymes in the parathyroid cell and their functional significance. *Brit. J. exp. Path.*, 1959, **40**: 66–70.
8. Португалов, В. В., Опыт изучения митохондрий гистохимическими методами в книге *Пластические и восстановительные процессы*, Москва 1959.
9. Португалов, В. В., Герштейн, Л. М., Торчинский, Ю. М. О поведении митохондрий при некоторых физиологических и патологических состояниях нервной клетки. *Труды Ш польского симпозиума по гистохимии*. Варшава 29—31 мая 1959 года (Folia morfologica, XII, 1961, 2-3, 137-146).
10. UNGAR, G., ASCHHEIM, E., PSYCHOYS, S., ROMANO, D., Reversible changes of protein configuration in stimulated nerves tructures. *J. Gen. Physiol.*, 1957, **40**: 635–652.
11. ROSE, M., Cytoarchitektonischer Atlas der Grosshirnrinde der Maus. *Zeitschr. f. Psychologie und Neurologie*, 1929, **40**: Heft 1 und 2.
12. BENNETT, E., ROZENZWEIG , M., KRECH, D., KARLSSON, H., DYL, N. and OHLANDER, A., Individual strain and age differences in cholinesterase activity of the rat brain. *J. Neurochem.*, 1958, **3**: 144–152.
13. PEARSE, A. G. E., Intracellular localisation of dehydrogenase systems using monotetrazolium salts and metal chelation of their formazans. *J. Histochem. & Cytochem.*, 1957, **5**: 515–527.
14. NACHLAS, M., TSOU, K., de SOUZA, E., CHENG, C. and SELIGMAN, A., Cytochemical demonstration of succinic dehydrogenase by use of a new p-nitrophenyl substituted ditetrazole. *J. Histochem. & Cytochem.*, 1957, **5**: 420–436.
15. SCARPELLI, D. G., HESS, R. and PEARSE, A. G. E., Cytochemical localization of oxidative enzymes. 1. Diphosphopyridine nucleotide diaphorase. *J. Biophys. and Biochem. Cytol.*, 1958, **4**: 747–752.
16. NACHLAS, M., WALKER, D., SELIGMAN, A., A histochemical method for demonstration of diphosphopyridine nucleotide diaphorase. *J. Biophys. and Biochem. Cytol.*, 1958, **4**: 29–38.
17. DEFENDI, V. and PEARSON, B., Quantitative estimation of succinic dehydrogenase in a single microscopic tissue section. *J. Histochem. & Cytochem.*, 1955, **3**: 61–69.
18. NACHLAS, M., GRAWFORD, D., GOLDSTEIN, T., SELIGMAN, A., Histochemical demonstration of cytochrome oxidase with a new reagent for the nadi reaction. *J. Histochem. & Cytochem.*, 1958, **6**: 445–456.

19. STRAUS, W., Colorimetric microdetermination of cytochrome oxidase. *J. Biol. Chem.*, 1954, **207**: 733–745.
20. САВИЧ, К. В. и ЯКОВЛЕВ, В. А., О содержании и локализации сульфгидрильных групп в различных формациях головного мозга кошки. *Вопросы Медицинской химии,* 1957, **3**, 121.
21. ЯКОВЛЕВ, В. А. и ТОРЧИНСКИЙ, Ю. М., Определение тиоловых соединений в микро- и ультрамикроколичествах тканей. *Биохимия,* 1958, **23**, 755—759.
22. UNGAR, G. and ROMANO, D., Sulfhydryl groups in resting and stimulated rat brain: their relationship with protein structure. *Proc. Soc. Exper. Biol. and Med.*, 1958, **972** 324–326.
23. УНГАР, Д., Роль белковой структуры и адсорбции ионов в механизме возбуждения клетки. *Цитология,* 1959, 1, 6, 627—640.
24. LEHNINGER, A. and SCHNEIDER, M., Mitochondrial swelling induced by glutathione. *J. Biophys. Biochem. Cytol.*, 1959, **5**: 109–116.
25. MARTIN, H., RODNIGHT, R., MCILWAIN H., TRESIZE, M., A second major constituent of the blood oxidized at the brain. *Nature*, 1957, **179**: 419.
26. SLATER, E. C., A respiratory catalyst required for the reduction of cytochrome *c* by cytochrome *b*. *Biochem. J.*, 1949, **45**: 14–30.

THE HISTOCHEMISTRY OF SKIN AND CUTANEOUS GLANDS*

W. MONTAGNA and R. A. ELLIS

Arnold Biological Laboratory, Brown University, Providence, Rhode Island

SKIN being an active, heterogeneous, and complex organ system is an ideal tissue for the application of many histochemical studies. Since it is not possible within the limits of this paper to cover adequately all of the histochemical attributes of skin, the authors confine themselves to a report of the distribution of some of the enzymes. The authors will discuss the distribution of succinic dehydrogenase, cytochrome oxidase, monoamine oxidase, ß-glucuronidase, phosphorylases, phosphatases, esterases, aminopeptidase, etc. in the skin of man. They will compare the results obtained in the skin of man with those they have obtained in the skin of other mammals, and particularly in the skin of other primates. There exist enormous species differences in the reactivity of skin to the various techniques used, and histochemical methods are becoming important tools in the study of phylogeny and anthropology as well as anatomy and physiology. To illustrate the systematic application of histochemistry to a single organ system and its usefulness in the study of anthropology, the authors present a study of the eccrine and apocrine sweat glands in man and in other mammals. From these studies emerges a trend which seems to trace the possible evolutionary pathways of the two types of sweat glands in man.

INTRODUCTION

The various suborgans of skin perform very different functions, and each has its own histochemical peculiarity. For example, eccrine sweat glands secrete a watery fluid which aids in thermoregulation, and sebaceous glands synthesize and secrete a complex system of lipids. Eccrine glands remain relatively unchanged over the years and the cells rarely need replacement; the cells of sebaceous glands perish as soon as they are fully

* This work was supported by grants form the United States Public Health Service, RG–2125 (C10), National Science Foundation, G–4392, Colgate-Palmolive Company, and Chesebrough-Pond's, Inc.

differentiated and new cells must constantly replace those lost in secretion. The histochemical properties of homologous organs in different species of animals is often enormously different (Verne, 1956). For example, the sensory cutaneous end organs of the primates contain pseudocholinesterase but no alkaline phosphatase; those of the family Felidae and those of the suborder Pecora are rich in both enzymes (Winkelmann, 1960). The sebaceous glands of the rat, dog, seal, some South American primates, lemurs, etc. abound in alkaline phosphatase, but those of the mouse, man, and most Old World primates have practically none.

This paper will show that systematic histochemical studies of an organ system increase our understanding of its structure and function, even when the results are chemically inexplicable. We are now finding these studies particularly relevant to the phylogeny of primates.

To avoid diffusion, we will confine this discussion to some of our histochemical studies of the sweat glands of man and other primates. For succinctness and expediency, these observations are based primarily upon our studies. We will make only passing reference to the studies of others and to the details of the techniques.

THE SWEAT GLANDS

Sweat glands are separable into *eccrine* and *apocrine* types. The development, morphology, histochemistry, and physiology of the two types are so different that it would seem unlikely that intermediate types of glands could exist (Montagna, 1956). It will be shown, however, that the glands of some animals embody some of the characteristic features of both types. Also, we will emphasize in this analysis that these two types of sweat glands, which have reached the highest degree of specialization in man, could have arisen from a single generalized type.

A. *Eccrine Sweat Glands*

Man and the higher primates have numerous eccrine sweat glands over the entire body, but most other mammals have them only on the palms and soles. Typical eccrine glands are usually found in glabrous skin in which the epidermis is differentiated into a friction surface. The epidermis of the undersurface of the prehensile tail of some South American monkeys and the knuckle pads of the gorilla are differentiated like that of the palm or sole, and he skin contains numerous eccrine sweat glands similar to those on the palms and soles. Man has the most, and the best developed, eccrine sweat glands of all mammals. Although distributed all over the

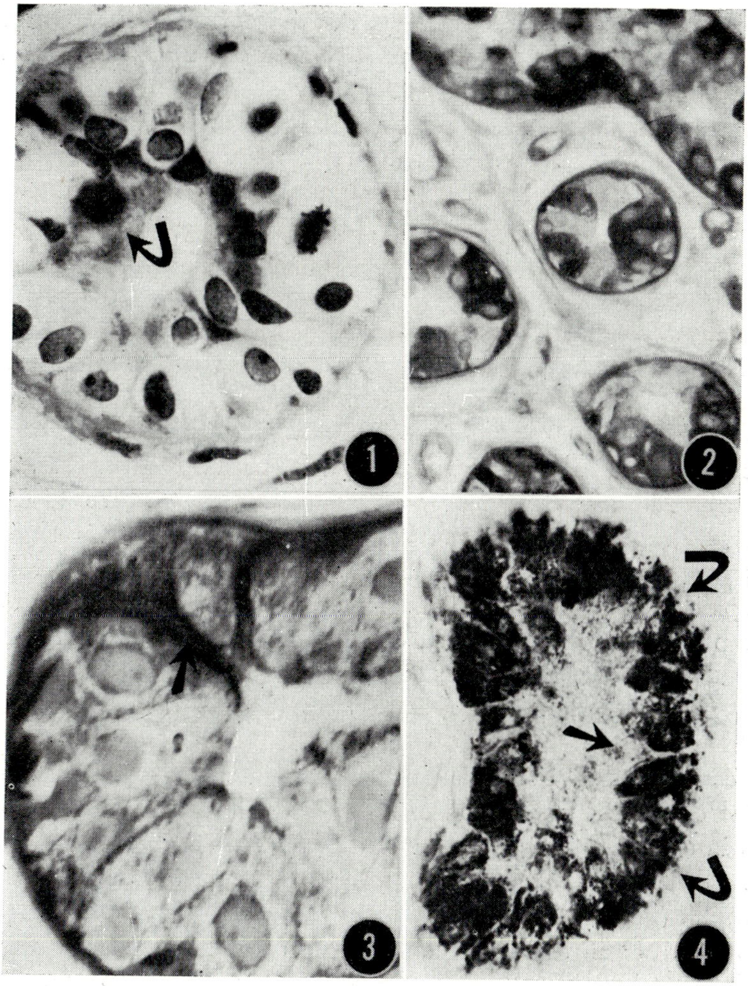

PLATE 1

FIG. 1. Transverse section through the secretory tubule of an eccrine gland from the axilla of a man, stained with toluidin blue, buffered to pH 4·5. Observe the difference between the dark cells (curved arrow) toward the luminal side and the clear cells toward the base of the tubules.

FIG. 2. Transverse section of secretory tubules of eccrine sweat glands from the axilla of a man, showing a disparity in distribution of glycogen. Some cells are replete with glycogen, others have practically none.

FIG. 3. Enlarged detail of a secretory tubule of an eccrine sweat gland from the inguinal region of a man, showing glycogen piled up against the walls of the intercellular canaliculi (arrow). Some granules of glycogen may be seen loosely distributed throughout most of the other cells.

FIG. 4. Secretory tubule of an eccrine sweat gland from the axilla, showing intense succinic dehydrogenase activity, largely concentrated in the clear cells. The dark cells, toward the luminal side, have very small amounts of enzyme (arrow). The myoepithelial cells (curved arrows) have practically no activity.

body, the heaviest concentrations are in the palms and soles, and in the skin of the head. Apes also have numerous eccrine sweat glands, but the other primates have progressively fewer.

The eccrine sweat glands of man are simple tubules, the total length of which consists of approximately equal parts of duct and secretory segment. The duct has a spiral, intraepidermal portion, a straight segment that traverses the dermis perpendicular to the surface, and a coiled segment, which together with secretory coil makes up the glomerate part of the gland (Plate 2, Fig. 7; Plate 3, Figs. 11, 12). The diameter of the duct is slightly smaller than that of the secretory coil. The eccrine glands of lower primates have a duct markedly thinner than the secretory coil, and the glomerate part of the gland consists only of secretory coils.

The secretory epithelium of eccrine sweat glands is composed of small *dark* cells, which stain avidly with basic dyes, and larger *clear* cells, which are achromic and stain lightly only with acid dyes (Plate 1, Fig. 1) (Montagna *et al.*, 1952). The basophilia of the dark cells, which is eliminated by previous digestion with ribonuclease, is ribonucleic acid; the residual basophilia stains a metachromatic color and probably contains acid mucopolysaccharides. The small, ovoid, compact nuclei of the dark cells are intensely Feulgen positive; the larger round nuclei of the clear cells are less reactive. Dark and clear cells are very different even under the electron microscope (Hibbs, 1958; Ellis, 1960).

Eccrine sweat glands characteristically contain concentrations of glycogen in the clear cells, with less in the dark cells (Plate 1, Figs. 2, 3). Some cells in any tubule may be laden with glycogen and others contain much less. In the clear cells glycogen is piled against the walls of intercellular canaliculi (Plate 1, Fig. 3). The dark cells contain variable amounts of PAS positive saliva-resistant material, which probably corresponds to the metachromatic staining material and which may be a mucopolysaccharide (Montagna *et al.*, 1951; Formisano and Lobitz, 1957).

Glycogen is abolished temporarily from the secretory cells after intradermal injections of cholinomimetic drugs or after profuse thermal sweating. The time required to restore it depends upon the severity and the duration of the stimuli. If excessive thermal sweating is continued over a period of days, glycogen is no longer depleted from the cells, the glands showing a dramatic acclimatization to the stress (Dobson *et al.*, 1961).

The cells of the excretory duct, and particularly those of the cells of the straight segment, also contain glycogen. The cells of the basal layer have variable quantities of glycogen throughout their cytoplasm; the luminal cells have fine granules of glycogen in the perinuclear area, and in a delicate line parallel to the surface of the lumen, and roughly separat-

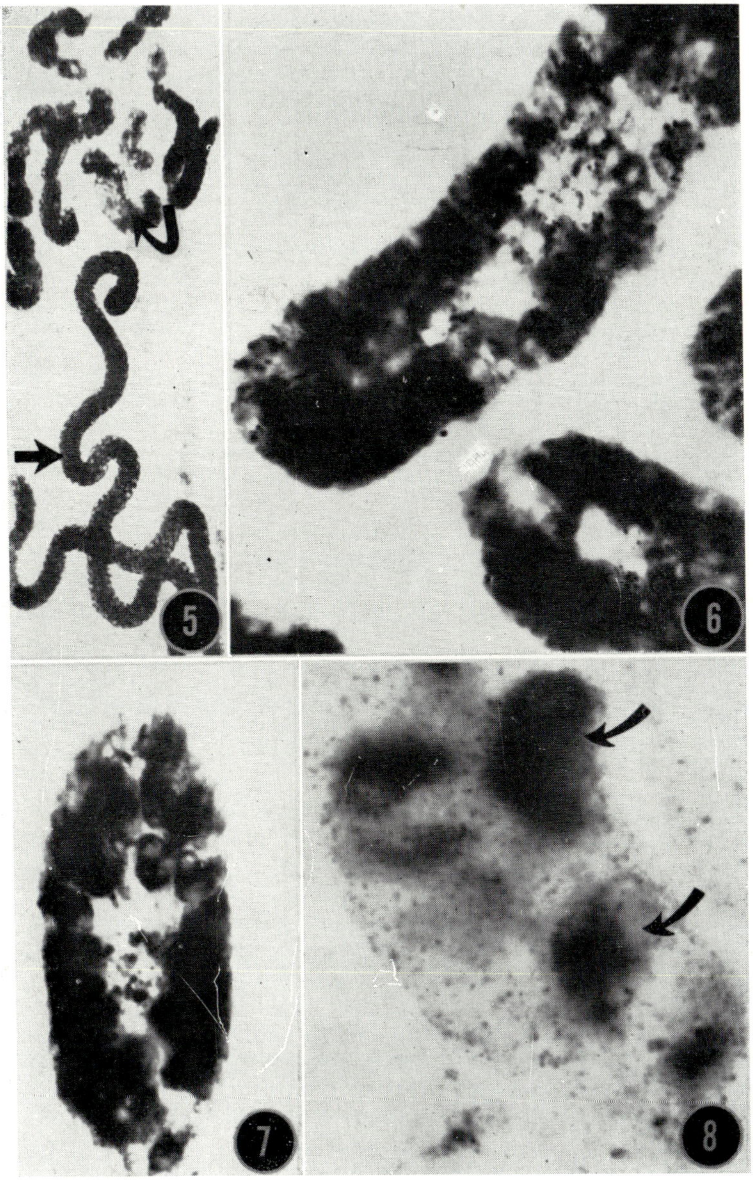

PLATE 2

FIG. 5. Monoamine oxidase in an eccrine sweat gland from the scalp of a man. Both the duct (straight arrow) and the secretory coil (curved arrow) are replete with reactive granules.

FIG. 6. Enlarged detail from Fig. 5 showing monoamine oxidase in both clear and dark cells; the dark cells have a weaker activity than the clear cells.

FIG. 7. Phosphorylase activity in a segment of an eccrine sweat gland from the scalp. The clear cells have a larger concentration of enzyme than the dark cells.

FIG. 8. Segment of a secretory tubule of an eccrine sweat gland showing an intense concentration of AS esterase activity in the dark cells (arrows) and a minimal reaction in the clear cells.

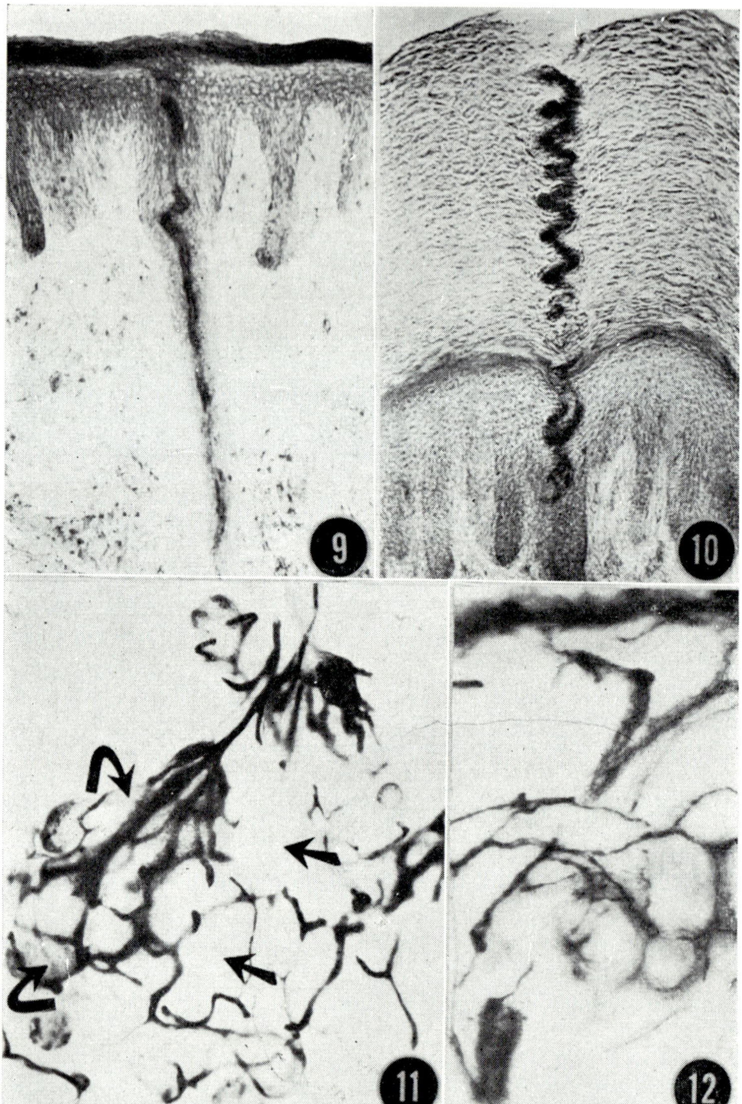

PLATE 3

FIG. 9. AS esterase activity in the cuticle of the terminal portion of the duct of an eccrine sweat gland from the back of a man.

FIG. 10. AS esterase activity in the intraepidermal portion of the duct in an eccrine sweat gland in the palm. Only the inner layer of cells is strongly reactive for the enzyme.

FIG. 11. The glomerate portion of an eccrine sweat gland from the arm, showing alkaline phosphatase activity in the secretory segment (curved arrows) but none in the duct (straight arrows). Both duct and secretory coil are surrounded by a dense network of capillaries, the endothelium of which is richly reactive for alkaline phosphatase. The large arrow points to the location where the straight portion of the duct runs up to the surface of the skin.

FIG. 12. Eccrine sweat gland in the palm of a human fetus, $5^1/_2$ months of age, surrounded by nerves which are rich in acetylcholinesterase.

ing the basal undifferentiated cytoplasm and the keratinized cuticular zone (Lobitz *et al.*, 1955).

The lumen of the gland, and particularly that of the terminal portion of the duct, often contains PAS positive, saliva-resistant material (Formisano and Lobitz, 1957), which is probably secreted by the dark cells. This substance is exhausted from the dark cells after prolonged, intense sweating (Dobson *et al.*, 1958).

Profuse sweating, induced by either chemical or thermal stimulation, is also followed by a loss of glycogen from the cells of the duct (Lobitz *et al.*, 1955). When, after moderate sweating, glycogen is only partially depleted in the secretory segment, it disappears completely from the basal cells of the duct. During excessive sweating, when glycogen is depleted from the secretory cells, it also disappears from the luminal cells. The duct of eccrine sweat glands, then, seems to participate in the metabolic activity of the sudoriparous apparatus.

Eccrine sweat glands have great quantities of cytochrome oxidase (technique of Burstone, 1959). There is practically no reaction in the intra-epidermal portion of the duct, but the rest of the gland is strongly reactive in both the duct and secretory portion. This agrees with the fact that the cells in both portions of the glands are rich in mitochondria (Montagna, 1956).

The glands are similarly rich in monoamine oxidase (Glenner *et al.*, 1957). The cytoplasm of the cells of the duct contains small discrete reactive granules; that of the secretory cells contains coarse, reactive granules against a reactive background. The myoepithelial cells are weakly reactive (Plate 2, Figs. 5, 6). The eccrine sweat glands of all other primates we have studied contain abundant enzyme.

Eccrine glands have large quantities of succinic dehydrogenase (Braun-Falco and Rathjens, 1954; Serri, 1955; Montagna and Formisano, 1955). In the duct, the cytoplasm of the basal cells is strongly reactive. The reaction in the luminal cells is inversely proportional to the degree of differentiation of the cuticular border; reactive granules are clustered around the nucleus, and in a delicate band parallel to the surface of the cell, and corresponding to the band of glycogen at the base of the cuticular border (Lobitz *et al.*, 1955). In the secretory segment, the clear cells have more reactive granules than the dark cells do (Plate 1, Fig. 4). These granules are presumably clusters of mitochondria, in which succinic dehydrogenase is believed to reside (Schneider and Hogeboom, 1950). There is, in addition, a strong and diffuse cytoplasmic reactivity. The myoepithelial cells have practically no reaction. Although all of the eccrine glands are strongly reactive, those of the palms, soles, and axilla are more intensely reactive than those elsewhere. These glands are also larger, and it is believed that they have had an older evolutionary history (Kuno, 1956).

The glands of all other mammals we have studied, including those on the bill of the platypus, also have abundant succinic dehydrogenase reactivity.

The content of abundant phosphorylase is a peculiarity of the eccrine glands of man (Braun-Falco, 1956a; Ellis and Montagna, 1958; Yasuda *et al.*, 1958) and other primates. Even after a brief incubation in the substrate, when no other cutaneous structure shows a reactivity, the eccrine glands stand out sharply against an uncolored dermis (Plate 2, Fig. 7). The duct has almost as much enzyme reactivity as the secretory coil does. The reaction is so dense that it can be studied best in preparations that have faded. The distribution of this enzyme in the glands coincides precisely with that of glycogen.

ß-glucuronidase activity is concentrated equally in the duct and in the secretory coil of eccrine glands (Braun-Falco, 1956b; Montagna, 1957). The glands of all other primates that we have studied also contain large amounts of this enzyme. In contrast, there is only a diffuse reaction for acid phosphatase.

Aminopeptidase activity, (Burstone and Folk, 1956) in the eccrine glands of man, is distributed in coarse granules in the secretory cells. The duct has weak activity and is often unreactive.

The distribution of esterases in eccrine glands is variable and is different in different primates. In man, the duct has a moderate tween esterase reaction, the secretory coil having the strongest reaction (Montagna and Ellis, 1958). After profuse sweating, tween esterase activity is said to increase in the cells of the secretory coil (Dobson *et al.* ,1958). The distribution and concentration of nonspecific esterases is similar to that of the tween esterases. In the duct, the cuticle of the luminal cells and the keratinized cells lining the lumen of the terminal, intraepidermal coils are very strongly reactive (Plate 3, Figs. 9, 10) (Steigleder and Schultis, 1957; Montagna and Ellis, 1958). AS esterase in the secretory coil is concentrated in the dark cells, the clear cells showing practically no reaction; the luminal cells of the duct are also strongly reactive (Plate 2, Fig. 8). The concentration of all these esterases varies in the skin of the different parts of the body; the glands of the palms and the soles consistently show stronger enzyme reaction than those elsewhere.

We have demonstrated alkaline phosphatase best in frozen sections of tissues fixed in 10 per cent formalin. Thick sections show large segments of the glands; thin sections are best for studying intracellular localization. In man, alkaline phosphatase is found chiefly in the canaliculi between the clear cells. The cytoplasm of the clear cells may contain variable numbers of fine reactive granules, but that of the dark cells is unreactive. The myoepithelial cells may or may not contain small amounts of enzyme. In thick preparations, the duct, which comprises about one-third of the total length of the gland, is distinguished from the secretory coil by having no enzyme reaction (Plate 3, Fig. 11). There are individual variations in the amounts of alkaline phosphatase present; except for the intercellular canaliculi, which are always reactive, the ground cytoplasm of the clear cells shows more phosphatase reaction in some specimens than in others, particularly in the glands of older subjects.

The endothelium of the arterioles and capillaries that surround the glands shows strong alkaline phosphatase activity. Some arterioles going to the glands arise from the deeper parts of the dermis, and others come from the vessels around the hair follicles, sebaceous glands, or from any nearby vessel. Around the glomerate segment, the capillaries give off branches and shunts that connect the vessels around adjacent loops. Coiled duct and secretory coil have roughly equal numbers of alkaline phosphatase reactive vessels around them. Two or more parallel, small arterioles with latticework cross shunts between them accompany the straight portion of the duct. The vascular pattern demonstrated in this way is similar to that demonstrated with other techniques (Kuno, 1956).

In the sweat glands of other primates, the distribution of alkaline phosphatase is variable. In the higher primates alkaline phosphatase is found primarily in the intercellular canaliculi as in the glands of man. The glands of the lemuroids have great quantities of alkaline phosphatase both in the secretory portion and in the duct.

The eccrine sweat glands of man have no cholinesterase in them, but those of the marmosets contain variable amounts of butyrylcholinesterase. With rare exceptions, the sweat glands of nearly all mammals are surrounded by nonmyelinated nerves which are rich in cholinesterase (Hurley *et al.*, 1953; Hellmann, 1955; Beckett *et al.*, 1956; Thies and Galente, 1957; Montagna and Ellis, 1957). In man and in Old World primates, the nerves contain acetylcholinesterase, but in the New World primates the nerves contain butyrylcholinesterase. The secretory tubules of the glands of man and of the higher primates are surrounded by masses of reactive nerves (Plate 3, Fig. 12, Plate 6, Fig. 21); the duct has no nerves around it which are demonstrable with this method. In the human fetus (Plate 3, Fig. 12) eccrine glands become associated with cholinesterase-containing nerves as soon as the glands are formed in the fetus of $4^1/_2$ to $5^1/_2$ months (Beckett *et al.*, 1956).

Several observations suggest that the duct has an active role in sweat secretion. The length of the duct of the glands of man is often equal to that of the secretory coil; the histochemical attributes that we have described, and others, are common to the duct and to the secretory coil; the rich plexus of capillaries around the duct and the vicissitudes of glycogen during sweating (Lobitz *et al.*, 1955; Dobson and Lobitz, 1957), provide some documentation for its active role in sweating. Physiological data (Nitta, 1953; Schwartz *et al.*, 1953; Kuno, 1956; Lloyd, 1959) suggest that one of the functions of the duct is the reabsorption of water from sweat.

B. *Apocrine Sweat Glands*

The glands so designated are so different from one part of an animal to another, and from animal to animal, that generalizations cannot be made. The histological and histochemical properties of various apocrine glands is different; this is not surprising since apocrine glands perform a variety of functions, ranging from the secretion of odorous substances to thermoregulatory mechanisms. Yet, in man, except for minor differences the apocrine sweat glands are relatively similar.

Columnar or cuboidal, according to their cycle of secretion, the secretory cells of apocrine glands are all of one type. They have scant, very small basophil cytoplasmic granules at the base and around the nucleus. Unlike eccrine glands, which always contain glycogen, apocrine glands usually contain none. The flattened epithelial cells that line the glands of senile human beings, however, often contain glycogen (Montagna, 1959). In contrast to the secretory epithelium, the cells of the duct always contain glycogen. Thus, the abrupt morphological transition between the secretory portion and the duct is also reflected by differences in histochemical properties. Although they contain no glycogen, the secretory cells of the apocrine glands of man and other primates contain variable amounts of PAS positive saliva-resistant granules (Plate 4, Fig. 13) (Montagna, 1956).

One of the most singular peculiarities of the apocrine glands of man is the presence of ionic iron in their cells (Plate 4, Fig. 14). In other primates, we have found traces of iron only in the glands of the adult chimpanzee.

Unlike the eccrine sweat glands, which abound in it, the apocrine glands of man have only moderate amounts of succinic dehydrogenase activity (Montagna and Formisano, 1955). The tall cells have stronger enzyme activity than the flat cuboidal ones; the myoepithelial cells are unreactive (Plate 4, Fig. 15). Enzyme reaction in the apocrine glands of the axilla of the great apes is similar to, but stronger than, that of the glands of man. In other primates, however, apocrine glands have as strong an enzyme activity as their eccrine glands do.

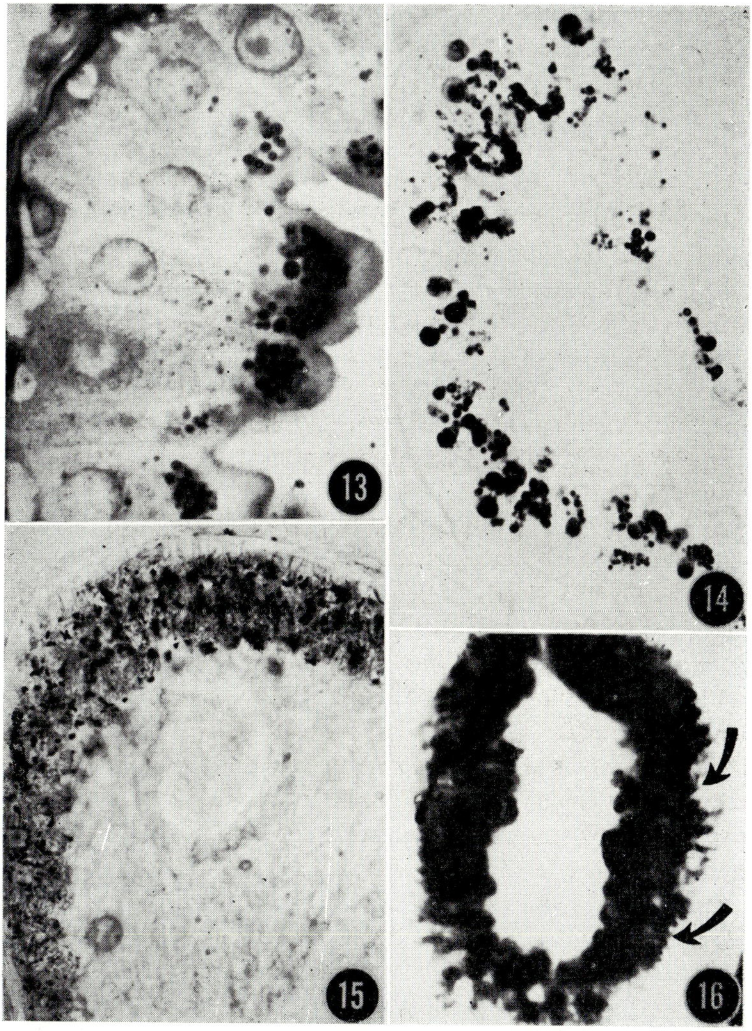

PLATE 4

FIG. 13. Apocrine sweat glands from the axilla of a young woman, showing PAS reactive granules in the cytoplasm above the nucleus.

FIG. 14. Abundant ionic iron in the axillary apocrine sweat glands of a young woman.

FIG. 15. Moderate succinic dehydrogenase activity in the apocrine sweat glands of a young woman. Contrast with Fig. 4.

FIG. 16. Section through the secretory tubule of an apocrine sweat gland from the axilla of a young man. The myoepithelial cells at the periphery of the gland show a scant reaction (arrows).

Apocrine sweat glands, like eccrine glands, contain abundant cytochrome oxidase in the duct and in the secretory coil (technique of Burstone, 1959). Similarly, there are great concentrations of monoamine oxidase in the duct and in the secretory epithelium (technique of Glenner *et al.*, 1957). Although the secretory cells are full of coarse reactive granules, the myoepithelial cells have a scant reaction (Plate 4, Fig. 15). The glands of all other primates we have studied are similarly strongly reactive.

In man, phosphorylase activity is found only in the excretory duct, extending from the funnel-like dilatation that opens into the pilary canal to its junction with the secretory segment (Plate 5, Fig. 17). The secretory coil, except for a little reaction in the myoepithelial cells, is unreactive (Ellis and Montagna, 1958; Yasuda *et al.*, 1958). Even the glands of young children, which are small and contain glycogen, have no phosphorylase in them (Montagna, 1959). Of the many primates we have studied, only the glands of the two Indian lorisoids, *Loris* and *Nycticebus*, have a strong phosphorylase reaction (Plate 5, Fig. 18). We will return to this singular exception later.

Although eccrine glands of man contain only moderate amounts of esterases, the apocrine glands have a more intense concentration of these enzymes than any other cutaneous appendage (Montagna and Ellis, 1958). Regardless of the substrates used, the secretory cells are always replete with reactive granules (Plate 5, Fig. 19).

The apical border of the tall epithelial cells and the myoepithelial cells contain variable amounts of alkaline phosphatase (Plate 5, Fig. 20). The duct is consistently unreactive. The endothelium of the vascular bed around the glands of man is intensely phosphatase reactive. The coils of the glands are encircled by plexuses of capillaries (Plate 5, Fig. 20), but only a few vessels accompany the duct (Ellis *et al.*, 1958). Even the dilated glands in the axillae of older individuals have a fairly intact capillary supply around them (Montagna, 1959). The apocrine sweat glands of most primates have a scant blood supply. Those of the apes, however, have a rich plexus of reactive capillaries around them.

In man, the apocrine glands have very little acid phosphatase reactivity in the duct, but moderate reactivity in the apical portion of the secretory cells. The myoepithelial cells often show enzyme reaction. The glands abound in ß-glucuronidase. It is interesting to find such disparity in the strength of the reaction of these two enzymes in the two types of glands, since both acid phosphatase and ß-glucuronidase are said to abound in lysosomes (Allfrey, 1959). Species differences in the distribution of these enzymes are so numerous that it would serve little purpose to list them.

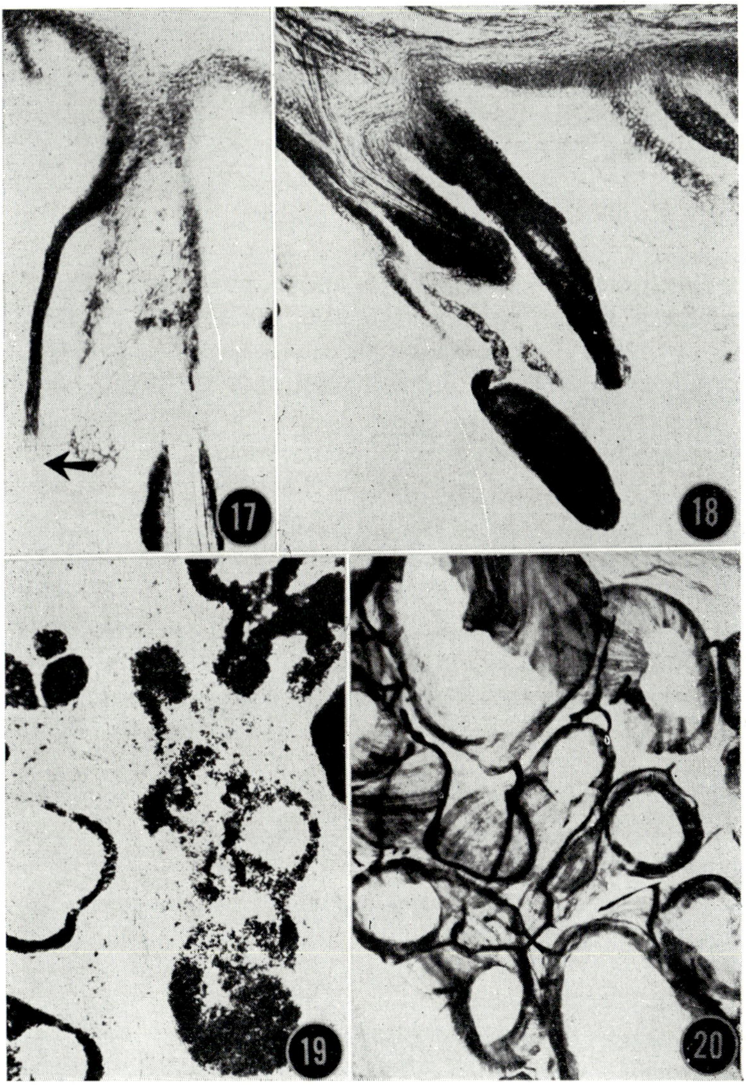

PLATE 5

FIG. 17. Phosphorylase activity in the duct of a ceruminous gland of a man. There is no enzyme activity at the transition between the secretory portion and the duct. (arrow).

FIG. 18. Skin from the dorsum of *Nycticebus*, showing an apocrine sweat gland with intense phosphorylase activity, both in the duct and in the secretory coil. This is in striking contrast with the apocrine gland in other primates.

FIG. 19. Intense tween esterase activity in the apocrine sweat glands from the axilla of a young man.

FIG. 20. Alkaline phosphatase activity in the secretory tubules of the axillary apocrine sweat glands of a young man. There is a moderate reaction in the secretory epithelium, a stronger reaction in the myoepithelial cells, and very intense reaction in the endothelium of the capillaries which surround the tubules.

The duct of apocrine sweat glands has practically no aminopeptidase activity, but the secretory cells contain large, sparse, reactive granules. The reaction is not so intense as that found in the eccrine glands. The glands of other primates show species differences.

No one has convincingly demonstrated nerves around the apocrine sweat glands of man; if there are nerves there, it is assumed that they contain neither specific nor pseudocholinesterases (Shelley and Hurley, 1953; Montagna and Ellis, 1958; Thies and Galente, 1957). Yet the glands of Moll in the eyelids, which are typical apocrine glands, are always surrounded by nerves that contain specific cholinesterase. Aavik (1955), using the technique for cholinesterase, demonstrated nerves around the axillary apocrine glands of man, but on the assumption that his technique was faulty, no one has paid much attention to this. We have now found, however, that the axillary apocrine glands of the Negro have such nerves around them, but those of Caucasians do not (Plate 6, Fig. 22); (Montagna and Ellis, 1960). Since we have studied this only in American Negroes, whose exact origin is relatively obscure, it will be interesting to see what we will find when the glands of known ethnic groups are studied. At any rate, in man the presence of cholinesterase-containing nerves around the apocrine glands appears to be peculiar to the axillary skin of the Negro.

With the exception of those of *Nycticebus* (Plate 6, Fig. 24), the apocrine glands over the general body surface of the many primates we have studied have no cholinesterase-containing nerves around them. The apocrine glands in specialized skin areas of primates, which have a more vigorous secretion than those over the general body surface, are often surrounded by cholinesterase-containing nerves (Plate 6, Fig. 23).

GENERAL CONSIDERATIONS

Histochemical methods show that the eccrine and apocrine sweat glands of man are distinct organs. No difference is as striking as the presence of phosphorylase activity in the entire eccrine sweat glands, and its restriction to the duct of apocrine glands. The singular exceptions to this are the glands of *Loris* and *Nycticebus*, in which overtly apocrine glands abound in the enzyme throughout (Plate 5, Fig. 19). The presence of nerves that contain cholinesterase around eccrine glands, is, in general, a contrasting feature between these and apocrine glands. Finding cholinesterase-containing nerves around the body glands of *Nycticebus* is as sensational as the presence of phosphorylase in the glands (Plate 6, Figs. 23, 24). The cutaneous appendages of these animals are relatively unspecialized, and the skin seems to be primitive (Montagna *et al.*, 1960).

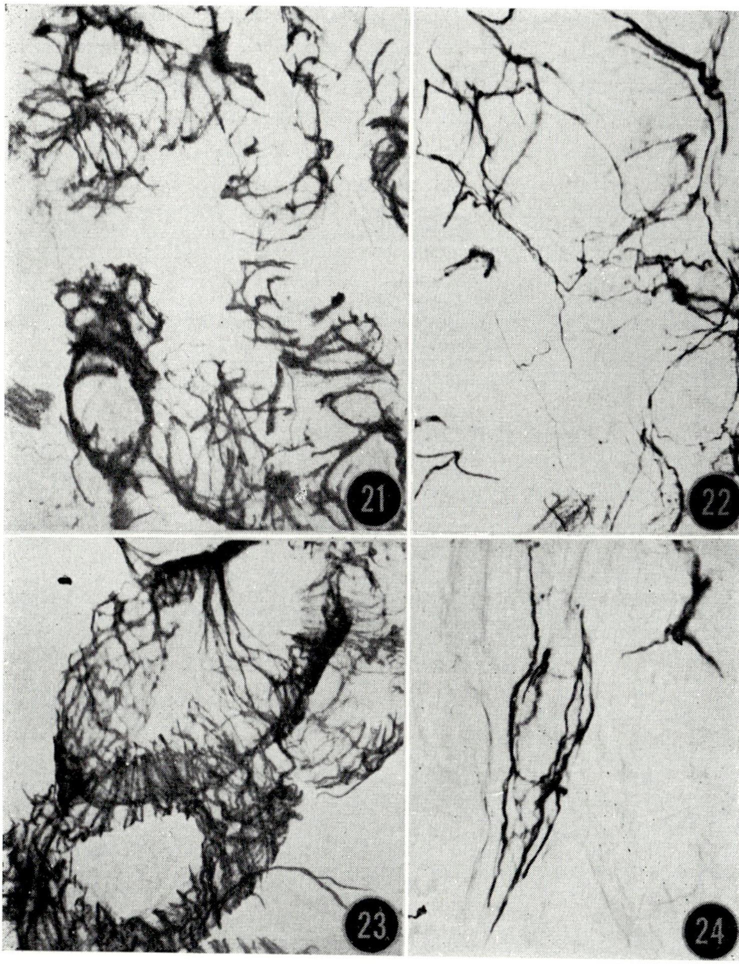

PLATE 6

FIG. 21. Coils from the secretory segment of an eccrine sweat gland from the axilla of a Negro; the glands are entwined with acetylthiocholinesterase-rich nerves.

FIG. 22. Acetylcholinesterase reactive nerves around the secretory portion of the axillary apocrine sweat glands of a Negro. This section has not been counterstained and the details of the tubules are not seen.

FIG. 23. Sections through the secretory segment of an apocrine gland in the brachial organ of *Nycticebus*, surrounded by numerous cholinesterase reactive nerves.

FIG. 24. Apocrine sweat gland from the back of *Nycticebus*, surrounded by cholinesterase reactive nerves.

Their apocrine glands, then, are in the peculiar position of embodying some characteristic features of both eccrine and apocrine glands. These glands resemble a hypothetical stem form from which both eccrine and apocrine glands have arisen.

The presence of nerves that contain cholinesterase around the axillary apocrine glands of Negroes, and not around those of Caucasians, is remarkable. Regardless of functional significance, and of other implications, this simple histochemical method demonstrates one of the few known differences between the skin of these two ethnic groups. The axillary apocrine glands of the gorilla and the chimpanzee are also surrounded by such nerves. We cannot say at present whether this has any phylogenetic significance.

It has been assumed that cholinergic nerves are characterized by the presence of large amounts of specific cholinesterase. However, the apocrine glands of Negroes, those of the chimpanzee, and *Nycticebus*, which are richly innervated by such nerves, do not respond to injections of acetylcholine, and they respond to epinephrine. Evidently these are not cholinergic nerves.

The presence of nerves around glands is not always easy to explain. The meibomian glands of man and other mammals are surrounded by nerves that contain cholinesterase (Montagna and Ellis, 1959). Yet it is not likely that nerve impulses stimulate holocrine glands, since they must synthesize their secretion slowly within the cells. We suggest that the nerves around the meibomian glands, as well as those around the apocrine glands, are not secretory but sensory nerves, and that apocrine glands may be stimulated by humoral agents, or directly by inciting agents, as are those of the horse (Evans, 1957; Aoki *et al.*, 1959). Spacial intimacy of nerves and structure does not necessarily denote a neuro-visceral relationship.

Important results can be obtained with the systematic application of histochemical methods. The histochemical characterization of organs is useful in understanding their morphology, histophysiology, function, and possible homology. Histochemical methods are beginning to play an important role in the studies of anthropology and phylogeny.

BIBLIOGRAPHY

AAVIK, O. R., Cholinesterases in human skin. *J. Invest. Dermatol.*, 1955, **24**: 103–106.

ALLFREY, V., The isolation of subcellular components. In *The Cell* Vol. I. (Editors J. BRACHET and A. E. MIRSKY,). Acad. Press, N.Y., 1959.

AOKI, T., KIMURA, S. and WADA. M., The responsiveness of the sweat glands in the horse. *J. Invest. Dermatol.*, 1959, **33**: 441–443.

BECKETT, E. B., BOURNE, G. H. and MONTAGNA, W., Histology and cytochemistry of human skin. The distribution of cholinesterase in the finger of the embryo and the adult. *J. Physiol.*, 1956, **134**: 202–206.

BRAUN-FALCO, O., Über die Fähigkeit der menschlichen Haut zur Polysaccharidsynthese, ein Beitrag zur Histotopochemie der Phosphorylase. *Arch. für klin. u. exp. Dermatol.*, 1956 a, **202**: 163–170.

BRAUN FALCO, O., Zur Histotopographie der β-Glucuronidase in normaler menschlicher Haut. *Arch. für klin. u. exp. Dermatol.*, 1956 b, **203**: 61–67.

BRAUN-FALCO, O. and RATHJENS, B., Histochemische Darstellung der Bernsteinsäuredehydrogenase in der menschlichen Haut. *Dermatol. Wochenschrift.*, 1954, **130**: 1271–1276.

BURSTONE, M. S., New histochemical technique for the demonstration of tissue oxidase (cytochrome oxidase). *J. Histochem. Cytochem.*, 1959, **7**: 112–122.

BURSTONE, M. S. and FOLK, J. E., Histochemical demonstration of amino-peptidase. *J. Histochem. Cytochem.*, 1956, **4**: 217–226.

DOBSON, R. L., ABELE, D. C., and HALE, D. M. The effect of high and low salt intake and repeated episodes of sweating on the human eccrine sweat gland. *J. Invest. Dermatol.*, 1961, **36**: 327-335.

DOBSON, R. L., FORMISANO, V., LOBITZ, W. C., Jr., and BROPHY, D., Some histochemical observations on the human eccrine sweat glands. III. The effect of profuse sweating. *J. Invest. Dermatol.*, 1958, **31**: 147–159.

DOBSON, R. L. and LOBITZ, W. C., Jr., Some histochemical observations on the human eccrine sweat glands. II. The pathogenesis of miliaria. *A. M. A. Arch. Dermatol.*, 1957, **75**: 653–666.

ELLIS, R. A., Fine structure of palmar eccrine sweat glands of *Macaca mulatta*. *Anat. Rec.*, 1960, (In press).

ELLIS, R. A. and MONTAGNA, W., Histology and cytochemistry of human skin. XV. Sites of phosphorylase and amylo-1,6-glucosidase activity. *J. Histochem. Cytochem.*, 1958, **6**: 201–207.

ELLIS, R. A., MONTAGNA, W. and FANGER, H., Histology and cytochemistry of human skin. XIV. The blood supply of the cutaneous glands. *J. Invest. Dermatol.*, 1958, **30**: 137–145.

EVANS, C. L., Sweating in relation to sympathetic innervation. *Brit. Med. Bull.*, 1957, **13**: 197–201.

FORMISANO, V. and LOBITZ, W. C., JR., "The Schiff-positive, nonglycogen material" in the human eccrine sweat glands. I. Histochemistry. *A. M. A. Arch. Dermatol.*, 1957, **75**: 202–209.

GLENNER, G. G., BURTNER, H. J. and BROWN, G. W., JR., The histochemical demonstration of monoamine oxidase activity by tetrazolium salts. *J. Histochem. Cytochem.*, 1957, **5**: 591–600.

HELLMANN, K., Cholinesterase and amine oxidase in the skin: A histochemical investigation. *J. Physiol.*, 1955, **129**: 454–463.

HIBBS, R. G., The fine structure of human eccrine sweat glands. *Am. J. Anat.*, 1958, **103**: 201–218.

HURLEY, H. J., SHELLEY, W. B. and KOELLE, G. B., The distribution of cholinesterases in human skin, with special reference to eccrine and apocrine sweat glands. *J. Invest. Dermatol.*, 1953, **21**: 139–147.

KUNO, Y., *Human Perspiration*. Thomas, Springfield, 1956.

LLOYD, D. P. C., Secretion and reabsorption in sweat glands. *Proc. Nat. Acad. Sci.*, 1959, **45**: 405–409.

LOBITZ, W. C., JR., HOLYOKE, J. B. and BROPHY, D., Histochemical evidence for human eccrine duct activity. *A. M. A. Arch. Dermatol.*, 1955, **72**: 229–236.

MONTAGNA, W., *The Structure and Function of Skin*. Acad. Press, N. Y., 1956.

MONTAGNA, W., Histology and cytochemistry of human skin. XI. The distribution of β-glucuronidase. *J. Biophys. Biochem. Cytol.*, 1957, **3**: 343–348.

MONTAGNA, W., Histology and cytochemistry of human skin. XIX. The development and fate of the axillary organ. *J. Invest. Dermatol.*, 1959, **33**: 151–161.

MONTAGNA, W., CHASE, H. B. and HAMILTON, J. B., The distribution of glycogen and lipids in human skin. *J. Invest. Dermatol.*, 1951, **17**: 147–157.

MONTAGNA, W., CHASE, H. B. and LOBITZ, W. C., JR., Histology and cytochemistry of human skin. II. The distribution of glycogen in the epidermis, hair follicles, sebaceous glands, and eccrine sweat glands. *Anat. Rec.*, 1952, **114**: 231–248.

MONTAGNA, W. and ELLIS, R. A., Histology and cytochemistry of human skin. XII. Cholinesterases in the hair follicles of the scalp. *J. Invest. Dermatol.*, 1957, **29**: 151–157.

MONTAGNA, W. and ELLIS, R. A., L'histologie et la cytologie de la peau humaine. XVI. Répartition et concentration des estérases carboxyliques. *Ann. d'Histochimie*, 1958, **3**: 1–17.

MONTAGNA, W. and ELLIS, R. A., Cholinergic innervation of the meibomian glands. *Anat. Rec.*, 1959, **135**: 121–128.

MONTAGNA, W. and ELLIS, R. A., Histology and cytochemistry of human skin. XXI. The nerves around the axillary apocrine glands. *Am. J. Phys. Anthropol.*, 1960, **18**: 69-70.

MONTAGNA, W. and FORMISANO, V., Histology and cytochemistry of human skin. VII. The distribution of succinic dehydrogenase activity. *Anat. Rec.*, 1955, **122**: 65–78.

MONTAGNA, W., YASUDA, K. and ELLIS, R. A., The skin of primates. III. The skin of the slow loris (*Nycticebus coucang*). *Am. J. Phys. Anthropol.*, 1960, **19**: 1-22.

NITTA, H., On the possibility of a reabsorption in the excretory duct of the sweat gland: experiments on the changes in sweat constituents resulting from the application of collodion membrane on the skin. *Nagoya, N. J.*, 1953, **1**: 59.

SCHNEIDER, W. C. and HOGEBOOM, G. H., Intracellular distribution of enzymes. IV. The distribution of succinoxidase and cytochrome oxidase activities in normal mouse liver and in mouse hepatoma. *J. Nat. Cancer Inst.*, 1950, **10**: 969–975.

SCHWARTZ, J. L., THAYSEN, J. H., DOLE, V. P., Urea excretion in human sweat as a tracer for movement of water within the secretory gland. *J. Exp. Med.*, 1953, **97**: 429–437.

SERRI, F., Note di enzimologia cutanea. II. Ricerche bio ed istochemiche sull'attivita succinodeidrasica della cute umana normale. *Boll. Soc. Med.-Chirurgica di Pavia*, 1955, Fasc. 3–4, pp. 3–19.

SHELLEY, W. B. and HURLEY, H. J., The physiology of the human axillary apocrine sweat glands. *J. Invest. Dermatol.*, 1953, **20**: 285–295.

STEIGLEDER, G. K. and SCHULTIS, K., Zur Histochemie der Esterasen der Haut. *Arch. für klin. u. exp. Dermatol.*, 1957, **205**: 196–211.

THIES, W. and GALENTE, L. F., Zur histochemischen Darstellung der Cholinesterasen im vegetativen Nervensystem der Haut. *Der Hautarzt*, 1957, **8**: 69–75.

VERNE, J., L'histochimie et la characterisation des espéces animales. *Arch. Biol.*, 1956, **67**: 523–528.

WINKELMANN, R. K., Similarities in cutaneous nerve end-organs. In *Advances in Biology of Skin*. Vol. I. *Cutaneous Innervation*. (Editor, W. MONTAGNA), Pergamon Press, Oxford, 1960.

YASUDA, K., FURUSAWA, H. and OGATA, N., Histochemical investigation on the phosphorylase in the sweat glands of axilla. *Sondr. aus Okaj. Folia Anat. Jap.*, 1958, **31**: 161–169.

ELECTRON TRANSPORT ENZYMES: BIOCHEMICAL AND TETRAZOLIUM STAINING STUDIES*

ALEX B. NOVIKOFF

Department of Pathology, Albert Einstein College of Medicine, New York, N. Y.

THE history of tetrazolium salts as applied to histo- and cytochemistry may be viewed from two interrelated aspects: Which enzymes are demonstrated? Where, in the tissue or cell, are the enzymes localized?

Until recently few biochemists studying electron transport employed tetrazolium salts as acceptors. Histochemists had therefore to rely upon indirect deductions from biochemical studies like those of Straub[56] with "diaphorase". In the first blush of enthusiasm for a method permitting the localization of important respiratory enzymes histochemists frequently assumed that when endogenous reduction of tetrazolium was eliminated from a section and when specific substrates were added to the incubation medium, the corresponding *dehydrogenases* were being localized. General recognition of the difficulties in deducing the localization of dehydrogenases was speeded by the biochemical studies of Singer and coworkers[51-53] with succinic dehydrogenase and the histochemical work of Farber and colleagues[9-12, 55] with coenzyme-linked dehydrogenases. This demonstrated that tetrazolium salts accept electrons not from the dehydrogenases but from subsequent steps in the transport chain. Recent work,[58, 59, 54] dealing with the influence on electron transport of added coenzyme Q[5, 6] and with the differential effects of inhibitors on the ability of different tetrazolium salts to accept electrons, underlines the fact that the link of tetrazolium salts to the chain may be several steps removed from the dehydrogenases.

ELECTRON TRANSPORT SYSTEM IN MITOCHONDRIA

The essential steps of the mitochondrial electron transport system are shown in Fig. 1. Coenzyme Q is not included since there is as yet no agreement regarding its relationship to the main pathway of electron trans-

* The work from our laboratory has been generously supported by research grants from the National Science Foundation (G-2310), U.S. Public Health Service (C-3153), American Cancer Society (E-60), and Damon Runyon Memorial Fund (465).

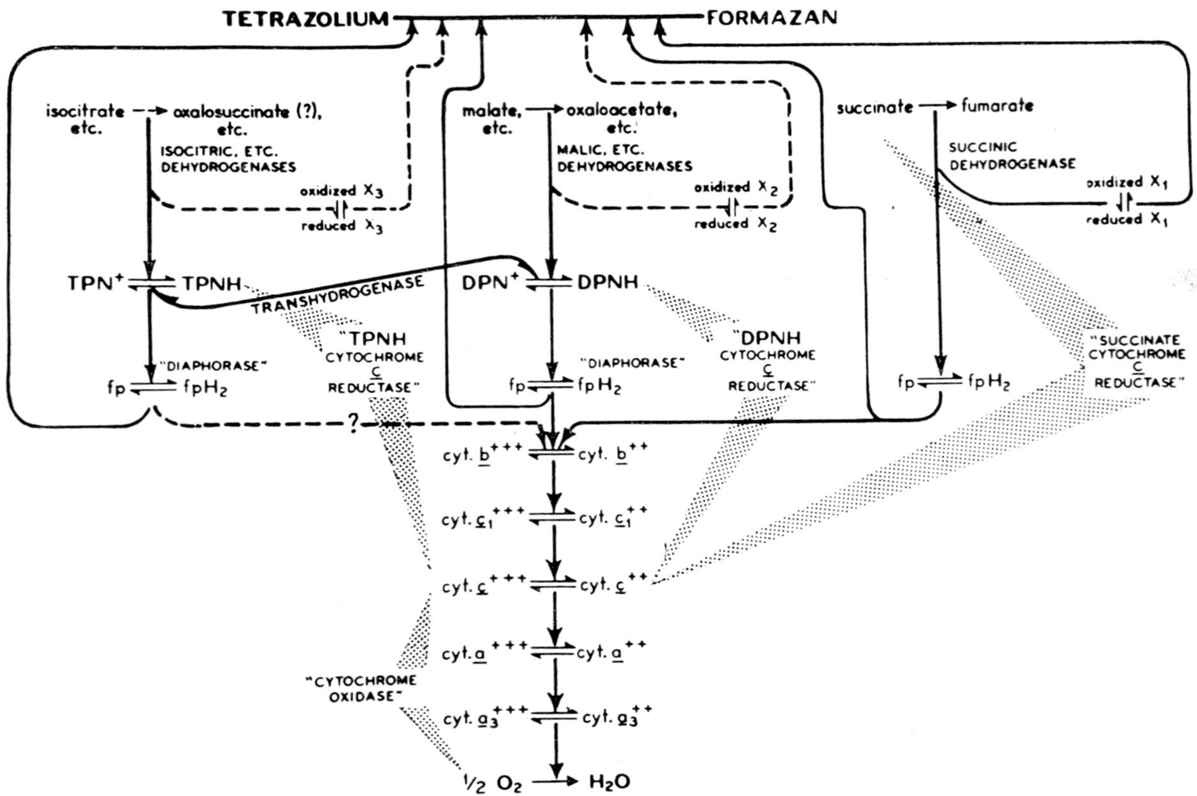

FIG. 1. Probable steps in the mitochondrial electron transport system [from ref. 29]. Acceptors shown are (a) the cytochrome system, (b) tetrazolium salts like nitro-BT [see ref. 54, 23], and (c) phenazine methosulfate. Abbreviations: cyt., cytochrome; DPN, diphosphopyridine nucleotide; fp, flavoprotein; TPN, triphosphopyridine nucleotide; x_1, phenazine methosulfate; x_2 and x_3, postulated dyes.

port.[16, 17, 46, 7]* For some tetrazolium salts the linkage points seem further removed from the dehydrogenases than the one shown in the diagram.[21, 54, 23] However, "nitro-BT",[57, 24]† the salt of greatest interest to our discussion, appears to accept electrons at a step before coenzyme Q and cytochrome *b* since antimycin A, generally considered to inhibit electron transport system between cytochrome *b* and c_1, is without effect upon the coupled reduction of nitro-BT and oxidation of succinate.[54, 23]

The primary succinic dehydrogenase does not generally separate from the section of the electron transport chain that links to nitro-BT or other tetrazolium salts. Indeed, it requires solubilized enzyme[51-53] or lipase-treated sections[9] to separate succinate-oxidizing from tetrazolium-reducing activities. However, as Farber and Bueding[9] suggest, conditions may be found in which dehydrogenase activity and tetrazolium-reducing activity are dissociated; in such instances the addition to the staining medium of the dye, phenazine methosulfate, a known acceptor for the primary dehydrogenase[51-53, 13] may permit localization of the dehydrogenase.†† Recently Wattenberg and Gronvall[59] have observed that the addition of coenzyme Q_{10} (or menadione) has a greater enhancement of tetrazolium (INT) reduction coupled to succinate (or alpha-glycerophosphate) with regenerating liver and Novikoff hepatoma than with normal liver. The authors suggest that in proliferating cells succinic and alpha-glycerophosphate dehydrogenases may become "dissociated from Co Q_{10} and the cytochrome electron transport chain".

In the oxidations involving DPN- or TPN-dependent dehydrogenases under normal circumstances a ready separation of substrate-oxidizing and tetrazolium-reducing activities occurs. This is responsible for the serious uncertainties, to be discussed later, in using the tetrazolium staining procedure to localize such dehydrogenases.

* Some aspects of Fig. 1 are not firmly established. This applies to the relationships to the main electron transport chain of cytochrome *b* and of the TPNH oxidation pathway.

† *Abbreviations*: DCPIP, 2, 6 dichlorophenolindophenol; DPN, diphosphopyridinenucleotide; DPNH, reduced diphosphopyridinenucleotide; INT, 2-(*p*-iodophenyl)-3-(*p*-nitrophenyl)-5-phenyl-tetrazolium; MTT, 3-(4,5-dimethylthiazolyle-2)2,5-diphenyl tetrazolium; nitro-BT, 2,2'-di-*p*-nitrophenyl-5,5'-diphenyl-3,3'-(3,3'-dimethoxy-4,4'-biphenylene) ditetrazolium; TPN, triphosphopyridinenucleotide; TPNH, reduced triphosphopyridinenucleotide.

†† This may be complicated by the finding of two sites of action with the electron transport chain for phenazine methosulfate.[13]

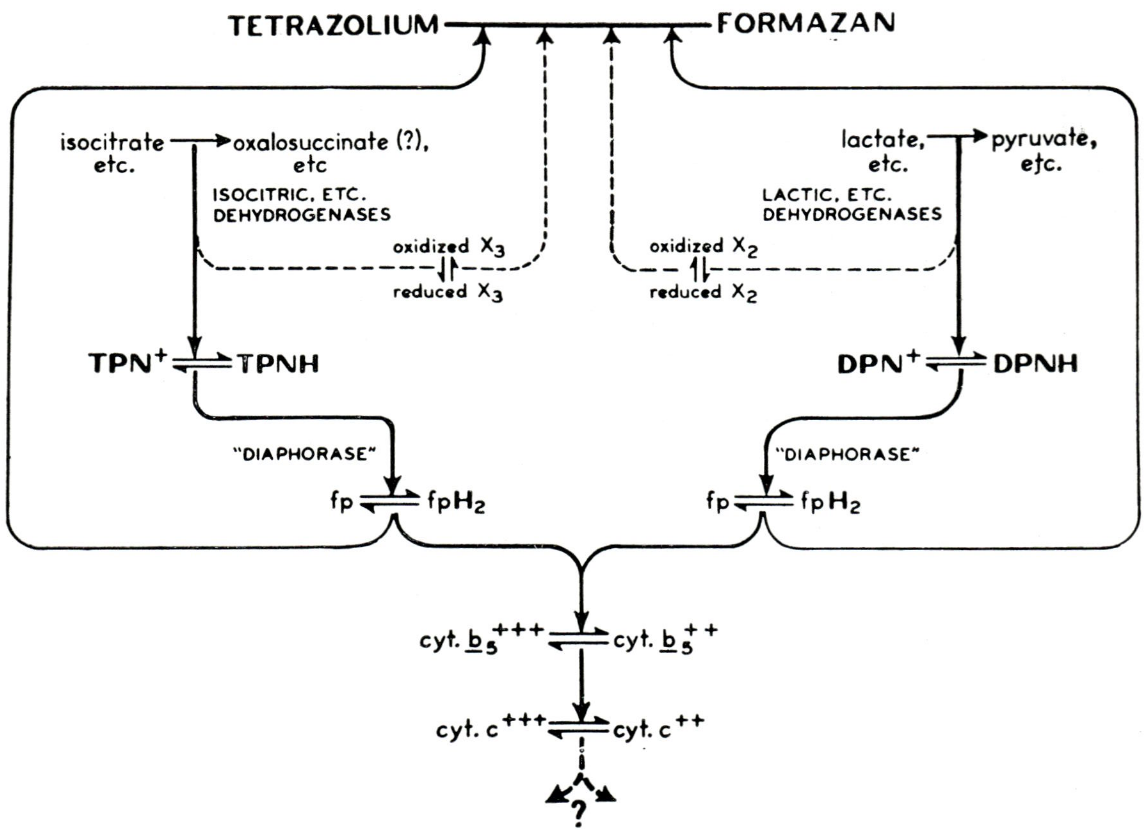

FIG. 2. Probable steps in the microsomal electron transport system [from ref. 29]. See Fig. 1 for abbreviations.

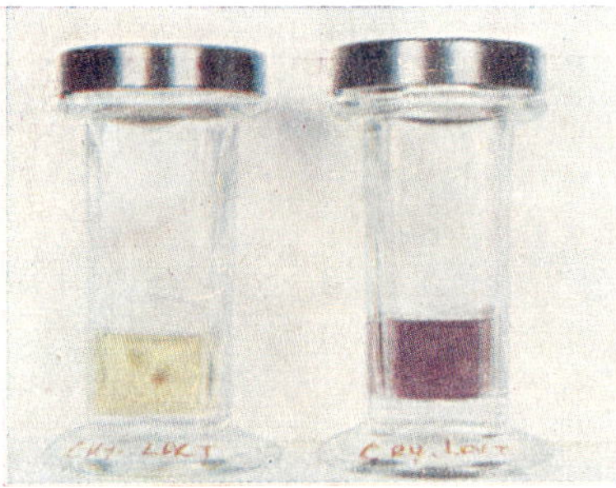

FIG. 3. Coplin jars with cryostat-cut sections of unfixed rat liver and kidney mounted on glass slides and incubated at 37°C in a medium containing lactate as substrate, DPN, and nitro-BT as acceptor. After 15 minutes of incubation purified DPNH-cytochrome *c* reductase was added to the jar at the right, resulting in the appearance of colored formazan.[36]

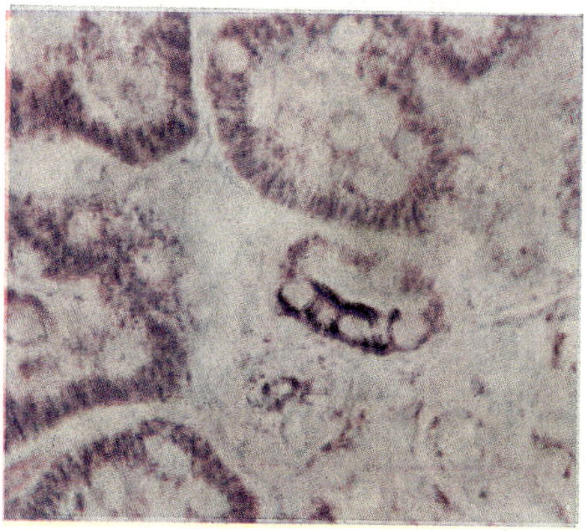

FIG. 4. Frozen section of formol-calcium-fixed rat kidney, × 550. Incubated in TPNH-nitro-BT medium for 40 minutes at 37°C. The mitochondria in the macula densa cells (near center of field) stain more intensely than those in other portions of the tubules.

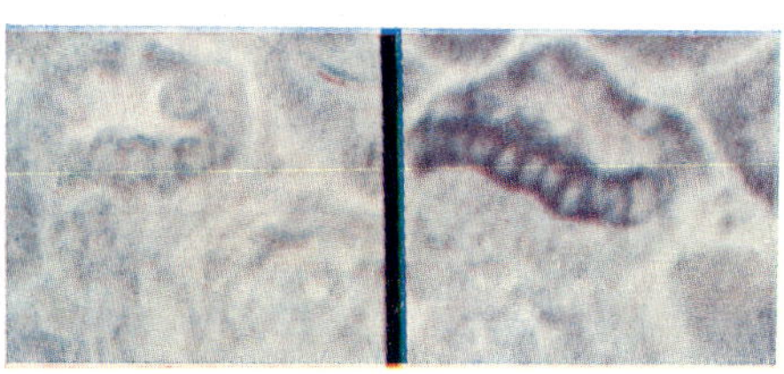

FIGS. 5 and 6. Frozen sections of formol-calcium-fixed kidneys of rat made hypertensive by unilateral partial ligation of the renal artery, × 400. Following treatment in cold acetone for 15 minutes, the sections were incubated in TPNH-nitro-BT medium for 90 minutes at 37°C.

FIG. 5. Unligated kidney. Above and to the left of center the macula densa cells may be seen, stained somewhat more darkly than the other cells.

FIG. 6. Partially ligated kidney. The macula densa cells stain much more intensely than in Fig. 5.

FIG. 7

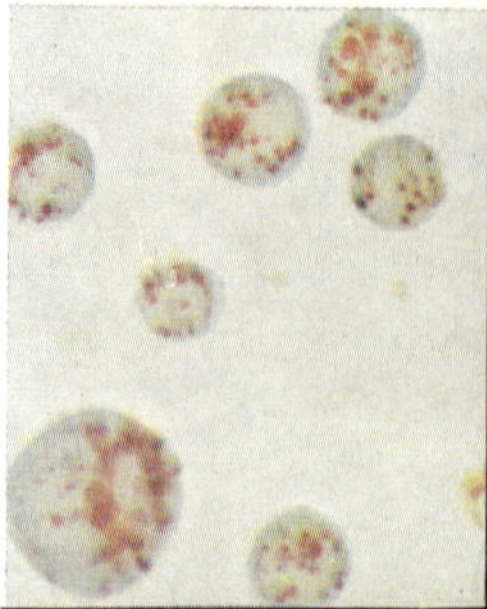

FIG. 8

FIG. 9

FIG. 10

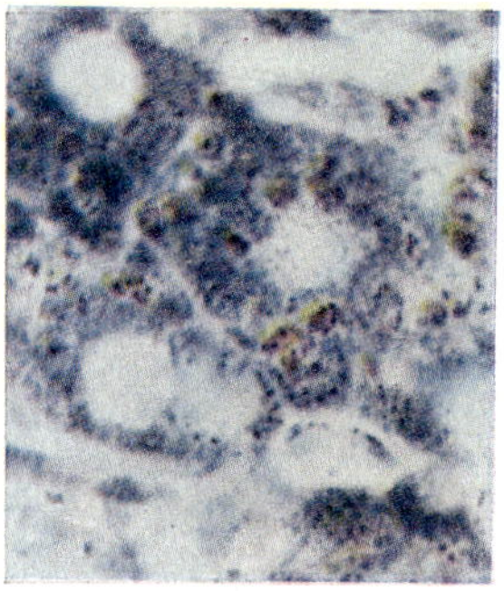

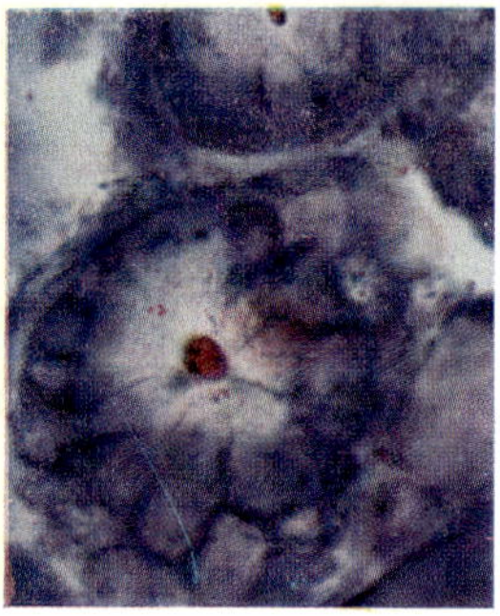

FIG. 11

FIG. 7. Formol-calcium-fixed smear of Novikoff ascites hepatoma cells, stained with oil red O, according to Gomori,[15]. × 500. Lipid droplets, variable in size, are readily seen. This preparation had more of the larger droplets than usual.

FIG. 8. Formol-calcium-fixed smear of Novikoff ascites hepatoma cells, incubated in DPNH-nitro-BT medium for 15 minutes at 37° C and then stained with oil red O. × 500 [from ref. 40]. It may be seen, in favorable places, that the dark blue diformazan deposits are at the interfaces between lipid droplets and cytoplasm.

FIG. 9. Frozen section of formol-calcium-fixed unoperated kidney removed from a rat 7 hours after unilateral ligation of the renal artery and vein incubated in DPNH-nitro-BT medium for 15 minutes at 37° C and then stained with oil red O. × 600 [from ref. 40]. Some of the red-stained lipid droplets at the base of the tubule cells show dark blue diformazan deposits on their surfaces.

FIG. 10. Frozen section of formol-calcium-fixed human liver in DPNH-nitro-BT medium for 30 minutes at 37°C. × 630 [from ref. 40]. Deposits of dark blue diformazan are visible on the surfaces of the brown lipofuscin granules.

FIG. 11. Frozen section of formol-calcium-fixed rat thyroid incubated in DPNH-nitro-BT for 11 minutes at 37°C. × 560. Dark blue diformazan deposits may be seen on the surface of the red-stained colloid in the follicle lumen.

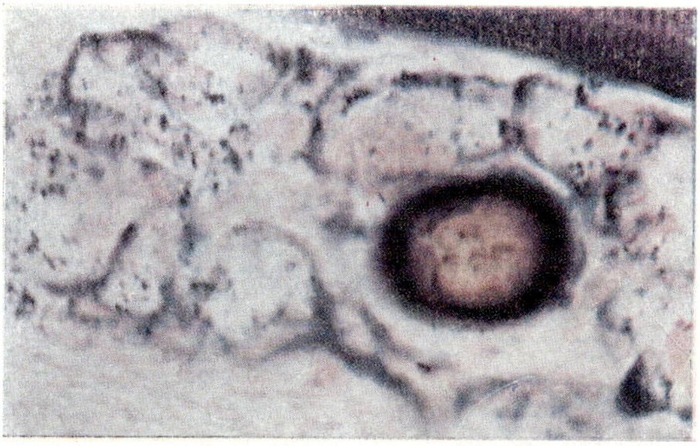

FIG. 12. Frozen section of formol-calcium-fixed fat cells of rat, incubated in DPNH-nitro-BT medium for 11 minutes at 37° C, × 600. The darkly-stained circular structure is an arteriole: at the upper right, a portion of a skeletal muscle fiber is visible. The dark blue diformazan deposits seen in the fat cells are on the surface of the large fat masses. The mitochondria are smaller and much more lightly stained granules (they are barely visible in the upper left cell).

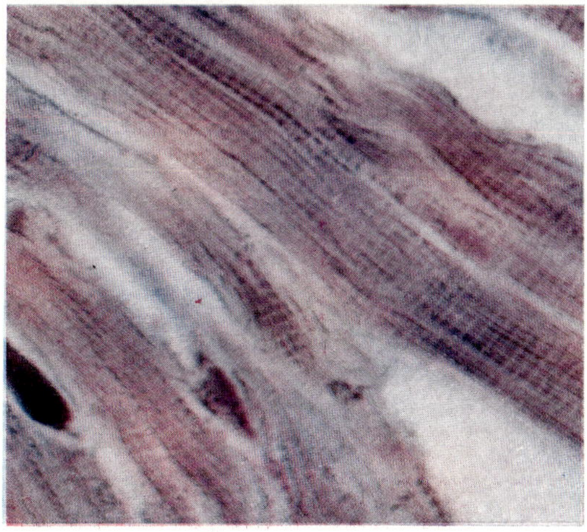

FIG. 13. Paraffin section of Helly-fixed rat heart stained with phosphotungstic acid-hematoxylin, × 1000. Note the regularly-arranged mitochondria or sarcosomes.

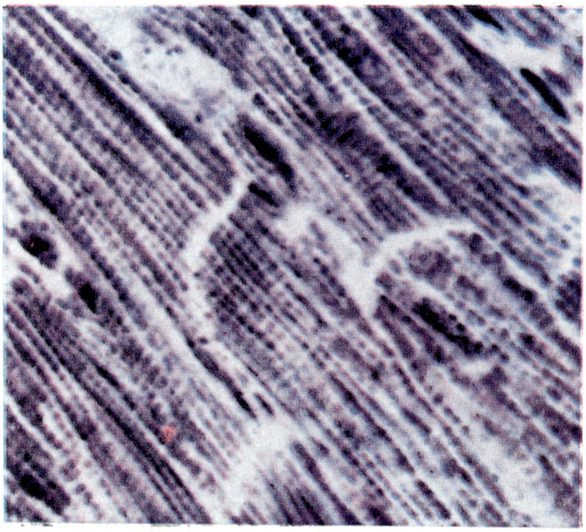

FIG. 14. Frozen section of formol-calcium-fixed rat heart, incubated in DPNH-nitro-BT medium for 18 minutes at 37°C, × 1000. Mitochondria (sarcosomes) are intensely stained.

ELECTRON TRANSPORT SYSTEM IN MICROSOMES

Probable steps in the microsomal electron transport system are shown in Fig. 2. The basis for considering lactic dehydrogenase activity to be present in microsomes are the data obtained with subcellular fractions isolated from homogenates of rat liver (Table 1) and Novikoff ascites hepatoma cells (Table 2). The DPNH-cytochrome *c* reductase activity of microsomes differs from that of mitochondria in being antimycin-insensitive, possessing a different flavoprotein, and containing cytochrome b_5 rather than *b*. The physiological acceptor for cytochrome b_5 remains unknown since cytochrome *c*, its *in vitro* acceptor, is not present in isolated microsomes.

Tables 1 and 2 demonstrate that isolated microsome fractions can couple substrate oxidation to tetrazolium as well as cytochrome *c* reduction * (see also[4, 8, 60, 61]). It is of interest that such activities (and the staining results to be presented later) are essentially the same in ascites tumor cells and liver, since the tumor cells have little ergastoplasm, the major contributor to the microsome fraction in the case of liver.

THE TERMS, DPN- AND TPN-DIAPHORASES

The supernatant fluid fractions of both liver and ascites tumor cells, in the presence of DPNH, show high "diaphorase" activity when tested with 2, 6 dichlorindophenolindophenol (DCPIP); yet it has no appreciable activity in reducing tetrazolium (INT) (Tables 1 and 2). Similarly, the purified diaphorases from liver[4, 8] and brain[14] are without tetrazolium-reducing activities. Furthermore, it may prove that in some physiological or pathological circumstances the electron transport chain will be dissociated between DPNH and cytochrome *b* or coenzyme Q, resulting in the loss of tetrazolium-reducing activity in the presence of high diaphorase activity. Finally, the enzyme preparation best deserving the name, diaphorase, the enzyme isolated by Straub,[56] apparently is not part of the transport chain at all since it shows no DPNH-cytochrome *c* reductase activity; rather it seems to link DPNH oxidation to the reduction of thioctic acid or its derivatives.[22, 47] For these reasons it appears best to substitute for the widely-used terms, DPN- and TPN-diaphorases, the operational terms, DPNH- and TPNH-tetrazolium (nitro-BT, etc.) reductases.

* The closely parallel distributions among the isolated subcellular fractions of DPNH-tetrazolium reductase and DPNH-cytochrome *c* reductase activities is consistent with Figs. 1 and 2 in which cytochrome *c* and tetrazolium reductions are shown as involving a sizeable common portion of the electron transport chain.

Table 1

Distribution of LDH and DPNH-oxidizing Enzymes among Subcellular Fractions Isolated from the Novikoff Hepatoma Ascites[34].

	Lactic dehydrogenase	DPNH-cytochrome *c* reductase	DPNH-tetrazolium (INT) reductase	DPNH-DCPIP reductase	Total nitrogen
Nuclear fraction	23%	26%	35%	20%	24%
Mitochondrial fraction	3%	20%	14%	11%	7%
Microsomal fraction	50%	40%	45%	24%	22%
"Supernatant fluid"	12%	7%	3%	54%	35%
Recovery	(88%)	(93%)	(97%)	(109%)	(88%)

Table 2

Enzyme Activities of Subcellular Fractions Isolated from 0·88 M Sucrose Homogenates of Rat Liver[37].

	Lactic dehydrogenase	DPNH-cytochrome *c* reductase	DPNH-tetrazolium (INT) reductase	DPNH-DCPIP reductase	Lactate to INT	Total nitrogen
Nuclear fraction	9%	10%	9%	5%	9%	11%
Mitochondrial fraction	8%	32%	30%	16%	21%	27%
Washes of Mitochondrial fraction	5%	10%	11%	7%	9%	9%
Microsomal fraction	21%	40%	41%	14%	32%	19%
"Supernatant fluid"	66%	9%	7%	42%	6%	32%
Recovery	(109%)	(101%)	(98%)	(84%)	(77%)	(98%)

THE INTRACELLULAR LOCALIZATION OF DPN- AND TPN-DEPENDENT DEHYDROGENASES

The data of Tables 1 and 2 may be used to indicate that firm conclusions that "soluble" DPN- or TPN-linked dehydrogenases are localized in the mitochondria[42, 44, 45, 48, 18, 19] are unwarranted from the observation that the mitochondria stain in the tetrazolium procedure. For the sake of discussion, it may be assumed that the 3 per cent value for lactic dehydrogenase activity in the mitochondrial fraction of the ascites tumor cells (Table 1) is due to microsomes or supernatant fluid that contaminate the fraction. When frozen sections of unfixed tissue are incubated in a tetrazolium medium lactic dehydrogenase readily diffuses into the medium. Such diffusion can be demonstrated by direct enzymatic assay of buffer in which sections are placed, or, for visual purposes, by addition of soluble DPNH-cytochrome *c* reductase to the full lactate medium (containing lactate and DPN) in which sections are stained (Fig. 3).[36] The lactic dehydrogenase, diffusing into the staining medium, catalyzes the coupled oxidation of lactate and reduction of DPN. The resulting DPNH may serve as substrate for the DPNH-tetrazolium reductase present in the mitochondria. Thus, the mitochondria, although they may lack lactic dehydrogenase, could still be expected to stain. Similarly, diffusion of DPNH into the medium in sufficient quantity could also result in stained mitochondria.

No evidence of dehydrogenase or DPNH diffusion into the incubation medium is seen when sections that have been fixed in cold formol-calcium[2] are incubated.[36] However, with the usual unfixed cryostat-cut sections one should assume, in the absence of evidence to the contrary, that "soluble" dehydrogenases (i.e., those recovered in supernatant fluid fractions) catalyze the production of reduced coenzyme in the incubation medium used in the staining procedure. This includes enzymes like glucose-6-phosphate and phosphogluconate dehydrogenases studied by Pearse and colleagues.[42, 44, 45, 48, 18, 19]

The extent of dehydrogenase diffusion may be expected to vary with the particular tissue, the extent of damage to the section, and other factors. Local tissue factors may influence the extent to which the DPNH or TPNH is available to the mitochondria of the section and the degree to which the staining results are affected. The staining results may not be seriously disturbed on the tissue level and, in some cases, even in different parts of the cell. Thus, in the epithelium of mouse epididymis Allen and Slater[1] have found that although DPNH-tetrazolium reductase activity was present throughout the cell, staining for lactic dehydrogenase activity occurred only in the apical part of the cell. Thus, even if lactic dehydro-

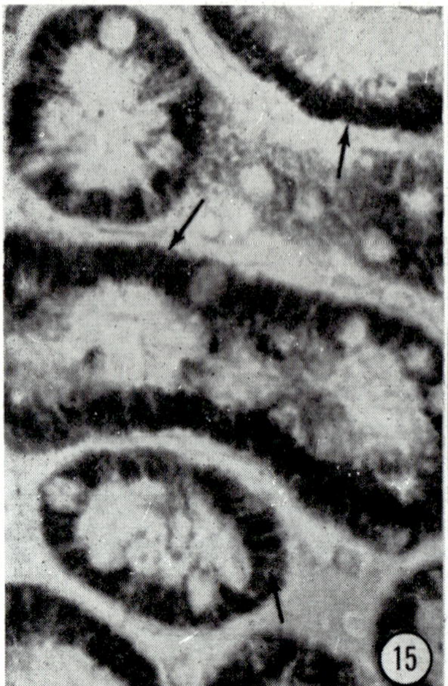

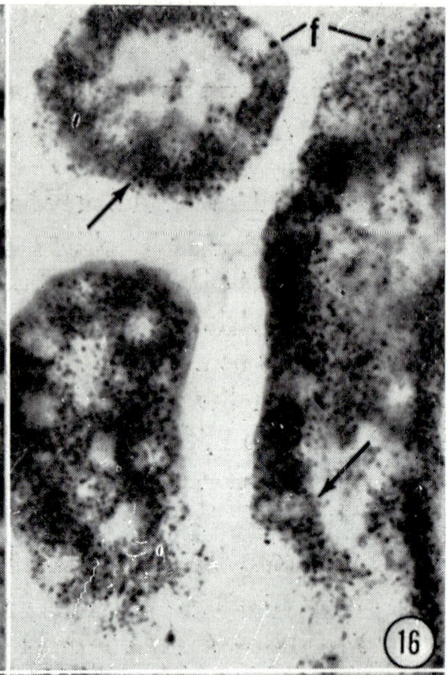

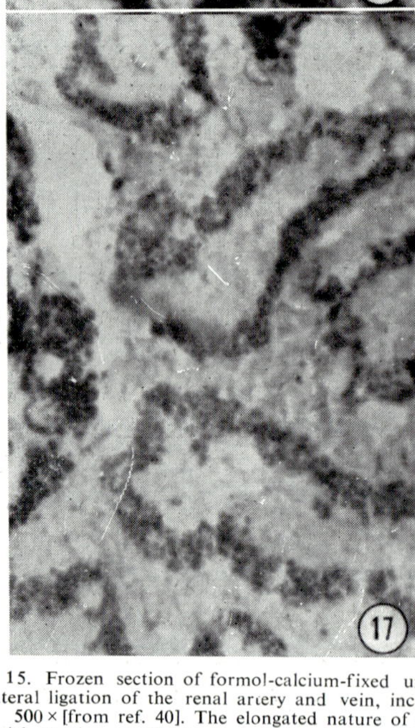

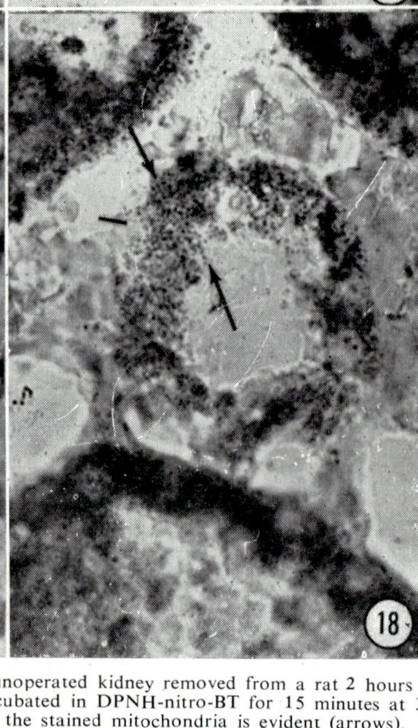

FIG. 15. Frozen section of formol-calcium-fixed unoperated kidney removed from a rat 2 hours after unilateral ligation of the renal artery and vein, incubated in DPNH-nitro-BT for 15 minutes at 37°C, 500× [from ref. 40]. The elongated nature of the stained mitochondria is evident (arrows).

FIG. 16. Section parallel to that shown in Fig. 15, incubated in DPNH-MTT-Co++ for 30 minutes at 37°C, 500× [from ref. 40]. The formazan is deposited as small dots. Apparent linear arrays of the dots may be seen in places. Frequently, the same dots may be thought of in two linear arrays perpendicular to one another (arrows). Formazan on lipid droplets is seen at f.

FIG. 17. Frozen section of formol-calcium-fixed ligated kidney from same rat as in Figs. 15, 16 and 18, incubated in DPNH-nitro-BT for 15 minutes at 37°C, 500× [from 40]. Note the rounded mitochondria, those in the proximal convolutions more lightly stained than those in the distal convolution (at the left margin).

FIG. 18. Section parallel to that shown in Fig. 17, incubated in DPNH-MTT-Co++ for 60 minutes at 37°C, 500× [from ref. 40]. Note the similarity of formazan deposition to that seen in Fig. 16. Because the tubule in the center is sectioned more thinly the formazan dots are more readily seen. As in Fig. 16, the same dots may often be considered in two arrays perpendicular to one another (arrows).

genase diffused into the medium from these cryostat-cut sections insufficient DPNH was produced to result in staining of the basal part of the cell.

Nevertheless, before staining observations with unfixed sections are used as evidence for the mitochondrial localization of "soluble" dehydrogenases it would be highly desirable to demonstrate that the enzymatically-produced DPNH or TPNH is either not free in the medium or, if it is, the reduced pyridine nucleotide is not available to the mitochondria in the same fashion as when added to the medium.

In the first section of this communication we referred to the difficulty inherent in a staining method that is dependent upon a multi-step sequence in which the *last* step links to the tetrazolium salt and the dehydrogenase is the *first* step. To illustrate this we will use a situation studied by Hess and Pearse.[18] These authors noted an increase in tetrazolium reduction, with glucose-6-phosphate as substrate, in the macula densa cells of partially ligated kidneys when rats became hypertensive. This was ascribed to an increased activity of glucose-6-phosphate dehydrogenase of the macula cells. A rise in dehydrogenase activity may indeed occur but in our opinion this could not be demonstrated by the staining procedure since it has not been shown that the dehydrogenase, and not the reductase, activity is rate limiting in this multi-step sequence. As shown earlier,[31] the macula cells are characterized by a high level of TPNH-tetrazolium reductase activity (Fig. 4). Staining resulting from reductase activity is markedly increased in partially-ligated kidneys of hypertensive rats (Fig. 5 and 6). Thus, without a change in dehydrogenase activity the macula cells could stain more deeply in the ligated kidney, if the reductase activity were rate limiting.

THE INTRACELLULAR LOCALIZATION OF OXIDATIVE ENZYMES: NITRO-BT AND FORMOL-CALCIUM-FIXED TISSUES

It is evident from Fig. 4 that fine intracellular localization of stain may be obtained with nitro-BT, the tetrazolium salt developed by Tsou *et al.*[57] and Nachlas *et al.*[24] Nachlas *et al.*[24] have described the great superiority of this salt over previously available ones. Its reduced form (diformazan) is not lipid soluble and it does not crystallize in tissue. The tetrazolium salt is able to compete successfully with oxygen for electrons. The nitro-BT and/or its diformazan show strong substantive attraction to tissue and the localization of the diformazan can be demonstrated in alcohol-dehydrated, xylene-cleared thin sections.

By repeating the experiments of Shelton and Schneider[50] with isolated mitochondria, it was shown that nitro-BT differed from the old tetrazoliums

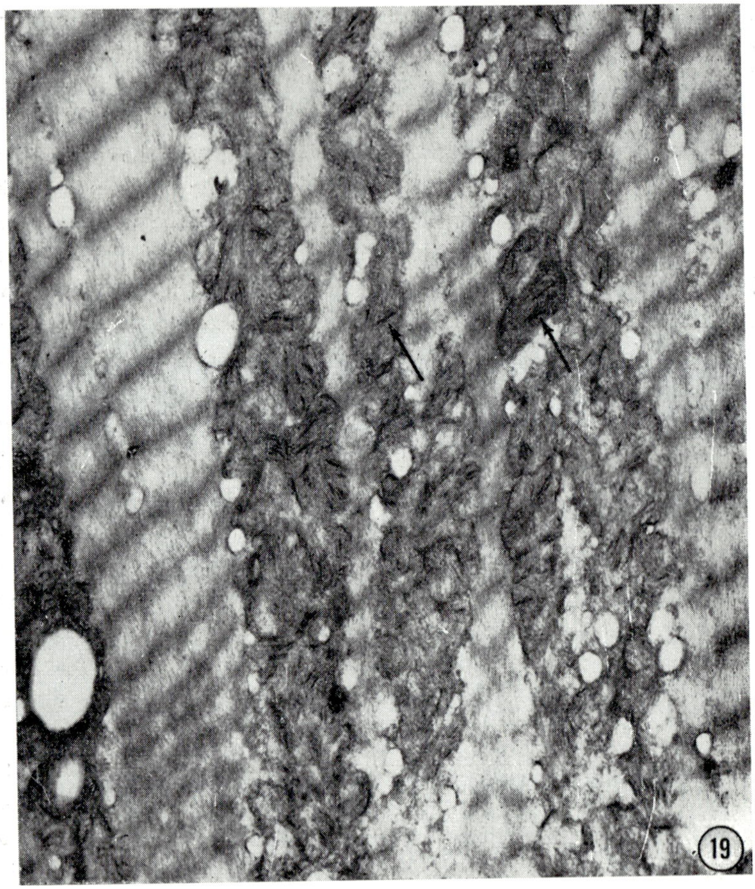

FIG. 19. Electron micrograph of rat heart incubated as an unfixed block in succinate-nitro-BT for 15 minutes at 37°C, then fixed for 30 minutes in buffered osmium tetroxide[41] and prepared in the usual way for thin sectioning, 16,500 ×. The darker areas in the mitochondria are presumed to be formazan deposits. Those marked with arrows are in mitochondria in which the cristae are more readily seen. Compare with Fig. 2 in Barrnett.[3]

and the new MTT, in *not* producing formazan deposits on the surface of mitochondria.[36] Instead *internal staining* of the mitochondria occurred.

With the development of nitro-BT, the limiting factor in demonstrating intracellular localization of tetrazolium-reducing enzymes became the degree of preservation of cytological structures. It was fortunate that the activities of DPNH-tetrazolium reductase, TPNH-tetrazolium reductase and several dehydrogenases were found to survive cold formol-calcium fixation sufficiently for staining purposes.[38, 36, 29]* In cryostat-cut unfrozen sections, as ordinarily prepared, cytological detail is severely altered in most cells. Since these staining methods are generally not used for quantitative purposes and since they are used for cytological as well as histological purposes, it is difficult to understand the strong objections expressed by Pearse[44] to formol-calcium fixation and his preference for unfixed cryostat-cut sections. Where enzyme activities survive, fixation seems to us to be the method of choice.

Homogenates of tissues fixed overnight in cold formol-calcium show markedly lower oxidative enzyme activities than homogenates of unfixed tissue.† However, interpretation of the data is difficult. Fixative is probably left in the tissues [see ref. 20] and is carried into the assay medium. The assay methods are those whose adequacy have been assessed with homogenates of unfixed tissue, and the rates of limiting steps may be altered by the fixative.

It is possible that such changes in rate-limiting steps induced by fixation may also affect the staining results. However, this constitutes no problem when the procedure is used for localization and not for quantitation. It should be noted that strong staining of fixed tissues for DPNH-tetrazolium reductase activity is obtained in 5–20 minutes of incubation at 37°C; staining for TPNH-tetrazolium reductase activity requires longer incubation (30–90 minutes).

* Some of the observations made with this procedure have been published (29–34, 38) but not the detailed procedures employed. These consist of the following: (1) Fixation in cold formol-calcium,[2] overnight for tissues and 1½–2 minutes for air-dried smears; (2) Rinse in cold water. For tissues, prepare frozen sections, 5–10 μ thick; (3) Incubate at 37°C until the desired intensity of stain appears; and (4) Rinse in water and mount in glycerogel. The composition of the incubation media are: DPNH-tetrazolium reductase activity: 4 mg DPNH (Sigma Chemical Co., St. Louis, Mo.); 1·2 ml water; 0·8 ml 0·1 M phosphate buffer, pH 7·4; and 1 ml nitro-BT (Dajac Laboratories, Philadelphia, Pa.), 1 mg/ml TPNH-tetrazolium reductase activity: Except for the substitution of 4 mg TPNH (Sigma) for the DPNH, the ingredients are those used in the DPNH-tetrazolium medium. Succinate-tetrazolium reductase activity: 0·3 ml water; 0·8 ml 0·1 M phosphate buffer, pH 7·4; 0·3 ml 0·5 M sodium succinate, pH 7·4; 0·3 ml 0·004 M $CaCl_2$; 0·3 ml, 0·004 M $AlCl_3$; and 1·0 ml, nitro-BT, 1 mg/ml Lactate, etc.,-tetrazolium reductase activity: 0·8 ml, water; 0·7 ml, 0·1 M phosphate buffer, pH 7·4; 0·3 ml, 0·5 M sodium lactate (or other substrate), pH 7·4; 0·2 ml, 0·23 per cent DPN (or 0·12 per cent TPN), pH 6·9; and 1·0 ml, nitro-BT, 1 mg/ml.

† The residual activities range, for different tissues, between 5–25 per cent for DPNH-tetrazolium reductase, 4–10 per cent for TPNH-tetrazolium reductase and 1–6 per cent for DPNH-cytrochrome *c* reductase. It may be added that DPNH-TPN transhydrogenase activity (Fig. 1) is lost, thus making interpretation of staining with TPNH as substrate easier for fixed than unfixed tissue.[31]

We may anticipate that the present dilemma forced upon the investigator by enzyme loss due to fixation and structure loss in the absence of fixation will be removed by future developments in low-temperature freeze-substitution methods.

Because it has been largely overlooked by other investigators it is desirable to stress again another difficulty in using nitro-BT for the intracellular localization of oxidative enzymes.[31, 29, 40] In the cells of both unfixed and fixed tissues, diformazan deposits are formed at the interfaces between lipid droplets and the cytoplasm in which they are dispersed. Figures 8–12 show examples of many that we have encountered, and it may be concluded that deposition of diformazan on lipid-cytoplasm interfaces is a general phenomenon in cells.* It is generally possible to remove lipid droplets from sections or smears by treatment with cold acetone prior to incubation.[31, 39, 40] Even without it, however, there are few cells like those in the adrenal gland where the lipid is abundant enough to mask intracellular localizations. Among the cells where attempts to localize oxidative enzymes may be complicated by diformazan deposition on lipid are ascites tumor cells [see refs.34 and 32] and bacteria [see ref. 35.]

Staining of mitochondria resulting from TPNH-tetrazolium reductase activity is seen in cells of kidney (Fig. 4), neurons [Fig. 7,[33]], and Novikoff tumor cells [Fig. 10.[34]], but not in rat heart. Rat heart mitochondria, like all other mitochondria tested appear to possess DPNH-tetrazolium reductase activity [Fig. 14; compare with Fig. 13; also see Fig. 4,[33] Fig. 2.8B[29]]. However, in cells with abundant reductase activity in the rest of the cytoplasm the individual mitochondria can not be distinguished. This applies to liver cells, with either DPNH or TPNH as substrate [Fig. 2.8C,[29]; Fig. 8 and 9,[33]] (see Table 2); to neurons, with DPNH [Fig. 6,[33]]; and to Novikoff ascites hepatoma cells, with DPNH [Fig. 11,[34]] (see Table 1). From such considerations it is apparent that, contrary to suggestions of others,[42, 48, 25] the tetrazolium procedure with DPNH and TPNH as substrates can not be used for the general visualization of mitochondria and microsomes, respectively.[31]

The superiority of nitro-BT over "MTT-cobalt"[43, 44] for establishing intracellular localizations has recently been shown in dramatic form.[40] When the vessels to the rat kidney are ligated the mitochondria change from stout threads to spheres. This is revealed by nitro-BT staining (Fig.

* It seems unlikely that appreciable reductase activity resides within the lipid droplets of most cells. Isolated lipid droplets from Novikoff ascites hepatoma cells show no DPNH-tetrazolium reductase activity, [40] although the possibility exists that such activity was eluted during isolation. Secondly, in fat cells the diformazan is found not in the interior of the large fat mass but on its surface (Fig. 12).

15 and 17) as it is by classical mitochondrial stains or by electron microscopy.[40] In contrast, the MTT-cobalt-formazan has the same dot-like distribution in both unligated and ligated kidneys (Figs. 16 and 18). The reasons for believing that these observations on formol-calcium-fixed sections also apply to unfixed cryostat-cut sections are given in the fuller report of these experiments.[40]

OTHER STAINING RESULTS WITH NITRO-BT

Results with nitro-BT have given some indications of differences among cells of a tissue. Thus, in the proximal convolutions of the rat kidney the cells of the convoluted portions are much more lightly stained for ß-hydroxybutyric dehydrogenase activity than the cells of the straight portions ([25]; Novikoff, unpublished). In rat liver, the cells in the peripheral part of the hepatic lobule stain more darkly for succinic dehydrogenase activity than the centrolobular cells, while they stain more lightly for ß-hydroxybutyric and glutamic dehydrogenase activities.[28] Yet, in the absence of correlative quantitative data, we should delay attaching functional significance to these observations.[28, 49]

Nitro-BT staining has also been of value in correcting the impression from biochemical data that the enzymes, glutamic dehydrogenase and TPNH-cytochrome *c* reductase, were absent from the Novikoff hepatoma. [32, 34]

Finally, nitro-BT and its iodinated analogues have been used by Barrnett[3] in attempts to localize the sites of oxidative enzymes *within* the mitochondria by electron microscopy. Figure 19 shows an electron micrograph in which, as in Barrnett's micrographs, the increased opacity within mitochondria is presumably due to deposits of diformazan. However, there is no assurance that at this level of intramitochondrial localization the sites of formazan deposits correspond to enzyme sites. To us it seems unlikely that the electron transport chains are as widely separated as are the formazan deposits in these micrographs (Fig. 19). Physicochemical effects on formazan deposition may be quite severe within the mitochondrion. The usefulness of nitro-BT for establishing intramitochondrial localizations may be seriously limited by the readiness with which the diformazan apparently moves to lipid-aqueous interfaces. Such attraction to interfaces may prove as restrictive for electron microscopy with the newer tetrazolium salts as formazan solubility within lipid was for light microscopy with the early terazolium salts.

ACKNOWLEDGMENTS

It is a pleasure to thank Miss Margaret Arase, Mrs. Margaret Pritzker and Dr. Lillian A. Jedeikin for the chemical analyses, and Mr. L. Jay Walker foı preparation of the black and white photographs.

REFERENCES

1. ALLEN, J. M. and SLATER, J. J., The properties of the lactic dehydrogenase diphosphopyridine nucleotide-diaphorase system in the epididymis of the mouse. *J. Histochem. Cytochem.*, 1960, **8**: 347–348.
2. BAKER, J. R., The histochemical recognition of lipine. *Quart. J. Microscop. Sci.*, 1946, **87**: 441–470,.
3. BARRNETT, R. J., The demonstration with the electron microscope of the end-products of histochemical reactions in relation to the fine structure of cells. *Exptl. Cell Research*, 1959, Suppl. **7**: 65–89.
4. CONOVER, TH. E. and ERNSTER, L., Mitochondrial oxidation of extramitochondrial TPNH mediated by purified DT diaphorase. *Biochem. Biophys. Res. Comm.*, 1960, **2**: 26–30.
5. CRANE, F. L., HATEFI, Y., LESTER, R. L. and WIDMER, C., Isolation of a quinone from beef heart mitochondria. *Biochim. Biophys. Acta*, 1957, **25**: 220–221.
6. CRANE, F. L., LESTER, R. L., WIDMER, C. and HATEFI, Y., Studies on the electron transport system. XVIII. Isolation of coenzyme Q (Q275) from beef heart and beef heart mitochondria. *Biochim. Biophys. Acta*, 1959, **32**: 73–79.
7. DOEG, K. A., KRUEGER, S. and ZIEGLER, D. M., Studies on the electron transfer system. XXIX. The isolation and properties of a succinic dehydrogenase-cytochrome *b* complex from beef-heart mitochondria. *Biochim. Biophys. Acta*, 1960, **41**: 491–497.
8. ERNSTER, L., LJUNGGREN, M. and DANIELSON, L., Purification and some properties of a highly dicumarol-sensitive liver diaphorase. *Biochem. Biophys. Res. Comm.*, 1960, **2**: 88–92.
9. FARBER, E. and BUEDING, E., Histochemical localization of specific oxidative enzymes. V. The dissociation of succinic dehydrogenase from carriers by lipase and the specific localization of the dehydrogenase with phenazine methosulfate and tetrazolium salts. *J. Histochem. Cytochem.* 1956, **4**: 357–362.
10. FARBER, E. and LOUVIERE, C. D., Histochemical localization of specific oxidative enzymes. IV. Soluble oxidation-reduction dyes as aids in the histochemical localization of oxidative enzymes with tetrazolium salts. *J. Histochem. Cytochem.* 1956, **4**: 337–356.
11. FARBER, E., STERNBERG, W. H. and DUNLAP, C. E., Histochemical localization of specific oxidative enzymes. I. Tetrazolium stains for diphosphopyridine nucleotide diaphorase and triphosphopyridine nucleotide diaphorase. *J. Histochem. Cytochem.*, 1956, **4**: 254–265.
12. FARBER, E., STERNBERG, W. H. and DUNLAP, C. E., Histochemical localization of specific oxidative enzymes. III. Evaluation studies of tetrazolium staining methods for diphosphopyridine nucleotide diaphorase, triphosphopyridine nucleotide diaphorase and the succindehydrogenase system. *J. Histochem. Cytochem.*, 1956, **4**: 284–294.
13. GIUDITTA, A. and SINGER, T. P., Studies on succinic dehydrogenase. XI. Inactivation by cyanide and its mechanism. *J. Biol. Chem.*, 1959, **234**: 666–671.
14. GIUDITTA, A. and STRECKER, H. J., Purification and some properties of a brain diaphorase. *Biochem. Biophys. Res. Comm.*, 1960, **2**: 159–163.
15. GOMORI, G., *Microscopic Histochemistry*; *Principles and Practice*. University of Chicago Press, Chicago, Illinois, 1952.
16. GREEN, D. E., Electron transport and oxidative phosphorylation. *Adv. Enzymology*, 1959, **21**: 73–129.

17. GREEN, D. E. and LESTER, R. L., Role of lipides in the mitochondrial electron transport system. *Fed. Proc.*, 1959, **18**: 987–1000.

18. HESS, R. and PEARSE, A. G. E., The significance of renal glucose-6-phosphate dehydrogenase in experimental hypertension in the rat. *Brit. J. Exptl. Pathol.*, 1959, **40**: 243–249.

19. HESS, R., SCARPELLI D. G. and PEARSE, A. G. E., The cytochemical localization of oxidative enzymes. II. Pyridine nucleotide-linked dehydrogenases. *J. Biophysic. Biochem. Cytol.*, 1958, **4**: 753–760.

20. HOLT, S. J., Factors governing the validity of staining methods for enzymes, and their bearing upon the Gomori acid phosphatase technique. *Exptl. Cell Res.*, 1959, Suppl. **7**: 1–27.

21. KAMIN, H., GIBBS, R. H. and MERRITT, A. D., Reduction of neotetrazolium by succinate, isocitrate, and ß-hydroxybutyrate in water homogenates of guinea pig kidney. *Fed. Proc.*, 1957, **16**: 202.

22. MASSEY, V., The identity of diaphorase and lipoyl dehydrogenase. *Biochim. Biophys. Acta*, 1960, **37**: 314–322.

23. NACHLAS, M. M., MARGULIES, S. I. and SELIGMAN, A. M., Sites of electron transfer to tetrazolium salts in the succinoxidase system. *J. Biol. Chem.*, 1960, **235**: 2739–2743.

24. NACHLAS, M. M., TSOU, K. C., DE SOUZA, E., CHENG, C. S. and SELIGMAN, A. M., Cytochemical demonstration of succinic dehydrogenase by the use of a new *p*-nitrophenyl substituted dietetrazole. *J. Histochem. Cytochem.*, 1957, **5**: 420–436.

25. NACHLAS, M. M., WALKER, D. G. and SELIGMAN, A. M., A histochemical method for the demonstration of diphosphopyridine nucleotide diaphorase. *J. Biophys. Biochem. Cytol.*, 1958, **4**: 29–38.

26. NACHLAS, M. M., WALKER, D. G. and SELIGMAN, A. M., The histochemical localization of triphosphopyridine nucleotide diaphorase. *J. Biophys. Biochem. Cytol.*, 1958, **4**: 467–474.

27. NOVIKOFF, A. B., Histochemical and cytochemical staining methods. In *Analytical Cytology* (editor, R. C. MELLORS), pp. 2/1–2/63. McGraw-Hill, N. Y., 1955.

28. NOVIKOFF, A. B., Cell heterogeneity within the hepatic lobule of the rat (staining reactions). *J. Histochem. Cytochem.*, 1959, **7**: 240–244.

29. NOVIKOFF, A. B., The intracellular localization of chemical constituents, In *Analytical Cytology* (editor, R. C. MELLORS), pp. 69–168. McGraw-Hill, N. Y., 1959.

30. NOVIKOFF, A. B., Approaches to the *in vivo* function of subcellular particles. In *Subcellular Particles* (editor, T. HAYASHI), pp. 1–22. Ronald Press, N. Y., 1959.

31. NOVIKOFF, A. B., Enzyme cytochemistry: pitfalls in the current use of tetrazolium techniques. *J. Histochem. Cytochem.*, 1959, **7**: 301–302.

32. NOVIKOFF, A. B., Correlated morphological and chemical studies in tumor cytochemistry. *Acta Union Intl. contre le Cancer*, 1960, **16**: 966–972.

33. NOVIKOFF, A. B., Biochemical and staining reactions of cytoplasmic constituents. In *Developing Cell Systems and Their Control* (editor, D. RUDNICK), pp. 167–203, Ronald Press, New York, 1960.

34. NOVIKOFF, A. B., Enzyme localization in tumor cells. In *Cell Physiology of Neoplasia*, pp. 219-268, University of Texas Press, Houston, 1960.

35. NOVIKOFF, A. B., Mitochondria (Chondriosomes). In *The Cell*, vol. 2, (editors, J. BRACHET and A. E. MIRSKY), pp. 299–421 Acad. Press, N. Y., 1961.

36. NOVIKOFF, A. B. and ARASE, M. M., The intracellular localization of lactic dehydrogenase studied by biochemical and staining methods. *J. Histochem. Cytochem.*, 1958, **6**: 251–254.
37. NOVIKOFF, A. B., JEDEIKIN, L. A., ARASE, M. and PRITZKER, M., *Distributions in subcellular particles of rat liver homogenates of lactic dehydrogenase and of DPNH-oxidizing enzymes* (in preparation).
38. NOVIKOFF, A. B. and MASEK, B., Survival of lactic dehydrogenase and DPNH-diaphorase activities after formol-calcium fixation. *J. Histochem. Cytochem.*, 1958, **6**: 217.
39. NOVIKOFF, A. B., SHIN, W.-Y. and DRUCKER, J., Cold acetone fixation for enzyme localization in frozen sections. *J. Histochem. Cytochem.*, 1960, **8**: 37–40,.
40. NOVIKOFF, A. B., SHIN, W.-Y. and DRUCKER, J., Mitochondrial localization of oxidative enzymes: staining results with two tetrazolium salts. *J. Biophysic. Biochem. Cytol.* 1961, **9**: 47-61.
41. PALADE, G. E., A study of fixation for electron microscopy. *J. Exptl. Med.*, 1952, **95**: 285–298.
42. PEARSE, A. G. E., Extensions of the limits of cellular pathology: the role of enzyme histochemistry. *J. Clin. Pathol.*, 1958, **11**: 520–534.
43. PEARSE, A. G. E., Intracellular localization of dehydrogenase systems using monotetrazolium salts and metal chelation of their formazans. *J. Histochem. Cytochem.*, 1957, **5**: 515–527.
44. PEARSE, A. G. E., *Histochemistry. Theoretical and Applied*, 2nd edition, Little, Brown, Boston, Mass., 1960.
45. PEARSE, A.G.E. and SCARPELLI, D.G., Intramitochondrial localization of oxidative enzyme systems. *Exptl. Cell Res.*, 1959 Suppl. **7**: 50–64.
46. REDFEARN, E. R. and PUMPHREY, A. M., The kinetics of ubiquinone reactions in heart-muscle preparations. *Biochem. J.*, 1960, **76**: 64–71.
47. SANADI, D. R., LANGLEY, M. and SEARLS, R. L., *a*-ketoglutaric dehydrogenase. VI. Reversible oxidation of dihydrothioctamide by diphosphopyridine nucleotide. *J. Biol. Chem.*, 1959, **234**: 178–182.
48. SCARPELLI, D. G., HESS, R. and PEARSE, A. G. E., The cytochemical localization of oxidative enzymes. I. Diphosphopyridine nucleotide diaphorase and triphosphopyridine nucleotide diaphorase. *J. Biophys. Biochem. Cytol.*, 1958, **4**: 747–752.
49. SHANK, R. E., MORRISON, G., CHENG, C.-H., KARL, I. and SCHWARTZ, R., Cell heterogeneity within the hepatic lobule (quantitative histochemistry). *J. Histochem. Cytochem.*, 1959, **7**: 237–239.
50. SHELTON, E. and SCHNEIDER, W. C., On the usefulness of tetrazolium salts as histochemical indicators of dehydrogenase activity. *Anat. Record*, 1952, **112**: 61–68.
51. SINGER, T. P. and KEARNEY, E. B., Solubilization, assay and purification of succinic dehydrogenase. *Biochim. Biophys. Acta*, 1954, **15**: 151–153.
52. SINGER, T. P. and KEARNEY, E. B., Determination of succinic dehydrogenase activity. In *Methods of Biochemical Analysis*, (editor, D. GLICK), 1957, **4**: 307–333.
53. SINGER, T.P., KEARNEY, E.B., and MASSEY, V., Succinic dehydrogenase. In *Enzymes: Units of Biological Structure and Function*, (editor, O. H. GAEBLER), pp. 417–432, Acad. Press, N. Y. 1956.
54. SMITH, A. L. and LESTER, R. L., Tetrazolium reduction by mitochondrial preparations; participation of coenzyme Q. *Fed. Proc.*, 1960, **19**: 34.

55. STERNBERG, W. H., FARBER, E. and DUNLAP, C. E., Histochemical localization of specific oxidative enzymes. II. Localization of diphosphopyridine nucleotide and triphosphopyridine nucleotide diaphorases and the succindehydrogenase system in the kidney. *J. Histochem. Cytochem.*, 1956, **4**: 266–283.

56. STRAUB, F. B., Isolation and properties of a flavoprotein from heart muscle tissue. *Biochem. J.*, 1939, **33**: 787–792.

57. TSOU, K. C., CHENG, C. S., NACHLAS, M. M. and SELIGMAN, A. M., Syntheses of some *p*-nitrophenyl substituted tetrazolium salts as electron acceptors for the demonstration of dehydrogenase. *J. Am. Chem. Soc.*, 1956, **78**: 6139–6144.

58. WATTENBERG, L. W. and LEONG, J. L., Effects of coenzyme Q and menadione on succinic dehydrogenase activity as measured by tetrazolium salt reduction. *J. Histochem. Cytochem.*, 1960, **8**: 296–303.

59. WATTENBERG, L.W., and GRONVALL, J.A., Coenzyme Q_{10} and succinate-tetrazolium reductase activity of proliferative lesions of liver. *Proc. Soc. Exptl. Biol. Med.*, 1960, **104**: 394–396.

60. WILLIAMS, C. H., JR., GIBBS, R. H. and KAMIN, H., A microsomal TPNH-neotetrazolium diaphorase. *Biochim. Biophys. Acta*, 1959, **32**: 568–569.

61. WILLIAMS, C. H., JR., and KAMIN, H., Studies on a microsomal TPNH-neotetrazolium diaphorase. *Fed. Proc.*, 1960, **19**: 30.